教育部高等学校材料类专业教学指导委员会规划教材

现代材料分析方法教程

王永在 张照录 编著

A COURSE ON MODERN MATERIALS ANALYSIS METHODS

化学工业出版社

·北京·

内容简介

《现代材料分析方法教程》介绍了材料分析中常用的仪器分析方法，分为元素成分分析法、波谱分析法、衍射分析法、电子显微分析法、热分析法和粒度及孔结构分析法六篇共十六章，包括原子发射光谱法、原子吸收光谱法、等离子质谱法、X射线荧光光谱法、紫外-可见吸收光谱法、红外吸收光谱法、拉曼散射光谱法、X射线衍射法、电子衍射法、透射电子显微法、扫描电子显微法、X射线光电子能谱法、热分析法、热分析联用法、粒度分析法、比表面积及孔结构分析法等内容。每章由基本原理、仪器基本结构、实验技术以及典型案例等部分构成。

本书集实用性、完整性、系统性、科学性、综合性和示范性为一体，条理清晰，简明扼要，可作为高等院校材料类各专业本科生和研究生的教材，也可作为化学、环境和矿物等专业学生的参考教材，还可供从事仪器分析的企业、科研和管理部门等有兴趣的读者学习参考。

图书在版编目（CIP）数据

现代材料分析方法教程/王永在，张照录编著．—北京：化学工业出版社，2023.1（2025.2重印）

ISBN 978-7-122-42336-8

Ⅰ.①现… Ⅱ.①王…②张… Ⅲ.①工程材料-分析方法-教材 Ⅳ.①TB3

中国版本图书馆CIP数据核字（2022）第207257号

责任编辑：陶艳玲
文字编辑：段曰超
责任校对：刘曦阳
装帧设计：史利平

出版发行：化学工业出版社
（北京市东城区青年湖南街13号 邮政编码100011）
印 装：北京天宇星印刷厂
787mm×1092mm 1/16 印张21¾ 字数542千字
2025年2月北京第1版第3次印刷

购书咨询：010-64518888
售后服务：010-64518899
网 址：http://www.cip.com.cn
凡购买本书，如有缺损质量问题，本社销售中心负责调换。

定 价：69.00元

前言

材料分析的主要目的是利用现代分析仪器表征材料的成分和结构。作为材料设计、加工、性能评价、使用中的桥梁和纽带，材料分析技术的提高对材料科学技术的发展进步具有极其重要的推动作用。

进行材料成分结构分析的方法有很多种，每种分析方法的原理、分析属性、应用目的和范围各不相同。本教程将常用的材料仪器分析方法按材料表征的内在逻辑和原理方法进行大致分类，分为元素成分分析法、波谱分析法、衍射分析法、电子显微分析法、热分析法和粒度及孔结构分析法六篇，在每篇里包含若干种具有共性的分析方法，每种方法强调基本原理，简介分析仪器实验技术，突出方法的综合应用，关注方法的局限性，辅以典型案例示范方法应用。典型案例从大量国内外最新的文献中精选，案例内容涵盖每种分析方法对实际材料分析的整个流程和结果解析，以架起理论与实践的桥梁，有助于阅读者在“知其所以然”的基础上，拓展思维，学以致用，提高分析问题和解决问题的综合能力和素质。

本书体系完整，条理清晰，内容简明扼要，深浅适度，具有综合性、完整性和连贯性，符合学习的认知规律和开展科学研究的基本路径，可以起到现代材料分析方法入门书的作用。

本书的作者多年主讲“材料分析方法”和“仪器分析方法”等课程，同时也具体从事材料仪器分析工作，有一定的理论水平和较为丰富的仪器分析工作经验。在编写过程中，参考借鉴了国内外大量相关著作、期刊以及有关国家和行业标准，在此谨向有关作者表示衷心感谢!

本书由山东理工大学王永在、张照录编著，全书由王永在负责统稿整理。由于编著者水平有限，书中难免存在不足，恳请广大专家和读者批评指正。

全书由王永在负责统稿。本书在编写过程中得到了山东理工大学教务处、分析测试中心，山东省无机材料结构和成分检测研发中心的大力支持，在此一并表示诚挚的谢意。

编著者

2022 年 11 月

目 录

绪　论

人类文明的发展进步，不断地对材料的种类和使用性能提出新的要求，从而推动材料科学技术取得新的进步。当代材料科学研究的对象除传统的金属材料、无机非金属材料、高分子材料和复合材料外，纳米材料、薄膜材料、器件材料、特种材料、智能材料、仿生材料、环境材料、多功能材料和高性能结构材料等材料已成为材料大家族中的重要生力军，在航空航天、自动控制、核能、电子、仪器仪表、冶金、机械、化学化工和环境等各领域发挥着关键的作用。

一、材料成分结构与性能的关系

材料的成分、组织结构、加工、性能和应用间的关系可用图 0-1 所示的四面体表示。从图中可以看出，无论是何种材料，材料的性能均取决于其成分和结构。材料的加工对性能的影响，实际上是通过加工影响或改变材料的成分和结构而实现的。因此，材料成分和结构的分析就成为进行材料设计、加工制备、生产和质量控制、使用性能和寿命评价、安全有效性和失效分析的必然要求，是贯穿于材料研发加工使用循环整个链条中的必不可少的环节，发挥着桥梁纽带的作用。

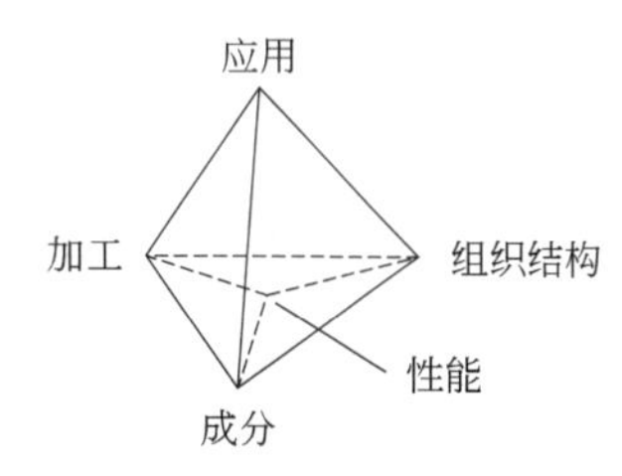

图 0-1　材料成分、组织结构、加工、性能和应用间的关系示意图

1. 材料成分与性能的关系

材料成分是影响材料结构和决定材料性能的物质基础和基本因素。材料成分分为元素成分和相成分等，包括成分含量、存在状态和分布特征等属性。对元素成分而言，一般根据所含元素量的多少，大致分为常量（＞1％）、微量（0.01％～1％）、痕量（＜0.01％）和超痕量（＜0.0001％）成分等类型，其中常量成分又分为主要成分和次要成分。成分在材料中的分布可能是不均匀的。依据成分的空间分布特征，可将材料成分分为体相成分、表面成分、局域成分和界面成分等类型。

材料成分的种类和含量等属性对不同类型材料性能的影响是不同的。如对以力学性能为应用基础的结构材料，常量元素、微量（杂质）元素的含量以及杂质元素的局域分布状态（如偏析、偏聚）对材料性能的影响是第一位的。以钢铁材料为例，随钢中含碳量增加，其强度硬度增大而塑性韧性降低；含碳量的高低决定了钢材的用途，低碳钢（含碳量＜0.25％）常用于型材及冲压材料；中碳钢（含碳量＜0.6％）适合于制造机械零件；而高碳钢（含碳量＞0.7％）是制作工具、刀具及模具等工件的合适材料。42CrMo 钢中锰、磷、硅、铜等杂质元素易在晶界处偏聚，引起晶界脆化而形成沿晶断口，降低材料的断裂强度。

对以电学、磁学、光学等功能为应用基础的功能材料，材料中微量、痕量和超痕量元素的含量及其分布是影响性能的主要因素，如用于制备太阳能电路基板的多晶硅要求其杂质元素含量小于0.0001%，而用于集成电路芯片基板的电子级多晶硅，要求其杂质元素含量小于0.000000001%。对于相成分而言，相成分的类型及含量直接影响材料的性能。如二氧化钛有三种晶型，其中，金红石型二氧化钛作为橡胶和化妆品中的添料使用时具有一定的增强产品抗臭氧和抗紫外线能力，而锐钛矿型二氧化钛则具有紫外光化学活性，在光催化环境保护领域有重要应用价值。再如，刚玉与石墨是两种完全不同的相，其性能与用途截然不同是显而易见的。

2. 材料结构与性能的关系

材料的组织结构是指材料系统内各组成单元之间的相互关系和相互作用方式。材料结构受材料成分、制备或加工条件等多种因素的控制，是影响材料性能的主要因素。

材料的结构是分层次的，这取决于观察结构的手段和方法。一般将材料的组织结构根据其空间尺度，分为宏观结构、显微结构、亚微观结构和微观结构四种类型。各种结构的属性如表0-1所示。

表0-1　材料组织结构一般分类

结构类型	尺度	组成单元	表现形式
宏观结构	人眼或小于30倍放大镜分辨出的结构范围	相、颗粒	裂纹，大孔隙，不同材料的组合与复合方式或形式，各组成材料的分布
显微结构	光学显微镜下分辨出的结构范围	相	相的种类、数量、形貌及相互关系
亚微观结构	普通电子显微镜下分辨出的结构范围	微晶粒、胶粒等粒子	粒子形状形貌、大小和分布；界面结构、结构缺陷
微观结构	X射线衍射以及高分辨率电子显微镜能分辨的结构范围	原子、分子、离子或原子团等质点	质点的聚集状态、排列形式、晶胞、晶格、配位

(1) 宏观结构

宏观结构有助于从宏观角度理解材料结构与性能的关系，如金属材料断口的宏观结构特征如下：脆性断口表面由具有光泽的结晶亮面组成；延性断口上有呈纤维状的细小凹凸；解理断口的断口面十分平坦；韧窝断口的形貌呈纤维状；疲劳断口表面可见一系列大致相互平行、略有弯曲的条纹。从断口的宏观结构即可大致判断材料断裂的基本类型和断裂起因，为进一步深入分析材料的断裂机制奠定基础。

(2) 显微结构

显微结构是在光学显微镜下能分辨出的结构，通过观察各种陶瓷材料、金属材料和晶态高分子材料的光片，根据不同相的光学特征可以识别相的种类、数量、形貌及相互关系。如随着钢的成分不同以及热处理工艺不同，钢中会出现铁素体、渗碳体、珠光体、魏式组织、贝氏体、奥氏体和马氏体等相和组织。铁素体是碳在α-Fe中的固溶体，其晶界比较圆滑，随钢中碳含量增加，铁素体量相对减少，珠光体量增加，此时铁素体晶界呈网络状和月牙状。渗碳体是铁和碳的化合物，性硬而脆，在钢中常呈网络状、半网状、片状、针片状和粒状分布。珠光体是铁素体和渗碳体的机械混合物，它是钢的共析转变产物，其形态是铁素体和渗碳体彼此相间形如指纹，呈层状排列。贝氏体也是铁素体与渗碳体两相组织的机械混合物，但形态多变，不像珠光体那样呈层状排列。马氏体是碳溶于α-Fe中的过饱和固溶体，其金相形态特征可分为板条状和针状两种。PZT 压电陶瓷的玻璃相内，当有大量莫来石针状晶体析出成网络状交错分布时，就会对玻璃相起到骨架增强作用，进而显著提高电瓷的机械强度。由 α-氧化铝小晶粒通过一定工艺制备成一定厚度的薄板材，如其显微结构中显示各晶粒彼此互相紧密接触，则板材呈半透明状；如相互连接的晶粒中存在孔洞，则板材呈不透明状。

（3）亚微观结构

亚微观结构通常是指在电子显微镜下分辨出的结构，可以揭示组成材料的粒子形状形貌、大小和分布以及界面结构和结构缺陷等。如利用扫描电子显微镜观察到的材料断口形貌特征，就属于亚微观结构范畴。金属材料的解理断口亚微观结构图像特征是呈“河流状花样”；沿晶断口的特征是晶粒表面组成呈冰糖状花样；韧窝断口表面覆盖着大量显微微坑（窝坑），坑的边缘类似尖棱。纤维增强复合材料断口结构可反映出基体断裂、纤维断裂、纤维-基体间界面断裂、孔洞生长和层离等现象。利用电子显微镜还可以获得材料的界面结构和缺陷特征等。如在 1650℃热压制成的 SiC 纤维补强 Si_3N_4 复合材料中，界面结构显示碳纤维与 Si_3N_4 基体发生了化学反应，这严重损伤了 SiC 纤维的原有性能。如在制备上述复合材料时添加少量 Al_2O_3，界面结构则显示 SiC 与 Si_3N_4 之间没有发生化学反应，Al_2O_3 还起到了调节晶须与基体界面间结合力的作用，使复合材料具有很好的断裂韧性。

（4）微观结构

微观结构一般是指用 X 射线衍射以及高分辨率电子显微镜等仪器能分辨的结构，主要反映材料中质点的聚集状态、排列形式、晶胞、晶格、配位和微畴等零点几纳米至数十纳米尺度范围内的结构特征。如晶体材料的晶体结构、位错、堆垛层错、晶格点缺陷和界面质点的分布均属于微观结构表达的范畴。晶体结构是晶体中质点周期性排列的结果，晶体结构不同的材料其性能必然不同，最简单的例子为金刚石和石墨，两者的化学成分均为碳，但金刚石中的碳原子以四面体共价键形式连接形成无限的三维骨架，硬度非常大（摩氏硬度 10），不导电，主要用于制造钻探用的探头和磨削工具以及高档首饰等；石墨为层状结构，层内碳原子间以 sp^2 杂化键构成正六边形网状结构，层间为分子键，硬度小（摩氏硬度 1～2），能导电导热，润滑性和可塑性好，主要用于导电材料、耐磨润滑材料、高温冶金材料以及原子反应堆减速材料的制造等。α-Si_3N_4 材料的力学强度较 β-Si_3N_4 要小，微观结构研究表明主要是 α-Si_3N_4 晶胞易于变形造成的，且其在 c 轴方向上更易于变形。晶体中的位错会引起晶格的局域畸变，影响晶体的力学、电学和光学等性质。如晶须可以通过减小位错密度提高其力学强度；“冷加工”材料由于位错的积累和相互阻挡会增加位错密度，造成材料的应变硬化。晶体结构中的空位、填隙原子等属于点缺陷，对材料的光电磁性能有重要影响，如 GaAs 等半导体材料的导电性和 $LiNbO_3$ 等非线性光学晶体的发光性均受结构中点缺陷的控制。

需要指出的是，上述结构类型的划分比较适宜于金属材料、无机非金属材料和部分复合材料。对高分子材料而言，由于其结构单元为由原子或原子团通过共价键连接而成的分子链，结构的层次性表现得非常明显。高分子材料的一次结构为化学结构，反映分子链的重复单元、支化、交联、构型等结构信息；二次结构为远程结构，反映分子链的形态（无规线团、伸展链、螺旋链和折叠链等）结构信息；三次结构为凝聚态结构，反映分子链间的排列和作用方式，如无定形（玻璃态、橡胶态、黏流态）和结晶型等；高次结构，常用以反映由于加工形成的宏观结构，如发泡、填充和层压等；高次混合结构，综合反映高分子链间的共混、嵌段、接枝、互穿网络和交联等信息。上述结构信息对高分子材料的设计（分子设计、工艺设计、材料设计）、合成与加工工艺控制以及降解交联等老化过程研究具有非常重要的指导意义。

二、材料分析方法分类

材料分析是指采用比较复杂或特殊的仪器设备，通过测量物质的物理或物理化学性质参数及其变化，来获取材料的化学组成、成分含量或结构等信息的一类分析方法。材料分析是从事材料科学研究和生产活动的“眼睛”。现代材料科学的发展在很大程度上依赖于对材料性能与成分组织结构关系的理解。因此，材料分析方法是材料科学必不可少的一个重要组成部分，广泛应用于研究和解决材料理论和工程实际问题。

据不完全统计，现有的材料分析方法多达上百种，但各种方法的分析测试过程均是由信号发生、信号检测、信号处理和信号读出等几个连续步骤构成，整个分析过程涉及反映材料内涵特性相关信息的提取、分离、输出、传递、转换、接收、检测、采集和处理等内容，依据检测信号与被分析物的特征关系，即可进行材料的成分和结构分析。

材料分析方法的种类虽多，但可以根据分析方法的基本原理结合分析功能进行大致分类，如分为元素成分分析法、波谱分析法、衍射分析法、电子显微分析法、分离分析法、热分析法和粒度及孔结构分析法等。

（1）元素成分分析法

该法的基本功能为对材料进行元素组成的定性定量分析，包括原子吸收光谱法、原子发射光谱法、电感耦合等离子质谱法和 X 射线荧光光谱法等。

原子吸收光谱法、原子发射光谱法和 X 射线荧光光谱法属于光学分析法，是基于电磁辐射或能量与物质相互作用后产生辐射信号的变化进行分析的方法。原子吸收或发射光谱是由原子外层或内层电子能级的变化产生的，其表现形式为线光谱。X 射线荧光光谱法是基于 X 射线激发材料中原子产生的荧光 X 射线的波长和强度进行元素定性定量分析的方法。

各种元素成分分析方法可分析的元素种类、含量线性范围等分析特性各不相同，应根据待分析材料的具体特点选择合适的分析方法。上述成分分析法一般获得的是材料体相的元素成分平均信息。

（2）波谱分析法

该法的功能为对材料的化合物组成进行定性定量分析以及分析材料的分子结构。波谱分析法主要包括分子吸收光谱法（如紫外-可见吸收光谱法和红外吸收光谱法）、分子发射光谱法（如分子荧光光谱法和拉曼散射光谱法）和核磁共振波谱法等。

分子光谱法也属于光学分析法，是基于电磁辐射与物质相互作用后引起分子中电子能级、振动和转动能级的变化产生的信号进行分析的方法，其表现形式为带光谱。核磁共振波谱法是根据磁性原子核在外加磁场中吸收射频辐射后核能级的变化进行分析的方法。

（3）衍射分析法

衍射分析法是一类基于 X 射线、电子束或中子束与晶体作用产生的衍射效应进行晶相定性定量分析以及晶体结构分析的方法。常用的有 X 射线衍射法和电子衍射法，其中前者主要用于研究晶体材料的体相结构，获得晶体的“平均结构”信息；后者则主要反映材料的局域结构特征。

（4）电子显微分析法

该法主要包括扫描电子显微法和透射电子显微法两类，是基于电子显微镜（扫描电子显微镜和透射电子显微镜）获得的二维或三维图像对物质的亚微观结构或微观结构进行分析的方法。扫描电子显微法是观察材料表面微形貌结构的主要手段，透射电子显微法因具有较高的分辨率而主要用于微区晶体结构和微区成分分析。X射线光电子能谱法是根据单色X射线激发原子芯电子形成的光电子能量分布特征进行材料表面元素成分和化学态分析的方法，因该法只反映距表面3～5nm厚度局域范围内的成分信息，因此根据方法的功能属性将其放在电子显微分析法篇中。

（5）热分析法

热分析法是根据物质的某些物理性质与温度之间的动态关系来进行物质组成和结构分析的一类方法。该法主要包括差热分析法、差示扫描量热法、热重法、热机械法和热分析联用法等。

（6）粒度及孔结构分析法

粒度分析法最常见的是进行粉体材料颗粒粒径及粒径分布分析的激光粒度法，其基本原理是光散射原理。孔结构分析法主要有气体物理吸附法和压汞法等，利用这些技术可以获得多孔材料的比表面积、孔隙度、平均孔径、孔径分布和孔形等孔结构参数。

三、材料分析方法特点

材料分析概括起来有如下几个特点：①材料样品类型多样，包括金属材料、无机非金属材料、高分子材料和复合材料等，每一类材料的成分和结构各有特点，分析前应尽可能从宏观角度了解和掌握待分析样品的相关信息，以做到胸中有数。②一般应首先进行材料的成分特别是元素成分分析，以了解和确定样品的主要组成元素（含杂质元素），在此基础上可大致归属样品的类型，有助于下一步确定具体的分析目的和选择合适的分析方法。③如要进行结构分析，一般应依材料结构的层次性从宏观结构开始向微观结构逐步分析。④样品的前处理非常重要，如有些成分分析方法要求固体样品必须被处理为液体，这时需采取消解、水解、沉淀、离心、萃取和超滤等方法制备样品；块状样品进行透射电子显微分析时需制备合适的薄样等。⑤进行波谱分析时，要考虑组分间的干扰效应，必要时应进行分离提纯等；进行微量痕量元素组分分析时应注意基质效应的影响。⑥不同类型的样品虽然分析目的相同，采用的分析方法可能不同；同一样品，测定的项目不同，所选分析方法也可能不同。可以通过建立分析方法来优化分离条件和检测条件，同时应用灵敏度、检出限、线性范围、选择性和分析速度等指标来评价分析方法的优劣。⑦专一性和综合性分析方法的选择。材料样品的复杂性决定了解决问题的多角度性，在进行分析时既要考虑效率，也要考虑效果。有时需要选择专一性很强的分析方法，有时需要选择联用方法，有时需要综合使用若干种方法。

四、材料仪器分析发展趋势

随着微电子技术、信息技术、传感器技术和新材料技术的广泛应用，现代材料仪器分析方法的数字化和智能化程度不断提高，其发展趋势主要表现在以下几个方面：①分析测试高速化、高通量化逐渐成为常态；②分析仪器的灵敏度不断提高，所需试样向微量、超微量化方向发展；③微区、原位、实时和在线分析的应用，能最大限度获得待分析物的真实组分和结构状态信息；④联用技术使材料仪器分析向多功能、集成化和集约化方向发展，各种分析方法的有机组合，取长补短，实现用一个样品一次性完成不同性质的测试目的；⑤从静态、稳态分析向动态追踪反应历程的方向发展，以揭示材料反应机理；⑥分析测试仪器趋于小型化、微型化和智能化；⑦交叉学科和新型学科所提出的新任务，促进材料仪器分析不断发展；⑧材料分析仪器的操作趋于简单化，仪器工作者从单纯的重复性的仪器操作向提供整套分析解决方案转变。

第一篇
材料元素成分分析法

第一章

原子发射光谱法

原子发射光谱（atomic emission spectrometry，AES）是基于被分析物质在激发光源作用下所发射特征光谱的波长和强度来进行元素定性与定量分析的方法。

原子发射光谱法是最早发展的一种光学分析方法。随着各种新型激发光源和电子信息技术的应用，该法已成为一种可分析 70 多种无机元素的重要仪器分析方法，具有选择性好、灵敏度高、线性范围宽、分析速度快和多元素同时分析等优点，在材料、冶金、机械、化工、环保、地质、生命科学和食品科学等领域获得了广泛应用。

第一节 光学分析法概论

一、电磁辐射的基本性质

电磁辐射是一种以极高速度通过空间传播能量的电磁波，包括 γ 射线、X 射线、紫外光、可见光、红外光、微波以及无线电波等形式。电磁辐射兼有波动性和粒子性的双重特性。

电磁辐射是在空间传播的交变电磁场，可以用电场矢量 E 和磁场矢量 H 来描述（图 1-1）。这两个矢量以相同的位相在两个相互垂直的平面内以正弦波形式振动，其振动方向均垂直于波的传播方向。电磁辐射与物质间作用的本质是彼此间电场或磁场的相互作用和能量传递过程。由于能与物质中电子发生作用的是电磁辐射的电场矢量，所以一般仅用电场矢量来表示电磁波。

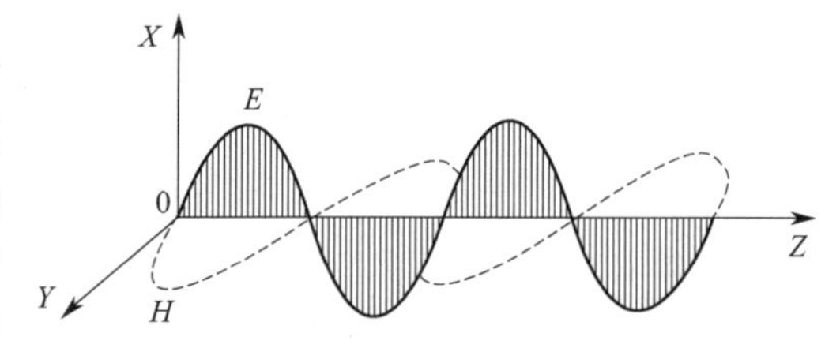

图 1-1　电磁辐射波动性

电磁辐射的波动性可用波长 λ、传播速度 c、频率 ν 和波数 σ 等参数来描述。散射、反射、折射、干涉和衍射等现象是电磁辐射波动性的表现形式。

波长是指电磁辐射在其传播路径上具有相同振动位相的两点之间的距离，即相邻两个波峰或波谷间的直线距离。不同的电磁辐射波谱可用不同的波长单位表示，如 γ 射线、X 射线、紫外光和可见光常用 nm 表示，红外光常用 μm 表示，微波用 mm 和 m 表示。各单位之间的换算关系为：$1m=10^2cm=10^6\mu m=10^9nm$。

频率是指单位时间内电磁场振动的次数，即单位时间内通过传播方向上某一点的波峰或波谷的数目，单位为赫兹（Hz）或 s^{-1}。频率 ν 与波长 λ 的关系为 $\nu=c/\lambda$，其中 c 为光速，其值为 3.00×10^{10} cm/s。

波数表示每厘米长度中波的数目，是波长的倒数，单位为 cm^{-1}。波数 σ 与波长 λ 的换算关系为 $\sigma=1/\lambda$。

电磁辐射的粒子性表现为辐射能量的空间传播是“量子化”的，即能量是按一个基本固定量一份一份地或以此基本固定量的整数倍来进行传播的。其中能量的最小单位称为“光子”。光子的能量 E 与电磁辐射的频率 ν 成正比，与波长 λ 成反比，而与光的强度无关。E 的表达式如下

$$E=h\nu=hc/\lambda \tag{1-1}$$

式中，E 为每个光子的能量，J；h 为普朗克（Planck）常数，$h=6.626\times10^{-34}$ J·s 或 4.136×10^{-15} eV·s。

式(1-1）将电磁辐射的波动性和粒子性有机地结合在一起，可以很好地解释光电效应、康普顿（Compton）效应以及黑体辐射等现象。

二、电磁辐射与物质的作用

根据量子理论，组成物质的粒子（原子和分子等）的能量状态是量子化的。通常情况下，粒子处于能量最低的基态，用 E_0 表示。当物质受到电磁辐射或其他外界能量（如电能、热能等）作用时，粒子就会吸收能量，由基态能级 E_0 跃迁到高能激发态能级 E_n，这个过程称为激发。粒子处于激发态能级的平均寿命很短（约 10^{-8}s），它们会很快自发地直接或经中间能级后返回到基态能级 E_0，同时把受激时所吸收的能量以电磁辐射的形式释放出来，这个过程称为退激。

当物质改变能态时，它所吸收或发射辐射的能量应完全等于两能级之间的能量差 ΔE。ΔE 与电磁辐射的波长或频率的关系可表示为

$$\Delta E=E_n-E_0=h\nu=hc/\lambda \tag{1-2}$$

如果与物质作用的电磁辐射能量不等于 ΔE，则粒子不会吸收该辐射的能量，其能级状态不发生改变。

三、电磁波谱

当物质与外界能量如电磁辐射能、电能、热能等作用时，其内部粒子发生量子化的能级跃迁，此时会产生由吸收、发射或散射形成的不同能量的电磁辐射。将电磁辐射按能量（或波长、频率、波数）的大小顺序排列成谱，就构成电磁波谱。表 1-1 列出了各种电磁波的波长范围、能量大小及其产生的机理。

表 1-1 电磁波谱的分区

电磁波	光子能量/eV	波长范围	能级跃迁类型
γ 射线区	$>2.5\times10^6$	<0.005nm	核能级
X 射线区	$(2.5\times10^6)\sim(1.2\times10^2)$	0.005～10nm	内层电子能级
远紫外(真空紫外)区	$(1.2\times10^2)\sim6.2$	10～200nm	内层电子能级
近紫外区	6.2～3.1	200～400nm	外层电子及价电子能级
可见光区	3.1～1.6	400～800nm	外层电子及价电子能级
近红外区	1.6～0.5	0.8～2.5μm	分子振动能级

续表

电磁波	光子能量/eV	波长范围	能级跃迁类型
中红外区	$0.5\sim(2.5\times10^{-2})$	2.5～50μm	分子振动能级
远红外区	$(2.5\times10^{-2})\sim(1.2\times10^{-4})$	50～1000μm	分子转动能级
微波区	$(1.2\times10^{-4})\sim(4.1\times10^{-7})$	1～300cm	分子转动能级
无线电波(射频)区	$<4.1\times10^{-7}$	>300cm	电子或核自旋能级

四、光学分析法及其分类

根据电磁辐射与物质相互作用性质的不同来探测物质结构和化合物成分含量的分析方法，称为光学分析法。光学分析法分为光谱分析法和非光谱分析法两大类。

1. 光谱分析法

根据物质对电磁辐射的吸收、发射或散射现象建立起来的一类仪器分析方法称为光谱分析法。光谱分析法中，电磁辐射的能量和物质内部的能态均会发生相应改变。

根据电磁辐射引起能量变化的物质粒子（原子、分子）的不同，光谱法可分为原子光谱法和分子光谱法。原子光谱是由原子外层或内层电子跃迁所产生的光谱，其表现形式为线光谱，线光谱是元素的固有特征。属于这类分析方法的有原子发射光谱法、原子吸收光谱法及原子荧光光谱法。分子光谱是由分子中电子能级、振动能级和转动能级的跃迁所产生的光谱，其表现形式为带光谱。属于这类分析方法的有紫外-可见吸收光谱法、红外吸收光谱法和分子荧光光谱法等。

根据电磁辐射的波长也可分为X射线光谱法和核磁共振波谱法等。

根据电磁辐射和物质相互作用的结果，光谱法又可分为发射光谱法、吸收光谱法和散射光谱法等。

（1）发射光谱法

基于物质粒子受到电磁辐射能、热能、电能或化学能的激发跃迁到激发态，再由激发态以电磁辐射形式释放掉多余能量而回到基态时产生的光谱进行分析的方法称为发射光谱法。常见的发射光谱法见表1-2。

表1-2　常见的发射光谱法

方法名称	激发方式	作用对象或机理	检测信号
原子发射光谱法	电弧、火花、等离子炬等	气态原子外层电子	紫外、可见光
原子荧光光谱法	高强度紫外、可见光	气态原子外层电子	原子荧光
分子荧光光谱法	紫外、可见光	分子价电子	荧光(紫外、可见光)
分子磷光光谱法	紫外、可见光	分子价电子	磷光(紫外、可见光)
化学发光法	化学能	分子价电子	可见光
X射线荧光分析法	X射线(0.01～2.5nm)	原子内层电子的逐出，外层能级电子跃入空位(电子跃迁)	特征X射线(X射线荧光)

（2）吸收光谱法

根据物质对电磁辐射的特征吸收光谱进行分析的方法，称为吸收光谱法。常见的吸收光谱法见表1-3。

表1-3　常见的吸收光谱法

方法名称	电磁辐射	作用对象	检测信号
紫外-可见吸收光谱法	紫外、可见光	分子外层电子	吸收后的紫外、可见光
红外吸收光谱法	红外光	分子的振动	吸收后的红外光

续表

方法名称	电磁辐射	作用对象	检测信号
核磁共振波谱法	无线电波（射频波）	磁性原子核	共振吸收
原子吸收光谱法	紫外、可见光	气态原子外层电子	吸收后的紫外、可见光
X射线吸收光谱法	X射线	$Z>10$的重元素原子的内层电子	吸收后的X射线

2. 非光谱分析法

非光谱分析法是根据物质对电磁辐射的折射、反射、散射、干涉、衍射及偏振等光学现象进行分析的方法，包括折射法、光散射法、干涉法和X射线衍射法等。非光谱分析法中，电磁辐射的传播方向发生变化而能量不变，也不涉及物质内部的能态变化。

第二节 原子发射光谱基本原理

一、原子发射光谱的产生

在正常情况下，物质原子的能级处于能量最低的基态。当原子受到外界能量（如热能、电能等）作用时，原子中的外层电子会从基态跃迁到激发态，其中能量最低的激发态称为第一激发态。将电子从基态激发至激发态所需要的能量称为激发电位。处于激发态能级的原子是不稳定的，其外层电子会在极短时间内跃迁至较低能级的激发态或基态而释放出多余的能量，若这种能量是以辐射一定频率的电磁波形式释放的，就产生了原子发射光谱。由于原子的各个能级是量子化的，电子的跃迁是不连续的，因此原子发射光谱为线状光谱。

当外加的能量足够大时，原子会发生电离形成离子。原子电离所需要的最小能量称为电离电位。离子中的外层电子也能被激发，其所需的能量即为相应离子的激发电位。原子失去一个电子时，称为一次电离，再失去一个电子时，称为二次电离，以此类推。由被激发离子形成的发射光谱，称为离子线。在原子谱线表中，每条谱线元素符号后以罗马数字Ⅰ、Ⅱ、Ⅲ依次表示中性原子、一次离子、二次离子所发射的谱线。如Na Ⅰ558.99nm是钠原子线，MgⅡ280.27nm是镁的一次电离的离子线。由于原子和离子具有不同的能级，因而原子发射的光谱和离子发射的光谱是不同的。

由于原子的能级很多，原子在被激发后，其外层电子可有不同的跃迁方式，但这些跃迁均遵循一定的规则（即“光谱选律”），因此对特定元素的原子可产生一系列不同波长的特征光谱线，这些谱线按一定的顺序排列，并保持一定的强度比例。

原子从高能态直接跃迁至基态产生的辐射线叫作共振发射线（共振线）；从最低激发态跃迁到基态所发射的谱线称为第一共振线。第一共振线的激发电位最小，最容易被激发，也是该元素的最强谱线（最灵敏线）。

不同元素的原子结构不同，原子的能级状态不同，发射谱线的波长不同，每种元素都有其特征谱线，这是光谱定性分析的依据。试样中待测元素含量越高，对应的谱线强度就越强，故谱线强度是光谱定量分析的依据。

二、谱线的强度与影响因素

原子发射光谱谱线的产生是原子从激发态跃迁回到基态或低能级时释放出多余能量的结

果。单位时间内原子发射谱线的总能量就是谱线的强度。谱线强度是原子发射光谱定量分析的基础。

谱线强度的基本公式为

$$I_{ij}=\frac{g_j}{g_0}A_{ij}h\nu_{ij}N_0\mathrm{e}^{-\frac{E_j}{kT}} \tag{1-3}$$

式中，g_j 和 g_0 分别为激发态和基态能级的统计权重；A_{ij} 为 i 和 j 两个能级间的自发跃迁概率；ν_{ij} 为发射谱线的频率；N_0 为基态原子数目或原子总密度；E_j 为激发电位；k 为玻耳兹曼常数，其值为 1.38×10^{-23}J/K；T 为激发温度。

由式(1-3) 可知，影响原子发射光谱谱线强度的因素主要有原子的激发电位、跃迁概率、激发温度和基态原子数等。E_j 越低，谱线强度越强。某元素 E_j 最低的共振线通常是该元素所有谱线中最强的谱线。不同元素的不同谱线各有其最佳激发温度，在此温度下谱线的强度最大。基态原子数 N_0 与试样中该元素的含量成正比，所以谱线的强度与待测元素的含量成正比，这就是光谱定量分析的依据。

三、谱线的自吸和自蚀

原子发射光谱的激发光源都是有一定体积的弧形焰炬。焰炬中心区的温度最高，激发态原子数也最多；边缘区的温度较低，其中处于基态或较低能级的同类原子较多。当激发态原子从焰炬中心发射出谱线时，必须通过弧焰边缘才能到达检测器。此时，处于弧焰边缘的基态或低能态同类原子就可能吸收高能态原子发射的辐射，从而减弱了检测器接收到的谱线强度，这种现象称为自吸现象（图 1-2）。

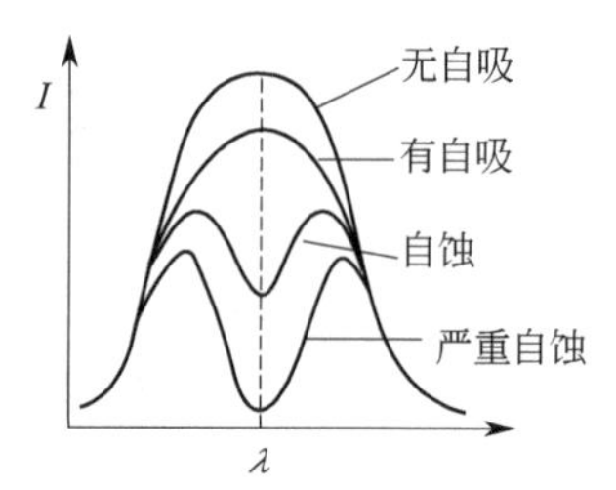

图 1-2　谱线的自吸与自蚀

自吸现象对谱线中心强度的影响最大。当原子浓度很低时，谱线不呈现自吸现象；如果原子浓度增大，谱线就会产生自吸现象，使谱线强度减弱。当自吸现象非常严重时，谱线中心强度几乎完全被吸收，好像是两条谱线，这种现象称为自蚀。

自吸既影响谱线强度又影响谱线形状。使光谱定量分析的灵敏度和准确度都下降，因此，应该注意控制被测定元素的含量范围，并且尽量避免选择自吸线为元素的分析线。

第三节 原子发射光谱仪

原子发射光谱仪是检测和记录待测物质原子发射光谱线波长及强度的设备，主要由进样系统、光源、分光系统和检测器四部分组成。

一、进样系统

根据试样进样方式的不同，原子发射光谱仪有固体、液体和气体形式的进样系统。通常使用的是由雾化器等部件组成的液体进样系统。待测样品溶液被高速气流或蠕动泵带入雾化器后雾化为气溶胶，由载气携带气溶胶注入等离子体炬的内管内进行激发。

二、光源

光源的主要作用是为试样的蒸发、解离、原子化和激发提供所需要的能量，使其发射光谱。光源特性对光谱分析的检出限、精密度和准确度都有很大的影响。原子发射光谱仪的光源分为等离子体和非等离子体两大类，前者常见的是电感耦合等离子体光源，是现代原子发射光谱仪的首选光源。非等离子体光源包括火焰、直流电弧、交流电弧、电火花和激光等。

电感耦合等离子体光源是指高频电能通过电感（感应线圈）耦合到等离子体所得到的外观上类似火焰的高频放电光源，其结构、形成机理和性能特点简介如下。

1. 等离子体

等离子体又称电浆，是一种由自由电子、离子及中性粒子组成的呈电中性的高温气态物质。等离子体的力学性质（如体积、压力与温度的关系）与普通气体相同，但由于其中有带电粒子的存在，其电磁学性质与普通气体相差很大。等离子体能导电，当有电流通过时等离子体能产生热，且可以达到很高的温度。应用最广泛的等离子体主要为电感耦合等离子体（inductively coupled plasma，ICP）。

2. ICP 光源的结构

ICP 光源一般由高频发生器、感应线圈、供气系统和等离子体炬管等部分组成，如图 1-3 所示。

高频发生器又称高频电源或等离子体电源，其作用是产生高频磁场，以供给等离子体能量。

常用的等离子体炬管是一直径为 18～25mm 的同轴三层石英玻璃管，炬管置于高频发生器负载线圈内。炬管的作用是通过气体和试样并形成等离子体焰炬。炬管内管通入的氩气流称为载气，流量约为 1L/min，用以打通等离子体中心通道，并携带试样进入等离子体。中间管通入的氩气流称为工作气体（辅助气），流量为 2.5～3.0L/min，用以点燃等离子体，工作气体只是点火开始时引入，待载气引入后即可停止。外管以切线方向引入氩气，氩气流在管内呈旋涡式上升，流量约为 10～20L/min。外管中氩气的作用有：①将等离子体吹离石英管内壁，起冷却作用以免烧毁石英管；②利用离心作用，在炬管中心产生低气压通道，以利于进样；③参与放电过程以维持 ICP 的正常工作。

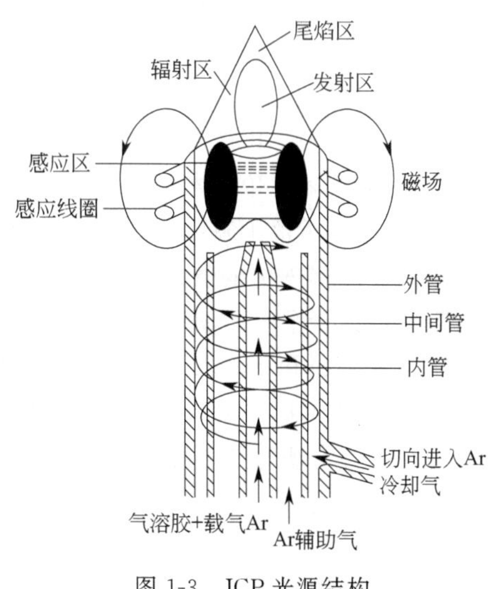

图 1-3 ICP 光源结构

3. ICP 焰炬的形成

ICP 焰炬的形成实际上就是工作气体的电离和发热过程。首先向炬管的中间管及外管通入氩气，内管不通气体，在炬管中建立氩气气氛；接着使高频振荡电流通过炬管外的负载线圈，在炬管的轴线方向上就产生了高频电磁场，由于通入的氩气是非导体，此时不能产生感应电流，这一阶段也没有等离子体出现。最后一步是点火。用高压火花使管内氩气电离，产生少量由离子和电子组成的载流子，载流子受管内轴向磁场的作用，形成涡流。加速运动的载流子与周围的氩原子发生碰撞产生焦耳热，使更多的气体电离。当载流子不断增多达到足够的电导率时，在垂直于管轴方向的截面上就会感应出涡电流，强大的涡电流产生的高热将等离子体加热，使其瞬间在炬管的出口端形成外观与火焰相似的高温等离子焰炬。持续的沿炬管出口端周围集聚的等离子体维持了焰炬的稳定分布。当载气带着试样气溶胶通过等离子焰炬时，可被加热至6000～7000K，并被原子化和激发而产生发射光谱。

4. ICP焰炬的物理特性

等离子焰炬具有同心环状结构，其横截面是一中空的环状。焰炬自里向外依次为发射区（焰心区、预热区）、辐射区（分析区）和尾焰区三个区域，各区域的温度分布和功能有所不同。发射区位于感应线圈内高频电流形成的涡流区内，焰炬不透明，温度高达10000K，具有很高的电子密度，该区是用来预热、蒸发试样气溶胶的区域，能够发射较强的300～500nm波段连续背景光谱，不宜用其激发试样。辐射区位于感应线圈上方1～3cm的区域，具有半透明淡蓝色的焰炬，温度在7000K左右，是被测物原子化、激发、电离与辐射的主要区域。辐射区光谱背景较低，是观测和分析光谱的最佳区域。尾焰区位于内焰区的外上部，在没有金属蒸气时无色透明，温度一般低于6000K，只能激发低能级的谱线。

5. ICP光源的分析特性

ICP光源是目前原子发射光谱中应用最广的光源，其分析特性体现在如下几个方面。

① 检出限低。由于ICP光源温度较高，样品原子化完全且易被激发，激发谱线强度大；同时在氩气氛中激发产生的光谱背景低且波动小，因此其检出限低（一般为10^{-10}～10^{-9}g/mL）。一般来说，ICP的检出限低于X射线荧光光谱法的检出限，高于石墨炉原子吸收的检出限，相当于或略低于火焰原子吸收的检出限。

② 准确度高。ICP光源的基体效应小，可获得低干扰水平和高准确度的分析结果。

③ 精密度高。ICP光源的稳定性好，相对标准偏差一般小于1%。

④ 线性分析范围宽。由于ICP焰炬呈环状结构，样品集中在等离子焰炬的中央通道，从高温的外围向内部的气溶胶加热，较少出现其他发射光谱中常见的因外部冷原子蒸气造成的自吸和自蚀现象，因此分析校正曲线的线性范围宽（可达4～6个数量级）。适用于高、低、微含量金属和难激发元素的分析测定，同一份试液可用于从常量至痕量元素的分析。

⑤ 多元素同时或顺序式测定能力强。ICP光谱法的低干扰性和时间分布的高度稳定性以及宽的线性分析范围，使其很容易实现同时或顺序式多元素测定。

⑥ 测定卤素等非金属元素时灵敏度较低。

三、分光系统

分光系统主要由光路系统、狭缝和色散元件等组成，其功能是接收待测试样激发出的各种特征辐射光谱并用色散元件分光以获得按波长顺序排列的光谱。

现代光谱仪的主要色散元件为光栅。光栅是利用光的衍射效应进行分光的器件。光栅有平面光栅、凹面光栅和中阶梯光栅等类型，其中中阶梯光栅因具有较大波长范围、高分辨率和高色散率等分光性能，成为全谱直读发射光谱仪的标准配置。

四、检测器

现代原子发射光谱仪的检测器主要为光电倍增管和固态成像系统等光电转换器。其中，固态成像系统是一类多元阵列集成电路式焦平面检测器，如电荷耦合器件（CCD）和电荷注入器件（CID）等，具有多谱线同时检测能力，检测速度快，动态线性范围宽，灵敏度高。

第四节 分析方法

各种元素的原子结构不同，在光源的激发作用下所产生的光谱线的频率或波长各不相同，这是光谱定性分析的依据；通过测量发射谱线的强度来确定样品中被测元素的含量就是光谱定量分析。

一、定性分析

每种元素均有其特征原子发射光谱。不同元素的光谱在谱线数量、波长和强度等方面都不相同。通过与元素的标准谱线图表进行对比，即可确定待分析试样的元素组成。

1. 基本概念

（1）灵敏线

灵敏线是指激发电位低、跃迁概率高、谱线强度大的一些原子线或离子线。灵敏线多是一些共振线。大多数金属元素的灵敏线主要分布在近紫外光区及可见光区。

（2）最后线

最后线是指随着试样中被测元素含量的逐渐减少而最后消失的谱线。强度最大的谱线不一定是最后线。

（3）分析线

用作识别元素存在及测定元素含量的谱线称为分析线。分析线实际上是一些灵敏线或最后线。分析线不应与其他干扰谱线重叠。

2. 定性分析方法

每种原子都可发射出很多条谱线。在定性分析时，一般只要检测到该元素的一条或几条不受干扰的灵敏线或“最后线”，就可确定该元素存在。相反，若试样中未检测到某元素的1～2条灵敏线，则说明试样中不存在该元素，或者该元素的含量在检测限以下。

定性分析时需注意以下两个方面的问题。①为保证分析结果准确，发射光谱应包含试样中全部元素的激发谱线。②不同元素谱线间相互干扰的判定。当试样组分比较复杂存在谱线干扰的现象时，确认被检元素存在至少应有其两条灵敏线同时出现。如果怀疑某元素谱线干扰被检元素谱线，可以再检查某元素的其他灵敏线，如果没有其他灵敏线出现，则可以认为试样中不存在这种干扰元素；如果某元素的其他灵敏线在光谱中出现，则不能排除存在干扰的可能性。也可以用此法来确认被检元素是否存在，即在被检元素谱线附近再找出一条某元素的干扰谱线，这一条干扰谱线与原来的干扰谱线强度相近或稍强一些，将所找的干扰谱线与被检元素灵敏线进行比较，如果被检元素灵敏线的强度大于或等于新找出的干扰谱线的强度，则可以认为被检元素是存在的。

现代的原子发射光谱仪通过光电直读法可以自动定性分析试样中存在的各种元素。

二、定量分析

1. 定量分析基本原理

实验证明，在大多数情况下，谱线强度与试样中被测元素含量的关系符合如下经验公式

$$I=AC^{b} \tag{1-4}$$

该公式称为赛伯-罗马金公式，是光谱定量分析的基本关系式。式中，I 为谱线强度；C 为被测元素的浓度；A 为与实验条件有关的常数；b 为自吸收系数。当被测元素浓度很小无自吸收时，$b=1$；当被测元素浓度很高时，谱线自吸收严重，$b\approx 0$；在一般浓度下，$b<1$，且自吸收愈大，b 值愈小。

将式(1-4) 取对数，得

$$\lg I=\lg A+b\lg C \tag{1-5}$$

由式(1-5) 可知，谱线强度的对数与被测元素浓度的对数呈线性关系。在一定的条件下，上式中的系数 A、b 都是常数，但在实际工作中，由于 A 值受试样的组成、蒸发、激发和光源的工作条件等因素的影响，在实验中很难保持恒定不变，因此根据谱线强度的绝对值来进行定量分析很难获得准确的结果。

2. 定量分析方法

定量分析样品中被测元素含量常用的方法有校正曲线法、标准加入法和内标法等。

(1) 内标法

内标法的方法基本原理是：在待分析的样品中加入一定含量的内标元素或选择试样的某种基体元素作为内标元素，在被测元素的谱线中选一条谱线作为分析线，再在内标元素的谱线中选一条与分析线性质相近的谱线作为内标线，由这两条谱线组成分析线对。分析线与内标线的绝对强度的比值称为分析线对的相对强度。利用分析线对的相对强度就可以求出被测元素的含量。内标法可以在很大程度上消除因实验条件波动引起的谱线强度变化对检测结果带来的影响。

根据式(1-5)，得内标法定量分析的基本关系式

$$\lg(I/I_0)=\lg R=b\lg C+\lg A \tag{1-6}$$

式中，I 和 I_0 分别为分析线和内标线的强度；$R=I/I_0$，为分析线对的相对强度；C 为被测元素的含量；A 为一常数。

只要测出标样系列谱线的相对强度 R，即可绘制 $\lg R$-$\lg C$ 标准曲线。在分析时，测得试样中分析线对的相对强度，即可由标准曲线查得被分析元素的含量。

内标法的优点在于没有标准对照元素时，可以定量分析某些元素。

(2) 校正曲线法

在完全相同的实验条件下，将 3 个或 3 个以上不同浓度的待测元素的标准试样和样品激发测得激发光谱，以分析线的强度 I（或内标法分析线对强度比 R 或 $\lg R$）对浓度 C 或 $\lg C$ 作校准曲线，由该校正曲线求得试样中被测元素的含量。

校正曲线法是光谱定量分析的基本方法，准确度较高，应用广泛，特别适合于成批样品的分析。

校正曲线法的简化形式是，只根据一个浓度为 C_s 的待测元素标准溶液的分析线强度 I

求出常数A，然后根据$I_x=AC_x$求出试样待测元素的含量。此法又称为标准对比法（单标法）、直接比较法或半定量分析法。由于该法可以快速地得到试样中含有哪些元素以及该元素的大致含量，因此常用于如下几种情况：在定量分析某未知样品前，首先通过半定量法检测出样品所含未知元素的种类及其含量，据此进一步选择相应的定量分析方法、配制相应标准溶液，进而测得未知样品所含元素的准确含量；在要求快速分析，而不追求成分的准确含量时，例如某种合金型号的确定、工业生产中的中间过程控制、试剂中杂质是否超过了法定标准的分析；待测样品的量较少时，不能采用其他理想的定量方法。

（3）标准加入法

当待测元素的含量较低，且标准样品与未知样品的基体匹配有困难时，可采用标准加入法。

在几份未知试样中分别加入不同含量的被测元素标准样品，在同一条件下激发光谱，测量不同加入量时的分析线对强度比。在被测元素含量低时，自吸收系数b为1，谱线强度比R直接正比于元素含量C，将校正曲线R-C延长交于横坐标，交点至坐标原点的距离所对应的含量，即为未知试样中被测元素的含量。

标准加入法可用来检查基体纯度、估计系统误差和提高测定灵敏度等。

3. 定量分析的主要干扰因素及消除方法

影响发射光谱定量分析准确度的主要因素有光谱干扰和基体干扰，必须采取针对性措施予以消除。

（1）光谱干扰

光谱干扰是元素光谱分析尤其是ICP发射光谱分析中常见的问题，分为谱线重叠干扰和背景干扰。

谱线重叠干扰是由于光谱仪分光系统色散率和分辨率的不足，导致某些共存元素的谱线重叠在分析线上。选择另一条干扰小的谱线作为分析线或应用干扰因子校正法可以消除此类干扰。

背景干扰是由连续光谱、分子带光谱以及光学系统的杂散光等所产生的谱线强度叠加于线状光谱上所引起的干扰。该干扰使分析线信号测量值产生正的偏离，导致分析结果准确度变差。消除背景干扰的方法主要有离峰扣背景法和卡尔曼（Kalman）滤波法。

（2）基体干扰

样品中除待测物以外的其他组分称为基体。基体的改变会影响被测元素的谱线强度，降低定量分析的准确度，这种效应称为基体效应。在实际分析过程中，应尽量采用与试样基体一致或接近的标样，以减少或消除基体干扰。在光谱分析中，常根据试样的组成、性质及分析的要求，在试样和标样中加入一些具有某种性质的添加剂，以改善基体特性，从而减小基体效应，提高分析的准确度或灵敏度。光谱添加剂主要有光谱缓冲剂和光谱载体等。

第五节 方法应用

作为一种多元素同时分析技术，原子发射光谱具有检测限较低、准确度和灵敏度较高、分析速度较快的特点，是常量和微量元素定性、半定量和定量分析的主要方法，在工农业、地矿、环境和医学等许多领域获得了广泛的应用。

1. 原材料组成和产品成分及纯度检验

在冶金工业领域原子发射光谱法是常规的元素分析手段，其主要用途有：铁、低合金钢、不锈钢、高碳铬铁、低碳铬铁、稀土硅铁、高纯铁、硒碲合金、锂铝合金、钴白合金、钨镍铜合金、锂硼合金、高温合金和压铸锌合金等冶金产品中常量、低含量和痕量元素的多元素分析；钢中碳化物和稳定夹杂物分析；冶炼炉前钢液成分快速分析；炉渣成分测定以及冶金生产中废水、废气、废料有害元素的测定等。

在用ICP-AES法测定金属材料元素成分时，主要考虑样品前处理、干扰问题、分析谱线选择和仪器参数等因素。根据分析目的不同，样品前处理可分为样品溶解和分离富集两部分。对于常量元素的分析，多数样品的前处理只需要将样品溶解即可；但对于痕量元素的准确测定，样品前处理涉及溶解和分离富集过程。如分析锌铝镁合金样品中元素的含量时，以优级纯浓硝酸在加热条件下溶解试样，以基体匹配法矫正基体的干扰，各元素的测定值与认定值或合成值一致；测定钛合金中锆元素时，采用盐酸-氢氟酸-硝酸溶解钛合金样品，选择357.247nm为锆的分析线，通过基体匹配校正曲线法消除钛元素的干扰，测定结果的相对标准偏差小于2%，样品加标回收率为99.0%～102.7%；测定高纯钼样品中钙、铬、铜、钴、镁、镍、锌、镉和锰等杂质元素含量时，为了消除钼基体丰富的谱线对待测元素的干扰，使用过氧化氢溶解样品，以过量硝酸沉淀分离钼基体作为样品前处理步骤，通过建立基于基体分离的校正曲线，测定结果的相对标准偏差为2.0%～4.8%。

贵金属材料的纯度检验是其品质评价的重要手段。一般用贵金属元素的质量分数作为其纯度的主要标志。如黄金冶炼企业生产的黄金产品——金锭，按照产品中金和杂质元素含量的不同，分为IC-Au99.50、IC-Au99.95、IC-Au99.99、IC-Au99.995这四个质量等级。不同牌号的金锭产品，其理化特性存在一定差异，以满足不同企业对金锭产品的质量要求。国内金锭产品的质量检测执行GB/T 4134—2015《金锭》标准中的有关要求，其规定了不少于12种杂质元素的检测要求和限值要求。杂质元素含量的测定方法有原子吸收光谱法（AAS）、电感耦合等离子体原子发射光谱法（ICP-AES）、电感耦合等离子体质谱法（ICP-MS）、原子荧光光谱法（AFS）、直读光谱法、X射线荧光法和辉光质谱法等。其中ICP-AES法已成为目前多数黄金冶炼企业首选的检测方法。

此外，原子发射光谱法也广泛地用于各种材料如激光材料、半导体材料、高纯稀土、化学试剂等材料中多种杂质成分和功能成分的测定。

2. 岩矿和土壤样品分析

矿物和岩石样品组成复杂多变且均匀性差，与其他分析方法相比，用ICP-AES技术分析岩矿中主要、次要、痕量及稀土元素具有快速、可靠和经济等优势。一般需将样品在密闭的聚四氟乙烯溶样器皿中用盐酸-氢氟酸溶解，加入硼酸后进行分析；或者将样品用偏硼酸锂熔融，再用稀硝酸浸取后进行测定。

土壤既含有和岩石矿物成分类似的无机物，也含有具有生物活性的有机物，一般必须选用适当的酸溶法或熔融法分解试样以制备成适于ICP分析的溶液。例如，用盐酸和氟氢酸分解土壤样品，两次蒸干后再用盐酸溶解，可以对土壤进行除硅以外的常量和微量元素分析。如果只分析微量元素，也可用高氯酸-硝酸或王水等混酸浸煮土壤试样，然后定容并用雾化器直接吸入上层清液进行分析。

3. 环境样品分析

ICP-AES 是目前环境样品元素分析最重要的方法，广泛应用于生活及工业用水、工业废水、河水、海水、大气颗粒物、土壤、海洋沉积物等各种环境样品的多元素测定。

4. 食品生化和临床医学样品分析

原子发射光谱是对食品中包括有害金属元素在内的各种金属元素进行全分析的最方便的方法。通过对食品的中间品溶液的严格分析，可以了解各种材质的加工设备在一定的介质条件下，向食品中引入微量元素的情况，有助于某些有害元素的溯源。利用 ICP-AES 分析生化医学样品中的微量元素对疾病的预防和诊断具有重要意义。如根据人发中微量元素分布的分析，可以辅助进行癌症的初级诊断等。

典型案例

电感耦合等离子体原子发射光谱法测定钕铁硼中钼钨铌锆钛

钕铁硼（NdFeB）合金属于第三代稀土永磁材料，具有质量轻、体积小、磁性强和能量密度高等特点，是迄今为止性价比最高的磁体，在磁学界被誉为“磁王”，广泛应用于永磁电机、仪器仪表、电力机械、航天航空、五金机械、医疗器械和包装等领域。

钕铁硼永磁材料是以化合物 $RE_2Fe_{14}B$ 为基础的材料，Nd、Fe、B 为主要元素，其中稀土元素的质量分数约为 30%。在钕铁硼材料制备过程中，原料中的杂质元素会进入产品，影响产品品质。同时，为了优化性能以满足高端产品的特殊要求，还需要在钕铁硼材料中掺杂一些其他稀土元素如 Pr、Dy、Gd、Tb、Ho 和非稀土元素如 Nb、Zr、Ga、Al、Co、Cu 等。因此，检测钕铁硼合金中次量元素成分是评价其性能的重要基础。

1. 原理

电感耦合等离子体原子发射光谱法（ICP-AES）作为一种多元素快速分析技术，具有灵敏度高、检测限低、线性范围宽的优点，在稀土材料元素分析中发挥重要作用。以酸溶解钕铁硼样品，以基体匹配法消除光谱干扰或基体效应，以检测限、加标回收率和相对标准偏差作为 Mo、W、Nb、Zr 和 Ti 分析结果的评价指标。

2. 试剂和试样

（1）试剂和标准溶液

Mo、W、Nb、Zr、Ti 单元素标准储备溶液：各元素的质量浓度均为 $1000\mu g \cdot mL^{-1}$；Mo、W、Nb、Zr、Ti 混合标准储备溶液：各元素的质量浓度均为 $50\mu g \cdot mL^{-1}$，使用时用单元素标准储备溶液配制成介质为 5%（体积分数）H_2SO_4 的溶液；Fe_2O_3、Nd_2O_3 和 Pr_6O_{11} 中各被测元素的质量分数均小于 0.0010%；硝酸、盐酸和硫酸均为分析纯。

配制标准溶液系列：分别称取 0.2500g Fe_2O_3、0.0656g Nd_2O_3 和 0.0227g Pr_6O_{11} 于 5 个 100mL 烧杯中，分别加入 5mL 盐酸，低温加热至完全溶解，冷却至室温后，移入已加入 5mL 硫酸及不同浓度被测元素的 100mL 容量瓶中，以水稀释定容，混匀，配制成表 1-4 所示标准溶液系列。

表 1-4　标准溶液系列中各元素的质量浓度

标准溶液	质量浓度/(μg·mL^{-1})							
	Fe	Pr	Nd	Mo	W	Nb	Zr	Ti
1	1750	187.5	562.5	0	0	0	0	0
2	1750	187.5	562.5	0.25	0.25	0.25	0.25	0.25
3	1750	187.5	562.5	1.00	1.00	1.00	1.00	1.00
4	1750	187.5	562.5	5.00	5.00	5.00	5.00	5.00
5	1750	187.5	562.5	12.50	12.50	12.50	12.50	12.50

(2) 试样溶液的制备

称取 0.25g (精确至 0.0001g) 钕铁硼试样于 100mL 烧杯中，加入 5mL 硝酸 (1+1)，低温加热至试样完全溶解，稍冷后加入 10mL 硫酸 (1+1)，低温加热至硫酸冒烟，冷却。加水及 5mL 盐酸溶解盐类，溶液澄清后移入 100mL 容量瓶中，以水稀释定容，混匀。

3. 仪器和设备

采用 ICPS-8100 型光谱仪 (岛津公司)，选择合适的 RF 功率、氩冷却气流量、辅助气流量和载气流量。

根据分析谱线的选择原则，选择灵敏度高、非测定元素对测定元素光谱干扰少或没有干扰的 Mo 281.615nm、W 207.911nm、Nb 316.340nm、Zr 343.823nm 和 Ti 336.121nm 谱线作为分析谱线。

4. 结果分析

(1) 共存元素干扰情况的判定

在选定的分析线波长下，分析试液中可能共存的元素 Ca、Mg、B、Co、Al、Ga、Cu、Dy、Ho、Tb、Gd 等对各被测元素的干扰情况。结果表明，1mg·mL^{-1} 共存元素在各被测元素波长处产生的干扰量均小于 0.20μg·mL^{-1} (此干扰为光谱干扰和背景干扰之和)，即质量分数为 1.0%的共存元素对各被测元素的干扰最大不超过 0.0002%，对于含量为 0.01%的各被测元素来说，产生的相对误差为 2%，不影响检测结果。因此，可认为共存元素对各被测元素无干扰。

(2) 校准曲线及线性方程

在选定的分析线波长下，对各被测元素标准溶液系列进行测定，以各被测元素的强度值为纵坐标，质量浓度值为横坐标绘制校准曲线。根据校准曲线的线性回归方程，求得线性相关系数为 0.9999～1.0000，线性范围为 0.25～12.50μg·mL^{-1}。

(3) 样品前处理方法的影响

用两种方法处理样品。称取不含被测元素的钕铁硼样品 0.25g (精确至 0.0001g) 两份。分别将样品加入两个 100mL 聚四氟乙烯烧杯中，各加入 5mL 硝酸 (1+1)，低温加热至溶解。方法 1：加入 5mL HF 和不同浓度的被测元素，用水稀释至约 50mL，煮沸后保温 10min，冷却后移入 100mL 塑料容量瓶中，以水稀释至刻度，混匀。分取过滤后的滤液，加入硼酸，定容后测定。方法 2：加入 10mL 硫酸 (1+1) 和不同浓度的被测元素，低温加热至冒硫酸烟，冷却，以水及 5mL 盐酸溶解盐类，溶液澄清后移入 100mL 容量瓶中，以水稀释至刻度，混匀，测定。

方法 1 处理样品 Zr 的测定值明显低于其加入量；方法 2 处理样品 5 个被测元素的测定

值基本与其加入量一致。因此选用方法2处理试样。用方法2处理试样后，待测试液中硫酸的体积分数为5%。绘制校准曲线所用标准溶液系列与试液中的盐酸与硝酸会有不同，但5%（体积分数）以下的盐酸与硝酸对各被测元素的影响几乎相近，因此不会影响测定结果。

（4）基体的影响

在钕铁硼试样中基体硼含量较低，对被测元素没有光谱干扰，测定时可以不考虑硼的影响。含量较高的元素钕、镨及铁和在样品处理过程中加入的硫酸，均会对被测元素产生一定的光谱干扰或基体效应影响。因此，在选定的分析线波长下，采用基体匹配的方法进行测定。

5. 结果表达

（1）方法的测定下限

对校准曲线的空白溶液进行11次测定，求得其标准偏差，以3倍标准偏差计算得到Mo、W、Nb、Zr和Ti的方法测定下限分别为0.10$\mu g \cdot mL^{-1}$、0.20$\mu g \cdot mL^{-1}$、0.15$\mu g \cdot mL^{-1}$、0.10$\mu g \cdot mL^{-1}$、0.10$\mu g \cdot mL^{-1}$。

（2）精密度与回收率

在Mo、W、Nb、Zr和Ti的质量分数均小于0.0010%的钕铁硼样品中，加入不同含量的被测元素，然后按实验方法对样品进行处理和11次测定，求得加标回收率在98%～104%之间，相对标准偏差（RSD，$n=11$）小于6%。

（3）方法的准确度

在钕铁硼样品试液中加入被测元素的标准溶液，使待测试液中加入的Mo、W、Nb、Zr、Ti的质量浓度均为0.50$\mu g \cdot mL^{-1}$，然后对该合成试液进行测定，测定结果与电感耦合等离子体质谱法的测定结果或参考值相符。

6. 产品分析

对江西某公司的钕铁硼产品（Zr、Nb的质量分数分别为0.10%、0.47%，Mo、W和Ti的质量分数均小于0.001%）中的各元素进行测定，得到Zr和Nb的质量分数分别为0.103%、0.487%，Mo、W和Ti质量分数均小于本方法的测定下限，这表明本方法的测定结果可靠，可用于钕铁硼样品中Mo、W、Nb、Zr、Ti的测定。

参考文献

[1] 辛仁轩．等离子体发射光谱分析［M］．北京：化学工业出版社，2005.

[2] 徐祖耀，黄本立，鄢国强．中国材料工程大典，第26卷，材料表征与检测技术［M］．北京：化学工业出版社，2006.

[3] 陈浩．仪器分析［M］．北京：科学出版社，2010.

[4] 董慧茹．仪器分析［M］．北京：化学工业出版社，2010.

[5] 周西林，王娇娜，刘迪，等．电感耦合等离子体原子发射光谱法在金属材料分析应用技术方面的进展［J］．冶金分析，2017，37（1）：39-46.

[6] 时亮，隋欣．电感耦合等离子体-原子发射光谱法的应用［J］．化工技术与开发，2013，42（5）：17-21.

[7] 杜一平．现代仪器分析方法［M］．上海：华东理工大学出版社，2008.

[8] 冯玉红．现代仪器分析实用教程［M］．北京：北京大学出版社，2008.

[9] 黄新民．材料研究方法［M］．哈尔滨：哈尔滨工业大学出版社，2017.

[10] 谷亦杰，宫声凯．材料分析检测技术［M］．长沙：中南大学出版社，2009.

[11] 孙东平．现代仪器分析实验技术［M］．北京：科学出版社，2015.

[12] 田丹碧．仪器分析［M］．北京：化学工业出版社，2015.

[13] 王富耻．材料现代分析测试方法［M］．北京：北京理工大学出版社，2006.

[14] 朱鹏飞，陈集．仪器分析教程［M］．北京：化学工业出版社，2016.

[15] 张华、刘志广．仪器分析简明教程［M］．大连：大连理工大学出版社，2007.

[16] 徐金玲，李力，王荣．ICP-AES 法同时测定锂离子正极材料钴酸锂的杂质元素［J］．矿冶工程，2009，29（3）：75-77.

[17] 罗仕莲，邓汉芹，宋耀，等．ICP-AES 测定钕铁硼永磁合金中主量元素［J］．光谱实验室，2006，23（5）：956-958.

[18] 薛方忠．电感耦合等离子体原子发射光谱法测定 FPC 用压延铜箔镀层中 Ni、Co 含量［J］．有色金属加工，2016，45（1）：23-26.

[19] 刘巍，张桢．电感耦合等离子体质谱法测定镍基高温合金中硼含量［J］．分析仪器，2017，1：41-44.

[20] 杜梅，刘春，王东杰，等．电感耦合等离子体原子发射光谱法测定钕铁硼中钼钨铌锆钛［J］．冶金分析，2014，34（3）：65-68.

第二章

原子吸收光谱法

原子吸收光谱法（atomic absorption spectrometry，AAS）又称为原子吸收分光光度法，是一种基于样品蒸气中待测元素基态原子对特定波长电磁辐射吸收程度进行元素含量分析的方法。

作为一种常规性单元素定量分析方法，原子吸收光谱法具有灵敏度高、检出限低、准确度高、选择性好和操作简便等优点，广泛应用于材料、化工、生物、环保、医药、食品、农业和地质等各个领域。

第一节 原子吸收光谱基本原理

一、原子吸收光谱的产生

原子具有多种能态，正常情况下，原子处于能量最低的能态即基态。当蒸气原子受到电磁辐射作用时，若辐射的能量正好等于原子中基态和某一激发态之间的能级差时，该基态原子将吸收辐射能量跃迁至相应的激发态，这就产生了原子吸收光谱。

由于不同元素具有不同的原子结构，各元素原子从基态跃迁至激发态时所需的辐射能量也各不相同，因此每种元素都有各自的原子特征吸收谱线，这种谱线称为共振吸收线。由基态跃迁到第一激发态所需的能量最小，跃迁概率最大，其对应的吸收线称为主共振线（第一共振线），主共振线的吸收频率一般位于紫外区和可见光区。对大多数元素而言，主共振线也是其最灵敏的吸收线。

理想的原子吸收光谱应是线状光谱。实际光谱谱线并非严格意义的单色几何线，而是具有一定的宽度和轮廓特征。

二、积分吸收和峰值吸收

1. 积分吸收与原子浓度的关系

积分吸收表示基态原子发生跃迁时所吸收的全部能量。由于原子化过程中处于激发态能级的原子数目极少，因此谱线的积分吸收与待测元素的原子总数成正比，而与其他因素无关。

当分析线确定后，积分吸收的表达式如下

$$\int K_\nu \mathrm{d}\nu = kN \tag{2-1}$$

式中，ν 为入射辐射频率；K_ν 为积分吸收系数；k 为常数；N 为待测元素原子的总数。

根据式(2-1) 可知，如果能准确测量积分吸收，即可确定蒸气中的原子浓度，这就是原子吸收光谱分析的理论依据。这种方法称为积分吸收法。

由于原子吸收线的半宽度非常窄，仅在 10^{-3}nm 数量级。要准确测定吸收线积分值，需要精确扫描吸收线的轮廓，为此需要使用分辨率很高的单色器，这是一般技术难以达到的。

2. 峰值吸收与原子浓度的关系

峰值吸收测量法的基本内容为：在稳定的原子化条件下，以锐线光源作为激发光源，峰值吸收系数 K_0 与原子蒸气中待测元素的基态原子浓度 N_0 之间存在着简单的线性关系，此种条件下可以用 K_0 来代替 K_ν，而 K_0 值是可准确测定的。这样就能够通过测量 K_0 得到 N_0 的值。

峰值吸收法测量须同时满足两个条件：一是待测元素与锐线光源材料为同种元素，此种情况下通过原子蒸气的光源发射线的中心频率 ν_{0e} 与吸收线的中心频率 ν_{0a} 相等；二是光源发射线的半宽度 $\Delta\nu_e$ 要远小于吸收线的半宽度 $\Delta\nu_a$，如图 2-1 所示。

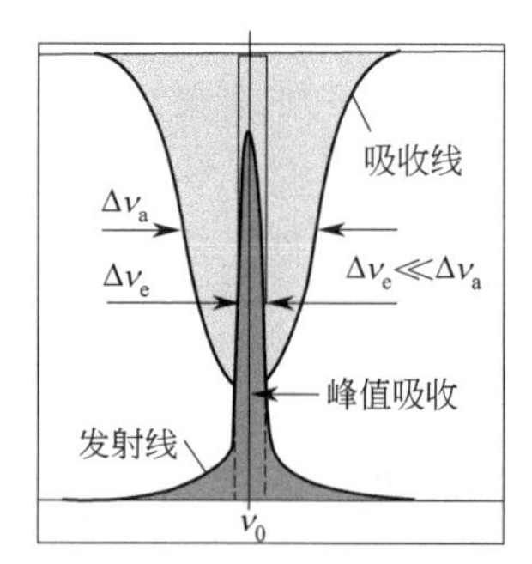

图 2-1　峰值吸收测量

满足上述条件的光源发射线的轮廓可近似看作一个很窄的矩形，吸收只限于在发射线宽度 $\Delta\nu_e$ 的范围内进行。在 $\Delta\nu_e$ 区间内，K_ν 不随频率而变化，$K_\nu \approx K_0$，此时式(2-1) 变为

$$K_0 \Delta\nu_e = A = kN \tag{2-2}$$

式(2-2) 左侧部分为测量得到的吸收前后发射线的强度变化，即吸光度 A。

根据吸光度定义有 $A = \lg(I_0/I)$，其中，I_0 为在 $\Delta\nu_e$ 频率范围内的入射光强；I 为在 $\Delta\nu_e$ 频率范围内的透射光强。

一般在原子吸收测量条件下，原子蒸气中基态原子数近似等于待测元素原子总数。实际测定的并不是蒸气中的原子浓度，而是被测试样中某元素的含量。在给定的实验条件下，被测元素的含量 c 与蒸气中原子浓度 N 之间存在一定的比例关系

$$N = ac \tag{2-3}$$

式中，a 是与实验条件有关的一常数。将式(2-3) 代入式(2-2) 得

$$A = kN = kac = Kc \tag{2-4}$$

式中，$K = ka$，为与实验条件有关的常数。

式(2-4) 说明，在一定实验条件下，吸光度 A 与被测元素的含量 c 成正比。所以通过测定吸光度 A 就可求得试样中待测元素的浓度 c，此即原子吸收分光光度法的定量基础。

第二节 原子吸收光谱仪

一、原子吸收光谱仪的组成

原子吸收光谱仪又称原子吸收分光光度计，主要由光源、原子化器、分光器（单色

器）和检测放大系统等几部分组成，如图 2-2 所示。其基本工作过程是：光源发射的特征辐射通过一定厚度的试样原子蒸气时，原子化区中待测元素的基态原子将吸收该特征辐射而使辐射强度减弱，由检测器测出光源辐射被吸收的程度（即吸光度），即可求得待测元素的含量。

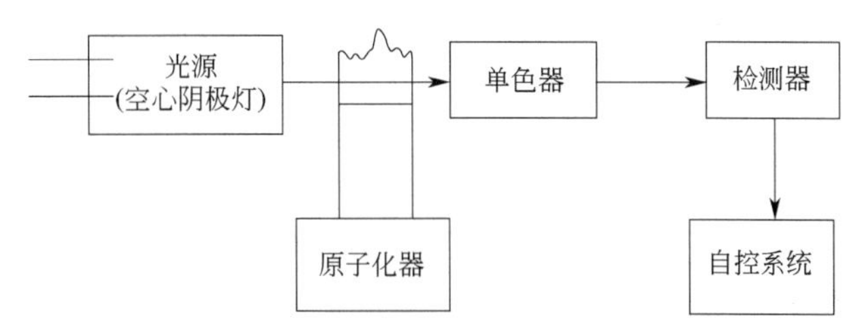

图 2-2　原子吸收光谱仪结构示意

1. 光源

光源的作用是辐射基态原子吸收所需的特征谱线。空心阴极灯（元素灯）是应用最广的光源。通常使用的是单元素空心阴极灯，具有发射线干扰少和强度高等优点，不足之处是每测一种元素需要更换一种灯。现也有用多种元素的合金作阴极材料制成的多元素阴极灯，可连续测定几种元素，但其发射强度低于单元素灯，且易产生光谱干扰，因此使用尚不普遍。

2. 原子化器

原子化器的功能是提供能量，使试样干燥、蒸发、离解，形成待测元素的原子蒸气。原子化器亦称为“吸收池”或者“样品池”。

根据试样原子化方法的不同，原子化法分为火焰原子化法、电热原子化法和低温原子化法，后两种方法属于非火焰原子化法。

（1）火焰原子化法

利用火焰的热能使试样转化为气态原子的方法称为火焰原子化法。火焰类型和温度是影响火焰原子化过程的主要因素。常用的火焰类型有空气-乙炔火焰、氧化亚氮-乙炔火焰、空气-氢气火焰和空气-丙烷火焰等。其中以空气-乙炔火焰应用最为普遍，其燃烧温度约为 2300℃，能适用于 30 多种元素的测定。氧化亚氮-乙炔火焰是目前唯一能广泛应用的强还原性高温火焰，火焰温度近 3000℃，干扰少，能使许多难解离元素（如 Al、B、Ti、V、Zr、稀土等）的氧化物分解并原子化，用这种火焰可测定 70 多种元素。空气-氢气火焰属于氧化性火焰，温度较低，背景发射弱，透射性好，特别适用于共振线在短波区的元素（如 As、Se、Sn、Zn 等）的测定。

常见的火焰原子化器为预混合型（在雾化室将试液雾化后导入火焰），由雾化器、雾化室和燃烧器三部分组成（图 2-3）。雾化器用来吸入试样溶液并将其雾化形成微米级的气溶胶颗粒。雾化室又称为混合室，其作用是进一步细化和均匀化待测试样的雾滴，使雾滴和燃气、助燃气混匀，并排出由大雾滴积聚成的液滴。燃烧器的作用是产生火焰，使进入火焰的气溶胶产生大量的基态自由原子及少量的激发态原子、离子和分子。

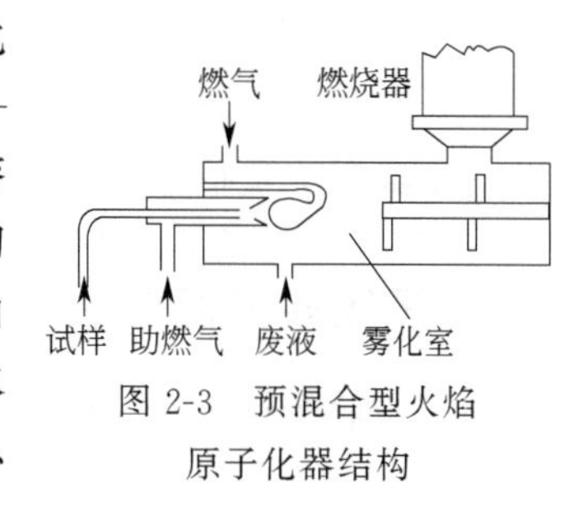

图 2-3　预混合型火焰原子化器结构

火焰原子化法的优点有：火焰的稳定性较高，重现性及精密度较好；基体效应及记忆效应较小；结构简单、操作方便和应用较广等。其缺点是：雾化效率不高，原子化效率较低，灵敏度较非火焰原子化法低；由于火焰燃烧过程中使用的大量助燃气稀释了原子蒸气，一定程度上限制了其灵敏度和检测限；某些金属原子易受助燃气或火焰周围空气的氧化作用而生成难熔氧化物或发生某些化学反应，也会降低原子蒸气的浓度。

（2）电热原子化法

利用电加热的方式使样品转化为气态原子的方法称为电热原子化法。进行电热原子化的装置主要是高温石墨炉，由石墨管（或石墨棒）、电加热系统、内外气路、冷却水循环系统和进样系统等组成（如图 2-4）。试样用微量注射器直接由进样孔注入石墨管中，电流通过石墨管产生高温，用程序升温可分别控制试样的干燥、灰化、原子化和除残过程。

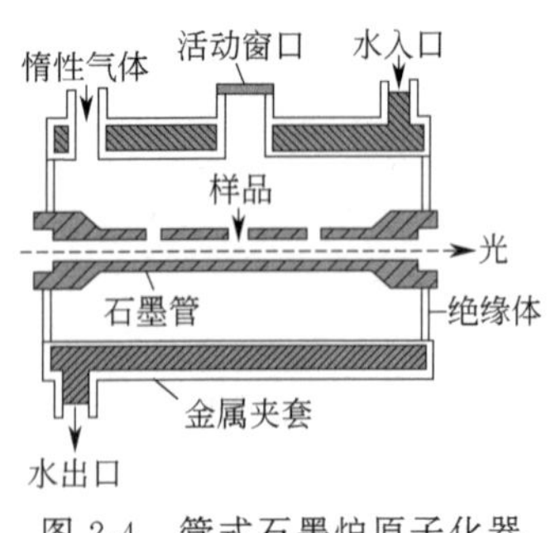

图 2-4　管式石墨炉原子化器结构

电热原子化法具有如下优点：①固体试样与液体试样均可直接进样；②试样原子化是在充有惰性气体的强还原性石墨管内进行的，有利于难熔氧化物的分解和自由原子的生成；③试样全部蒸发，利用率高，原子在吸收区的有效停留时间长，几乎全部试样参与光吸收，绝对灵敏度高。其缺点是：①进样量小（一般固体样品为 0.1～10mg，液体样品为 1～50μL），进样量及注入管内位置的变动都会引起偏差，相对灵敏度不高；②试样组成的不均匀性影响较大，测定精度较火焰原子化法低；③光谱背景较强，基体效应较大；④设备比较复杂，运行成本较高。

（3）低温原子化法

在低温对样品进行原子化的方法称为低温原子化法，又称为化学原子化法。该方法利用某些元素本身或一些元素的氢化物在低温下的易挥发性进行原子化。常用的低温原子化法有氢化物原子化法和冷原子化法。前者适用于 Ge、Sn、Pb、As、Sb、Bi、Se 和 Te 等易生成共价氢化物元素的测定，后者主要用于无机汞和有机汞的分析。

3. 分光器

分光器又称为单色器，置于原子化器与检测器之间，是将待测元素的共振线与干扰谱线分开的装置，由入射狭缝、出射狭缝、反射镜和色散元件组成。分光器的关键部件是色散元件，现代原子吸收光谱仪使用的都是光栅色散元件。出射狭缝所包含的波长范围称光谱通带或单色器通带。狭缝宽度会影响进入光谱通带内谱线的吸收值。

4. 检测放大系统

该系统的作用是将经过原子蒸气吸收和单色器分光后的微弱信号转换为电信号，放大后转换成数显吸光度信号。

二、原子吸收光谱仪的类型

原子吸收光谱仪有多种类型，目前使用最普遍的是单道单光束和单道双光束两种类型（图 2-5）。

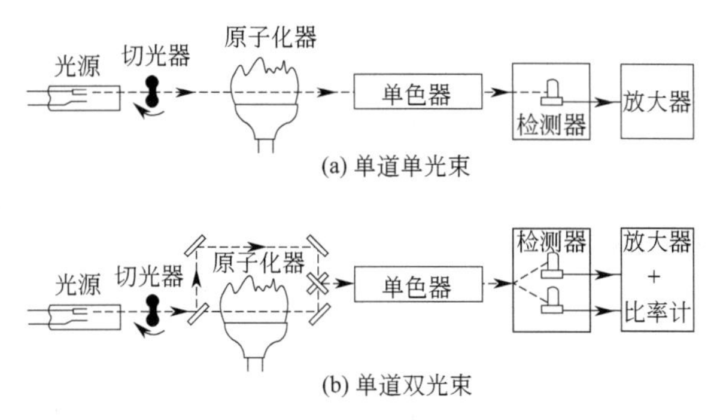

图 2-5　原子吸收光谱仪示意

第三节 测试条件的选择

在原子吸收光谱法中，影响测量准确度和灵敏度的主要因素有空心阴极灯工作电流、分析线类型和原子化器工作参数等。要获得满意的分析结果，必须对有关测量条件进行合理选择和优化。

1. 分析线的选择

一般选择待测元素的共振线作分析线，可使测定具有较高的灵敏度。当试样中被分析元素浓度较高时，可选用其灵敏度较低的非共振线作为分析线来获得适度的吸光度值，以改善吸收曲线的线性范围。此外，还要考虑谱线的自吸和干扰等问题。对于微量元素的测定应选用最强的吸收线作分析线。

2. 空心阴极灯工作电流的选择

空心阴极灯的发射特性主要受其工作电流的影响。一般通过测定吸收值随灯电流的变化来选定最适宜的工作电流。在保持稳定和有适度的光强输出的情况下，尽量选用较低的工作电流。

3. 原子化条件的选择

对火焰原子化器来说，火焰类型的选择与调节是影响原子化效率的重要因素之一。选择何种火焰，取决于被分析对象的特性。不同火焰对不同波长辐射的透射性能各不相同。适合中低温火焰原子化的元素可使用乙炔-空气火焰。在火焰中易生成难离解的化合物及难熔氧化物的元素，宜用乙炔-氧化亚氮高温火焰；分析线处于 220nm 以下的元素在乙炔火焰中有明显的吸收，此时可选用氢气-空气火焰。

火焰类型选定后，须通过试验来调节燃气与助燃气间的比例，以得到所需特性的火焰。对易生成难离解氧化物的元素，一般用富燃火焰；对氧化物不稳定的元素，宜选用化学计量火焰或贫燃火焰。

在石墨炉原子化法中，合理选择干燥、灰化和原子化等阶段的温度十分重要。干燥温度应稍低于试样中溶剂的沸点，以低温除去溶剂。灰化的目的是破坏和蒸发除去试样基体组分，在保证被测元素无明显损失的前提下，应将试样加热到尽可能高的温度。在原子化阶段，应选择能达到最大吸收信号的最低温度作为原子化温度。各阶段的加热时间因试样而异，需由实验来确定。

4. 燃烧器高度的调节

火焰原子化器中燃烧器的高度决定了光源光束通过的火焰区域，直接影响测定的灵敏度、稳定性和受干扰程度。不同高度的火焰区域，分布于其中的自由原子浓度有所不同，通过调节燃烧器的高度，使测量光束从自由原子浓度最大的区域通过，以得到较高的灵敏度。

5. 单色器狭缝宽度的选择

单色器的狭缝宽度，会影响光谱通带的大小与检测器接收辐射能量的强弱。狭缝宽度的选择要能使吸收线与邻近干扰线分开。原子吸收分析中，谱线重叠的概率较小。因此，可选择较宽的狭缝，以增加光强度、降低检出限。碱金属、碱土金属元素的谱线简单，可选择较大单色器狭缝宽度；过渡元素与稀土元素等的谱线复杂，应选择较小的狭缝宽度。

第四节 干扰效应及其消除方法

原子吸收光谱法由于采用锐线光源和以共振吸收线为分析线，干扰效应相对较小，这是其一个优点。但在试样原子化过程中仍然存在一些不可避免的干扰因素，进而影响分析结果，因此应在了解干扰原因的基础上采取针对性的抑制和消除方法。干扰效应按其性质和产生的原因，可分为物理干扰、化学干扰、电离干扰和光谱干扰四类。

一、物理干扰及其消除

物理干扰是指试样在处理、转移、蒸发和原子化过程中，由于试样物理特性（黏度、表面张力、蒸气压等）的变化引起的吸收强度变化的效应。物理干扰属于非选择性干扰，对试样中各元素的影响都是相似的，干扰导致分析结果偏低。

消除方法：测定条件一致是消除物理干扰最常用的方法。配制与待测试样具有相似组成的标准溶液，尽可能保持待测试液与标准溶液的物理性质一致。在不了解试样组成或无法匹配试样时，可采用标准加入法或稀释法来减小和消除物理干扰。

二、化学干扰及其消除

液相或气相中被测元素的原子与干扰组分发生化学反应，进而影响被测元素化合物的解离及其原子化的现象，称为化学干扰。化学干扰降低了火焰中基态原子的数目，一般形成负误差。

化学干扰是一种选择性的干扰。常见的化学干扰是待测元素与共存组分生成难离解的化合物。例如，硫酸盐、磷酸盐由于能与钙形成难挥发的化合物而干扰钙的测定；铝的存在对钙、镁的原子化起抑制作用；硅、钛的氧化物以及钨、硼、稀土元素等的碳化物均难以离解而使有关元素不能有效原子化。

消除方法：①改变火焰类型和组成可以改变火焰的温度、氧化-还原性质以及背景噪声等情况，能够消除某些化学干扰。②加释放剂，让释放剂与干扰组分形成更稳定的或更难挥发的化合物，将待测元素释放出来。例如磷酸根干扰钙的测定，如果加入释放剂氯化镧或氯化锶，镧、锶与磷酸根离子更容易结合而将钙释放出来，从而消除了磷酸根对钙的测定干扰。③加保护剂，使待测元素不与干扰元素生成难挥发化合物。保护剂一般为有机络合剂，它容易在火焰中被破坏，使金属元素易于原子化。例如通过加入 EDTA 络合剂，使钙转化成易于在火焰中原子化的 Ca-EDTA 配合物，这样就间接消除了磷酸盐对钙的干扰。④加缓冲剂，在试样溶液和标准溶液中都加入超过缓冲量（指干扰不再变化的最低量）的干扰元素，达到控制干扰影响的目的。⑤采用标准加入法，可以消除与浓度无关的化学干扰。工作中常用稀释的方法及加标回收实验来检验是否可以采用标准加入法消除干扰及检查测定结果的可靠性。⑥当上述几种消除干扰的方法无效时，可以考虑用沉淀、萃取和离子交换等化学分离法，将试样中的干扰元素除去或把待测元素分离出来。

三、电离干扰及其消除

待测元素在高温原子化过程中发生电离作用引起基态原子数减少，导致吸光信号降低的现象，称为电离干扰。电离干扰与原子化温度和待测元素的电离电位及浓度有关。碱金属元素的电离电位低，易发生电离，电离干扰效应明显。

消除方法：加入较大量更易电离的元素作为电离抑制剂（消电离剂），常用的电离抑制剂有 NaCl、KCl 和 CsCl 等。例如，测 Ba、Na 时加入过量 KCl 或 CsCl，即可消除电离干扰。此外，控制原子化温度和采用标准加入法等也可以在一定程度上消除某些电离干扰。

四、光谱干扰及其消除

光谱干扰是指与光谱发射和吸收有关的干扰，包括谱线干扰和背景吸收所产生的干扰，后者是常见的主要干扰因素。

1. 谱线干扰及其消除

光谱通带内存在的非吸收线、待测元素的分析线与共存元素的吸收线的重叠、原子池内的直流发射等因素均可形成谱线干扰。可视情况采取不同的消除方法：若是待测元素分析线与共存元素吸收线十分接近而发生重叠干扰，可另选分析线或采取预先化学分离；若是在测定波长附近有单色器不能分离的待测元素的邻近线产生的干扰，应减小狭缝宽度；若是空心阴极灯内有单色器不能分离的非待测元素的辐射，可选择高纯元素灯。

2. 背景干扰及其消除

背景干扰包括分子吸收和光散射所产生的干扰。原子化过程中生成的难熔盐分子、氧化物分子和气体分子对光源共振辐射的吸收而引起的干扰称为分子吸收干扰。原子化过程中产生的微小固体颗粒使光产生散射和折射而导致的假吸收现象称为光散射干扰。

背景干扰是一种宽频带吸收，使吸光度增大，引起测量正误差。石墨炉原子化法的背景吸收干扰比火焰原子化法来得严重，有时不扣除背景甚至不能进行测定。消除背景干扰的主要方法有：邻近非共振线校正背景法、连续光源校正背景法和塞曼（Zeeman）效应校正背景法等。

第五节 定量分析方法

常用的原子吸收光谱定量分析方法有标准曲线法和标准加入法等，应根据样品的基体特性，选择合适的分析方法。

一、标准曲线法

标准曲线法是最常用的定量分析方法，主要适用于组分比较简单或共存组分间没有干扰的试样的快速测定。其工作流程是：①配制一组与试样溶液相同或相近基体的浓度不同的待测元素标准溶液，用试剂空白溶液作参比，在选定条件下，按照浓度从低到高依次测定其吸光度 A，以 A 为纵坐标，被测元素浓度 c 为横坐标，作 c-A 标准曲线；②在相同条件下，测定试样溶液的 A；③从标准曲线上用内插法求出样品中被测元素的浓度。

使用标准曲线法时应注意以下几点：①所配标准溶液的吸光度应控制在 0.1～0.8 之间，在此范围内由测光误差所引起的浓度测量的相对误差较小。②所用标准试样与待测试样的组成应尽可能一致，且标准溶液与试样溶液应使用相同的试剂处理。③应保持实验操作条件在整个分析过程中一致。④喷雾效率和火焰状态的不稳定性、石墨炉原子化条件的变动以及辐射波长的漂移，会使标准曲线的斜率发生相应变化。因此，每次测定前应使用标准溶液对吸光度进行检查和校正。

二、标准加入法

在实际样品的分析过程中，待测样品的组成一般是完全未知的，这就很难配制组成与待测样品相匹配的标准溶液，也就不能采用上述标准曲线法来分析。如果待测样品的量比较大，可以采用标准加入法进行分析。

在若干份同体积的试样中，分别加入不同量的待测元素标准溶液，其中一份不加入待测元素的标准溶液，稀释到相同体积后，分别测定其吸光度。以加入的标准溶液浓度与测得的吸光度作一直线（校准曲线），再将该直线外推至与横轴相交，根据交点至坐标原点的距离即可计算得到待测元素在试样中的浓度。这种方法又称为外推作图法。

使用标准加入法时应注意以下几点：①建立的校准曲线应是一条斜率适中的直线，被测元素的浓度应在其线性范围内。②至少用 4 个或 4 个以上的点来制作校准曲线。③应当扣除标准加入法的试剂空白，而不能用标准曲线法的试剂空白值代替。④标准加入法可消除基体效应带来的影响，但不能消除背景吸收的影响。因此只有扣除背景之后，才能得到被测试样中待测元素的真实含量，否则将使结果偏高。

三、灵敏度和检出限

灵敏度和检出限是评价分析方法与分析仪器的重要指标。IUPAC（国际纯粹化学与应用化学协会）对此做了建议规定或推荐命名。

1. 灵敏度与特征浓度

在原子吸收光谱分析中，灵敏度 S 定义为校准曲线的斜率，即信号增量与分析物浓度或质量的增量之比，其表达式为

$$S=\frac{\Delta x}{\Delta c} \tag{2-5}$$

式中，x 为测量值；c 为被测元素的浓度或含量。

在浓度较低时，S 通常为一常数。S 大，即灵敏度高，意味着浓度改变很小，测量值变

化就很大。

为了比较不同元素的分析灵敏度，在原子吸收光谱法中常用1%吸收灵敏度。试样溶液能产生0.0044吸光度（即1%透光度）时待测元素的浓度（$\mu g \cdot mL^{-1}$）为1%吸收灵敏度。IUPAC建议将1%吸收灵敏度叫作特征浓度。以绝对量表示的1%吸收灵敏度称为特征质量。特征浓度和特征质量愈小，表示方法愈灵敏。

2. 检出限

检出限又称检测下限，是指能产生一个能够确证在试样中存在某元素的分析信号所需要的该元素的最小含量。只有元素的存在量达到或高于检出限，才能可靠地将有效分析信号与噪声信号区分开，确定试样中待测元素具有统计意义的存在。未检出就是被测元素的量低于检出限。

在测定误差遵从正态分布的前提下，通常以待测元素能产生标准偏差读数的3倍时的量或浓度来表示检出限

$$D_c=(c/A)\times 3\sigma \tag{2-6}$$

式中，D_c为检出限；A为多次测量的吸光度的平均值；σ为空白溶液吸光度的标准偏差，对空白溶液，至少连续测定10次，从所得吸光度值来求标准偏差。

检出限考虑了噪声的影响，其意义比灵敏度更明确。同一元素在不同仪器上灵敏度有时相同，但由于两台仪器的噪声水平不同，检出限可相差一个数量级以上。因此，通过合理选择分析条件降低噪声，提高测定精密度，有利于降低检出限。

第六节 原子吸收光谱法应用

原子吸收光谱法由于具有灵敏度高、检出限低、准确度高和成本低等一系列优点，在冶金、机械、无机非金属材料、稀土材料、特种陶瓷、半导体、化工和矿物加工等领域获得了广泛的应用，已成为直接或间接地测定材料中各种元素的常用方法之一。

用火焰原子吸收法分析钢铁材料的化学成分时，一般用空气-乙炔火焰测定锰、铜、镍、钴、铅和锌等；用氧化亚氮-乙炔火焰测定铝和锡；用石墨炉原子吸收法测定生铁、普碳钢中砷、锡、铅、锑和锡时，不同元素的原子化条件不同，如测铅时石墨炉的温度及保温时间分别为：干燥阶段110℃×30min，灰化阶段400℃×60min，原子化阶段2200℃×4min，净化阶段2800℃×7min。铜及铜合金含有微量杂质就会降低其导电性和增加其硬度，原子吸收光谱法能分析其中Ag、Al、Be、Bi、Cd、Co、Cr、Fe、Mg、Mn、Ni、Pb、Si、Zn等20多种元素。铝合金是有色金属中应用范围最广、用量最大的合金，需要经常检测铁、铜、镁、锰、锌、铬、镉、镍、铅、锑、铋、锂、钙及锶等元素。镁及镁合金作为密度最小的金属结构材料之一，需要进行铁、铜、锰、锌、镍、银等元素的测定。锌基合金是制造压铸件、轴承合金和压力加工制品的主要材料，需分析其中存在的铅、锡、镉、砷、锑及铋等杂质元素。银及银合金中的铁、铅、锑、铋等是必须分析且需加以控制的有害杂质组分。氧化铝陶瓷是应用最广泛的先进陶瓷之一，一般要分析Fe_2O_3、MgO、CaO和TiO_2等组分的含量。微晶玻璃又称玻璃陶瓷，根据其主要组成分为Li_2O-Al_2O_3-SiO_2，MgO-Al_2O_3-SiO_2和CaO-Al_2O_3-SiO_2等系列，如锂系微晶玻璃需要分析测定Li_2O、K_2O和MgO等组分的含量。

典型案例

微波消解样品-石墨炉原子吸收光谱法测定高温镍基合金中的痕量银

镍基高温合金是强度最高的高温合金，是制造航空发动机叶片和火箭发动机、核反应堆、能源转换设备中高温零部件的重要材料，在交通运输、石油化工、能源动力、冶金等部门也有广泛应用。镍基合金的饱和度很高，必须严格控制其中所含痕量杂质元素的含量，否则会在使用过程中析出有害相，损害合金的强度和韧性。银是镍基高温合金中的常见痕量有害元素，它对材料的力学性能和使用温度有重要影响。

分析镍基高温合金中痕量银的方法主要有火焰原子吸收光谱法（FAAS）、石墨炉原子吸收光谱法（GF-AAS）、电感耦合等离子体原子发射光谱法（ICP-AES）和电感耦合等离子体质谱法（ICP-MS）等。其中，石墨炉原子吸收光谱法具有灵敏度高、精密度好、选择性好等特点。

1. 原理

镍基高温合金耐腐蚀性很强，且其所含铌、钨等元素在酸溶过程中易形成沉淀物，因此一般不宜直接用酸解法处理。采用混酸微波消解试样后，注入原子吸收光谱仪石墨炉中，电热原子化后吸收 328.1nm 共振线，在一定浓度范围内试样吸光度与其 Ag 含量成正比，根据标准曲线法即可定量。

2. 试剂和材料

硝酸、氢氟酸为优级纯，超纯水（电阻率大于 18.25MΩ·cm）。

银标准储备溶液：$1000mg \cdot L^{-1}$，使用时用硝酸（5+95）溶液稀释至所需质量浓度。

基体改进剂：$1000mg \cdot L^{-1}$ 硝酸钯-$500mg \cdot L^{-1}$ 硝酸镁溶液。

镍基高温合金试样。

3. 仪器和设备

石墨炉原子吸收光谱仪，银空心阴极灯，横向加热石墨管，自动进样器，微波制样系统。

4. 分析步骤

（1）试样前处理

称取镍基高温合金试样 1.0000g，加硝酸 5mL、氢氟酸 1mL、水 5mL，在微波消解条件（微波输入功率 300W，聚四氟乙烯内罐工作压力 3MPa，保持时间 30min）下进行消解后，将试液转移至 50mL 塑料容量瓶中，以水定容，摇匀。

（2）仪器条件

分析波长 328.1nm，平均灯电流 3.0mA，光谱通带宽度 0.5nm，峰高测量模式，标准加入校正法，塞曼效应扣背景。石墨炉温度按升温程序控制（见表 2-1）。

表 2-1　石墨炉程序升温参数

阶段	温度/℃	升温速率/(℃·s^{-1})	保持时间/s	氩气流量/(L·min^{-1})
干燥	80	6	20	2
	90	3	20	2
	110	5	10	2
灰化	1000	300	10	2
原子化	1850	1500	3	0
净化	2500	500	4	0

干燥阶段采用三步升温法，有利于样品干燥完全，能够有效防止样品飞溅。最优灰化温度和原子化温度分别为 1000℃和 1850℃。

(3) 实验方法

① 标准曲线绘制和试样测定　总进样量 20μL，硝酸钯-硝酸镁混合基体改进剂进样量 9μL。移取样品溶液 10μL，标准溶液分别为 2μL 和 4μL，补酸空白分别为 8μL 和 6μL，由仪器分别读取样品及样品加标后所形成的工作曲线的净吸光度，并计算该试样中银的含量。

设定仪器自动配线绘制标样的标准加入校正曲线，分别读取样品及样品加标溶液的吸光度，由形成的校正曲线计算回收率或含量。

② 精密度试验　镍基高温合金的主要基体元素为镍、铁和铬，它们对痕量元素银的分析具有很强的干扰效应，因此，采用标准加入法进行分析，能最大限度减少基体干扰的影响。

称取样品 6 份，按实验方法对 2.2μg·L^{-1} 样品溶液进行测定，计算出平均吸光度为 0.04587，计算相对标准偏差（RSD），获得方法的精密度为 7.2%。

③ 标准曲线及检出限　按实验方法对银标准溶液系列进行测定，结果表明：银的质量浓度在 0.20～16.0μg·L^{-1} 范围内与吸光度呈线性关系，线性回归方程的相关系数为 0.9996。根据 IUPAC 规定，对空白溶液进行 11 次吸光度测定，计算出吸光度平均值为 0.00120。求得方法的检出限为 2.31×10^{-12}g。

④ 回收实验　按实验方法对镍基高温合金样品进行测定，并做加标回收试验，获得回收率在 98.3%～104%之间。

⑤ 方法比对　按实验方法对不同高温镍基合金中银的含量进行测定，并与 ICP-MS 的测定结果进行比对，结果相吻合。

参考文献

[1] 朱鹏飞，陈集．仪器分析教程［M］．北京：化学工业出版社，2016.

[2] 陈浩．仪器分析［M］．北京：科学出版社，2010.

[3] Sergio L C Ferreira，Marcos A Bezerra，Adilson S Santos，et al. Atomic absorption spectrometry -a multi element technique［J］. Trends in Analytical Chemistry，2018，100：1-6.

[4] 田丹碧．仪器分析［M］．北京：化学工业出版社，2015.

[5] 徐祖耀，黄本立，鄢国强．中国材料工程大典，第 26 卷，材料表征与检测技术［M］．北京：化学工业出版社，2006.

[6] 杜一平．现代仪器分析方法［M］．上海：华东理工大学出版社，2008.

[7] 杜希文，原续波．材料分析方法［M］．天津：天津大学出版社，2014.

[8] 谷亦杰，宫声凯．材料分析检测技术［M］．长沙：中南大学出版社，2009.

[9] 孙东平．现代仪器分析实验技术［M］．北京：科学出版社，2015.

[10] 朱永法，宗瑞隆，姚文清．材料分析化学［M］．北京：化学工业出版社，2009.

[11] 张华、刘志广．仪器分析简明教程［M］．大连：大连理工大学出版社，2007.

[12] 吕婷，陶美娟，刘巍．微波消解-火焰原子吸收光谱法测定石墨烯中铁、锰、钾、镁和锌［J］．理化检验（化学分册），2019，55（9）：1076-1078.

[13] 张鹏，杨凯，朱强，等．微量元素对镍基高温合金微观组织与力学性能的影响［J］．精密成形工程，2018，10

(2)：1-6.
[14] 邹德霜，李晓媛，田伦富，等．火焰原子吸收光谱法测定纯铜和铜合金中铅［J］．冶金分析，2018，38（3）：46-50.
[15] 米争峰，王密，谢淳，等．火焰原子吸收光谱法测定金属钾中微量钙［J］．核科学与工程，2019，39（6）：894-899.
[16] Bernhard Welz. Atomic absorption spectrometry - pregnant again after 45 years［J］. Spectrochimica Acta Part B，1999，54：2081-2094.
[17] Luiz F Rodrigues，Rafael F Santos，Rodrigo C Bolzan，et al. Feasibility of DS-GF AAS for the determination of metallic impurities in raw material for polymers production［J］. Talanta，2020，218：121129.
[18] Erol Kucur，Frank M Boldt，Sara Cavaliere-Jaricot，et al. Quantitative analysis of cadmium selenide nanocrystal concentration by comparative techniques［J］. Analytical Chemistry，2007，79：8987-8993.
[19] 郭颖，陶美娟，戴亚明．微波消解样品-石墨炉原子吸收光谱法测定高温镍基合金中的痕量银［J］．理化检验（化学分册），2015，51（3）：317-319.

第三章

等离子质谱法

等离子质谱法的全称为电感耦合等离子质谱法（inductively coupled plasma-mass spectrometry，ICP-MS），是一种以等离子体作为离子源的无机质谱法。该法是目前对痕量和超痕量多元素成分进行快速定性定量分析的最有效方法，也是同位素丰度测量最灵敏准确的方法之一。

ICP-MS 几乎可取代全部的传统无机元素分析技术（如 AAS、ICP-AES 等），已被广泛地应用于材料、化工、环境、生命科学、医药、食品安全和地质等领域。

第一节 等离子质谱基本原理

ICP-MS 是以 ICP 为离子源，以质谱仪进行检测的无机多元素分析技术。其基本工作原理为：被分析的样品通过一定形式进入等离子体区域进行离子化，离子化后的元素大多变成带有一个正电荷的离子，这些离子在高速喷射气流的带动下，通过接口区进入真空系统，再经过离子透镜的能量聚焦作用后，不同质荷比的离子被质量分析器分离，最后分别到达检测器，检测器将获得的离子记数转换成电信号，据此信号即可进行元素成分定性、半定量或定量分析。

第二节 电感耦合等离子质谱仪

ICP-MS 主要由进样系统（样品引入系统）、离子源、接口、质谱仪以及真空系统等 5 部分组成，其基本结构如图 3-1 所示。

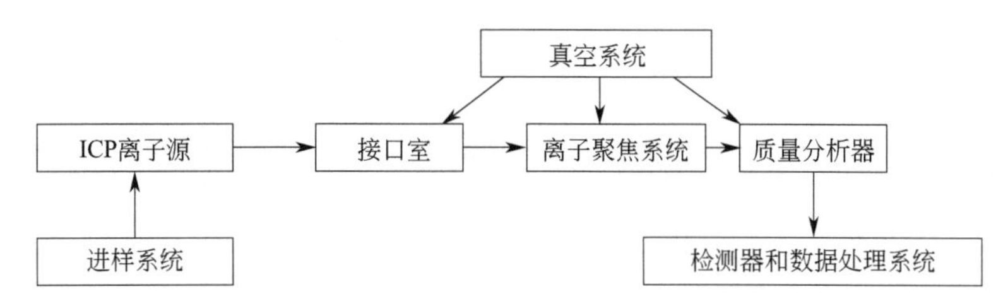

图 3-1 ICP-MS 组成结构

一、进样系统

ICP-MS 进样方式主要有溶液雾化进样、汽化进样和固体进样三种。

溶液雾化进样是 ICP-MS 最常用的一种进样方式。液体样品通过雾化器雾化成气溶胶导入离子源中。雾化器有气动雾化器、超声波雾化器和微浓度雾化器等类型，其中以气动雾化器使用较多。

汽化进样是采用改进的石墨炉原子化器或其他的电热蒸发系统将液体或固体样品蒸发至气态，然后导入到 ICP 中进行离子化。汽化进样可直接分析固体样品，能缩短样品前处理时间，对于难溶解的样品尤其有用。

固体进样主要是指激光剥蚀（熔融）进样技术。其基本原理是：将一束高能量的激光聚焦在固体表面上，当光能转化为热能时，固体表面的少量物质蒸发形成气溶胶颗粒，随着载气进入等离子体中。该法具有原位微区进样、空间分辨率好、灵敏度高和动态线性范围宽等优点，非常适合于对某些类型样品进行半定量分析。

二、离子源

ICP-MS 中的离子源就是电感耦合等离子体，其功能是将进样系统输入的气溶胶样品蒸发、解离、原子化和离子化。ICP-MS 中的 ICP 在结构与工作原理等方面基本与 ICP-AES 相同（详细内容见第一章），不同之处是前者的 ICP 炬管水平放置，而后者一般垂直放置。

ICP 离子源有如下优点：①ICP 在常压下工作，操作简单，进样方便；②样品解离完全，解离产物中氧化物离子及分子离子较少；③对所有元素的电离度相对均一，单电荷离子产率高，双电荷离子产率低；④高电离度导致分析潜在灵敏度高。

三、接口

离子源在常压和高温条件下工作，质量分析器在高真空和常温条件下工作。接口就是将处于高温常压状态等离子体中的离子流有效地传输到质量分析器的通道，是整个 ICP-MS 系统最关键的部分。

ICP-MS 的接口（图 3-2）是由一个采样锥（孔径约 1mm）和一个截取锥（孔径约 0.4～0.8mm）组成，截取锥安装于采样锥后且两者共轴。采样锥的作用是把来自等离子体中心通

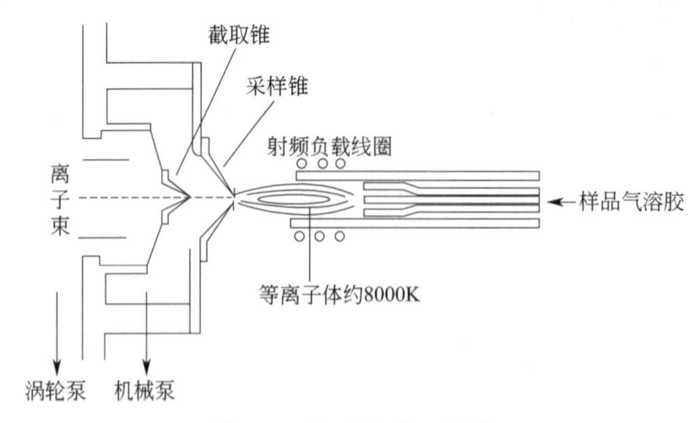

图 3-2 ICP-MS 接口示意

道的载气流（离子流）大部分吸入锥孔，进入第一级真空室。截取锥在两锥面间压力差的作用下，选择来自采样锥孔的膨胀射流的中心部分，并让其通过截取锥进入下一级真空室，未进入截取锥的大部分气体都在第一级真空室被抽走。

由于被采样锥提取的载气流是以超声速进入第一级真空室的，且到达截取锥的时间仅需几微秒，在此过程中样品离子的成分及特性基本没有变化，这就很好地解决了离子流由大气压环境过渡到真空系统的难题。

四、离子聚焦系统

离子聚焦系统由一组静电离子透镜组成，位于截取锥和质量分析器之间（图 3-3），其功能为：一是聚焦并引导待分析离子从接口区域到达质量分析器；二是阻止中性粒子和光子通过。离子聚焦系统决定了进入质量分析器的离子数量和仪器的背景噪声水平。

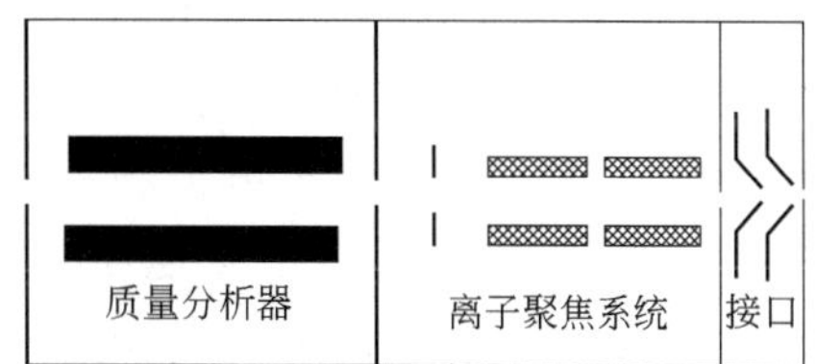

图 3-3　ICP-MS 离子聚焦系统示意

五、质量分析器

质量分析器介于离子聚焦系统和检测器之间，通过离子聚焦系统的离子束进入质量分析器中，离子按照其质荷比实现分离。绝大多数 ICP 质谱仪使用的是四极杆质量分析器，而高分辨质谱仪使用的是扇形双聚焦磁质量分析器。

1. 质量分析器的性能指标

（1）分辨率

分辨率是指质量分析器分开相邻质量数离子的能力，用符号 R 表示。

$$R=m/\Delta m \tag{3-1}$$

式中，m 表示被分开的两峰中任何一峰的质量数；具有相同峰高的相邻两峰（质量数分别为 m 和 $m+\Delta m$），当它们之间的峰谷高度为峰高的 10%时（图 3-4），定义此两峰刚好能分辨，此时两峰对应的质量差即为公式中的 Δm。

图 3-4　质量分析器 10%峰谷分辨率

在实际工作中，可任选一单峰，测其峰高 5%处的峰宽 $W_{0.05}$，即可当作上式中的 Δm，此时的分辨率定义为

$$R=m/W_{0.05} \tag{3-2}$$

（2）丰度灵敏度

若质量数为 m 的离子在 m 处的峰高为 H_m，在（$m+1$）和（$m-1$）处的峰高分别为 $H_{(m+1)}$ 和 $H_{(m-1)}$，则丰度灵敏度 AS 的计算公式为

$$\mathrm{AS}_{(m-1)}=H_m/H_{(m-1)},\mathrm{AS}_{(m+1)}=H_m/H_{(m+1)} \tag{3-3}$$

由上式可知，丰度灵敏度是指一个峰（质量数为 m）的拖尾对左右相邻峰［质量数分别为（m-1）和（$m+1$）］的干扰程度，是对主峰附近痕量弱峰测量能力的一种度量。一般丰度灵敏度越大越好。由于质谱峰通常是不对称的，在低 m/z 一边，通常稍宽些，故低质量端的丰度灵敏度一般低于高质量端的丰度灵敏度。在四极杆质量分析器中，丰度灵敏度是比分辨率更为重要的参数，尤其是对高基体样品的分析。

2. 四极杆质量分析器

四极杆质量分析器又称四极滤质器，因其由两对四根高度平行的金属电极杆组成而得名(图 3-5)。两对极杆上分别施加有振幅相等符号相反的电压（该电压由直流电压和射频交流电压两部分组成），由此形成一个双曲线形的四极场。从离子源沿轴向入射的离子，穿过四极场时受到电场的作用，只有特定 m/z 的离子（即共振离子）在电极杆的轴向能稳定运动并到达检测器，其他 m/z 的离子（即非共振离子）由于运动路径过分偏转而与极杆发生碰撞而被“过滤”掉。通过调节电极的直流电压与射频电压比率，就可以实现质量扫描，使不同质荷比的离子依次到达检测器。

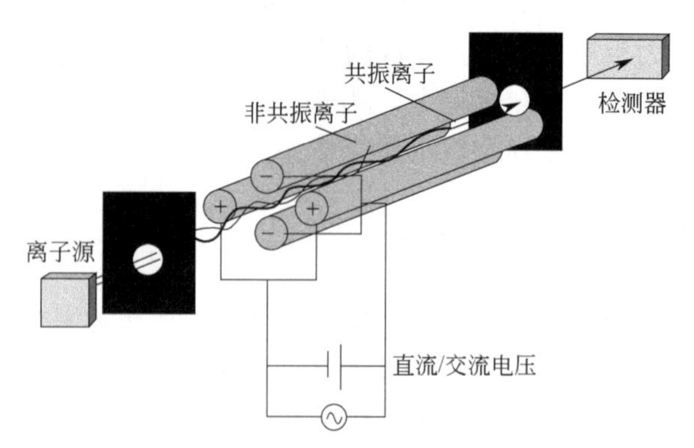

图 3-5　四级杆质量分析器结构

四级杆质量分析器体积小，扫描速度快，具有较高的灵敏度。其缺点是：分辨率不高，质量较大的离子有质量歧视效应，可检测的离子 $m/z<5000$。

3. 磁质量分析器

磁质量分析器又称扇形磁场分析器，包括单聚焦和双聚焦磁质量分析器。

(1) 单聚焦磁质量分析器

在单聚焦磁质量分析器中，从离子源进入分析器中的离子，经加速电压 U 加速，通过一个磁场强度为 H、方向与离子运动速度方向垂直的均匀磁场。经过电压加速后的离子所具有的动能为

$$zU=\frac{1}{2}mv^2 \tag{3-4}$$

式中，z 为离子电荷数；U 为加速电压；m 为离子质量；v 为离子被加速后的运动速度。

具有速度 v 的离子进入质量分析器的电磁场中，由于受到磁场的作用，离子做半径为 R 的圆周运动，此时离子受到的离心力 mv^2/R 和向心力 Hzv 相等，即

$$\frac{mv^2}{R}=Hzv \tag{3-5}$$

由式(3-4) 和式(3-5) 可得离子质荷比与离子的运动曲线半径 R 的关系为

$$\frac{m}{z}=\frac{H^2R^2}{2U} \tag{3-6}$$

R 还可表示为

$$R=\left(\frac{2U}{H^2}\times\frac{m}{z}\right)^{\frac{1}{2}} \tag{3-7}$$

由式(3-7) 可以看出，在加速电压 U 和磁场强度 H 一定时，不同 m/z 的离子因其运动曲线半径不同而被质量分析器分离。实际上，质量分析器中离子的出射狭缝和检测器的位置是固定的，即离子弧形运动的曲线半径是固定的，故一般采用连续改变加速电压或磁场强度

的方法，使不同 m/z 的离子依次到达离子检测器。由一点出发的具有相同 m/z 的离子束，以相同速度但不同角度进入磁场偏转后又重新聚焦，这种只有磁场起方向聚焦作用的质量分析器，称为单聚焦质量分析器。

单聚焦质量分析器的结构简单，操作方便，分辨率较低。

(2) 双聚焦质量分析器

双聚焦质量分析器（图 3-6），是在单聚焦质量分析器的扇形磁场前加了一个扇形电场（静电分析器），该电场是一个能量分析器，不起质量分析作用。一束具有能量分布的离子束，首先通过扇形电场将质量相同而能量（速度）不同的离子分离聚焦，即实现离子的速度分离聚焦；然后，离子束经过狭缝进入扇形磁场（磁分析器）中，再进行方向聚焦。由于同时实现了速度和方向的聚焦，因此称为双聚焦质量分析器。双聚焦质量分析器的最大优点是大大提高了仪器的分辨率；缺点是灵敏度有所下降，扫描速度慢，操作和调整较困难。

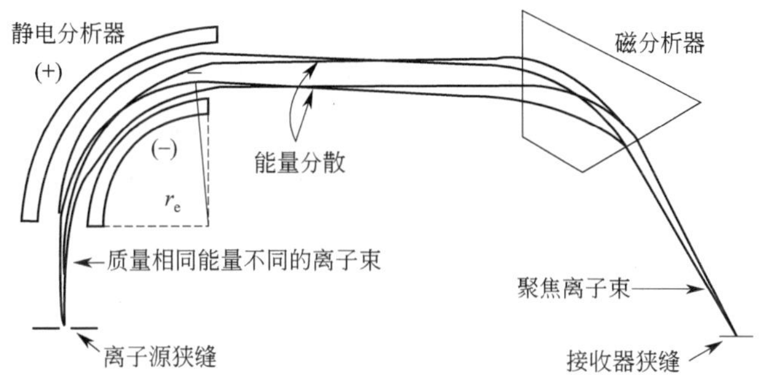

图 3-6 双聚焦质量分析器示意

六、真空系统

真空系统性能是影响 ICP-MS 灵敏度的一个关键因素。ICP-MS 的真空系统一般由三级真空室组成。第一级室位于采样锥和分离锥之间（也称膨胀区域，进来的高温离子流在此区域快速膨胀而被冷却），其真空度较低（一般在几百帕），用机械泵抽走大部分气体。第二级真空室位于紧接着膨胀区域的离子聚集系统（离子透镜）位置，一般由一个扩散泵或分子涡轮泵来维持。第三级室位于离子透镜之后的质量分析器和离子检测器部位，这部分的真空度是最高的，要求真空度至少要达到 6×10^{-5} Pa 时才能进行测样，一般由一个性能更高的分子涡轮泵来维持。ICP-MS 真空系统在远离等离子体区域的轴向方向，真空度是逐渐增加的。由于分子涡轮泵性能不断提高，现代 ICP-MS 仪器多采用一个机械泵加一个分子涡轮泵的两级真空室。

七、检测器

质量分析器将离子按质荷比分离后最终引入检测器，检测器将离子浓度信号转换成电子脉冲信号后计数，经数据处理后获得离子质荷比与信号强度关系图（质谱图）。最常用的检测器是通道式的电子倍增器，具有很高的灵敏度。

第三节 分析方法

由 ICP-MS 得到的质谱图，横坐标为离子的质荷比，纵坐标为离子的计数值。根据离子的质荷比可以确定未知样品中存在哪些元素；通过某一质荷比对应的离子流强度（离子计数值），可以进行元素定量分析。

1. 定性分析

通过扫描方式获得质谱图，根据图谱信息可以判断样品中存在的元素和可能的干扰，用于快速了解待分析样品的基体组成情况，为定量分析提供某些必要的信息。

2. 半定量分析

当需要了解样品中待测元素的大致含量以便有针对性地配制标准溶液或匹配基体时，可采用半定量分析方法。该法的主要步骤包括：①测定一包含低、中、高质量数元素（一般需5～8个元素）的混合标准溶液，根据周期表中元素的电离度以及同位素丰度等数据，获得质量数-灵敏度响应曲线，利用该曲线校正所用仪器的多元素灵敏度和存储灵敏度信息；②测定未知样品，未知样品中所有元素的浓度都可根据上述响应曲线求出，从而获得样品的半定量分析结果。一般 ICP-MS 的半定量分析误差可控制在±（30%～50%）之间，甚至更好（20%以内）。若采用标准加入法进行定量分析，通过半定量分析方法预先确定标准的加入量，可提高定量分析的准确度。

3. 定量分析

应用各种标准品和工作曲线等对目标元素的含量进行精确的浓度测定即为定量分析。ICP-MS 检出的离子流强度与离子数目成正比，通过离子流强度的测量可进行定量分析。常用的定量分析方法有外标法、内标法、标准加入法和同位素稀释法等。

（1）外标法

配制一系列不同浓度的标准品溶液（包括标准空白，均应在同一基体中配制，一般使用2%的稀硝酸作为介质），测试后得到信号响应强度随浓度变化的函数曲线，即为标准曲线。测试被分析样品，根据标准曲线斜率就可以计算出未知样品的浓度。

外标法适合大量样品日常定量分析。若待测样品的基体比较简单，测定结果具有良好的准确性和精密度。若样品基体复杂，受基体效应的影响，灵敏度可能产生改变，测量准确性则不够好，此时可通过将样品和标准匹配的方法在一定程度上予以校正。因此，在外标法中通常同时加入内标以校正样品的基体效应。

（2）标准加入法

该法是在几个等份样品溶液中各加入一份含有一个或多个被测元素的试剂，加入量逐份递增，递增量通常是相等的，等份数一般不应少于3个。校准工作曲线系列由这些已加入不同量被测元素的样品和未加入被测元素的原始样品组成。分析这组样品并将被测元素的强度数据对加入的被测元素的浓度作图，校准曲线在 X 轴上的截距（一个负值）即为该元素在待测样品中的浓度。当标准加入的增量近似地等于或大于样品浓度时，一般能获得最佳的测定精度和准确度。该法只适用于少数元素的测定。另外，该法测量时所有的强度信号均被记录下来，无法区分是真实信号还是背景噪声，因此不适用于受到多原子离子干扰严重的某个元素或同位素的分析。

标准加入法有如下优点：①可以测量复杂基体中未知样品的精确浓度；②如果无法得到合适的、干净的空白样品，可以使用标准加入法对低含量元素样品进行分析，以替代空白样品；③所有样品均具有几乎相同的基体组成，可校正和补偿基体干扰效应，定量结果具有良好的精确性；④不需要使用内标元素；⑤能够补偿和校正由样品雾化效率和传输效率的差异引起的误差。

（3）内标法

内标法中需要用一个元素作为参考点对另一个元素或多个元素的测定进行校正，主要用来监测和校正信号的漂移以及补偿基体效应。

选择内标元素的条件包括：①内标元素的物理化学性质应尽可能接近待测元素的性质，其在等离子体中的行为能准确地反映被测元素的行为；②内标元素不应受同量异位素重叠或多原子离子的干扰，也不应对被测元素的同位素测定产生干扰；③内标元素应有较好的测试灵敏度；④内标元素通常是样品溶液中不含有的元素，同样内标溶液中也不应含有待测元素；⑤如果选择样品中固有的元素作为内标元素，则要考虑其在样品中浓度要适宜，其产生的信号强度应不受仪器记数统计的限制。

多元素测量中经常采用的两个内标元素是In和Rh，这两个元素的质量都介于元素质量范围的中间部分（^{115}In和^{103}Rh），其在多数样品中的浓度都很低，在等离子体中几乎100%电离（电离度：In=98.5%，Rh=93.8%），都不受同量异位素重叠干扰，都是单同位素（^{103}Rh=100%）或具有一个丰度很高的主同位素（^{115}In=95.7%）。此外，^{45}Sc、^{69}Ga、^{72}Ge、^{89}Y、^{133}Cs、^{159}Tb、^{169}Tm、^{185}Re、^{193}Ir、^{205}Tl和^{209}Bi等同位素也可以作为内标元素。

（4）同位素稀释法

该法的基本原理是在样品中掺入已知量的某一被测元素的浓缩同位素后，测定该浓缩同位素与该元素的另一参考同位素的信号强度的比值变化。从加入和未加入浓缩同位素稀释剂样品中的同位素的比值变化上，可计算出样品中该元素的浓度。此法可用于至少具有两个稳定同位素的元素分析。

同位素稀释法可明显提高测定的精密度和准确度，是一种高准确性的分析方法。但其缺点是整个分析过程费时，且要使用纯度很高的示踪同位素，成本比较高。

4. ICP-MS分析特点

ICP-MS可测定元素周期表中约90%的元素，具有以下特点：①多元素同时分析，可以测定同位素，分析速度快；②分析灵敏度高，大部分元素的检出限可达10^{-15}～10^{-12}g/mL，优于其他无机分析方法；③准确度与精密度高，相对标准偏差可达0.5%；④测定线性范围宽，可达4～6个数量级；⑤干扰小，谱线简单易辨。

5. ICP-MS样品处理技术

ICP-MS是一种高灵敏度的痕量超痕量多元素分析技术，除激光烧蚀-等离子体质谱（LA-ICP-MS）可以直接以固体样品方式进样外，其主要进样方式是液体进样。因此，在进行ICP-MS测试之前，需将样品处理成满足分析要求的溶液形态。对于简单的有机质含量不高的无机液体样品，经过简单的过滤和适当的酸化处理后即可直接进行测量。对于固体样品和有机质含量高的样品，需采用各种分解技术处理样品。处理方法包括常规样品处理技术、在线与离线样品处理技术、微波消解和超声辅助技术等，其中微波消解技术是目前应用较普遍的固体样品处理方法。不管使用何种方法处理样品，要特别注意避免由实验环境、制样设备和所用试剂等因素可能导致的元素污染问题。

ICP-MS 分析对于液体样品的一般要求如下。

① 样品必须消解彻底，消解液不能有混浊，最好经 0.45μm 或 0.22μm 的微孔滤膜过滤后或者离心后取清液进行测试。溶液中溶解的总固体量应<0.2%。

② 消解样品时应尽量使用优级纯及以上级别的高纯试剂，如超纯硝酸等。实验用水应是电阻率大于 18.25MΩ·cm 的超纯水。

③ 溶液中有机物的含量应尽可能低，否则会引起严重的基体效应，同时有机物燃烧后的炭粒沉积容易堵塞接口中的锥孔，导致测定灵敏度和稳定性下降。

④ 溶液中待测元素的浓度不能太高，其信号值一般应小于 5×10^6 cps，否则要进行稀释。一般要求固体样品中待测元素含量≤0.01%，液体样品≤1×10^{-6}（最好≤1×10^{-7}）。

⑤ 溶液应维持一定的酸度，以防止金属元素水解后产生沉淀。一般以一定浓度（1%～5%）的 HNO_3 为介质。

⑥ 溶液中应避免含高沸点的 H_2SO_4 和 H_3PO_4 等介质，防止损坏采样锥和截取锥以及由 S 和 P 等元素产生的多原子离子干扰。

⑦ 溶液中应不含 HF，否则会损坏石英玻璃质雾化器和雾室以及接口，除非使用耐 HF 系统的进样装置和铂锥。

6. ICP-MS 的数据采集方式

对以四极杆质谱仪为质量分析器的 ICP-MS，其数据采集方式有跳峰和扫描两种方式。

（1）跳峰方式

质谱仪在若干个（通常为 1～3 个）固定质量位置上对感兴趣的同位素进行数据采集的方式就是跳峰方式。此种数据采集方式，质谱峰的中心位置的定位十分重要。若每峰采用 3 点，则测量时除了取中心点外，还在其两边各取一点，在每个单点测量中测量的是峰高。

跳峰方式测量的特点为：①只需测定少数几个同位素；②感兴趣的元素零星地分布在整个质量范围内；③进行同位素比值测定时，在每个同位素上可根据其丰度大小来确定停留时间，从而可改善低丰度同位素的计数统计误差；④不能记录和检查整个谱图，因此不能观察和校正存在的干扰和基体影响。

（2）扫描方式

该种数据采集方式是在相当多的点（15～20 点/峰）上采集数据，能够获得很宽质量范围内所有同位素信息的完整质谱图，据此可以确定每一同位素的峰形并对其曲线下的峰面积进行积分，还可以从谱图上很容易地识别出存在的干扰峰。扫描方式分为固定质量宽度积分方式和峰谷积分方式两种。

第四节 质谱干扰及其消除方法

ICP-MS 法获得的质谱图谱峰干扰较少，简单易辨。图 3-7 为铈的 ICP-MS 图谱，其主要由铈的同位素峰和一些简单的光谱背景峰组成。而如果采用 ICP-AES 法分析同一试样，则可看到铈的十几条强线和几百条弱线，而且光谱背景十分复杂。

ICP-MS 法测试过程中的各种因素对分析信号的干扰虽不十分严重，但由于该法的高灵

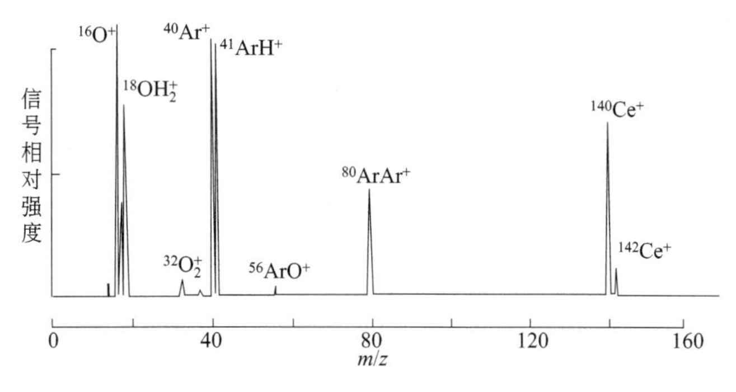

图 3-7　10μg/mL Ce 溶液的 ICP-MS 图

敏度，仍须重视和校正各种干扰效应。干扰因素可分为质谱干扰和非质谱干扰两大类。凡是造成目标分析元素质量数发生变化（增大或减小）的因素都可视为质谱干扰，包括同量异位素干扰、氧化物离子干扰、多原子离子干扰和质量歧视效应等。非质谱干扰包括基体效应和物理效应等。

1. 质谱干扰

（1）同量异位素干扰

当两种不同元素具有几乎相同质量的同位素时，就会产生质谱峰的重叠。如常见的同量异位素干扰有：^{40}Ar 对^{40}Ca 的干扰，^{48}Ca 对^{48}Ti 的干扰，^{114}Sn 对^{114}Cd 的干扰，^{115}Sn 对^{115}In 的干扰等。周期表中几乎所有的元素都有至少一个同位素不受同量异位素干扰。在 ICP-MS 中同量异位素干扰是个比较容易解决的问题，当所测元素的一个同位素受到同量异位素干扰时，可换其另一个不受干扰的同位素（一般是自然丰度低的同位素）进行检测。若要对一个受干扰的同位素进行检测，也可以用相应的校正方程进行校正。同量异位素干扰的严重性在一定程度上取决于样品基体和有关元素的相对含量。另外，工作气体氩气中的杂质元素，如 Kr、Xe 等也会对相同质量数的其他同位素产生干扰。

（2）氧化物离子干扰

由分析物、基体组分、溶剂和等离子气体等形成的氧化物电离产生的 MO^+ 和 MOH^+ 型离子，有可能与某些分析物离子峰重叠，形成氧化物离子干扰。此种效应通常以氧化物离子峰与元素本身离子峰的强度比值 MO^+/M^+ 表示。在分析易形成氧化物的元素时，氧化物离子的干扰问题不容忽视。如轻稀土元素在等离子体区很容易形成氧化物，因而轻稀土元素和氧的加合物会影响到与该氧化物质量数相当的重稀土元素的测量结果，所以在对稀土元素的测试过程中一定要注意控制氧化物离子的干扰。

氧化物的产率与实验条件有关。通过控制雾化室温度、载气（雾化气）流速、取样锥和截取锥的间距、取样孔大小、等离子体气体成分等实验条件，可减小或消除氧化物离子干扰。

商品化 ICP-MS 仪器中常用 CeO/Ce 的值来监控等离子体区域氧化物产率的情况，因为 Ce 是除 Si 之外最易形成氧化物的元素。在优化的标准仪器参数条件下，配备半导体制冷雾室的 ICP-MS 仪器 CeO/Ce 的值一般可控制在 3%甚至更低。

（3）多原子离子干扰

多原子离子干扰是影响 ICP-MS 测量准确度和精密度的最重要因素。在测量过程中由于引入氩、水和溶剂等物质，在等离子区会电离产生 Ar^+、ArH^+、OH^+、OH_2^+、O^+、

N^+等离子，这些离子可进一步复合形成多原子离子，干扰与其相同质量的被分析元素测定。如^{51}V受$^{35}Cl^{16}O^+$的干扰；^{56}Fe受$^{40}Ar^{16}O^+$和$^{40}Ca^{16}O^+$的干扰；^{63}Cu受$^{40}Ar^{23}Na^+$的干扰；^{75}As受$^{40}Ar^{35}Cl^+$的干扰；^{80}Se受$^{40}Ar^{2+}$的干扰等。因此，在选择同位素进行测定时，要尽量避开这些多原子离子的干扰。多原子离子干扰一般只影响质量数80以下（包括80）的轻质量数元素，而对重质量数元素的影响不大。上述氧化物离子干扰其实也属于多原子离子干扰的一种。

消除多原子离子干扰的主要方法有：①利用理论或经典的干扰校正方程进行校正。②优化ICP-MS仪器工作参数以及使用冷等离子体技术等。③采用碰撞/反应池技术。碰撞/反应池是设置在离子透镜和四极杆质量分析器之间的装置，在封闭的池体内引入一种碰撞或反应性气体（如H_2、He、NH_3或CH_4），利用分析物及干扰离子间和反应气体有不同的化学反应，将干扰离子的电荷或质量进行改变或将分析物转移至另一质量，达到减轻质谱干扰的目的。④采用高分辨ICP-磁质谱仪。

2. 非质谱干扰

（1）基体干扰

基体效应是指测量过程中基体元素对待测元素信号产生的抑制或增强效应，它是ICP-MS中较严重的一种干扰。

实验证明，基体干扰的程度与基体的浓度、基体原子的质量有关。基体的浓度越高，基体效应越显著。被测元素的原子质量越低或电离度越低，基体元素对被测元素的离子计数率的影响就越大。当基体干扰不很严重时，可以通过溶液稀释、标准溶液基体匹配法或标准加入法来克服。当基体干扰很严重时，最好的方法是采用适当的分离方法如萃取、离子交换、共沉淀和色谱等技术将被测元素与基体分离。此外，也可通过碰撞/反应池技术降低基体干扰效应。

（2）物理效应干扰

ICP-MS中有两种物理效应干扰。一种是与ICP-AES分析类似的干扰，即记忆效应。记忆效应是指分析测试的结果与分析质量，受此次分析测试之前样品中基体及其他高含量元素的影响。这些基体及高含量元素由于吸附或其他物理效应而附着在连接管道、雾化室、等离子体矩管口，尤其是采样锥及截取锥表面，既会产生噪声，也影响测定的稳定性和准确度。克服记忆效应的方法通常是在每一样品分析结束之后，用适当的酸（一般是2%的硝酸溶液）或其他试剂在线清洗管路及其他相关器件，然后再进行下一个样品的分析。

另一种物理干扰是采样锥和截取锥孔壁与等离子体接触的部分沉积的样品基体氧化物，会使锥口逐渐变小而导致可通过锥口的离子数量相应减少，引起测定信号的下降和稳定性变差。可通过优化仪器操作条件（如功率、载气流速以及样品基体浓度、样品提升速率等）来减小这种影响。

（3）其他非质谱干扰

这类干扰主要包括空间电荷效应和离子传输效率。

空间电荷效应是指离子在离开截取锥向质量分离器飞行的过程中，受同种电荷排斥力作用而使质量数较小的离子信号减弱、质量数较大的离子信号增强的现象。空间电荷效应随基体浓度增大和重离子数增加而显著增强。该效应一般影响轻质量数元素的测定，是造成轻离子测量灵敏度降低的主要因素。可通过优化离子透镜或四级杆质量分析器电压等仪器参数，将此类干扰降至最低。

离子传输效率体现在离子从进入采样锥开始到最终被检测器检测的整个过程中，不同质量数的离子在经过采样锥、截取锥、离子透镜、四极杆分离器和检测器时，质量数较小的离子具有较大的传输效率而产生较强的信号；而质量数较大的离子则因传输效率低而使信号较弱。离子传输效率产生影响的结果与空间电荷效应正好相反，可通过一个折中的仪器参数来调节，将这两种效应产生的影响降至最小。

第五节 等离子质谱法应用

ICP-MS 是一种强有力的多元素及同位素定量半定量分析方法，已广泛应用于金属、合金及高纯材料中痕量杂质的分析；半导体材料分析中如超纯试剂、超纯水、硅片表面及氧化层等材料中的杂质或组分分析；地质样品中贵金属及稀土元素的分析；环境样品如河水、海水和酸雨中元素的分析；考古样品如与古生物、古人类生长环境及食谱有关的微量元素的分析；生物及临床样品如血样、尿样中元素的分析；食品中有毒有害重金属元素的分析等。

ICP-MS 还可与色谱如气相色谱（GC)、高效液相色谱（HPLC)、离子色谱（IC）联用，能对有机金属元素、不同价态的元素含量进行测定。

第六节 辉光放电质谱法简介

ICP-MS 的特点是液体进样和以 ICP 为电离源，这对某些难以处理成溶液的固体样品的分析带来诸多的不便。辉光放电质谱（glow discharge mass spectrometry，GDMS）是一种以辉光放电作为离子源进行质谱测定的分析方法，其电离源体积小、功率低、耗气量较少、易操作，可以直接定性定量分析固体样品中包括 C、N、O 在内的几乎所有元素，在金属、合金或半导体等高纯材料的杂质含量和镀层材料元素组成快速分析方面具有独特优势。

图 3-8 是辉光放电离子源示意图。以导电的固体样品为阴极，于辉光放电池内充填 10～10^3 Pa 的 Ar。给两平面电极施加电压，电极间的气体放电（辉光放电）产生 Ar^+，Ar^+ 朝阴极加速运动，以几百电子伏特的能量轰击阴极，溅射出样品表面的原子、正离子及电子。其中的正离子由于受到阴极周围电场的作用，又会重新回到阴极表面，电子则会加速进入辉光区并与其中的原子碰撞促进其电离，帮助维持辉光放电。而从样片表面溅射出的原子进入辉光区则会与其中的电子、亚稳态氩原子（Ar^*）发生碰撞，从而得到激发和电离。GDMS 与 ICP-MS 一样，在离子源后需用静电离子透镜对离子进行提取，之后可用四极杆或双聚焦高分辨磁质量分析器对离子进行质量分析。

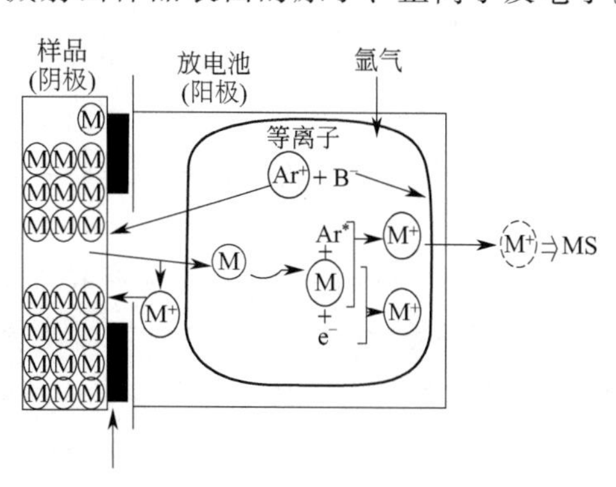

图 3-8 辉光放电离子源示意图

辉光放电离子源中样品的原子化和离子化分

别在靠近样品表面的阴极暗区和靠近阳极的负辉区两个不同的区域内进行，原子溅射和离子化是两个相对独立的过程，因此这种技术的基体效应较小，即使没有标样，也能给出较准确的多元素分析结果，非常有利于高纯样品的半定量分析。如果采用外标法对不同基体组成的样品进行分析，也不需要固体标样与样品一定具有相同或相似的化学组成。GAMS 中也存在与 ICP-MS 中类似的多原子干扰，如$^{40}Ar^{+}$干扰$^{40}Ca^{+}$，$^{40}Ar^{16}O^{+}$干扰$^{56}Fe^{+}$，$^{14}N^{16}P^{1}H^{+}$干扰^{31}P等。这些干扰问题一般用高分辨的磁质谱能得到解决。

在 GDMS 中，样品一般为导电的金属、合金或半导体，绝缘体样品可与 Cu 或 Ag 混合压片做成阴极。GDMS 可以用作样品表面分析及逐层分析，广泛用于铝、金、钢、镍等金属和合金分析及 InP、GaAs 和 Si 半导体材料的分析。具体应用领域包括：①掺杂分析（半导体、光电子、太阳能光伏、传感器、固态光源）；②表面和整体污染鉴定（PVD 镀层、摩擦层、电气镀层、光学镀层、磁性镀层）；③腐蚀科学和技术（示踪物、标记监测、同位素标记）；④界面监测；⑤无机非金属材料，包括陶瓷粉末、玻璃、稀土氧化物等材料分析。

典型案例

ICP-MS 法测定高纯钨中 15 种痕量杂质元素

高纯钨是指纯度达到 99.999%和 99.9999%，即 5N 和 6N 的纯钨，其制备方法主要有粉末冶金法、熔炼法和化学气相沉积法等。高纯钨的材料形状可以是粉末、单晶体、薄膜、薄片、靶材、丝线、直棒和圆管等，广泛应用于照明、超大规模集成电路、高温合金和硬质合金等材料的制造，在宇航、电子及精密合金等领域有着非常重要的应用。

高纯钨中杂质元素的存在会影响钨的电学和高温稳定性等物理特性，杂质元素的含量是评价高纯钨性能的重要指标。测试钨材料杂质元素的方法应具有足够低的测定下限和较高的测量精确度和灵敏度，以满足钨产品质量控制的要求。

高纯钨中杂质元素的测定方法主要有直流电弧发射光谱法、ICP-AES、ICP-MS 和 GDMS（辉光放电质谱法）等。直流电弧发射光谱法具有检出限低、采用固体进样等优点，但分析精度差、分析周期长，个别杂质元素（如 K、Mo）的分析灵敏度不够，无法满足快速分析和分析精度的要求；ICP-AES 法具有基体效应小、动态线性范围宽以及分析速度快等优点，但该法测定大部分痕量杂质元素的下限达不到高纯钨产品的检测要求；ICP-MS 法通过湿法消解和预分离富集技术等样品前处理方法，能降低基体对杂质检测的干扰，某些元素的检测限可达到 6N 钨粉的要求，但无法直接测定高纯钨中痕量 K、Ca、Fe、Si 等元素。GDMS 具有可对固体样品直接测量、样品制备简单的优点，同时避免了 ICP-MS 法溶样过程中难溶元素的损失和污染的引入，可有效地应用于 6N 及以上高纯钨的全面分析检测，但由于设备价格高，应用受到一定限制。

1. 原理

采用 ICP-MS 法测定高纯钨中 K、Na、Mg、Al、Ca、Fe、Ni、Si、As、Mo、Sn、P、Sb、Bi、Pb 等 15 种杂质元素，对于不受质谱干扰的元素采用内标补偿法直接测定；对于存在干扰的 K、Ca、Fe、Si 等元素，以碰撞/反应池中 H_2 为反应气消除质谱干扰后进行测定。该法方便、高效、准确，可以满足 4～5N 高纯钨的测定。

2. 试剂和材料

（1）优级纯硝酸和氢氟酸，经亚沸二次蒸馏提纯后使用；超纯水（18.2mΩ·cm）。

（2）标准溶液：①混合标准溶液 1：分别移取 1mL 1g/L K、Na、Mg、Al、Ca、Fe、Ni、Cu、As 和 Pb 储备液于 1000mL 塑料容量瓶中，加入 10mL 硝酸，用水稀释至刻度，混匀，1mL 此溶液中含上述元素各 1μg。②混合标准溶液 2：分别移取 1mL 1g/L Sn、Sb、Bi 标准储备液于 1000mL 容量瓶中，加入 20mL 盐酸，用水稀释至刻度，混匀，1mL 此溶液中含 Sn、Sb、Bi 各 1μg。③混合标准溶液 3：分别移取 1mL 1g/L Si、Mo、P 标准储备液于 1000mL 塑料容量瓶中，加入 10mL 硝酸和 2mL 氢氟酸，用水稀释至刻度，混匀，1mL 此溶液中含 Si、Mo、P 各 1μg。④混合内标溶液：分别移取 1mL 1g/L Sc、Rh、Cs 和 Tl 标准储备液于 1000mL 容量瓶中，加入 10mL 硝酸，用水稀释至刻度，混匀，1mL 此溶液中含 Sc、Rh、Cs 和 Tl 各 1μg。

上述所用 1g/L 各元素储备液均由北京有色金属研究总院提供。

3. 仪器和设备

美国 Agilent 7500ce 型 ICP-MS，配备碰撞反应池；纯氩（99.995%以上）。

4. 分析步骤

（1）试样预处理

准确称取 0.1g（精确至 0.1mg）试样于 50mL 聚四氟乙烯烧杯中，加入 2mL 硝酸和 1mL 氢氟酸，低温加热至试样溶解，冷却，转移至 100mL 塑料容量瓶中，再加入 2mL 混合内标溶液，以水定容至刻度，混匀，待测。随同做试剂空白实验。

（2）仪器条件

等离子体参数：RF 功率，1500W；等离子体气流量，15L/min；辅助气流量，1L/min；载气流量，0.9L/min；补偿气流量，0.1L/min。碰撞反应池 H_2 流量，4mL/min。

离子透镜参数：Extact1，−140V；Extact 2，4V；Omega Bias，0.2V；QP Focus，2V。

数据采集参数：分辨率（10%峰高），（0.7±0.1）u；测量方式，跳峰；测量点/峰，3；扫描次数，3；积分时间，100ms；样品提升量，0.2mL/min。

（3）实验方法

① 测定同位素的选择

根据被测同位素丰度高和无干扰的原则来进行选择。由于钨的原子量较高，钨基体的复合离子对被测元素没有干扰，仅 ^{184}W 的双电荷离子会对 ^{92}Mo 产生轻微干扰，在选择时注意避开即可。选择的测定同位素为 ^{23}Na、^{24}Mg、^{27}Al、^{28}Si、^{31}P、^{39}K、^{40}Ca、^{56}Fe、^{60}Ni、^{75}As、^{95}Mo、^{118}Sn、^{121}Sb、^{208}Bi 和 ^{209}Pb。^{28}Si 会被 $^{12}C^{16}O^{+}$ 和 $^{14}N^{2+}$ 干扰，^{39}K 会被 $^{38}Ar^{1}H^{+}$ 干扰，^{40}Ca 会被 $^{40}Ar^{+}$ 干扰，^{56}Fe 会被 $^{40}Ar^{16}O^{+}$ 干扰，这些多原子离子干扰采用加 H_2 反应池技术消除。

② H_2 流量的选择

K、Ca 和 Fe 这 3 种元素在 H_2 模式下均可使干扰背景（背景等效浓度）大幅降低。随着 H_2 流量的逐渐加大，被测元素的干扰背景计数不断下降，同时元素的灵敏度也在下降，但下降的速度和幅度远小于背景。H_2 流量约为 4mL/min 时，被测元素的背景等效浓度下降到一稳定状态，可有效消除 $^{38}Ar^{1}H^{+}$、$^{40}Ar^{16}O^{+}$ 和 $^{14}N^{2+}$ 等复合离子的干扰。

③ 基体效应的影响与内标元素的选择

分别配制不同质量浓度的钨基体溶液，均加入 20μg/L 混合标准溶液，测定各杂质元素信号值的变化。把无基体时所测信号定义为 100，计算其他溶液条件下得出的信号。钨基体质量浓度在 0.5g/L 以下时，各杂质元素没有受到明显的基体抑制效应；1.0g/L 时信号降低约 10。考虑到样品测定下限的要求以及高浓度基体在仪器锥孔的沉降作用，选择 1.0g/L 钨基体浓度来进行样品测定。

选取 Sc、Rh、Cs 和 Tl 作为内标元素，考察内标对仪器信号漂移和基体效应的补偿效果，在 1.0g/L 基体溶液中加入 20μg/L 混合标液，分别采用不同内标进行回收率计算。计算结果表明，在 4 种内标元素中采用 Cs 和 Tl 作为内标，回收率在 90%～110%之间，效果较好；采用 Sc 和 Rh 作为内标，大部分元素回收率在 100%～120%，略微偏大。从单个内标元素看，以 Cs 作为内标获得的回收率波动范围最小，因此，选择 Cs 作为内标进行实验。

④ 加标回收和精密度实验

准确称取 3 份 0.1g（精确至 0.1mg）试样于 50mL 聚四氟乙烯烧杯中，分别加入 0.02mL、0.1mL、0.4mL 混合标液，2mL 硝酸和 1mL 氢氟酸，低温加热使试料溶解，冷却，转移至 100mL 塑料容量瓶中，再加入 2mL 混合内标溶液，以水定容至刻度，混匀，待测。每份溶液独立测定 8 次，以 Cs 为内标，考察各元素的平均回收率、统计精密度。计算结果表明，在低、中、高 3 个水平进行的加标回收实验，回收率均介于 96.1%～110.6%之间，表明该方法具有良好的准确性；8 次独立测定的相对标准偏差均小于 5%，表明该方法具有良好的精密度。

⑤ 检出限和测定下限

对质量浓度为 1.0g/L 钨溶液（以 5N 钨配制）测定 11 次，计算标准偏差，以 3 倍的标准偏差作为检出限，10 倍的标准偏差作为测定下限。各杂质元素的测定下限介于 0.12～0.50μg/g 之间，该方法能够满足 5N 高纯钨产品的分析。

5. 实际样品分析

采用本实验建立的方法对国内某企业生产的纯度约为 99.995%钨条和纯度为 99.999%钨粉 2 个样品进行测定，测定结果见表 3-1。结果相对标准偏差（RSD）小于 8%，完全可以满足 4～5N 高纯钨的测定。

表 3-1 钨粉和钨条测定结果

元素	钨条/(μg/g)	RSD/%	钨粉/(μg/g)	RSD/%	元素	钨条/(μg/g)	RSD/%	钨粉/(μg/g)	RSD/%
Na	2.6	4.3	<0.50	—	Ni	2.5	3.5	0.45	5.2
Mg	1.3	3.6	0.62	4.5	As	0.68	6.4	<0.32	—
Al	3.3	2.8	0.55	5.1	Mo	4.8	2.1	2.3	2.5
Si	2.5	4.5	0.78	5.6	Sn	<0.39	—	<0.39	—
P	1.5	4.9	1.1	4.8	Sb	0.77	6.8	<0.19	—
K	0.78	6.5	<0.43	—	Pb	<0.21	—	<0.21	—
Ca	1.8	2.8	0.69	4.6	Bi	0.92	4.2	<0.21	—
Fe	2.6	3.1	1.3	3.9					

参考文献

[1] 游小燕，郑建明，余正东．电感耦合等离子质谱原理与应用 [M]．北京：化学工业出版社，2014.

[2] 徐祖耀，黄本立，鄢国强．中国材料工程大典，第 26 卷，材料表征与检测技术 [M]．北京：化学工业出版社，2006.

[3] 孙东平．现代仪器分析实验技术 [M]．北京：科学出版社，2015.

[4] 贾双珠，李长安，解田，等．ICP-MS 分析应用进展 [J]．分析试验室，2016，35 (6)：731-735.

[5] 张更宇，吴超，邓宇杰．电感耦合等离子体质谱（ICP-MS）联用技术的应用及展望 [J]．中国无机分析化学，2016，6 (3)：19-26.

[6] 董慧茹．仪器分析 [M]．北京：化学工业出版社，2010.

[7] Sabine Becker，Hans-Joachim Dietze. State-of-the-art in inorganic mass spectrometry for analysis of high-purity materials. International Journal of Mass Spectrometry [J]．2003，228：127-150.

[8] 冯玉红．现代仪器分析实用教程 [M]．北京：北京大学出版社，2008.

[9] 朱永法，宗瑞隆，姚文清．材料分析化学 [M]．北京：化学工业出版社，2009.

[10] 李陈鑫．电感耦合等离子体质谱在半导体高纯材料分析中的应用 [J]．化学工程与装备，2010，1：161-163.

[11] 张立锋，张翼明，周凯红．电感耦合等离子体质谱法测定钕铁硼中铝、钴、铜、镓、锆、铽、钛、铌 [J]．冶金分析，2011，31 (3)：50-54.

[12] 段春兰，曾衍强．采用 ICP 质谱法测定海绵钯中的杂质元素 [J]．铜业工程，2019，6：92-97.

[13] 徐伟，李育珍，段太成，等．电感耦合等离子体质谱法测定高纯二氧化锡电极材料中痕量金属杂质离子 [J]．分析化学，2015，43 (9)：1349-1352.

[14] 刘彬，杨丙雨，冯玉怀，等．ICP-MS 法在测定痕量贵金属中的应用 [J]．贵金属，2009，30 (4)：63-72.

[15] 谢华林，李立波，聂西度．催化裂化催化剂中微量金属元素的电感耦合等离子体质谱分析 [J]．冶金分析，2006，26 (2)：21-24.

[16] 李秋莹，甘建壮，李立新，等．ICP-MS 法测定高纯钯中 18 个痕量杂质元素 [J]．贵金属，2017，38 (4)：49-55.

[17] 郭鹏．电感耦合等离子体质谱法测定高纯氧化钽中 28 种痕量杂质元素 [J]．分析试验室，2008，27 (3)：731-735，106-109.

[18] 刘宏伟，谢华林．电感耦合等离子体质谱法测定锂离子电池正极材料钴酸锂中 20 种杂质元素 [J]．冶金分析，2013，33 (7)：30-34.

[19] 余兴，李小佳，王海舟．辉光放电质谱分析技术的应用进展 [J]．冶金分析，2009，29 (3)：28-36.

[20] 聂帅，刘鹏宇，李宝城，等．钕铁硼合金中 13 种元素辉光放电质谱法定量分析研究 [J]．稀有金属，2016，40 (8)：756-762.

[21] 邵晓东，刘养勤，李瑛，等．镍基合金中元素分析方法研究进展 [J]．冶金分析，2010，30 (5)：38-48.

[22] 黄宗平，普旭力，蓝光琳，等．ICP-MS 法测定仿真饰品中 11 种重金属迁移量 [J]．分析试验室，2012，31 (4)：41-44.

[23] 李宝城，刘英，童坚，等．GD-MS 法和 ICP-MS 法测定高纯铌中痕量元素 [J]．分析试验室，2012，31 (6)：9-42.

[24] Mohammad B Shabani，Shiina Y，Kirscht F G，et al. Recent advanced applications of AAS and ICP-MS in the semiconductor industry [J]．Materials Science and Engineering B，2003，102：238-246.

[25] 王长华，李继东，潘元海．ICP-MS 法测定高纯钨中 15 种痕量杂质元素 [J]．质谱学报，2011，32 (4)：216-221.

第四章

X 射线荧光光谱法

X 射线荧光光谱（X-ray fluorence spectroscopy，XRF）法是基于 X 射线激发样品产生的荧光 X 射线的波长和强度进行元素定性定量分析的方法。

商品 X 射线荧光光谱仪有波长色散型、能量色散型、全反射型、偏振型、同步辐射型、微区型（μ-XRF）、手持式、可移动式以及在线 XRF 等多种类型。作为一种极为重要的多元素分析技术，XRF 在材料、冶金、机械、石化、地质、电子、农业、食品、环保、司法和文物等领域获得了广泛应用。

与其他多元素分析方法相比，X 射线荧光分析法具有如下特点：①可分析元素范围广，从^{4}Be～^{92}U 的所有元素都可直接测定；②样品前处理简单，可直接分析块体、粉体和液体试样，便于进行无损分析；③分析速度快，仅需几分钟就可完成样品中几十个元素的分析；④工作曲线的线性范围宽（10^{-4}%～100%），涵盖样品中主量、次量、微量甚至痕量元素；⑤谱线简单，光谱干扰少，检出限可达 10^{-6}g/g；⑥精密度好，一般为 0.2%～2%；⑦采用基本参数法可以实现无标样半定量分析；⑧与 ICP-AES 和 ICP-MS 相比，取样量大，灵敏度较低；⑨不适于 B 和 C 等超轻元素的分析；⑩定量分析校准依赖标样，需要进行基体效应校正及样品形态校正等。

第一节 X 射线荧光光谱法基本原理

1. X 射线荧光的产生

X 射线是由高能粒子轰击原子形成的波长在 0.001～50nm 范围的电磁辐射。X 射线管是产生 X 射线的主要光源，其产生的 X 射线光谱称为 X 射线原级谱。原级谱由特征谱和连续谱两部分组成，特征谱的波长只与 X 射线管的阳极（靶）材料有关，连续谱的波长随强度而连续变化，其最短波长限取决于 X 射线管的管电压，而与 X 射线管靶材和管电流无关。

当 X 射线或高能粒子束与物质中的原子发生作用时，处于原子内层的电子因受到 X 射线光子的碰撞，迁移到外层或脱离原子核的束缚而形成自由电子，内层上出现的空位就会被从外层跃迁的电子填补。电子跃迁前后的能量差以 X 射线光子的形式释放出来就形成了特征 X 射线谱，这就是 X 射线荧光。

特征 X 射线一般用表示跃迁最终能级的大写字母、一个希腊字母和数字脚注组合成的符号表示，如 $K_{\alpha1}$、$K_{\alpha2}$、K_{β}、L_1 和 L_2 等。K 层电子被逐出后形成的空位可被外层中任一电子所填充，所产生的系列谱线统称为K系谱线，其中由L层跃迁到K层辐射的X射线叫$K_α$射线，由M层跃迁到K层辐射的X射线叫$K_β$射线。同样，L层电子被逐出可以产生L系辐射。

2. X射线荧光的波长及强度

原子受激发产生的特征X射线波长取决于发生电子跃迁的原子轨道间能级差，它只与元素的原子序数有关。各种元素的特征X射线波长$λ$与原子序数Z间的关系可以用如下的Moseley定律表达

$$\sqrt{\frac{1}{\lambda}}=k(Z-S) \tag{4-1}$$

式中，k、S均为常数。

上式表明，只要测出了特征X射线的波长$λ$，即可求出产生该波长的元素原子序数Z，这就是X射线荧光光谱定性分析的依据。

若用X射线（一次X射线）作激发源辐照试样，使试样中的元素产生特征X射线（即荧光X射线或二次X射线），当元素和实验条件一定时，荧光X射线的强度I_i与被分析元素的质量分数w_i的关系可用下式表示

$$I_i=\frac{Kw_i}{\mu_m} \tag{4-2}$$

式中，μ_m为样品对一次X射线和荧光X射线的总质量吸收系数；K为常数，与入射线强度和被分析元素对入射线的质量吸收系数有关。

式(4-2)表明，在一定条件（试样组成均匀、表面平整光滑且元素间无相互激发）下，荧光X射线强度与被分析元素含量之间存在线性关系，这就是荧光X射线元素定量分析的理论依据。

综上所述，X射线荧光分析法的基本原理为：利用X射线管发射的一次X射线照射试样，激发试样中的各元素辐射出各自的特征X射线（荧光X射线）。这些特征X射线经过波长色散或能量色散后，根据各待测元素的特征波长可做定性分析，根据谱线强度则可进行定量分析。

第二节 X射线荧光光谱仪

常见的X射线荧光光谱仪有波长色散型、能量色散型和全反射型等类型。波长色散型XRF还可分为单道式(顺序式或扫描式)、多道式(同时式)和单道式与多道式相结合的谱仪三类。其中，单道式适合于多用途的检测及科研，多道式适合于组成相对固定和批量试样的分析。

1. 波长色散型X射线荧光光谱仪

该型谱仪是用分光晶体色散X射线荧光光束并记录其波长和强度的装置，一般由X光管、分光系统、探测器以及仪器自动控制系统等几部分组成，其结构示意图见图4-1。

（1）X光管

X射线荧光分析中常用功率较大的X光管作为光源，以提高荧光X射线的强度，而对

X 光的焦斑大小无特殊要求。X 光管有侧窗型、端窗型和透射型三种。X 光管的阳极靶材元素不同，适合分析的元素范围有所不同，一般的阳极靶有 W、Mo、Cr、Rh 和 Ag 等，其中 Rh 靶适用于轻重元素的分析，是一种通用型的阳极靶。

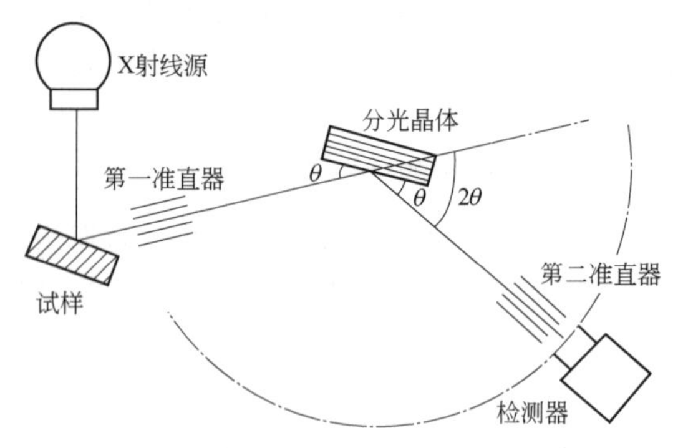

图 4-1　波长色散型 X 射线荧光光谱仪结构示意图

(2) 分光系统

分光系统由滤波片、准直器、分光晶体、测角仪、样品室和真空系统组成，其功能是将试样中各元素受激发产生的二次 X 射线（荧光 X 射线）按波长的不同分散开并记录。

滤波片的作用是降低或消除来自 X 光管发射的初级 X 射线谱对试样荧光 X 射线的干扰，以改善峰背比、提高分析的灵敏度。

准直器又称梭拉狭缝，其作用是遮挡杂散的 X 射线，保证照射到样品上的初级 X 射线和照射到分光晶体上的荧光 X 射线基本上是平行光束。当准直器的遮挡效果不够时，可在准直器上增加通道面罩。

分光晶体是波长色散型谱仪的核心部件。通过准直器后的荧光 X 射线照射到分光晶体上，测角仪使分光晶体转动并记录不同波长 X 射线衍射的角度。

波长色散型谱仪配备的分光晶体一般可达 8～10 块，以满足从 Be～U 的元素测定。常见的分光晶体有 LiF（200）、LiF（220）、LiF（420）、Ge（111）、InSb（111）、PE（002）和 TIAP（100）等。分光晶体的选择原则是：高分辨率以减少谱线干扰；衍射强度大；衍射后所得特征谱线的峰背比大；最好不产生高次衍射线；晶体受温湿度影响小。在测定长波长的超轻元素如 B 或 Be 的谱线时，均选择专用的多层膜拟晶体。

(3) 探测器

探测器实际上是一个能量-电量的转换器，它能将荧光 X 射线光子能量转变为一定形状和数量的电脉冲，以表征其强度大小。波长色散型谱仪常用的探测器有三种，即流气式正比计数器、封闭式正比计数器和闪烁式计数器。

2. 能量色散型 X 射线荧光光谱仪

将荧光 X 射线光子按能量大小进行分离探测的光谱仪就是能量色散型 XRF。该型谱仪主要由光源（X 射线管、次级靶、偏振光、放射性核素源等）、滤波片和探测器等组成，无分光晶体和测角仪等部件，其基本结构见图 4-2。X 射线管发射的初级 X 射线辐照到样品上，产生的荧光 X 射线直接进入探测器，不同能量的 X 射线经由多道脉冲分析器组成的电路处理，即可获得 X 射线荧光光谱的强度。

有些谱仪的光源中配置有二次靶或偏振光，其目的是降低光谱背景、提高峰背比。用二次靶比直接用 X 射线管激发的检出限可提高 5～10 倍，适合做痕量元素分析。二次靶还可用作选择激发，以弥补使用 X 射线管和放射性核素源的局限，可对元素周期表中任何要分析的元素进行有选择的激发。但二次靶产生的总强度比原靶初级谱的总强度弱得多，所以使用二次靶时要提高 X 射线管的功率。

滤波片有初级滤波片和次级滤波片两种类型。初级滤波片置于 X 射线管和样品间，其作

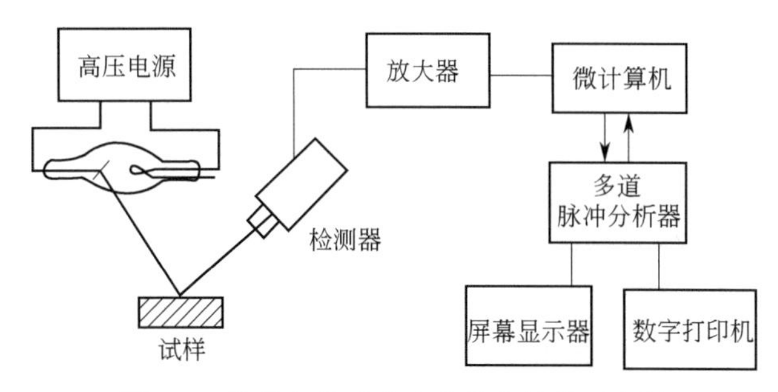

图 4-2 能量色散型荧光光谱仪结构示意图

用是获得单色性更好的辐射和降低由初级谱散射引起的背景。次级滤波片置于样品和探测器之间，目的是对试样产生的多元素 X 射线荧光谱线进行能量选择，以提高待测元素测量精度。

探测器是能量色散型 XRF 的核心器件，常见的探测器有正比计数器、闪烁计数器和半导体计数器等，实验室用能量型色散谱仪主要使用以 Si（Li）半导体探测器为代表的固体半导体探测器；台式能量色散型谱仪使用电制冷的可在常温下工作的 Si-PIN 和 HgI_2 探测器；便携式谱仪则主要使用封闭式正比计数器和 Si-PIN 探测器。探测器的分辨率是决定能量色散型 X 射线荧光光谱仪性能的主要因素。

能量色散型 XRF 具有如下特点：①可以同时测定样品中几乎所有的元素，分析速度快；②由于能谱仪对 X 射线的总检测效率比波谱仪高，所以可用小功率 X 光管激发荧光 X 射线；③结构紧凑，使用和维修方便；④能量分辨率较低，测量谱由连续谱背景、特征 X 射线谱及其逃逸峰、和峰及脉冲堆积等组成，通常需要对谱进行数学方法（平滑、解谱或拟合等）处理才能获得测量谱的峰位和净强度。

3. 全反射型 X 射线荧光光谱仪

X 射线在均匀介质中以直线传播。但当光束遇到第二种介质时，一部分反射回第一种介质，而进入第二种介质的光束发生偏转，这就是折射。如果入射线通过空气（介质 1）入射到固体（介质 2）并发生折射，入射线与折射线的掠射角分别为 θ_1 和 θ_2，一般 $\theta_1>\theta_2$，即折射线会偏向界面。当 θ_1 足够小，并使 $\theta_2=0$，此时的掠射角 θ 称为临界角 $\theta_{临界}$。当 $\theta_1<\theta_{临界}$时，界面就像镜子一样将入射线全部反射回介质 1 中，这就是全反射现象。利用全反射现象将入射角设计成小于临界角的 X 射线光谱仪就是全反射型 XRF（TXRF）。

在 TXRF 中，通常采用均匀、表面光滑且无限厚的衬底（如抛光的硅片和石英玻璃）作样品的载体。TXRF 是一种灵敏度很高而操作相当简便的分析技术，具有如下特点：①灵敏度高，检出限低至 $10^{-9}\sim10^{-12}$g；②样品用量少，若元素含量在 10^{-6}g，取样量仅需微升级或微克级；③基体效应一般可忽略，定量分析较简单；④液体试样制备简单，只需用一支微量移液管定量吸取微升级溶液滴于样品载体上即可，即使溶液中含有悬浮物或微细颗粒也不必完全消化，只需加入内标元素与其混匀即可；⑤可对光滑的硅片直接进行测定，使 TXRF 成为半导体工业中不可缺少的分析测试手段。

第三节 分析方法

X 射线荧光光谱分析是一种基于标样进行校准的相对测量法，包括定性分析、半定量分析和定量分析。

1. 定性和半定量分析

元素的荧光X射线波长取决于元素的种类，与元素的化合状态基本无关，根据试样辐射的荧光X射线波长即可确定其元素组成。对于波长色散型X射线荧光光谱仪，根据探测器转动的2θ角即可求出由分光晶体衍射的荧光X射线波长λ，从而确定元素成分。如使用LiF（200）分光晶体，由2θ 57.52°和51.73°出现的谱峰，可初步识别为Fe的K_α线和K_β线，这两个峰的同时出现就能够确认Fe元素的存在。X射线荧光光谱由内层电子跃迁产生，其特征谱线相对外层电子跃迁的原子吸收谱线要少得多，但仍然存在谱线重叠。如相邻元素的K_α与K_β谱线之间，高原子序数元素的L或M系谱线之间，以及它们与低原子序数元素K系谱线之间，都可能出现重叠。排除谱线间的重叠干扰是定性分析的前提。

对于元素组成已基本了解的样品，要分析其中的某个特定元素，只需选择合适的测试条件，并对该元素的主要谱线进行定性扫描，根据扫描谱图即可确认是否存在该元素；如要对未知样品中所有的元素进行定性分析，需采用不同的测试条件（如X光管管压、滤波片、狭缝、分光晶体和探测器）和扫描条件（2θ角扫描范围、速度和步长等），对所有元素进行扫描。然后依据特征X射线2θ角与波长关系表，对谱图中的谱峰逐个进行定性识别。确定扫描条件时要在考虑元素主要谱线分布疏密程度基础上，合理选择谱线的2θ角显示范围。

现代商用X射线荧光光谱仪带有的分析软件可自动识别荧光谱线，获得定性分析结果。当试样组成比较复杂、存在某些低含量元素或元素间谱线有严重干扰时，分析者要在综合考虑样品的来源和性质、元素的激发电位和峰强度比规律等因素的基础上，进行正确识谱。在定性分析的同时，基于衍射强度与物质浓度关系的理论计算和标样修正的结果，还可以给出试样中元素的相对含量，这就是半定量分析。半定量分析结果能基本满足多数材料分析的要求。

2. 定量分析

（1）基体效应

基体效应是指样品的基本化学组成和物理化学状态的变化对被分析元素的X射线荧光强度所造成的影响，可分为元素间吸收增强效应和物理-化学效应两类。

元素间吸收增强效应是一种由于试样对一次X射线和荧光X射线的吸收而引起的荧光强度改变的现象。设某一试样中含i、j、k三种元素，激发源的能量足够高可同时激发这三种元素，且j元素的特征谱线能激发i元素，同时k元素的特征谱线能激发j元素，那么，试样中i元素的特征谱线将来源于：①激发源激发产生的荧光，即一次荧光；②j元素和k元素的特征谱线对i元素激发产生的二次荧光；③k元素特征谱线激发j元素产生的二次荧光再激发i元素所产生的三次荧光。i元素的总荧光强度即这三部分的和，i元素的荧光强度因为j元素和k元素的存在而得到增强，而j元素和k元素的荧光由于激发i元素而被吸收导致强度减弱，这就是元素间吸收增强效应。例如，在测定不锈钢中Fe和Ni等元素时，一次X射线激发产生的Ni K_α荧光X射线可被Fe吸收，使Fe激发产生Fe K_α，导致Fe的含量测定值因增强效应而偏高，Ni的含量测定值因Fe的吸收效应而偏低。元素间吸收增强效应是可以预测的，并可通过基本参数法或影响系数法进行准确计算。

物理-化学效应是指试样的物理状态（如粉末样品的颗粒度、成分的不均匀性及表面结构）和元素的化学态（价态、配位和键性等）的差异对谱峰位、谱形和强度所产生的影响。颗粒度对不同波长的谱线具有不同的影响，波长较大的谱线对颗粒度的影响较敏感。

（2）定量分析方法

X 射线荧光光谱法定量分析的依据是元素的荧光 X 射线强度与试样中该元素的含量成正比，但由于基体效应的影响，两者之间不是简单的线性关系。根据处理基体效应和谱仪仪器因子等因素对荧光 X 射线强度影响的方法不同，定量分析方法有基本参数法、理论影响系数法、经验影响系数法和实验修正法等。

① 基本参数法。基本参数法（FP 法）是 X 射线荧光分析中常用的一种无标样定量方法。它是在考虑各元素间吸收增强效应的基础上，用标样或纯物质计算出元素荧光 X 射线的理论强度，并测定其荧光 X 射线的强度，将实测强度与理论强度比较，求出元素的灵敏度系数。测未知试样时，先测定试样的强度，根据实测强度和灵敏度系数求得初始含量，由该含量计算理论强度，将测定强度与理论强度比较，使两者达到某一预定精度，获得修正后的含量。FP 法可用与样品相似的标样，也可用非相似标样（如纯金属或熔融物）作标准样品，一般只需少量的标样即可对元素含量范围变化很大的试样进行分析。FP 法由仪器制造商提供标样的实测强度、灵敏度系数和校准曲线并内置于仪器的分析系统中，进行样品分析时选择合适的系统内建曲线和参数即可完成测试。

用 FP 法进行试样定量分析时，试样中所有元素均要参与测定和计算，计算时必须考虑各元素间的相互干扰效应。当元素含量＞1％时，其相对标准偏差可＜1％；当元素含量＜1％时，相对标准偏差则较高。

② 理论影响系数法。该法是根据强度与浓度的理论关系计算元素间吸收增强效应影响系数的方法。其一般分析步骤为：a. 根据测量条件、谱仪的仪器因子、试样体系和所用的校正方程，选用合适的计算程序计算出相应的吸收增强效应理论影响系数；b. 根据标样的含量和测得的谱线强度，以及预先计算得到的理论影响系数，按校正方程求出校正曲线截距和斜率；c. 用迭代法求解未知样的浓度。当各待测元素二次相邻迭代浓度差值的绝对值均小于给定的判据时，即终止迭代，得到未知样的元素含量。一般来说，在标样数大致相同的情况下，理论影响系数法分析未知样结果的准确性低于基本参数法。

③ 经验影响系数法。该法使用一组二元或多元标样以及数学模型，根据所给出的组成参考值和测得的强度，通过作图或多元线性回归计算求得元素间吸收增强效应的经验影响系数。在分析未知样时，将测得的强度和经验影响系数通过一定数学模型直接进行计算或迭代，求得分析元素的浓度。经验影响系数的数学模型可分为强度校正模型和含量校正模型。该法的适应性很大程度上受标准样品的形态、化学组成及含量范围的限制。在实际分析过程中，要根据测定对象选用经验或理论影响系数，或将两者结合起来使用。

④ 实验修正法。实验修正法是最早使用的 X 射线荧光光谱定量分析方法，是以标样的强度作为参考进行强度修正的方法，包括内标法、外标法（标准曲线法及稀释法）及增量法等。

a. 内标法。选取含内标元素的物质，按一定比例加入试样中，通过测定它们的强度比进行定量分析。内标元素的 X 荧光特性应与待测元素相近，内标元素的谱线称为内标线，待分析线与内标线合称分析线对，其强度比与基体无关。该法能有效补偿元素间的吸收增强效应和长时间的仪器漂移，提高测定结果的准确度。内标法常用于确定同类型试样中单个元素的含量，测定的浓度范围较宽且准确度较高。在选择内标元素时应注意，样品本身不应含有内标元素，且在待测元素和内标元素谱线所对应的吸收限之间，不能有主量元素的特征谱线存在。

b. 标准曲线法。该法是外标法的一种，将标准样品按照不同浓度梯度配制，分别测定其X射线荧光强度，然后以此为根据绘制校准曲线。标准曲线法是定量分析中应用最多的方法，简便实用。但标样的基体组成应与试样一致或相近，否则不适用于该方法。

c. 稀释法。对于某些样品，在基体效应比较大的情况下，用稀释剂将标样与试样以相同的比例稀释，使二者的基体基本相似。该方法能够提高强度-含量校准曲线的稳定性和线性度，对于测定液体和粉末状试样有一定的优势。

d. 增量法。向试样中添加一定量的待测元素，混合均匀后分别测定原试样和添加待测元素后试样的X射线荧光强度，根据两者测定值的比值进行定量分析。该法常用于复杂试样中单个元素的测定，一般测定浓度＜1%，比较适用于液体试样和熔融试样体系。

由于获取合适的标样通常比较困难，实验修正法的使用受到一定程度的限制。

第四节 制样方法

样品制备方法是影响X射线荧光光谱定量分析结果不确定度的主要因素之一。粉末样品的颗粒度、成分不均匀性及表面结构和元素的化学态（价态、配位和键性等）的差异等基体效应是影响被分析元素X射线荧光强度的主要因素，通过合适的样品制备方法，可以最大限度降低或消除这些基体效应对分析结果的影响。

X射线荧光光谱分析的样品可以是固体（粉末、块体）或液体，要根据样品的成分、物性和物态特征，采取不同的采样和制备过程。

1. 固体样品的制备方法

（1）粉末样品的制备方法

对于粉末样品，一般要经过干燥、焙烧、混合研磨等处理。要求研磨后样品的粒度达到300～400目，对纳米级粉末也需经研磨以减轻或消除其“团聚”现象。在研磨样品过程中，加入适当的助磨剂有助于提高研磨效率。要注意研磨容器可能引起的污染，如常用的玛瑙和不锈钢料钵分别容易产生SiO_2和Fe、Cr、Mn、Ni等污染，而碳化钨容器可能引起W和Co污染。

① 直接法。研磨后的粉末样品可以直接放在支撑膜上进行测试。这种制样方法虽然简单，但存在诸多缺点，如粉末的堆积密度难以控制，使测量结果的重复性难以保证。此外，支撑膜的吸收作用会降低荧光谱线的强度，特别是长波长谱线强度降低明显，不利于轻元素的检测（尤其是低含量时）。而支撑膜的散射作用也会使背景增加。

② 压片法。粉末样品常用的制样法是压片法。将研磨后的粉末样品放在模具中，用液压机在一定的压力下压制成表面光滑且有一定机械强度的圆片。压制样品的压力与X射线荧光强度有很大关系，压力越高，压片的密度越大，谱线的强度就越大。需根据样品特点通过实验来确定压制样品的压力。压制样品时视情况还须添加黏结剂。根据压片机模具的不同，使用一次性铝环、塑料环或钢环可以增加压片的机械强度。

压片时必须注意样品表面的污染问题。每次压片后都要把模具表面洗净，隔一段时间还要对塞柱表面（对应于样片被测面）适当抛光。压好的试样片在保存过程中也要防止表面污染、表面破损、吸潮、氧化和吸附空气等。最好是压片后尽快上机测量，对于标样和管理样等需长期保存的试样，以粉末状态密封保存较好，需要时再临时压片。

③ 熔融法。对某些组成非常复杂的样品，如矿物岩石、工业废渣和环境污泥等样品，即使研磨后的颗粒粒径已经很小，但样品的组成和颗粒也是不均匀的。这种情况下，只有将样品通过熔融形成玻璃体，方能消除矿物效应和颗粒度效应对谱线强度的影响。

熔融法制样的过程包括配样、熔融、浇铸和脱模等步骤。

配样就是视样品和分析要求，通过实验确定试样与熔剂间的比例，常用的比例是 1∶10，有时也可选 1∶5 甚至 1∶2；对难熔融的矿物来说，可选 1∶25 的比例。过高比例的熔剂对超轻元素和痕量元素的测定是不利的。含有机物的样品应在熔融前于 450℃以上预氧化，使有机物充分分解。

熔剂要满足一些基本条件，如在一定温度下能将试样很快完全熔融；熔融后流动性较好；容易形成玻璃体，且玻璃体有一定的机械强度、不易破裂和吸水；熔剂中不含待测元素或干扰元素；熔剂应均匀等。常用的溶剂多为锂、钠的硼酸盐，如 $LiBO_2$、$Li_2B_4O_7$、$LiBO_2$ 和 $Li_2B_4O_7$ 混合物、$Na_2B_4O_7$ 或 $NaPO_3$、$LiPO_3$、90% $LiPO_3$ + 10% Li_2CO_3、$Na(K)HSO_4$、和 $Na_2(K_2)S_2O_7$ 等。熔剂使用前应在 700℃下加热 2h。

在熔剂中，有时还需加入一些添加剂，如起稳定基体作用的重吸收剂 BaO、CeO_2、$BaSO_4$ 或 La_2O_3 等；为促进非硅酸盐试样形成玻璃体，有时需加入占样品总量 25%以上的 SiO_2；为增加氧化性加入氧化剂 $LiNO_3$、$NaNO_3$、KNO_3 和 NH_4NO_3 等；为使熔体更容易与坩埚剥离，加入脱模剂如碘化物或溴化物（NH_4I、LiBr、CsI）等；加入内标元素等。添加剂可以和熔剂预先混匀，也可以在称量时或熔融过程中加入。

对于硫化物、碳化物、氮化物、金属和铁合金类的试样，在熔融前必须对试样中的碱性成分通过添加氧化剂进行预氧化。要根据试样性质并通过实验来选择氧化剂，所加量要保证试样氧化完全，使之在熔融过程中不损坏坩埚。常用的坩埚材料是铂金（95% Pt-5% Au），一般不会被熔剂浸润，有利于熔融物从坩埚中倒出。在熔融过程中，某些元素（如 As、Pb、Sn、Sb、Zn、Bi 和 P、S、Si、C 等）可与 Pt 形成低熔点合金或共晶混合物，造成对坩埚的损害。Ag、Cu、Ni 等元素也容易与 Pt 形成合金，熔融含有这些元素的试样，尤其要注意选择熔剂和氧化剂。

矿物等试样与熔剂在高温下熔融，熔融温度随试样种类和熔剂的不同而变化，其原则是保证试样完全分解形成熔融体，通常熔融温度为 1050～1200℃。熔融过程中还需要不断摇动坩埚以使熔体均匀。

浇铸是将熔融后的样品全部倒入模具中。模具的材料一般也是铂金，模具表面应保持平整、清洁，使用前需将其预热至 1000℃左右。浇铸前的熔融体不能含有气泡，熔融物倒入模具后要用压缩空气冷却其底部，使之逐渐冷却至室温。

脱模是将冷却后的熔融物与模具分离的过程。分离后的熔片应光滑平整。若熔片表面不平整，需用砂纸磨平并抛光。有些样品不易脱模或形成的熔片容易碎裂，对已碎裂的熔片，可粉碎研磨后再用压片法制样。

熔融法具有如下一些优点：①采用熔融法将样品溶解于适当的熔剂中，可在同相的同一基体中得到同一结构的待测元素的化合物，从而消除了待测元素的化学态效应；

②各种不同的化合物可研磨到的最小粒度是不同的，对于不同硬度的物质，机械研磨无法获得同样的粒度。通过熔融能够将样品中的各种颗粒都溶解在熔剂中，消除了粒度效应；③熔融过程中使用的过量熔剂对样品形成稀释，熔融后所有组分都接近于一个统一的组成和密度，可显著降低或消除样品的吸收-增强效应；④未知样品和校正标样都通过熔融法制成熔片后，可以用理论计算的基体校正系数（如理论影响系数）对基体效应进行有效校正；⑤熔融法制样可用元素的氧化物或盐类配制校正标样，或用已有的标准样品通过加添加分析元素的氧化物或盐类的方法扩展标样中分析元素的含量范围；⑥制样重复性好，制得的熔片可保存较长时间。

熔融法的缺点是：①熔剂元素以及熔剂的高倍稀释效应使样品散射背景强度增强，导致分析谱线的净强度下降，给轻元素和低含量的元素分析带来困难；②熔剂的加入增加了引入杂质的机会；③在熔融过程中一些易挥发组分在高温下易损失而影响其测定准确度；④熔融组分可能会对坩埚造成腐蚀，坩埚的元素也可能污染样品；⑤制备样品费时费事。

（2）块状样品的制备方法

对化学组成均匀且致密的固体块样，如各种金属样品及其合金等，只需将样品加工成适合测量的大小和形状，必要时还应对测量面抛光。金属样品进行抛光处理过程中可能由磨料和抛光机砂带造成污染。抛光后的金属样品要及时测量以防止表面的氧化。如果金属样品存在多孔、偏析和非金属夹杂物等组成和结构不均匀的问题，一般应将其粉碎均匀后，采用上述粉末制样法制样；亦可通过重熔炼以获得组成均匀且致密的块样。

对于呈大块状的陶瓷、炉料炉渣、矿物、岩石和玻璃等样品，可从中切取样片后经研磨抛光进行分析。要求制得的块样表面粗糙度小于 30～50μm。由于这类样品的均匀性较差，因此分析的准确性和精度都会受到影响。

2. 液体样品的制备方法

液体样品可直接放在液体样杯中进行测定，也可采用薄样法制样，将液体样品通过物理或化学方法富集后，再转移到滤纸片、Mylar 膜或聚四氟乙烯基片上。薄样法制备的样品均匀而无矿物效应和颗粒度效应，基体效应也因样品被稀释而减小或可忽略，也无需考虑样品表面光洁度对于测量的影响。薄样法使用的标准溶液很容易配制，因此这种制样法特别适用于过程分析。

典型案例

基于熔融制样 X 射线荧光光谱法测量钛铁中 5 种成分的研究

钛铁是钛含量在 20%～75%的铁合金。钛在炼钢过程中作为合金元素加入钢中，能起到细化组织晶粒、固定间隙元素、减少钢锭偏析、改善钢锭质量和提高收得率等作用。钛铁在炼钢中用作脱氧剂、脱硫剂、除气剂和合金剂。钛铁还是生产不锈钢、链条钢、锚链钢、造船用钢、电焊条以及电子和军工产品等的重要原料。

钛铁中除主成分 Ti 和 Fe 外，还含有 Si、P、S、C、Al 和 Mn 等杂质，其元素成分的分析对炼钢工艺和钢产品质量控制有极其重要的意义。采用化学方法分析这些元素的含量，存在分析时间长和步骤烦琐等问题，不能满足快速冶炼过程的需要。X 射线荧光光谱分析作为一种应用广泛的多元素分析技术，通过熔融法制样，可以有效地消除基体效应，分析结果的准确度高，重复性好，方法简单快速，能及时提供准确的数据用于指导炼钢生产，具有明显的技术优势。

1. 原理

钛铁属于还原性物质，用硼酸盐作熔剂在铂金坩埚中直接熔融试样会腐蚀损坏坩埚。采用先预氧化后熔融的两步法制备熔片，根据标准曲线法即可定量分析有关元素的含量。

2. 试剂和材料

所用化学试剂四硼酸锂、碳酸锂、石墨粉、硝酸锂和一水溴化锂均为分析纯。

脱模剂：将10g硝酸锂和20g一水溴化锂溶解于100mL去离子水中。

标准样品：选择待测元素含量成一定梯度的钛铁国家标样8个。

钛铁合金试样。

3. 仪器和设备

波长色散型X射线荧光光谱仪；多功能熔样机；马弗炉；铂金坩埚（兼模具），规格34mL；陶瓷坩埚，规格50mL；陶瓷研钵棒。

4. 分析方法

（1）制备熔片

预氧化钛铁试样：依次称取0.5000～2.000g四硼酸锂（起稀释样品的作用），0.5000～2.000g碳酸锂（起氧化钛铁的作用），0.2000g钛铁样品，将其在陶瓷坩埚中混匀，并倒入压实的石墨粉垫底的陶瓷坩埚中。将坩埚置于900℃的马弗炉门口先预热2～3min，然后关上炉门保温20min，自然冷却。预氧化后的样品和熔剂形成黑色光滑的玻璃珠。清理干净玻璃珠表面的石墨粉。

熔融制样：准确称取6.000g四硼酸锂于铂金坩埚中，将预氧化后的玻璃珠放于四硼酸锂之上，加入1mL脱模剂，放入多功能熔样机中，设置熔融温度为1050℃，预熔融3min，摇摆熔融11min，静置1min。脱模剂中的硝酸锂可以起到二次氧化的作用，溴化锂可以起到脱模和增加流动性的作用，定量加入1mL，可以有效控制溴对铝谱线的干扰。所有试剂的用量在整个实验阶段需要保持一致。

（2）样品测试

① 仪器条件。根据所使用仪器的类型、分析元素及其含量变化范围，设置X射线荧光光谱仪的测量条件，如表4-1。

表4-1　X射线荧光光谱仪测试参数

元素	谱线	PHA①	分光晶体	管压/kV	管流/mA	测定时间/s
Ti	Ti K_α	20～195	LiF	40	60	40
Si	Si K_α	30～115	PET	40	60	40
P	P K_α	40～135	Ge	40	60	40
Al	Al K_α	25～105	PET	40	60	40
Mn	Mn K_α	30～150	LiF	40	60	40

① PHA为脉冲高度分布，即波长色散X射线荧光的能量谱。

② 标准曲线绘制和试样测定。选择一定梯度的钛铁国家标样 8 个，按上述制样方法制成玻璃熔片。标样中 Ti、Si、P、Al、Mn 各元素可测定范围分别为：27.0%～43.0%、1.8%～5.0%、0.015%～0.060%、5.0%～11.0%、0.3%～2.6%。在选定条件下，用 X 射线荧光光谱仪测量玻璃熔融样片，以测量的元素含量为横坐标，强度为纵坐标，分别建立各元素的一次工作曲线（校准曲线），用回归方程求得回归参数。Ti、Si、P、Al 和 Mn 各元素测量最大误差分别为 0.25%、0.11%、0.002%、0.30%和 0.12%。

③ 准确度试验。选取 3 个钛铁标准物质，按照上述方法进行测试，对所有 5 种待测元素，测量值与标准值符合良好。

④ 重复性试验。用钛铁国标样 GSB（TiFe-30-1）同时熔融制备 11 个玻璃熔片进行测量，Ti、Si、P、Al 和 Mn 各元素测定值与认定值的标准偏差分别为 0.017、0.013、0.001、0.037 和 0.004，说明本法制样及分析数据具有良好重现性。

参考文献

[1] 徐祖耀，黄本立，鄢国强．中国材料工程大典，第 26 卷，材料表征与检测技术［M］．北京：化学工业出版社，2006.
[2] 罗立强，詹秀春，李国会．X 射线荧光光谱仪［M］．北京：化学工业出版社，2008.
[3] 吉昂，卓尚军，李国会．能量色散 X 射线荧光光谱［M］．北京：科学出版社，2011.
[4] 冯玉红．现代仪器分析实用教程［M］．北京：北京大学出版社，2008.
[5] 朱永法，宗瑞隆，姚文清．材料分析化学［M］．北京：化学工业出版社，2009.
[6] 梁钰．X 射线荧光光谱分析基础［M］．北京：科学出版社，2007.
[7] 李冰，周剑雄，詹秀春．无机多元素现代仪器分析技术［J］．地质学报，2011，85（11）：1878-1916.
[8] 杜一平．现代仪器分析方法［M］．上海：华东理工大学出版社，2008.
[9] 杜希文，原续波．材料分析方法［M］．天津：天津大学出版社，2014.
[10] 张林艳，戴挺．能量色散 X 射线荧光光谱仪的现状［J］．现代仪器，2008，5：50-53.
[11] 黄新民．材料研究方法［M］．哈尔滨：哈尔滨工业大学出版社，2017.
[12] 谷亦杰，宫声凯．材料分析检测技术［M］．长沙：中南大学出版社，2009.
[13] 朱鹏飞，陈集．仪器分析教程［M］．北京：化学工业出版社，2016.
[14] 吉昂．X 射线荧光光谱三十年［J］．岩矿测试，2012，31（3）：383-398.
[15] 刘尚华，陶光仪，吉昂，等．X 射线荧光光谱分析中的粉末压片制样法［J］．光谱实验室，1998，15（6）：9-15.
[16] 陶光仪，韩小元．X 射线荧光光谱的基本参数法［M］．上海：上海科学技术出版社，2010.
[17] 洪江星．Ni-Cr 烤瓷合金的 X 射线荧光无标样定量分析［J］．分析测试技术与仪器，2008，14（3）：179-181.
[18] 戴琳，田英良，万红．XRF 无标样定量法在玻璃材料测定中的应用［J］．科学技术与工程，2006，18（6）：1671-1815.
[19] 文辉．X 荧光光谱仪的误差来源及基体效应校正［J］．现代矿业，2017，4：162-163.
[20] 窦怀智，洪华，王红卫，等．波长色散 X 射线荧光光谱无标分析法检测树脂中的铅［J］．化学分析计量，2014，23（3）：14-17.
[21] 白万里，张爱芬，石磊，等．X 射线荧光光谱法测定工业硅中 11 种微量元素［J］．冶金分析，2016，36（10）：40-46.
[22] 龚明，黄金飞，张敏，等．X 射线荧光光谱法在陶瓷原材料分析中的应用［J］．陶瓷，2017，11：65-69.
[23] 章连香，符斌．X-射线荧光光谱分析技术的发展［J］．中国无机分析化学，2013，3（3）：1-7.
[24] 周素莲，黄肇敏，崔萍萍．X 射线荧光光谱法测定铝合金及纯铝中痕量元素［J］．理化检验（化学分册），2009，45（4）：474-475.
[25] 杨一青，张海涛，王智峰，等．X 射线荧光光谱法在催化剂分析领域的应用进展［J］．炼油与化工，2014，1：

1-3.
[26] 李勤娟 . X 荧光光谱仪测试氟碳铝材有机涂层中氟含量的方法研究 [J] . 福建冶金，2017，4：51-53.
[27] 李明洁，王少林，崔风辉 . 钕-铁系稀土永磁合金的 X 射线荧光光谱分析 [J] . 分析试验室，2006，25 (12)：81-83.
[28] 李波，周恺，孙宝莲，等 . X 射线荧光光谱法测定钼铝合金中钼 [J] . 冶金分析，2013，33 (9)：42-45.
[29] Elson Silva Galvão，Jane Meri Santos，Ana Teresa Lima，et al. Trends in analytical techniques applied to particulate matter characterization：A critical review of fundaments and applications [J] . Chemosphere，2018，199：546-568.
[30] 常利民，刘峰，王晓霞，等 . 基于熔融制样测量钛铁中 5 种成份的研究 [J] . 中国测试，2017，43 (Z1)：68-71.

第二篇
材料波谱分析法

第五章
紫外-可见吸收光谱法

在电磁波谱中，紫外光是波长介于X射线和可见光之间的电磁辐射，其波长范围为10～400nm；可见光是人眼可以感知的电磁辐射，波长在400～780nm之间。物质分子选择性吸收紫外和可见光而得到的光谱就是紫外-可见吸收光谱。利用紫外-可见吸收光谱对物质进行定性、定量和结构分析的方法叫作紫外-可见吸收光谱法（ultraviolet-visible molecular absorption spectrometry，UV-Vis），又称紫外-可见分光光度法。

与其他各种仪器分析方法相比，紫外-可见吸收光谱法具有仪器结构简单、操作简便、准确度高、重现性好和分析速度快等特点，广泛应用于化学、物理学、材料科学、生物学、医学和环境科学等研究领域以及众多工业技术领域。

第一节 紫外-可见吸收光谱法基本原理

用一束具有连续波长的紫外-可见光照射物质，其中某些波长的光被物质分子吸收后，引起分子中价电子的能级跃迁，就形成紫外-可见吸收光谱。紫外-可见吸收光谱属于电子光谱。

一、基本原理

物质分子的能量实际上是电子运动能量、原子振动能量和分子转动能量三种能量的总和，这三种能量都是量子化的，并都对应有一定的能级。当分子吸收外来辐射的一定能量后，分子就会发生运动状态的变化，即发生电子运动、原子振动和分子转动的能级跃迁。若用ΔE_e、ΔE_ν和ΔE_r分别表示分子吸收能量后电子能级、原子振动能级和分子转动能级的能级差，则分子能级的变化ΔE可表示为：$\Delta E=\Delta E_e+\Delta E_\nu+\Delta E_r$。

每个电子运动能级中存在着若干个原子振动能级，每个原子振动能级中又存在着若干个分子转动能级，因此$\Delta E_e>\Delta E_\nu>\Delta E_r$。分子发生电子能级跃迁时必然会同时引起原子振动能级跃迁和分子转动能级跃迁，这三种能级变化产生的吸收光谱重叠在一起，就形成了带状的紫外-可见吸收光谱。

分子中的电子分布在分子轨道上，根据其能量大小将分子轨道分为：①能量较低的成键分子轨道，如σ、π轨道；②能量较高的反键分子轨道，如σ^*、π^*轨道；③由孤对电子（非键电子）占据的非键分子轨道，即n轨道。各种分子轨道的能量大小关系为$\sigma<\pi<n<$

$\pi^* < \sigma^*$，通常情况下，电子占据在分子较低能级的 σ、π 和 n 轨道上。

当物质受到紫外和可见光作用后，分子中的价电子就可以从成键或非键轨道跃迁到反键轨道。具体的能级跃迁形式包括以下六种：$n \rightarrow \pi^*$、$n \rightarrow \sigma^*$、$\pi \rightarrow \pi^*$、$\pi \rightarrow \sigma^*$、$\sigma \rightarrow \pi^*$、$\sigma \rightarrow \sigma^*$，其中发生 $n \rightarrow \pi^*$、$\pi \rightarrow \pi^*$ 两种跃迁所需的能量相对较小，相应的吸收波长多出现在紫外、可见光区域；而其他四种跃迁所需的能量相对较大，所产生的吸收谱多位于远紫外区（亦称真空紫外区，10～200nm）。

分子中电子的能级跃迁类型和分子的结构及其基团密切相关，可以根据分子的结构来预测可能产生的电子跃迁类型。反之，特定的分子结构会形成特定的电子跃迁方式，对应着不同能量的电磁辐射被吸收，反映在紫外-可见吸收光谱图上就出现一定位置和一定强度的吸收峰，根据吸收峰的位置和强度就可以推知待测样品的结构信息。

二、基本术语

1. 吸光度

吸光度表示光线透过溶液时被吸收的程度。当一束强度为 I_0 的平行单色光照射有色溶液时，部分光被吸收，部分光透过溶液。若透射光的强度为 I_1，则吸光度 A 的表达式为：$A = \lg(I_0/I_1)$。I_1/I_0 称为透光度（透光率），用 T 表示。透光度和吸光度的关系为：$A = \lg(1/T) = -\lg T$。

2. 吸光系数

吸光系数是表示物质对某波长光吸收能力强弱的特征常数，它与吸光物质的性质、入射光波长及温度等因素有关。吸光系数越大表示该物质对某单色光的吸收能力越强，同时在吸收光谱定量分析中的灵敏度也越高。吸光系数一般用摩尔吸光系数 ε 表示，最大摩尔吸光系数用 ε_{max} 表示，其单位为 L/(mol · cm)（以下吸光系数的单位省略）。

3. 最大吸收波长

最大吸收波长是物质发生最强吸收时对应的电磁辐射波长，用 λ_{max} 表示，单位为 nm。

4. 生色团

分子中能够吸收紫外光或可见光的基团叫生色团。由于 $\pi \rightarrow \pi^*$ 跃迁和 $n \rightarrow \pi^*$ 跃迁会吸收紫外光和可见光，因此，生色团本质上就是含有不饱和 π 键和孤对电子的基团，如 C=C、C=O、N=N、C=S 等。

5. 助色团

分子中能使生色团的吸收峰向长波方向移动或强度增大的一些基团称为助色团。在饱和烷烃中只有 $\sigma \rightarrow \sigma^*$ 跃迁，当其与含有孤对电子的助色团（如—OH、—NH_2、—SH 及—X 等）相连时会引起 $n—\sigma^*$ 跃迁，导致吸收峰向长波方向移动。

6. 红移和蓝移

吸收光谱中吸收峰向长波长移动的现象称为红移。某些有机化合物中当引入含有孤对电子的基团时，其 λ_{max} 会发生红移。溶剂等因素也会引起红移现象。

吸收光谱中吸收峰向短波长移动的现象称为蓝移。当在某些生色团的碳原子一端引入一些取代基之后，其 λ_{max} 会发生蓝移。溶剂等因素也会引起蓝移现象。

7. 增色效应和减色效应

吸收光谱中吸收峰强度增加的现象称为增色效应，吸收峰强度减小的现象称为减色效应。

三、紫外-可见吸收光谱图

以一束具有连续波长的光照射某一浓度的被测样品溶液，测出不同波长时溶液的吸光度，以波长为横坐标，吸光度为纵坐标作图，即可得到被测样品的吸收光谱。在紫外-可见吸收光谱中，纵坐标可以用吸光度 A、摩尔吸光系数 ε 或透光率（T）表示；横坐标多用波长 λ 表示，单位为纳米（nm），也可用波数 σ 或频率 ν 来表示。

第二节 化合物的紫外-可见吸收光谱

一、有机化合物的紫外-可见吸收光谱

1. 有机化合物吸收带的类型

紫外-可见吸收光谱的吸收峰又称为吸收带。根据分子吸收电磁辐射引起电子跃迁的方式，可将吸收带分为 4 种类型。

（1）R 吸收带

R 吸收带是由电子的 $n \rightarrow \pi^*$ 跃迁引起的，例如 $>C=O$，$-NO_2$，$-N=N-$等具有杂原子和双键结构的基团会产生 R 吸收带。R 带对称性强，呈平滑带状。由于 $n \rightarrow \pi^*$ 跃迁所需的能量小，R 带的 λ_{max} 一般出现在 250nm 的长波方向，强度也较弱（$\varepsilon_{max}<100$），有时容易被附近的强吸收峰掩盖。R 带也容易受溶剂极性的影响而发生偏移。

（2）K 吸收带

K 吸收带由共轭体系的 $\pi \rightarrow \pi^*$ 跃迁产生，其特点是吸收峰波长较 R 带短（$\lambda_{max}>$ 200nm），但强度较 R 带大得多（$\varepsilon_{max}>10^4$）。含有共轭生色团的化合物（如共轭烯烃和芳香族衍生物等）可以产生 K 吸收带。

（3）B 吸收带

芳香环内共轭双键 $\pi \rightarrow \pi^*$ 跃迁和苯环的振动跃迁叠加会产生 B 吸收带。B 吸收带能反映有机化合物的振动精细结构，是芳香族化合物和杂环芳香族化合物的特征吸收带之一，其特点是在 230～250nm 范围内有一系列弱吸收峰，强度较 R 带稍大（$\varepsilon_{max}>100$）。B 吸收带受溶剂的极性和酸碱性等影响较大。如苯酚在辛烷溶剂中的 B 吸收带可以呈现出苯酚的精细结构，但是在极性溶剂甲醇中其精细结构则不明显。

（4）E 吸收带

E 吸收带是芳香族化合物的另一个特征谱带，由苯环的 $\pi \rightarrow \pi^*$ 跃迁产生。该带有较大的吸收强度，其 ε_{max} 为 2000～140000，吸收波长一般在近紫外区，有时在远紫外区。苯的紫外-可见吸收光谱有 3 个吸收带，其中两个就是 E 吸收带。E_1 带在 184nm 的远紫外区，强度很大；E_2 带在 204nm 的近紫外区，强度较 E_1 带小。

2. 饱和烃及其衍生物的光谱特征

饱和烃类分子中只含有 σ 键，因此只能产生 $\sigma \rightarrow \sigma^*$ 跃迁。这种电子跃迁所需的能量最大，吸收峰一般出现在远紫外区，而在紫外、可见光区不产生吸收峰，如甲醇的最大吸收峰在 155nm，甲烷的最大吸收峰在 125nm。因此，在紫外-可见光谱中常用饱和烃作溶剂。

当饱和烃上引入助色团时，由于助色团杂原子上有 n 电子，除了有 $\sigma \rightarrow \sigma^*$ 跃迁外，还会产生 $n \rightarrow \sigma^*$ 跃迁，使吸收峰红移。例如，甲烷的吸收峰一般在 125～135nm 的远紫外区，而碘甲烷（CH_3I）的吸收峰则红移至 150～210nm（$\sigma \rightarrow \sigma^*$ 跃迁）及 259nm（$n \rightarrow \sigma^*$ 跃迁）。

3. 不饱和化合物的光谱特征

对于具有共轭效应的化合物，π 电子系统共轭以后降低了电子跃迁所需要的能量，使 λ_{max} 红移。共轭链越长，吸收峰红移程度越大，而且吸收强度也随之增加，如共轭烯烃、芳香烃和稠环芳烃化合物的吸收峰波长主要在 200～500nm。

不饱和烃中除有 σ 键外还有 π、n 键，因此可以产生 $\sigma \rightarrow \sigma^*$ 和 $\pi \rightarrow \pi^*$ 两种跃迁。孤立的 $\pi \rightarrow \pi^*$ 跃迁的 λ_{max} 一般在远紫外区，例如，乙烯的吸收峰位于 180nm。

含有 N、O 等杂原子的不饱和有机化合物（酮、醛和硝基化合物等）的电子跃迁类型为 $n \rightarrow \pi^*$，其吸收强度较弱，吸收峰主要分布在近紫外区（200～250nm）。

羰基化合物中除了产生 $\sigma \rightarrow \sigma^*$ 跃迁外，还可以产生 $n \rightarrow \sigma^*$、$n \rightarrow \pi^*$ 和 $\pi \rightarrow \pi^*$ 跃迁。其中，由 $n \rightarrow \pi^*$ 跃迁产生的 R 吸收带出现在 250～300nm 附近，是醛和酮的特征吸收带，作为判断醛和酮存在的重要依据。

二、无机化合物的紫外-可见吸收光谱

无机化合物的紫外-可见吸收光谱主要有两类：一是电荷转移吸收光谱，吸收峰波长范围在 200～450nm；另一类是配位体场吸收光谱，波长范围在 300～500nm。

1. 电荷转移吸收光谱

当外来电磁辐射作用到某些无机化合物（尤其是配合物时），某些电子就会从电子给予体（配位体）的轨道跃迁至电子接受体（中心离子）的相关轨道，这种跃迁称为电荷转移跃迁，产生的吸收光谱称为电荷转移吸收光谱。

电荷转移吸收光谱具有光谱宽、吸收强度大的特点，其波长范围处于紫外区，摩尔吸光系数一般大于 10000，广泛用于无机化合物的定量分析。

2. 配位体场吸收光谱

配位体场吸收光谱是由配位体场中电子发生 d－d 或 f－f 跃迁所致，其波长范围处于可见光区，摩尔吸光系数较小，很少用于定量分析，但常用于研究无机配合物的分子结构及其键合理论等方面。

第三节 影响紫外-可见吸收光谱的因素

影响紫外-可见光吸收光谱的因素主要有共轭效应、取代基、溶剂效应和溶剂 pH 值等。各种因素对吸收谱带的影响表现为谱带位移（红移和蓝移）、谱带强度的变化（增色效应和

减色效应）、谱带精细结构的出现或消失等。谱带的位移及强度变化如图 5-1 所示。

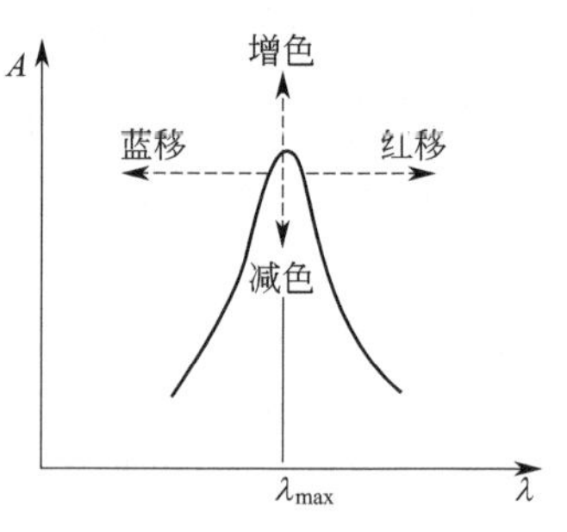

图 5-1　蓝移、红移、增色、减色效应示意图

1. 分子结构中共轭体系的影响

如果一个化合物分子中含有若干个生色团，按其相互间的位置可分为共轭和非共轭两种情况：若这些生色团之间不存在共轭作用，那么在该化合物的吸收光谱中将出现每个生色团独立的吸收带，且这些吸收带的位置及强度互相影响不大；若两个生色团形成了共轭体系，那么各生色团自身的吸收带消失而产生新的吸收带。由于共轭后 π 电子具有更大的自由度在新结构中运动，$\pi \rightarrow \pi^*$ 跃迁所需要的能量减小，所以新的吸收带发生了红移，并且吸收强度也显著增加。分子中共轭体系越大，即参与共轭的双键数目越多，吸收带红移越显著，吸收强度增加也越大。

分子中生色团与生色团或生色团与助色团必须处于同一平面上，才能产生最大的共轭。空间障碍会影响两个生色团或助色团处于同一平面，此为位阻效应。位阻效应越大，对基团共平面性的影响就越大，分子共轭的程度越低，结果使吸收峰蓝移，吸收强度降低。

2. 取代基的影响

分子中取代基的性质也会影响谱带的位移和强度的变化。如果取代基为供电子基，即含有未共用电子对的基团（如—OH、—NH_2 等），就会形成 $\pi \rightarrow \pi^*$ 跃迁，降低吸收能量，使吸收峰发生红移。如果取代基为吸电子基，即能吸引电子而使电子容易流动的基团（如—NO_2、—COO^- 等），也能使吸收峰红移，吸收强度增加。

3. 溶剂的影响

溶剂极性的强弱对化合物吸收峰的波长、强度和形状都有影响。最显著的变化是当溶剂从非极性变为极性时，由于溶剂化作用限制了分子的自由转动和振动，导致谱图的精细结构消失，吸收峰呈一宽矮平滑的带状。改变溶剂极性还可能使吸收带的位置发生改变。

第四节 紫外-可见吸收光谱仪

一、紫外-可见吸收光谱仪的基本结构

紫外-可见吸收光谱仪一般由光源、单色器、吸收池、检测器等几部分组成。

光源能够发射具有足够强度和良好稳定性的连续光谱（200～800nm），一般使用分立的双光源，其中氘灯等用于发射紫外光，钨灯或卤钨灯等用于发射可见光。两种光源之间通过一个动镜实现平滑切换，从而实现在全光谱范围内扫描。

从光源发出的光首先进入单色器。单色器是光谱仪的核心部件，由狭缝、衍射光栅等组成，其主要功能是产生光谱纯度高、色散率高和波长任意可调的紫外-可见单色光。

光束从单色器发出后就成为多组分不同波长的单色光，通过光栅的转动分别将不同波长的单色光经出射狭缝送入吸收池（样品池或比色皿），透过吸收池的光进入检测器，经光电信号转换后，得到光谱图。

吸收池也称为比色皿，是用于盛放溶液并提供一定吸光厚度的器皿，一般由透明的光学玻璃或石英材料制成。玻璃吸收池只能用于可见光区，石英吸收池在紫外和可见光区都可使用。常用的吸收池光程为 1cm。吸收池的光学面必须完全垂直于入射光方向。

紫外-可见吸收光谱仪分为单波长单光束、单波长双光束、双波长双光束和多道型等类型。以单波长双光束光谱仪应用最广，其光路图如图 5-2 所示。双光束型紫外-可见吸收光谱仪适用于定性定量分析。

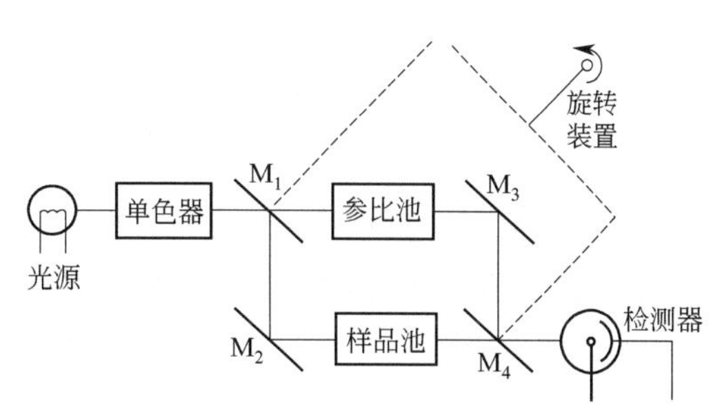

图 5-2　单波长双光束紫外-可见吸收光谱仪光路示意图

M_1，M_4—同步旋转镜；M_2，M_3—反射镜

二、分析条件的选择

1. 分析波长的选择

用紫外光谱法进行定量分析时，一般选择被测样品的最大波长 λ_{max} 作为分析测定波长。因为在 λ_{max} 处每单位浓度所改变的吸光度最大，可获得最大的测量灵敏度。

2. 狭缝的选择

分光光度计的狭缝宽度不仅影响光谱的纯度，也影响吸光度。不减小吸光度时的最大狭缝宽度，即合适的狭缝宽度。

3. 溶剂的选择

化合物吸收光谱的特性与所用的溶剂有密切关系。要求所选溶剂溶解性好，纯度高，与待测组分无化学反应，无挥发性，在测定波长范围内基本无吸收等。在紫外区最常用的溶剂是环己烷和 95%乙醇等。当需要用极性较强的溶剂时，一般选用 95%的乙醇。若要用无水乙醇作溶剂，使用前需除去其中所含的痕量苯。

第五节　分析方法

紫外-可见吸收光谱已广泛应用于物质的定性定量分析和有机结构解析等方面，尤其是在化合物的定量分析方面应用最广泛而有效。

一、定性分析

1. 鉴定有机化合物

以紫外-可见吸收光谱鉴定有机化合物，通常是在相同的测试条件下，比较未知物与标准物的紫外光谱图，若两者的谱图相同，则可认为待测试样与标准物具有相同的生色团。如果没有标准物，则可借助标准谱图或有关电子光谱数据进行比较。但两种化合物的紫外-可见吸收光谱相同，其结构不一定相同，因为紫外光谱主要是由分子内的生色团产生的，与分子其他部分的关系不太大。如果待测物和标准物的 λ_{max} 及相应的 ε_{max} 都相同，则可认为两者是同一物质。

如果有机化合物在紫外-可见光区没有明显的吸收峰，而杂质在紫外区有较强的吸收，则可利用紫外光谱定性判断化合物的纯度。

2. 分析有机化合物的结构

（1）推测有机化合物的共轭体系或部分骨架

紫外-可见吸收光谱是一种简单而宽阔的带状光谱，特征性并不强，而且有的有机化合物在紫外区只有弱吸收甚至于无吸收谱带。因此，根据紫外-可见吸收光谱仅能鉴定化合物中共轭生色团和同分异构体的种类，以及含有共轭体系的数目和位置，并据此推断有机物的结构骨架，而不能完全确定物质的结构，所以其常作为辅助方法配合红外光谱、核磁共振谱、质谱等进行定性结构分析。

（2）区分有机化合物的构型和构象

具有相同化学组成的不同异构体或不同构象的化合物，其紫外-可见光谱往往不同。当具有顺、反两种异构体的化合物中生色团和助色团处在同一平面（反式异构体）时，因为共轭效应最大化，所以吸收峰红移；而在化合物的顺式异构体中，位阻效应的存在降低了共轭程度，引起吸收峰蓝移。因此，根据吸收峰的位移方向就可以辨别该类化合物的顺反异构体。

（3）氢键强度的测定

溶剂分子与溶质分子缔合生成氢键时，对溶质分子的紫外光谱有较大的影响。对于羰基化合物，根据在极性溶剂和非极性溶剂中 R 带的差别，可以近似测定氢键的强度。

二、定量分析

1. 朗伯-比尔定律

当一束平行的单色光垂直通过某一均匀的含有吸光物质的溶液时，溶液的吸光度 A 与吸光物质的浓度及吸收层厚度成正比，这就是朗伯-比尔（Lambert-Beer）定律，亦称光吸收定律，其表达式为：$A=abc$。式中，c 为吸光物质的浓度，g/L；b 为吸收层厚度，cm；a 为吸光系数，L/(g·cm)。

如果 c 的单位为 mol/L，b 的单位为 cm，则 a 的单位为 L/(mol·cm)，此时的 a 即为摩尔吸光系数，用 ε 表示。因此，光吸收定律也可以表示为：$A=\varepsilon bc$。

朗伯-比尔定律是紫外-可见吸收光谱法定量分析的理论基础（也适用于红外吸收光谱）。通过测定溶液在一定波长处对入射光的吸光度，即可求出该物质在溶液中的浓度或含量。

朗伯-比尔定律成立的前提是：①入射光是平行的单色光且垂直照射于含吸光物质的溶液；②溶液为均匀体，不会发生光散射；③入射光照射溶液过程中，吸光物质间不发生相互作用；④吸光物质的溶液为稀溶液（浓度<0.01mol/L）。如果不满足上述条件，吸光度与浓度之间偏离线性关系，此时朗伯-比尔定律不再适用。

根据朗伯-比尔定律可知，ε 值越大，A 对 c 的变化就越敏感，即定量分析的灵敏度越高。具有 π 电子系统和共轭双键的有机化合物在紫外区有强烈的吸收，其 ε 高达 $10^4\sim10^5$，有很高的检测灵敏度，所以这类有机化合物的紫外-可见吸收光谱主要用在定量分析上。

2. 定量分析方法

应用朗伯-比尔定律进行定量分析的几种常用方法叙述如下。

（1）单组分定量分析

单组分是指试样中只含有一种组分，或在混合物中被测组分的最大吸收处无其他共存物质的吸收。单组分试样定量分析常采用以下 3 种方法。

① 标准曲线法

标准曲线法是实际工作中最常用的分析方法之一。在紫外-可见分光光度法中，首先要绘制待测组分的吸收曲线，由此选择最大吸收波长。然后配制一系列不同浓度的标准溶液，在固定液层厚度及入射光波长和强度的情况下，以不含待测组分的空白溶液为参比，测定系列标准溶液的吸光度。以吸光度 A 为纵坐标，标准溶液浓度 c 为横坐标绘制标准曲线。当溶液的浓度符合朗伯-比尔定律的线性范围时，标准曲线应是一条过原点的直线。绘制标准曲线时，实验点浓度所跨范围要尽可能宽一些。在相同条件下测定待测组分的吸光度 A，从标准曲线上就可求得待测组分的浓度 c。

② 标准对比法

除标准曲线法外，还可以采用一种较简单的方法对单组分试样进行定量分析，即标准对比法。在同样的实验条件下测定试样溶液和某一浓度的标准溶液的吸光度 A_x 和 A_s，由标准溶液的浓度 c_s，通过公式：$c_x = c_s A_x / A_s$，即可计算出试样中被测物的浓度 c_x。

用标准对比法定量比较简便，但是只有在测定的浓度范围内溶液完全遵守朗伯-比尔定律，并且 c_s 和 c_x 很接近时，才能得到较为准确的结果。

③ 标准加入法

用标准曲线法时，要求标准溶液和待测试样的组成保持一致。当样品组成比较复杂，很难甚至不可能配制与试样组成相匹配的溶液时，此时应采用标准加入法进行定量分析。方法是取几份等量的待测试样，其中一份不加待测物标准溶液，其余各份分别加入不同浓度 c_1，c_2，c_3，…，c_n 的标准溶液。然后依次测量各溶液的吸光度 A，绘制吸光度 A 对加入浓度 c_i 的关系曲线。外延曲线与横坐标相交，交点至原点的距离所对应的浓度为 c_x，即为待测物的浓度（或含量），如图 5-3 所示。

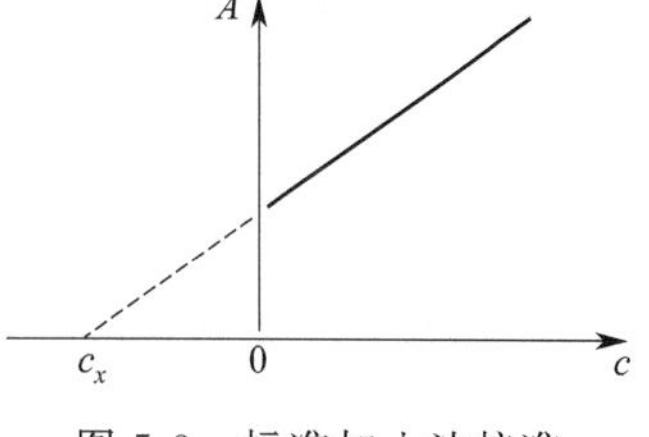

图 5-3　标准加入法校准曲线示意图

（2）多组分混合物的定量分析

在区分混合物中各组分的吸收光谱是否重叠以及重叠程度的基础上，根据吸光度的加和性原则（多种吸光物质同时存在时总吸光度等于各吸光物质的吸光度之和），通过联立方程组法以及等吸收波长法等方法，可求得待测各组分的浓度。

（3）示差分光光度法定量

上述定量分析方法仅适用于微量组分的测定，为保证测量的准确度，待测样品的吸光度 A 应介于 0.2～0.8 之间，否则测量误差较大。对于高含量或极低含量物质的测定，可采用示差分光光度法进行定量分析。

示差分光光度法是用一个已知浓度的标准溶液作参比，与未知浓度的试样溶液比较，测量其吸光度，即

$$A_s - A_x = \varepsilon b (c_s - c_x) = \varepsilon b \Delta c \qquad (5\text{-}1)$$

式中，A_s 为用作参比的标准溶液的吸光度；A_x 为被测溶液的吸光度。

(4) 导数分光光度法定量

用吸光度对波长求一阶或高阶导数并对波长 λ 作图，可以得到导数光谱。对朗伯-比尔定律 $A=\varepsilon bc$ 求导，得到

$$d^n A/d\lambda^n=(d^n\varepsilon/d\lambda^n)bc \tag{5-2}$$

从上式可知，吸光度 A 的导数值与浓度 c 成比例。

导数光谱定量的优点在于灵敏度高，可减小光谱干扰，有利于分辨多组分混合物的谱带重叠、增强次要光谱（如肩峰）的清晰度以及消除混浊样品散射的影响。

(5) 双波长分光光度法定量

该法是利用双波长分光光度计，根据试样溶液对两波长光吸收后的吸光度差进行定量分析的方法。定量分析的基本关系为

$$\Delta A=A_{\lambda_2}-A_{\lambda_1}=-\lg(I_2/I_1)=(\varepsilon_{\lambda_2}-\varepsilon_{\lambda_1})bc \tag{5-3}$$

式中，ΔA 为吸光度差；A_{λ_1}、A_{λ_2} 和 I_1，I_2 分别为 λ_1、λ_2 两束单色光通过吸收池后的吸光度和透过光强；ε_{λ_1}、ε_{λ_2} 分别为波长为 λ_1、λ_2 时试样溶液的吸光度系数。

从上式可知，两束光通过试样溶液后的吸光度差与待测组分浓度成正比。它适合于样品溶液中单组分和多组分的测定。

双波长分析法的特点：①可用于悬浊液和悬浮液的测定，消除背景吸收；②无须分离，可用于吸收峰相互重叠的混合组分的同时测定；③可用于测定高浓度溶液中吸光度在 0.01～0.005 以下的痕量组分；④可测定导数谱。

典型案例

烷基酚聚氧乙烯醚的紫外光谱定性与定量分析

烷基酚聚氧乙烯醚（AP_nEO，n 表示平均乙氧基数目，一般在 1～20 之间）是全球第二大商用非离子类表面活性剂。它主要由烷基酚（多为壬基酚 NP 和辛基酚 OP）与环氧乙烷按一定比例在不同条件下聚合生成的一系列不同聚合度的同系混合物组成。AP_nEO 中乙氧基数目越多，亲水性越好。AP_nEO 具有良好的润湿、渗透、乳化、分散、增溶和洗涤作用，广泛应用于纺织、造纸、洗涤剂、日用化工、石油、冶金、农药、制药、印刷、合成橡胶、合成树脂和塑料等行业。

据统计，AP_nEO 世界年消耗量中，壬基酚聚氧乙烯醚（NPEO，商品名为 NP-40）约占 80%，辛基酚聚氧乙烯醚（OPEO，商品名为 Triton® X-100）约占 20%。这些 AP_nEO 用量的约 60%最终将被排放到水环境中，污水处理过程中可能导致 AP_nEO 的 EO 链缩短，在有氧的情况下降解会把 AP_nEO 转化为烷基酚聚氧乙烯醚的羧酸盐（AP_nEC）。生物降解产物（AP、AP_1EO 和 AP_nEC）和 AP_nEO 相比更难降解，毒性更大。AP_nEC 和 AP 会破坏生物的内分泌，引起雄鱼雌化，生殖混乱和前列腺癌。由于 AP_nEO 生物降解产物具有的稳定性和环境雌激素毒性，一些发达国家已经明确禁用此类非离子表面活性剂，欧盟第 2003/53/EC 号指令规定，纺织品中 NP 和 NPEO 的含量均不能高于 0.1%。因此控制有关产品中的聚氧乙烯醚含量，对相关行业的可持续发展和水环境保护具有重要的意义。

1. 原理

对 AP_nEO 进行定性定量分析的方法有气相色谱法（GC）、气相色谱-质谱联用（GC-MS）法、高效液相色谱（HPLC）法、液相色谱-质谱联用（LC-MS）法以及分光光度法等。如 HPLC 可有效检出从纺织品上萃取下来的 AP 和 AP_nEO，但其检测的保留时间会受到 EO 聚合度 n 和烷基中碳个数的影响。紫外光谱是进行物质定性和定量分析的有效方法，可定性分析 AP_nEO 类表面活性剂，而且紫外吸收的强度只和生色团的摩尔浓度有关，因而根据 AP_nEO 的化学结构和紫外光谱可定性和定量测定烷基酚，而和 EO 的聚合度和烷基中碳个数无关。

2. 试剂和材料

NPEO（试剂级）和 OPEO（BC 级）均由 Aladdin 提供；阴离子表面活性剂十二烷基苯磺酸钠（SDBS，工业试剂）和阳离子表面活性剂十二烷基二甲基苄基氯化铵（DDBAC，工业试剂）均由杭州科峰化工有限公司提供；实验用水为去离子水。

3. 仪器和设备

紫外-可见分光光度计。

4. 分析步骤

用容量瓶配制一定质量浓度的化学制剂水溶液，分别测定溶液的吸光度。测试条件为：开始波长 400nm，结束波长 190nm，扫描速度 300nm/min，取样间隔 0.5nm，狭缝宽度 2nm，换灯 340nm（扫描过程中，钨灯换为氘灯）。标准曲线法定量。

5. 结果与讨论

（1）NPEO 与 OPEO 的紫外光谱定性分析

图 5-4 为本案例中所用化学试剂的结构式，图 5-5 示出这 4 种表面活性剂的紫外吸收光谱。

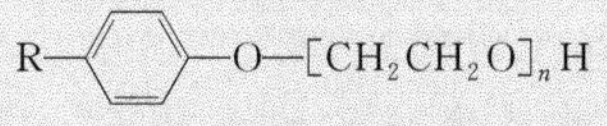

$R-C_6H_4-O-[CH_2CH_2O]_nH$

（a）烷基酚聚氧乙烯醚（AP_nEO）

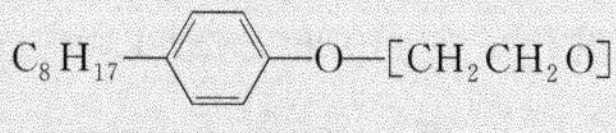

$C_8H_{17}-C_6H_4-O-[CH_2CH_2O]_n$

（b）辛基酚聚氧乙烯醚（OPEO）

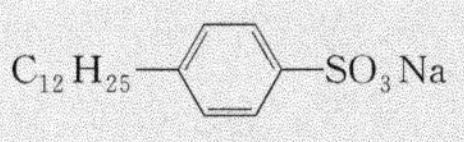

$C_{12}H_{25}-C_6H_4-SO_3Na$

（c）十二烷基苯磺酸钠（SDBS）

$[CH_3(CH_2)_{11}-N(CH_3)_2-CH_2-C_6H_5]^+Cl^-$

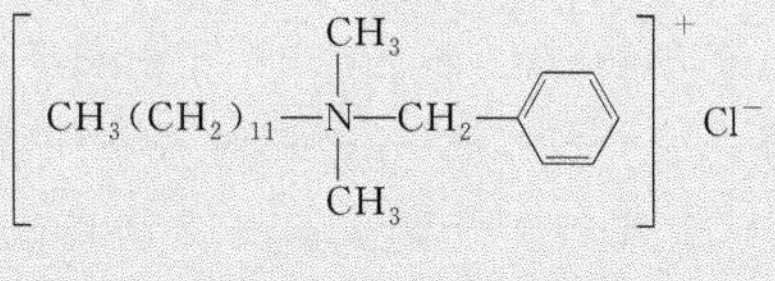

（d）十二烷基二甲基苄基氯化铵

图 5-4　实验所用化学试剂的结构式

从图中可看出，NPEO 和 OPEO 的紫外吸收光谱基本相同，分别在 224nm、255nm 左右有 1 个强吸收峰和弱吸收峰，二者没有明显的差异。224nm 处的强吸收峰是苯环上助色取代基 O^- 产生的 $\pi \rightarrow \pi^*$ 跃迁吸收带，而 255nm 处的吸收峰是芳香化合物的 $\pi \rightarrow \pi^*$ 跃迁特征吸收带。由此可见，NPEO 和 OPEO 的 2 个紫外吸收带都和苯环有关。为比较其他含苯环的表面活性剂是否有类似的吸收，选用十二烷基苯磺酸钠和十二烷基二甲基苄基氯化铵作为比较。从图 5-5 中可见，DDBAC 在 210.5nm 处有 1 个强吸收峰，与 NPEO 和 OPEO 的 224nm 左右的吸收峰可完全予以区别，而 SDBS 在 224nm 处同样有 1 个吸收峰，

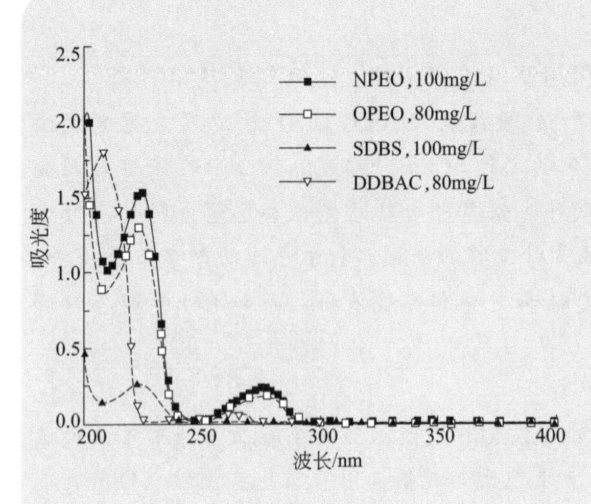

图 5-5　四种不同表面活性剂的紫外吸收比较

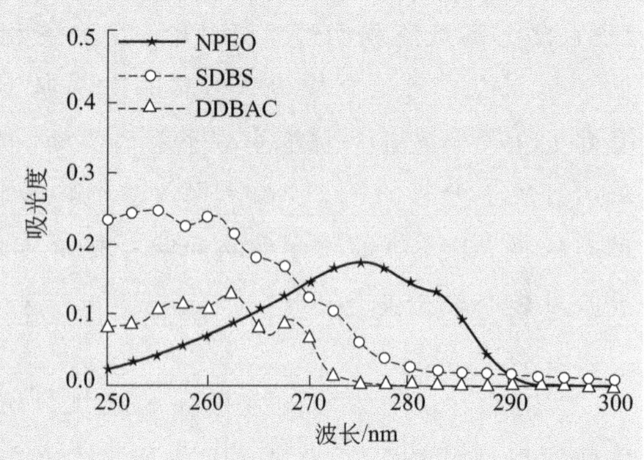

图 5-6　三种表面活性剂的苯环紫外吸收微细图谱

因而 224nm 处的吸收峰可排除 DDBAC，但不能排除 SDBS。为此，需进行苯环特征吸收峰的细微结构，即 250～300nm 处吸收谱图的比较。

图 5-6 示出 NPEO、SDBS 和 DDBAC 在 250～300nm 处的紫外吸收光谱。从图中可见，DDBAC 在 256.5nm、262nm、268.5nm 处分别有弱吸收峰，而 SDBS 在 254nm、265.5nm 处有吸收峰，二者在 255nm 处均无吸收峰。虽然含苯环的表面活性剂种类很多，但 OPEO 和 NPEO 的苯环直接和助色基团 O^- 相连，使苯环的特征紫外吸收峰红移，这是和其他含苯环表面活性剂相区别之处。因而在 224nm 左右的强吸收和 255nm 左右的弱吸收可认为是 NPEO 和 OPEO 的特征紫外吸收。

（2）NPEO 与 OPEO 的紫外光谱定量分析

选择 224nm 或 255nm 左右的吸收峰作为 NPEO 与 OPEO 定量分析的特征吸收峰。图 5-7 为不同质量浓度下 OPEO 和 NPEO 的紫外吸收光谱图。

由朗伯-比尔定律可知，在溶质、溶剂和溶液的厚度一定的情况下，吸光度 A 与溶液的质量浓度在一定范围内存在线性关系，但超出一定质量浓度范围后，线性关系将不存在。从图 5-8 的吸光度与 OPEO 和 NPEO 质量浓度的关系可看出，在本实验条件下，255nm 处的吸光度在质量浓度小于 1100mg/L 时存在明显线性关系，而 224nm 处的吸光度在质量浓度大于 200mg/L 后吸光度和质量浓度将偏离线性关系。对于 OPEO 的紫外吸光度和质量浓度也具有类似性质，当质量浓度大于 150mg/L 后，吸光度和质量浓度的线性关系不存在，255nm 处的吸光度在质量浓度小于 1000mg/L 时存在明显的线性关系。

表 5-1 示出 OPEO 和 NPEO 在不同特征峰下的紫外吸收和质量浓度的线性关系。从表中可见，尽管烷基酚聚氧乙烯醚在 224nm、255nm 左右有紫外特征吸收，但灵敏度和线性范围有很大的不同。224nm 处的吸收峰，其吸光度对质量浓度的变化灵敏（线性方程的斜率较大），但浓度线性范围小，对于较低质量浓度的测定准确率较高，而 255nm 处的紫外吸收尽管浓度的线性范围大，但线性方程的斜率较小，吸光度对质量浓度的变化不灵敏，测定误差会相对较大。另外，224nm 左右的吸光度其线性浓度范围也略有差别，NPEO 的质量浓度线性范围比 OPEO 的宽，这可能是因为二者摩尔质量不同所致。

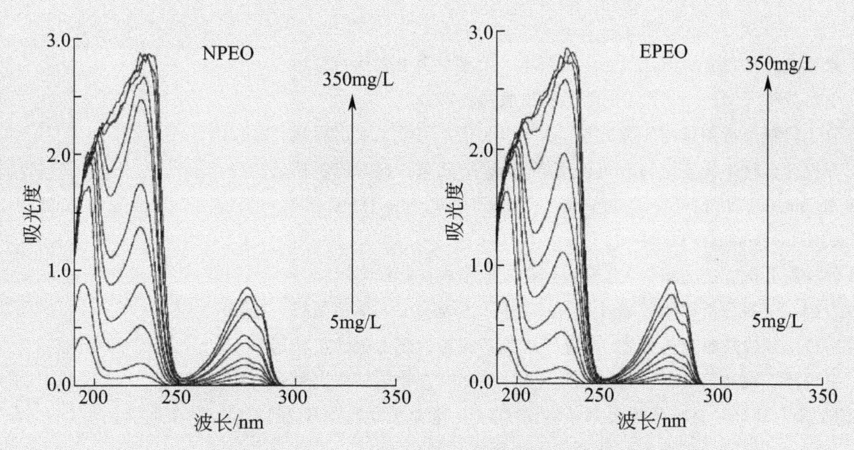

图 5-7　不同质量浓度的 NPEO 和 OPEO 紫外吸收光谱图

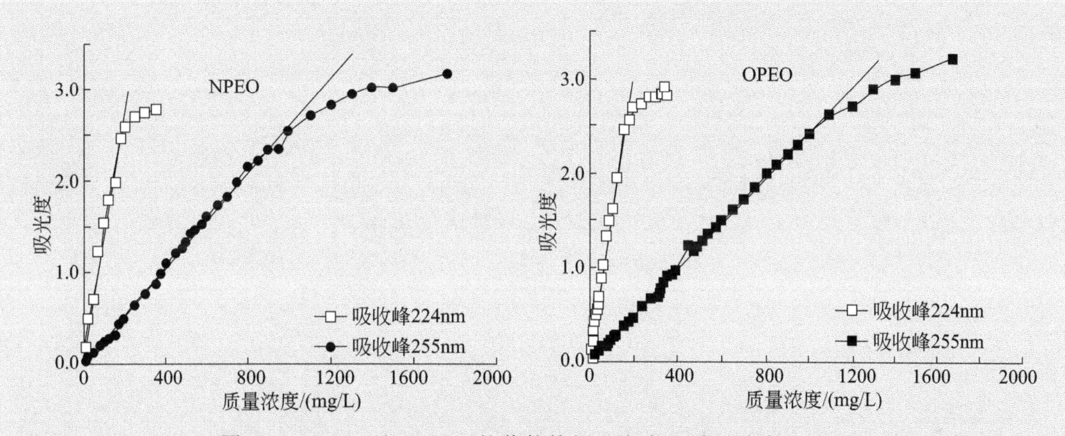

图 5-8　NPEO 和 OPEO 的紫外特征吸光度和质量浓度的关系

表 5-1　紫外特征吸收和质量浓度的线性关系

表面活性剂	特征吸收峰/nm	吸光度和质量浓度的线性关系	R^2	浓度范围/(mg/L)
OPEO	224	$y=0.0161x+0.0400$	0.9985	5～150
	255	$y=0.0250x-0.0001$	0.9986	5～100
NPEO	224	$y=0.0128x+0.1886$	0.9910	5～200
	255	$y=0.0260x+0.0134$	0.9950	5～1100

在常用的几种 AP_nEO 检测方法中，GC、GC-MS、HPLC 和 LC-MS 都可获得准确结构，但制样、测定的成本较高，定量测定相对困难。而紫外分光光度法制样方便、快速，测定的成本低，易于定量测定，但很难进行结构的认定，在实际检测中，萃取物可能含有的芳香共轭结构物质也会对图谱产生干扰。在实际应用中，紫外吸收光谱可作为 AP_nEO 的定性和定量检测方法首选。当既出现 AP_nEO 紫外特征吸收峰又出现其他紫外吸收峰时，需采用其他检测方法进行排除或确定，而当未出现紫外特征吸收峰时，可排除萃取物中有 AP_nEO 的可能。

参考文献

[1] 杜希文，原续波．材料分析方法［M］．天津：天津大学出版社，2014.

[2] 董慧茹．仪器分析［M］．北京：化学工业出版社，2010.

[3] 陈厚．高分子材料分析测试与研究方法［M］．北京：化学工业出版社，2018.

[4] 宁永成．有机化合物结构鉴定与有机波谱学［M］．北京：科学出版社，2002.

[5] James W Robinson，James W Robinson，George M Frame II. Undergraduate Instrumental Analysis.［M］．New York：Taylor & Francis，2005.

[6] 张锐．现代材料分析方法［M］．北京：化学工业出版社，2005.

[7] 张华、刘志广．仪器分析简明教程［M］．大连：大连理工大学出版社，2005.

[8] 黎兵，曾广根．现代材料分析技术［M］．成都：四川大学出版社，2015.

[9] 朱永法，宗瑞隆，姚文清．材料分析化学［M］．北京：化学工业出版社，2009.

[10] 任鑫，胡文全．高分子材料分析技术［M］．北京：北京大学出版社 2012.

[11] 田丹碧．仪器分析［M］．北京：化学工业出版社，2015.

[12] 李丹，董锁拽，周文龙．烷基酚聚氧乙烯醚的紫外光谱定性与定量分析［J］．纺织学报，2011，32（4）：66-50.

第六章

红外吸收光谱法

物质分子与红外电磁辐射作用后产生的吸收光谱称红外吸收光谱（infrared absorption spectrum，IR）。利用红外光谱进行物质定性、定量及分子结构分析的方法称为红外吸收光谱法或红外分光光度法。

除单原子分子和同核分子外，几乎所有气体、液体、固体化合物样品均可用红外光谱法进行研究，因此，红外光谱在“四大波谱（紫外、红外、核磁、质谱）”中应用最广和最成熟，被广泛地应用于有机化学、高分子化学、无机化学、化工、催化、石油、材料、生物和环境等领域，是物质结构分析、化学反应机理研究以及产品质量控制不可缺少的重要工具。

第一节 红外吸收光谱法基本原理

在电磁波谱中，红外光谱位于可见光与微波之间。一般根据其波长将红外光谱分为近红外区、中红外区和远红外区 3 个区域（表 6-1），相应的红外吸收光谱分为近红外、中红外和远红外吸收光谱三种类型。由于绝大多数化合物的基频吸收带均出现在中红外区，因此中红外区是研究和应用最多的区域。通常所说的红外光谱即指中红外光谱。

表 6-1　红外光谱区划分

区　域	波长(λ)/mm	波数(σ)/cm^{-1}	能级跃迁类型
近红外区(泛频区)	0.75～2.5	13156～4000	OH、NH 及 CH 键的倍频吸收
中红外区(基频区)	2.5～50	4000～200	分子中原子振动和分子转动
远红外区(转动区)	25～1000	400～10	分子转动、骨架振动

由仪器记录试样对连续变化频率的红外光吸收程度的信息，即获得红外吸收光谱图，如图 6-1 所示。红外光谱谱图中的横坐标习惯上以波长或波数来表示吸收频率，纵坐标以透光率（T）或吸光度（A）表示吸收强度。由于红外吸收光谱是由分子振动能级跃迁的同时伴随转动能级跃迁而产生的，因此红外光谱吸收峰是有一定宽度的吸收带。

一、分子的振动

分子是由原子通过化学键联结构成的，原子与化学键均处于不断的运动中。分子的运动

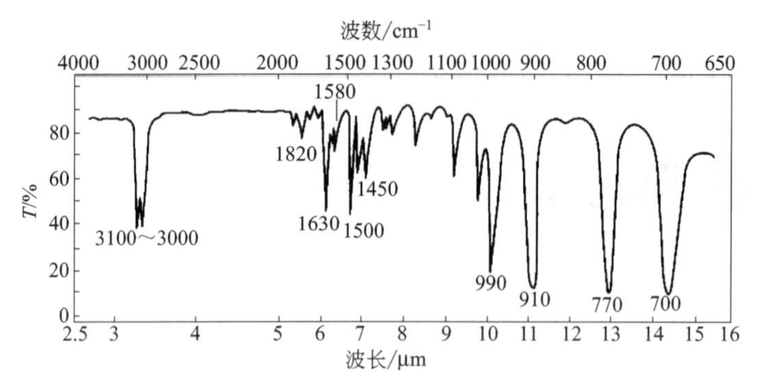

图 6-1　苯乙烯的红外吸收光谱

包括原子的振动和分子本身的转动，这些运动形式都可能吸收红外电磁辐射而产生红外吸收光谱。

1. 双原子分子的振动

双原子分子的振动可以用简谐振动模型来解释。根据这种模型，将双原子视为质量 m_1 与 m_2 的两个小球，将连接它们的化学键视为无质量的弹簧，弹簧的长度就是化学键的长度，那么这两个原子在键轴方向的周期性伸缩振动就是一种简谐振动。用经典力学胡克定律可导出该体系的基本振动频率计算公式为

$$\nu=\frac{1}{2\pi}\sqrt{\frac{k}{\mu}} \tag{6-1}$$

或

$$\sigma(\mathrm{cm}^{-1})=\frac{1}{2\pi c}\sqrt{\frac{k}{\mu}}=1307\sqrt{\frac{k}{\mu}} \tag{6-2}$$

式中，ν 为振动频率；σ 为波数；k 为键力常数，其大小反映化学键伸缩和张合的难易程度，N/cm；c 为光速，3×10^{10}cm/s；μ 为两原子的折合质量，$\mu=\frac{m_1m_2}{m_1+m_2}$。

根据式(6-1) 可知，化学键的振动频率与键力常数成正比，与两个原子的折合质量成反比。键力常数越大，原子折合质量越小，则化学键的振动频率越高。同类原子组成的化学键(折合质量相同)，键力常数大的，振动频率就大。由于氢的原子质量最小，故含氢原子单键的基本振动频率都出现在中红外的高频率区。不同基团因 k 和 μ 的差异而具有不同的特征红外光谱。

2. 多原子分子的振动

多原子分子中分子振动方式比双原子分子要复杂得多，可以通过将多原子的振动分解成若干简单的基本振动（简正振动）来研究其振动特征。

(1) 基本振动

基本振动的特征是：振动过程中分子的质心位置保持不变，分子整体不转动，每个原子都在其平衡位置附近做简谐振动，即每个原子都在同一瞬间通过其平衡位置，而且同时达到其最大位移值，各原子的振动频率和位相均相同。分子中任何一种复杂的振动都可以用基本振动的线性组合表示。

(2) 基本振动的形式

基本振动有伸缩振动和弯曲振动两种形式，如图 6-2 所示。

① 伸缩振动。化学键沿键轴方向伸缩，键长发生变化而键角不变的振动称为伸缩振动，用符号 ν 表示。根据振动的对称性又可以分为对称伸缩振动（ν_s）和不对称伸缩振动（ν_{as}）。对同一基团来说，不对称伸缩振动的频率要稍高于对称伸缩振动。环状化合物中完全对称的伸缩振动称为骨架振动或呼吸振动。

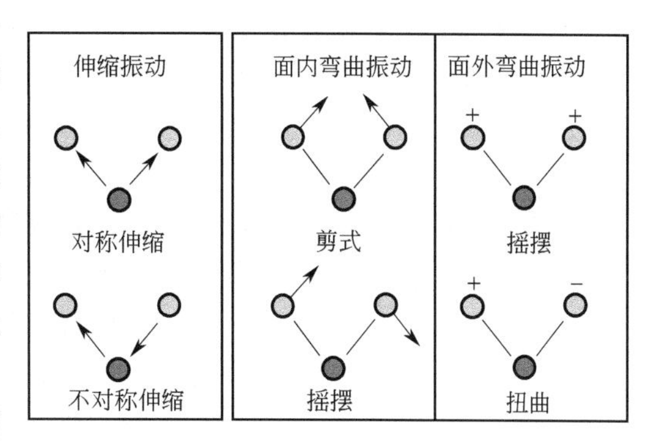

图 6-2　简正振动的基本形式

＋、－分别表示垂直于纸面向外和向里的运动

② 弯曲振动。基团键角发生周期变化而键长不变的振动称为弯曲振动，又称变角振动。弯曲振动又分为面内弯曲振动和面外弯曲振动。面内弯曲振动是指振动方向位于分子平面内的振动，又分为剪式（以 δ 表示）振动和平面摇摆振动（以 ρ 表示）。两个原子在同一平面内彼此相向弯曲的运动称为剪式振动。若键角不发生变化而基团只是作为一个整体在分子的平面内左右摇摆，则是平面摇摆振动。面外变形振动是指在垂直于分子平面方向上的振动，又分为非平面摇摆振动（ω）和扭曲振动（τ）。非平面摇摆振动是指基团作为整体在垂直于分子对称面的前后摇摆运动，而扭曲振动是指基团离开纸面，方向相反地来回扭动。由于弯曲振动的键力常数比伸缩振动的要小，因此，在红外光谱图中同一基团的弯曲振动都在其伸缩振动的低频端出现。

（3）基本振动的理论数

假设分子中某一原子的空间坐标为（x，y，z），则该原子就具有 3 个自由度。由 N 个原子组成的分子具有 $3N$ 个自由度。分子是原子通过化学键结合形成的一个整体，分子整体的自由度包括：三个平动自由度（质心沿 X、Y、Z 三个轴方向的平移）、三个转动自由度（分子整体绕 X、Y、Z 轴的转动；线型分子只有两个转动自由度）以及（$3N-6$）个振动自由度。每个振动自由度相当于一个基本振动，所有基本振动的集合就构成了分子整体的振动。

二、红外吸收光谱的产生条件

分子吸收红外辐射产生红外吸收光谱必须同时满足以下两个条件。

1. 红外辐射能量必须与分子振动能级跃迁所需的能量相等

根据量子力学原理，分子的振动能量 E 是量子化的，只有当红外辐射能量刚好等于振动跃迁所需的能量时，分子才能吸收红外辐射，产生红外吸收光谱。

分子中相邻振动能级间的能量差为

$$\Delta E_n = E_{n+1} - E_n = h\nu \tag{6-3}$$

式中，ν 为分子的振动频率；h 为 Planck 常数；n 为振动量子数，$n=0,1,2,3,\cdots$。

当红外辐射光量子的能量 $h\nu_a$（ν_a 为红外辐射的频率）等于该能量差 ΔE_n，即 $\nu_a=\nu$ 时，就会发生红外吸收。

2. 分子振动须有偶极矩的变化

红外吸收光谱的产生要求分子振动时必须伴随有分子偶极矩的变化，振动能级的跃迁是通过分子偶极矩和红外辐射交变电磁场的耦合作用而实现的。

分子的偶极矩 μ 是分子中正、负电荷中心间的距离 d 与正、负电荷中心所带电荷 q 的乘积（$\mu=qd$），它表示分子极性。不同的正负电荷中心形成不同极性的偶极子。

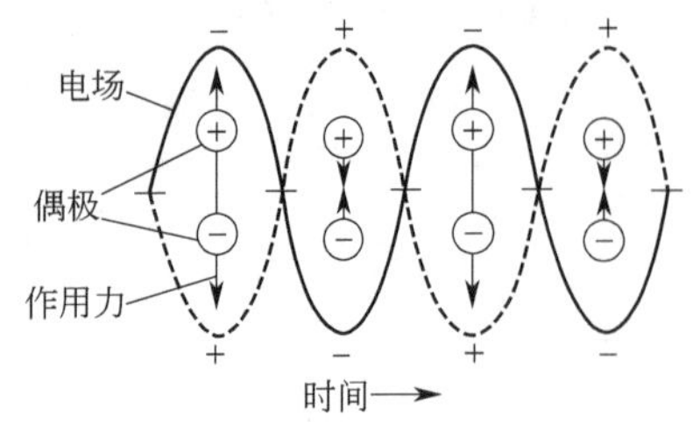

图 6-3　偶极子与交变电场作用示意图

当分子偶极子处在电磁场中时，由于电磁场的电场矢量方向随时间在传播方向做周期性反转，偶极子将经受交替的作用力而使偶极矩增大和减小（图 6-3）。偶极子具有一定的固有振动频率，只有当红外辐射频率与偶极子的振动频率相匹配时两者才能发生振动耦合，引起分子振动能增加（能级跃迁）和振幅增大。因此，并非所有的分子振动都能产生红外吸收，只有偶极矩发生变化（即 $\Delta\mu\neq0$）的分子振动（红外活性振动）才能产生可观测到的红外吸收光谱，具有这种振动特征的分子称为红外活性分子。$\Delta\mu=0$ 的分子振动（非红外活性振动）不能产生红外吸收，相应的这种分子（如 N_2、O_2 和 H_2 等）称为非红外活性分子。

三、吸收峰的数目

每种基本振动都有其特定的振动频率，基本振动数取决于分子振动的自由度数。绝大多数化合物的红外光谱中基频吸收峰的数目远小于理论计算的振动自由度数目，其主要原因有：①非红外活性振动不产生红外光谱。②振动的简并。有的振动形式虽不同，但其振动频率相等。③仪器分辨率不高或灵敏度不够，难以识别一些频率很接近的吸收峰，或不能检出某些弱峰。④有些吸收带落在仪器检测范围之外。例如，线型分子 CO_2 理论计算的基本振动数为 4，在红外图谱上应对应有 4 个吸收峰。但图谱中只出现 $2349cm^{-1}$ 和 $667cm^{-1}$ 两个吸收峰。其中，位于 $2349cm^{-1}$ 的吸收峰由 C—O 不对称伸缩振动产生，$667cm^{-1}$ 的吸收峰是面内变形和面外变形两种振动的简并峰。C—O 对称伸缩振动的频率为 $1366cm^{-1}$，但其偶极矩变化为零，不会产生相应的吸收峰。

四、吸收峰的强度

红外吸收谱峰的强度与分子振动能级的跃迁概率有关。从振动量子数 $n=0$ 的基态跃迁至 $n=1$ 能态概率最大，对应的基频峰的强度也最大。此外，谱峰的强度还与分子结构的对称性有关。对称性越高的分子振动，其偶极矩变化就越小，相应的吸收峰强度也就越弱。一般极性较强的基团（如 C═O、Si—O、C—Cl、C—F 等）的振动，吸收峰强度较大，如羰基峰在整个红外图谱中总是最强峰之一。极性较弱的基团（如 C═C、C—C、C—N、C—H 等）振动，吸收峰强度较弱。同一种基团当其所处化学环境不相同时，除了吸收峰位置有变动外，吸收强度也发生变化。红外光谱的吸收强度一般用很强（ν_s）、强（s）、中（m）、弱（w）和很弱（v_w）等表示。

五、吸收峰频率

1. 基频峰、倍频峰和组频峰

当分子吸收一定频率的红外电磁辐射后，振动能级从基态（ν_0）跃迁到第一激发态

（ν_1）时所产生的吸收峰，称为基频峰；如果振动能级从基态（ν_0）跃迁到第二激发态（ν_2）等高能态（ν_n），所产生的吸收峰称为倍频峰。基频峰的强度通常比倍频峰强，而且倍频峰的频率也非基频峰的整数倍，而是略小一些。如 HCl 分子的基频峰的频率为 2885cm^{-1}，强度很大，其 2 倍频峰强度很弱，峰的频率为 5666cm^{-1}。组频峰包括合频峰 $\nu_1+\nu_2$、$2\nu_1+\nu_2$ 等，以及差频峰 $\nu_1-\nu_2$、$2\nu_1-\nu_2$ 等，这些峰的强度更弱，一般不易辨认。倍频峰和组频峰统称为泛频谱带。泛频谱带多出现在近红外区，其强度较小，它们的存在增加了红外光谱鉴别分子结构的特征性。

2. 基团频率区划分

大量实验表明，组成多原子分子的各种基团，如 O—H、N—H、C—H、C═C、C═O 和 C—C 等，都有自己的特定的红外吸收区域，分子的其他组成部分对其吸收位置影响较小。这种能代表基团存在并有较高强度的吸收峰称为基团频率峰或特征吸收峰。基团频率峰分布在 4000～1300cm^{-1} 之间，这一区域称为基团频率区、官能团区或特征区。该区内的峰一般是由含氢的官能团和含双键、三键的官能团伸缩振动产生，由于基团折合质量小或化学键的力常数大，因而出现在高波数区，峰数较少但强度较大，容易辨认。通常每个峰都可得到较明确的归属，据此可给出化合物的特征官能团和结构类型的重要信息。

根据基团的类型及其键合方式的不同，一般将基团频率区进一步划分为 4000～2400cm^{-1}、2400～2000cm^{-1}、2000～1500cm^{-1} 和 1500～1300cm^{-1} 四个区域。

① 4000～24001cm^{-1} 为 X—H 的伸缩振动区（X 代表 O、N、C 或 S 等原子）。O—H 基的伸缩振动出现在 3650～3200cm^{-1} 范围内，它可以作为判断有无醇类、酚类和有机酸类的重要依据。氢键的缔合作用，对 O—H 吸收峰的位置、形状和强度有很大的影响。处于气态、低浓度的非极性溶剂中的羟基和有空间位阻的羟基，是无缔合的游离态羟基，其吸收峰在高波数（3640～3610cm^{-1}），峰形尖锐。当试样浓度增加时，羟基间会发生缔合，O—H 基伸缩振动峰向低波数方向位移，峰形宽而钝。

胺和酰胺的 N—H 伸缩振动也出现在 3500～3100cm^{-1}，可能会对 O—H 的伸缩振动产生干扰。但 N—H 基团与 O—H 基团吸收峰主要区别为：无论 N—H 基是处于游离态或缔合态，其峰强度都比缔合的 O—H 基峰强度弱，且谱带稍尖锐一些。

C—H 伸缩振动可分为饱和与不饱和两种，3000cm^{-1} 是区分两者的分界值。不饱和的 C—H 伸缩振动出现在 3000cm^{-1} 以上，可据此来判别化合物中是否含有不饱和的 C—H 键。饱和 C—H 伸缩振动出现在 3000～2600cm^{-1}，取代基对其影响很小。

② 2400～2000cm^{-1} 为三键和累积双键区。该区主要包括 C≡C、C≡N 等三键的伸缩振动，以及 C═C═C、C═C═O 等累积双键的不对称性伸缩振动。除了空气中的 CO_2 在 2365cm^{-1} 的吸收峰外，此区内的任何小峰都不可忽视。

③ 2000～1500cm^{-1} 为双键伸缩振动区。该区是提供分子官能团特征峰的重要区域，主要包括三种伸缩振动：a. C═O 伸缩振动，出现在 1900～1650cm^{-1}，通常是红外光谱中最强的特征吸收峰，据此很容易判断酮类、醛类、酸类、酯类以及酸酐等有机化合物。酸酐的羰基吸收带由于振动耦合而呈现双峰。b. C═C 伸缩振动。烯烃的 C═C 伸缩振动出现在 1660～1620cm^{-1}，强度很弱。单核芳烃的 C═C 伸缩振动出现在 1600cm^{-1} 和 1500cm^{-1} 附近，有两个峰，这是芳环的骨架结构振动的表现，用于确认有无芳核的存在。c. 苯的衍生物的泛频谱带，出现在 2000～1650cm^{-1} 范围，是 C—H 面外和 C═C 面内变形振动的泛

频吸收，虽然强度很弱，但它们的吸收面貌在表征芳核取代类型上有一定的作用。

④ 1500～1300cm^{-1} 内的吸收峰主要提供 C—H 的变形振动信息。如 CH_3 的变形振动峰出现在 1360cm^{-1} 和 1450cm^{-1} 附近，CH_2 的变形振动峰仅在 1470cm^{-1} 附近出现。其中，位于 1360cm^{-1} 的甲基的 C—H 对称弯曲振动峰，对结构敏感，可作为判断分子中有无甲基存在的依据。

3. 指纹区

除基团频率区外，红外光谱中还有分布在 1300～400cm^{-1} 低频区的谱带，当分子结构稍有不同时，该区的吸收就有细微的差异，并显示出分子的特征，因此这一区域称指纹区。该区内的谱带主要是由不含氢的单键官能团伸缩振动和各种弯曲振动引起的，同时也有一些由相邻键之间的振动耦合而成、并与整个分子的骨架结构有关的吸收峰。指纹区内各种振动的数目较多，振动之间的频率差别较小且容易相互重叠耦合，因此大部分谱峰无明确的归属。指纹区对于指认结构类似的化合物很有帮助，而且可以作为化合物存在某种基团的旁证。指纹区可进一步分为 1300～900cm^{-1} 和 900～400cm^{-1} 两个区域。

① 1300～900cm^{-1} 是所有单键的伸缩振动频率、分子骨架振动频率的分布区。部分含氢基团的一些弯曲振动和 C═S、S═O、P═O 等双键的伸缩振动也在这个区域。C—O 的伸缩振动在 1300～1000cm^{-1}，是该区域最强的峰，较易识别。

② 900～400cm^{-1} 区域的某些吸收峰可用来确认双键取代程度、分子构型和苯环取代位置等。苯环因取代而在 900～650cm^{-1} 产生吸收峰。

第二节 影响基团吸收频率的因素

红外吸收光谱中基团的吸收频率主要由基团中原子的质量和原子间的化学键力常数决定，但分子内部结构和外部环境的变化对它都有影响，因此，同一基团的频率和强度不是固定不变的。了解影响基团频率的因素，对正确解析红外光谱和推断分子结构都十分有用。影响基团频率位移的内外部因素分述如下。

一、内部因素

影响基团频率的内部因素主要有质量效应、电子效应、立体效应、氢键、振动耦合和费米共振等几个方面。

1. 质量效应

质量不同的原子构成的化学键，振动频率不同。X—H 键的伸缩振动频率，当 X 是同族元素时，由于彼此质量差别较大，故随质量增大吸收频率明显变小，如 ν_{C-H} 为 3000cm^{-1}，ν_{Sn-H} 降至 1650cm^{-1}。但是同周期元素因质量差异较小而电负性差别较大，随原子序数的增大，ν_{X-H} 反而升高，如 ν_{F-H} 比 ν_{C-H} 大 1000cm^{-1}。

2. 电子效应

电子效应包括诱导效应、共轭效应和中介效应（M 效应）。

① 诱导效应。具有不同电负性的取代基，通过静电诱导作用，引起分子中电子分布的

变化，从而改变了键力常数，使基团的特征频率发生位移。

② 共轭效应。分子中形成大 π 键所引起的效应，称为共轭效应。共轭效应的存在使体系中的电子云密度平均化，双键略有伸长（即电子云密度降低）而键力常数减小，导致吸收峰向低波数方向位移。例如：R—CO—CH_2—中的 $\nu_{C=O}$ 出现在 $1715cm^{-1}$，而—CH ═ CH—CO—CH_2—的 $\nu_{C=O}$ 出现在 1665～$1665cm^{-1}$。当羰基与苯环相连时，共轭效应使 C ═O 伸缩振动的频率向低频位移，在 $1660cm^{-1}$ 处产生吸收。

③ 中介效应。含有孤对电子的原子（O、N、S 等），能与相邻的不饱和基团共轭，为了与双键的 π 电子云共轭相区分，称其为中介效应。此种效应能使不饱和基团的振动频率降低，而自身连接的化学键振动频率升高。

3. 立体效应

立体效应包括空间障碍、场效应和环的张力等因素。

① 空间障碍。分子中的较大基团在空间上的位阻作用，迫使邻近基团间的键角变小或共轭体系之间单键键角偏转，引起基团的振动频率和峰形发生变化，导致谱峰向高频区位移。

② 场效应。基团在空间的极化作用，常使其伸缩振动能量增加，弯曲振动能量减小。如同分旋转异构体中同一基团的吸收峰位置之所以不同，是由场效应引起的。

③ 环的应力。对环状化合物，当环中有应力时（环应力大小：四元环＞五元环＞六元环），环内各键键力会削弱，导致其伸缩振动频率降低，而与环相连的键其键力则被增强，吸收频率会升高。例如，环丁酮的 $\nu_{C=O}$ 是 $1763cm^{-1}$，环戊酮的是 $1746cm^{-1}$，而环己酮的是 $1714cm^{-1}$。

4. 氢键

氢键 X—H…Y 形成后，X—H 的伸缩振动频率降低，峰形变宽，吸收强度增加。分子内氢键 X—H 峰的特征改变程度均较分子间氢键小。分子间氢键的性质与溶液的浓度和溶剂的性质有关，而分子内氢键不受溶液浓度影响。例如：羧酸中的羰基和羟基之间容易形成分子内氢键，使羰基的伸缩振动频率降低。游离羧酸的 $\nu_{C=O}$ 出现在 $1760cm^{-1}$ 左右；在固体或液体中，由于羧酸能缔合成二聚体，$\nu_{C=O}$ 出现在 $1700cm^{-1}$。

5. 振动耦合

如果同一分子中的两个类同的基团彼此相邻时，它们的振动就会发生相互干扰，并组合成同相（对称）或异相（不对称）的两种振动状态，导致谱带裂分，一个吸收峰向高频移动，另一个吸收峰向低频移动，这种现象叫作振动耦合。振动耦合常出现在一些双羰基化合物中，如酸酐（R—CO—O—CO—R′）中，两个羰基的振动耦合，使 C ═O 吸收峰裂分成两个峰，波数分别为 $1620cm^{-1}$（ν_{as}）和 $1760cm^{-1}$（ν_s）。

6. 费米共振

当弱的倍频峰或组频峰位于某个强的基频吸收峰附近时，其吸收峰强度常随之增加，或发生谱峰分裂。这种倍频（或组频）与基频之间的振动耦合，称为费米共振。例如，在 C_4H_9—O—CH ═CH_2 中，═C—H 变形振动（$610cm^{-1}$）的倍频（约 $1600cm^{-1}$）与 C ═ C 伸缩振动发生费米共振，在 $1640cm^{-1}$ 与 $1613cm^{-1}$ 出现两个强的吸收带。

二、外部因素

外部因素主要包括样品的物理状态和溶剂效应等。

1. 样品的物理状态

同一基团物质的物理状态不同，分子间相互作用力也不同，基团伸缩振动频率降低的顺序一般为：气态、溶液、纯液体、结晶固体。

2. 溶剂效应

通常含极性基团的样品在溶液中检测时，基团的吸收频率不仅与溶液的浓度和温度有关，而且与溶剂的极性大小有关。极性大的溶剂围绕在极性基团的周围，形成缔合氢键，使基团的伸缩振动频率降低，强度增大。在非极性溶剂中，分子以游离态为主，故振动频率稍高。因此，在红外光谱测定中，应尽量采用非极性的溶剂。

第三节 定性分析

红外光谱定性分析实际上就是通过对红外谱图中吸收峰的位置、强度和形状进行解析，确定峰的归属，鉴别分子中所含的基团或化学键类型，确定未知化合物的种类，或推测分子结构及其聚集态结构。

一、定性分析的一般步骤

1. 收集样品的相关资料和数据

在进行图谱解析之前，应尽可能了解样品的来源、用途、制备方法和分离方法等信息；最好通过元素分析或其他化学方法确定样品的元素组成，推算出分子式；还应注意样品的纯度以及理化性质，如分子量、熔点、沸点、折射率、旋光率等，同时也要尽可能获得其他分析方法的数据，这些信息可作为解析图谱的旁证，有助于对样品结构信息的辨识及归属。当发现样品中有明显杂质存在时，应利用分馏、萃取、重结晶和色谱分离等方法纯化后再做红外分析；或用计算机差谱技术对已知组分样品谱图进行差减实现非化学分离。

2. 排除图谱中可能的“鬼峰”

“鬼峰”包括因样品制备纯度不高存在的杂质峰，以及仪器工作参数、环境湿度、残留溶剂等因素而引起的一些“异峰”。

3. 计算分子的不饱和度 Ω

对于提纯的样品，应先经过元素分析，求得分子的摩尔质量，然后根据得到的分子式计算不饱和度，为确定分子结构提供信息。

不饱和度表示有机分子中碳原子的饱和程度，是分子结构中是否含有双键、三键、苯环，是链状分子还是环状分子的指示。计算不饱和度的经验公式为

$$\Omega=1+n_4+(n_3-n_1)/2 \tag{6-4}$$

式中，n_4、n_3、n_1 分别为分子中所含的四价、三价、一价元素原子的数目。

当 $\Omega=0$ 时，表示分子是饱和的，分子为链状烷烃或不含双键的衍生物；当 $\Omega=1$ 时，

分子可能有一个双键或脂环；当 $\Omega=2$ 时，可能有一个双键和脂环，也可能有一个三键或两个双键；当 $\Omega=4$ 时，可能有一个苯环（一个脂环和三个双键）等。如果分子式中含有高于四价的杂原子，上述经验公式不再适用。

4. 图谱解析

首先要对红外光谱吸收峰的位置、强度和形状有一个整体上的认识，进一步分析可参照如下经验步骤进行。先特征（区）后指纹（区）；先最强（峰）后次强（峰）；先否定（法）后肯定（法）。先从基团频率区的最强谱带入手，推测未知物可能含有的基团，判断不可能含有的基团；再从指纹区谱带进一步验证，找出可能含有基团的相关峰，用一组相关峰来确认一个基团的存在。对于简单化合物，确认几个基团之后，便可初步确定分子结构，然后查对标准谱图核实。如谱图在 $1900\sim1650\text{cm}^{-1}$ 之间有强吸收峰，则可以肯定分子中含有 C＝O 基；如果在此区间有中等强度或弱的吸收峰，则该峰肯定不是 C＝O 基。

5. 未知物的鉴定

将未知样品的红外谱图与化合物标准红外谱图进行对照，如果样品谱图中吸收峰的峰位、形状及相对强度与标准谱图某一化合物完全相同，就可以确认未知物的类型。如果两张谱图的吸收峰峰位不同，则说明两者不是同一物质，或样品中有杂质。由于使用的仪器性能和谱图的表示方式等的不同，同一化合物的特征吸收峰的强度和形状可能会有些差异，但其相对强度的顺序应是不变的，因此在进行对照时要允许合理性差异的存在。如用计算机进行谱图检索，则采用相似度来判别。

6. 化合物分子结构的验证

通过红外吸收光谱能识别化合物基团和化学键类型，但无法提供基团间联结方式的信息，由此只能用来推断分子的可能结构，验证结构需要与已知化合物的结构进行比对。如果样品为新化合物，则需要结合紫外、质谱、核磁等数据，才能获得其结构模型并加以确认。

二、定性分析应用

1. 红外谱图解析示例

某未知化合物分子式为 C_8H_7N，其红外谱图如图 6-4 所示，谱图解析和定性分析过程如下。

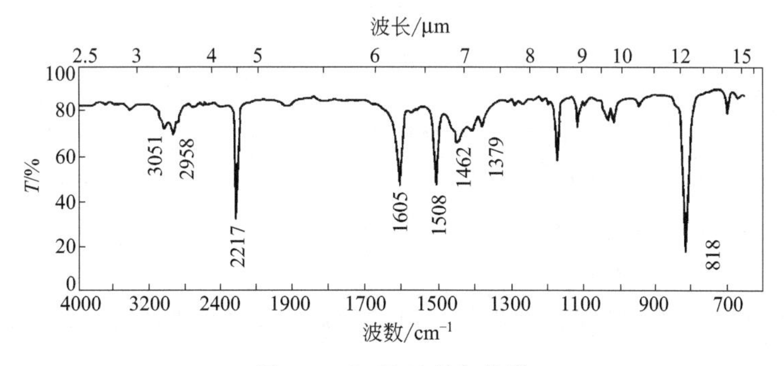

图 6-4　C_8H_7N 的红外谱

① 由分子式计算不饱和度，$\Omega=1+8+(1-7)\div2=6$，说明结构中可能含有苯环或其他不饱和基团。② 位于 3051cm^{-1} 的峰，可能为苯环上＝C—H 的伸缩振动峰。在

$1605cm^{-1}$、$1506cm^{-1}$ 处有中强吸收峰，$1462cm^{-1}$ 左右有弱吸收峰，可能是由苯环的骨架振动产生；$2000 \sim 1650cm^{-1}$ 区间的几个小峰与芳氢面外弯曲振动的倍频与合频吸收带相对应，由这些特征峰和相关峰可以确定分子中有苯环结构。③$818cm^{-1}$ 处的强峰是对二取代苯芳氢面外弯曲振动吸收峰，故可认定化合物为对二取代苯。④$2217cm^{-1}$ 处为氰基 C≡N 吸收峰，氰基的不饱和度为 2。⑤$2956cm^{-1}$ 处应为甲基—CH_3 非对称伸缩振动峰，此峰很弱，可能是芳环上连的烃基；$1462cm^{-1}$、$1379cm^{-1}$ 处为甲基—CH_3 的面内弯曲振动吸收峰，由此能肯定—CH_3 的存在。

综上所述，该化合物的可能结构是 H_3C—C_6H_4—CN 。对照谱图做进一步验证，各吸收峰与结构式中的相应基团的吸收频率相符；结构式中各元素的原子个数与分子式相符；结构式的 $\Omega=6$，与计算值相同。因此可以确定该化合物为对甲基苯腈。

2. 材料结构表征

红外光谱定性分析在材料结构表征方面有广泛的应用，如均聚物结构和种类判识、聚合物共混、构象、结晶度、取向结构及红外二向色性和老化研究，纳米材料的缺陷结构（空位、间隙原子、位错、晶界和相界）、元素掺杂、表面修饰、温度对结构的影响和吸收特性等方面研究。

（1）均聚物材料识别

均聚物主体结构和种类的判别，除可按前述常规定性分析方法进行外，还可以根据聚合物谱图 $1600 \sim 600cm^{-1}$ 范围内最强峰峰位来快速分析。一般来说具有相同极性基团的同类化合物最强峰的波数大都处于同一光谱区里，据此分为 6 个区，分别为：1 区，$1600 \sim 1700cm^{-1}$，聚酯、聚羧酸、聚酰亚胺等；2 区，$1700 \sim 1500cm^{-1}$，聚酸亚胺、聚脲等；3 区，$1500 \sim 1300cm^{-1}$，饱和线型脂肪族聚烯烃和一些有极性基团取代的聚烃类；4 区，$1300 \sim 1200cm^{-1}$，芳香族聚醚类、聚砜类和一些含氯的高聚物；5 区，$1200 \sim 1000cm^{-1}$，脂肪族的聚醚类、醇类和含硅、含氟的高聚物；6 区，$1000 \sim 600cm^{-1}$，取代苯、不饱和双键和一些含氯的高聚物。

（2）聚合物共混研究

两种聚合物能否均匀共混，与其相容性有关。红外光谱是分子尺度共混物运动特征的反映。若两种均聚物是相容的，则可观察到均聚物分子间相互作用引起的峰位和强度改变甚至峰的出现或消失等现象。如果均聚物是不相容的，共混物的光谱只是两种均聚物光谱的简单叠加。

（3）聚合物结晶度研究

任何聚合物都不可能 100%结晶，其中结晶部分的质量或体积分数就是聚合物的结晶度。结晶度是影响聚合物物性的重要因素之一，用红外光谱可以方便测定。选择对结构变化敏感的结晶或非晶谱带作为分析对象，分别测量其吸光度（一般以所选谱带的面积衡量），通过公式就可以计算得到结晶度。

聚合物分子链上支链的数目、长短分布对聚合物形态有较大影响，会降低其结晶度，据此可以用红外光谱法测定聚合物的支化度。

（4）纳米材料结构研究

纳米氧化物材料随着晶粒粒度的减小，晶界界面组元体积分数上升，界面引起的施加于晶粒组元的负压使得晶格发生畸变。如果产生的是膨胀性晶格畸变，则晶格常数变大使得平均键长增大，化学键力常数变小，化学键振动频率下降，导致红外吸收峰红移；如果产生其他晶格畸变，晶格常数变小、键长缩短，引起吸收峰蓝移。利用前驱体热分解反应制备某些纳米材料时，可以用红外光谱跟踪前驱体的热分解过程，了解前驱物的分解情况和产物的性质，进而确定最佳的制备条件。

第四节 定量分析

红外吸收光谱定量分析是通过对特征吸收谱带强度的测量来求出组分含量。其理论依据是朗伯-比尔定律。

红外光谱定量分析有如下优点：不受样品状态的限制，能定量测定气体、液体和固体样品；可用于定量分析的峰较多，便于排除干扰；对用气相色谱法进行定量分析存在困难的试样（如物化性质相近、沸点高或汽化时要分解的试样），可用红外光谱法定量。红外光谱定量分析法存在定量灵敏度较低的缺点，与其他定量分析方法相比，应用范围有限。

一、吸收峰的选择

红外吸收光谱图中吸收峰很多，合理选择定量分析特征吸收峰尤为重要，应特别注意以下几点：①峰应有足够的强度；②峰形应有较好的对称性；③ 没有其他组分在所选择峰附近产生干扰；④溶剂或介质在所选择峰区应无吸收或基本无吸收；⑤溶剂浓度的变化不应对所选择峰的峰形产生影响；⑥不宜在 CO_2、水蒸气有强吸收的区域选择特征峰。

二、定量分析方法

红外光谱定量分析方法主要有直接计算法、标准曲线法、吸光度比法和内标法等，可根据待分析样品的组成特点合理选择相应的方法。

1. 直接计算法

该法适用于组分简单，特征吸收峰不重叠，且浓度与吸光度呈线性关系的样品。直接从谱图上读取吸光度值或透光率值，再按朗伯-比尔定律算出组分浓度。这一方法的前提是应先测出样品厚度及摩尔吸光系数值，分析精度不高时，可直接用文献报道的 ε 值。

2. 标准曲线法

该法适用于组分简单，样品厚度一定（一般在液体样品池中进行），特征吸收峰重叠较少，而浓度与吸光度不呈线性关系的样品。将标准样品配成一系列已知浓度的溶液，在同一吸收池内测出需要的谱带，以计算的吸光度为纵坐标，以浓度为横坐标，绘出相应的标准曲线，从标准曲线上即可查得试样的浓度。

标准曲线是由实际测定而得，真实反映了被测组分浓度与吸光度的关系。所以，即使此关系不服从朗伯-比尔定律，只要浓度在所测得的工作范围内，也能得到较准确的结果。

3. 吸光度比法

该法适用于厚度难以控制或不能准确测定厚度的样品，以及散射影响无法重复的样品，例如厚度不均匀的高分子膜、糊状法的样品等。该法要求各组分的特征吸收峰相互不重叠，且符合朗伯-比尔定律。

实验时用待测组分的纯物质配成一系列比例不同的标准溶液，分别测定它们的吸光度，得出吸光度比值并对浓度比作工作曲线，该曲线是经过原点的直线，其斜率即为吸收系数比。只要测定出未知样品的吸光度，就可以计算出其相应的浓度，但前提是不允许样品中含其他杂质。吸光度比法也适合于多元体系。

4. 内标法

该法适用于厚度难以控制的糊状法、压片法等制备的样品的定量分析，可直接测定样品中某一组分的含量。内标法是吸光度比法的特殊情况，将一定量的可作为内标的标准物质加入待测样品中，按吸光度比法进行测定和计算。常用的内标物有：$Pb(SCN)_2$、$Fe(SCN)_2$、KSCN、NaN_3 和 C_6Br_6 等。

第五节 红外吸收光谱仪

红外吸收光谱仪主要有色散型和傅里叶变换型两大类，现代多数红外光谱仪属于傅里叶变换型。

一、色散型红外光谱仪

色散型红外光谱仪的结构与紫外-可见分光光度计相似，都是由光源、样品池、单色器和检测器等部件组成，二者最大的区别是，红外光谱仪的样品池放在光源和单色器之间，目的是将光源和从池室来的杂散光的影响减到最小。

红外光谱仪中所用的光源，对于中红外区使用能产生高强度连续红外辐射的惰性固体，如能斯特灯、硅碳棒、金属陶瓷棒和涂有稀土化合物的镍铬金属丝线圈等；近红外区则用钨灯和卤钨灯等作光源。

样品池由可通过红外光的 NaCl、KBr、CsI、KRS-5（TiI 56%，TiBr52%）等材料制成。用 NaCl、KBr、CsI 等材料制成的窗片需注意防潮，CaF_2 和 KRS-5 窗片可用于水溶液的测定。不同材质样品池的透光范围有所不同。

单色器位于样品池和检测器之间，其功能是将由入射狭缝进入的复合光通过光栅色散为具有一定宽度的单色光，并按一定的波长顺序将其排列在出射狭缝的平面上。

红外光谱仪中常用检测器有真空热电偶检测器、热电检测器和光导检测器 3 种，其中光导检测器灵敏度高，响应速度快，适于快速扫描测量，但必须在液氮温度下工作。

二、傅里叶变换红外光谱仪

基于干涉调频分光原理的傅里叶变换红外光谱仪（Fourier transform infrared spectrometer，FTIR），其核心部件是一台双光束干涉仪（常用的是迈克尔逊干涉仪），仪器中并没有色散型红外光谱仪所用的单色器和狭缝等部件。

图 6-5 是迈克尔逊干涉仪光学示意图。干涉仪由定镜、动镜、光束分离器和检测器组成。光束分离器的作用是使进入干涉仪中的波长为 λ 的平行光分成两束，其中一束为透射光，另一束为反射光，这两束光分别经动镜和定镜反射后又汇聚到一起，再经过样品投射到

检测器上。由于动镜的移动，透射光和反射光之间产生了光程差，当光程差为 $\lambda/2$ 的偶数倍时，则到达检测器上的相干光发生相长干涉，相干光强度有极大值；当两束光的光程差为 $\lambda/2$ 的奇数倍时，则到达检测器上的相干光发生相消干涉，相干光强度有极小值。当动镜连续移动时，在检测器上记录的相干光强度信号将呈余弦变化。由于多色光的干涉图等于其中所有各单色光干涉图的加和，故从光源发出的连续红外光经过干涉仪作用后，光信号就转变为具有中心极大值并向两边迅速衰减的对称干涉图。如将有红外吸收的样品放在干涉仪的光路中，由于样品能吸收某些特征频率的能量，结果所得到的干涉图强度曲线就会相应地产生一些变化。将包含光源的全部频率及其相对应的强度信息的干涉图，经过傅里叶变换数学处理，就得到吸收强度或透过率和频率变化的红外光谱图。

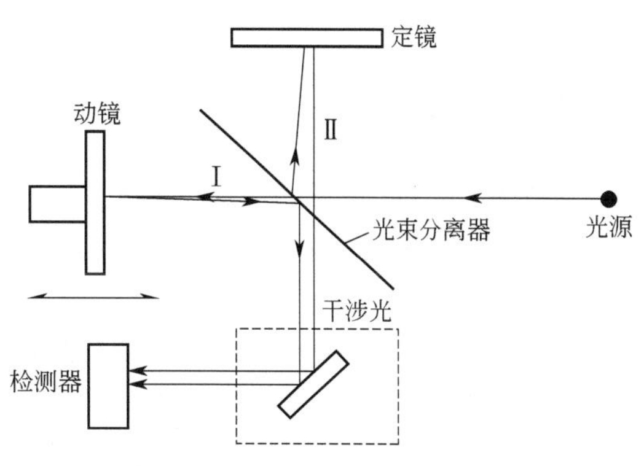

图 6-5 迈克尔逊干涉仪光学示意

与色散型红外光谱仪相比，傅里叶变换红外光谱仪具有如下优点：①灵敏度高，特别适合于测量弱信号光谱。可检出 10～100μg 的样品，一些细小样品如直径为 10μm 的单丝可直接测定；对于散射很强的样品，采用漫反射附件可获得满意的光谱；如果是进行薄层色谱分离的样品，可不经剥离直接测定其反射光谱。②分辨率高。在整个波长范围内具有恒定的分辨率，分辨率一般可达 $0.1cm^{-1}$，最高可达 $0.005cm^{-1}$。③波数精确度高，可达 $0.01cm^{-1}$。④测定波数范围宽，波数范围可达 $10\sim10^4cm^{-1}$ 的整个红外区光谱。⑤可以通过联用技术与其他仪器组成多种联用仪，如气相色谱-红外光谱仪、高效液相色谱-红外光谱仪、热重-红外光谱仪等，极大扩展了仪器的应用范围。⑥测量速度快，可在 1s 内完成全谱扫描，适用于快速反应过程的追踪和观测瞬时反应。

第六节 样品制备方法

要获得一张高质量红外光谱图，正确的样品制备及处理方法非常重要。对不同的样品要采取不同的制样方法，对同一样品视分析目的也可采用不同的制样技术。

一、样品基本要求

中红外光谱的样品可以是固体、液体或气体，一般应符合以下要求：①样品应该是单一组分的纯物质，纯度应大于 96%或符合商业规格，以便于与纯物质的标准光谱进行对照。对于多组分的样品，应尽量预先用分馏、萃取、重结晶或色谱法等分离法进行提纯后再测定，否则各组分的光谱相互重叠，无法进行谱图解析。②样品中不应含有游离水。因为水本身有红外吸收，会严重干扰样品谱，而且还会侵蚀吸收池的盐窗。③试样的浓度和测试厚度应选择适当，以使光谱图中的大多数吸收峰的透光率处于 10%～60%范围内。样品浓度太稀或厚度太薄时，某些弱峰可能不出现；太浓或太厚时，可能使某些强峰超出记录而无法确定峰位置。

二、样品制备方法

1. 固体样品的制备

固体样品的制备方法主要有压片法、糊状法和薄膜法等。

(1) 压片法

压片法是分析固体样品应用最广的制备方法。通常将 1～3mg 固体样品与 100～200mg 的 KBr 稀释剂，在玛瑙研钵中充分混合并研成粉末后置于模具中，在专用压片机上压成透明或均匀半透明的薄片，即可用于测定。由于 KBr 在 400～4000cm^{-1} 光区不产生吸收，因此获得的谱图完全由被测样品的吸收峰组成。除用 KBr 压片外，也可用 KI、KCl 等压片。压片法所用试样和 KBr 均应经干燥处理。样品应研磨到粒度小于 2μm，以免散射光的影响。对于难研磨样品，可先将其溶于几滴挥发性溶剂中再与 KBr 粉末混合成糊状，然后研磨至溶剂完全挥发，也可在红外灯下彻底挥发残留的溶剂。对于橡胶等弹性样品，可在低温(−40℃)使其变脆后粉碎，再与 KBr 粉末混合研磨。对于某些在空气中不稳定、高温下能升华的样品，将样品加分散剂研磨后用漫反射法测试。

样品用量应根据样品的性质而定。含有强极性基团的样品，如含羰基化合物（脂肪酸类化合物)、含氧根化合物（碳酸盐、硫酸盐、硝酸盐、磷酸盐等)，因这些样品的吸收强度较大，样品用量可适当减少到 0.5mg。对颜色较深的样品，样品用量应更少，因这些样品会降低压片的透明度。

分子式中含有 HCl 的化合物，应以 KCl 进行压片。因为 KBr 在压片过程中可与样品分子中的 HCl 发生阴离子交换而使测得的谱带发生较大变化。

压片法所用的分散剂 KBr 极易吸湿，因而在 3446cm^{-1} 和 1639cm^{-1} 处难以避免地有游离水的吸收峰出现，鉴别羟基时要特别注意。

(2) 糊状法

糊状法是将干燥的样品放入玛瑙研钵中研足够细而均匀，滴入几滴糊剂，继续研磨成糊状，然后用可拆样品池测定。常用的悬浮剂是液体石蜡油和氟油。该法制样速度快，制样过程中不会吸收空气中的水汽，不发生离子交换，在鉴定羟基峰和氨基峰时特别有效。用石蜡油作为糊剂时，该法不适于样品中—CH_3、—CH_2 基团的鉴定。如果要测定饱和 C—H 链的红外吸收，可以用四氯化碳或六氯丁二烯等作为糊剂，把几种糊剂配合使用，相互补充，才能得到样品在中红外区完整的红外吸收光谱。糊状法不适合做定量分析。

(3) 薄膜法

该法主要用于聚合物和一些低熔点的低分子化合物的测定。固体样品制成薄膜进行测定可以避免基质或溶剂对样品光谱的干扰。要求制成的薄膜厚度为 10～30μm 且均匀。常用的薄膜法有以下 3 种：①熔融涂膜，适用于一些低熔点，熔融时不分解、不产生化学变化的样品；②热压成膜，对于热塑性聚合物或在软化点附近不发生化学变化的塑性无机物，可将样品放在模具中加热至软化点以上或熔融后再加压力压成厚度合适的薄膜；③溶液铸膜，将样品溶解于适当的溶剂中，然后将溶液滴在盐片、玻璃板、金属板、平面塑料板、水面上或水银面上，待溶剂挥发后成膜。

2. 液体样品的制备

测试液体样品要用液体池，其透光面通常是用 NaCl 或 KBr 等晶体做成。常用的液体池有 3 种，即厚度一定的密封固定池、可自由改变厚度的可拆池和用微调螺钉连续改变厚度的密封可变池，视具体情况可选用不同类型的样品池。液体样品的制备方法有溶液法和液膜法等。

3. 气体样品的制备

气体样品、低沸点液体样品和某些饱和蒸气压较大的样品应采用气体样品制备法。气体分析必需的附属装置和附件有各类气体池和真空系统等。气体池一般为具有 NaCl 或 KBr 端窗的玻璃槽。测试时先将气槽抽真空，再将试样注入。

第七节 其他红外光谱法简介

除常规的透射红外光谱法，经常用到的还有衰减全反射红外光谱法、漫反射红外光谱法、显微红外光谱法和近红外光谱法等分析技术。

一、衰减全反射红外光谱法

衰减全反射红外光谱法也称为衰减全内反射红外光谱法（attenuated total internal reflection infrared spectroscopy，ATR），是通过样品表面的反射信号研究物质表层成分与结构信息的一种分析技术。该法可以克服传统透射法测试的不足，简化样品的制作和处理过程，获得常规红外光谱技术所不能得到的测试效果。

1. 全反射和衰减全内反射的概念

全反射又称全内反射，指光由折射率较大的光密介质射到折射率较小的光疏介质的界面时，当入射角大于临界角（即光不再被折射的入射角）时，全部入射光被反射回原介质内的现象。实际上光线在界面处发生全内反射时，仍会向光疏介质（样品）中投射一段很短的距离，并在其中形成一种纵向的隐失波，该波的强度沿界面法线方向按指数形式迅速衰减，这就是衰减全内反射。

2. 衰减全反射红外光谱的基本原理

从光源发出的红外光经过折射率大的晶体（反射晶体）再投射到折射率小的样品表面，发生全反射时的入射光，要穿透到样品表面内一定深度后再返回表面，在这一过程中，如果样品在入射光的波数范围内有选择地吸收，在反射光中相应波数光的强度就会减弱，那么反射回来的光束就带有了样品的信息，通过测量被反射回来的光束，可获得样品的红外光谱，这就是 ATR 谱。ATR 谱反映出来的是光线经过处样品分子的化学键振动特征，与透射吸收谱类似，可获得样品表层化学成分的结构信息。采集 ATR 谱的装置一般为 ATR 附件，其主要部件为一个折射率较高的晶体。

ATR 谱测试分两种类型：①单次全内反射 ATR 谱。入射光是单点反射，光线只穿过样品一次即被反射进入检测器，反射晶体通常采用金刚石、Ge 或者半球形的单晶硅，体积小，使用方便快捷。测样时液体样品只需滴一滴于晶体之上即可进行光谱采集；固体样品需施加适当的压力使其与晶体紧密接触以获取信噪比高的红外光谱。单次反射 ATR 附件适用于固体、纤维、硬的聚合物、漆片、玻璃、金属表面的薄膜、微量液体等样品的测试。②多次全内反射 ATR 谱。入射光在反射晶体和样品界面上经多次全反射后进入到检测器。反射晶体一般为 ZnSe、KRS-5 等易于制成平面的材料，呈倒梯形水平放置，与样品接触面为长方形，标准配置晶体的入射角为 45°（角度可以调节），如图 6-6 所示。ATR 晶体分为槽型和平板型。槽型晶体用于液体样品测试，测样时，只需将液体在晶体之上平铺一层即可（要铺满整个晶体表面），如果是易挥发液体，还需在槽上加盖；对固体或薄膜样品，要求其表面必须平整且与晶体紧密接触，但不必全部覆盖住晶体表面。多次反射 ATR 附件适合大的或形状不规则样品的测试，也可分析液体、粉末、凝胶体、黏合剂、薄膜、镀膜及涂层等各种状态的样品。

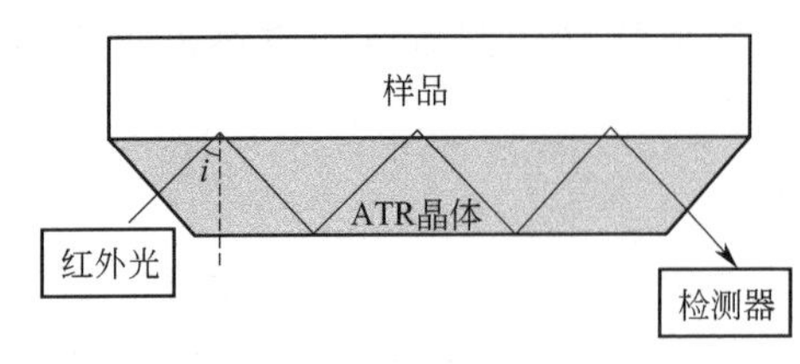

图 6-6　多次衰减全内反射光路示意图

3. 衰减全反射红外光谱法的特点

与常规透射式 FTIR 相比，ATR 具有如下突出特点：①可测量表面含水或潮湿的样品。②不破坏样品，不需要像透射红外光谱那样要将样品进行分离和制样。对样品的形状和大小没有特殊要求，属于样品表面无损分析。③可实现原位、实时跟踪测量。④检测灵敏度高，分辨率好，测量区域小，检测点可为数微米。⑤在常规 FTIR 仪器上配置 ATR 附件即可实现测量。

4. 衰减全反射红外光谱法的应用

ATR 法可以直接分析材料表面及表面涂层的化学组成，还可以通过改变入射角，得到材料不同深度的红外光谱，再利用差谱技术得到材料不同层（例如不同涂层）的化学组成。此外，还可以研究金属和催化剂的表面吸附物，高分子薄膜、纤维和纸张上的表面处理剂、黏结剂等。

二、漫反射红外光谱法

用透射红外光谱法测定固体粉末样品时，压片法、糊状法和溶液法制样过程中所使用的“稀释剂”可能与某些样品存在一定程度的相互作用，而且这些“稀释剂”本身也有特征吸收。此外，有些高分子样品如纤维、橡胶等难以在 KBr 中分散均匀；有时难以找到合适的溶剂用溶液法来测量红外光谱，而且溶液法也无法获得表面结构信息。这种情况下可采用漫反射红外光谱法（diffuse reflectance infrared spectroscopy，DRS）。

DRS 是利用入射红外光在粉末等松软样品表层的漫射光和穿入表层后再折回的散射光的吸收-衰减特性进行分析的方法。当粉末样品受到光辐照后，一部分光在表层各颗粒面产生镜面反射，另一部分光则折射入表层颗粒的内部，经部分吸收后射至内部颗粒界面，再发生反射、折射和吸收，如此重复多次，最后由粉末表层朝各个方向反射出来形成漫反射光。用椭圆凹面镜将这些漫反射光全部收集起来并聚焦于探测器上，就能得到试样的漫反射红外光谱图。

DRS 测量时，可直接将粉末样品放入样品池内，用 KBr 粉末稀释后，无需压片即可测量。DRS 对样品的大小及形状没有严格要求，也不要求样品有足够的透明度或表面光洁度，能保留常规光谱的所有特征，特别适合于对难溶、难熔的表面不规整、不透明的聚合物样品的分析测试。在常规 FTIR 仪器上配置积分球附件即可实现 DRS 测量。

三、显微红外光谱法

显微红外光谱法是利用配备红外显微镜的傅里叶变换红外光谱仪获得样品特定部位（微区）红外谱图的技术。

一束来自红外光谱仪的干涉光束，通过调节器后进入显微镜，经物镜聚焦在样品台上，形成光斑。载物台上固定有溴化钾或氯化钠晶片，样品置于其上。通过三维方向移动晶片可以调节焦距和选择样品的分析部位。透过样品的光用红外透镜收集成像。调节像平面上的可变光阑可选择样品待分析部位的像。通过可变光阑的光偏转 90°后，照射到抛面镜上，再聚焦到 MCT 检测器检测。为了能通过显微镜观察并选择样品分析部位，在载物台上方的可见光照明光源经反射镜反射后形成进入红外透镜的透射照明光束。由于可见光观察光束与红外分析光束同轴，所以观察到的部位就是被分析的部位。

显微红外光谱仪按其光路系统的差异，一般分为两大类。非同轴光路系统红外显微镜具有透射式和反射式两种操作功能。其中，透射式红外显微镜用于测量可透过红外光的样品，如样品厚度小于 20μm 的薄膜、固体切片和微量液态物质样品；反射式红外显微镜主要用于测量样品的表面或污染物。同轴光路系统红外显微镜采用一个同轴的聚光镜系统，具有最小像差和成像精确度，并配备有动态式准定位结构。

显微红外光谱法具有如下特点：①灵敏度高，检测限可达 10^{-9}～10^{-12}g 量级。10^{-9}g 量级的固体微粒就能得到较好的红外光谱图。②在显微镜下，可以选择样品的不同部位进行分析。对于非均相固体混合物，不需要分离，可直接获得各个组分的红外光谱并鉴定其成分。③样品制备简单，只要把样品微粒放在溴化钾晶片上，就能测得红外光谱。对于体积较大、不透光的样品，可选择有意义的部位，直接测定其反射光谱，克服了常规压片法对样品的稀释、损耗和可能造成污染等不良作用。④在分析过程中，能保持样品原有的形态和晶型，测过红外光谱的样品不必经过处理可直接用于其他分析。⑤分析微量溶液样品时，需将样品浓缩在适当的微粒载体上，或利用显微操作器，将样品浓缩在盐片的微孔中，然后进行分析。

显微红外光谱法在材料、电子元器件、刑事侦查、法庭物证、珠宝玉石鉴定等领域中有着非常广泛的应用。

四、近红外光谱法

近红外光（near infrared，NIR）是指介于可见光区与中红外区的电磁波，其波长范围在 0.76～2.5μm（13300～4000cm^{-1}）内。近红外光谱主要是由含氢基团（如 N—H、O—H、C—H 等）的伸缩振动的倍频及合频吸收产生，适用于水、醇、某些高分子化合物以及含氢基团化合物的定量分析。

近红外光谱分析技术是一种间接分析技术，利用该方法进行定量分析的关键，是建立某一化学组分与其近红外区吸收特性之间的定量函数关系（即校正模型或定标模型）。具体分析过程主要包括以下步骤：①选择有代表性的样品并测量其近红外光谱；②采用标准或认可的参考方法测定所关心的组分或性质数据；③将测量的光谱和组分或性质数据用适当的化学计量方法进行关联，建立校正模型；④未知样品组分和（或）性质的测定；⑤从未知样品光谱中得出样品的成分和含量。

近红外光谱分析技术具有快速、无损、简便等诸多优点，但也有其固有的弱点和技术难点。首先，该法的测试灵敏度较低，相对误差较大；其次，只适合测定样品中含氢基团的成分或与这些成分相关的属性，而且所测组分的含量一般应大于千分之一；再次，由于是一种间接分析技术，需要用参考方法（一般是化学仪器分析方法）获取一定数量的样品组分或性质数据，因此分析精度无法达到该参考方法的分析精度。此外，由于作为信息源的近红外光谱有效信息率低，对复杂样品进行近红外光谱分析是从复杂、重叠、变动的光谱中提取微弱信息以建立分析模型，难度较大。鉴于近红外光谱的上述特点，在建模过程中须使用有效的化学计量学方法对样品光谱进行预处理、建模以及模型评价。

近红外光谱分析常用的化学计量学方法有：主成分回归、多元线性回归、偏最小二乘法、判别分析、判别偏最小二乘法、支持向量机和人工神经网络法等。

近红外光谱分析技术已广泛应用于石油、纺织、矿物、制药、烟草、农产品、食品、生物医学等产业的产品品质分析、在线监控、分级分类、遥感监测和过程分析中。

典型案例

核壳结构镍肼复合物的红外光谱研究

核壳结构纳米复合材料是材料领域研究的热点。一方面通过在核材料表面包覆性质较稳定的壳层可以防止核粒子发生物理化学变化，提高核粒子的分散性、稳定性等；另一方面通过内核和壳层材料相互结合共同作用，表现出优于单一纳米粒子的理化性能。核壳结构纳米复合材料已经被应用于催化、光化学、电化学、微电子学、微波吸收及药物治疗等领域。

以氯化镍和水合肼为主要原料，采用反胶束法制备纳米棒镍肼络合物（NHC），以NHC为核制备核壳结构复合材料。SiO_2 因其在水溶液中的高度稳定性以及表面易于改性的特点，常被用作壳层材料对纳米粒子进行包裹，使形成的复合材料具有良好的化学稳定性、磁性核稳定性、亲水性和生物相容性。间苯二酚-甲醛（RF）树脂是间苯二酚和甲醛在碱性催化条件下缩聚反应的产物，亦是常用的壳层材料。以NHC为核，以RF和 SiO_2 为壳，合成三种核壳结构复合物NHC@RF、NHC@SiO_2和NHC@RF@SiO_2，将制备的复合材料在高温煅烧后可形成碳基复合材料，在催化、电池、超级电容器等领域有广泛应用。

1. 原理

对合成的核壳结构复合物NHC@RF、NHC@SiO_2和NHC@RF@SiO_2，用傅里叶变换红外光谱透射法（TR-FTIR）、衰减全反射法（ATR-FTIR）和漫反射法（DRS-FTIR）等方法进行结构表征。

TR-FTIR是最常规的红外检测方法，检测的是穿透样品的红外光信息。ATR-FTIR需要样品与高折射率的晶体紧密接触，入射光在晶体内部进行全反射的同时，部分光会穿透样品表面一定深度，测定衰减后的光线即可得到样品信息。DRS-FTIR的基本原理是当入射光照射到样品时，一部分被镜面反射，其他部分进入样品内部向各个方向漫反射并与样品分子相互作用，收集这些漫反射光就可获得样品物质信息。由于检测原理的差异，这三种方法可从多角度反映核壳材料的结构特征。

2. 试剂和材料

37%甲醛溶液、氯化镍、二乙胺、氢氧化钠、37.5%盐酸、环己烷和异丙醇，购于Fisher公司；聚氧乙烯（20）十六烷基醚（Brij56）和间苯二酚，购于Sigma-Aldrich公司；水合肼（$N_2H_4 \cdot H_2O$ 100%，N_2H_4 64%）和正硅酸四乙酯（TEOS）购于Acros公司。所有试剂均为分析纯。实验用水为去离子水。

3. 仪器和设备

德国布鲁克公司VERTEX70红外光谱仪（TR-FTIR，ATR-FTIR和DRS-FTIR），光谱范围为4000～400cm^{-1}，分辨率为4cm^{-1}，扫描次数为32。透射电子显微镜（TEM）和X射线衍射仪（XRD）等。

4. 核壳结构样品的制备

（1）镍肼络合物（NHC）的合成

将15mL环己烷和6.5g Brij56在50℃下持续搅拌0.5h，充分溶解。再逐滴加入1.7mL 0.6mol/L的氯化镍水溶液，在50℃下持续搅拌2h。将0.45mL水合肼加入混合溶液中，50℃下持续搅拌3h，溶液颜色由绿色透明瞬间变为蓝色透明，随后又逐渐变为浅紫色不透明。将所得溶液在6000r/min的转速下离心3min，用异丙醇洗涤并真空干燥，即可得NHC样品。

（2）NHC复合物的制备

将0.5g间苯二酚和0.7mL甲醛溶液依次加到2mL异丙醇中，充分搅拌，配成RF溶液。再将1mL二乙胺和2mL RF溶液依次加入NHC混合溶液中，在50℃下持续搅拌2h，溶液颜色由浅紫色逐渐变为深棕色。离心，用异丙醇洗涤并真空干燥，得NHC@RF样品。将1mL二乙胺和3mL TEOS（正硅酸四乙酯）依次加入NHC混合溶液中，即可得NHC@SiO_2样品。将1mL二乙胺和3mL TEOS依次加入NHC@RF混合溶液中，即可得NHC@RF@SiO_2样品。

5. 核壳结构样品的表征

（1）形貌和物相表征

图6-7为各种NHC样品的TEM形貌图。TEM观察表明，制备的NHC为平均直径30nm，长度150nm的纳米棒。合成过程中在表面活性剂Brij56与环己烷形成的反胶束体系中加入$NiCl_2$后，$NiCl_2$会均匀分布在胶束的亲水极，当引入水合肼时就会与其配位形成一维纳米棒状结构。在NHC@RF中，NHC纳米棒外包裹的RF树脂的平均厚度为

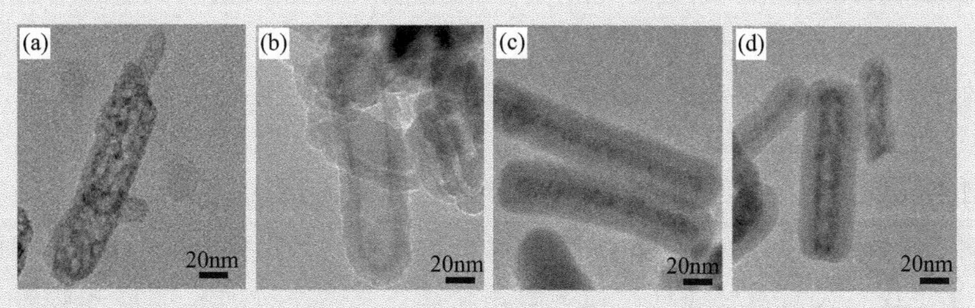

图6-7　NHC的TEM形貌

(a) NHC；(b) NHC@RF；(c) NHC@SiO_2；(d) NHC@RF@SiO_2

6nm。在包覆RF的过程中二乙胺作催化剂，不与NHC反应，有助于在RF包裹期间保持样品的纳米棒结构。在NHC@SiO_2中，NHC纳米棒外包裹的SiO_2厚度约12nm。核心处NHC纳米棒部分呈颗粒状，这是样品在TEM成像期间在电子束辐射下NHC分解后重结晶所致。

XRD物相分析表明，镍肼络合物（NHC）为Ni（N_2H_4）$_2Cl_2$及过渡性化合物$Ni(NH_3)_6Cl_2$［后者会逐渐分解为$Ni(N_2H_4)_2Cl_2$］，NHC@RF复合物外壳的RF树脂呈非晶态，而NHC@SiO_2和NHC@RF@SiO_2外壳的SiO_2呈半晶态。

（2）红外光谱分析

① NHC及其复合物的TR-FTIR分析。图6-8为NHC及其复合物的TR-FTIR谱图。NHC的主要特征峰归属如下：在3289cm^{-1}和3231cm^{-1}处附近的峰归属于$Ni(N_2H_4)_2Cl_2$中NH_2和$Ni(NH_3)_6Cl_2$中NH_3的N—H伸缩振动，1607cm^{-1}和1558cm^{-1}处的尖锐吸收峰归属于N—H弯曲振动；1340cm^{-1}和1315cm^{-1}处的峰归属于配位体中N—N的伸缩振动，1202cm^{-1}和1173cm^{-1}处的峰归属于N—N的弯曲振动；960cm^{-1}处的峰归属于NH_2的摇摆振动。

NHC在包裹RF前后，其红外特征吸收峰无明显位移。除了NHC的特征峰，在1609cm^{-1}，1460cm^{-1}，1000～1300cm^{-1}和976cm^{-1}处出现的吸收峰，分别为RF树脂中亚甲基—CH—以及C—O—C基团的基团振动。NHC@SiO_2样品在红外谱图中1062cm^{-1}处有宽而强的吸收峰是Si—O—Si的反对称伸缩振动峰，961cm^{-1}处的峰是Si—OH的弯曲振动峰，799cm^{-1}和461cm^{-1}处的峰是Si—O键的对称伸缩振动峰。NHC@RF@SiO_2样品的TR-FTIR谱图上可以同时看到NHC，RF及SiO_2的特征峰。

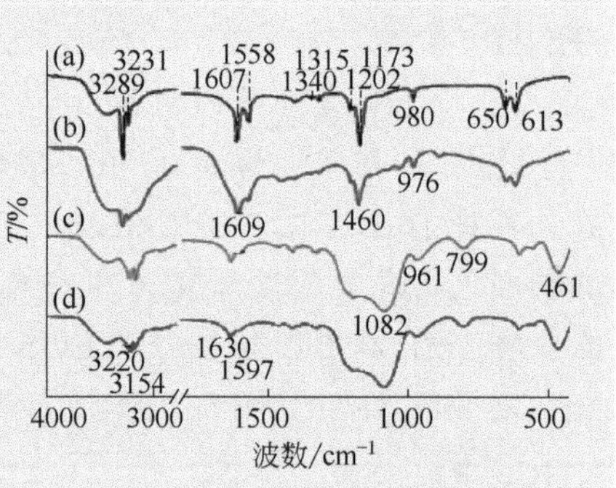

图6-8 样品的TR-FTIR图谱

(a) NHC；(b) NHC@RF；
(c) NHC@SiO_2；(d) NHC@RF@SiO_2

RF树脂的包覆对油相NHC的红外特征峰没有明显的影响，而包覆SiO_2后在3260cm^{-1}和3226cm^{-1}的N—H伸缩振动吸收峰有明显的红移，分别红移至3220cm^{-1}和3154cm^{-1}，在1607cm^{-1}和1566cm^{-1}处N—H的弯曲振动峰发生了蓝移，为1630cm^{-1}和1597cm^{-1}。1173cm^{-1}及650cm^{-1}的特征峰几乎消失，说明Si—OH与N—H有相互作用。

② 同种样品三种红外方法的比较。图6-9是NHC及其复合物在三种红外测试方法下得到的谱图。

由于TR-FTIR法采用了KBr进行稀释和压片，DRS-FTIR也用了KBr进行稀释，所以图6-9中DRS谱图在3425cm^{-1}附近有比较明显的水吸收宽峰。而ATR-FTIR法在制样过程中不使用KBr，无需对样品进行过多的预处理，因此水分对检测结果的影响较小。图6-9(a)是NHC在三种红外测试方法下得到的谱图，三种方法均能比较好地获得NHC的红外特征信号，但是从精细图中可以看出ATR-FTIR谱线在1160cm^{-1}和1170cm^{-1}出现

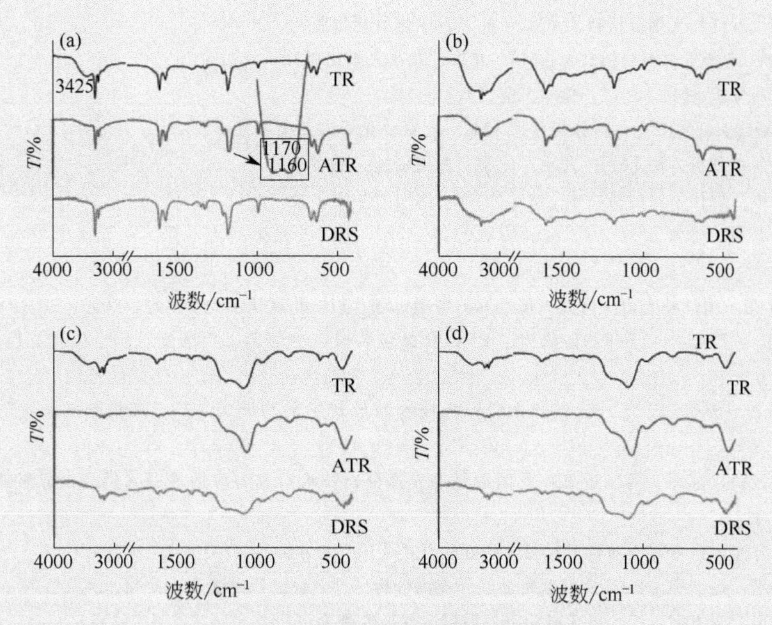

图 6-9　三种红外方法测试的样品图谱

（a）NHC；（b）NHC@RF；（c）NHC@SiO_2；（d）NHC@RF@SiO_2

双峰，而在 TR-FTIR 法和 DRS-FTIR 法中没有出现。这是由于样品在与 KBr 研磨过程中，氨基类物质容易与 KBr 发生离子交换，也体现了 ATR-FTIR 检测方法无需对样品进行预处理，不会对核壳结构样品造成损坏的优势。对于核壳结构的 NHC 复合物而言，TR-FTIR 法入射光穿透样品，可以同时得到清晰的核、壳材料的组分信息；ATR-FTIR 谱线中 NHC 特征峰信号较为微弱，而外层包覆物特征峰信号强烈。ATR-FTIR 附件仅能测试样品表面一定厚度以内信息，因而可以根据外层壳结构的红外信息，对核壳结构的包覆完整度及包覆层的厚度做一些定性的探究。而 DRS-FTIR 法检测深度和样品信息强度介于 TR-FTIR 与 ATR-FTIR 之间，更适用于避免 KBr 研磨，表面疏松且不能与 ATR 附件中晶体紧密接触的样品。

参考文献

[1] 宁永成．有机化合物结构鉴定与有机波谱学 [M]．北京：科学出版社，2002.

[2] 朱诚身．聚合物结构分析 [M]．北京：科学出版社，2010.

[3] 陈厚．高分子材料分析测试与研究方法 [M]．北京：化学工业出版社，2016.

[4] 张华，彭勤纪，李亚明．现代有机波谱分析 [M]．北京：化学工业出版社，2005.

[5] James W Robinson，George M Frame II. Undergraduate Instrumental Analysis [M]. New York：Taylor & Francis，2005.

[6] 常铁军，祁欣．材料近代分析测试方法 [M]．哈尔滨：哈尔滨工业大学出版社，2003.

[7] 杨 珊，蔡秀琴，张怡丰．固体物质的红外光谱衰减全反射与透射测试方法的比较研究 [J]．光谱学与光谱分析，2020，40 (9)：2775-2760.

[8] 杜希文，原续波．材料分析方法 [M]．天津：天津大学出版社，2014.

[9] 黄新民．材料研究方法 [M]．哈尔滨：哈尔滨工业大学出版社，2017.

[10] 谷亦杰，宫声凯. 材料分析检测技术 [M]. 长沙：中南大学出版社，2009.
[11] 陆婉珍. 现代近红外光谱分析技术 [M]. 北京：中国石化出版社，2007.
[12] 任鑫 胡文全. 高分子材料分析技术 [M]. 北京：北京大学出版社，2012.
[13] 田丹碧. 仪器分析 [M]. 北京：化学工业出版社，2015.
[14] 朱永法，宗瑞隆，姚文清. 材料分析化学 [M]. 北京：化学工业出版社，2009.
[15] 张锐. 现代材料分析方法 [M]. 北京：化学工业出版社，2007.
[16] 黎兵，曾广根. 现代材料分析技术 [M]. 成都：四川大学出版社，2017.
[17] 刘亚群，张超灿. 添加剂对 PVC 结晶影响的傅立叶转换红外光谱研究 [J]. 中北大学学报，2006，27（1）：49-54.
[18] 张美珍 王桂花. 用红外光谱法研究聚氯乙烯的增塑机理 [J]. 北京化工大学学报，2000，27（2）：29-31.
[19] 梁煦，张娟，武茂聪. ATR-FTIR 法测定 PVC 食品包装材料中邻苯二甲酸酯 [J]. 包装工程，2016，39（7）：112-116.
[20] 褚小立，陈瀑，李敬岩，等. 近红外光谱分析技术的最新进展与展望 [J]. 分析测试学报，2020，39（10）：1161-1166.
[21] 褚小立，史云颖，陈瀑，等. 近五年我国近红外光谱分析技术研究与应用进展 [J]. 分析测试学报，2019，36（5）：603-611.
[22] 杨喜英. 红外光谱技术评价沥青老化程度的方法研究 [J]. 北方交通，2019，2：57-64.
[23] 贺燕，张辉平，徐端夫. PP/PE 共混物的红外光谱分析 [J]. 合成纤维工业，2004，27（2）：55-59.
[24] 代建清，黄勇，谢志鹏，等. 氮化硅粉末的傅里叶变换红外光谱研究 [J]. 光谱实验室，2001，16（1）：76-62.
[25] 张蕊，戎媛，王雪琪，等. 聚偏二氟乙烯结构及热稳定性研究 [J]. 有机氟工业，2020，4：26-30.
[26] 陈和生，孙振亚，邵景昌. 八种不同来源二氧化硅的红外光谱特征研究 [J]. 硅酸盐通报，2011，30（4）：934-937.
[27] 吴宏，林志勇，钱浩. FTIR 定量分析聚乙二醇聚乙烯共混物组成 [J]. 光谱学与光谱分析，2006，26（1）：70-74.
[28] Mahesh M Hivrekara，Sablea D B，Solunke M B，et al. Network structure analysis of modifier CdO doped sodium borate glass using FTIR and Raman spectroscopy [J]. Journal of Non－Crystalline Solids，2017，474：56-65.
[29] Mihail Y Mihaylov，Elena Z Ivanova，Georgi N Vayssilov，et al. Revisiting ceria-NO_x interaction：FTIR studies [J]. Catalysis Today，2020，357：613-620.
[30] Eugenii A Paukshtis，Mariya A Yaranova，Irina S Batueva，et al. A FTIR study of silanol nests over mesoporous silicate materials [J]. Microporous and Mesoporous Materials，2019，266：109562.
[31] Krylova V，Dukštienė N. The structure of PA-Se-S-Cd composite materials probed with FTIR spectroscopy [J]. Applied Surface Science，2019，470：462-471.
[32] 石昂昂，于洪霞，顾敏芬，等. 核壳结构镍肼复合物的红外光谱研究 [J]. 光谱学与光谱分析，2020，40（10）：3136-3140.

第七章

拉曼散射光谱法

光与物质作用可产生吸收、反射和散射等光学现象。散射光中，除有与入射光频率相同的散线外，还存在频率大于或小于入射光频率的散射线，这种现象称为拉曼散射。拉曼光谱是分子振动和转动特征的反映，可以用来进行分子结构研究和组分定性定量分析。拉曼光谱分析法具有制样简单、分析速度快和获得的信息丰富等特点，在材料科学、化学化工、环境科学、电子科学、生物医学、地球科学和考古学等领域得到了广泛应用。

第一节 拉曼散射光谱法基本原理

一、拉曼散射的形成

1. 光的散射

当光照射到气体、液体或透明晶体样品上时，绝大部分光沿入射方向穿过样品，有部分光会被物质吸收，还有极少部分光改变传播方向形成散射光。散射光中波长与入射光波长相同的部分称为瑞利（Rayleigh）散射线，与入射光波长不同的部分称为拉曼散射线。

2. 拉曼散射

发生拉曼散射的分子能级分布图如图 7-1 所示。处于基态的分子与能量为 $h\nu_0$ 的入射

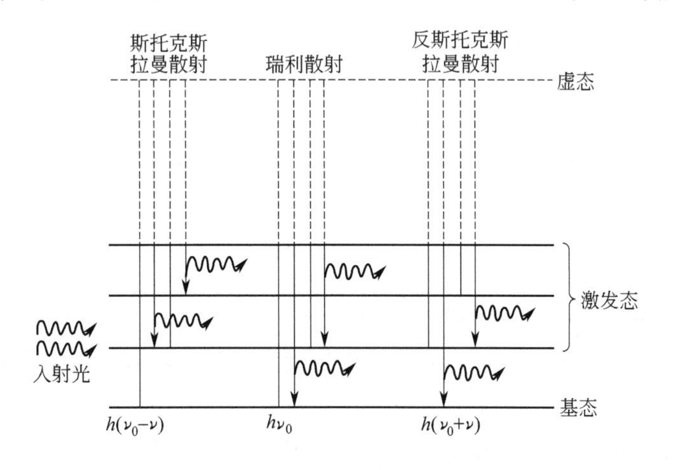

图 7-1　拉曼散射和瑞利散射及能级分布

光子发生弹性碰撞，分子被激发到一个受激虚态（实际上为不存在的一些不稳定能级），然后通过释放能量为 $h\nu_0$ 的光子立即返回到基态，形成瑞利散射线。若处于基态的分子与入射光子发生非弹性碰撞，入射光子因将其部分能量 $h\nu$ 传递给分子，能量降低为 $h(\nu_0-\nu)$，形成拉曼散射的斯托克斯（Stokes）线。处于激发态的分子受入射光子的作用也可能发生上述能级跃迁现象。被激发至虚态的分子发射能量等于 $h\nu_0$ 的光子立即返回到原能态，形成瑞利散射线；被激发至虚态的分子返回到能量较低的激发态或直接跃迁到基态，此时入射光子从分子振动中获得部分能量，其能量增加为 $h(\nu_0+\nu)$，形成拉曼散射的反斯托克斯线。

3. 拉曼位移

从图 7-1 可以看出，斯托克斯线和反斯托克斯线与瑞利线之间的能量差均为 $h\nu$，但符号相反，即拉曼散射光的频率与入射光（激发光）的频率有一个 $+\nu$ 或 $-\nu$ 频率差，该频率差就称为拉曼位移。拉曼谱线对称地分布在瑞利线的两侧。

拉曼位移的大小取决于分子中转动能级或振-转能级跃迁的能量差 ΔE，$\nu=\Delta E/h$，而与入射光波长无关。与分子转动能级跃迁有关的谱线称为小拉曼光谱，分布于靠近瑞利线的两侧；与分子振动-转动能级跃迁有关的谱线称为大拉曼光谱，出现于远离瑞利线的两侧。瑞利线的强度约只有入射光强度的 10^{-3}，拉曼散射线的强度又仅有瑞利线的 10^{-3}，因此拉曼光谱的强度很弱。正常情况下，由于分子多处于基态，且分子从受激虚态跃迁至低能激发态的概率要远高于跃迁至基态的概率，因此斯托克斯线要比反斯托克斯线强得多。在拉曼光谱分析中，通常仅测定斯托克斯散射线。

二、拉曼散射光谱的特征

1. 拉曼散射光谱图

由仪器记录样品拉曼散射效应所得的谱图即为拉曼光谱图。图中横坐标为拉曼位移，单位为波数（cm^{-1}），一般以相对于瑞利线的位移表示其数值，定义瑞利线的位置为零点。纵坐标为拉曼散射光强度。图 7-2 为甲醇的拉曼光谱。

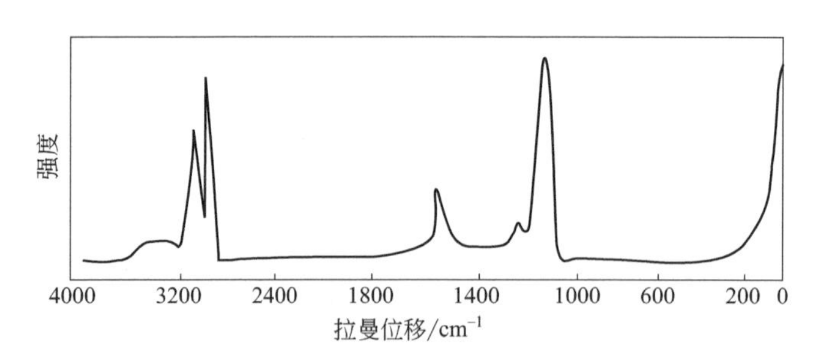

图 7-2　甲醇的拉曼光谱

2. 拉曼散射光谱的特征谱带及强度

拉曼光谱属于分子振动转动光谱，拉曼位移取决于分子振动转动能级的变化，分子中不同基团具有不同的特征谱带，对应于不同的拉曼位移。

拉曼光谱的强度取决于入射光波长、物质的浓度和分子的结构特点等。拉曼散射线的强度与入射光波长的 4 次方成反比，故用短波长的入射光激发产生的拉曼散射线强度较大，但激发光不应使分子发生电子跃迁、吸收或荧光激发。拉曼散射强度与物质的浓度成正比。分子结构主要通过极化度的改变影响拉曼散射线的强度。

置于外电场（光波属于交变电磁场）中的分子，分子中的电子向电场的正极方向移动，而原子却向相反的负极方向移动，其结果是分子内部产生一个诱导偶极矩。诱导偶极矩 μ 与外电场的强度 E 成正比，其比例常数被称为分子极化度 α，三者之间的关系为：$\mu = \alpha E$。

拉曼谱线的强度正比于诱导偶极矩的变化，亦即极化度的改变程度。极化度可以用分子振动时通过其平衡位置两边时电子云的变化来定性估计。电子云形状改变越大，极化度变化也越大，则拉曼散射强度也越大。无极化度变化的振动是非拉曼活性的，不会出现相应的特征谱带。如线型分子 CS_2 的对称伸缩振动，电子云形状在键伸长和缩短时是不同的，导致分子整体的极化度发生了变化，因此这种振动是拉曼活性的；而不对称伸缩振动和变形振动，电子云形状在振动通过其平衡状态前后是相同的，极化度未发生变化，但偶极矩有变化，因而这两种振动是拉曼非活性而红外活性的（见图 7-3）。

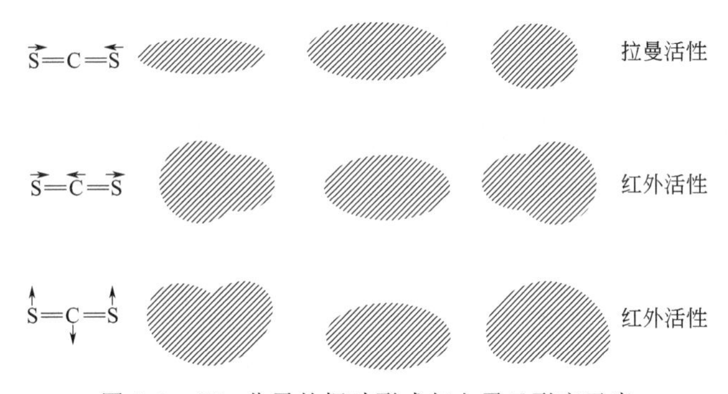

图 7-3　CS_2 分子的振动形式与电子云形变示意

3. 拉曼散射光谱与红外吸收光谱的异同

拉曼光谱和红外光谱同属分子振动光谱，但形成原理不同：红外光谱是吸收光谱，而拉曼光谱则是散射光谱。两者在化合物分析上各有所长，可以互补。

（1）相同点

对于一个分子来说，若其振动方式对于红外吸收和拉曼散射都是活性的，则在拉曼光谱中所观察到的拉曼位移与红外光谱中所观察到的吸收峰的频率是相同的，只是对应峰的相对强度有所不同。拉曼光谱、红外光谱与基团频率的关系也基本上是一致的。如 O—H 的伸缩振动峰在拉曼和红外光谱中均在 $3600cm^{-1}$ 附近，N—H 伸缩振动都在 $3400cm^{-1}$ 附近，C≡C 伸缩振动在 $2200cm^{-1}$ 附近，C—C 伸缩振动在 $1600cm^{-1}$ 附近等。

（2）不同点

①两者的产生机理不同。红外吸收是由于分子振动引起偶极矩变化产生的，拉曼散射是由于成键电子云分布产生瞬间变形引起暂时极化，产生诱导偶极矩所致，只有极化度发生改变的振动才能形成拉曼散射。②红外光谱主要反映分子的官能团，而拉曼光普主要反映分子的骨架。③对于具有对称中心的分子，与对称中心有对称关系的振动，红外不可见，拉曼可见；与对称中心无对称关系的振动，红外可见，拉曼不可见。一般来

说，分子的对称性越高，红外与拉曼光谱的区别就越大。④对于没有对称中心的分子，其红外和拉曼光谱一般均是活性的。也有少数分子的振动（如平面对称分子乙烯分子的扭曲振动）其红外和拉曼都是非活性的。⑤非极性官能团的拉曼谱带较强，极性官能团的红外谱带较强。⑥红外光谱的入射光及检测光均是红外光，而拉曼光谱的入射光多为可见光，散射光也是可见光。⑦红外光谱测定的是光的吸收，横坐标用波数或波长表示，而拉曼光谱测定的是光的散射，横坐标是拉曼位移。⑧拉曼光谱仪用激光作光源，而红外光谱用能斯特灯或硅碳棒等作光源。⑨拉曼光谱制样非常简单，多数情况下样品可直接测定。而用红外光谱分析样品时，样品要经过前处理，如固体样品用压片法或调糊法，液体样品用液膜法，聚合物用薄膜法，气体样品的测定要用气体池。⑩水是拉曼光谱的优良溶剂，因其拉曼散射强度非常弱。而红外光谱一般不能用水作溶剂，因水本身有较强的红外吸收且对金属卤化物红外池窗片有害。

第二节 激光拉曼散射光谱仪

1. 激光拉曼散射光谱仪的组成

激光拉曼光谱仪分为色散型和傅里叶变换型两种，主要由激光光源、光学元件、检测器以及计算机控制和数据采集系统等几部分组成。傅里叶变换激光拉曼光谱仪的结构如图 7-4 所示。

（1）激光光源

其功能是提供单色性好、功率大且最好能多波长工作的入射光。激光拉曼光谱仪主要使用 He-Ne 激光器和 Ar^+ 离子激光器等气体型激光器，其中前者发出波长为 633nm 的激光，后者发出波长为 488nm、476nm 和 514nm 的激光。固体激光器主要是 Nd-YAG（掺钕的钇铝石榴石）激光器，其激发波长为 1064nm。商用拉曼光谱仪一般配有多于一个波长的激发光源，在实际使用时可根据具体情况选择合适的波长。

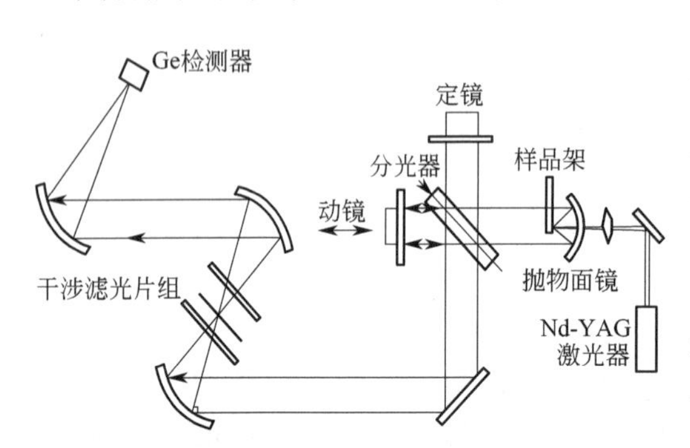

图 7-4 傅里叶变换激光拉曼光谱仪结构

（2）光学元件

①色散型激光拉曼光谱仪的主要光学部件是光栅型单色器，其功能是减弱或除去杂散光，并对拉曼散射光进行分光。②傅里叶变换激光拉曼光谱仪光学元件中没有单色器，取而代之的是迈克尔逊干涉仪，其光路设计类似于傅里叶变换红外光谱仪，区别仅在于两者的干涉仪与样品池的排列方式不同。

（3）检测器

用来接收和检测拉曼散射信号，分为单道检测器和多道检测器。紫外-可见波段常用的单道检测器是光电倍增管；常用的多道检测器一般是 Ge、CCD 以及 InGaAs 阵列式探测器。检测器一般安装在与激光束垂直的光路中。

拉曼光谱仪还可以和扫描电镜、红外等多种仪器联用，这些联用方式大大拓宽了拉曼光谱的应用范围。

2. 拉曼散射光谱样品的制备方法

拉曼光谱制样非常简单，样品一般不需要进行特别处理。由于拉曼散射线可以全部透过玻璃，用玻璃质的容器盛放样品不会对拉曼光谱产生影响。

样品放置方式对于提高散射强度非常重要。绝大多数的样品放在激光器的外面，气体样品可采用多路反射气槽置于激光器的共振腔内。液体样品可采用无色透明的玻璃瓶、培养皿、毛细管、多重反射槽等放置。固体样品的粉末既可装在玻璃管内也可压片后直接放在样品台上测量。对散射比较强的样品，测量其前表面的散射光；对透明样品采用底部照射；半透明的样品采用开一小孔引入激发光，在侧面收集散射光；测量纤维类样品时，纤维可卷绕在细棒上，也可呈单丝状测量。对于特殊的样品也可以自制样品台进行测量。

第三节 拉曼散射光谱分析

一、定性分析

拉曼位移的大小、拉曼峰强度及形状是物质分子振动转动能级变化的反映，可以用来鉴别物质的种类、基团类型或特殊的结构特征。利用拉曼光谱标准谱图或拉曼标准谱库的检索功能，对未知物拉曼光谱图进行比对，可以进行化合物种类鉴定。在结构分析方面，拉曼光谱振动叠加效应较小，谱带较为清晰，与红外光谱互为补充，能够比较全面地了解分子的结构特征。在对红外吸收很弱而拉曼峰强度较大的基团识别，以及环状化合物和分子异构体判断等方面，拉曼光谱可以发挥其独特作用。通过偏振度测量，还可以确定分子振动结构的对称性。

1. 拉曼散射光谱谱带的主要特征

具有对称中心的分子产生的谱带在拉曼和红外光谱中其波数是不同的。

同种原子的非极性键如 S—S、C═C、C≡C 等产生强的拉曼谱带，从单键、双键到三键谱带强度顺序增加。C═S、S—H、C═N 等基团的伸缩振动在拉曼光谱中是强谱带；在红外光谱中前两者是弱谱带，后者是中等强度谱带。非极性或弱极性基团具有强的拉曼谱带，而强极性基团具有强的红外谱带。

N═S═O 和 C═C═O 这类键的对称伸缩振动在拉曼光谱中是强谱带，在红外光谱中是弱谱带，而其非对称伸缩振动在拉曼光谱中是弱谱带，在红外光谱中是强谱带。

环状化合物中，构成环状骨架的所有键同时伸缩，这种对称的伸缩振动通常是拉曼光谱的最强谱带，其频率取决于环的大小。芳香族化合物在拉曼和红外光谱中均产生一系列尖锐的强谱带。醇和烷烃的拉曼光谱是相似的。

脂肪族基团的 C—H 伸缩振动在拉曼光谱中是强谱带，其强度正比于分子中 C—H 键的数目。烯烃和芳环的 C—H 伸缩振动在拉曼光谱中是强或中等强度的谱带，其面外变形振动仅在红外光谱中具有强谱带。炔烃的 C—H 伸缩振动在拉曼光谱中是弱谱带，而在红外光谱中是强谱带。

C—O—C 和 Si—O—Si 等基团具有对称和非对称两种伸缩振动，在拉曼光谱中对称的谱带强于非对称的，而在红外光谱中则相反。极性基团 O—H 的伸缩振动在拉曼光谱中是弱谱带，而在红外光谱中是强谱带。此外，其变形振动谱带在红外光谱中亦比在拉曼光谱中强。

2. 去偏振度的测定

激光是偏振光。一般有机化合物都是各向异性的，当激光与样品分子作用时，可散射出各种不同方向的偏振光。如图 7-5 所示，当入射激光沿着 X 轴方向与样品分子在 O 点相遇时，分子被激发散射出不同方向的偏振光。在 Y 轴方向上放置一个偏振器 P，若偏振器垂直于激光方向，则 XY 面上的散射光就能透过；当偏振器与激光方向平行时，则 ZY 面上的散射光就可透过。

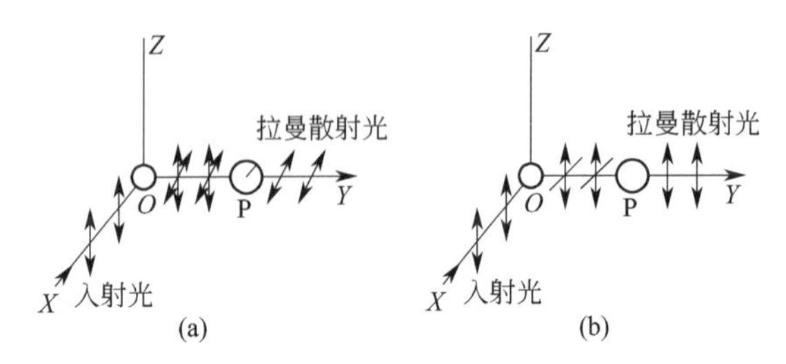

图 7-5　入射光为偏振光时退偏比的测量

（a）XY 平面取向的偏振器；（b）YZ 平面取向的偏振器

设 $I_{\perp}$ 为偏振器在垂直方向时散射光的强度，$I_{/\!/}$ 为偏振器在平行方向上时散射光的强度，定义 $\rho_P = I_{\perp}/I_{/\!/}$ 为光谱的去偏振度或退偏比。

去偏振度与分子的极化度有关。若分子是各向同性的，则分子在 X、Y、Z 三个空间取向的极化度都相等；若分子是各向异性的，则沿着三个轴的极化度互不相等。令 α 为极化度中的各向同性部分，β 为极化度中的各向异性部分，当入射光是偏振光时，去偏振度 ρ_P 可表示为

$$\rho_P = \frac{3\bar{\beta}^2}{45\bar{\alpha}^2 + 4\bar{\beta}^2} \tag{7-1}$$

ρ_P 值越小，表明分子的对称性越高。对球形对称振动来说，$\rho_P = 0$。若分子是各向异性的，则 $\rho_P = 3/4$，即分子是不对称的。

由上可知，通过测定拉曼谱线的去偏振度，可以确定分子的对称性。图 7-6 为 CCl_4 的拉曼偏振光谱。在 $457cm^{-1}$ 处的拉曼谱带，去偏振度 $\rho_P = 0.007$，而在 $314cm^{-1}$、$218cm^{-1}$ 处的去偏振度 $\rho_P \approx 0.75$，说明 $457cm^{-1}$ 的谱带对应的是 CCl_4 的完全对称伸缩振动，而在 $314cm^{-1}$，$218cm^{-1}$ 处则是非对称性伸缩振动。

二、定量分析

利用拉曼谱线的强度和样品分子浓度间的正比关系，可以进行物质的定量分析。一般是在样品中加入内标物，通过与内标物的拉曼光谱强度的比较进行定量，或者利用溶剂本身的拉曼线作为内标谱线进行定量。对于非水溶液，常用的内标物为四氯化碳溶液（$457cm^{-1}$）；对于水溶液样品，常用的内标物为硝酸根离子（$1050cm^{-1}$）和高氯酸根离子（$730cm^{-1}$）。对于固体样品也可以用样

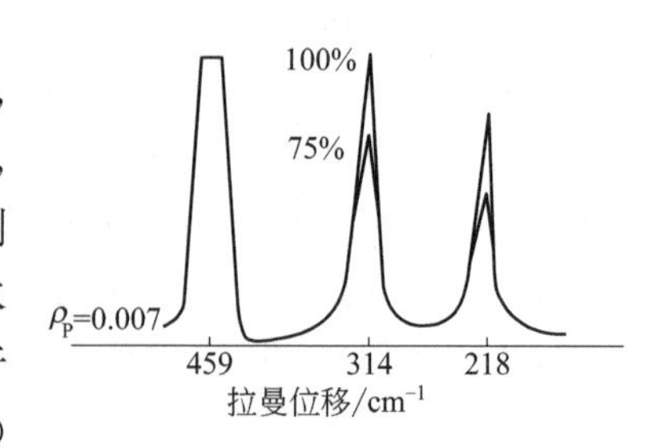

图 7-6　CCl_4 的拉曼偏振光谱

品中的某一条拉曼谱线作为内标物。

用拉曼光谱进行定量分析的优点是：①谱图简单，谱带较窄且重叠程度弱，易于选择分析谱带。②能直接应用于水溶液样品分析且具有较高的准确度。

拉曼光谱定量分析也可以用于多组分同时测量，前提是各组分的拉曼谱线互不干扰。例如，用514nm的氩离子激光器作激发光源，用四氯化碳和硝酸根离子作为内标物，可以同时测定 $Al(OH)_4$、CrO_4^-、NO_3^-、NO_2^-、PO_4^{3-}、SO_4^{2-}。

三、其他分析方法

1. 表面增强拉曼光谱分析

当一些分子（一般是易受荧光干扰的化合物）被吸附在某些粗糙金属表面时，其拉曼光谱强度会增加 $10^4 \sim 10^6$ 倍。这种异常的拉曼散射增强现象被称为表面增强拉曼散射（surface enhanced raman scattering，SERS）效应。SERS克服了常规拉曼光谱法灵敏度低的缺点，可提供吸附于或靠近于金属表面分子的结构信息，能用于界面与表面吸附分子的排列取向及结构研究。SERS技术也可以用来研究分子的吸附动力学，利用表面增强拉曼谱强度随时间变化的关系，能得到吸附速率常数等数据。SERS技术与电化学方法相结合不仅可以用来研究缓冲剂对金属的缓蚀性能，还能了解缓蚀剂分子在金属表面上的吸附模式，与金属的结合状态以及对金属的缓蚀机理。此外，SERS技术在表面配合物研究、医药和生物等方面也有广泛应用。

2. 显微共聚焦拉曼光谱分析

显微共聚焦拉曼技术可将激发光的光斑聚焦到微米量级，进而对样品的微区进行精确的拉曼光谱分析。当将样品沿着激光入射方向上下移动时，激光能聚焦于样品的不同深度，并采集来自样品的不同深度的光散射信号，实现样品的剖层分析。

显微共聚焦拉曼分析具有如下优点：①具有微区、原位、多相态、稳定性好、空间分辨率高等特点，可实现逐点扫描，获得高分辨率的三维拉曼光谱图像。②高灵敏度，可用于弱拉曼信号的测量。③高的纵向空间分辨率，有助于原位多层材料测量。

显微共聚焦拉曼光谱在表面物理、薄膜材料、纳米结构、半导体、电化学等诸多研究领域已成为一种重要的分析技术；对于生物样品的观测，矿物或宝石内包裹体的无损检测，刑侦物证的分析，以及古代文物特别是书法绘画和某些器物涂覆层的分层鉴定研究，也发挥着举足轻重的作用。

3. 共振拉曼光谱分析

以分析物的某个电子吸收峰的邻近波长作为激发波长，目标分子吸光后跃迁至高电子能级并立即回到基态的某一振动能级，此过程产生的拉曼谱带强度可达到正常拉曼谱带的 $10^4 \sim 10^6$ 倍，这种拉曼光谱就是共振拉曼光谱。

共振拉曼光谱具有以下特点：①灵敏度高，可检测低浓度和微量样品；②通过共振拉曼谱带强度与激发线的关系可以给出有关分子振动和电子运动相互作用的信息；③在共振拉曼偏振测量中，有时可以得到在正常拉曼效应中不能得到的关于分子对称性的信息；④利用标记分子基团的共振拉曼效应，可研究大分子聚集体的局部结构，该方法已成为研究有机分子、离子、生物大分子甚至活体组织的有力工具；⑤研究过渡金属配合物分子的构象和几何构型；⑥主要不足是有荧光干扰。

第四节 拉曼散射光谱应用

拉曼光谱是分子振动和转动能级跃迁的结果，可以用来进行分子结构研究和组分定性定量分析。拉曼光谱分析法具有制样简便、分析速度快和获得的结构信息丰富等特点，在化学化工、材料科学、环境科学、生物医学和地球科学等诸多科技领域得到了广泛应用。

一、在无机化合物研究中的应用

无机化合物的对称性较高，用红外光谱法获得的结构信息相对较少，而拉曼光谱则能提供无机原子团结构以及配合物结构的大量信息。例如，汞离子在水溶液中无论是以 Hg 或 Hg^{2+} 存在，两者均无红外吸收；而在拉曼光谱中，若在 $167cm^{-1}$ 出现（ $Hg\text{-}Hg)^{2+}$ 强偏振线，表明存在 Hg^{2+} 。

无机化合物的拉曼谱要比有机化合物简单，易于辨识。离子键无机化合物没有拉曼散射，只有共价键化合物才有拉曼散射，据此可以推断化合物的化学键性。红外光谱难以测定水溶液样品，含水样品因为强氢键的形成而使谱带展宽导致谱图复杂化。拉曼光谱测试时既不受溶剂水的影响，也无需特殊测试装置，因此对无机离子（离子团）或其配合物的水溶液分析非常方便，而且具有极高的灵敏度。硝酸根、硫酸根、高氯酸根、硫氰酸根等复阴离子，其特征拉曼谱带不受与其结合的正离子性质以及其物理状态影响。拉曼光谱在对过渡金属配合物、稀土类化合物、生物无机化合物，以及各种矿物如碳酸盐、磷酸盐、硅酸盐、氧化物和硫化物等物质的分析中均能发挥独特的作用。

对于杂质组分的测定，例如亚硝酸根中微量硝酸根的测试，用拉曼光谱法较其他分析法简单方便。这是因硝酸根和亚硝酸根的拉曼特征吸收带互不干扰，前者谱带位于 $1055cm^{-1}$，后者在 $810cm^{-1}$ 且可用作定量内标，以两谱带强度之比，根据工作曲线就能求出硝酸根含量，检出限低至 0.2%。

二、在有机化合物研究中的应用

拉曼位移的大小、强度及拉曼峰形状是确定化学键和基团的重要依据，可用于有机结构鉴定和特征基团的识别。拉曼光谱的偏振特性是顺反式结构判断的参考。拉曼光谱在不饱和碳氢化合物、杂环化合物、染料化合物和聚合物的分子结构表征方面有显著优势。

拉曼光谱易于进行聚合物的类型、异构体（单体异构、位置异构、几何异构等）、立体构型（全同立构、间同立构、无规立构）、表面和界面结构、结晶度、取向度等的研究。聚合物分子是长链大分子，其骨架结构用拉曼光谱研究更方便，特别是水溶性聚合物只能用拉曼光谱法研究。一些典型应用如下：①不同种类聚酰胺（尼龙）的红外谱图很相似，只能依靠指纹区来区分，但不同种类聚酰胺的骨架振动，在拉曼光谱中有明显区别，很容易区分。②拉曼光谱中 C═C 键是强谱带，其化学位移随结构而异，可用于有效测定外部和内部双键、顺反异构体。例如聚丁二烯的顺式 1,4-和反式 1,4-结构的 C═C 谱带分别在 $1650cm^{-1}$ 和 $1664cm^{-1}$，而 1,2-端乙烯基则在 $1637cm^{-1}$。聚异戊二烯反、顺 1,4-结构 C═C 谱带在

$1662cm^{-1}$，而3,4-结构在$1641cm^{-1}$，1,2-端乙烯基在$1637cm^{-1}$。③无规立构聚合物或头-头、头-尾结构混杂的聚合物，其拉曼峰弱而宽，而高度有序聚合物具有强而尖锐的拉曼峰。易取代乙烯类聚合物，如聚氟乙烯、聚氧乙烯、聚氯乙烯、聚丙烯及聚丁烯的立体构型，根据振动谱带的拉曼活性和红外活性，以及拉曼谱带的去偏振度等能够被区分。④聚合物中的晶相也可用拉曼峰来表征。一般认为部分结晶的聚乙烯是由斜方晶相、与溶体相似的无定形相和无序的各向异性相所组成。完全结晶的聚乙烯及无定形聚乙烯，其特征峰位于$1416cm^{-1}$（CH_2弯曲振动）。退火后高密度聚乙烯的结晶度（即斜方晶相的量），可根据$1416cm^{-1}$和$1083cm^{-1}$峰的面积用相关公式计算得到。⑤聚四氟乙烯和聚乙烯等聚合物结晶度的变化在拉曼光谱中可以明显地反映出来，一般随着结晶度降低，其主要谱带有变宽的趋势。⑥拉曼光谱也用于高聚物反应动力学、结构微缺陷、尺寸效应、形变、硫化、老化和降解等方面的研究。

三、在纳米材料研究中的应用

由于纳米材料的量子尺寸效应、表面效应等的影响，其拉曼振动峰的谱峰位置、强度和半峰宽与体相材料有很大的差别。解析拉曼光谱能获得纳米材料中空位、间隙原子、位错、晶界和相界等方面的信息。当晶体中掺入大量的替代式杂质后，晶体的对称性并不会发生改变，但可明显增加光散射截面，使拉曼谱线的强度增大，同时因晶体的平移不变性被破坏，导致谱线加宽。拉曼光谱对材料中由局域结构单元和中程有序所产生的声子敏感，常用来研究纳米材料的表面声子模和量子尺寸效应。一般来说，当纳米粒子的粒径减小时，其拉曼峰产生不对称性红移和展宽，据此可以评估纳米粒子的粒度效应。

四、在材料表面和薄膜材料方面的应用

拉曼光谱能在材料表面和薄膜材料的相组成、相变、界面和超晶格等研究中发挥独特作用。一些典型应用如下：

①石英晶体的α-β相变中，低频拉曼谱线（约$220cm^{-1}$）逐渐向低频方向移动。②通过测量半导体超晶格中应变层的拉曼频移可以计算出应变层的应力，根据拉曼峰形的对称性，分析晶格的完整性。不同方法生长在GaAs衬底上的外延层ZnSe，若其拉曼峰越窄，对称性越好，表明ZnSe外延层质量越好。③拉曼光谱是监测和评价金刚石和类金刚石薄膜质量的有效方法之一。一般金刚石薄膜的拉曼光谱包含三个部分：$1332cm^{-1}$处是金刚石一级特征拉曼峰；$1500\sim1600cm^{-1}$之间是sp^2态碳拉曼宽带；遍布整个碳拉曼区（$1100\sim1800cm^{-1}$）的谱带是光致荧光背底。从这三部分谱带的特征可以获得与金刚石薄膜缺陷情况有关的信息。如$1332cm^{-1}$处拉曼峰的偏移程度可反映膜中内应力大小，该峰的半峰宽大小可以表征膜中无缺陷畴的尺寸和缺陷密度等；sp^2态碳拉曼宽带的强弱和碳拉曼区光致荧光背底的高低可用来衡量膜中sp^2态碳的多少。对于非晶金刚石薄膜来说，无论使用何种制备方法，sp^3态碳的比例对薄膜的各方面性能起决定性作用。研究表明，通过比较薄膜拉曼D峰（$1360cm^{-1}$）和G峰（$1580cm^{-1}$）峰强的比值，即I_D/I_G的值，可以得出sp^3态C与sp^2态C的含量关系，随着sp^3态C含量的增大，I_D/I_G值减小，反之I_D/I_G值增大。

典型案例

碳纤维结构的拉曼光谱研究

碳纤维是含碳量高于70%的柔性无机高分子纤维，具有耐高温、抗摩擦、导电、导热及耐腐蚀等特性，可加工成各种织物，由于其石墨微晶沿纤维轴择优取向排列，因此沿纤维轴方向有很高的比强度和比模量。碳纤维可分别用聚丙烯腈纤维、沥青纤维、粘胶丝或酚醛纤维等经炭化制得，其主要用途是作为增强材料与树脂、金属、陶瓷及炭等复合以制造先进复合材料，在宇航、军工、交通运输和建筑等领域有极高的应用价值。

碳纤维的性能取决于其晶态结构、石墨化度、结构均匀性和微应力/应变等结构特征。要提升碳纤维性能，必须搞清楚碳纤维微结构在生产加工各阶段的演变规律，进而为控制和改进制备工艺提供理论基础。

1. 原理

拉曼光谱的特征峰位置、强度和线宽能提供分子振动方面的信息，可用来分析分子结构和组分含量。拉曼光谱对碳纤维的结构变化相当敏感，在0～3300cm^{-1}的波数范围内都有相当显著的谱峰响应，是必不可少的碳纤维微结构表征方法。

石墨结构是由碳的六角平面网构成的层状结构，其活性晶格振动（图7-7）包括3个红外活性型振动（$A_{2u}+E_{1u}$）和4个拉曼活性型振动（2E_{2g}）。2E_{2g}的振动又分为E_{2g1}和E_{2g2}两种类型，其中E_{2g1}是相邻网平面之间的振动，作用很弱，对应的拉曼频率仅为47cm^{-1}，且与激光光源的谱线相接近而易受到干扰，因其强度弱也很难测准。E_{2g2}是石墨网平面内相邻碳原子在相反方向产生的强振动，在1580cm^{-1}处出现强的共振线，称之为G线，可定量测定。G线的强度可用来表征石墨结构中sp^2杂化键结构的完整程度。对于石墨化程度较低的碳石墨材料，除了G线外，还在1360cm^{-1}附近出现一条D线。D线是因石墨微晶取向度低、结构不完整而缺陷多、边缘不饱和碳原子数目多而引起的，该线在单晶石墨中并不存在。常用D线和G线两者的相对强度比值$R=(I_{1360}/I_{1580}=I_D/I_G)$大小来判断石墨化程度和石墨结构完整的程度。$R$值愈大，石墨化程度愈低，结晶愈小。

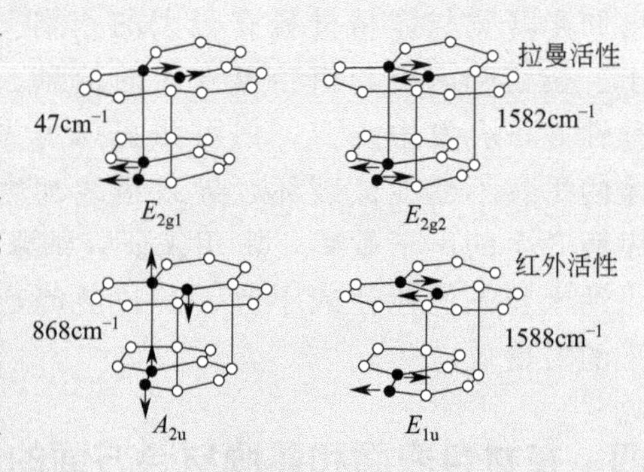

图7-7 石墨晶体理论光活性晶格振动模式

2. 仪器与材料

测试仪器为Jobinyvon Ramaonor T-64000共聚焦显微拉曼光谱仪。

仪器工作参数如下。①微探针：分光镜（Beam SPlitter），右；物镜，100倍；束径，1μm；横狭缝，400μm。②光源：激光种类，Ar^+（514.5nm）；激光功率：80mW。③分光器：640mm三单色光镜；衍射光栅，600gr/mm；狭缝，100μm。④探测器：CCD。

石墨化炉；阳极电解氧化装置。

玻璃炭、南非肯达尔焦、天然石墨、石墨纤维、PAN（聚丙烯腈）原丝、PAN碳纤维、中间相沥青碳纤维、气相生长碳纤维、阳极电解表面处理碳纤维等。

3. 测试方法

将碳纤维表面清洗干净，然后从碳纤维丝束中任意抽取一根单丝，固定在样品台上。用氩激光器光源照射样品，在纵向以 10μm 间隔测定 20 点的拉曼谱线，并分别记录 I_{1360}（D 线）和 I_{1580}（G 线），计算其相应的强度比 $R=I_{1360}/I_{1580}$ 以及变异系数（CV 值）。CV=(20 点的标准偏差/20 点的平均值)×100。

4. 结果与讨论

(1) 不同碳材料的拉曼光谱特征

图 7-8 是几种典型碳材料的拉曼光谱图。天然石墨由单晶石墨组成，其光谱中只有 G 线而无 D 线；玻璃炭属于无序结构，结构中微晶排列紊乱，难于石墨化，谱图中存在较强的 D 线，即使将其在 3000℃石墨化，D 线仍很强。南非肯达尔焦的光谱特征介于上述两种材料之间。

随着热处理温度（HTT）的提高，碳材料拉曼光谱图的变化特点是拉曼峰宽变窄，意味着结构中的微晶有一定程度的增大和取向，如图 7-9 所示。图 7-10 和图 7-11 分别为 PAN 基碳纤维和中间相沥青基碳纤维热处理产物拉曼光谱图。随热处理温度的提高，R 值变小。从两者的 G 线和 D 线变化规律来看，PAN 基属于较难石墨化碳，而中间相沥青属于易石墨化碳。PAN 基原丝属于有机纤维，其拉曼谱图特征完全不同于无机碳纤维。但 PAN 原丝经预氧化和炭化后，出现了石墨的特征拉曼谱线，如图 7-12 所示。PAN 原丝经一系列热处理转变为碳纤维过程中，结构发生了质的变化，即由 PAN 原丝的线型大分子链转化为耐热梯形结构（预氧丝）和乱层石墨结构以及三维有序的石墨结构。

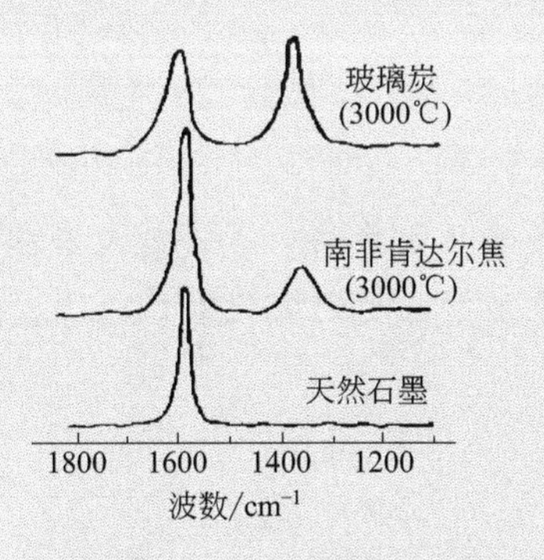

图 7-8 几种典型碳（炭）材料的拉曼光谱

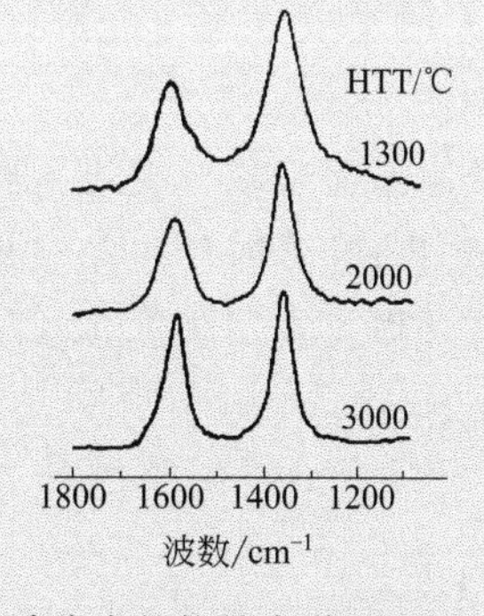

图 7-9 玻璃炭的拉曼光谱随 HTT 的变化

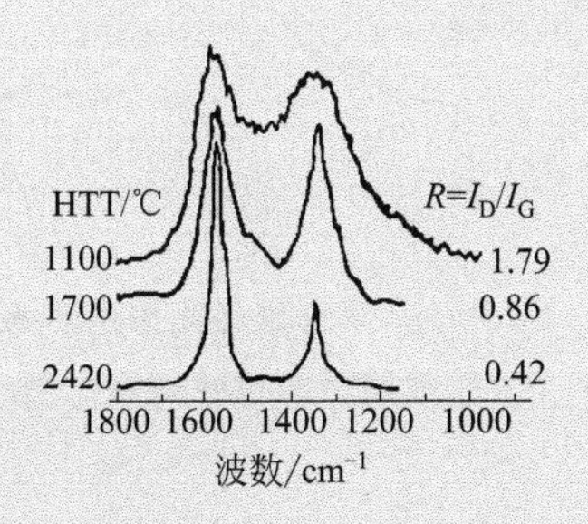

图 7-10 不同热处理温度的碳纤维拉曼散射光谱

（PAN 原丝经 230～270℃ 预氧化 40min）

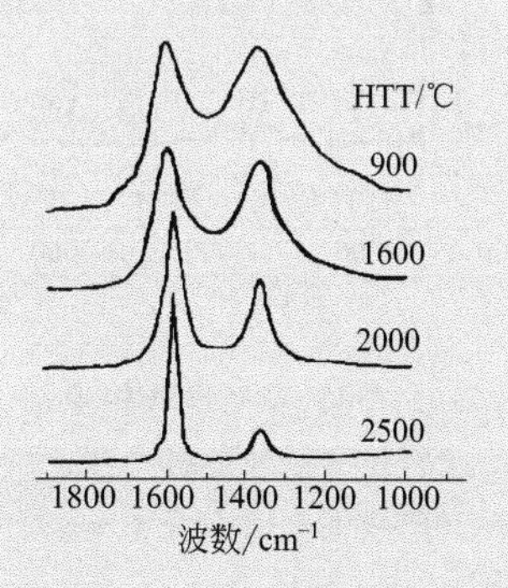

图 7-11 中间相沥青基碳纤维的拉曼散射光谱随 HTT 的变化

中间相沥青碳纤维经过3000℃石墨化处理后，层间距d_{002}由3.541Å缩小到3.377Å，择优取向角由12.5°缩小到3.4°，L_c（微晶c轴径向尺寸）由15Å增大到280Å。这些数据都表明，经石墨化处理后，石墨微晶生长变大且排列有序，使晶界及其边缘减少，从而使拉曼D线（1360cm^{-1}）减弱和G线（1580cm^{-1}）增强，如图7-13所示。

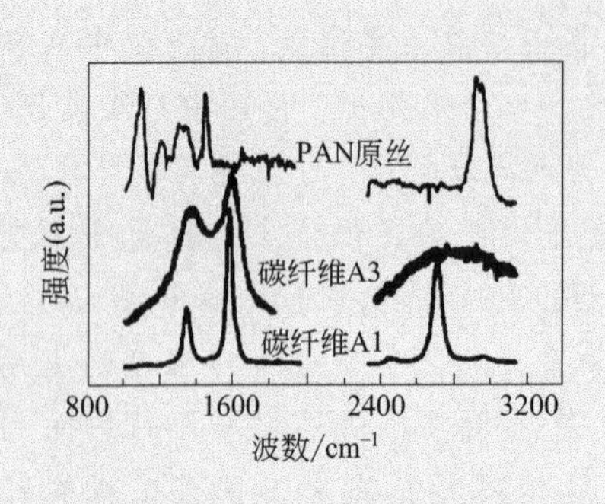

图7-12　PAN原丝与碳纤维A1（模量370GPa）、A3（模量230GPa）的拉曼散射光谱比较

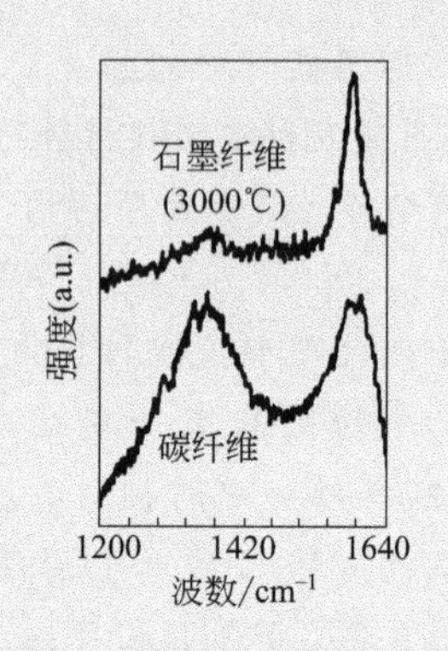

图7-13　中间相沥青碳纤维和石墨纤维的拉曼散射光谱

（2）气相生长碳纤维（VGCF）石墨化处理拉曼光谱特征

图7-14表示VGCF石墨化处理拉曼光谱特征，经3000℃处理的碳纤维，D线仍相当强，表明VGCF较难石墨化。

（3）碳纤维表面处理拉曼光谱特征

图7-15是PAN基碳纤维经阳极表面处理前后的拉曼光谱。表面处理后碳纤维的D线显著增强。这是因为在阳极氧化过程中，碳纤维表层微晶受到氧化刻蚀，使L_a（微晶的径向尺寸）变小。

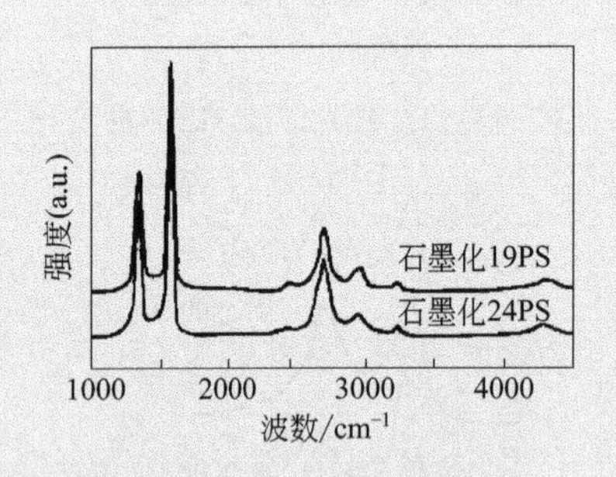

图7-14　3000℃处理气相生长碳纤维的拉曼散射光谱
（19PS和24PS为样品编号）

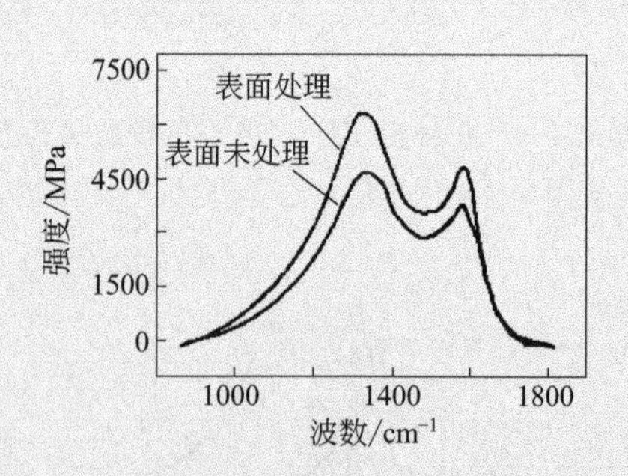

图7-15　碳纤维经阳极电解表面处理前后的拉曼散射光谱

（4）炭化温度对碳纤维力学性能的影响

77.5%的AN（丙烯腈）与0.5%的IA（衣康酸）二元共聚，通过干湿纺制得PAN

原丝，PAN原丝经预氧化和炭化，所制碳纤维性能列于表7-1。表中数据说明，随着HTT的提高，R值降低，模量提高幅度较大。

表 7-1 碳化温度对碳纤维力学性能的影响

序号	碳化温度/℃	石墨化度($R=I_{1360}/I_{1580}$)	碳纤维强度/GPa	碳纤维模量/GPa
1	1300	0.64 (1.00%)	5.3 (2.2%)	254 (1.1%)
	1700	0.38(0.70%)	5.0(1.7%)	330(1.1%)
2	1300	0.64(0.83%)	4.7(8.2%)	260(1.3%)
	1700	0.37(7.10%)	4.8(7.8%)	326(1.2%)

注：括号内数据为平均R值的CV值。

参考文献

[1] 常铁军，祁欣. 材料近代分析测试方法 [M]. 哈尔滨：哈尔滨工业大学出版社，2003.

[2] 杜希文，原续波. 材料分析方法 [M]. 天津：天津大学出版社，2014.

[3] 黄新民. 材料研究方法 [M]. 哈尔滨：哈尔滨工业大学出版社，2017.

[4] 陈浩. 仪器分析 [M]. 北京：科学出版社，2010.

[5] 朱永法，宗瑞隆，姚文清. 材料分析化学 [M]. 北京：化学工业出版社，2007.

[6] 陈厚. 高分子材料分析测试与研究方法 [M]. 北京：化学工业出版社，2018.

[7] 朱诚身. 聚合物结构分析 [M]. 北京：科学出版社，2010.

[8] 冯玉红. 现代仪器分析实用教程 [M]. 北京：北京大学出版社，2008.

[9] 谷亦杰，宫声凯. 材料分析检测技术 [M]. 长沙：中南大学出版社，2007.

[10] 黎兵，曾广根. 现代材料分析技术 [M]. 成都：四川大学出版社，2017.

[11] 任鑫，胡文全. 高分子材料分析技术 [M]. 北京：北京大学出版社，2012.

[12] 林福华. 拉曼光谱技术在聚合物分析中的应用 [J]. 塑料工业，2018，46 (6)：132-135.

[13] 王轶农. 材料分析方法 [M]. 大连：大连理工大学出版社，2012.

[14] 张锐. 现代材料分析方法 [M]. 北京：化学工业出版社，2007.

[15] 郝俊杰，吕春祥，李登华. 碳纤维微观结构表征：Raman光谱 [J]. 化工进展，2020，37 (S2)：227-233.

[16] 区洁美，陈旭东. 共振拉曼光谱在聚合物研究中的应用 [J]. 合成材料老化与应用，2017，48 (2)：108-114.

[17] 吴娟霞，徐华，张锦. 拉曼光谱在石墨烯结构表征中的应用 [J]. 化学学报，2014，72：301-318.

[18] 颜凡，朱启兵，黄敏，等. 基于拉曼光谱的已知混合物组分定量分析方法 [J]. 光谱学与光谱分析，2020，40 (11)：3577-3605.

[19] 郝思嘉，李哲灵，任志东，等. 拉曼光谱在石墨烯聚合物纳米复合材料中的应用 [J]. 材料工程，2020，48 (7)：45-60.

[20] 朱晓晗，姜红，崔傲松，等. 拉曼光谱法检验一次性塑料手套的研究 [J]. 上海塑料，2017，1：40-45.

[21] 付丙磊，张争光，王志越. 拉曼光谱在第三代半导体材料测试领域的应用 [J]. 电子工业专用设备，2018，8：42-45.

[22] 陈和生，孙育斌. 几种塑料的傅里叶变换拉曼光谱分析 [J]. 塑料科技，2012，40 (6)：67-72.

[23] 宋薇. 表面增强拉曼光谱在纳米材料催化体系中的应用 [J]. 光谱学与光谱分析，2020，40 (10)：117-120.

[24] 孙姝纬，赵慧玲，郁彩艳，等. 锂电池研究中的拉曼/红外实验测量和分析方法 [J]. 储能科学与技术，2017，8 (5)：775-776.

[25] Malarda M，Pimenta M A，Dresselhaus G，et al. Raman spectroscopy in graphene [J]. Physics Reports，2007，

473：51-87.

[26] Chenxi Tang，Tung-Chai Ling，Kim Hung Mo. Raman spectroscopy as a tool to understand the mechanism of concrete durability—A review [J]. Construction and Building Materials，2021，268：1-12.

[27] Kyle C Doty，Igor K Lednev. Raman spectroscopy for forensic purposes：Recent applications for serology and gunshot residue analysis [J]. Trends in Analytical Chemistry，2018，103：215-222.

[28] 贺福. 用拉曼光谱研究碳纤维的结构 [J]. 高科技纤维与应用，2005，30 (6)：20-25.

第三篇
材料衍射分析法

第八章

X射线衍射分析法

X射线是19世纪末物理学界的三大发现（X射线、放射线和电子）之一。1895年，德国物理学家伦琴（Röntgen）在进行阴极射线管高压放电实验时，发现了一种肉眼看不见、穿透力很强且能使荧光屏感光的射线，并将这种射线命名为X射线，伦琴因此于1901年获得了首届诺贝尔物理学奖。X射线发现不久后即被应用于医学X射线透视和工业X射线探伤。1912年，德国物理学家劳厄（Laue）发现X射线在通过硫酸铜晶体时能产生衍射，确定了X射线的电磁波属性和晶体结构的周期性，劳厄因此获得了1914年的诺贝尔物理学奖。同为1912年，英国物理学家布拉格（Bragg）首次利用X射线衍射法测定了NaCl晶体结构，提出了著名的布拉格方程，标志着X射线晶体学的诞生。1915年的诺贝尔物理学奖授予布拉格，以表彰他在创立X射线晶体结构分析法方面的奠基性贡献。随着衍射技术和结构解析理论的发展，X射线衍射分析广泛应用于物理学、化学、金属学、材料学、高分子科学、矿物学、分子生物学、工程技术学和考古学等各个学科领域，成为进行物质结构研究的主要方法之一，对于促进物理学乃至整个科学技术的发展产生了巨大而深远的影响。

第一节 X射线物理学基础

一、 X射线的基本性质

X射线是波长范围为0.01～10nm的电磁波，在电磁波谱中位于γ射线和紫外线之间，其中用于衍射结构分析的X射线波长范围一般为0.05～0.1nm，称为“软X射线”；波长较短用于医学透视的X射线称为“硬X射线”。

X射线具有波粒二象性。X射线波动性表现在它以一定的频率和波长在空间传播，反映X射线运动的连续性，可以解释其在传播过程中发生的干涉、衍射等现象。X射线的粒子性主要表现在与物质中电子、原子相互作用和交换能量的过程中，可用光子描述。X射线的波长较可见光短得多，能量和动量均很高，具有很强的穿透能力。

X射线与可见光一样能产生干涉、衍射、吸收和光电效应等现象，两者的不同之处是：①可见光能发生镜面反射而X射线不能，因而难以用镜面将X射线聚焦和变向。②X射线在物质分界面上的折射角很小，折射率稍小于1，可认为X射线穿透物质时沿直线传播，因此不能用透镜来汇聚和发散X射线。③X射线波长与晶体中原子间距相当，在穿过晶体时能发生衍射现象，可用来研究晶体内部结构；而可见光的波长远大于晶体中的原子间距，通过晶体时不会产生衍射。

当波长一定的 X 射线即单色 X 射线沿某方向传播时，其电场强度分量是与物质发生相互作用的主要物理量，而磁场分量的物理效应很弱。X 射线的强度以单位时间内通过垂直于传播方向的单位截面内所有光子的能量总和表示，其大小与电磁波电场分量振幅的平方成正比。

二、 X 射线的产生及 X 射线谱

1. X 射线的产生

产生 X 射线的主要装置为 X 射线管。X 射线管实际上是一种真空二极管，由阳极靶、阴极灯丝和玻璃或陶瓷管壳等组成。常用的是封闭式固定阳极 X 射线管，其基本构造如图 8-1 所示。

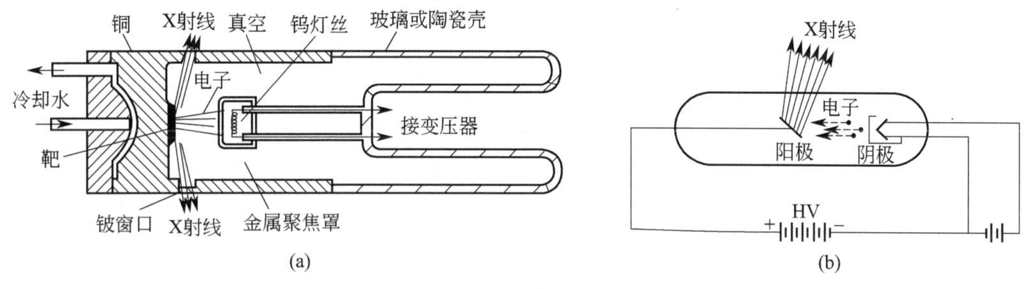

图 8-1 封闭式 X 射线管剖面（a）和工作示意（b）

X 射线管产生 X 射线的基本过程为：阴极产生的热电子在高压作用下被加速，高速电子轰击阳极（阳极一般为 Cr，Fe，Co，Ni，Cu 和 Mo 等单质金属），电子骤然停止运动，其动能的一小部分转变成 X 光能，形成 X 射线。

上述封闭式固定阳极 X 射线管由于受靶散热条件的限制，管功率较小（一般不超过 3kW），而旋转阳极 X 射线管其阳极为高速转动的圆盘，受电子轰击的靶面位置能够随时改变，有较好的散热效果，因此转靶 X 射线管的功率可高达数十甚至上百千瓦。

阳极靶面被电子束轰击的区域称为焦点，X 射线正是从焦点上被激发出来的。焦点的尺寸和形状是 X 射线管的重要特性之一。焦点的形状取决于阴极灯丝的形状。现代 X 射线管多用螺线形灯丝，产生长方形焦点（即实际焦点）。在与靶面成一定角度（一般为 6°）的方向接受 X 射线，可以获得线状和点状两种焦点（即有效焦点），如图 8-2 所示。

2. X 射线谱

X 射线管中产生的 X 射线谱由连续 X 射线和特征 X 射线组成，如图 8-3 所示。

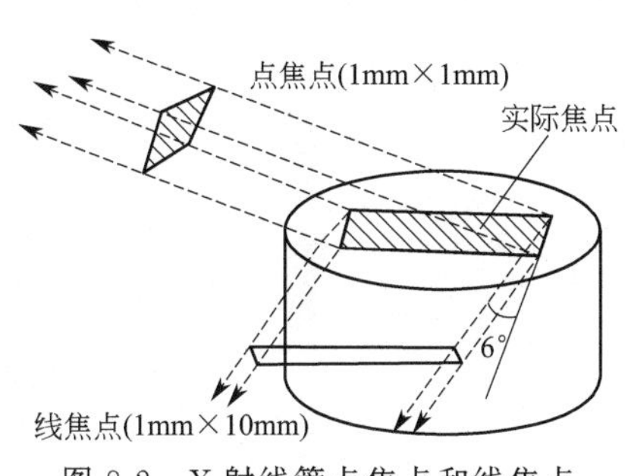

图 8-2 X 射线管点焦点和线焦点

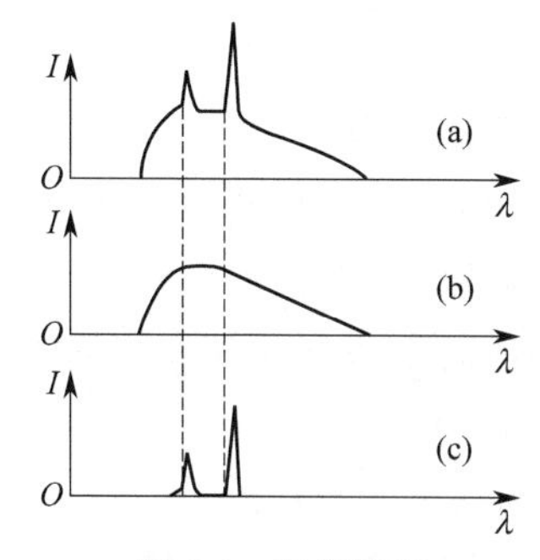

图 8-3 X 射线谱

（a）X 射线谱；（b）连续 X 射线谱；（c）特征 X 射线谱

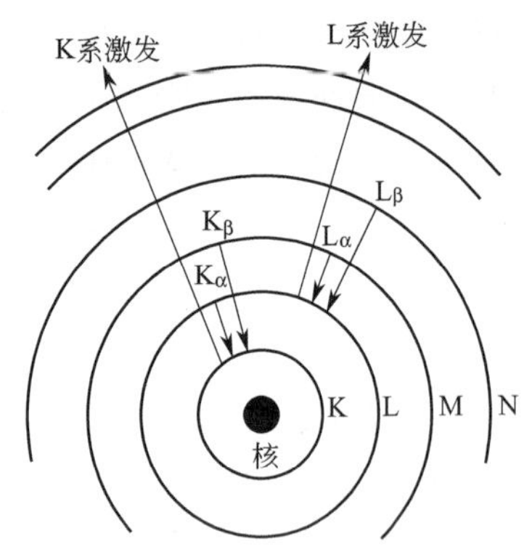

图 8-4 特征 X 射线产生示意图

连续 X 射线谱亦称白色 X 射线，是由高速运动的电子与靶原子碰撞时电子失去动能所发射出的光子而形成的，其波长在 X 射线谱中呈连续分布。连续 X 射线谱存在一个短波限 λ_0，对应于电子将其全部动能转化成光子能量的状态。连续 X 射线谱仅与 X 射线管的管电压有关，而与靶的种类无关。连续 X 射线谱在 X 射线结构分析中通常会产生不希望的背景，要尽可能将其去除。

特征 X 射线谱由一系列波长特定的 X 射线组成，其形成过程如图 8-4 所示。当撞击阳极的高能电子能量大于某个临界值时，将靶原子内层轨道上的电子打到外层轨道上或打到原子外面，内层轨道上就出现了空位，具有较高能量的外层轨道上电子会自发跃迁到空位上，放出多余的能量，这种能量就形成了特征 X 射线。在 X 射线谱中特征 X 射线表现为窄而尖的强度峰，改变 X 射线管的管电压和管电流，这些峰只改变强度而其所对应的波长不变，即特征 X 射线波长只与靶的原子序数有关而与管电压电流无关。

特征 X 射线主要有 K_α 和 K_β 两种类型，其中，前者是电子从 L 轨道跃迁到 K 轨道形成，后者是电子从 M 轨道跃迁至 K 轨道形成。电子从能级略有差异的两个 L 亚轨道上跃迁到 K 轨道形成 $K_{\alpha1}$ 和 $K_{\alpha2}$ X 射线，两者的强度比 $K_{\alpha1}:K_{\alpha2}=2:1$。$K_\alpha$ 的波长是 $K_{\alpha1}$ 和 $K_{\alpha2}$ 两者按其强度比例的加权平均值。几种常用阳极靶材料的特征 X 射线参数见表 8-1。

表 8-1 几种常用阳极靶材料的特征 X 射线谱参数

靶元素	原子序数	K 系特征谱波长/Å			
	(Z)	$K_{\alpha1}$	$K_{\alpha2}$	K_α	K_β
Cr	24	2.28970	2.29306	2.29100	2.08487
Fe	26	1.936042	1.939980	1.937355	1,75661
Co	27	1.788965	1.792850	1.790262	1.62079
Ni	28	1.657910	1.661747	1.659189	1.50085
Cu	29	1.540542	1.544390	1.541838	1.392218
Mo	42	0.709300	0.78590	0.710730	0.632288

注：1Å$=10^{-1}$nm。

三、 X 射线的散射和吸收

X 射线与物质相互作用，主要产生散射、吸收和透射等现象，如图 8-5 所示。

1. X 射线的散射

X 射线散射是 X 射线通过物质时部分 X 光子改变前进方向的现象。根据散射前后 X 光子的能量是否变化，物质对 X 射线散射分为相干散射（Thomson 散射、弹性散射）和不相干散射（Compton 散射、非弹性散射）。

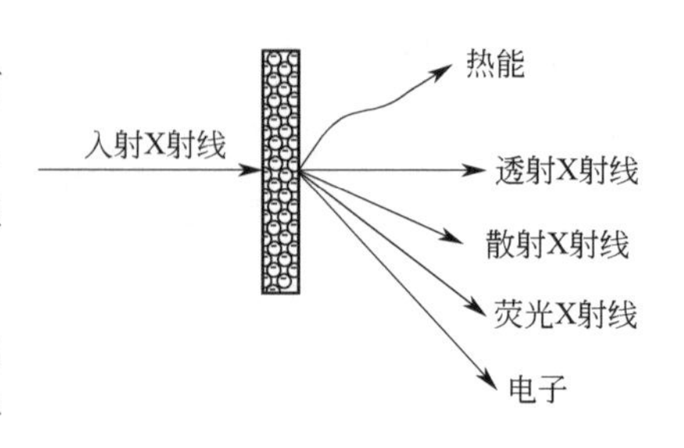

图 8-5 X 射线与物质相互作用示意

当 X 射线光子与物质中受原子核束缚较紧的内层电子发生弹性碰撞时，光子将能量全部传递给电子，电子在其平衡位置附近进行受迫振动，成为一个个新的电磁波源，这些电磁波源向各方向辐射的电磁波就是散射 X 射线。这种散射 X 射线的波长和频率与入射 X 射线完全相同。各散射线间频率相同、位相差恒定，彼此能够发生相互干涉，故称之为相干散射。相干散射是 X 射线衍射分析的基础。

当 X 射线光子与受原子核弱束缚的外层电子、价电子或金属晶体中的自由电子相碰撞时，电子可能被 X 射线光子撞离原子而成为反冲电子。因反冲电子会带走一部分能量，使得 X 光子能量减少，导致随后的散射 X 射线波长增加。入射 X 射线与散射 X 射线不仅波长不等，位相也不存在确定的关系，彼此间不能产生干涉效应，这种现象就称为非相干散射，其形成过程如图 8-6 所示。非相干散射是 X 射线能量损失精细结构谱分析的基础。

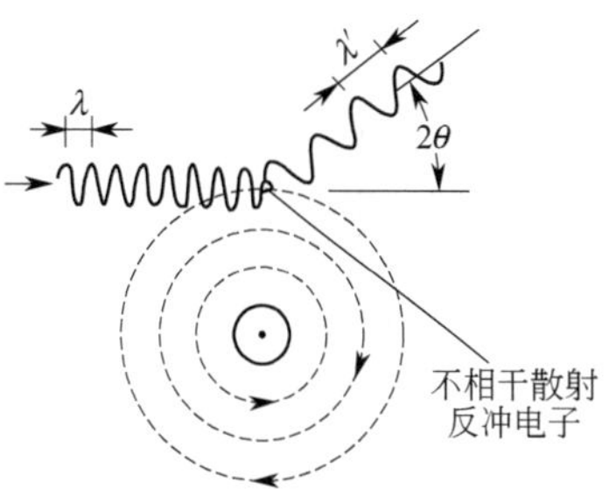

图 8-6　X 射线非相干散射示意

2. X 射线的吸收

物质对 X 射线的吸收是指 X 射线通过物质时强度衰减的现象。吸收的本质是能量转换效应，主要包括光电效应和俄歇效应。光电效应是指 X 射线光子与物质原子的内层电子相碰撞并将其击出形成光电子，同时辐射出特征 X 射线（荧光 X 射线）的现象。若 X 射线光子将原子内层电子击出后，次外层电子跃迁产生的能量差进一步使邻近电子受激发而成为自由电子，这种现象就是俄歇效应。

入射 X 射线与物质作用后的强度衰减符合如下指数规律

$$I = I_0 e^{-\mu_1 t} = I_0 e^{-\mu_m \rho t} \tag{8-1}$$

式中，I 为透射线的强度；I_0 为入射线的强度；μ_1 为线性吸收系数，表示单位厚度（单位体积）物质对 X 射线的吸收量；μ_m 为质量吸收系数，表示单位面积上单位质量物质对 X 射线的吸收量；ρ 为物质密度；t 为物质的厚度。μ_1 与 μ_m 的关系为：$\mu_1 = \rho\mu_m$。

当吸收体不是单一元素，而是由 i 个元素所组成的化合物、混合物或固溶体时，该物质的质量吸收系数为

$$\mu_m = w_1\mu_{m1} + w_2\mu_{m2} + \cdots + w_i\mu_{mi} \tag{8-2}$$

式中，w_1，w_2，…，w_i 为吸收体中各个组成元素的质量分数；μ_{m1}，μ_{m2}，…，μ_{mi} 为相应元素对 X 射线的质量吸收系数。

实验证明，元素的质量吸收系数 μ_m 与波长 λ 和原子序数 Z 存在如下近似关系：$\mu_m \approx K\lambda^3 Z^3$。这说明当吸收物质一定时，波长越长的 X 射线越易被吸收；原子序数越高的吸收体，吸收 X 射线的能力越强。μ_m 与 λ 的关系如图 8-7 所示。从该图中可以看出，μ_m 并不是

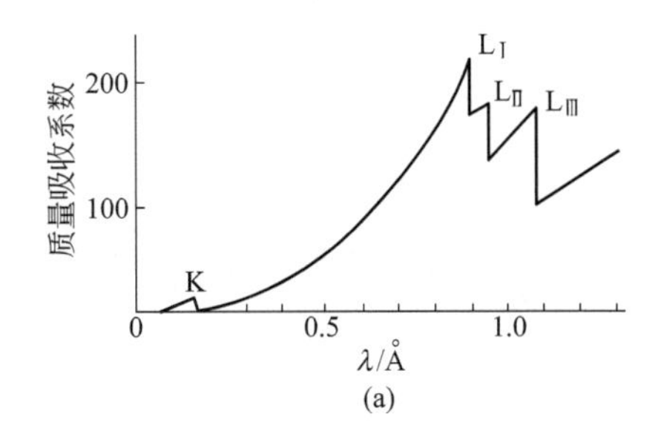

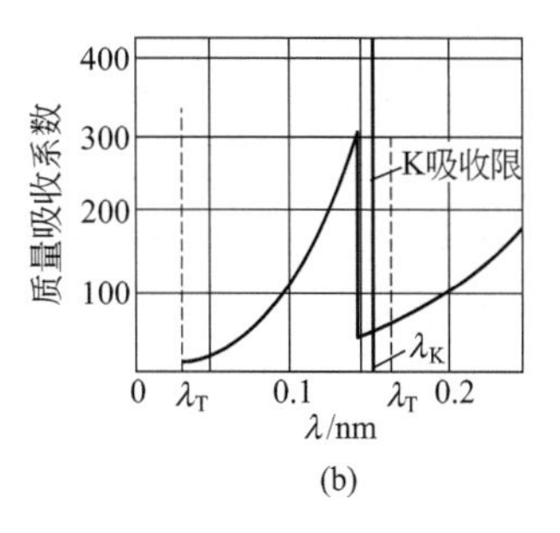

图 8-7　质量吸收系数与波长的关系（a）和 K 吸收限（b）示意

随 λ 变化而发生单调性增减。当 λ 减小到若干个值时，μ_m 会突然增加，表现为吸收曲线中出现了若干个跳跃台阶。μ_m 突增的原因是在这几个波长时产生了光电效应，使 X 射线被大量吸收，这个相应的波长称为吸收限。最有用的是第一吸收限，即 K 吸收限 λ_K。

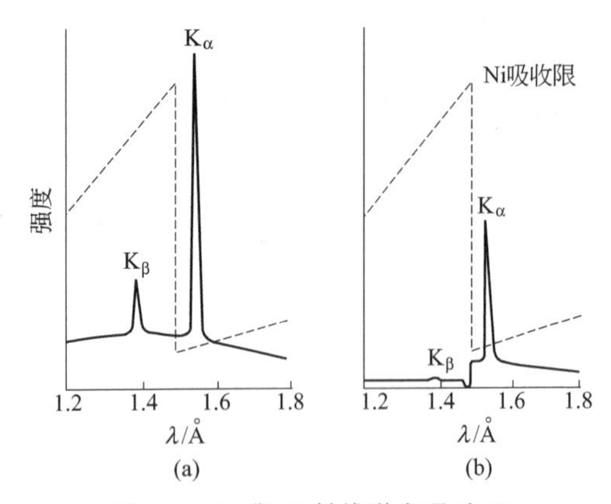

图 8-8 Cu 靶 X 射线谱在通过 Ni 滤波片前（a）后（b）的比较

利用吸收限可以选择 X 射线靶材和进行滤波。①靶材发出的 X 射线波长要避开试样中主要元素的 K 系吸收限。通常靶材应比试样高一个原子序数，或采用与试样中主要元素相同的靶材元素，以降低由样品激发出的荧光 X 射线造成的背景。②一般靶材的 K 系射线均由 K_α、K_β 两条线组成，这不符合 X 射线分析使用单色 X 射线的要求。选择某种材料（其吸收限介于入射线的 K_α 线与 K_β 线之间）制成滤片，将滤片置于入射线束的光路中，K_β 线就被强烈吸收，从而获得仅存在 K_α 线的近单色辐射。如将 Ni 滤波片置于 Cu 靶 X 射线谱中，就能有效去除 K_β 线，如图 8-8 所示。通常滤波材料的选择依据为：当 $Z_{靶}<40$ 时，$Z_{滤片}=Z_{靶}-1$；当 $Z_{靶}>40$ 时，$Z_{滤片}=Z_{靶}-2$。

3. X 射线的透射

X 射线透过物质后，其传播方向和能量基本与入射线相同。透射线强度的减弱是由于 X 射线光子数的减少，而非 X 射线能量的减少。短波长的 X 射线易穿过物体，长波长 X 射线易被物体吸收。

第二节 晶体几何学基础

X 射线衍射分析的主要对象为晶体，晶体几何学是反映晶体中质点几何排列规律的知识体系，涉及空间点阵、晶格、晶胞、晶系、晶面指数、对称元素、点群和空间群等内容。

1. 空间点阵、晶系和晶胞

晶体是物质内部质点（原子、离子或分子）呈周期性排列的固体。

将晶体结构中的质点按照一定方法抽象为一个个几何点（结点、阵点），这些几何点就构成一个空间点阵（正空间点阵）。图 8-9 为 NaCl 晶体结构及其对应的空间点阵。空间点阵中每个结点都具有完全相同的周围环境。空间点阵是晶体结构几何特征的空间几何图形。如果组成物质的晶体为一个空间点阵所贯穿，则称该物质为单晶体。

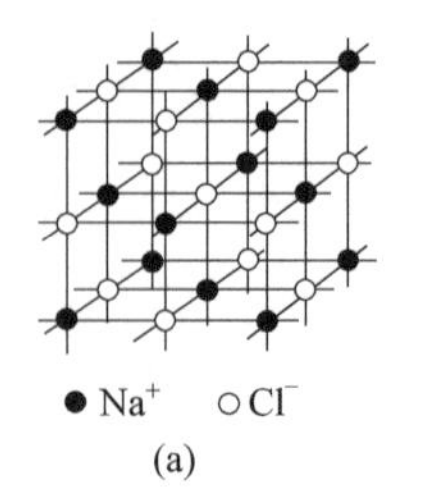

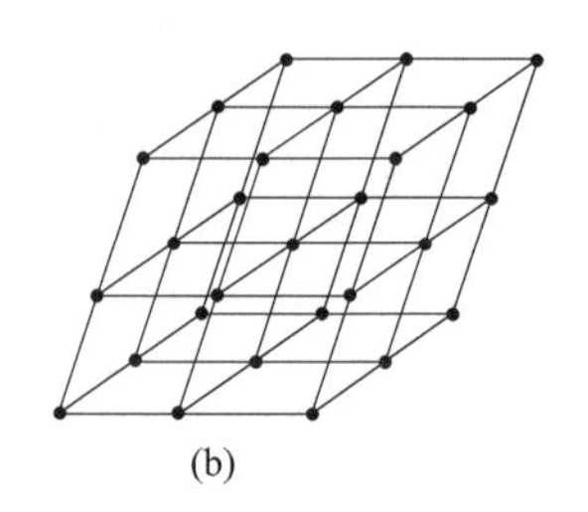

图 8-9 NaCl 晶体结构（a）及其对应的空间点阵（b）

从空间点阵中选取一个具有代表性的基本单元（通常是取一个最小的平行六面体）作为点阵的组成单元，称为晶胞。晶胞就是构成空间点阵的最小重复单元。选取的晶胞应尽可能反映出点阵的对称性。晶胞的几何特征用晶胞参数 a、b、c 及 α、β、γ 表示，其中 a、b、c 分别代表三个晶轴的单位长度，α、β、γ 分别代表晶轴 b 和 c、a 和 c、a 和 b 间的夹角。根据晶胞参数晶轴和轴角的特点，将晶体分为七种晶系。考虑七种晶系的对称限制和空间点阵中阵点的分布方式，晶体中只有 14 种空间点阵（布拉维点阵）类型，见表 8-2。

表 8-2　晶系及空间点阵

晶系	晶胞参数	空间点阵(布拉维点阵)类型			
		简单晶胞(P)	底心晶胞(C)	体心晶胞(I)	面心晶胞(F)
立方晶系（等轴）	$a=b=c$ $\alpha=\beta=\gamma=90°$	简单立方(P)		体心立方(I)	面心立方(F)
正方晶系（四方）	$a=b\neq c$ $\alpha=\beta=\gamma=90°$	简单正方(P)		体心正方(I)	
正交晶系（斜方）	$a\neq b\neq c$ $\alpha=\beta=\gamma=90°$	简单正交(P)	底心正交(C)	体心正交(I)	面心正交(F)
菱方晶系（三方）	$a=b=c$ $\alpha=\beta=\gamma\neq 90°$	菱方(P)			
六方晶系	$a=b\neq c$ $\alpha=\beta=90°$ $\gamma=120°$	六方(P)			
单斜晶系	$a\neq b\neq c$ $\alpha=\gamma=90°\neq\beta$	简单单斜(P)	底心单斜(C)		
三斜晶系	$a\neq b\neq c$ $\alpha\neq\beta\neq\gamma\neq 90°$	三斜(P)			

2. 晶体的对称性

对称性是指一个几何图形经过某种不改变其中任何两点距离的操作而能完全复原的性质。能使图形自身重合的操作称为对称操作。对称性是晶体的一种基本属性，是晶体内部结构单元周期性排列的必然结果。

晶体的对称性可用对称要素的组合表示。用国际符号表示的晶体的宏观对称要素，分别为：对称轴（1，2，3，4，6）、对称面（m）、对称中心（$\bar{1}$）和旋转反伸轴（$\bar{3}$，$\bar{4}$）。晶体内部的对称要素除了包括宏观对称要素外，还有螺旋轴（2_1；3_1，3_2；4_1，4_2，4_3；6_1，6_2，6_3，6_4，6_5）、滑移面（a，b，c，n，d）和平移轴三类内部结构特有的对称要素。晶体宏观对称要素的组合称点群，共有 32 种，如 $2mm$、$\bar{4}3m$ 等。晶体内部对称要素和空间点阵符号的组合称空间群，共有 230 种，空间群的详细内容可查阅《X 射线结晶学国际表》第一卷。空间群符号如 $P1$、$C2/c$ 和 $Pnma$ 等，符号中第一个斜体大写字母表示空间点阵的类型，其后最多三个位置，分别表示相应结晶学方向上的对称要素类型。如 AlN 晶体属立方晶系，其空间群为 $Fm\bar{3}m$，说明该晶体的空间点阵类型为 F 型，第一个对称要素 m 垂直于 c 轴，第二个对称要素 $\bar{3}$ 轴沿（$a+b+c$）方向，第三个对称要素 m 垂直于（$a+b$）方向。

3. 晶面和晶向

在空间点阵中，在任意一个方向均可以画出若干互相平行的节点平面。同一方向上的节点平面互相平行且等距，各平面上的节点分布情况也完全相同。不同方向上的节点平面具有不同的特征。同样，空间点阵中也可以画出许多互相平行且等周期的节点直线，不同方向上节点直线的差别也取决于它们的取向。节点平面和节点直线相当于晶体结构中的晶面和晶向。在晶体学中节点平面和节点直线的空间取向分别用晶面指数和晶向指数，或称密勒（Miller）指数来表示。晶面指数是晶面在晶轴上的分数截距的倒数之比，以（hkl）或（$hkil$）表示。晶向指数就是通过原点的最近结点的坐标值之比，以［hkl］表示。结点的指数（符号）就是结点在选定坐标系中的分数坐标，以（h，k，l）表示。如立方晶系体心立方空间点阵中，位于角顶的 8 个结点的符号分别为：(0,0,0),(1,0,0),(0,1,0),(0,0,1),(1,1,0),(1,0,1),(0,1,1),(1,1,1)；位于体心的结点符号为：(1/2,1/2,1/2)；从原点出发的体对角线晶向指数为［111］；几种典型晶面的晶面符号见图 8-10。

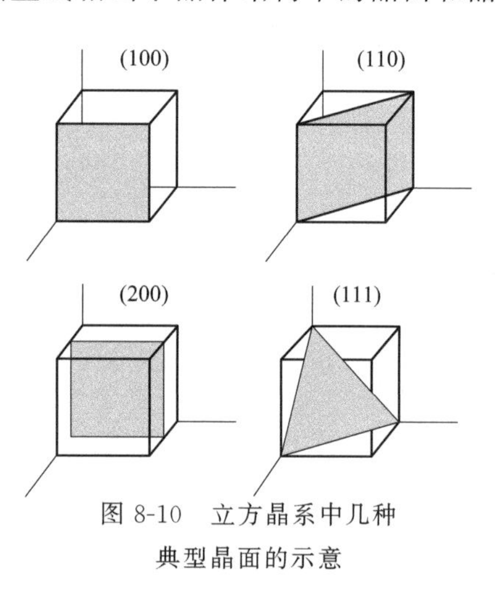

图 8-10　立方晶系中几种典型晶面的示意

在同一空间点阵中，如果存在若干组可以通过一定的对称操作能够重复出现的晶面，这组晶面就称为等同晶面族（等效晶面族），用符号｛hkl｝来表示。等同晶面属于空间位向和性质完全相同的同族晶面，其面间距和晶面上的节点分布完全相同。有对称关联的等同晶向用符号＜uvw＞来表示。如立方晶系点群 $m3m$ 中，（100）晶面可经对称操作变换为（$\bar{1}00$）、（010）、（$0\bar{1}0$）、（001）及（$00\bar{1}$），这些晶面就属于等同晶面，可用符号｛100｝表示；［100］、［$\bar{1}00$］、［010］、［$0\bar{1}0$］、［001］及［$00\bar{1}$］属于等同晶向，可用符号＜100＞来表示。

4. 晶面间距

晶面间距是空间点阵中（hkl）晶面族中两相邻晶面间的垂直距离，用 d_{hkl} 表示。晶面指数 hkl 越小，d_{hkl} 越大，相应晶面上节点的密度也越大。晶面间距是 X 射线分析中非常重要的结构参数。

若已知某个晶面的晶面指数，根据解析几何原理，很容易推导出晶面间距的计算公式。如立方晶系、正方晶系和正交晶系的 d_{hkl} 计算公式分别如下

$$d_{hkl}=\frac{a}{\sqrt{h^2+k^2+l^2}} \tag{8-3}$$

$$d_{hkl}=\frac{1}{\sqrt{\frac{h^2+k^2}{a^2}+\frac{l^2}{c^2}}} \tag{8-4}$$

$$d_{hkl}=\frac{1}{\sqrt{\frac{h^2}{a^2}+\frac{k^2}{b^2}+\frac{l^2}{c^2}}} \tag{8-5}$$

5. 晶带和晶带定律

在空间点阵中，同时平行于一个晶向的所有晶面族的组合称为一个晶带，其中的晶向称为晶带轴。晶带中的每一晶面称为晶带面。晶带轴用晶向指数来表示。如立方晶体中的（100）、（010）、（110）、（120）、（210）、（$\bar{1}$10）和（$\bar{2}$10）等一系列晶面族同时和[001]晶向平行，这些晶面族就构成了一个以[001]为晶带轴的晶带（图 8-11）。

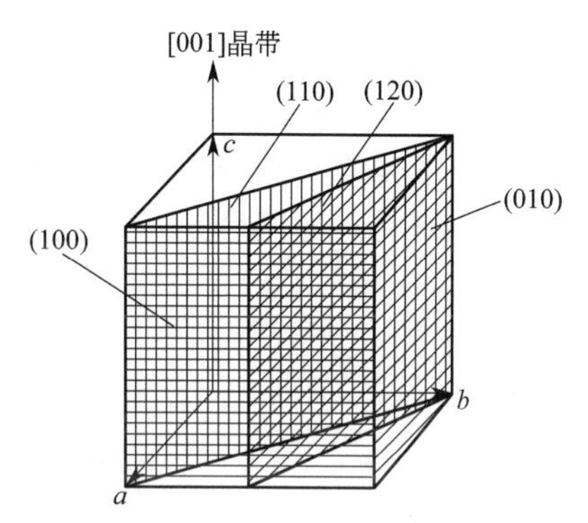

图 8-11　[001] 晶带中的部分晶面

任一晶面（hkl）属于以[uvw]为晶带轴的晶带的条件是：$hu+kv+lw=0$，这一关系称为晶带定律。

如果已知晶带中的两个晶面分别为（$h_1k_1l_1$）和（$h_2k_2l_2$），可以利用晶带定律求出其晶带轴的指数[uvw]。按晶带定律有：$h_1u+k_1v+l_1w=0$，$h_2u+k_2v+l_2w=0$；解出[uvw]为：$u=k_1l_2+k_2l_1$，$v=l_1h_2+l_2h_1$，$w=h_1k_2+h_2k_1$。

同样，如果某一晶面（hkl）同属于两个指数已知的晶带[$u_1v_1w_1$]和[$u_2v_2w_2$]，则可计算出（hkl）为：$h=v_1w_2+v_2w_1$，$k=w_1u_2+w_2u_1$，$l=u_1v_2+u_2v_1$。

6. 倒易点阵

倒易点阵又称倒易空间或倒格子，它是相对于晶体空间点阵（正点阵）而言的，是一种为方便解释衍射现象而使用的数学工具。

（1）倒易点阵的定义

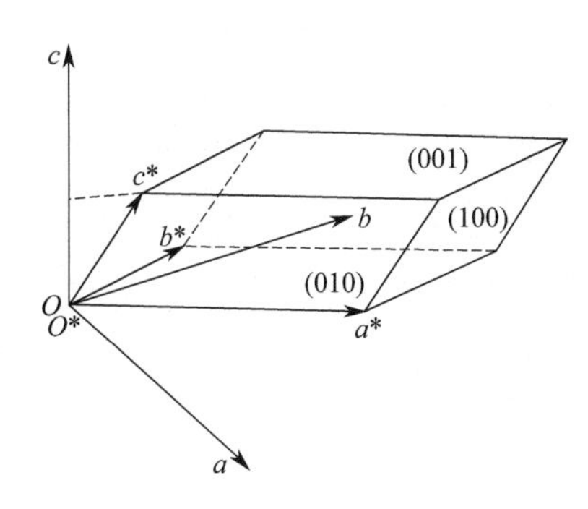

图 8-12　倒易基矢和正空间基矢之间的关系

设正点阵的原点为 $\boldsymbol{O}$，基矢为 $\boldsymbol{a}$、$\boldsymbol{b}$、$\boldsymbol{c}$，倒易点阵的原点为 $\boldsymbol{O}^*$，基矢为 $\boldsymbol{a}^*$、$\boldsymbol{b}^*$、$\boldsymbol{c}^*$。如图 8-12 所示，则有

$$\boldsymbol{a}^*=\frac{\boldsymbol{b}\times\boldsymbol{c}}{V},\boldsymbol{b}^*=\frac{\boldsymbol{c}\times\boldsymbol{a}}{V},\boldsymbol{c}^*=\frac{\boldsymbol{a}\times\boldsymbol{b}}{V} \tag{8-6}$$

式中，V 为正点阵中单胞的体积，$V=a\cdot(b\times c)=b\cdot(c\times a)=c\cdot(a\times b)$。

（2）倒易点阵的性质

① 正点阵与倒易点阵的同名基矢点乘为 1，异名基矢点乘为 0，即有如下关系

$$\boldsymbol{a}^*\cdot\boldsymbol{a}=\boldsymbol{b}^*\cdot\boldsymbol{b}=\boldsymbol{c}^*\cdot\boldsymbol{c}=1 \tag{8-7}$$

$$a^* \cdot b = a^* \cdot c = b^* \cdot a = b^* \cdot c = c^* \cdot b = 0 \tag{8-8}$$

② 在倒易点阵中，由原点 O^* 指向任意坐标为 (hkl) 结点的矢量称为倒易矢量 g_{hkl}，$g_{hkl}=ha^*+kb^*+lc^*$。倒易点阵就是由倒易点阵矢量所联系的诸结点构成的阵列。

③ g_{hkl} 垂直于正点阵中以 (hkl) 为指数的晶面，其长度等于 (hkl) 晶面面间距 d_{hkl} 的倒数，$g_{hkl}=1/d_{hkl}$。倒易点阵中的一个阵点（结点）代表正点阵中的一组晶面。

④ 在立方点阵中，晶面法向和同指数的晶向是重合（平行）的，因此，g_{hkl} 平行于指数为 $[hkl]$ 的晶向。

图 8-13 为立方点阵与其对应的倒易点阵。正点阵中的（111）、（011）和（021）等晶面变为倒易点阵中 111、011 和 021 等结点。

由于倒易矢量和正空间中的晶面存在一一对应的关系，因此可以用倒易点阵中的一个点或一个矢量代表正空间中的一组晶面。倒易矢量的方向代表晶面的法线方向，矢量的长度等于晶面间距的倒数。正空间中的一个晶带所属的晶面可用倒易空间中的一个平面表示，晶带轴 $[uvw]$ 的方向即为此倒易平面的法线方向。正空间中的一组二维晶面可用倒易空间中的一维矢量或零维的点来表示。这种表示方法可以使晶体学关系简单化。图 8-14 为从正空间的二维点阵构筑的倒易空间中对应的倒易阵点示意图。

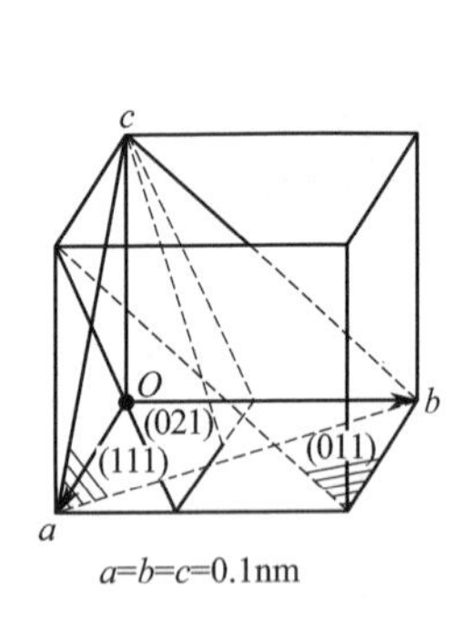

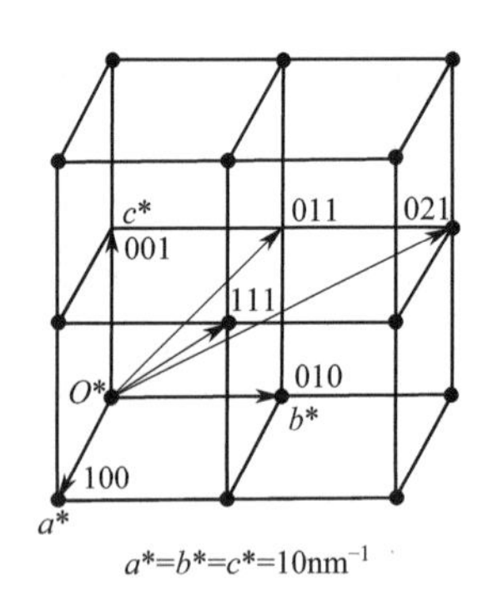

图 8-13　正点阵和倒易点阵的几何对应关系

图 8-14　二维点阵与对应的倒易阵点示意

第三节 晶体 X 射线衍射方向

X 射线是电磁波，射入晶体的 X 射线（原始 X 射线），其电场分量能够引起晶体中原子的电子振动，振动的电子会发出 X 射线。这样，每个原子实际上就成为一个向四周发射 X 射线的新 X 射线源。由于晶体中的原子是周期性排列的，各原子发射的次生 X 射线间会发生相互干涉作用。干涉的结果可以使次生 X 射线因互相叠加而强度增强或因互相抵消而使强度减弱或者等于零，这种次生 X 射线干涉的总结果即为 X 射线衍射现象。晶体的 X 射线衍射方向可用布拉格方程确定。

一、布拉格方程

从晶体的空间点阵中，可划分出以不同晶面符号 (hkl) 表示的一系列平面点阵族。这些平面点阵族分别是由一组相互平行、间距 d_{hkl} 相等的点阵平面（晶面）构成。当一束平行的X射线以入射角 θ 照射到某（hkl）平面点阵族时，在与晶面成 θ 角的方向会产生衍射线（反射线），如图8-15所示。X射线被两相邻晶面反射后的光程差为：$\Delta = MB + NB = d_{hkl}\sin\theta + d_{hkl}\sin\theta = 2d_{hkl}\sin\theta$。只有当波程差等于入射X射线波长 λ 的整数倍时，即满足式(8-9)时，才可能形成衍射。

$$2d_{hkl}\sin\theta = n\lambda \tag{8-9}$$

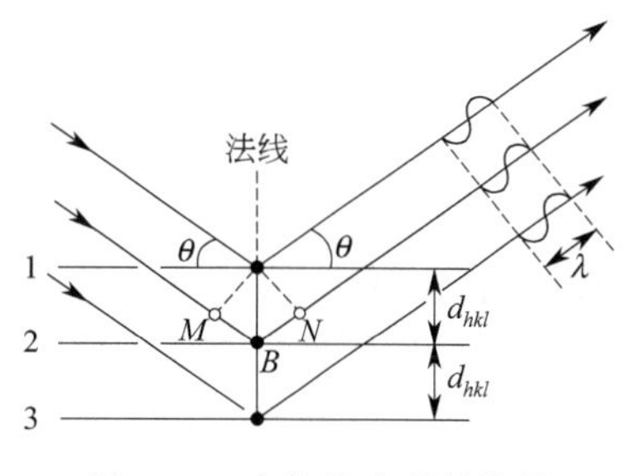

图8-15　布拉格方程的推导

式(8-9)就是著名的布拉格方程。

布拉格方程中，入射线（或反射线）与晶面间的夹角 θ 称为布拉格角或掠射角；入射线和衍射线之间的夹角 2θ 称为衍射角；n 称为衍射或反射级数。

布拉格方程是晶体X射线衍射分析的最重要关系式，可从以下几方面更深入地理解其物理含义。

(1) X射线衍射与可见光反射的差异

根据布拉格方程，可以把晶体对X射线的衍射视为晶面的反射。这是因为晶面产生衍射时，入射线、衍射线和晶面法线的关系符合镜面对可见光的反射定律。但晶体对X射线的衍射与镜面可见光反射之间有如下本质性区别：①衍射X射线是由入射线在晶体中所经过路程上所有原子散射波干涉的结果，而可见光镜面反射是在表层上产生的，仅发生在两种介质的界面上；②单色X射线的衍射只能在满足布拉格方程的若干特殊角度上产生，故常称为“选择性反射”，而可见光反射可在任意角度产生；③X射线衍射线强度与入射线强度相比是微乎其微的，而可见光反射在晶面上可达100%。

(2) 布拉格角

布拉格角 θ 是入射线或反射线与衍射晶面的夹角，可以表征晶体X射线衍射的方向。根据布拉格方程可知，$\sin\theta = \lambda/(2d)$。当入射X射线波长 λ 固定时，相同 d 值的晶面只能在相等 θ 情况下获得反射，即各相同 d 值晶面的反射线有着确定的衍射方向。波长 λ 一定时，d 值减小的同时则 θ 角增大，即间距较小的晶面，其布拉格角必然较大。

(3) 衍射级数

根据布拉格方程，当衍射级数 $n=1$ 时，相邻两晶面的“反射线”的光程差为一个波长，这时产生的衍射线称为一级衍射线，其衍射角表达式为：$\sin\theta_1 = \lambda/(2d)$；$n=2$ 时，相邻两晶面的“反射线”的光程差为 2λ，产生二级衍射，其衍射角表达式为：$\sin\theta_2 = 2\lambda/(2d)$；依次类推，第 n 级衍射的衍射角表达式为：$\sin\theta_n = n\lambda/(2d)$。因为 $\sin\theta$ 值不能大于1，因此 n 的取值范围为：$n \leqslant 2d/\lambda$。

(4) 干涉面指数

根据布拉格方程可知，一组晶面指数为（hkl）的晶面，随 n 值的不同，可能产生 n 个不同方向的反射线，分别称为该晶面的一级、二级、…、n 级反射。为了使用方便，可将布拉格方程改写为：$2(d_{hkl}/n)\sin\theta = \lambda$。这样，可将面间距为 d 的（hkl）面的 n 级反射，变成面间距为 d_{hkl}/n 的假想晶面（$nh\ nk\ nl$）的一级反射。令 $H=nh$、$K=nk$、$L=nl$，称（HKL）为反射面或干涉面，H、K、L 称为干涉面指数或衍射面指数。

布拉格方程可以简化表达为

$$2d_{HKL}\sin\theta_{HKL} = \lambda \tag{8-10}$$

式中，$d_{HKL}=d_{hkl}/n$。

为书写方便，式(8-10) 中的下标 HKL 常被略去。

式(8-10) 的意义是，面间距为 d_{hkl} 的晶面（hkl）的 n 级反射相当于面间距为 d_{HKL} 的干涉面（HKL）的一级反射。干涉面指数与晶面指数的区别为：①干涉面（HKL）只是为了使问题简化而引入的虚拟晶面，而晶面（hkl）表示晶体中实际存在的晶面；②干涉面指数中一般有公约数，晶面指数是互质的整数；③干涉面指数是广义的晶面指数，在衍射结构分析中，如无特别声明，晶面（hkl）实际上就是指干涉面（HKL），晶面间距即指干涉面面间距。通常将 HKL 等同于 hkl 来使用。

（5）入射线波长与面间距的关系

布拉格方程中，由于 $\sin\theta$ 的最大取值不能大于 1，故有：$\lambda/(2d)\leqslant 1$，即 $\lambda\leqslant 2d$。要产生衍射，λ、d 应在相同数量级，而且只有面间距大于 $\lambda/2$ 的那些晶面才能参与衍射。采用短波单色入射 X 射线，能够参与反射的干涉面将会增多。

（6）布拉格方程仅是 X 射线衍射的必要条件

布拉格方程的物理意义在于规定了 X 射线晶体衍射的必要条件，即只有在 d、θ、λ 同时满足布拉格方程时晶体才能对 X 射线产生衍射。但该方程是在假设单原子的原始空间格子基础上推导出来的。实际晶体结构不只是由单原子组成，对应的空间格子也不只是原始格子，某些干涉面虽然满足布拉格方程，但不一定能够产生可观察到的具有一定强度的衍射线。因此，布拉格方程只是获得 X 射线衍射的必要条件，而并非充分条件。

（7）布拉格方程的局限性

通过测量 X 衍射线方向 θ，即可计算出干涉面的面间距 d，在此基础上，能够进一步获得晶体的晶胞参数。因此布拉格方程仅是晶胞大小和形状与衍射线方向间函数关系的反映。由于该方程不涉及晶胞中原子的种类与位置，因此不能提供衍射强度的信息。

二、衍射方向爱瓦尔德球（反射球）图解法

将倒易点阵与布拉格方程进行结合，通过爱瓦尔德球图解法，能用几何图形直观地表达出衍射发生的条件和衍射方向。

在倒易空间中画出衍射晶体的倒易点阵，以倒易点阵 O^* 为端点作入射波的波矢量 k，该矢量平行于入射束方向，长度等于波长的倒数，即 $k=1/\lambda$。取入射束方向上一点 O，以 O 为中心，$1/\lambda$ 为半径作一个球，该球就是爱瓦尔德球或称为反射球（图 8-16）。

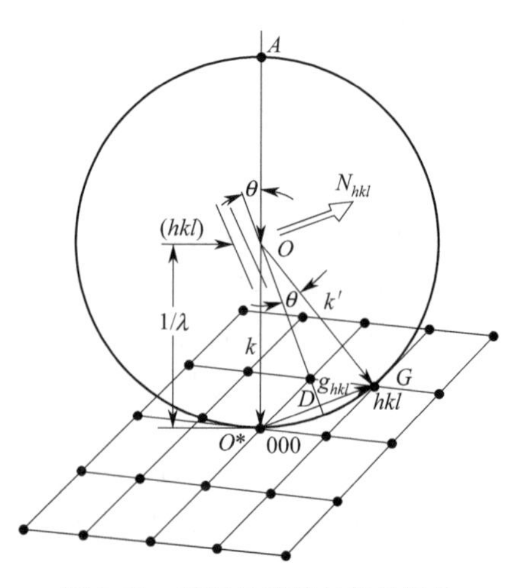

图 8-16　爱瓦尔德球与倒易矢量和倒易阵点关系示意

若有倒易阵点 G（指数为 hkl）正好落在反射球球面上，则相应的晶面族（hkl）与入射束的方向必满足布拉格方程，OG 即代表衍射束方向，OG 就是衍射波的波矢量 k'，其长度也等于反射球的半径 $1/\lambda$。

根据倒易矢量的定义，$O^*G=g$，因此，$k'-k=g'$。根据图 8-16 可以证明，该式和布拉格方程完全是等价的。

由 O 向 O^*G 作垂线，垂足为 D，因为 g_{hkl} 平行

于（hkl）晶面的法向 N_{hkl}，所以 OD 就是正空间中（hkl）晶面的方位，若它与入射束方向的夹角为 θ，则有 $O^*D=O^*O\sin\theta$，即 $g_{hkl}/2=k\sin\theta$。由于：$g_{hkl}=1/d$，$k=1/\lambda$，因此：$2d\sin\theta=\lambda$。同时，由图 8-16 可知，k 和 k' 的夹角等于 2θ，这与布拉格方程的结果也是一致的。

图 8-16 中，矢量 $\boldsymbol{g}_{hkl}$ 的方向和衍射晶面的法线方向一致，因为已经设定 $\boldsymbol{g}_{hkl}$ 矢量的模是衍射晶面间距的倒数，因此倒易空间中的 $\boldsymbol{g}_{hkl}$ 具有代表正空间中（hkl）衍射晶面的特性，所以又称为衍射晶面矢量。

从反射球作图法可知，不是将一晶体随便置于 X 射线辐照下就能产生衍射现象。只有当反射球球面与倒易阵点相交时，才能产生衍射现象。只要使反射球或晶体其中之一处于运动状态或者拓宽反射球球面的涵盖范围，反射球就有机会与倒易阵点相交而产生衍射。以下几种实验方法是实现上述原理的主要途径：

① 晶体转动法：用特征 X 射线照射转动的单晶体，使反射球有机会与某些倒易阵点相交。

② 劳厄法：用连续 X 射线照射固定不动的单晶体。入射线方向是不变的，即反射球是不动的。但是，由于连续 X 射线有一定的波长范围，因此就有一系列与之相对应的反射球连续分布在一定的区域，凡是落到这个区域内的倒易阵点都满足衍射条件。此种情况也可视为是反射球在一定范围内运动，从而使反射球有机会与某些倒易阵点相交。

③ 多晶体衍射法：用特征 X 射线照射多晶体试样。多晶体中，由于各晶粒的取向是任意分布的，就某一晶面而言，其对应的倒易矢量指向任意方向且大小相等，并且数量巨大，在倒易点阵中其矢量终点落在以倒易原点为圆心的球面上，与反射球总有相交的机会而产生衍射。

第四节 晶体 X 射线衍射强度

如前所述，布拉格方程只涉及 X 射线的衍射方向问题，而衍射方向主要与晶胞大小和形状有关。X 射线照射到晶体后，在干涉面指数不同的衍射方向上，衍射强度也不同。衍射强度主要与原子在晶胞中的位置及原子种类有关，是晶体中各原子电子散射 X 射线后干涉与叠加的结果。下面按照晶体 X 射线衍射强度形成的原理，依次探讨单个电子、单个原子、单个晶胞、多个晶胞（多晶体）对 X 射线的散射强度。

一、单个电子的 X 射线散射强度

在入射 X 射线电场矢量的作用下，电子产生受迫振动，振动的电子作为新的波源向周围辐射与入射线频率相同并且具有确定位相关系的电磁波。根据经典电动力学理论可知，一个电荷为 e，质量为 m 的自由电子，在强度为 I_0 的偏振 X 射线作用下，距其 R 处的散射波强度为

$$I_e=I_0\left(\frac{e^2}{4\pi mc^2R}\right)^2\sin^2\varphi \tag{8-11}$$

式中，c 为光速；φ 为散射线方向与入射 X 射线电场矢量之间的夹角。

实际入射到晶体上的X射线并非偏振电磁波。在垂直于传播方向的平面上，电场矢量可以取任意方向，在此平面内可把任意电场矢量分解为两个互相垂直的分量，各方向概率相等且互相独立，将其分别按偏振电磁波来处理，求得各自的散射强度，最后再将其叠加合成，由此得到非偏振X射线的散射强度为

$$I_e=I_0\left(\frac{e^2}{4\pi mc^2R}\right)^2\frac{1+\cos^2 2\theta}{2}=I_0 r_e^2\frac{1+\cos^2 2\theta}{2} \tag{8-12}$$

式中，$r_e=\dfrac{e^2}{4\pi mc^2R}$ 是一具有长度的量纲，称为电子的经典半径，r_e 约为 3.8×10^{-6} nm；$2\theta=90°-\varphi$，为散射线与入射线间的夹角；$\dfrac{1+\cos^2 2\theta}{2}$为偏振因子或极化因子。

式(8-12) 表明，X射线受到电子散射后，其散射强度在空间是有方向性的。

二、单个原子的X射线散射强度

原子是由原子核和核外电子组成的。原子核带有电荷，对X射线也有散射作用，但由于原子核的质量较大，其散射效应比电子小得多。因此，在计算原子的散射强度时，可忽略原子核的作用只考虑电子散射的贡献。

若原子中的电子都集中在一个点上，则由各个电子散射的电磁波间不存在位相差，但实际原子中电子是按一定轨道分布在核外空间的，不同位置的电子散射波间必然存在位相差。由于X射线波长与原子尺寸处于同一数量级，这种位相差的影响是不可忽略的。

图8-17表示原子中电子对X射线的散射情况。一束X射线由 L_1、L_2 沿水平方向入射到原子内部，分别与位于 A、B 的两个电子作用，若两电子散射波沿水平方向传播至 R_1、R_2 点，此时两电子散射波的位相完全相同，合成波的振幅等于各散射波的振幅之和，此种情况相当于 $2\theta=0°$的特殊方向的散射。若两电子散射波以一定角度 $2\theta>0°$分别散射至 R_3、R_4 点，散射线传播路程 L_1AR_3 与 L_2BR_4 有所不同，两电子散射波之间存在一定位相差，必然要发生干涉。原子中电子间距通常小于射线的半波长 $\lambda/2$，即电子散射波之间的位相差小于 π，因此任何位置都不会出现散射波振幅完全抵消的现象，这与布拉格反射不同。此种情况下，任何位置也不会出现振幅成倍加强的现象（$2\theta=0°$除外），即合成波振幅必小于各电子散射波振幅的代数和。

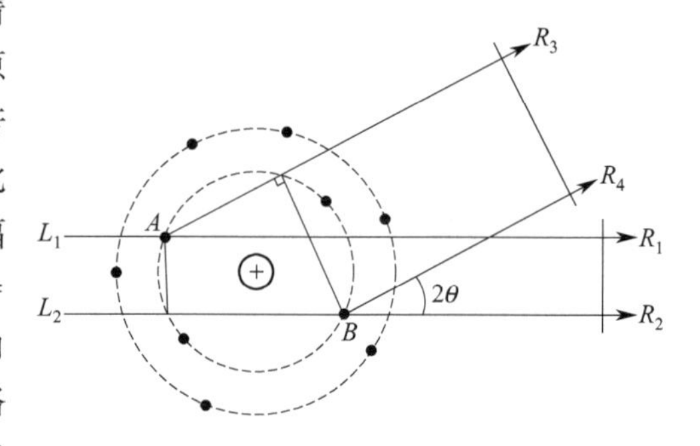

图8-17　原子中电子对X射线的散射

原子中全部电子相干散射合成波振幅 A_a 与一个电子相干散射波振幅 A_e 的比值 f 称为原子散射因子，$f=A_a/A_e$。

理论分析表明，随着 θ 角即 $\sin\theta$ 值的增大，原子中电子散射波之间的位相差增大，即原子散射因子减小。当 θ 角固定时，λ 越小则电子散射波之间的位相差越大，即原子散射因子越小。因此，原子散射因子随着 $\sin\theta/\lambda$ 值的增大而减小。各种元素原子的散射因子可通过理论计算或查表获得。

三、单个晶胞的 X 射线散射强度

简单点阵中每个晶胞中只有一个原子，原子的散射强度就是晶胞的散射强度。复杂点阵中每个晶胞中包含多个原子，由于各原子散射波间存在位相差，必然引起散射波的干涉效应，导致合成波的加强或减弱甚至消失。影响晶胞 X 射线散射强度的主要因素为结构因子。

1. 结构因子

设复杂点阵晶胞中有 n 个原子，f_j 是晶胞中第 j 个原子的原子散射因子，ϕ_j 是该原子与位于晶胞原点位置上原子散射波的位相差，则该原子的散射振幅为 $f_jA_ee^{i\phi_j}$。

一个晶胞的散射振幅 A_c 可表示为

$$A_c=\sum_{j=1}^{n}f_jA_ee^{i\phi_j}=A_e\sum_{j=1}^{n}f_je^{i\phi_j} \tag{8-13}$$

一个晶胞的散射振幅 A_c 实际上是晶胞中全部电子相干散射的合成波振幅，它与一个电子散射波振幅 A_e 之比值称为结构振幅 F，即

$$F=\frac{A_c}{A_e}=\sum_{j=1}^{n}f_je^{i\phi_j} \tag{8-14}$$

如图 8-18 所示，O 为晶胞原点，A 为晶胞中的任意原子，其位矢为 γ_j。A 原子与点 O 处原子之间散射波的波程差为 $\delta_j=r_j(S-S_0)$，其位相差为

$$\phi_j=\frac{2\pi}{\lambda}\delta_j=2\pi r_j\ \frac{S-S_0}{\lambda} \tag{8-15}$$

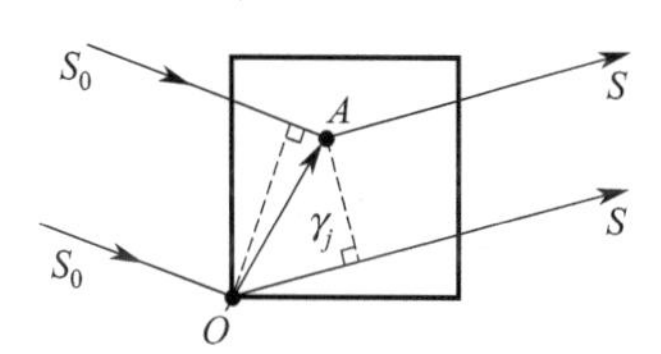

图 8-18 复杂点阵晶胞原子间的相干散射

根据布拉格方程以及倒易点阵，(hkl) 晶面发生衍射的条件为$\frac{S-S_0}{\lambda}=g_{hkl}$，倒易矢量 g_{hkl} 为 $g_{hkl}=ha^*+kb^*+lc^*$，A 原子的坐标矢量为 $r_j=x_ja+y_jb+z_jc$，其中 a、b 和 c 为点阵基矢。式(8-15) 可变为

$$\phi_j=2\pi(hx_j+ky_j+lz_j) \tag{8-16}$$

式中，x_j、y_i、z_j 代表晶胞内 j 原子的分数坐标；h、k、l 为相应原子组成晶面的晶面指数。

由式(8-14) 和式(8-16) 得到如下结构振幅的表达式

$$F_{hkl}=\sum_{j=1}^{n}f_je^{2\pi i(hx_j+ky_j+lz_j)} \tag{8-17}$$

将上式中的指数部分展开，得如下表达式

$$F_{hkl}=\sum_{j=1}^{n}f_j[\cos2\pi(hx_j+ky_j+lz_j)+i\sin2\pi(hx_j+ky_j+lz_j)] \tag{8-18}$$

结构振幅的平方$|F_{hkl}|^2$ 由结构振幅 F_{hkl} 乘以其共轭复数 $F_{hkl}{}^*$ 得到。

$$|F_{hkl}|^2=F_{hkl}F_{hkl}^*=[\sum_{j=1}^{n}f_j\cos2\pi(hx_j+ky_j+lz_j)]^2+[\sum_{j=1}^{n}f_j\sin2\pi(hx_j+ky_j+lz_j)]^2 \tag{8-19}$$

当结构中有对称中心时，$|F_{hkl}|^2$ 简化为

$$|F_{hkl}|^2=[\sum_{j=1}^{n} f_j \cos 2\pi(hx_i+ky_j+lz_j)]^2 \quad (8\text{-}20)$$

由于强度正比于结构振幅的平方，故一个晶胞的散射强度 I_c 与一个电子的散射强度 I_e 之间的关系为

$$I_c=|F_{hkl}|^2 I_e \quad (8\text{-}21)$$

上式表明，晶胞的散射强度取决于结构振幅的平方。定义结构振幅的平方为结构因子，以表征晶胞内原子种类、原子个数、原子位置对（hkl）晶面衍射强度的影响。若某些晶面（hkl）对应的结构因子等于零，其散射强度为零，则衍射线不会出现，这种现象称为系统消光。

2. 系统消光条件

晶胞中各原子的散射因子 f_j、原子坐标（x，y，z）以及晶面指数（hkl）决定结构因子，根据结构因子可以确定晶胞的系统消光条件。

（1）简单立方点阵

每个晶胞中只有一个原子，其坐标为（0，0，0），$|F_{hkl}|^2=f_a^2$，说明简单点阵的结构因子与 h、k、l 无关，不存在系统消光现象，即 h、k、l 为任意整数时都能产生衍射。

（2）底心立方点阵

每个晶胞中有两个同类原子，其坐标分别为（0,0,0）和（1/2,1/2,0），$|F_{hkl}|^2=f_a^2[1+\cos\pi(h+k)]^2$。当 $h+k$ 为偶数时，$|F_{hkl}|^2=4f_a^2$；当 $h+k$ 为奇数时，$|F_{hkl}|^2=0$。因此，在底心立方点阵的情况下，只有当 h、k 全为奇数或全为偶数时，如（002）、（003）、（112）、（114）、（204）、（006）等晶面才能产生衍射。

（3）体心立方点阵

每个晶胞中有两个同类原子，其坐标为（0,0,0）及（1/2,1/2,1/2），$|F_{hkl}|^2=f_a^2[1+\cos\pi(h+k+l)]^2$。当 $h+k+l$ 为偶数时，$|F_{hkl}|^2=4f_a^2$；当 $h+k+l$ 为奇数时，$|F_{hkl}|^2=0$。说明体心点阵中，只有晶面指数之和为偶数的晶面，如（110）、（200）、（211）、（220）、（310）等能发生衍射，而晶面指数之和为奇数的晶面不能发生衍射。

（4）面心立方点阵

晶胞中有四个同类原子，其坐标分别为（0,0,0）、（1/2,1/2,0）、（1/2,0,1/2）、（0,1/2,1/2），$|F_{hkl}|^2=f_a^2[1+\cos\pi(k+l)+\cos\pi(h+l)+\cos\pi(h+k)]^2$。当 h、k、l 全为奇数或偶数时，$|F_{hkl}|^2=16f_a^2$；当 h、k、l 为奇、偶混杂时，$|F_{hkl}|^2=0$。因此，在面心立方点阵的情况下，只有当 h、k、l 全为奇数或全为偶数时，如（111）、（200）、（220）、（311）、（222）、（400）、（331）、（420）等晶面才能产生衍射。

四、单个小晶体的衍射强度

设单个理想小晶体由 N 个晶胞构成，则小晶体的衍射强度：$I=I_e|F_{hkl}|^2N^2$，其中，I_e 为一个电子的散射强度。如果 $|F_{hkl}|^2$ 等于零，则 $I=0$，此时没有衍射线出现，故 $|F_{hkl}|^2\neq0$ 是产生衍射线的充分条件。

实际晶体并非理想的小晶体或小晶粒，而是由许多小的镶嵌块（亚晶粒）组成的。每个亚晶粒内晶体是完整的，亚晶粒的大小约为 10^{-4}cm 数量级，它们之间的取向差一般为 $1'$～

30′。亚晶粒晶界造成晶体点阵的不连贯性。晶体在入射线照射的空间中可能包含若干个亚晶粒。因此，不存在贯穿整个晶体的完整晶面。X射线的相干作用只能在亚晶粒内进行，亚晶粒之间无严格的相位关系，不可能发生干涉作用。由于X射线通常具有一定的发散角度，这相当于反射球围绕倒易原点进行摇摆，使处于衍射条件下的各亚晶粒中的阵点，都能与反射球相交而对衍射强度有贡献，导致实际晶体能够与反射球相交的倒易空间范围（衍射畴）比理想小晶体要大，表明在偏离布拉格角时实际晶体仍有衍射线的存在。因此，实际小晶体发生衍射的概率要比理想小晶体大得多。

在计算实际小晶体衍射线强度时，只要先求出一个镶嵌晶块的反射强度，然后把各晶块的反射线强度在整个倒易体范围内进行积分即可。

实际小晶体衍射线强度表达式如下

$$I=I_0\frac{e^4}{m^2c^4}\times\frac{1+\cos^2 2\theta}{2\sin^2 2\theta}\times\frac{\lambda^3}{V_0^2}|F|^2\Delta V=I_0Q\Delta V \tag{8-22}$$

$$Q=\frac{e^4}{m^2c^4}\times\frac{1+\cos^2 2\theta}{2\sin^2 2\theta}\times\frac{\lambda^3}{V_0^2}|F|^2 \tag{8-23}$$

式中，I_0、λ、V_0 分别为入射X射线的强度、波长、晶胞的体积；ΔV 为被照射小晶体的体积；Q 为小晶体的反射本领，它表示在一定波长和单位强度的X射线照射下，晶体单位体积的反射强度。

五、多晶体的衍射强度

多晶体样品（粉末样品）中含有大量位相不同的小晶体。各晶粒同一 $\{hkl\}$ 面族的倒易点构成一倒易球，其半径为 $1/d_{hkl}$。对于细晶粒，倒易点扩大成倒易体，若干倒易体构成有一定厚度的倒易球。因入射线有一定的发散度，根据厄瓦尔德作图原理，反射球与有一定厚度的倒易球壳相交，得到一个环带，衍射线束则形成一个有一定厚度的衍射圆锥（图8-19），圆锥轴线为入射线，圆锥半顶角为 2θ，圆锥母线即衍射线。如在与入射线垂直位置放置一面探测器以记录衍射信号，则衍射圆锥与面探测器相交的迹线构成一衍射圆环，实验测定的就是该衍射圆环上单位弧长上的强度。

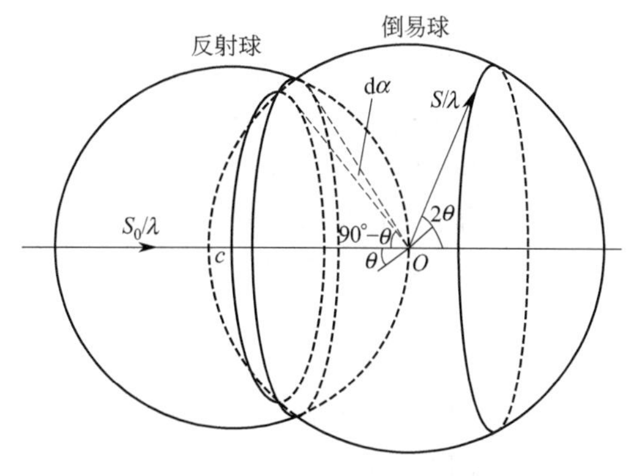

图8-19　多晶体衍射的厄瓦尔德球图解法

整个衍射圆环的强度，等于参与衍射的晶粒数与一个小晶体积分强度的乘积。参与衍射的晶粒数越多，衍射圆环的强度越大。根据厄瓦尔德作图原理，只有倒易球上环带对应的部分才能产生衍射，即产生衍射的晶面法线必须通过环带，其余方位的晶面则不产生衍射。

在晶粒取向完全任意的情况下，如用 n 表示试样中被X射线照射的晶粒数，Δn 表示参加衍射的晶粒数，则 $\Delta n/n=\Delta S/S$。式中，ΔS 为倒易球上环带面积；S 为倒易球面积。

由图 8-19 可见，环带面积 ΔS 为

$$\Delta S=\int_{\phi}2\pi r^{*}\sin(90°-\theta)r^{*}\,\mathrm{d}\alpha=\int_{\phi}2\pi(r^{*})^{2}\cos\theta\,\mathrm{d}\alpha \tag{8-24}$$

上述积分是在倒易矢量的角度变化范围 Φ 内进行的。

由于倒易球面积 $S=4\pi(r^{*})^{2}$，故 $\dfrac{\Delta n}{n}=\displaystyle\int_{\phi}\dfrac{\cos\theta}{2}\mathrm{d}\alpha$ 。

式(8-24) 中，$\mathrm{d}\alpha$ 为与环带相交的同一晶面衍射线构成的衍射畴和倒易原点所形成的夹角，受晶粒尺寸及晶粒中亚晶粒方位角的影响。该式表明，布拉格角 θ 越小，则参加衍射的晶粒数越多。

在考虑参与衍射的晶粒数 Δn，并使反射球扫过整个倒易体即相当于对 $\mathrm{d}\alpha$ 积分的基础上，多晶衍射圆环的总积分强度为

$$I_{环}=I_0\,\frac{e^4}{m^2c^4}\times\frac{1+\cos^2 2\theta}{2\sin^2\theta}\times\frac{\cos\theta}{2}\times\frac{\lambda^3}{V_0^2}|F|^2 n\Delta V \tag{8-25}$$

因 $n\Delta V=V$ 为 X 射线照射试样的体积，若衍射环到试样的距离为 R，环的半径为 $R\sin2\theta$，其周长则为 $2\pi R\sin2\theta$，单位弧长上的强度就是欲求的实际小晶粒（hkl）晶面的衍射强度，其表达式为

$$I=\frac{I_{环}}{2\pi R\sin2\theta}=\frac{I_0}{32\pi R}\times\frac{e^4}{m^2c^4}\times\frac{\lambda^3}{V_0^2}V|F|^2\,\frac{1+\cos^2 2\theta}{2\sin^2\theta\cos\theta} \tag{8-26}$$

式中，$\dfrac{1+\cos^2 2\theta}{\sin^2\theta\cos\theta}$为角因子或洛伦兹-偏振因子，它由偏振因子$\dfrac{1+\cos^2 2\theta}{2}$和考虑衍射几何特征而引入的洛伦兹因子$\dfrac{1}{\sin^2\theta\cos\theta}$相乘而得。

计算实际多晶体的衍射强度，还必须考虑影响衍射强度的其他因素并引入相应的修正因子，包括多重性因子、温度因子和吸收因子等，以修正上述衍射积分强度公式。

多重性因子是指某族 $\{hkl\}$ 晶面中等同晶面的数量，以 P_{hkl} 表示。各等同晶面由于其倒易球面互相重叠必然使相应的衍射强度增加 P_{hkl} 倍。对立方晶体来说，$P_{100}=6$，$P_{110}=12$，$P_{111}=8$。

温度因子是用来修正原子热振动对衍射线强度干扰程度的参量。随温度升高原子的振幅增大，晶体点阵排列的周期性受到破坏，以致满足布拉格条件下由相邻原子面散射的 X 射线程波差并不刚好等于 $n\lambda$，导致衍射线强度减弱。温度因子一般用 e^{-2M} 表示，其中 M 是一个与原子质量、热力学温度、德拜特征温度、德拜函数、布拉格角和入射线波长有关的物理量。当温度一定时，掠射角 θ 越大衍射强度减弱越明显。

吸收因子是反映试样本身对 X 射线吸收效应的参量，用 A 表示。由于试样形状及衍射方向的不同，衍射线在试样中穿行路径的不同，导致衍射强度衰减。A 一般随样品线吸收系数的增大而减小。

将上述影响衍射强度的三种因子计入式(8-26) 中，得到如下多晶粉末试样衍射强度的一般公式为

$$I=\frac{I_0}{32\pi R}\frac{e^4}{m^2c^4}\frac{\lambda^3}{V_0^2}V|F|^2P\,\frac{1+\cos^2 2\theta}{2\sin^2\theta\cos\theta}Ae^{-2M} \tag{8-27}$$

式中，e^{-2M} 为温度因子；A 为吸收因子；P 为多重性因子；其他各符号的意义同前述相同。

第五节 晶体 X 射线衍射方法

X 射线与晶体发生衍射作用时，参与衍射的晶体可以是单晶体，也可以是多晶体，相应地衍射作用分别称为单晶 X 射线衍射和多晶 X 射线衍射，这两种衍射方法的实验途径和应用领域均有明显区别。

一、单晶 X 射线衍射

单晶 X 射线衍射主要用于晶体取向的确定以及观测晶体的完整性、测定晶体的晶胞参数和空间群以及进行结构解析等，分为劳厄法和衍射法两种。

1. 劳厄法

劳厄法采用连续 X 射线照射固定的单晶试样，即入射线与晶面的交角 θ 不变，连续改变 λ，使晶面间距 d 不同的晶面满足布拉格方程而产生衍射。用平面探测器（如感光底片）记录衍射花样，就得到衍射斑点（劳厄斑点）图。图 8-20 所示的是一幅采用透射法获得的劳厄图，图中劳厄斑点分布在一系列通过底片中心的椭圆或双曲线上。分布于同一曲线上的斑点，是由同一晶带的各个晶面反射产生的。这是因为同一晶带的各个晶面的反射线均在以晶带轴为轴及晶带轴与入射线的夹角 α 半顶角的圆锥面上，因此当底片平面与圆锥体相截交时就获得在圆锥面交截曲线上分布的劳厄斑点。根据劳厄斑点的位置，可以用公式 $\tan 2\theta = r/D$ 直接求出对应晶面的布拉格角 θ（式中，r 为斑点与底片中心即入射光束与底片的相交点的距离，D 为试样与底片的距离）。

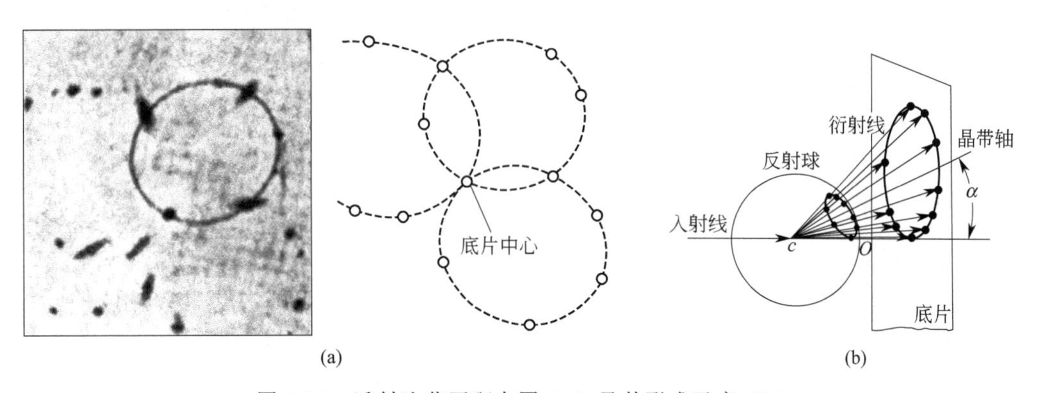

图 8-20　透射法劳厄斑点图（a）及其形成示意（b）

2. 衍射法

图 8-21 为单晶 X 射线衍射法获得的一幅衍射图，图中的白色亮点的大小和分布特征实际上就是衍射线强度和方向的反映。根据一系列衍射图，应用结构解析的方法如 *Patterson* 法、重原子法、直接法等可以计算出电子密度等高线图，在电子密度等高线图中可识别出原子的种类和确定原子坐标。图 8-22 为一含 Cu 金属配合物的分子片段的电子密度等高线图，

从该图中可以看出，位于电子密度图中的下方，电子密度比较集中的位置（表现为等高线密集）代表铜原子，而碳原子连接成的六方环也清晰可见。

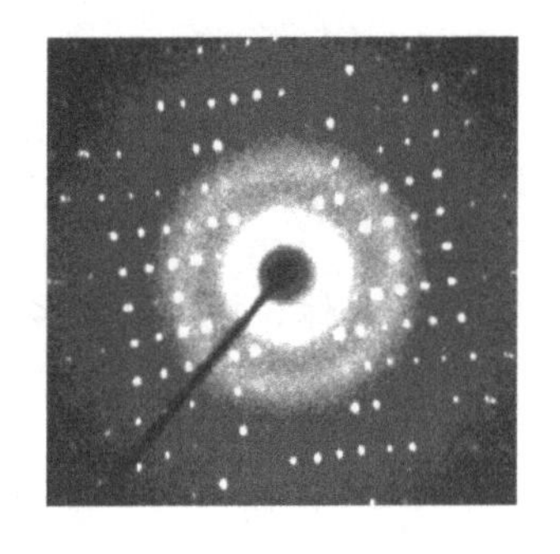

图 8-21 单晶 X 射线 CCD 面探测器获得的一幅衍射图像

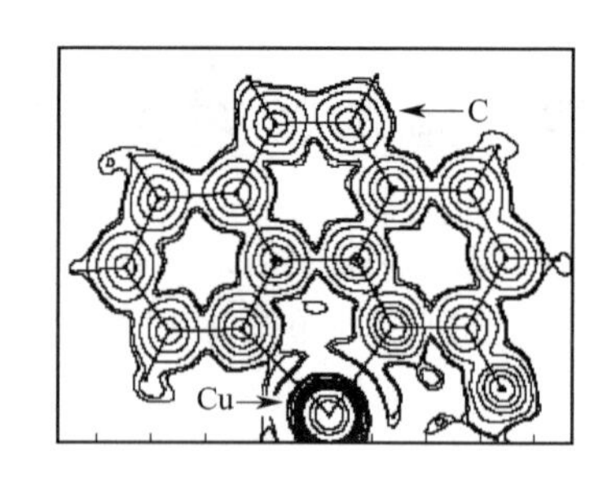

图 8-22 单晶 X 射线衍射电子密度等高线图

单晶 X 射线衍射结构分析的理论和技术，尤其是小分子晶体的结构分析方法已相当成熟。其主要工作内容和步骤为：晶体的培养、选择以及在测角器上的安置；晶胞参数的测定及取向矩阵的获得；衍射强度数据的收集；衍射强度数据的还原和吸收校正；结构解析；结构精修；晶体结构的表达与解释。常用的结构解析程序为 *SHELX-TL* 软件包。

二、多晶 X 射线衍射

多晶 X 射线衍射法使用的样品一般是粉末，因此又称为粉末衍射法。

1. 多晶 X 射线衍射原理简介

多晶 X 射线衍射中，样品中各晶粒的取向是随机分布的，满足衍射条件的不同晶面产生的衍射线，构成一系列顶点相同而张角不同的衍射圆锥，衍射锥与垂直于入射线的面探测器（如感光底片、CCD）相遇，就得到同心的圆形衍射环，称德拜（Debye）环。若用围绕试样的条带形底片记录衍射线，就得到一系列衍射弧段，称德拜弧；若用绕试样扫描的计数管接受衍射信号，则得到衍射谱线（衍射图谱）。多晶 X 射线衍射的形成原理见图 8-23。

图 8-23 多晶 X 射线衍射形成示意

2. 多晶 X 射线衍射图谱及应用

图 8-24 为某多晶体样品的 X 射线衍射图谱，图中横坐标为衍射角 2θ，单位为度（°），衍射峰所对应的 2θ 角称为峰位；纵坐标为 X 衍射线的绝对强度 I，其单位为 cps，即探测器每秒接收到的 X 射线光量子数目。峰强也可以用相对强度表示，将图谱中绝对强度最大的衍射峰的强度视为 100%，其他衍射峰强度与其之比所得的百分比就是相对强度。衍射峰的型态（如对称性、明锐和弥散等）称为峰型。峰位、峰强和峰型称为多晶 X 射线衍射图谱的衍射峰三要素。

根据多晶 X 射线衍射图谱的衍射峰峰位、峰强和峰型，可以进行定性物相分析（晶相

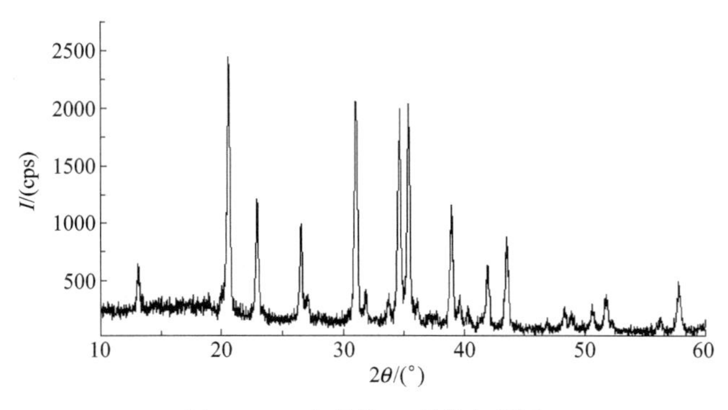

图 8-24 多晶体 X 射线衍射图

识别)、结晶度分析、晶粒度计算、晶胞参数精测、宏观残余应力分析、Rietveld 结构精修与从头晶体结构测定等。

(1) 定性物相分析

物相是影响材料性能的基本因素之一。正确鉴定和识别样品中存在的晶相，对于反应物的选择、反应过程控制、工艺参数确定和产品质量的评价非常重要。

每一种结晶物质都有其独特的化学组成和晶体结构。没有任何两种结晶物质，它们的晶胞大小、质点的种类和质点在晶胞中的排列方式是完全一致的。当 X 射线通过晶体时，每一种结晶物质都会产生一套特有的衍射谱。多相混合物中各晶相的衍射谱同时出现但互不干涉（即各相的衍射线位置及相对强度保持不变），只是彼此间的简单叠加。在获得样品的一系列衍射数据后，通过与标准物质的衍射数据进行比对，就可以鉴定出样品中所含的各种晶相，这一过程就是定性物相分析。

进行定性物相分析所依据的标准物质衍射数据，来源于国际衍射数据中心（ICDD）编辑出版发行的粉末衍射卡片（Powder Diffraction Files），简称 PDF 卡片。如最新版 PDF 4.0+数据库中 PDF 卡片的主要内容包括：①卡片号和质量标记。每张 PDF 卡片都有属于自己唯一的编号，对应一个特定的物相。PDF 卡片号由三组数据共 9 位数组成，形式为 XX-XXX-XXXX，如 α-Si_3N_4 的 PDF 卡片号为 01-076-1407，其中 01 代表数据来源，该卡片来自 ICDD 的粉末衍射数据库，076 代表收录的第 76 卷，1407 代表该 PDF 卡片对应的编号。②物质的化学式和英文名称。③物质的晶面间距、衍射强度及对应的晶面指数。④物质的晶体学数据，主要包括晶系、空间群、晶胞参数、晶胞体积、原胞内原子数 Z、密度、F 因子、参比强度 RIR 值 I/Ic、R 因子等信息。⑤ 物相的结构数据，主要包括晶体学参数、空间群对称操作、原子坐标、占位信息和温度因子等信息。⑥获得衍射数据的实验条件。⑦样品来源、制备和化学分析等数据。⑧参考文献。⑨特色物相信息，如 2D 或 3D 结构示意图、二维德拜环、模拟 XRD 图及纯相的 XRD 实验图、选区电子衍射图和电子背散射衍射图等。

将实验衍射数据 d 和 I 与 PDF 标准数据用计算机进行检索和匹配，结合样品的来源和元素组成等信息，就可以确定样品的物相组成。如图 8-24 所示的衍射图谱，物相定性分析的结果为 α-Si_3N_4 和 β-Si_3N_4，对应的 PDF 卡片号分别为 01-076-1407 和 01-082-0697。

检索过程中要注意漏检和误检现象。对固溶体、微量相以及存在择优取向的晶相的识别，要在综合考虑样品各种信息的基础上，慎重判断。此外，必须关注分析结果的合理性和可能性。

常用的衍射数据处理和检索软件有 Jade、EVA 和 Highscore 等，其中 Jade 是一款由美国材料数据公司开发的通用型 XRD 数据处理分析软件。

(2) 定量物相分析

由若干个物相组成的混合物样品，其中某相的 X 射线衍射强度随其在样品中含量的增加而增加。但由于存在吸收效应等影响因素的作用，其含量与衍射强度不是简单的正比关系，需要进行修正。

n 相混合物中，j 相的某条衍射线的强度与参与衍射的该相的体积分数 V_j 的关系式可表示为

$$I_j = I_0 \frac{\lambda^3}{32\pi R}\left(\frac{e^2}{mc^2}\right)^2 \frac{1}{2\mu_l} V_j \left[F_{hkl}^2 P \frac{1+(\cos^2 2\theta)^2}{\sin^2\theta\cos\theta} e^{-2M}\right] \tag{8-28}$$

上式中各符号的意义同式(8-27)。

由 n 相组成的样品，其总的线吸收系数为 μ_l。不同的相 I_j 各异，当 j 相含量改变时，强度 I_j 将随之改变。

若样品中 j 相的体积分数为 f_j，设试样被照射的体积 V 为单位体积，则 j 相被照射的体积 V_j 可表示为：$V_j = Vf_j = f_j$。

公式(8-28) 中，除 V_j、μ_l 和 I_j 随 j 相的含量变化外，其余均为常数，这些常数的乘积可用 C_j 表示，则样品中 j 相某条衍射线的强度 I_j 可表示为

$$I_j = \frac{C_j f_j}{\mu_l} = \frac{C_j m_j}{\rho_j \sum_{j=1}^{n} m_j \mu_{mj}} \tag{8-29}$$

式中，m_j 和 μ_{mj} 分别为 j 相的质量分数和质量吸收系数。

由处理衍射强度 I_j 与总吸收系数 μ_l 或 μ_m 的不同引申出多种定量分析方法，如直接对比法，内标法、外标法、K 值法（基体冲洗法）和绝热法等，其中较普遍使用的是 K 值法。

K 值法实际上是一种特殊的内标法。在待测样品中掺入标准物质 S 以组成复合样，再考虑待测相 j 和标准物质 S 的密度，根据式(8-29) 可得衍射线强度和质量分数的关系为

$$I_j = \frac{C_j m'_j}{\rho_j \mu_l} \tag{8-30}$$

$$I_S = \frac{C_S m'_S}{\rho_S \mu_l} \tag{8-31}$$

式中，m'_j 和 m'_S 分别是 j 相和 S 相在复合样中的质量分数；ρ_j 和 ρ_S 分别是 j 相和 S 相的密度；μ_l 是复合样的线吸收系数。

将上述两式相除，得到待测相 j 和标准物质 S 的衍射强度比

$$\frac{I_j}{I_S} = \frac{C_j \rho_S}{C_S \rho_j} \frac{m'_j}{m'_S} = K \frac{m'_j}{m'_S} \tag{8-32}$$

式中，K 可以通过理论计算求出，但一般是用实验方法获得，配制等量的 j 相和 S 相的混合样，根据实测强度值通过上式即可求出 K 值。当 S 相为刚玉（α-Al_2O_3）时，常见物相的 K 值已载于相应的 PDF 卡片中，定量分析时可直接引用。

K 值法定量分析时只要分别测出 j 相和 S 相的某条衍射线的强度，根据式(8-32) 即可计算出混合样中 j 相的含量。K 值法定量分析的特点为：①无需做标准曲线；②当内标物

S 与待测相实验条件相同时，K 值恒定，有普适性；③试样中存在非晶相时也可对 j 相进行定量；④由于要加入 S 相来稀释样品，因此该法只适用于粉末试样分析。

除上述定量分析方法外，利用 Rietveld 全谱拟合精修粉末衍射数据来进行物相定量分析，已成为目前定量物相分析重要方法。

(3) 结晶度分析

结构中原子的排列只存在短程有序而无长程有序的物质是非晶态。很多结晶物质的结构中原子排列并非完全有序，而是无序的非晶态部分和有序的结晶态部分共存于同一结构中，这种现象在聚合物、生物质材料（如纤维素等）、热处理或机械力化学制备的材料中普遍存在。结晶度是描述物质中结晶态部分质量分数大小的数值，其一般表达式为：$X_c = m_c/(m_c + m_a) \times 100\%$，其中，$X_c$ 为结晶度，m_c 为材料中晶态部分的质量，m_a 为材料中非晶态部分的质量。结晶度对材料的力学性能和化学反应性等性能有很大的影响。

晶体结晶度变化会引起衍射峰强度和峰型发生变化。一般通过峰型拟合，从衍射谱图谱中剥离非晶峰，以有峰区域的积分强度作为结晶部分和非晶部分的总散射强度，计算晶态峰强度与总散射强度之比，即可求得结晶度。计算 X_c 的基本公式如下

$$X_c = \frac{\sum_i I_{ci}}{\sum_i I_{ci} + KI_a} \times 100\% \tag{8-33}$$

式中，I_a 及 I_{ci} 分别为非晶峰及结晶峰的积分强度，K 为材料中晶态部分和非晶态部分单位质量物质的相对散射系数，一般取 $K=0.9$。

(4) 材料状态鉴别

不同的物质状态对 X 射线的衍射作用是不同的，因此可以利用 X 射线衍射谱来区别晶态和非晶态。一般非晶态物质的 XRD 谱为一“馒头状”的漫散型峰，微晶态具有晶体的特征，但由于晶粒小会产生衍射峰的宽化弥散，而结晶好的晶态物质会产生尖锐的衍射峰。

晶态物质经过加热、机械力、高能辐射或其他物理手段处理后，原来的有序结构会受到破坏，逐渐向非结晶态过渡。相反，非结晶态物质在经过一定的物理化学方法处理后，其无序结构会通过结构弛豫逐渐向结晶态过渡。晶态物质与非结晶态物质在相互转变过程中，材料的许多物理和化学性质也将随之改变。研究这些过程对了解晶质或非晶质材料的稳定性、性能变化趋势以及材料的正确使用均有重要的实际意义。

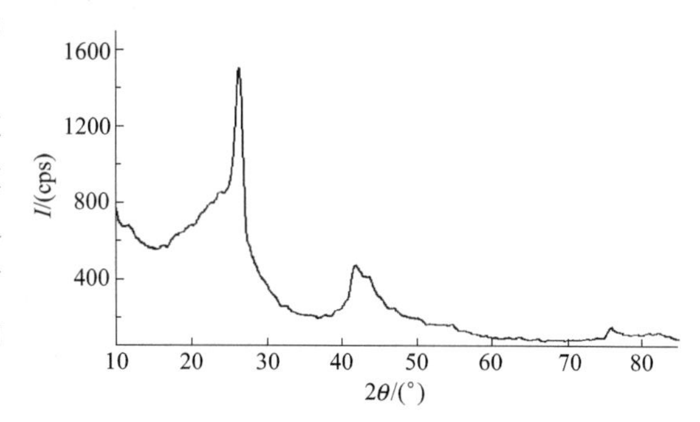

图 8-25　六方氮化硼部分非晶化衍射图

图 8-25 为六方氮化硼在机械力化学作用下部分非晶化的衍射图，图中 $2\theta=18°\sim32°$ 范围内的漫散射峰反映氮化硼的层状结构出现湍流态，表现为非晶态结构，而其上叠加的明锐结晶峰表明垂直于片层方向的结构仍有一定的有序度。

层状双金属氢氧化物（Mg-Al LDHs）具有独特的阴离子交换性、层板组成的可设计性、结构的可恢复性而在催化、吸附、环境、医药、纳米材料和功能高分子材料等领域获得广泛应用。图 8-26(a) 为 Mg-Al LDHs 在 500℃煅烧后产物的衍射图，表明其层状结构完全

被破坏而形成一种似尖晶石的低结晶度的氧化物。将该煅烧产物在水中浸泡100小时后，自然干燥，产物的衍射图如图8-26(b)所示，表明Mg-Al LDHs层状结构得到完全恢复。

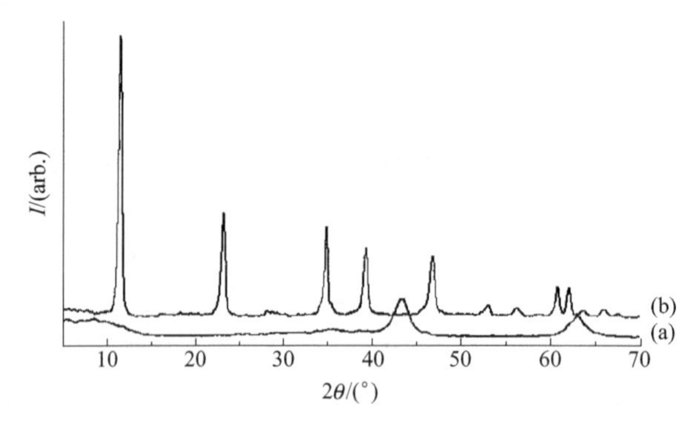

图8-26　Mg-Al LDHs结构破坏（a）与恢复（b）衍射图

（5）晶粒度计算

多晶材料中晶粒尺寸是材料形态结构的重要参数，其大小与材料的活性等物化性质有密切关系。晶粒度计算在纳米粉体材料质量控制和评价中具有重要意义。

多晶X射线衍射中，会有部分晶面的散射角稍微偏离布拉格方程，此时散射波振幅的叠加引起衍射峰的宽化；而且散射角越接近布拉格角，晶面的数目越少，其散射强度越接近于衍射峰的峰值强度。对于某一晶粒而言，晶面（hkl）的面间距d_{hkl}和晶面层数的乘积就是垂直于此晶面方向上的晶粒度L_{hkl}。L_{hkl}与晶面（hkl）对应的衍射峰宽化程度有关。当晶粒大于100nm时，衍射峰的宽化现象不明显，而小于10nm时，衍射峰有显著宽化。

衍射法所测得的晶粒度是大量晶粒尺寸的一种统计平均值。可用如下经验公式即谢乐（Scherrer）方程计算晶粒度L_{hkl}

$$L_{hkl}=\frac{K\lambda}{\beta\cos\theta_{hkl}} \tag{8-34}$$

式中，β为衍射峰hkl的半高宽，单位为弧度；K为形态常数，一般取值为0.89；θ_{hkl}为衍射峰hkl对应的布拉格角，λ为X射线波长。

（6）指标化和点阵常数精测

指标化是确定衍射图谱中衍射线对应的晶面指数的过程，是测定点阵常数和进行晶体结构分析的基础。当待测晶相的晶系为已知，或假设其属于某一晶系时，根据衍射角与晶面指数的关系，应用Werner、TEROR晶面指数尝试法、Visser晶带分析法和DICVOL二分法等，即可进行衍射线的指标化。指标化实际上是一种数学拼凑的结果，由于衍射测试存在各种误差，因此不能简单地根据衍射线数目的理论计算值与实验观察值的符合程度来判断指标化结果是否正确。

点阵常数是晶体的基本参数，随晶体的化学组分和温度压力等条件而变。精确测定点阵常数，可用于判别固溶体的类型、分析固溶体化学成分、确定相图的固溶线、测定固态物质的压缩系数和膨胀系数、分析热力学二级相变温度以及薄膜外延层和表面膜厚等。

晶体的点阵常数变化量很小，一般变化幅度约为10^{-3} nm量级，必须通过精确的衍射实验才能确定。根据布拉格方程以及晶体点阵常数与晶面间距的关系可知，点阵常数测量的准确度主要取决于衍射角测量的精度。测量过程中要严格控制测试系统误差，根据测得的一系列衍射角，用图解外推法或计算法即可求得精确点阵常数。

(7) 宏观残余应力测定

残余应力又称为内应力，是指产生应力的各种因素不存在时（如外力去除、温度已均匀、相变结束等），由于材料不均匀塑性变形使其内部依然存在并且自身保持平衡的弹性应力。当多晶材料中存在内应力时，必然引起材料局域的形变，导致其结构中原子间相对位置发生变化，从而在X射线衍射图谱上有所反映，通过分析这些衍射信息，就可以实现内应力的测量。

根据内应力的X射线衍射效应，一般将其分为三类。第Ⅰ类内应力引起X射线谱中峰位位移，应力分布范围为宏观尺寸，又称为宏观残余应力；第Ⅱ类内应力使X射线谱峰展宽，应力分布范围为晶粒尺寸；第Ⅲ类内应力使谱峰衍射强度下降，应力平衡范围为单位晶胞。第Ⅰ类内应力属于远程内应力，其作用与平衡范围较大，应力释放后会造成材料宏观尺寸的改变，进而直接影响材料的静态强度、疲劳强度和体积稳定性；第Ⅱ、Ⅲ类内应力属于短程内应力，其作用与平衡范围较小，应力释放后不会造成材料宏观尺寸的改变。在通常情况下，这三类内应力共存于材料的内部，导致材料的X射线衍射谱峰会同时发生位移、宽化和强度降低的效应。

测定宏观残余应力对材料特别是金属材料的加工（如焊接、热处理及表面强化处理）工艺控制、进行失效分析具有非常重要的意义。

残余应力测试方法一般分为有损测试法（应力释放法）和无损测试法两类。前者包括钻孔法、取条法、切槽法和剥层法等；后者包括X射线法、超声波法和磁性法等。X射线衍射法测得是材料的表面应力，仅反映材料的弹性应变，测量范围可小至2～3mm，能够研究小区域的局部应变和陡峭的应力梯度，而其他方法所测定的通常都是20～30mm以上范围内的平均应变。

多晶材料在无应力状态下，不同晶粒中的同族晶面（hkl）无论位于怎样的方位，晶面间距均相等。但当多晶材料中平衡着一个宏观残余应力时，弹性应变导致不同晶粒中同族晶面（hkl）的晶面间距或对应的衍射角随这些晶面相对于应力方向的改变而发生规律性变化。用X射线衍射法分别测出平行于材料表面某（hkl）晶面的衍射角2θ以及与表面呈ψ角的同种（hkl）晶面的衍射角$2\theta_{\psi}$，根据下式即可求出宏观残余应力σ

$$\sigma=KM \tag{8-35}$$

式中，K为应力常数，$K=(-E\cdot\cot\theta_0)/2(1+\nu)$，它决定于待测材料的弹性性质及所选衍射晶面的衍射角，其中E为弹性模量，ν为泊松比，θ_0为无应力时的布拉格角；$M=\Delta(2\theta_{\psi})/\Delta(\sin2\psi)$。

要确定和改变某（hkl）晶面的方位，需采用某种衍射几何方式才能实现。常用的衍射几何方式有同倾法和侧倾法两种，其中侧倾法在专用应力仪上可测量复杂形状工件表面残余应力且具有较高的测量精度。

(8) 织构的测定

织构又称择优取向，是多晶材料中晶粒围绕某些特殊方位的偏聚或取向排列现象。不存在织构的材料，其中所有晶粒的取向是任意分布的。金属材料织构的形成主要是其塑性变形过程中原子沿原子最密集晶面的方向滑移所致。织构使多晶材料的力学和化学性能发生各向异性，直接影响材料的使用性能。

根据晶粒的取向分布特征，织构一般分为丝（纤维）织构和板织构两大类。

丝织构广泛存在于各类丝、棒材及各种表面镀层或溅射层中，是晶粒的某一结晶学方向平行于（或接近平行于）材料线轴方向的择优取向。由于各晶粒围绕材料线轴所有取向的概率是相等的，因此丝织构具有轴对称分布的特点。

定义与材料线轴方向平行的晶向＜*uvw*＞为丝织构指数。如冷拉铝线中多数晶粒的[111]方向平行于线轴方向，称＜111＞丝织构。冷拉铁丝具有＜110＞丝织构，即铁丝中大多数晶粒的[110]方向倾向于平行线轴方向。冷拉铜丝具有＜111＞＋＜100＞双重丝织构，材料中有60％的晶粒[111]方向与拉丝轴方向平行，而另外40％晶粒的[100]方向与拉丝轴方向平行。

板织构是一种存在于轧制或旋压成形的金属板材、片状构件中的面织构，其特点是各晶粒某晶向[*uvw*]与轧向平行，而各晶粒某晶面{*hkl*}与轧面平行，用晶体学指数＜*uvw*＞{*hkl*}表示。如冷轧铝板中存在＜112＞{110}型板织构。

织构除可用上述晶体学指数表示外，还可以用极图和取向分布函数（ODF）等表示。极图是描述多晶材料中晶粒在三维空间中取向分布的二维极射赤面投影图。通过极图可确定织构的类型和晶体学指数，并判断择优取向的程度。取向分布函数是将材料外观形态和晶粒取向间的几何关系用一组欧拉角表达，并将极图的数据进行数学变换的工具。取向分布函数图能定量地表示出材料的织构类型和取向密度漫散程度，图中的曲线和曲面代表等取向密度线和面。

存在织构的多晶材料，其某些晶面的X射线衍射强度会出现明显的反常（异常增强或减弱）现象。根据材料衍射强度的空间分布特征，就可以获得织构晶体学指数和极图。

（9）Rietveld图谱结构精修

在难以获得可供单晶法测定晶体结构的晶体时，也可用多晶X射线衍射法进行晶体结构分析。多晶X射线图谱是衍射强度分布的一维衍射图，而解析结构需要衍射强度三维空间分布的信息。采用Rietveld图谱精修法，可以从一维衍射图中提取三维强度信息，在此基础上运用解析单晶结构的方法就能获得多晶材料的晶体结构。

Rietveld图谱精修法的基本原理为：将样品的理论计算图谱与实验衍射图谱进行比较，通过逐步调整结构和非结构参数，拟合这两种图谱并使图谱之差达到最小。计算图谱是指样品中所有相的理论衍射线按衍射角度叠加其强度获得的图谱。计算图谱中任何一点 i 处的强度 Y_{ci} 可表示为

$$Y_{ci}=sS_RA\sum[F_k^2\phi(2\theta_i-2\theta_k)](L_kP_k)+Y_{bi} \tag{8-36}$$

式中，s 为标度因子（定量分析与此有关）；S_R 为考虑样品粗糙度效应的函数；A 为吸收因子；F_k^2 为 k 反射的结构因子；ϕ 为 k 反射的峰形函数（计及仪器线形和物理线形）；L_k 为洛仑兹、偏振及多重因子；P_k 为择优取向函数；Y_{bi} 为衍射谱背景强度。

利用最小二乘法拟合优化使下列函数达到最小

$$M=\sum w_i(Y_i-Y_{ci})^2 \tag{8-37}$$

式中，Y_i 是图谱中 i 点处的实验强度；w_i 是权重因子。求和是对整个衍射谱中所有强度数据点进行的。

用最小二乘法拟合的参数分两类：一类是结构参数，包括温度因子、原子坐标、位置占有率和晶格参数等；另一类是峰形参数，主要反映仪器的几何设置和样品的微结构对衍射强度分布的影响，包括探测器零点位置、样品表面粗糙度、背景强度、半高峰宽、衍射峰的非对称因子及混合因子等。拟合最优时获得的结构参数即可用来解析晶体结构，峰形参数可用来分析晶体缺陷（晶格畸变、层错等）、晶粒度和结晶度等微结构。此外，根据标度因子可

进行无标样品相定量分析。

Rietveld 图谱精修法结果的可靠性可以通过可信度因子（R 因子）来评价。一般情况下，R 值越小，拟合越好，晶体结构正确的可能性就越大。通常使用的 R 因子有以下几种：

① 衍射谱 R 因子（图谱剩余方差因子）

$$R_p = \sum |Y_i - Y_{ci}| / \sum Y_i \tag{8-38}$$

② 权重 R 因子（全谱的加权剩余差方因子）

$$R_{wp} = [\sum w_i (Y_i - Y_{ci})^2 / \sum w_i Y_i^2]^{1/2} \tag{8-39}$$

③ Bragg R 因子

$$R_B = \sum |I_{ko} - I_{kc}| / \sum I_{ko} \tag{8-40}$$

式中，I_{ko} 和 I_{kc} 分别是 k 反射的实验积分强度和理论计算积分强度。

④ 结构因子 R 因子

$$R_F = \sum \| F_{obs} | - | F_{cal} \| / \sum | F_{obs} | \tag{8-41}$$

式中，F_{obs}，F_{cal} 分别为导出的实验结构因子和计算的结构因子。

进行 Rietveld 图谱精修法时，需要对影响衍射强度的主要因素如择优取向、微吸收和背景等加以校正。①择优取向严重扭曲衍射图谱上某组峰的强度，通过 *March-Dollase* 等模型可校正多晶样品中晶粒的择优取向效应。②微吸收不同于由样品组成引起的 X 射线吸收，其源自样品体孔隙度和表面粗糙度，此种吸收效应与散射角度有关，散射角越低，衍射强度降低越严重。微吸收效应对定量相分析结果有严重影响。Rietveld 分析中加入微吸收校正可改善拟合的结果，得到具有物理意义的热参数，但对晶体结构模型则没有明显影响。通常采用 *Sparks*、*Sourtti* 和 *Pitschke* 等数学模型进行微吸收校正。③衍射图谱上背景强度主要来源于不连续散射、空气散射、热扩散散射以及非晶态样品架、样品中的非结晶相和结晶不完全部分的散射等，其在衍射图谱上表现为加在尖锐的 Bragg 衍射峰上的一个较宽的馒头峰。一般通过峰形函数（如 *Gaussian*、*Lorentzian*、*pseudo-Voigt*、*Pearson* Ⅶ函数等）拟合法校正背景强度，从校正结果中可以得到样品的微结构和堆垛层错信息。

第六节 晶体 X 射线衍射仪

晶体 X 射线衍射仪是用以采集晶体衍射方向和强度等信息并进行数据处理的仪器。根据仪器使用功能的不同，衍射仪分为单晶 X 射线衍射仪和多晶 X 射线衍射仪两大类，其中前者以进行晶体定向和单晶体结构解析为目的，后者主要用于多晶体晶相定性定量分析和微结构分析等。

一、单晶 X 射线衍射仪

单晶 X 射线衍射仪主要由 X 射线发生器、测角器、辐射探测器和自动控制单元等几部分组成。X 射线发生器用以产生一定波长和强度的特征 X 射线，常用的 X 射线管阳极为 Mo 靶，波长 $\lambda_{K\alpha} = 0.710730\text{Å}$。辐射探测器用以记录 X 射线衍射的强度信号，常用的是 CCD（电荷耦合）探测器，具有高量子探测效率、高空间分辨率、高密度分辨率和高动态范围的优点。测角器为单晶 X 射线衍射仪的核心部件，其作用是安置晶体并通过一定的运动方式使晶体发生 X 射线衍射。

由于进行单晶 X 射线衍射所用的晶体是由一个空间点阵结构所贯穿的单晶体，单晶体与单色 X 射线作用时，如果晶体静止不动，那么能够满足衍射条件的晶面数量很少，这样只能产生为数不多的衍射线。为形成足够多的衍射线，以满足结构分析的需要，常采用晶体相对于入射 X 射线以不同角度和方向旋转的方法，让更多的晶面参与衍射。实现这种目的的装置为四圆测角器，具有这种测角器的仪器就是四圆单晶 X 射线衍射仪。

根据测角器工作的几何学原理，四圆测角器分为欧拉（Eulerian）几何和卡帕（Kappa）几何两种类型，见图 8-27。

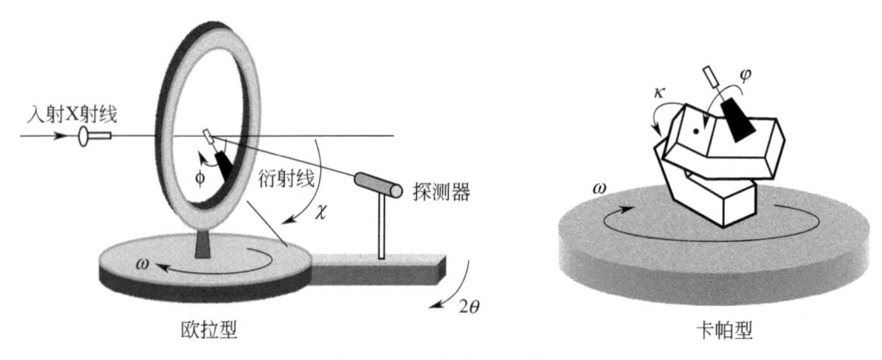

图 8-27　单晶测角器

欧拉型测角器中的四个圆分别为 ω 圆、χ 圆、ϕ 圆和 θ 圆，其中第一个圆 ω 圆处于水平面上，有一个垂直旋转轴。不论 ω 取何值，这个 ω 圆总是与第二个圆 χ 圆互相垂直，后者的转轴在水平方向上。载晶台则直接安放位于 χ 圆里面的第三个圆 ϕ 圆上。第四个圆 θ 圆与 ω 圆共圆心，其上带有 X 射线探测器。

卡帕型测角器中，θ 圆及 ω 圆与欧拉型测角器上相应的圆具有同样的功能，但其中的 χ 圆被 κ 圆代替了。κ 圆的轴向水平面方向倾斜 50°角，其上连接有一个安放载晶台的臂。ϕ 圆和 κ 圆的两者的轴角也为 50°。利用 ϕ 和 κ 的不同组合，通过 κ 轴旋转，晶体可以到达欧拉型测角器晶体能到达的大部分位置。与欧拉型测角器相比，由于在 ω 圆上不存在空间限制，卡帕型测角器在安装冷却晶体的低温装置时比较方便，也不会造成探测死角。

进行晶体定向的主要装置为劳厄相机，照相时一般使用 W 靶 X 光管发射的连续谱线。劳厄相机工作模式分为透射式和背射式两种，如图 8-28 所示。

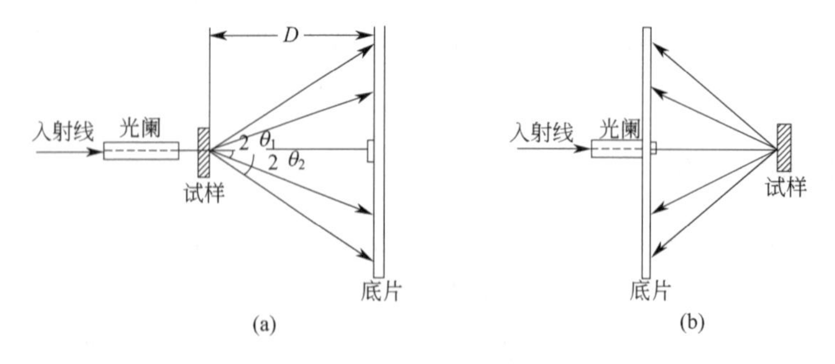

图 8-28　劳厄相机工作方式示意图

（a）透射法；（b）背射法

二、多晶 X 射线衍射仪

多晶 X 射线衍射仪使用的样品一般是粉末，因此又称为粉末 X 射线衍射仪。

1. 多晶 X 射线衍射仪结构

多晶 X 射线衍射仪由 X 射线发生器、测角器、辐射探测器、单色器和自动控制单元等部分组成。①X 射线发生器用以产生一定波长和强度的特征 X 射线，常用的 X 射线管阳极为 Cu 靶，波长 $\lambda_{K\alpha}=1.54184\text{Å}$。②辐射探测器用以记录 X 射线衍射的强度信号，常用的有正比计数器、闪烁探测器、Si(Li) 固体探测器、半导体阵列式探测器、二维多丝正比探测器和能量色散探测器等，其中阵列式探测器具有优秀的分辨率及信噪比和良好的低角度测量能力，是现代中高端衍射仪的主要配置。③单色器是一种 X 射线单色化装置，主要由一块单晶体构成，将其按一定的位置放在入射 X 射线或衍射线光路中，当该单晶体的一组晶面满足布拉格方程时，只有一种波长发生衍射，从而得到单色光。单色器可降低背景，提高衍射线分辨率。使用较广的单色器是准单晶石墨弯晶单色器。④测角器为多晶 X 射线衍射仪的核心部件，其作用是安置样品并通过一定的运动方式使样品发生 X 射线衍射。测角器的中央是样品台，样品台的中心轴与测角仪的中心轴垂直。图 8-29 为测角器的结构示意图。

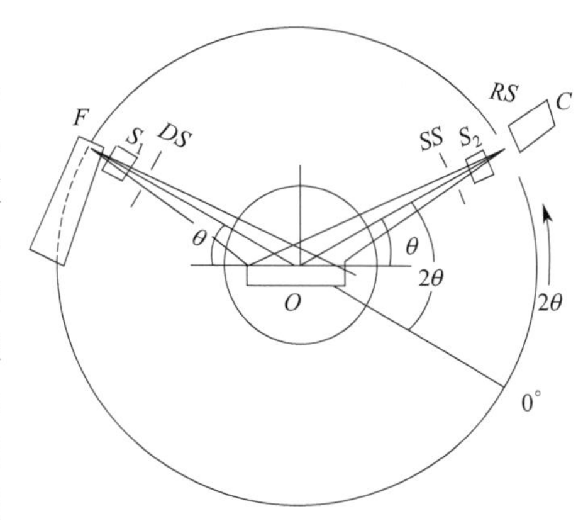

图 8-29　多晶 X 射线衍射仪测角器结构示意图

F：X 射线焦点；O：测角仪圆圆心；

C：探测器；S_1、S_2：索拉狭缝；

DS：发散狭缝；SS：防散射狭缝；RS：接收狭缝

上述测角器是按照 Bragg-Brentano 聚焦原理设计的，光源焦点中心 F 至试样表面中心 O 的距离等于试样表面中心 O 至接收狭缝 RS 中心的距离，且等于测角仪圆的半径；入射 X 射线与试样表面形成的角度 θ 等于衍射线与试样表面形成的角度 θ，即等于衍射角 2θ 的一半。为满足后一条件，在 θ-2θ 型测角器中，试样转过的角度 θ 等于探测器转过角度 2θ 的一半；而在 θ-θ 型测角器中，试样固定不动，光源和探测器同时反向等速转动 θ 角。光路中心线所构成的平面称为测角仪平面，它与测角仪中心轴垂直。

测角器的光学布置如图 8-30 所示。从光源发出的入射线，以及其与样品 S 作用后形成的衍射线，均要通过一系列狭缝。其中，发散狭缝 DS 用来限制入射线束水平方向的发散度，防散射狭缝 SS 和接收狭缝 RS 用以限制衍射线束在水平方向的发散度。SS 狭缝还可以排除附加散射（如光路中空气的散射、各狭缝边缘的散射，光路上其他金属附件的散射）进入探测器，使峰背比得到改善。索拉狭缝 S_1、S_2 由一组相互平行的金属薄片组成，它可以限制入射线及衍射线束在垂直方向（即测角仪轴向方向）的发散度。衍射线在通过狭缝 SS、S_2 及 RS 后便进入探测器中。

2. 多晶 X 射线衍射工作流程

进行多晶 X 射线衍射，一般要求样品粒径为 0.1～10μm 的均匀粉体，样品要有代表性。将样品填充于样品架中，压制成表面平整的平板状试样。对块状样品，大小要合适，测试面应平整光滑。对微量样品，应使用单晶硅制成的无背景样品架。制成的平板状试样，要尽量消除晶粒的择优取向。

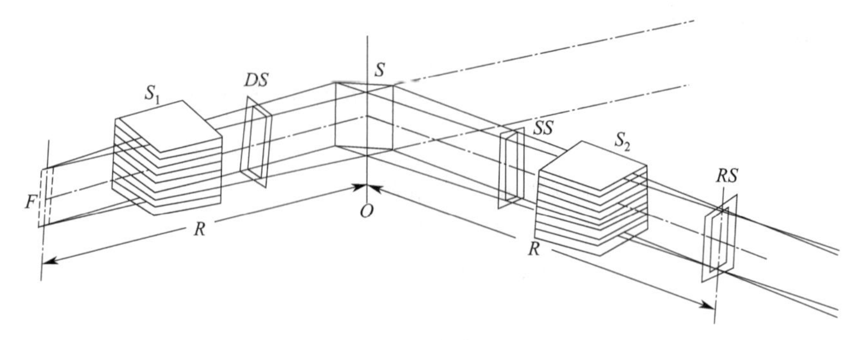

图 8-30　多晶 X 射线衍射仪测角器光路示意图

将装填好样品的样品架置于测角器试样台上，合理设置 X 射线管电流、管电压、扫描方式、扫描速度、扫描角度范围和狭缝等工作参数，获取 X 射线衍射图谱。根据分析目的，用相关软件进行图谱处理和数据的解析。图谱处理主要包括平滑去噪、背底扣除、峰位确定和晶面间距计算等内容。

工作参数中扫描方式和狭缝的设置对实验结果影响较大。①扫描方式有连续扫描法和步进扫描法两种。连续扫描法中探测器以设定的角速度匀速运动并连续测量衍射强度，常用于物相定性分析。步进扫描法也称阶梯扫描法，扫描过程中探测器从起始 2θ 角按预先设定的步进宽度（例如 0.01°）、步进时间（例如 2s）逐点测量各 2θ 角对应的衍射强度（每点的总脉冲数除以计数时间），该法常用于精确测定衍射峰的积分强度、位置，或提供线形分析所需的数据，定量分析、晶格参数精测和 Rietveld 图谱精修时均需采用步进扫描法。步进扫描法角度测量准确度优于±0.005°。②无论是光路中的何种狭缝，增大其宽度均能提高衍射线强度，但会导致分辨率下降。发散狭缝 DS 限制试样被 X 射线照射的面积，定性物相分析一般选用 1°发散狭缝，当低角度衍射特别重要时，可以选用 1/2°(或 1/6°）的发散狭缝。防散射狭缝 SS 宽度应与 DS 相同。接收狭缝 RS 对峰强度、峰背比特别是分辨率有明显影响，在一般情况下，只要衍射强度足够，应尽可能地用较小的接收狭缝。

需要注意的是，衍射强度分为峰高强度和积分强度两种。峰高强度是峰最高点强度减去背景强度后得到的强度。峰高强度受容易实验条件的影响，在对衍射强度的测量误差要求不严格时（如在定性物相分析中）可使用峰高强度。积分强度是以整个衍射峰的背景线以上部分的积分面积表征的衍射峰强度，它是相应晶面簇衍射 X 射线的总能量。虽然衍射峰的峰高和峰形状可能随实验条件的不同而有所变化，但峰面积却比较稳定，因此衍射峰积分强度测量误差较小，在定量分析等精度要求较高的工作中均应使用积分强度。

典型案例

一、链状银硫簇合物的合成和晶体结构

金属原子簇合物是指含有两个或两个以上金属原子，且存在有金属-金属键的化合物，其电子结构特征是含有非局域化的多中心键。该类型金属原子簇还可以作为次级单元(SBUs)，被合适的配体进一步连接形成一维、二维和三维的以金属团簇作为基元构筑的簇基扩展结构。比如将金属原子以三角形（M_3）、四边形（M_4）、六边形（M_6）、八面体（M_6）、立方体（M_8）等形成的团簇活化，设计合成含上述金属团簇等基元的具有光电性

能的一维、二维或三维扩展簇合物。在这类扩展簇合物中金属原子间有较强的相互作用，其电子可以在金属链或网间远程传递，使得这类化合物除了具有一般分子的性质外，还有类金属单质的属性以及类似于固体或金属单质的能带和电子结构。由于其具有复杂多变的空间结构，以及由此引起的丰富多样的物理和化学性质等，扩展簇合物可以作为探索金属和新材料的模型物。诸如在氧化还原反应中充当电子库；可望进行单电子操作并制成微电子器件；或作为一类良好的光电材料等。因此，扩展簇合物的设计合成、化学结构、电子结构及其物理化学性能之间关系的研究，特别是寻找它们在具有特殊功能新材料中的应用，成为目前化学和物理学科中最重要的研究领域之一。国内外已合成了大量结构和功能多样的含金属团簇基元的扩展簇合物。已报道的银-硫簇合物多为零维多核簇合物，而研究具有银-硫簇扩展结构特别是含有银有机硫配体的扩展簇合物的成果较少。

1. 原理

水热反应合成银硫簇合物。用单晶 X 射线衍射法获得样品衍射强度和方向等数据，通过衍射强度数据的吸收校正，用直接法等结构解析程序，求出原子坐标以及其各向异性热参数，绘制出晶体结构图。

2. 仪器与材料

测试仪器为 Rigaku Saturn 724 CCD 单晶 X 射线衍射仪，Elementar Vario ELIII 有机元素分析仪。

样品合成所用试剂：硝酸银，A. R.；叔丁硫醇，A. R.；乙醇钠，A. R.。

样品合成方法：取乙醇钠（0.028g，0.04mmol）加入 6mL 乙醇溶解，再加入叔丁硫醇（0.043mL，0.4mmol），搅拌 30min 待用。称取 $AgNO_3$（0.034g，0.2mmol），加入 1mL 水和 2mL 乙醇使之溶解完全，缓慢滴加入前述溶液中，溶液呈乳白色，产生较多絮状物，再加入 2mL 丙酮，将其密封入水热反应釜中，放入烘箱，90min 内加热到 80℃，持续反应 33h，在 10h 内降至室温，得条状无色晶体，洗涤、纯化分离、干燥。称重 100mg，产率：51%（基于 Ag）。

3. 测试方法

选取尺寸为 0.25mm×0.2mm×0.18mm 的合成单晶样品，安置在衍射仪测角器上。在 293K 下，采用石墨单色器单色化的 Mo*K*α（λ=0.071073nm）射线为光源，以 ω-2θ 的扫描方式在 $2.05° \leqslant \theta \leqslant 27.49°$ 角度范围内收集到 26381 个衍射点，其中独立衍射点为 7062 个（$I>2\sigma$，$R_{int}=0.0265$），用于晶体结构解析和修正。数据的收集、集成、吸收校正分别用 *APEX*Ⅱ、*SAINT* 和 *SADABS* 软件包完成，所有的计算都使用 *SHELX* 晶体解析程序包进行。非氢原子晶体结构由直接法解出，并对它们的坐标以及其各向异性热参数用基于 F^2 的全矩阵最小二乘法进行结构修正。所有氢原子出于几何考虑加入到结构因子计算中。

4. 结果与讨论

（1）晶体数据和结构精修参数

合成簇合物样品的元素分析结果：理论值（%）C 24.38，H 4.60；测定值（%）C 24.32，H 4.72。化学式：$C_{24}H_{54}Ag_6S_6$。化学式量：1182.25。表 8-3 是样品的晶体数据和结构精修参数。

表 8-3　簇合物样品的晶体数据和结构精修参数

分子式	$C_{24}H_{54}Ag_6S_6$		分子量/(g·mol^{-1})	1182.25
晶系	三斜		空间群	$P\bar{1}$
晶胞中分子数	2		密度/(g·cm^{-3})	2.020
	a/nm	1.04774(15)	α/(°)71.344(4)	
晶胞参数	b/nm	1.25886(17)	β/(°)87.354(6)	V/nm^{3}1.9434(5)
	c/nm	1.6437(3)	γ/(°)71.435(5)	
最小与最大衍射指标	$-8\leqslant h\leqslant 8$		$-16\leqslant k\leqslant 16$	$-21\leqslant l\leqslant 21$
等效点平均标准误差	0.0265		最小/最大透过率	0.7274/1.0000
拟合优度	1.006		残差因子($I>2\sigma(I)$)	$R_1=0.0348$ $wR_2=0.0785$

注：$R=\sum \| F_{obs}|-|F_{cal}\| / \sum |F_{obs}|$，$wR=\left\{\sum w[(F_{obs}^2-F_{cal}^2)^2]/\sum w[(F_{obs}^2)^2]\right\}^{1/2}$

(2) 簇合物的晶体结构描述

单晶 X 射线衍射数据显示合成的簇合物是三斜晶系，$P\bar{1}$ 空间群，以图 8-31 所示 6 核银 Ag_6 (μ-StBu)$_6$ 为簇基结构基元的一维扩展簇合物，其不对称单元中含有 6 个晶体学独立的 Ag (I) 离子，6 个去质子的叔丁硫醇。Ag (I) 均是二配位的近似直线构型，每个银原子与两个 μ_2-S 配位，键角∠S-Ag-S 介于 169.69(4)°与 176.30(4)°之间，Ag-S 键长在 0.2368(1) nm 与 0.2394(1) nm 之间，Ag-S 平均键长为 0.2385nm。配体叔丁硫醇的每个硫原子均以 μ_2-S 与两个 Ag(I) 离子配位，因此形成六核 Ag_6-S_6 簇。其中 Ag_6 构成扭曲的八面体构型，其 Ag-Ag 间距为 0.3059(6) 与 0.3336(7) nm 之间，与已报道的 AgStBu 簇合物相当，其距离小于银的范德华半径之和 0.3442nm，表明在 Ag_6 簇中存在弱的银-银相互作用。如图 8-32 所示，两个 μ-StBu 将相邻的 Ag_6 多面体的顶点桥连在一起，形成一维扩展簇合物。相邻的一维链间存在的范德华力等分子间弱作用力使得一维链堆积形成图 8-33 所示的 3D 超分子体系。

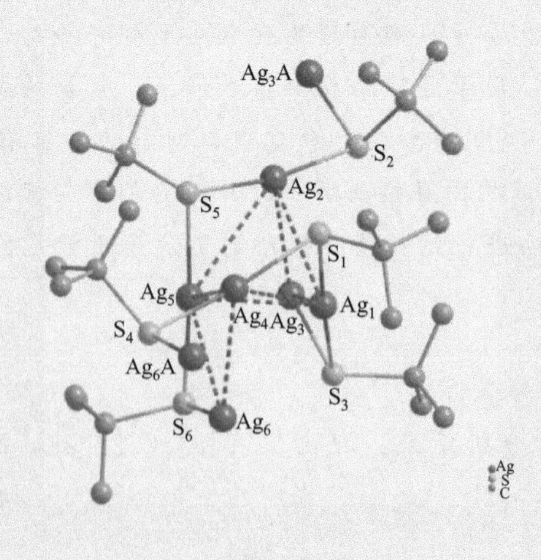

图 8-31　簇合物的 6 核银簇基元

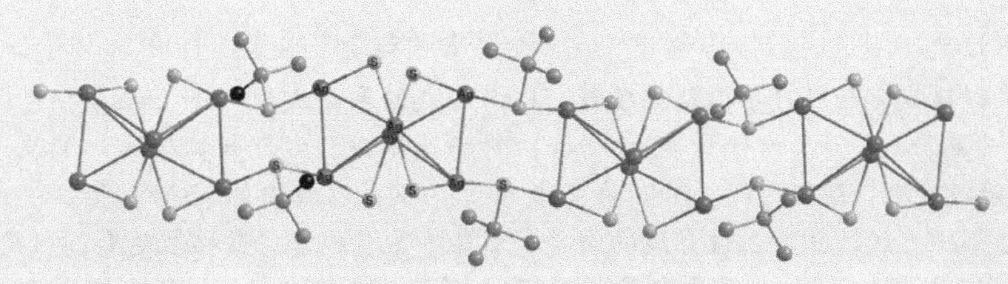

图 8-32　由 6 核银簇构筑成的一维簇合物

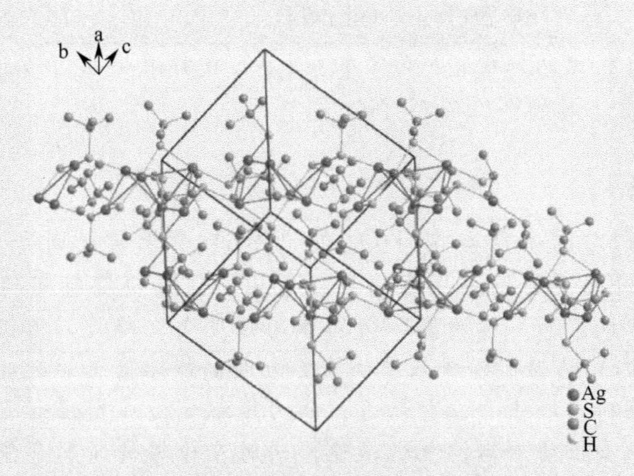

图 8-33　簇合物的堆积结构

二、金红石型 TiO_2 机械力化学变化 XRD 研究

TiO_2 有三种晶型：金红石型、锐钛矿型、板钛矿型，其中金红石型 TiO_2 具有稳定的结晶形态和致密的结构，与锐钛矿型相比有较高的硬度、介电常数与折射率。TiO_2 具有十分优异的物理、化学、材料、光学及光化学性能，广泛用作食品、化妆品、涂料、橡胶、塑料等产品中的白色颜料或填料，在光催化环境保护领域的应用也日益受到重视。

机械力化学主要研究固体物质在机械能量（研磨、压缩、冲击、摩擦、剪切和延伸等）作用下形态、晶体结构及物理化学变化现象。球磨作为一种重要的机械力化学方法，广泛应用于材料制备和改性、纳米材料制备、金属颗粒细化、金属材料分散强化、固体废弃物处理以及有机化合物合成等领域。系统研究金红石型 TiO_2 的机械力化学变化，对提高其反应活性，探索新性能和新的加工工艺，具有十分重要的意义。

1. 原理

多晶 X 射线衍射是研究晶态物质结构变化的主要方法之一，解析衍射图谱可以获得样品的相变、晶粒度、结晶度、微观应变和应力等丰富的结构信息。

2. 仪器与材料

测试仪器为 Rigaku 多晶 X 射线衍射仪，CuKα 辐射，石墨单色器。行星球磨机。

材料：金红石型 TiO_2；三乙醇胺。

样品处理方法：设置行星球磨机的工作参数为公转转速 250r/min、自转转速 625r/min，球料比 20∶1。将金红石型 TiO_2 装入磨罐内，以三乙醇胺为助磨剂，研磨 30h，期间定时取样分析。为防止研磨产生热量使罐内温度升高，每研磨 1 小时停机冷却，使罐内温度小于 60℃。

3. 测试方法

衍射仪 X 光管工作电压 35KV，电流 25mA。步进扫描法测定，步长 0.005°。狭缝 DS、SS 和 RS 的参数分别 1°、1°和 0.2mm。以硅粉为标准物校正半峰宽。

取 TiO_2(110)、(101)、(111) 和 (211) 4 个晶面的积分半峰宽，利用 Hall 等公式计算晶粒度、结晶度、微观应变和应力等微结构参数。Hall 公式的表达式为：$\beta \cdot \cos\theta/\lambda - 1/D + \varepsilon \cdot \sin\theta/\lambda$。式中，$D$ 为晶粒尺寸；β 为仪器宽化校正后的半高宽度；θ 为布拉格角；K 为常数，取值 0.9；λ 为 X 射线波长，0.154178nm；ε 为显微应变。分别以式中的 $\sin\theta/\lambda$ 和 $\beta \cdot \cos\theta/\lambda$ 为横、纵坐标作图可得一直线，并可由该直线的斜率和截距半定量地求得晶格应变和晶粒尺寸。

有效温度系数 $Beff$ 表示原子在晶格位置上的振动幅度，对应于结构的无序化，其值由下式给出：$\ln(I_{ob}I_{th}) = \ln k\text{-}2B_{eff} \cdot (\sin^2\theta/\lambda^2)$。式中 I_{ob}、I_{th} 分别表示测量得到的衍射强度及由理论计算得出的强度，k 为常数，I_{th} 可由标准样品的衍射峰强度代替，标准样品为经 1000℃处理 2 小时的金红石型 TiO_2。

4. 结果与讨论

(1) 晶体结构的变化

图 8-34 为球磨不同时间金红石型 TiO_2 的 XRD 衍射图谱，图 8-35 样品主要晶面的 XRD 衍射强度与球磨时间关系图。从图中可以看出，随着研磨时间的进行，研磨 2h 前，各衍射峰的强度迅速下降，而继续研磨，衍射峰的强度变化趋缓，但仍在不断地减小，研磨至 10h，(220)、(301) 晶面衍射峰基本消失，表明高能球磨可导致晶体不断向无定形化发展。另外，高能研磨时，冲击力、剪切力、压力等都会造成塑性形变，其实质是位错的增殖和移动。颗粒发生塑性变形需消耗机械能，同时在位错处又贮存能量，这就形成机械力化学的活化点，从而增加并改变材料的化学反应活性。

(2) 晶粒尺寸与显微应变的变化

样品的 (110)、(101)、(111)、(211) 晶面的积分半高宽随研磨时间增加，各晶面均有不同程度的宽化，并且研磨时间越长，峰形宽度越大，研磨后期，宽化幅度趋缓，表明金红石型 TiO_2 的晶格发生畸变，晶粒尺寸变小。

根据 Hall 公式可计算出晶粒尺寸与晶格畸变。图 8-36 为样品晶粒尺寸与球磨时间关系图。研磨 5h 前，颗粒的晶粒尺寸迅速减小，而研磨 5h 后，颗粒的晶粒尺寸基本不变，这说明高能球磨引起晶粒尺寸的减小主要发生在研磨的初期。图 8-37 为样品显微应变随研磨时间的变化。研磨初期，晶格畸变增加幅度较大，然后趋缓，但仍可见一定程度的增加，因此可认为研磨引起颗粒的晶格畸变是一直增加的，但不同的研磨阶段，其晶格畸变的幅度不同。

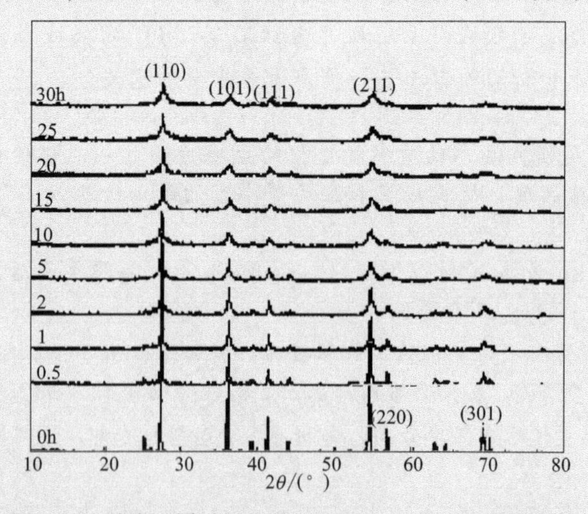

图 8-34 球磨不同时间金红石型 TiO_2 的 XRD 衍射图谱

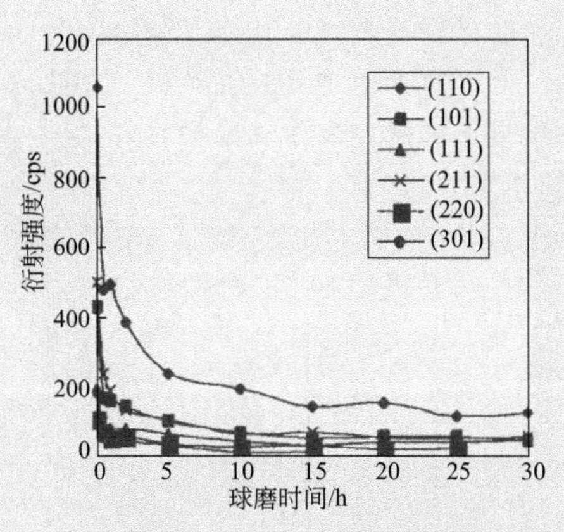

图 8-35　主要晶面的 XRD 衍射强度与球磨时间关系图

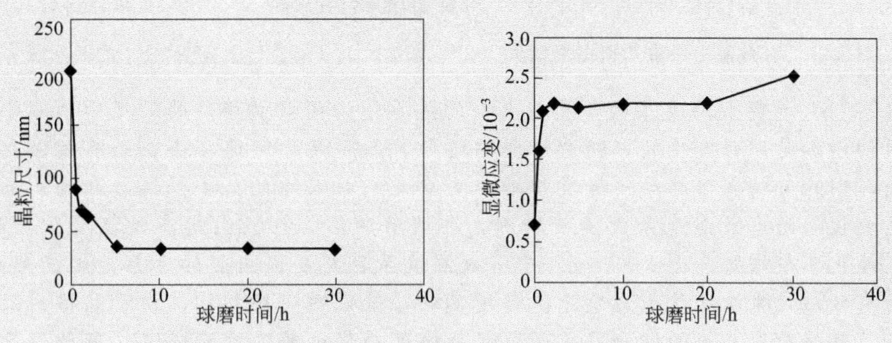

图 8-36　晶粒尺寸与研磨时间的关系图　图 8-37　显微应变与研磨时间的关系图

为进一步考察研磨引起的晶粒尺寸与晶格畸变的内在机制，以晶粒尺寸为横坐标、晶格畸变为纵坐标作图，如图 8-38。晶粒尺寸的变化与晶格畸变的变化具有一定的相关性：晶粒尺寸越小，晶格畸变越大，两者明显存在逆变关系。这是由于粉体是由若干细小晶粒组成，并通过晶界连接，晶界的存在归因于显微应变，即晶粒尺寸越小，晶界越多，显微应变越大。高能球磨时，一方面部分机械能转换为热能，颗粒胀裂，引起晶粒尺寸减小；另一方面，粉体在机械冲击力和剪切力的作用下，当极限破坏应力大于晶格滑动的极限剪切应力时，晶格发生像金属结晶那样的滑动和碎裂，从而引起晶粒尺寸的减小，相应的晶格畸变增加。对于研磨后期，晶粒尺寸基本不变，而晶格畸变仍有一定幅度的增加，这可能与晶粒表面晶界畸变层厚度的增加有关。此种现象也出现在高能球磨 α-Al_2O_3 过程中。

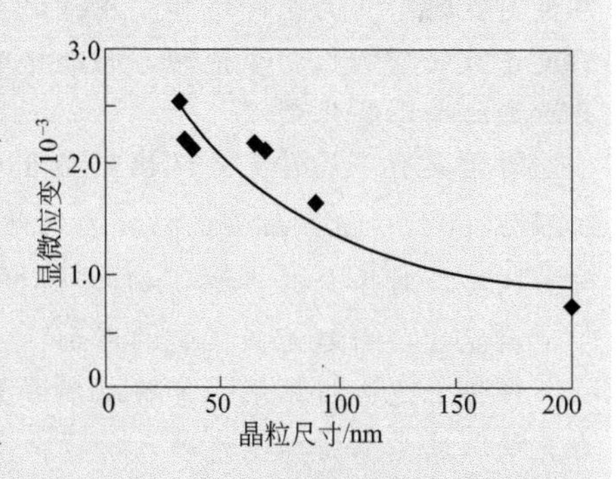

图 8-38　晶粒尺寸与显微应变的关系图

将晶粒尺寸与晶格畸变的相关性按 $Y=KX^n$ 方程进行曲线拟合，获得两者之间的关系式为：$\varepsilon=17.498D^{-0.5571}$。

(3) 有效温度系数与晶粒尺寸、显微应变的关系

有效温度系数 B_{eff} 表示原子在平衡位置上的振动幅度，对应于结构的无序化。根据计算得到的球磨金红石型 TiO_2 有效温度系数，作 B_{eff} 与研磨时间关系图，如图 8-39(a) 所

示。研磨初期，晶粒迅速被微细化，晶粒尺寸减小，显微应变增加，机械能不断贮存于晶粒内部，体系内能不断增加，上述因素均可导致晶格的无序化增加，使有效温度系数增加，有效温度系数的增加进一步证明了机械力化学效应的存在。

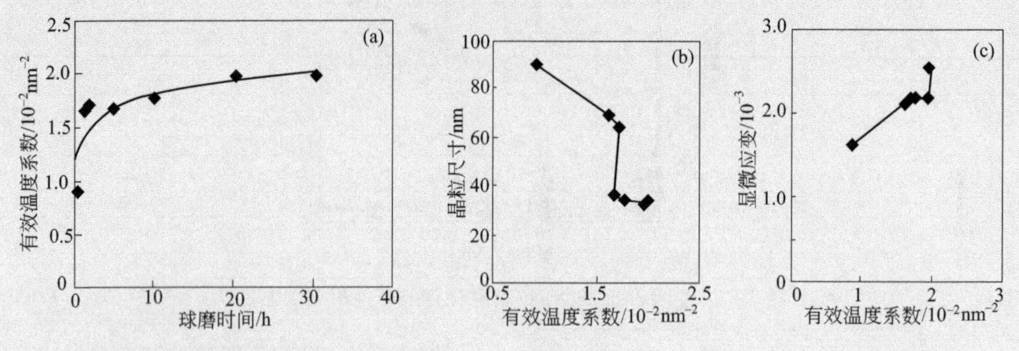

图 8-39　有效温度系数与研磨磨时间（a）、晶粒大小（b）、显微应变（c）的关系图

图 8-39(b) 为有效温度系数与晶粒大小的关系图。研磨初期，晶粒尺寸的减小与有效温度系数的增加是同时发生的，随着研磨的进行，晶粒尺寸迅速减小，而有效温度系数的增加不大，因此可将研磨的第一阶段归结于主要是晶粒尺寸的减小。继续研磨，晶粒尺寸几乎不再变化，而有效温度系数不断增加，即研磨的第二阶段引起有效温度系数的变化，晶体的无序化不断增强。图 8-39（c）中有效温度系数与显微应变的关系，由三条线组成：第一线为有效温度系数与显微应变是同时增加的，这说明研磨初期，由于晶格的缺陷密度不断增加，晶格畸变相应的增加，从而引起晶格无序化；第二段直线说明有效温度系数随研磨时间而增加，而晶格畸变变化不大，这可能是由于部分机械能不断地贮存于晶体内部，使晶体的内能增加，晶格的振动频率增加，晶体无序化增加，从而引起有效温度系数增加。当无序化到一定程度时，将引起缺陷密度的增加。但总的来说，这一阶段表现为有效温度系数与晶格畸变的同时增加。在这之后表现为晶格畸变继续增加，晶粒尺寸的减小与有效温度系数的增加已趋于饱和，而晶格畸变还有一定量的增加，从 X 射线衍射图也观察到研磨后期的峰形宽化趋缓。

对于具有多晶转变的锐钛矿型 TiO_2，研磨初期导致晶体的无定形化，其晶型转变为金红石型 TiO_2；研磨后期，机械力化学引起的晶粒生长与研磨引起的晶粒尺寸减小处于动态平衡状态。对于金红石型 TiO_2，研磨后期，机械力化学效应主要体现在晶粒显微应变上，即机械能主要引起显微应变的增加。

根据上述分析结果，可将球磨分为四个阶段：第一阶段为晶粒尺寸减小期；第二阶段为有效温度系数增加期；第三阶段为有效温度系数和晶格畸变同时增加期；第四阶段为有效温度系数和晶粒大小的变化趋于饱和，但晶格畸变仍在增加。Inagaki 等曾研究多种物质的有效温度系数及点阵形变的关系，发现多数物质随着研磨时间的延长，有效温度系数趋于饱和，而显微应变则继续增加，并报道有效温度系数最小的是具有钙钛矿结构的物质，最大的是具有层状结构的如石墨。

研究表明，采用晶粒尺寸、有效温度系数、显微应变三个指标可反应一种物质对机械力化学效应的敏感性。具有层状结构物质如滑石、石墨、高岭土、云母等在机械力的作用易于发生机械力化学变化，具有较大的有效温度系数，易于转变为无定形；而对于结构致密的物质，如碳化硅等，有效温度系数则易趋于饱和，研磨后期，机械力化学效应主要体现在显微应变上，即机械能贮存于点阵应变中。

参考文献

[1] 梁敬魁．粉末衍射法测定晶体结构（上、下）[M]．北京：科学出版社，2003.

[2] 徐勇，范小红．X 射线衍射测试分析基础教程［M］．北京：化学工业出版社，2014.

[3] 梁栋材．X 射线晶体学基础［M］．北京：科学出版社，1991.

[4] 常铁军，祁欣．材料近代分析测试方法［M］．哈尔滨：哈尔滨工业大学出版社，2003.

[5] 姜传海，杨传铮．材料射线衍射和散射分析［M］．北京：高等教育出版社，2010.

[6] 戎咏华，姜传海．材料组织结构的表征［M］．上海：上海交通大学出版社，2017.

[7] 刘粤惠，刘平安．X 射线衍射分析原理与应用［M］．北京：化学工业出版社，2003.

[8] Sanat K. Chatterjee. Crystallography and the World of Symmetry［M］. Berlin Heidelberg：Springer-Verlag，2008.

[9] 董建新．材料分析方法［M］．北京：高等教育出版社，2014.

[10] 马礼敦．近代 X 射线多晶体衍射—实验技术与数据分析［M］．北京：化学工业出版社，2004.

[11] 马礼敦．高等结构分析［M］．上海：复旦大学出版社，2002.

[12] René Guinebretière. X-ray Diffraction by Polycrystalline Materials［M］. USA，ISTE Ltd，2007.

[13] 杜希文，原续波．材料分析方法［M］．天津：天津大学出版社，2014.

[14] 黄新民．材料研究方法［M］．哈尔滨：哈尔滨工业大学出版社，2017.

[15] 周玉．材料分析方法［M］．北京：机械工业出版社，2016.

[16] 陈小明，蔡继文．单晶结构分析原理与实践［M］．科学出版社，2019.

[17] 徐祖耀，黄本立，鄢国强．中国材料工程大典，第 26 卷，材料表征与检测技术［M］．北京：化学工业出版社，2006.

[18] 黄惠忠．纳米材料分析［M］．北京：化学工业出版社，2003.

[19] 韩喜江．固体材料常用表征技术［M］．哈尔滨：哈尔滨工业大学出版社，2010.

[20] 谷亦杰，宫声凯．材料分析检测技术［M］．长沙：中南大学出版社，2009.

[21] 黎兵，曾广根．现代材料分析技术［M］．成都：四川大学出版社，2017.

[22] 刘红超，郭常霖．研究固体微结构的 X 射线粉末衍射全谱图拟合方法［J］．物理学进展，1996，16（2）：228-244.

[23] 王永在．纳米晶 Mg-Al 水滑石的水热合成及合成机理［J］．无机材料学报，2008，23（1），93-98.

[24] 马毅龙，董季玲，丁皓．材料分析测试技术与应用［M］．北京：化学工业出版社，2019.

[25] 刘庆锁．材料现代测试分析方法［M］．北京：清华大学出版社，2014.

[26] 任鑫，胡文全．高分子材料分析技术［M］．北京：北京大学出版社，2012.

[27] 师昌绪，李恒德，周廉．材料科学与工程手册［M］．北京：化学工业出版社，2004.

[28] 孙东平．现代仪器分析实验技术［M］．北京：科学出版社，2015.

[29] 王富耻．材料现代分析测试方法［M］．北京：北京理工大学出版社，2006.

[30] 王轶农．材料分析方法［M］．大连：大连理工大学出版社，2012.

[31] 杨传铮，谢达材，陈葵尊．物相衍射分析［M］．北京：冶金工业出版社，1989.

[32] 余焜．材料结构分析基础［M］．北京：科学出版社，2010.

[33] 谈育煦，胡志忠．材料研究方法［M］．北京：机械工业出版社，2004.

[34] 朱永法，宗瑞隆，姚文清．材料分析化学［M］．北京：化学工业出版社，2009.

[35] 朱永法．纳米材料的表征与测试技术［M］．北京：化学工业出版社，2006.

[36] 张锐．现代材料分析方法［M］．北京：化学工业出版社，2007.

[37] 程国峰，杨传铮．纳米材料的 X 射线分析［M］．北京：化学工业出版社，2019.

[38] 朱地，刘冉冉，李海龙，等．水热法制备不同晶粒尺寸的纳米二氧化钛［J］．北京大学学报（自然科学版），2009，4：1-6.

[39] 张杰男，汪君洋，吕迎春，等．锂电池研究中的 X 射线多晶衍射实验与分析方法综述［J］．储能科学与技术，2019，8（3）：443-467.

[40] 董丙舜，王海阔，仝斐斐，等．微米晶单斜氧化锆高压相变制备亚微米四方多晶氧化锆［J］．高压物理学报，2019，33（2）：85-89，1-9.

［41］ 刘鹏，孟员员，乔彪，等．溶剂热体系组成对二氧化锆基粉体晶型结构的影响机理［J］．硅酸盐学报，2019，47（12）：1752-1759.

［42］ Ghosh S，Mazumdar M，Das S，et al. Microstructural characterization of amorphous and nanocrystalline boron nitride prepared by high-energy ball milling［J］．Materials Research Bulletin，2008，43：1023-1031.

［43］ Štefanic′ G，Music′ S，Gajovic′ A. Structural and microstructural changes in monoclinic ZrO_2 during the ball-milling with stainless steel assembly［J］．Materials Research Bulletin，2006，41：764-777.

［44］ Bid，Pradhan S K. Preparation of zinc ferrite by high energy ball milling and microstructure characterization by Rietveld’ s analysis［J］．Materials Chemistry and Physics，2003，82：27-37.

［45］ 白茹，刘鹏程，刘婧靖，等．链状银硫簇合物的合成和晶体结构［J］．南华大学学报（自然科学版），2019，33（2）：85-89.

［46］ 吴其胜，高树军，张少明，等．金红石型 TiO_2 机械力化学变化 XRD 研究［J］．材料科学与工程，2002，20（2）：220-223.

第九章

电子衍射分析法

高速运动的电子具有波动性，能够与晶体发生相干散射作用，形成电子衍射现象。电子衍射的原理和X射线衍射相似，是以满足（或基本满足）布拉格方程作为产生衍射的必要条件。进行X射线衍射的设备是X射线衍射仪。进行电子衍射一般没有专门的电子衍射仪，而是通过透射电子显微镜的衍射操作模式实现的。通过对电子衍射谱或电子衍射花样进行分析，可以获得关于样品的晶体点阵类型、点阵常数及晶体的取向等参数；在特定的条件下还可以确定样品的化学成分。电子衍射特别适合于在微纳尺度识别材料中晶相的类型以及研究各晶相的取向等微观特征。

第一节 电子衍射物理学基础

电子衍射与X射线衍射的原理基本相同，有关X射线衍射方向和强度的理论也原则上适用于电子衍射。但由于电子衍射中电子束波长、原子对电子的散射能力和倒易阵点的扩展等因素，导致电子衍射具有如下特点：衍射角 θ 很小，约为 10^{-2}rad数量级；略微偏离布拉格方程的电子束也能发生衍射；电子衍射产生的衍射斑点大致分布在一个二维倒易截面内；电子衍射束的强度较大。

一、布拉格方程

当一束平面单色电子波照射到晶体上时，两束散射电子波发生相干加强的条件为波程差是波长的整数倍，即必须遵守布拉格方程。在X射线衍射分析方法原理中，已经得出布拉格方程的一般形式：$2d\sin\theta=\lambda$。在电子衍射中，θ 为电子束在晶面上的布拉格角，λ 为电子波波长。因 $\sin\theta=\lambda/2d\leqslant 1$，要发生衍射，要求 $\lambda<2d$。对于电镜的照明光源高能电子束来说，当电子枪的加速电压为100～200kV时，电子波的 λ 为 $10^{-2}\sim10^{-3}$nm数量级，而晶体的晶面间距一般为 $1\sim10^{-1}$nm数量级，计算得到 $\sin\theta\approx10^{-2}$，$\theta\approx10^{-2}$rad$<1°$。因此电子波比X射线更容易满足布拉格方程，且电子衍射的衍射角远小于X射线衍射角，这是电子衍射的花样特征区别与X射线衍射的主要原因。

二、电子衍射花样产生原理

1. 电子衍射花样成像过程

在透射电子显微镜中，晶体电子衍射花样的形成过程如图9-1所示。一束平行电子束射到晶体样品上，除透射束外，按布拉格方程形成一系列平行的衍射束。这些电子束受物镜的会聚作用而分别会聚在物镜后焦面上的 $-I$、O 和 I 等点上，形成衍射花样。若在物镜后焦点上放一显示屏，就可以显示出衍射花样。根据惠更斯原理，这些衍射花样的会聚点 $-I$、O 和 I 等可视为是次级光源，其发出的次级波是相干波，在物镜的像平面处干涉形成一级放大像。图 9-1 中的 A_1'、A_2'、B_1' 和 B_2' 就是 A_1、A_2、B_1 和 B_2 的像，若在物镜的像平面处放一显示屏，就得到衍射花样的放大像。实际上，上述透镜的成像分为两个过程：①电子束受晶体的衍射作用分成若干不连续的衍射束，经过物镜在后焦面会聚成衍射花样，即由物变成衍射花样的过程；②衍射花样发出的次级波在像平面处相互干涉成像，即由衍射花样重新变换成物（像是放大了的物）的过程。可见电镜中的电子衍射和成像是密切相关和相互补充的。

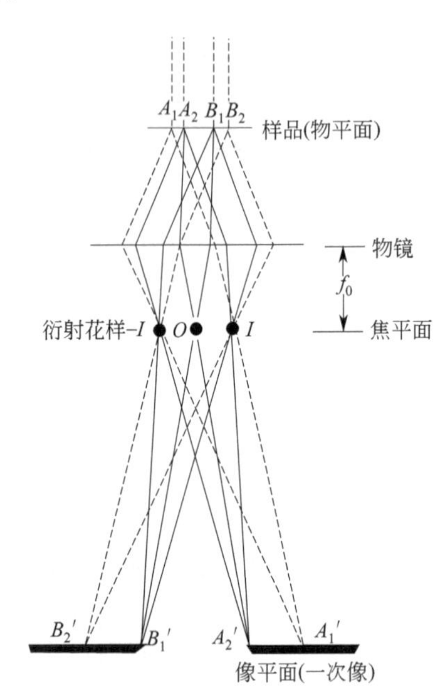

图 9-1　电子衍射花样成像过程

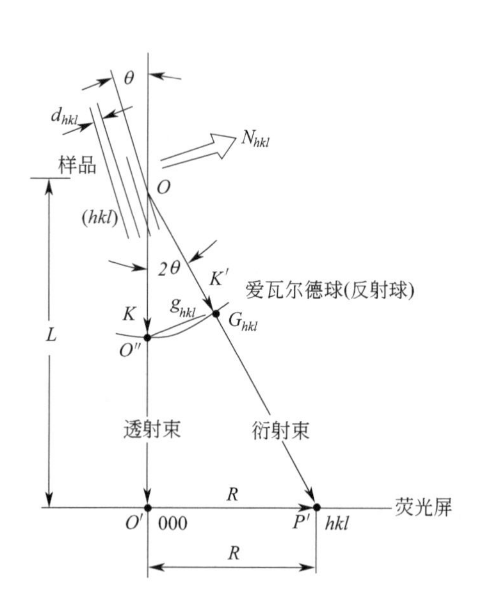

图 9-2　电子衍射花样原理

2. 电子衍射花样与倒易点阵

晶体的电子衍射现象用倒易点阵结合爱瓦尔德球图解法（图 9-2）可以获得形象解释。在 X 射线衍射分析方法原理中，已对倒易点阵的性质和构筑方法进行了讨论。倒易点阵中的一个点代表正点阵（晶体点阵）中的一组晶面，倒易矢量 g_{hkl} 垂直于正点阵中相应的（hkl）晶面，其长度代表晶面间距的倒数。爱瓦尔德球是一个以 $1/\lambda$ 为半径作的球。若有指数为 hkl 的倒易阵点 G_{hkl} 正好落在爱瓦尔德球的球面上，则相应的晶面组（hkl）与入射电子束的方向必满足布拉格方程，形成的衍射束成像于荧光屏，这是形成衍射斑点的必要条件。由于衍射束的强度正比于结构因子的大小，因此必须将晶胞的结构因子作为“权重”加到相应的倒易阵点上去，此时倒易点阵中各个阵点将不再是彼此等同的，“权重”的大小表明各阵点所对应的晶面组发生衍射时的衍射束的强弱。凡“权重”为零的那些倒易阵点，在荧光屏上都不会出现，最终只有落在反射球面上“权重”不为零的倒易阵点产生衍射束的阵点。

通过以上分析，可以简单地把晶体的电子衍射斑点直接解释成晶体中相应晶面的衍射结果，也可以说，电子衍射斑点花样就是与晶体相对应的倒易点阵中某一截面上倒易点排列的图像（二维倒易点阵的放大像）。倒易点是否能够形成对应的衍射斑点及衍射斑点的强弱取决于晶胞的结构因子。

对于面心立方晶体，其倒易点阵如图 9-3 所示，其中，指数 h、k、l 奇偶混杂的阵点(图中的×阵点)，由于系统消光（即结构因子为零)，没有对应的衍射斑点；只有 h、k、l 为同奇或同偶的阵点（图中的实心阵点)，如 111、200、220、311、222、400、331、420、422 等产生衍射形成相应的衍射斑点。对于体心立方晶体，其倒易点阵如图 9-4 所示，$h+k+l$ 为奇数的阵点（图中的×阵点）由于系统消光，没有对应的衍射斑点；只有 $h+k+l$ 为偶数的阵点（图中的实心阵点)，如 110、200、211、220、310、222、321 等才能产生衍射斑点。

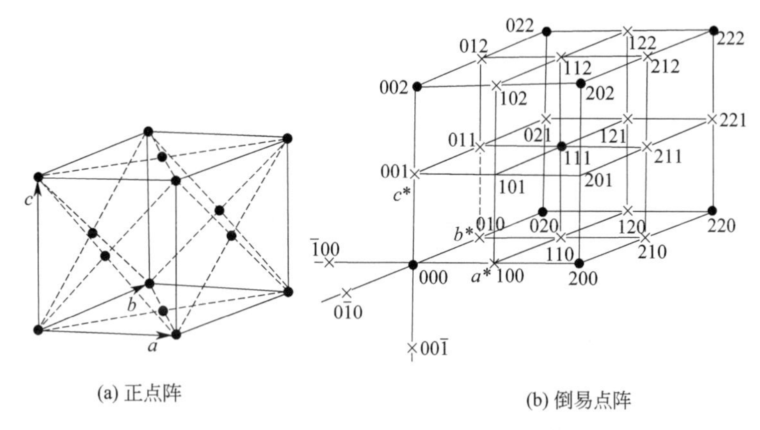

(a) 正点阵　　(b) 倒易点阵

图 9-3　面心立方晶体正点阵及其倒易点阵

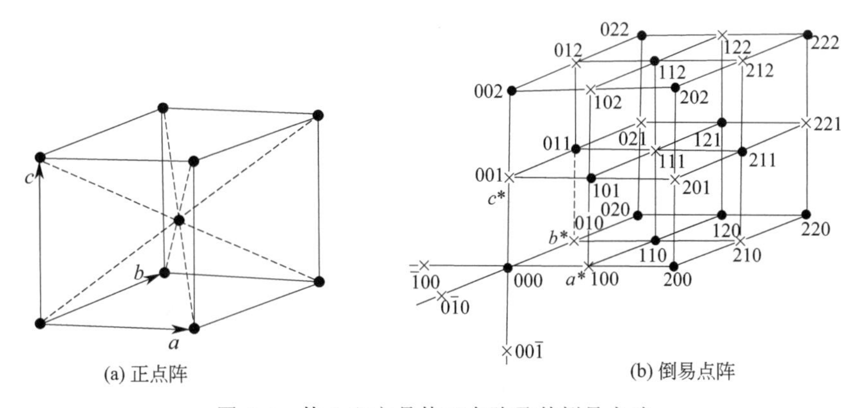

(a) 正点阵　　(b) 倒易点阵

图 9-4　体心立方晶体正点阵及其倒易点阵

3. 电子衍射花样类型

根据上述电子衍射的原理和电子衍射花样成像过程可知，单晶、多晶和非晶的电子衍射花样几何特征各不相同。单晶衍射花样由排列得十分整齐的许多斑点所组成，多晶电子衍射花样由一系列不同半径的同心圆环所组成，而非晶态物质的衍射花样只有一个漫散的中心斑点。典型的电子衍射花样如图 9-5 所示。

4. 电子衍射基本公式

从图 9-2 可知，从衍射点（或环）到显示屏中央透射斑的距离 R 为

$$R=L\tan 2\theta \tag{9-1}$$

式中，L 为从样品到屏的距离。

由于 θ 角非常小，可以近似地认为：$\tan 2\theta \approx 2\sin\theta$，则：$R=L\times 2\sin\theta$，将布拉格公式

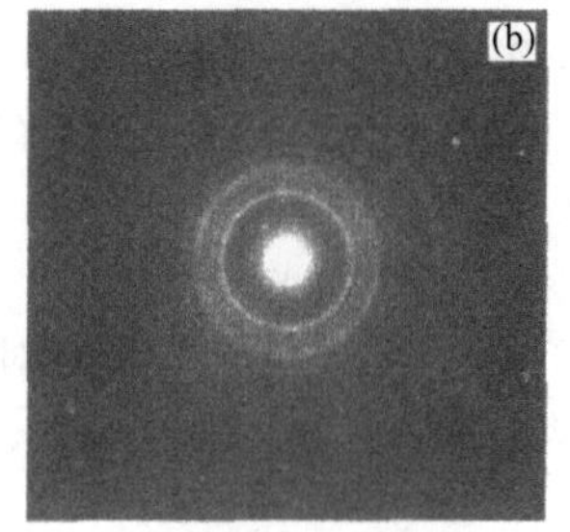

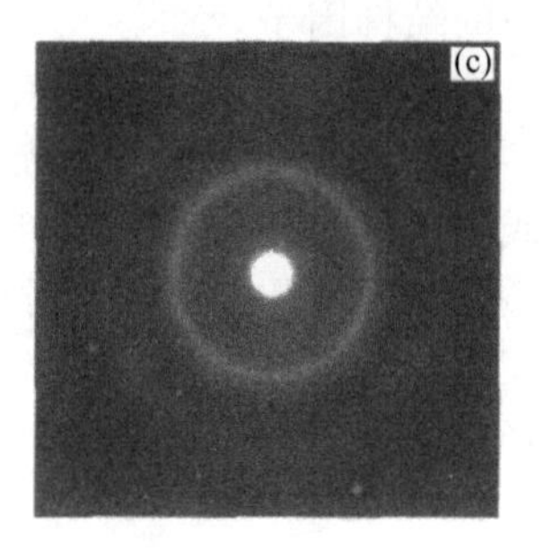

图 9-5 典型的电子衍射花样

（a）单晶电子衍射花样；（b）多晶电子衍射花样；（c）非晶电子衍射花样

代入可得

$$R=L\cdot\lambda/d\text{，或 }Rd=L\lambda \tag{9-2}$$

式(9-2) 就是电子衍射的基本公式，式中，$L\lambda$ 称为相机长度。在相机长度确定的情况下，测出 R 就可以计算出对应的晶面间距 d。相机长度可通过某些标准样品（如金、铝等）的衍射花样来测定，这些标准样品的 d 值已知，在衍射花样中测量出对应的 R，就可以计算出相机长度。

三、电子衍射的偏离矢量

图 9-6(a) 是爱瓦尔德球与倒易点阵零层倒易面相交的示意图，其中 G 点严格满足布拉格条件，恰好落在球面上，此时，倒易面与爱瓦尔德球是相交而非相切关系。除 G 点外，该倒易面上的其余所有倒易点均不会与爱瓦尔德球相交。图 9-6(b) 为图 9-6(a) 的简化图。

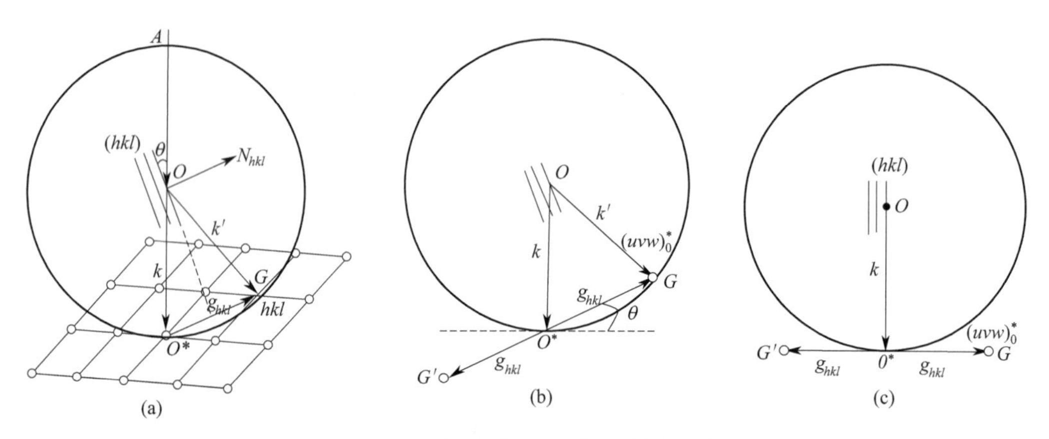

图 9-6 倒易面与爱瓦尔德球相交的情况

(a)、(b) 为 hkl 阵点恰好落在爱瓦尔德球面上；(c) 为入射电子束和零层倒易面 $(uvw)_0^*$ 垂直

图 9-6(c) 中的晶带轴 $[uvw]$ 与电子束入射方向反平行，而零层倒易面与衍射球是相切关系，因此，除原点 O^* 外，零层倒易面与衍射球实际上没有第二个交点，而且入射束与晶面的夹角变为了 0°，理论上讲各晶面都不会有衍射产生。如果要使晶带中某一晶面（或几个晶面）产生衍射，必须把晶体倾斜到图 9-6(b) 中的位置，使晶带轴稍为偏离电子束的轴线方向，此时零层倒易面上倒易阵点就有可能和爱瓦尔德球面相交，即产生衍射。但进行透射电子显微镜的电子衍射操作时，即使晶带轴和电子束的轴线严格保持重合如图 9-6(c) 所示，仍可使部分 g_{hkl} 矢量端点本不在爱瓦尔德球面上的晶面产生衍射。主要原因有如下两个方面。

（1）入射电子束的波长短

入射电子束的波长 λ 很小，则以 $1/\lambda$ 为半径得到的爱瓦尔德球很大。例如，在 100kV 加速电压下，$\lambda=0.0037\text{nm}$，爱瓦尔德球半径 $1/\lambda=270\text{nm}^{-1}$；在 200kV 下，$\lambda=0.0025\text{nm}$，爱瓦尔德球半径 $1/\lambda=400\text{nm}^{-1}$。这意味着在倒易原点附近的爱瓦尔德球面几乎接近于一个平面。另外，一般晶体的晶面间距约为 0.2nm，则 $1/d=5\text{nm}^{-1}$，这说明倒易矢量的数值较小，即图 9-6(a) 和图 9-6(b) 中的 G 点实际离 O^* 点非常近，因此，可近似认为 G 点落在零层倒易面上。

（2）偏离矢量影响衍射强度

晶面的电子衍射情况与 X 射线衍射类似。电子束在严格满足布拉格方程的衍射角 2θ 处，可以获得最高的衍射强度值，而在偏离布拉格衍射角 2θ 条件时，衍射强度有所降低直至变为零。

图 9-7 给出了对应图 9-6 中倒易点 G 的衍射强度随偏离布拉格衍射角的变化图。偏离布拉格衍射条件的程度用偏离矢量 s 表示。图 9-7(a) 中的 G 点严格满足布拉格条件，因此，该点对应的衍射强度最高。偏离开 G 点，衍射强度随着偏离 G 点距离的增大而减小，直到偏离到 P 点与 Q 点时，偏离量 s 达到最大，衍射强度变为零。这说明在 GP 与 GQ 范围内，虽然不严格满足布拉格方程，但仍可以有衍射发生，这一点在图 9-7(b) 中体现得更明显。图 9-7(b) 中的 G 点对应的 (hkl) 晶面与入射电子束方向平行，按照布拉格衍射方程，其衍射点只能是 O^* 点，而不会在 G 点位置。但由于 GP 范围内的衍射强度不为零，显然 GP 是与爱瓦尔德球相交的，且相交点 D 的强度大于零，因此，在 D 点应该有衍射产生，连接 OD 得到衍射矢量 k'，再连接 O^*D 得到矢量 K，则有

$$k'-k=K=g+s \tag{9-3}$$

式(9-3) 就是在存在偏离矢量 s 时，(hkl) 晶面可以产生衍射的条件。偏离布拉格衍射的程度及得到的衍射束的强度完全取决于偏离矢量 s。

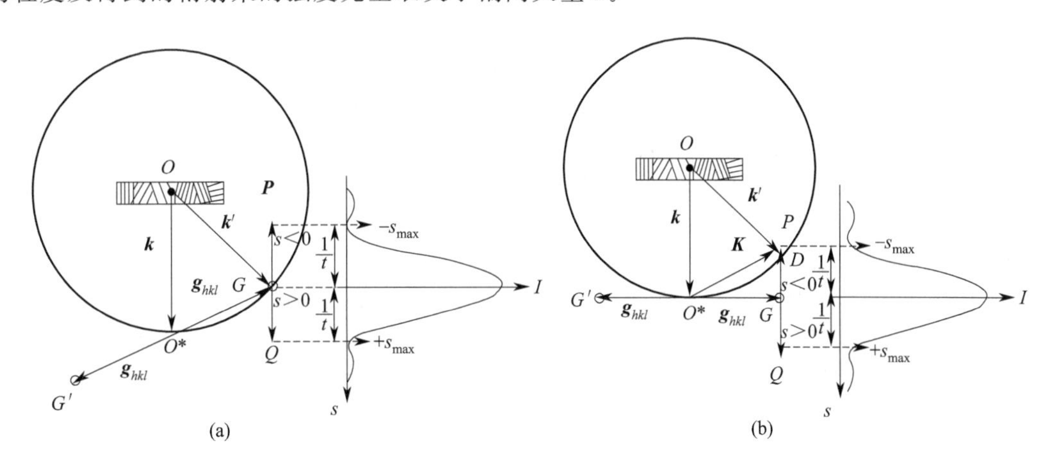

图 9-7　偏离矢量与衍射强度分布关系示意

（a）严格满足布拉格方程；（b）不严格满足布拉格方程

四、衍射晶体的形状与倒易阵点的扩展

实际的晶体试样均是有一定形状和尺寸的，其每组平行晶面对应的倒易阵点不再是一个几何意义上的“点”，而是沿着晶体尺寸较小的方向发生了扩展，扩展量与该方向上样品晶体实际尺寸的倒数成倍数。对于透射电子显微镜中经常遇到的试样，薄片晶体的倒易阵点拉

长为倒易“杆”，针棒状晶体扩展为倒易“盘”，细小颗粒晶体则为倒易“球”，如图 9-8 所示。

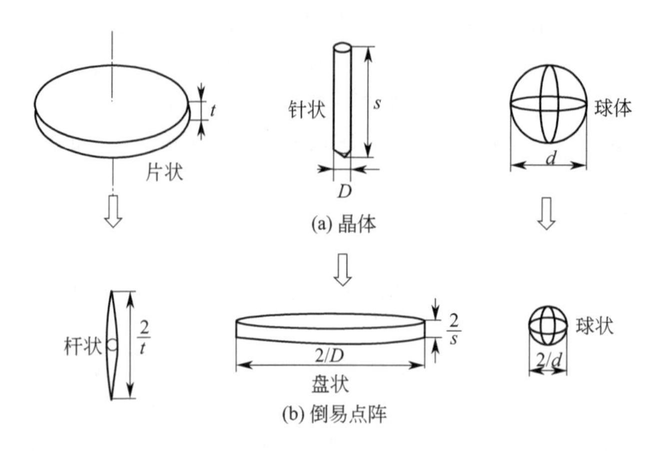

图 9-8 倒易阵点的形状与尺寸与对应样品晶体的形状和尺寸关系

晶体倒易阵点的扩展，导致晶面位向满足布拉格方程时可以有一定程度的偏差。由于透射电子显微镜的样品主要表现为薄晶体，其倒易阵点延伸成杆状是获得电子衍射花样（即零层倒易面比例图像）的主要原因。若薄晶体样品厚度为 t，则倒易杆的总长为 $2/t$，以 $1/t$ 来表征偏离矢量 s 的最大值，倒易杆和爱瓦尔德球相交发生衍射有如图 9-9 所示的 3 种典型情况。

（1）$s<0$

偏离矢量小于零对应于（hkl）晶面与入射电子束方向平行的情况，如图 9-9（a）所示。此时，实际的掠射角 $\theta'=0$，因此，$2\theta'=0$。理论上讲，电子束只有唯一的一个透射斑点 O^* 而没有对应的衍射斑点。实际上，由于（hkl）晶面可以偏离满足布拉格方程一定的范围，其偏离的程度 $\Delta\theta=2\theta'-2\theta=0-2\theta=-2\theta<0$。此种情况下，倒易杆仍与衍射球相交于 D 点，没有超出倒易杆的最大偏离矢量 $S_{max}=1/t$ 值，说明有衍射产生。

当 $s<0$ 时，（$\bar{h}\,\bar{k}\,\bar{l}$）晶面对应的衍射点 D'，与（hkl）面偏离布拉格衍射方程的程度相同，距离中心斑点 O^* 等距离的斑点的衍射强度呈对称分布，这种电子衍射方式称为“对称入射”。随着离开 O^* 距离的增加，倒易杆与爱瓦尔德球相交的位置离 G 点越来越远，因此偏离矢量的值越来越大，其对应的衍射强度将越来越弱。最后，倒易杆将不再与爱瓦尔德球相交，如图 9-9(a) 中的 R 点，说明 R 点对应的（hkl）晶面偏离满足布拉格衍射的程度超过了偏离矢量允许的最大值，因此，将不再有衍射产生。可见，在对称入射情况下，倒易点阵原点附近扩展了的倒易阵点也能与爱瓦尔德球相交而得到中心斑点强而周围斑点弱的若干个衍射斑点。

（2）$s=0$

偏离矢量等于零对应于严格满足布拉格方程情况，如图 9-9(b) 所示。此时，（hkl）晶面的实际衍射角 $2\theta'$ 与严格满足布拉格方程的 2θ 相等，衍射角的偏差 $\Delta\theta=2\theta'-2\theta=0$。

（3）$s>0$

偏离矢量大于零对应于（hkl）晶面的实际衍射角 $2\theta'$，与严格满足布拉格衍射条件的衍射角 2θ 相比变大了的情况，衍射角的偏差 $\Delta\theta=2\theta'-2\theta>0$，如图 9-9(c) 所示。此时，倒易杆与爱瓦尔德球相交于 D 点，DG 的距离正是由于存在 O^*G 而偏离开布拉格衍射条件的程度。由于 D 点仍在倒易杆最大的偏离矢量 $S_{max}=1/t$ 范围内，因此，尽管 D 点的衍射强度降低，但 D 点满足 $k'-k=K=g+s$ 关系，说明有衍射产生。

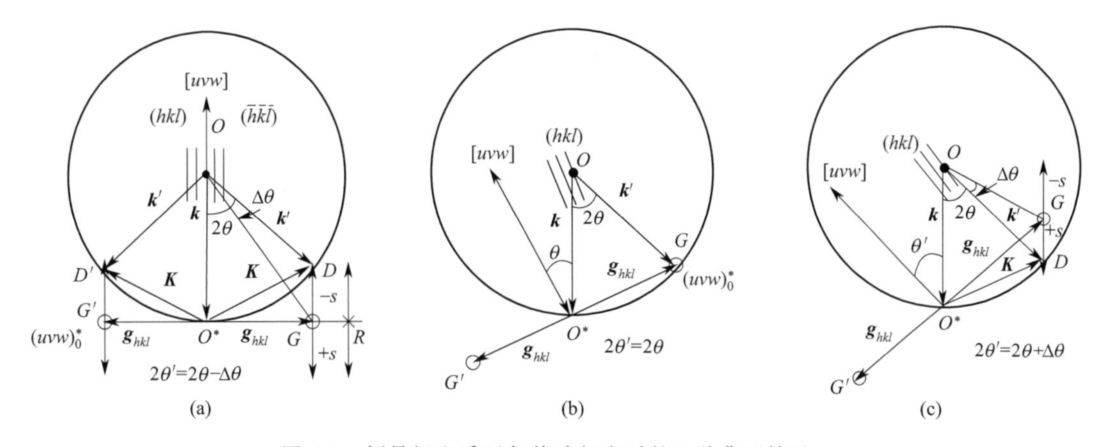

图 9-9　倒易杆和爱瓦尔德球相交时的 3 种典型情况

（a）对称入射 $\Delta\theta<0$，$s<0$；（b）满足布拉格方程，$\Delta\theta=0$，$s=0$；（c）$\Delta\theta>0$，$s>0$

第二节 电子衍射方法

晶体电子衍射方法包括常规单晶和多晶电子衍射、选区电子衍射、菊池衍射和会聚束电子衍射等多种方法，每种衍射方法得到的衍射花样各有特点。衍射花样的标定（指数化）是电子衍射分析的主要工作。通过电子衍射，可获得晶体的点阵常数、点阵类型和空间群等结构参数，进而进行微区物相分析和确定晶体位向。

一、多晶电子衍射法

1. 多晶电子衍射花样的产生

多晶试样中存在大量无规则排列的小晶粒，d 值相同的同一晶面族内符合衍射条件的晶面组所产生的衍射束，构成以入射束为轴，2θ 为半顶角的圆锥面，它与底片的交线即为半径 $R=\lambda L/d$ 的圆环，如图 9-10 所示。实际上，属于同一晶面族但取向不同的那些晶面组的倒易点阵，在空间构成以 O'为中心，$g=1/d$ 为半径的球面，该球与爱瓦尔德球的交线是一个圆，电子衍射花样中的圆环，就是这一交线的投影放大像。d 值不同的晶面族，将产生半径不同的圆环。当多晶试样中的晶粒数目变少时，连续的圆环将出现间断。

2. 多晶电子衍射花样标定

在已知相机常数 $L\lambda$ 的条件下，多晶电子衍射环标定的主要步骤如下：①准确测量各衍射圆环的半径 R_i 值；②根据电子衍射基本公式 $Rd=L\lambda$，用测量的 R_i 值求出相应的 d_i 值；③把最强衍射圆环的强度定义为 100，估测出其他各圆环的相对强度值 I_i/I；④将上述 3 项列表；⑤依据表中的 d_i 与 I_i/I 值，参照 X 射线衍射谱物相分析方法检索 PDF 卡片，查找可能的物相（检索过程中须注意强度较弱的 $\{hkl\}$ 晶面族的衍射圆环不易显示）；⑥将晶面指数标在对应的衍射圆环上。

二、单晶电子衍射法

1. 单晶电子衍射花样的产生

图 9-11 为单晶电子衍射花样形成示意图，该花样实质是满足衍射条件的某个 $[uvw]_0^*$ 晶带零层倒易平面的放大像，是由一系列强度不同的衍射斑点按一定规则排列的图像。

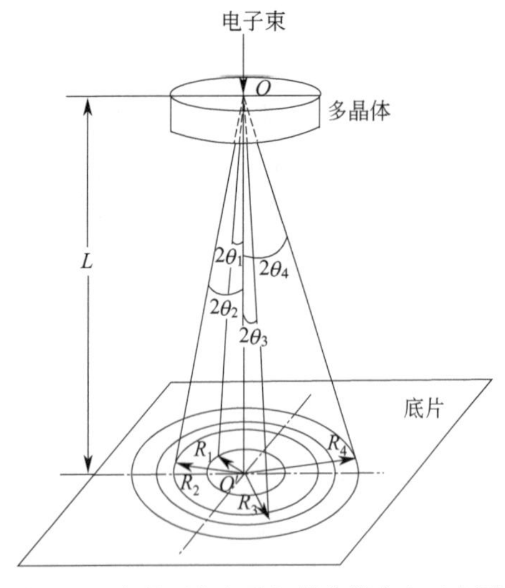

图 9-10 多晶环状电子衍射花样产生示意图

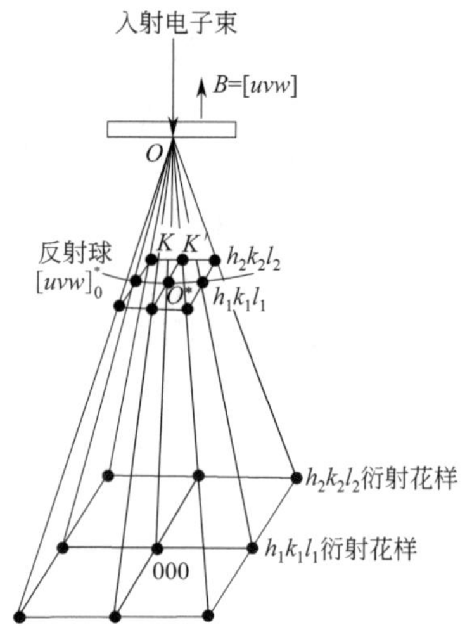

图 9-11 单晶电子衍射成像原理

衍射斑点的规则排列是倒易平面点阵中阵点对称性和平移性的直接反映，实际上取决于衍射晶体结构的几何对称性和平移性。衍射斑点的强度主要取决于晶体的结构振幅。若 (hkl) 晶面的结构振幅大，所获衍射斑点强度大；若结构振幅小，则衍射斑点强度弱；如果结构振幅等于零，则不能产生衍射斑点。衍射斑点强度还受实验条件的影响，即受到偏离参量 s 值的影响。某个操作的倒易矢量 g_{hkl}，当具有大的 s 值时，衍射强度就弱；反之就强。当 s 值等于零时，则表示精确满足布拉格方程，此时它具有最大的衍射强度。当倾动样品台使样品朝某一方向转动时，样品中的各晶面与入射电子束的相对位向随之在变化，原来精确满足布拉格方程的反射晶面，对应 s 值由零逐渐增大，其衍射斑点也由强到弱。当样品倾动角较大时，就能使某个晶带从满足衍射几何条件到不满足而消失，而可能使另一个晶带从不满足到满足衍射几何条件而在荧光屏上呈现其晶带的衍射花样。

2. 晶带定律与零层倒易截面

晶体中与某晶向 $[uvw]$ 平行的若干晶面族 (hkl) 的组合称为晶带，其中晶向 $[uvw]$ 称为晶带轴，用晶带轴符号 $[uvw]$ 代表整个晶带。晶面 (hkl) 与晶带轴 $[uvw]$ 的关系称为晶带定律，其表达式为：$hu+kv+lw=0$。

图 9-12 是晶带定律的示意图，属于 $[uvw]$ 晶带的晶面族的倒易阵点 hkl 都在一个二维倒易点阵平面上。根据倒易关系，正点阵的 $[uvw]$ 方向与倒易点阵的 $(uvw)^*$ 倒易平面正交，由这些 hkl 倒易点构成的二维倒易点阵平面就是 $(uvw)^*$。$(uvw)^*$ 平面中任意一倒易矢量 g_{hkl} 都和晶带轴矢 B_{uvw} 垂直，$g_{hkl} \cdot B_{uvw}=0$，此为晶带定律的矢量表达式。通过原点的平面 $(uvw)^*$，称为零层倒易点阵平面，在该平面上面或下面并与其平行的第 N 层 $(uvw)^*$ 倒易面不通过原点，此种情况下，$hu+kv+lw=N$，

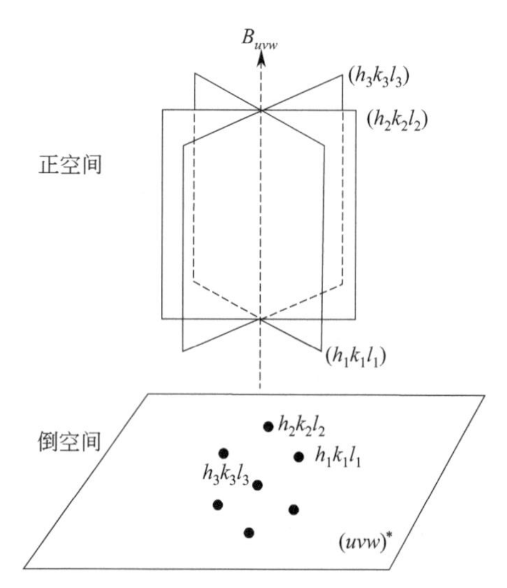

图 9-12 正空间中晶体 $[uvw]$ 晶带及其零层倒易点阵平面

式中 N 为整数，代表 $(uvw)^*$ 倒易面的层数。

在电子衍射中，如果电子束沿晶带轴 $[uvw]$ 的方向入射，通过原点 O^* 的倒易平面只有一个，此二维平面就是零层倒易面，用 $(uvw)_0{}^*$ 表示。显然，$(uvw)_0{}^*$ 的法向正好和正空间中的晶带轴 $[uvw]$ 重合。进行电子衍射分析时，大都是以零层倒易面作为主要分析对象的，此时只要取零层倒易面上任意两个倒易矢量进行叉乘，就可以求出正空间内的晶带轴指数。由于晶带轴和电子束照射的轴线重合，因此就可能断定晶体样品和电子束之间的相对方位。

图 9-13 示出一个立方晶胞及其以 [001] 作晶带轴，(100)、(010)、(110) 和 (210) 等晶面的零层倒易截面。此时 [001] [100] = [001] [010] = [001] [110] = [001] [210] =0。如果在零层倒易面上任取两个倒易矢量 $g_{h_1k_1l_1}$ 和 $g_{h_2k_2l_2}$，将它们叉乘，则有：$[uvw]=g_{h_1k_1l_1}\cdot g_{h_2k_2l_2}$，即 $u=k_1l_2-k_2l_1$，$v=l_1h_2-l_2h_1$，$w=h_1k_2-h_2k_1$。若取 $g_{h_1k_1l_1}=[110]$，$g_{h_2k_2l_2}=[210]$，则 $[uvw]=[001]$。

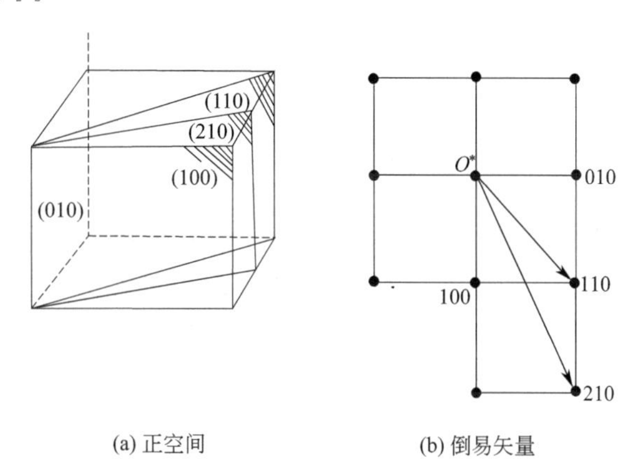

(a) 正空间　　(b) 倒易矢量

图 9-13　立方晶体 [001] 晶带轴的晶面、晶带及其相应的零层倒易截面

3. 标准电子衍射花样

标准电子衍射花样是标准零层倒易截面的比例图像。倒易阵点的指数就是衍射斑点的指数。相对于某一特定晶带轴 $[uvw]$ 的零层倒易截面内各倒易阵点的指数受到如下条件的约束：①零层倒易截面上各倒易矢量垂直于晶带轴，各倒易阵点和晶带轴指数间必须满足晶带定律，即 $hu+kv+wl=0$；②只有不产生结构消光的晶面才能在零层倒易面上出现倒易阵点。

图 9-14 为体心立方 [001] 和 [011] 晶带的标准零层倒易截面图。对 [001] 晶带的零层倒易截面来说，满足晶带定律的晶面指数必定是 $\{hk0\}$ 型的，同时考虑体心立方晶体的消光条件是使 h、k 两个指数之和是偶数，此时在中心点 000 周围最近八个点的指数应是 110、$\bar{1}\bar{1}0$、$1\bar{1}0$、$\bar{1}10$、020、$0\bar{2}0$、200、$\bar{2}00$。对 [011] 晶带的标准零层倒易截面，满足晶带定律的条件是衍射晶面的 k、l 两个指数必须相等和符号相反；再考虑结构消光条件，则指数 h 必须是偶数，因此，在中心点 000 附近的八个点应是 $01\bar{1}$、$0\bar{1}1$、$\bar{2}00$、200、$21\bar{1}$、$\bar{2}\bar{1}1$、$2\bar{1}1$、$\bar{2}1\bar{1}$。

如果晶体是面心立方结构，则服从晶带定律的条件和体心立方晶体是相同的，但结构消光条件不同。面心立方晶体衍射晶面的指数必须是全奇或全偶时才不消光，[001] 晶带零层倒易截面中只有 h 和 k 两个指数都是偶数时倒易阵点才能存在，因此在中心点 000 周围的八个倒易阵点指数应是 200、$\bar{2}00$、020、$0\bar{2}0$、220、$\bar{2}\bar{2}0$、$\bar{2}20$、$2\bar{2}0$。根据同样道理，面心

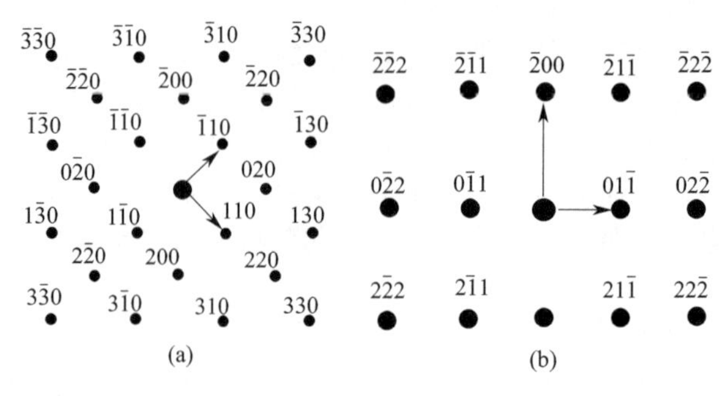

图 9-14 体心立方晶体［001］(a) 和［011］(b) 晶带的标准零层倒易面

立方晶体［011］晶带的零层倒易截面内，中心点 000 周围的八个倒易阵点是 $11\bar{1}$、$1\bar{1}1$、$\bar{1}1\bar{1}$、$\bar{1}\bar{1}1$、200、$\bar{2}00$、$02\bar{2}$、$0\bar{2}2$。

根据上面的原理可以画出晶体任意晶带的标准零层倒易平面。

4. 单晶电子衍射花样标定方法

简单电子衍射花样的一般标定程序简介如下。

（1）已知相机常数和样品晶体结构

标定步骤为：①测量靠近中心斑点（透射斑）的几个衍射斑点至中心斑点距离 R_1、R_2、R_3、R_4、…，如图 9-15 所示。②根据衍射基本公式 $R=\lambda L/d$ 和已知的相机常数，求出相应的晶面间距 d_1、d_2、d_3、d_4，…。③根据 d 值定出相应的晶面族指数 $\{hkl\}$；④测定各衍射斑点之间的夹角，即两个衍射晶面之间的夹角 θ。⑤决定离开中心斑点最近衍射斑点的指数。若 R_1 最短，则相应斑点的指数应为 $\{h_1k_1l_1\}$ 面族中的一个。对于 h、k、l 三个指数中有两个相等的晶面族，如 {112}，有 24 种标法；对于两个指数相等而另一指数为零的晶面族，如 {110} 有 12 种标法；对于三个指数相等的晶面族，如 {111} 有 8 种标法；对于两个指数为零的晶面族有 6 种标法，因此，第一个斑点的指数可以是等价晶面中的任意一个。⑥根据晶系的晶面夹角公式决定第二个斑点的指数。第二个斑点的指数 $h_2k_2l_2$ 不能任选，应进行尝试校核，即只有 $h_2k_2l_2$ 代入相应夹角公式后求出的 θ 角和实测的一致时，$h_2k_2l_2$ 指数才是正确的，否则必须重新尝试。第二个斑点指数也非一确定值。⑦在确定两个斑点指数的基础上，根据矢量运算法则 $R_1+R_2=R_3$，可以求得其他斑点指数。⑧根据晶带定律求零层倒易截面法线的方向，即晶带轴的指数。

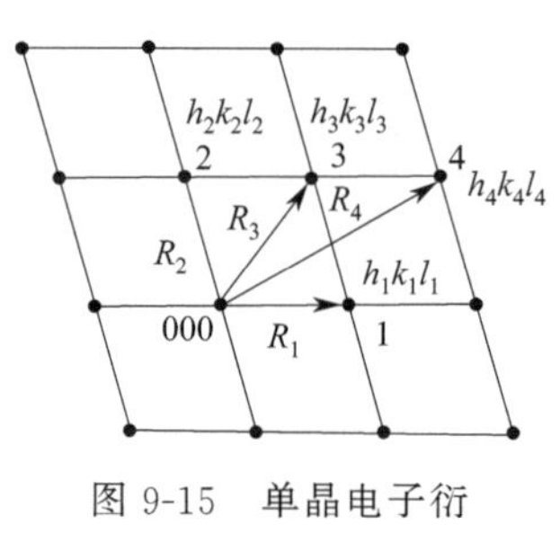

图 9-15 单晶电子衍射花样的标定

（2）相机常数未知、晶体结构已知时衍射花样的标定

标定步骤为：测量数个斑点的 R 值（靠近中心斑点但不在同一直线上），按 R 值的大小排序，计算排好序的 R_i^2，并按下式计算其比值

$$R_1^2 : R_2^2 : R_3^2 : \cdots = N_1 : N_2 : N_3 : \cdots \tag{9-4}$$

由于晶体中同一晶面族各晶面的晶面间距相等，令 $h^2+k^2+l^2=N$。从结构消光原理来看，体心立方点阵 $h+k+l=$偶数时才有衍射产生，因此其 N 值只能取 2、4、6、8…。面心立方点阵 h、k、l 为全奇或全偶时才有衍射产生，其 N 值为 3、4、8、11、12…。因此，可以根据计算得出的 N 值递增规律来验证晶体的点阵类型，而与某一斑点的 R_i^2 值对应的 N 值便是晶体的晶面族指数，例如 $N=1$ 为 {100}；$N=3$ 为 {111}；$N=4$ 为 {200} 等。

非立方点阵晶体晶面族的指数的比值另有规律。

(3) 相机常数已知、晶体结构未知时衍射花样的标定

标定步骤为：①测定低指数斑点的 R 值。应在几个不同的方位摄取电子衍射花样，以保证能测量出最前面的 8 个 R 值。②根据电子衍射基本公式计算出各个 d 值。③按照 X 射线衍射谱分析物相的原理，根据 d 值进行计算机检索，查找到与各 d 值都相符的物相即为待测的晶体。电子衍射得到的 d 值精度有限，很可能出现相近似物相的情况，此时应根据待测晶体的其他资料，如化学成分等来排除不可能出现的物相。

(4) 标准花样对照法

标准花样对照法即是将实际观察记录的衍射花样直接与标准花样对比，写出斑点的指数并确定晶带轴的方向。在摄取衍射斑点图像时，应尽量将斑点调整对称，即通过倾转使斑点的强度对称均匀，中心斑点的强度与周围邻近的斑点相差无几，以便于和标准花样比较。

三、选区电子衍射法

选区电子衍射是有选择地分析样品不同微区范围内的晶体结构特征的方法，其工作原理如图 9-16 所示。当电镜以成像模式工作时，中间镜物平面与物镜像平面重合，荧光屏上显示样品的放大图像。此时，在物镜像平面处插入一个孔径可变的光阑即选区光阑，用光阑孔套住想要分析的那个微区。在物镜适焦的条件下，物平面上同一物点所散射的电子将聚焦于像平面上的一点，故对应于像平面上光阑孔的选择范围 $B'A'$，只有样品上 AB 微区以内物点的散射波可以穿过光阑孔进入中间镜和投影镜参与成像，选区以外的物点产生的散射波则全部被挡掉。然后，降低中间镜的励磁电流，使电镜转变为衍射模式工作，此时中间镜以上的光路不受影响，但中间镜物平面与物镜背焦面相重合。虽然物镜背焦面上第一幅花样是由受到入射束辐照的全部样品区域内晶体的衍射所产生，但是其中只有 AB 微区内物点散射的电子波可以通过选区光阑进入下面的透镜系统，因此荧光屏上显示的只限于选区范围以内晶体的成像特征，实现了选区形貌观察与电子衍射结构分析的微区对应。对于通常的透射电子显微镜来说，其物镜的放大倍率约为 50～200 倍，利用孔径为 50～100μm 的选区光阑，即可对样品上 0.5～1μm 的微区进行电子衍射分析。

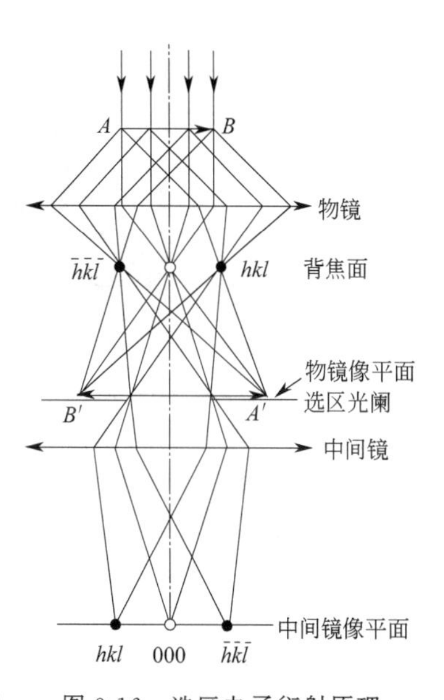

图 9-16　选区电子衍射原理

图 9-17 为水热合成单斜纳米氧化锆晶粒的 TEM 形貌像和选区电子衍射图。从图中可以看出，晶粒呈盘状和棒状两种形态，棒状晶粒生长方向平行于 [111]，A、B 两区的电子衍射花样基本相同，主要衍射斑点指数为 001，$\bar{1}11$ 和 $\bar{1}12$。

溶剂热合成的花状 α-Fe_2O_3 的形貌像及其选区电子衍射花样如图 9-18 所示，环状衍射花样表明 α-Fe_2O_3 呈多晶态。

四、菊池电子衍射法

当电子束沿入射方向穿过较厚（约在最大可穿透厚度一半以上）的比较完整（缺陷密度较低）的晶体样品时，在电子衍射图中会出现一些亮、暗成对的平行线，这就是菊池线或菊

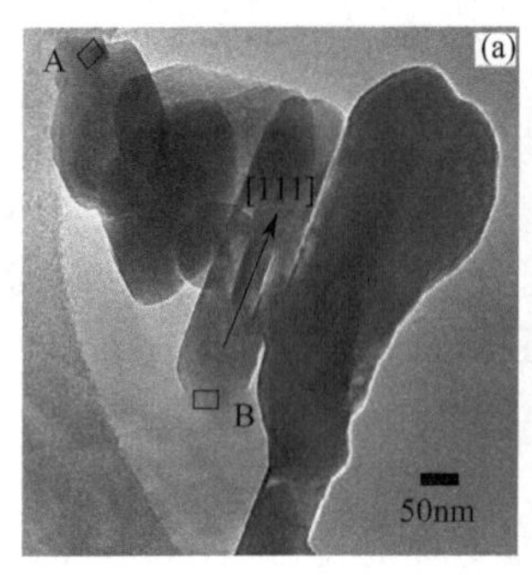

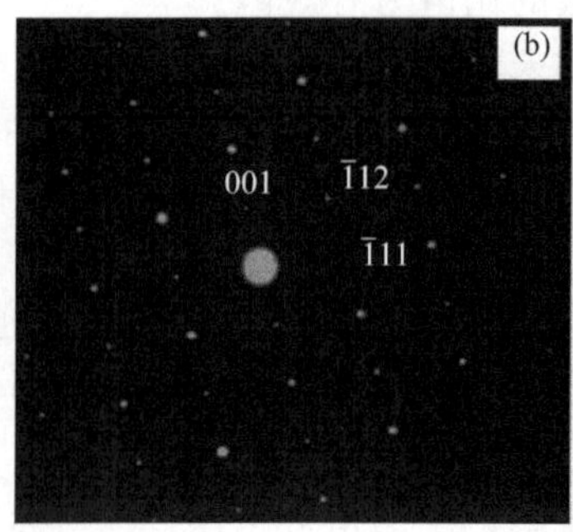

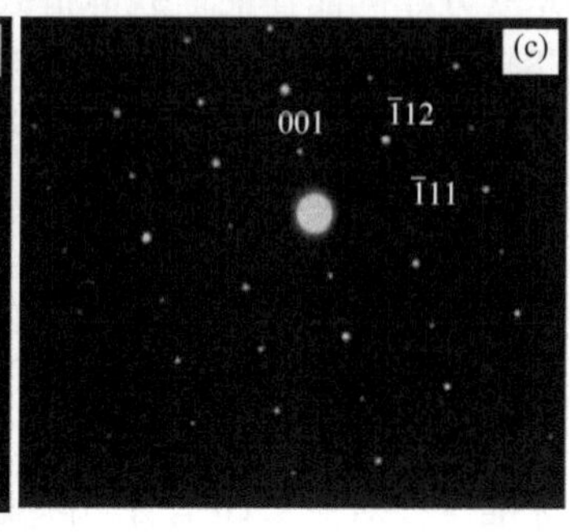

图 9-17　纳米氧化锆晶粒的 TEM 形貌像和选区电子衍射图

（a）形貌像；（b）A 区电子衍射图；（c）B 区电子衍射图

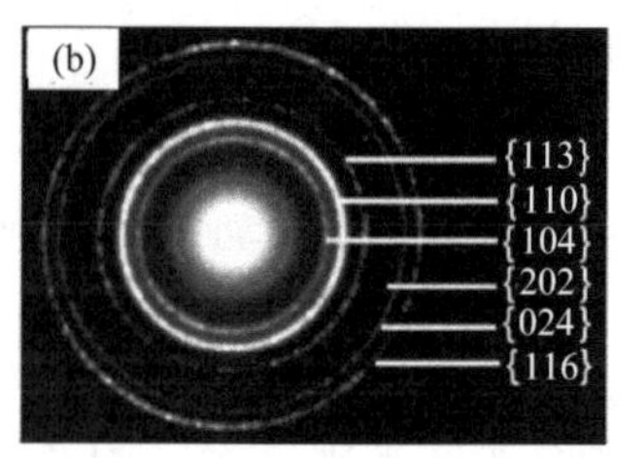

图 9-18　α-Fe_2O_3 晶粒的 TEM 形貌像和选区电子衍射花样

池衍射花样，如图 9-19 所示。菊池线既可以单独出现，也可以与衍射斑点同时出现，线对间距与相应衍射斑点与中心斑点的间距相同。

图 9-19　菊池衍射花样

（包括菊池线和衍射斑点）

菊池线是晶体结构的一种重要衍射信息，利用菊池线可以精确分析晶体取向、测定偏离矢量 s 和校正电子束波长等。

1. 菊池衍射花样的产生

电子束入射到样品中，入射电子在样品内所受到的散射作用有两类：一类是相干的弹性散射，由于晶体中散射质点的周期性排列，使弹性散射电子彼此相互干涉，形成衍射环或衍射斑点；另一类则是非弹性散射，即在散射过程中电子不仅有方向的变化且有能量的损失，这是电子衍射花样中背景强度的主要来源。非弹性散射电子的能量损失很小，只有几十电子伏特，与入射电子的能量相比变化不大，当其入射到一定晶面满足布拉格方程时，也能够发生衍射。

如图 9-20(a) 所示，电子在晶体中 P 点作非弹性散射，形成一个以 P 点为中心的球面波，散射几率（强度）随散射角的增加而单调下降。衍射花样中背景电子强度主要由非弹性散射电子产生。P 点发出的 PQ 和 PR 散射波在符合布拉格方程条件下，能在（hkl）晶面发生衍射，其中，散射角较小而强度较大的 PQ 散射波被衍射到 QQ' 方向，在底片上 Q' 位置的背底增强较大，R' 处背底下降较多；强度较小的 PR 散射波衍射到 RR' 方向，相应的 Q' 处背底下降较小，R' 处背底增强不大。两项合成的结果是，背底强度沿 PR 方向增加，沿 PQ 方向减小。

考虑到非弹性电子波在空间所有方向上传播，产生的（hkl）和（$\bar{h}\bar{k}\bar{l}$）晶面衍射波将

构成以它们的法线 N_{hkl} 和 $N_{(\bar{h}\bar{k}\bar{l})}$ 为轴、半顶角为（90°－θ）的圆锥面。这两个圆锥面与底片的交线是成对的双曲线，由于电子衍射的角度 θ 很小，两条双曲线近似为直线，这就是一对菊池衍射线[图 9-20(b)]。背底增强的线在衍射花样中是亮线，背底减弱的线在衍射花样中是暗线；晶体中许多晶面均能产生类似的衍射线对，就形成了由明暗衍射线对构成的菊池衍射花样。图 9-21 是面心立方晶体的菊池衍射图。

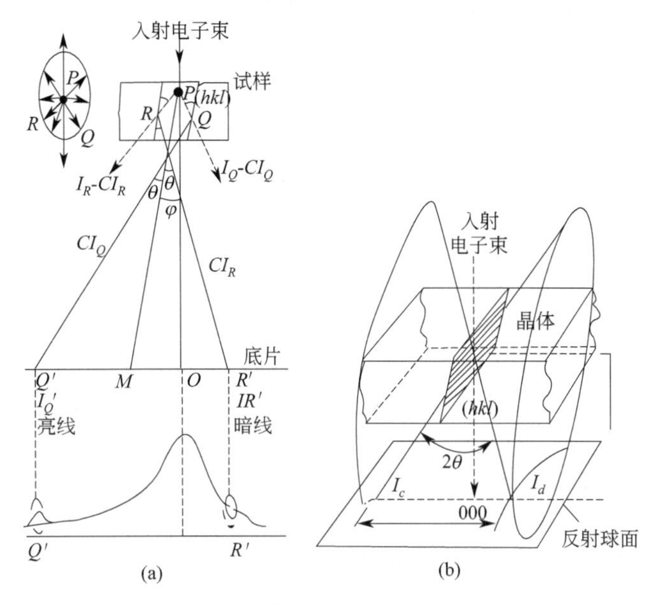

图 9-20　菊池衍射花样形成示意

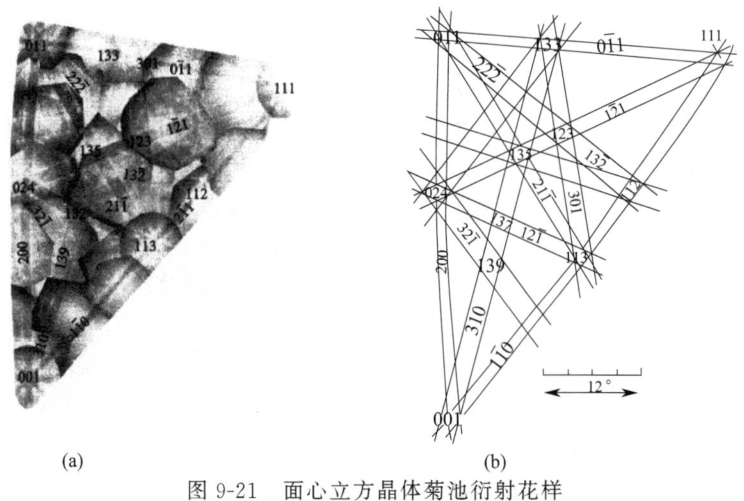

图 9-21　面心立方晶体菊池衍射花样

（a）实验图；（b）模拟图

2. 菊池线的特征

（1）菊池线衍射只能发生在一定厚度范围（最大穿透厚度的一半到最大穿透厚度）的样品中。样品薄时，非弹性散射效应弱，菊池线强度很弱，不易观察到；样品厚度增加，非弹性散射效应增强，菊池线变得明显；样品超过最大穿透厚度时，电子束被完全吸收，没有衍射花样。

（2）晶体越完整，菊池线越明锐。当样品中位错密度高时，使得一些位于位错附近的晶面取向发生变化，因此同名的晶面取向有一定的分布范围，菊池衍射的锥面有一定的厚度，导致菊池线变宽，强度下降，发生弥散现象。

(3) 菊池线呈明暗线对；一般情况下，菊池线对的增强线在衍射斑点附近，减弱线在透射斑点附近。

(4) 菊池线对晶面的取向变化敏感。在小角度倾斜或旋转样品时，菊池线同时以相同的方向和幅度发生移动，而衍射斑点无明显变化。因此，可借助于菊池线的移动方向及大小精确地确定晶体的方向。

(5) 不论晶面 (hkl) 取向如何，其对应的菊池线对张角总是 $2\theta_{hkl}$；hkl 菊池线对与中心斑点到 hkl 衍射斑点的连线正交，菊池线对的间距与上述两个斑点的距离相等，即符合电子衍射基本公式 $Rd=L\lambda$；hkl 菊池线对的中线对应于 (hkl) 面与荧光屏的截线。两条中线的交点称为菊池极，为两晶面所属晶带轴与荧光屏的交点。

3. 菊池线的标定

根据菊池线和衍射斑点是否同时出现，可以分为单独出现菊池花样和同时出现菊池花样和衍射斑点花样两种情况进行标定。菊池线的标定方法和衍射斑点的标定方法相似。

若 R_k 是菊池线对的间距，则 $R_k d=L\lambda$。菊池线对间的夹角等于相应晶面间的夹角，相邻菊池极对应的晶带轴的指数相近。首先测定各线对的间距 R_k，及各线对之间的夹角。根据上式初步标定 $h_1k_1l_1$、$h_2k_2l_2$、$h_3k_3l_3$。任意选定 $h_1k_1l_1$，根据晶面夹角公式分别确定 $h_2k_2l_2$、$h_3k_3l_3$。然后按两倒易矢量反时针计算矢量乘积（$[uvw]=g_1\times g_2$）求得菊池极。如果菊池线和衍射斑点同时出现，则先标定衍射斑点的指数，然后根据菊池线与其相对位置，确定菊池线指数。即找准一对菊池线，自透射斑点向菊池线对作垂线，位于垂线上靠近亮菊池线的斑点指数即为该菊池线指数。如果亮菊池线刚好通过衍射斑点，则斑点指数就是菊池线指数。

五、会聚束电子衍射法

会聚束电子衍射（convergent beam electron diflraction，CBED）是指用尺寸很小（其范围可小至 2nm）且收敛的（锥型）电子束聚焦于样品，在背焦面上形成透射和衍射圆盘的电子衍射方法。传统的选区衍射所能分析的最小区域约为 0.5μm，只能提供晶体二维空间的信息，而 CBED 花样中的衍射圆盘含有强度分布信息，可获得三维空间的晶体结构特征，因此广泛应用于微米和亚微米区域的晶相识别。利用 CBED 花样可鉴定高对称极轴、测定晶体的衍射群、点群、布拉维晶格、空间群、晶格参数以及样品厚度等。

1. CBED 花样的形成

分析型透射电子显微镜（AEM）或扫描透射电子显微镜（STEM）均能进行 CBED。在 AEM 中，先进行图像模式操作，获得待分析区域的显微图像，然后抽出物镜光阑及选区光阑，调节聚光镜的电流将电子束直径聚至最小，转至衍射模式操作，即可得到 CBED 花样。此时改变聚光镜的孔径，即通过调节入射电子束的锥角，可分别得到 *K-M* 或 *Kossel*（圆盘重叠）花样，如图 9-22 所示。若花样不在晶带轴位置（电子束不平行于晶带轴），可利用菊池线倾斜样品薄片至沿晶带轴对称入射位置，并检查图像焦距及聚光镜是否仍聚焦成最小点。此外，可用调节相机长度来放大或缩小 CBED 花样。利用 STEM 进行 CBED 的好处是电子束尺寸较小、会聚角较大。

2. CBED 花样类型

CBED 花样中衍射束的位置可用爱瓦尔德球来描述，如图 9-23(a) 所示的倒晶点阵及爱瓦尔德球体，在第零阶劳厄区（zero order Laue zone，ZOLZ），爱瓦尔德球体与倒易点阵相

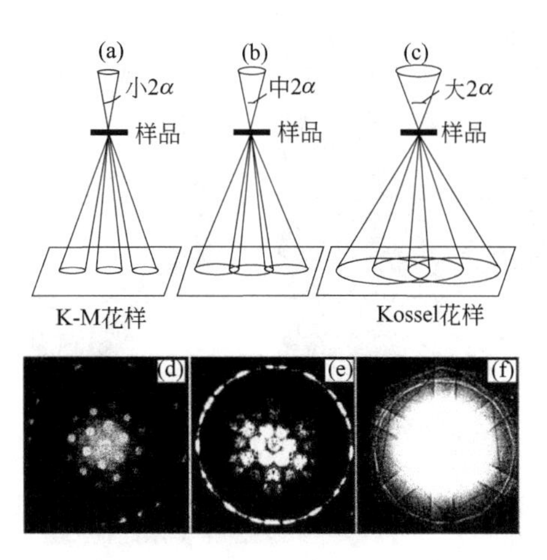

图 9-22　CBED 花样形成示意

(a)～(c)电子束会聚角 2α 对衍射盘直径的影响；(d)～(e)随 2α 增大衍射花样的变化

交，得到圆盘状的电子衍射花样。在球体向上弯曲部分，ZOLZ 衍射点不再与之相交，而高层劳厄区（high order Laue zone，HOLZ）开始和球体作用，第一个与球体相交的上层倒易点阵称为一阶劳厄区（first order Laue zone，FOLZ）。爱瓦尔德球体与 HOLZ 层相交后，在 CBED 花样中产生环形排列衍射点。该环的半径是电子波长、相交衍射点的倒易矢量以及电镜相机长度三者的函数。图 9-23(b) 表示出 CBED 图形中 ZOLZ 和 HOLZ 衍射点的分布。其余更高层的劳厄区虽然也可与球体交叉，但由于在较上层的区域发生弱散射，这些衍射点强度通常较弱而无法观察到。HOLZ 环代表较上面的劳厄层在倒易点阵中的位置，因此通过测量 HOLZ 半径可以得出晶体在电子入射方向的点阵参数。

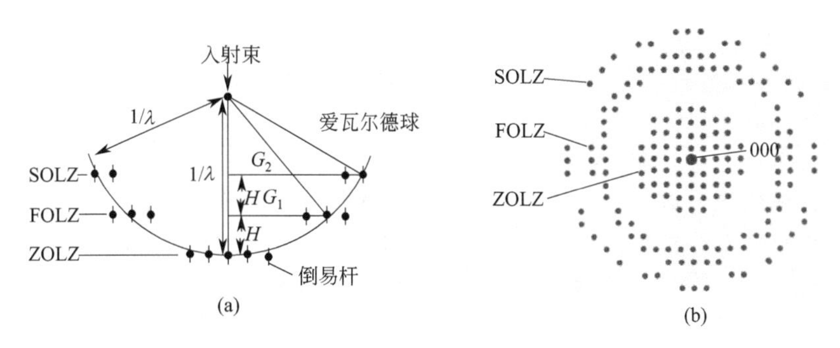

图 9-23　CBED 花样形成原理示意（a）及零阶（ZOLZ）、一阶（FOLZ）和二阶（SOLZ）劳厄带衍射花样（b）

在零阶劳厄带（ZOLZ）的 CBED 图[图 9-24(a)]中，衍射盘的分布和常规的选区衍射花样的分布是相同的，也是呈周期性排列，其中的衍射盘分布还具有镜面 m 对称特征。利用衍射盘的间距和角度关系，按照选区衍射斑点的标定方法，可以分析样品的晶体结构。此外，利用零阶劳厄带中特有的信息，还可以用来测量样品的厚度和对称性。

在高阶劳厄带（HOLZ）CBED 花样[图 9-24(b)]中，单幅 HOLZ 的 CBED 图就包含有倒易点阵的三维信息，这是常规的选区衍射花样中所没有的。HOLZ 环的直径给出了样品中垂直于电子束的晶面间距信息，可用于测定晶体的三维点阵常数。HOLZ 盘的标定方法和高阶衍射斑点的标定方法一样。

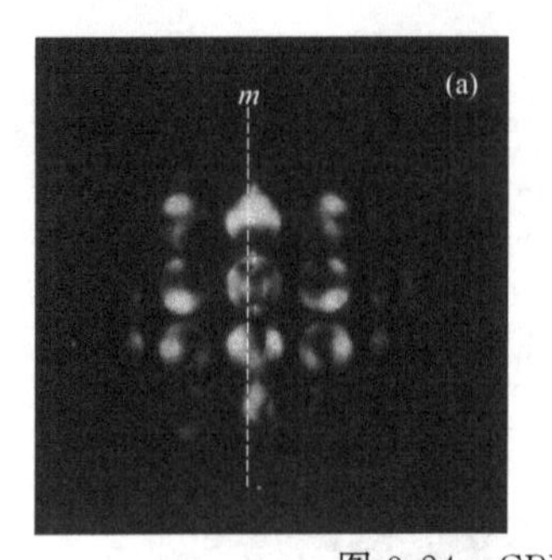

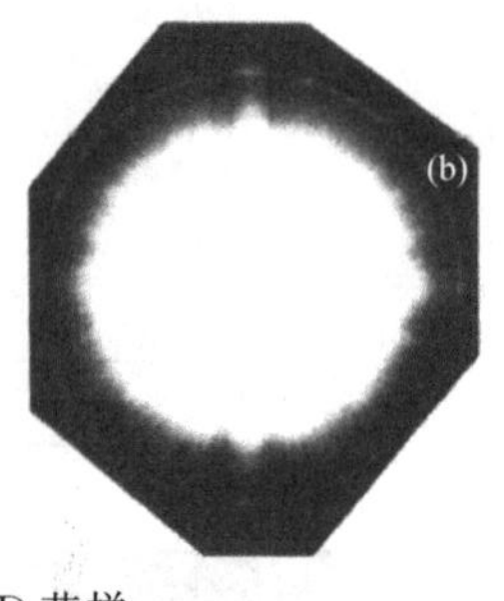

图 9-24　CBED 花样

(a) 零阶劳厄带 (ZOLZ) 花样；(b) 一阶劳厄带 (FOLZ) 花样

典型案例

纳米晶与单晶复合电子衍射分析

爆炸焊接是一种通过爆炸提供的能量将某种具有特殊性能且价格昂贵的覆板与普通的基板相结合，形成综合性能优良的复合板的技术。爆炸焊接技术在化工、石油、制药、造船、军事、核工业和航空航天等领域都有广泛的应用。爆炸焊接材料内部微观组织非常复杂，焊接界面存在非晶层、微晶、准晶、绝热和剪切带等显微组织特征。研究微观组织对揭示其焊接过程及材料本身性能具有重要意义。

1. 原理

电子衍射可对材料中纳米晶与单晶进行同位分析，获得晶体的某些结构参数。

2. 仪器与材料

CM20 透射电子显微镜。

爆炸焊接所用覆板为奥氏体不锈钢 321，基板为桥梁钢 Qd370qD。从成品上线切割 0.5mm 薄片，用砂纸磨到 50μm，用 5% 高氯酸酒精电解液双喷电解抛光，再用氩离子减薄，制得 TEM 样品。

3. 结果与讨论

爆炸焊接基板组织为珠光体，覆板为奥氏体，焊接界面为准正弦波形。通过透射电镜观察，在界面附近基板内存在纳米晶，纳米晶区域宽约 200μm。靠近界面处的纳米晶大小约 5nm[图 9-25(a)]，图 9-25(b) 是图 9-25(a) 的暗场像，该暗场像是用选区光阑选取图 9-25(c) 的小圆圈处获得的。图 9-25(c) 是图 9-25(a) 所示样品的电子衍射花样，该花样呈环状，没有单晶电子衍射斑点，说明此处没有单晶。对纳米晶衍射环进行标定，可知该纳米晶为面心立方结构。样品某区域的电子衍射花样如图 9-25(d) 和图 9-25(e) 所示，图中除具有单晶的衍射斑点外，在每个较亮的单晶衍射斑点周围还有纳米晶衍射环，亮度较强，说明此处纳米晶和单晶各占一定的比例。某区域电子衍射花样[图 9-25(f)]除单晶的电子衍射斑点外，在透射斑点周围只有一个主纳米晶衍射环，且亮度较弱，其他衍射环几乎不出现，说明此处主要为单晶相，纳米晶所占比例较少。因此，可通过电子衍射花样定性地判断单晶与纳米晶的相对含量：如果全是纳米晶，电子衍射花样为纳米晶环，没有单晶斑点；如果含有很少量的单晶，电子衍射花样中除了强度较强的纳米晶环外，还有亮度较弱的单晶斑点，单晶斑点周围不再有纳米晶环；如果纳米晶和单晶都较多，电子衍射除了单晶斑点外，在每一强单晶衍射斑点周围有纳米晶环；如果大部分为单晶，含有相对较少的纳米晶，电子衍射除了单晶斑点外，在中心斑点周围还有强度较弱的纳米晶环，衍射束周围很少有纳米晶环。

界面处的纳米晶弥散分布在单晶中，单晶的每束衍射束都成为微晶的透射束，从而产生单晶斑点加每一斑点周围的衍射环的复合衍射花样。但是，在有的电子衍射斑点周围并没有观察到纳米晶衍射环，如图 9-26 中的 D_2 电子衍射斑点，这是因为单晶衍射斑点偏离厄瓦尔德球较大，偏离矢量 s 较大，此处单晶衍射斑点强度较弱，不能作为纳米晶的透射束，因此不会产生纳米晶衍射环。因此，如果不是单晶强衍射束，不能作为微晶的透射束。同样，衍射花样特征表明，纳米晶环也没有作为单晶的透射束而产生其他额外的斑点，这是因为，每个纳米晶衍射斑点都较弱，即使处在厄瓦尔德球上，也不能作为单晶或者其他纳米晶的透射束，就不能形成二次衍射。

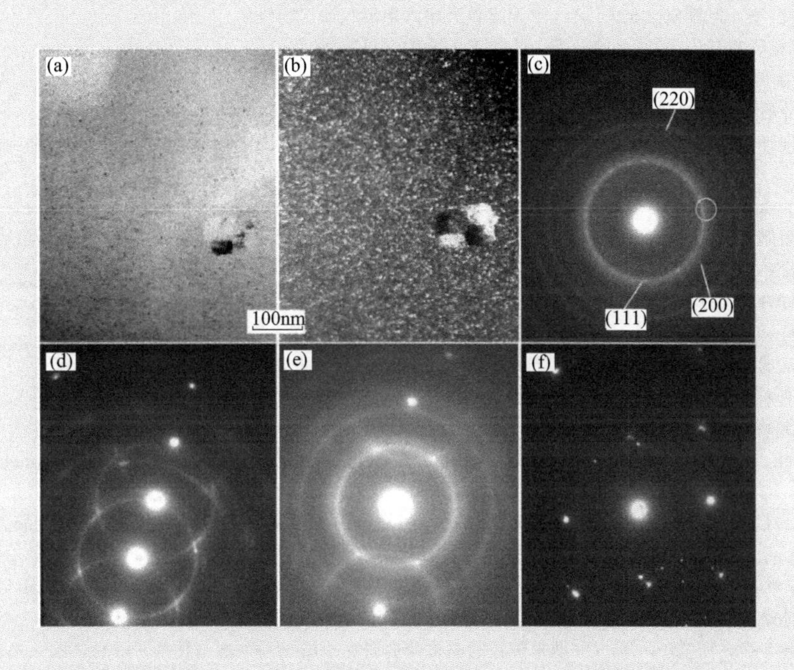

图 9-25 复合板界面处纳米晶显微相及电子衍射花样

(a) 纳米晶明场相；(b) 纳米晶暗场相；(c) 图 (a) 中纳米晶的电子衍射；(d)、(e)、(f) 为纳米晶和铁素体的电子衍射

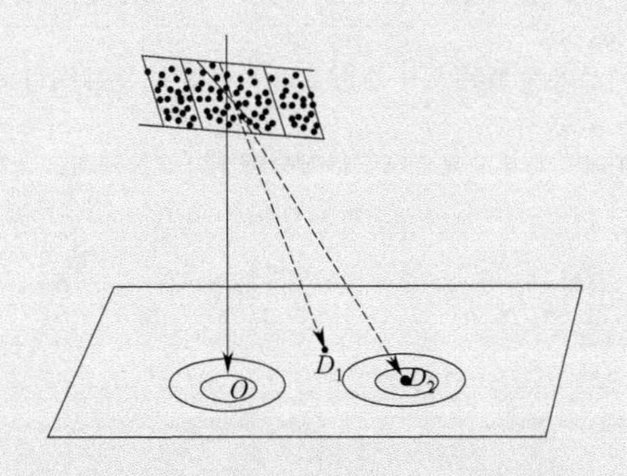

图 9-26 纳米晶与单晶复合电子衍射示意

参考文献

[1] 黄孝瑛，侯耀永，李理．电子衍衬分析原理与图谱［M］．济南：山东科学技术出版社，2000.

[2] 进藤大辅，平贺贤二．材料评价的高分辨电子显微方法［M］．刘安生，译．北京：冶金工业出版社，2001.

[3] 戎咏华，姜传海．材料组织结构的表征［M］．上海：上海交通大学出版社，2017.

[4] 徐祖耀，黄本立，鄢国强．中国材料工程大典，第 26 卷，材料表征与检测技术［M］．北京：化学工业出版社，2006.

[5] 黄孝瑛．材料微观结构的电子显微学分析［M］．北京：冶金工业出版社，2008.

[6] 周玉．材料分析方法［M］．北京：机械工业出版社，2016.

[7] 董建新 材料分析方法［M］．北京：高等教育出版社，2014.

[8] 杜希文，原续波．材料分析方法［M］．天津：天津大学出版社，2014.

[9] 黄新民．材料研究方法［M］．哈尔滨：哈尔滨工业大学出版社，2017.

[10] 黄惠忠．纳米材料分析［M］．北京：化学工业出版社，2003.

[11] 戎咏华．分析电子显微学导论［M］．北京：高等教育出版社，2015.

[12] 邱忆，周征洋，孙俊良．利用电子衍射解析晶体结构的研究进展［J］．中国科学：化学，2020，50（10）：1384-1397.

[13] Peter W Hawkes，John C H Spence. Springer Handbook of Microscopy［M］. Switzerland AG，Springer Nature，2019.

[14] 韩喜江．固体材料常用表征技术［M］．哈尔滨：哈尔滨工业大学出版社，2010.

[15] 刘庆锁．材料现代测试分析方法［M］．北京：清华大学出版社，2014.

[16] 王富耻．材料现代分析测试方法［M］．北京：北京理工大学出版社，2006.

[17] 王轶农．材料分析方法［M］．大连：大连理工大学出版社，2012.

[18] 朱永法，宗瑞隆，姚文清．材料分析化学［M］．北京：化学工业出版社，2009.

[19] 朱永法．纳米材料的表征与测试技术［M］．北京：化学工业出版社，2006.

[20] 张锐．现代材料分析方法［M］．北京：化学工业出版社，2007.

[21] Carl C Koch，Ilya A Ovid’Ko，Sudipta Seal，et al. Structural Nanocrystalline Materials Fundamentals and Applications［M］. New York：Cambridge University Press，2007.

[22] Nan Yao，Zhong Lin Wang. Handbook of Microscopy for Nanotechnology［M］. New York：Kluwer Academic Publishers，2005.

[23] Zhong Lin Wang. Characterization of Nanophase Materials［M］. Weinheim GmbH，Wiley-VCH Verlag，2000.

[24] 王新鹏，孙晓燕，介万奇，等．碲铟汞晶体的透射电子显微分析［J］．人工晶体学报，2010，39（3）：564-567.

[25] 杨晓红，魏智强，汪宝珍，等．Cu 纳米颗粒的晶格畸变研究［J］．粉末冶金技术，2011，29（2）：83-87.

[26] 徐敏，沈雯，高瞻，等．$La_{0.4}FeCo_3Sb_{12}$ 晶体结构的 X 射线和电子衍射表征［J］．物理学报，2005，54（7）：3302-3306.

[27] 王元斐，陈友虎，唐捷，等．双片二硫化钼纳米薄片的电子衍射分析［J］．电子显微学报，2018，37（1）：20-25.

[28] 张博文，张晓娜，刘程鹏，等．使用会聚束电子衍射技术测定 Ni-Al 二元模型单晶高温合金 γ/γ' 两相错配度［J］．电子显微学报，2019，38（6）：608-613.

[29] 郑辉，欧阳健明，段荔．不同晶相草酸钙晶体的选区电子衍射和 X 射线衍射比较分析［J］．人工晶体学报，2005，34（4）：734-738.

[30] 张金民，岳宗洪，韩顺昌．纳米晶与单晶复合电子衍射分析［J］．物理测试，2007，25（5）：49-50.

第四篇 材料电子显微分析法

第十章

透射电子显微分析法

显微镜是人类观察和认识物质显微结构的主要工具之一。早在1665年英国物理学家罗伯特·胡克（R. Hooke）就制造出了第一台能放大到140倍的复式显微镜，并用其观察到软木塞具有蜂房状结构，从而奠定了细胞学说的基础。1684年，荷兰物理学家惠更斯设计制造出双透镜目镜——惠更斯目镜，配置这种目镜的显微镜就是现代光学显微镜的原型。1870年，德国物理学家恩斯特·阿贝提出了完整的显微镜理论，论述了成像原理和数值孔径等问题。此后至20世纪50年代，偏光、干涉、明场、暗场、相衬、紫外、荧光、体视和倒置等不同功能的光学显微镜相继问世，显著地促进了科学技术的发展进步。

显微镜的分辨率与光源的波长成反比。光学显微镜分辨率极限值约为0.2μm，无法用其来观察物质的亚显微结构。1926年，Davission和Germer用电子衍射法验证了高速运动的电子能形成波长可调的电子波的现象，意味着如果以电子波代替可见光波作为显微镜的照明光源，就可能突破可见光波长对显微镜分辨率的限制。同在1926年，德国学者Bush提出了"轴对称的磁场对电子束起着透镜的作用并可使电子束聚焦成像"的理论。根据上述研究成果，德国物理学家Knoll和Ruska于1933年制造出了世界上第一台透射电子显微镜，成功地得到了铜网的放大图像，证实了使用电子束和电磁透镜可形成与光学像相同的电子像，Ruska也因此获得了1986年的诺贝尔物理学奖。1939年，德国西门子公司制造出了分辨率达3nm的世界上最早的商品透射电子显微镜。1942年，英国剑桥大学制成了世界第一台扫描电子显微镜。1949年海登莱西（Heidenreich）首次用透射电子显微镜观察了用电解减薄的铝试样。自20世纪50年代始，科学家直接观察到位错层错等物理现象。1970年日本学者第一次用透射电子显微镜直接观察到重金属的原子近程有序排列。此后，随着电子图像衬度理论、电子技术和信息技术的发展，电子显微镜的分辨率不断提高（目前透射电镜的点分辨率已达0.1nm，扫描电镜为0.7nm），功能日臻完善，既可以研究物质的亚显微形态形貌结构，也可以进行物质的微区晶体结构和微区成分分析，广泛应用于材料科学、化学、物理学、地质学、生命科学、医学、环境学、纳米技术和电子技术等科学技术领域。

进行物质亚显微结构分析的主要工具为透射电子显微镜和扫描电子显微镜，这两种显微镜虽然使用的光源均为高能电子束，但在工作原理、仪器构成和功能定位等方面有明显区别。其中前者工作过程中主要利用透过厚度几十纳米薄样品的电子束所携带的信息，而后者使用的是电子束在样品表面扫描时激发产生的各种物理信号。

第一节 电子光学基本原理

一、光学显微镜的分辨率极限

显微镜的分辨率是指显微镜可以将成像物体（样品）上两个物点清晰分辨开来的最小距离。

在光学显微镜系统中，当物体通过物镜成像时，理想情况下，每一物点对应一个像点。但由于光的衍射效应，物点的像并不是一个几何点，而是一个由中央亮斑和周围明暗相间的同心圆环所构成的具有一定尺寸的圆斑，该圆斑称为埃利（Airy）斑[图 10-1(a)]。埃利斑约 84%的光强度集中在中央亮斑上[图 10-1(b)]，通常以其第一暗环的半径来衡量埃利斑大小。随物体上两个物点的距离减小，其对应的埃利斑从相互分立分布向部分重叠状态变化[图 10-1(c)、(d)]。瑞利（Rayleigh）准则表明，当物体上两个相邻物点形成的两个埃利斑重叠部分的叠加强度是单一埃利斑中心强度的 81%时[图 10-1(e)]，对应的两个物点间的距离就是人眼可以分辨的极限。定义此时两个物点间的距离为物镜的极限分辨率。

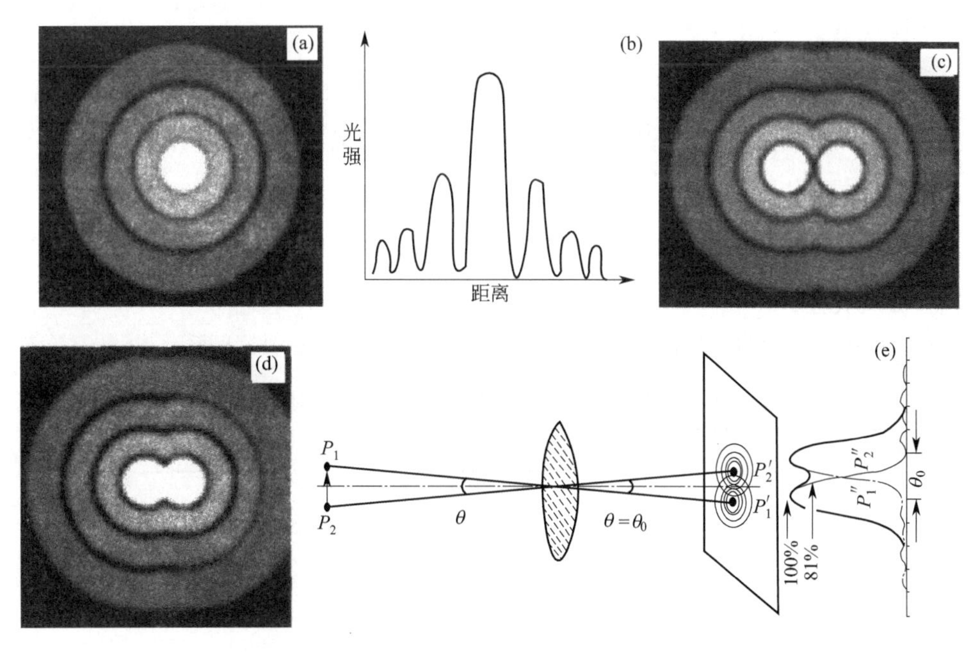

图 10-1　衍射效应形成的埃利斑及其与分辨率的关系

(a) 单个物点的埃利斑；(b) 单个埃利斑的光强分布；(c) 相距较远两个物点的埃利斑；
(d) 相距最小距离两个物点的埃利斑；(e) 极限分辨率时埃利斑光强分布

根据光的圆孔衍射理论可以推导出，透镜极限分辨率 Δr_0 的表达式为

$$\Delta r_0=\frac{0.61\lambda}{n\sin\alpha} \tag{10-1}$$

式中，λ 为光线的波长；α 为透镜的孔径半角；n 为透镜周围介质的折射率；$n\sin\alpha$ 为数值孔径，用 N. A. 表示。

对玻璃透镜而言，最大孔径半角 $\alpha=70°\sim75°$，在采用油浸式镜头时介质的折射率 $n=1.5$，此时式（10-1）可化简为：$\Delta r_0\approx\lambda/2$。这说明，显微镜的分辨率取决于可见光的波

长，而可见光的波长范围为390～760nm，故而光学显微镜的分辨率不可能高于200nm。因此，要提高显微镜的分辨本领，关键是要有短波长且能聚焦成像的照明光源。

二、电子波的波长

根据量子力学，运动着的电子具有波动性，其波长为

$$\lambda=\frac{h}{mv} \tag{10-2}$$

式中，h 为普朗克常数，$h=6.625\times10^{-34}\text{J}\cdot\text{s}$；$m$ 为电子的质量，$m=9.1094\times10^{-31}\text{kg}$；$v$ 为电子的速度。

电子的运动速度 v 和加速电压 U 之间的关系为

$$\frac{1}{2}mv^2=eU \tag{10-3}$$

式中，e 为电子所带的电荷，$e=1.6022\times10^{-19}\text{C}$。

由式(10-2) 和式(10-3) 得到电子波的波长

$$\lambda=\frac{h}{\sqrt{2emU}}=\frac{1.226}{\sqrt{U}} \tag{10-4}$$

如果电子速度较低，则其运动质量 m 和静止质量 m_0 相近，即 $m\approx m_0$。如果加速电压很高，电子具有极高的速度，则其运动质量必须经过相对论校正，此时 m 的表达式为

$$m=\frac{m_0}{\sqrt{1-(\frac{v}{c})^2}} \tag{10-5}$$

式中，c 为光速。

根据式（10-5）计算出的不同加速电压下电子波的波长如表10-1所示。

表10-1　不同加速电压下电子波的波长（经相对论校正）

加速电压 U/kV	电子波波长/nm	加速电压 U/kV	电子波波长/nm
1	0.0388	40	0.00601
2	0.0274	50	0.00536
3	0.0224	60	0.00487
4	0.0194	80	0.00418
5	0.0173	100	0.00370
10	0.0122	200	0.00251
20	0.00859	500	0.00142
30	0.00698	1000	0.00087

在常用的100～200kV加速电压下，电子波的波长要比可见光小5个数量级，这意味着，如果使用电子波作为光源，显微镜的分辨率将能提高5个数量级左右。

三、电子透镜

电子透镜是利用电磁场会聚电子束的透镜，主要有静电透镜和电磁透镜两种。

1. 静电透镜

静电透镜是一种利用静电场使电子束会聚或发散的装置。由一对电位不等的圆筒等位区（U_1，U_2）就可构成一个最简单的静电透镜，如图 10-2 所示。若左边圆筒的电位比右边圆筒的电位低，弧形的电力线方向由高指向低，在垂直于电力线的方向画出一系列等位面，就构成一个形状和凸透镜十分相似的静电场。将平行的电子束从圆筒电极低电位向高电位照射，电子束在等电位面处发生折射并会聚于筒轴线的某一点上。若发射电子的阴极位于静电透镜的电场内，就形成浸没式静电透镜。电子显微镜中发射电子束的电子枪就属于此类静电透镜。如要改变静电透镜的焦距和放大率，需要施加很高的加速电压才能实现，且易在镜体内引起电击穿和弧光放电。此外，静电透镜的像差也较大。因此静电透镜的性能较电磁透镜的低，现代电子显微镜中一般不使用静电透镜作为成像装置。

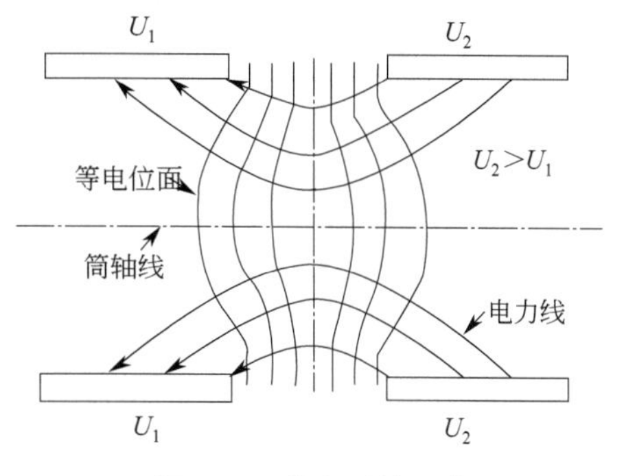

图 10-2　静电透镜示意

2. 电磁透镜

用磁场使电子波聚焦成像的装置就是电磁透镜。通电流的圆柱形线圈能够产生旋转对称（即轴对称）的磁场，该磁场称为透镜磁场。图 10-3 为电磁透镜的聚焦原理示意图。

磁力线围绕短线圈导线呈环状分布，磁力线上任意一点的磁感应强度 H 都可以分解成平行于透镜主轴的分量 H_z 和垂直于透镜主轴的分量 H_r。速度为 v 的平行电子束进入透镜的磁场时，位于 A 点的电子将受到 H_r 分量的作用。根据右手法则，电子所受的切向力 F_t 的方向指向读者。F_t 使电子获得一个切向速度 v_t，v_t 随即和 H_z 分量叉乘，最终形成了另一个向透镜主轴靠近的径向力 F_r，使电子向主轴偏转（聚焦）。当电子穿过线圈到 B 点位置时，H_r 方向改变了 180°，F_t 随之反向，但是 F_t 的反向只能使 v_t 变小，而不能改变 v_t 的方向，因此，穿过线圈的电子仍然趋向于向主轴靠近。结果使电子绕轴旋转，以旋转角 θ 做如图 10-3(b) 所示的圆锥螺旋近轴运动。

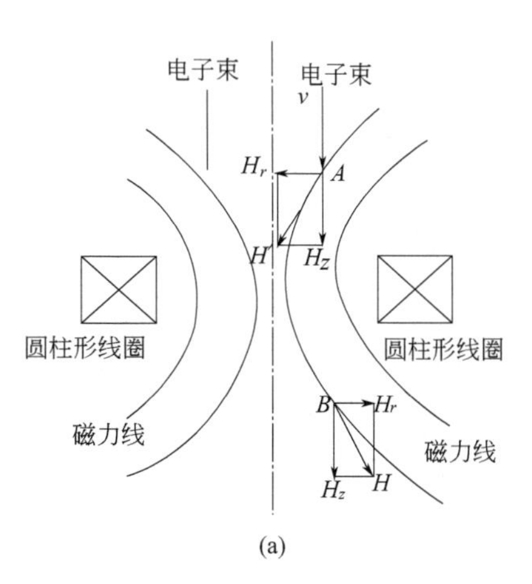

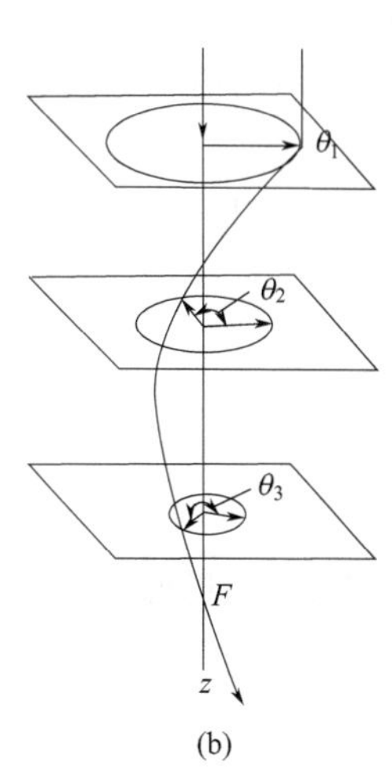

图 10-3

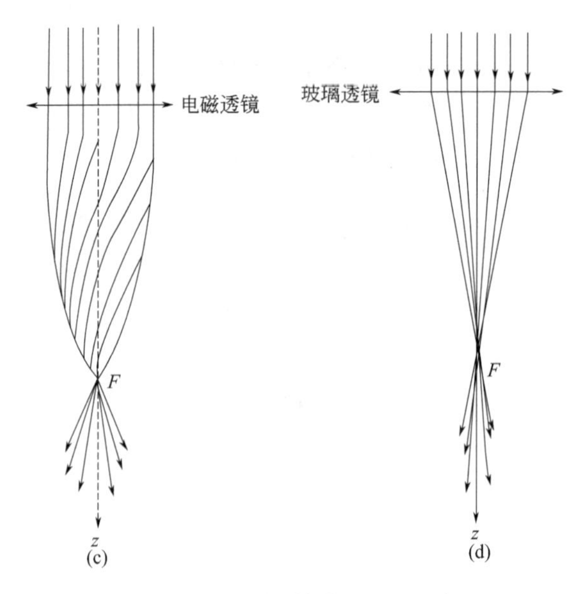

图 10-3 电磁透镜聚焦原理示意

(a) 磁力线分布及对电子的作用；(b) 电子在磁场中的螺旋近轴运动；
(c) 电子的运动轨迹与聚焦；(d) 可见光的运动路线与聚焦

一束平行于主轴的入射电子束通过电磁透镜时将被聚焦在轴线上的一点，即焦点，这与光学玻璃凸透镜对平行于轴线入射时平行光的聚焦作用十分相似，如图 10-3(c)、(d)所示。

从以上分析可知，轴对称的磁场对运动的电子总是起会聚作用，因此，磁透镜都是会聚透镜。

图 10-4(a) 为一种带有软磁铁壳的电磁透镜示意图。铁壳可以屏蔽磁力线，减少漏磁，使导线外围的磁力线都在铁壳中通过。由于在软磁铁壳的内侧开了一道环状的狭缝，从而减小了磁场的广延度，使大量磁力线集中在缝隙附近的狭小区域内，增强了磁场的强度。为了进一步缩小磁场轴向宽度，还可以在环状间隙两边接出一对顶端呈圆锥状的极靴，如图 10-4(b) 所示。在极靴间隙附近会产生强而集中的轴向磁通密度分布，从而极大地提高透镜的放大倍数，这种结构的透镜叫强磁透镜。图 10-4(c) 给出裸线圈透镜及其加磁铁壳和加极靴后透镜磁感应强度沿轴向 (z) 的分布示意图。

与光学玻璃透镜相似，电磁透镜物距 L_1、像距 L_2、焦距 f 以及放大倍数 M 之间的关系为

$$\frac{1}{f}=\frac{1}{L_1}+\frac{1}{L_2} \tag{10-6}$$

$$M=\frac{L_2}{L_1}=\frac{f}{L_1-f} \tag{10-7}$$

电磁透镜焦距 f 的近似表达式为

$$f \approx K \frac{U_r}{(IN)^2} \tag{10-8}$$

式中，K 为常数；U_r 为经相对论校正的电子加速电压；IN 为电磁透镜励磁安匝数。

从式 (10-8) 可知，电磁透镜的焦距与励磁方向无关，总是一个正值。改变励磁电流，

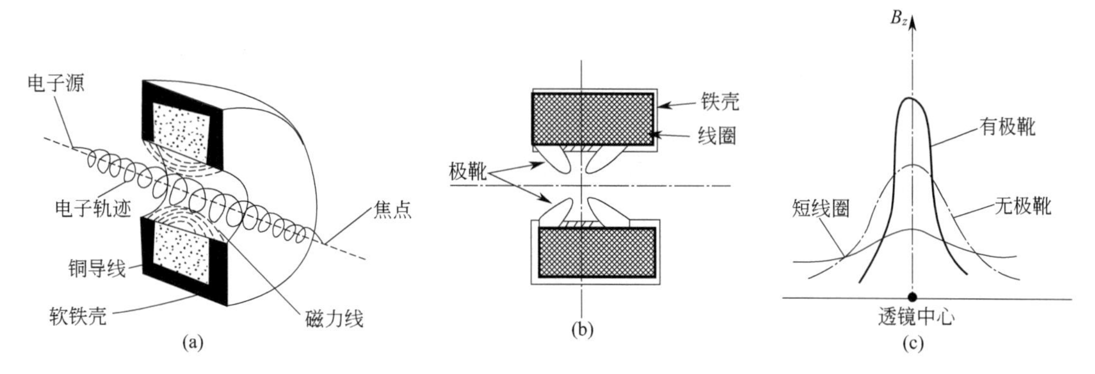

图 10-4　各种电磁透镜及其磁感应强度分布示意

（a）带有软磁铁壳的电磁透镜；（b）有极靴电磁透镜；（c）不同电磁透镜磁感应强度轴向分布

磁透镜的焦距和放大倍数均随之发生相应变化。因此，电磁透镜是一种可变焦距、可变倍率的会聚透镜。这是它有别于光学玻璃凸透镜的重要特点。

四、电磁透镜的像差与分辨率

电磁透镜会聚成像的理想条件为：①电子运动的轨迹满足旁轴条件（即电子束在紧靠光轴的很小范围内且两者的夹角很小）；②电子运动的速度完全相同；③形成透镜的电磁场具有严格的轴对称性。实际的电磁透镜成像时并不能完全满足这些条件，由此造成了透镜的各种像差。像差会影响成像的清晰度和真实性，从而降低和限制电子显微镜的分辨率。

电磁透镜的像差分为两类，即几何像差和色差。几何像差是因为透镜磁场几何形状上的缺陷而造成的，主要包括球差和像散。色差是电子波的波长或能量发生一定幅度的改变而造成的。

1. 球差

球差即球面像差，其来源于电磁透镜磁场的径向不均匀而致其中心区域和边缘区域对电子的折射能力不同。距电磁透镜主轴较远的电子（远轴电子）比主轴附近的电子（近轴电子）被折射程度大。图 10-5 为球差形成示意图。当物点 P 通过电磁透镜成像时，电子不会会聚到同一焦点上，而是形成一个散焦斑。如果像平面在远轴电子的焦点 P_1 和近轴电子的焦点 P_2 之间做水平移动，就可以得到一个最小的散焦圆斑。最小散焦圆斑的半径用 R_s 表示。用 R_s 除以透镜的放大倍数 M，就可以折算到物平面上去得到对应物点 P 的圆斑大小 Δr_s，Δr_s 就是由于电磁透镜球差造成的物点 P 的散焦斑半径，其意义为：当物平面上的两点距离小于 $2\Delta r_s$ 时，电磁透镜便不能分辨开这两点而在透镜的像平面上只得到一个点。Δr_s 大小的计算式为

$$\Delta r_s = \frac{1}{4} C_s \alpha^3 \tag{10-9}$$

式中，C_s 为球差系数，其值一般相当于透镜的焦距，为 1～3mm;，α 为孔径半角。

从式（10-9）可以看出，减小球差 Δr_s 可以通过减小 C_s 和缩小孔径半角 α 来实现。由于球差和孔径半角成三次方的关系，所以用小孔径角成像时，可使球差明显减小。球差是影响电镜分辨本领的主要因素。

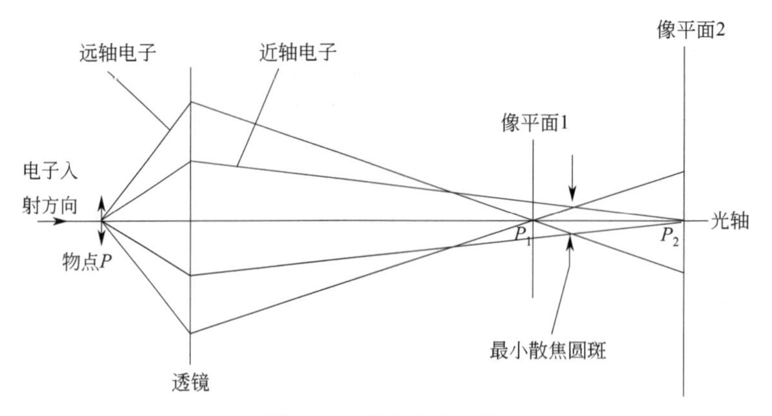

图 10-5　球差形成示意

2. 像散

像散是由电磁透镜磁场的非旋转对称而引起的。极靴内孔不圆、上下极靴的轴线错位、制作极靴材料的材质不均匀以及极靴孔周围局部污染等，都会使电磁透镜的磁场产生椭圆度，失去旋转对称性，导致电子束在不同方向上的聚焦能力出现差别，结果使物点通过电磁透镜后不能在像平面上聚焦成一点，如图 10-6 所示。在聚焦最好的情况下，能得到一个最小的散焦圆斑，把最小散焦圆斑的半径用 R_A 表示。用 R_A 除以电磁透镜的放大倍数 M，可以折算到物平面上得到半径为 Δr_A 的物点 P 的圆斑，Δr_A 就是由透镜像散造成的物点 P 的散焦斑半径。Δr_A 的计算式为

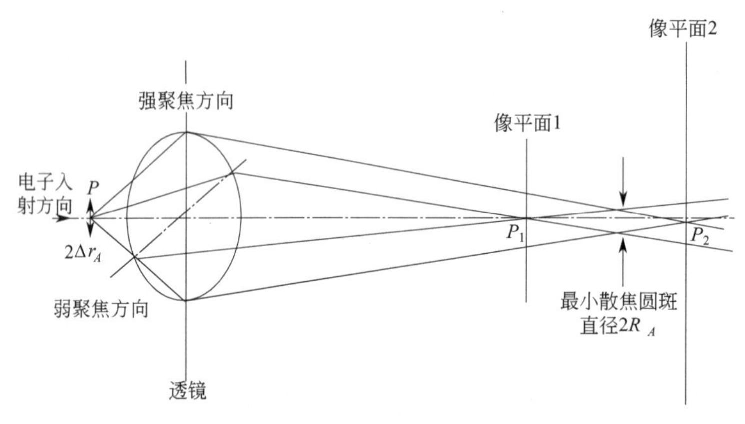

图 10-6　像散形成示意

$$\Delta r_A = \alpha \Delta f_A \tag{10-10}$$

式中，Δf_A 为电磁透镜出现椭圆度时造成的焦距差。

像散有固有像散（残余像散）和二次像散两种。其中，前者是由于电磁透镜制造过程中存在小量轴不对称产生的，后者是由于光阑或极靴被非导体污染而产生的。像散对电镜的分辨本领影响最为严重，必须设法清除。对于固有像散，通常用安装在透镜上下极靴之间的消像散器来消除。对于二次像散，只能用清洗方法除去污物来消除。

3. 色差

色差是由入射电子波长（或能量）的非单一性所造成的。若入射电子的波长或能量出现

一定的差别，低能量的电子在距透镜光心较近的位置聚焦，而高能量的电子在距光心较远的位置聚焦，由此形成了一个焦距差。当像平面在长焦点和短焦点之间移动时，就得到一个半径为 R_c 的最小的散焦圆斑，如图 10-7 所示。用 R_c 除以透镜的放大倍数 M，可把散焦斑的半径折算到物点 P 的位置上去，得到半径为 Δr_c 的物点 P 的圆斑。Δr_c 的计算式为

$$\Delta r_c = C_c \alpha \left| \frac{\Delta E}{E} \right| \tag{10-11}$$

式中，C_c 为色差系数；$|\Delta E/E|$ 为电子束的能量变化率。

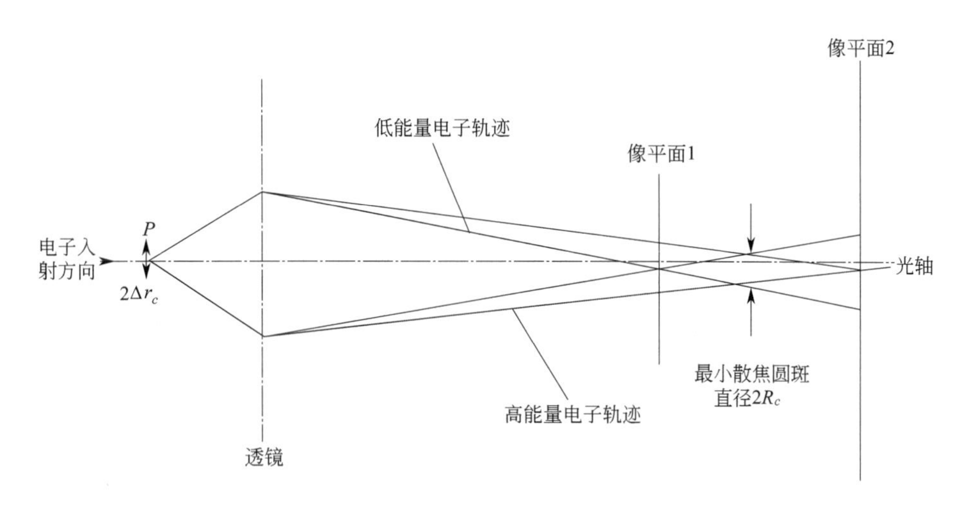

图 10-7　色差形成示意

当 C_c 和孔径半角 α 一定时，$|\Delta E/E|$ 的数值取决于加速电压的稳定性和电子透过样品时发生非弹性散射的程度。如果样品很薄，则后者的影响可忽略不计，因此采取稳定加速电压的方法可以有效地减小色差。球差系数 C_s 与色差系数 C_c 均随透镜励磁电流的增大而减小，其变化规律如图 10-8 所示。

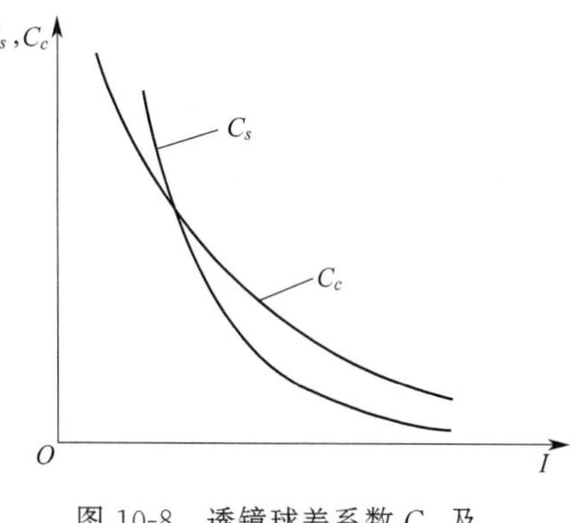

图 10-8　透镜球差系数 C_s 及色差系数 C_c 与励磁电流 I 的关系

五、电磁透镜的景深和焦深

电磁透镜利用小孔径角成像，与光学显微镜的玻璃透镜相比，具有大景深（或场深）和长焦深（或焦长）的显著优点。

1. 景深

当透镜的焦距和像距一定时，物距具有唯一的确定值，这说明样品只有一层平面能与透镜的理想物平面相重合，并能在透镜像平面上获得该物层平面的理想图像。但实际样品都是有一定的厚度，那些偏离理想物平面的物点都存在一定程度的失焦。如果这种失焦圆斑尺寸不大于由衍射效应和像差引起的散焦斑尺寸，则不会对透镜的分辨本领产生影响。定义在保持像清晰的条件下（即分辨率保持一定时），试样在物平面沿透镜主轴可移动的距离为景深。景深实际上是试样

超越物平面所允许的轴向偏差厚度。电磁透镜的景深如图 10-9 所示。

景深 D_f 的表达式为

$$D_f=\frac{2\Delta r_D}{\tan\alpha}\approx\frac{2\Delta r_D}{\alpha} \tag{10-12}$$

式中，α 为电磁透镜的孔径半角；Δr_D 为透镜分辨率。

从上式可知，α 越小，D_f 越大。一般的电磁透镜 $\alpha=10^{-2}\sim10^{-3}$ rad，$D_f=(200\sim2000)\Delta r_D$。如果 $\Delta r_D=1\text{nm}$，则 $D_f=200\sim2000\text{nm}$。对于加速电压 100kV 的透射电子显微镜来说，样品厚度一般控制在 200nm 左右，在透镜景深范围之内，样品各部位的细节都能得到清晰的像。如果允许较差的像分辨率（取决于样品），透镜的景深就更大了。电磁透镜景深大，非常有利于图像的聚焦操作（尤其是在高放大倍数情况下）。

2. 焦深

当透镜焦距和物距一定时，像平面在一定的轴向距离内移动，也会引起失焦。如果失焦斑尺寸不大于透镜因衍射和像差引起的散焦斑尺寸，则像平面在一定的轴向距离内移动不会影响透镜的分辨率。定义在保持像清晰的前提下，物距不变而像平面沿透镜主轴可移动的距离为焦深（焦长）。焦深实际上是观察屏或照相底版沿透镜主轴所允许移动的距离，如图 10-10 所示。

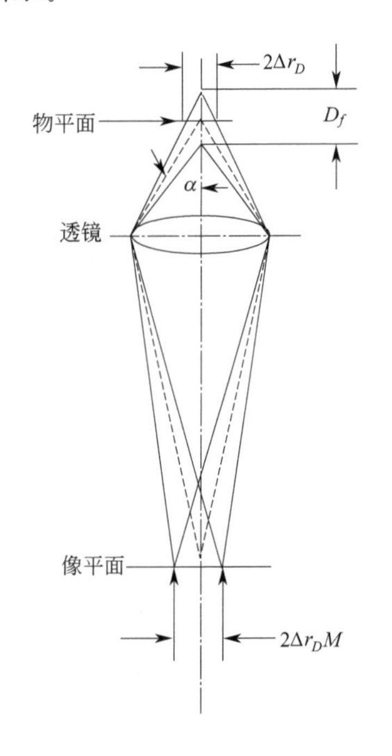

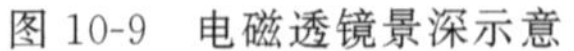
图 10-9　电磁透镜景深示意

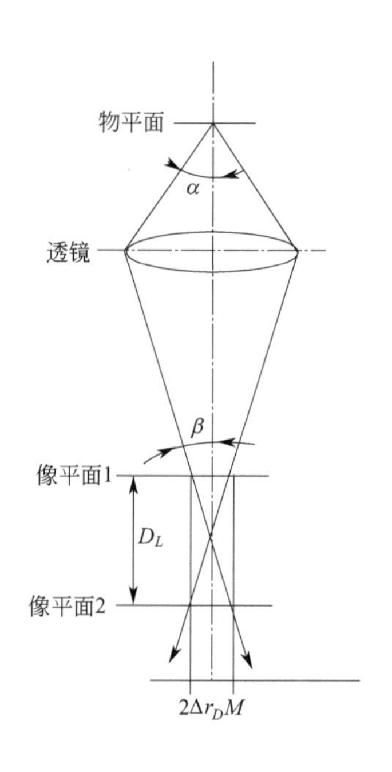

图 10-10　电磁透镜焦深示意

透镜的焦深 D_L 的表达式为

$$D_L=\frac{2\Delta r_D M}{\tan\beta}\approx\frac{2\Delta r_D M}{\beta}\approx\frac{2\Delta r_D M^2}{\alpha} \tag{10-13}$$

式中，β 为像点所张的孔径半角，$\beta=\alpha/M$；M 为透镜放大倍数；Δr_D 为透镜分辨率。

从式（10-13）可知，当电磁透镜的 M 和 Δr_D 一定时，D_L 随 β 的减小而增大。如一电磁透镜 $\Delta r_D=1\text{nm}$，$\alpha=10^{-2}$rad，$M=200$，计算得 $D_L=8\text{mm}$，这表明该透镜实际像平面

在理想像平面上或下各移动距离小于 4mm 时，并不需改变透镜的聚焦状态而仍能保持图像清晰。

对于由多级电磁透镜组成的透射电子显微镜来说，其终像放大倍数等于各级透镜放大倍数之积，因此终像的焦深很大，一般可达 10～20cm 以上。电磁透镜的大焦深非常方便于电子显微镜图像的记录。只要在荧光屏上图像是聚焦清晰的，那么在荧光屏上或下十几厘米放置照相底片，所拍摄的图像也是清晰的。

第二节 透射电子显微镜基本结构及性能指标

透射电子显微镜（transmission electron mcroscope，TEM）的成像原理与普通透射式光学显微镜非常相似，两种显微镜的光路以及样品台、物镜和光阑等主要部件的排列组合方式近于相同（图 10-11），彼此的区别主要体现在光源和透镜的类型及镜筒是否处于真空状态。

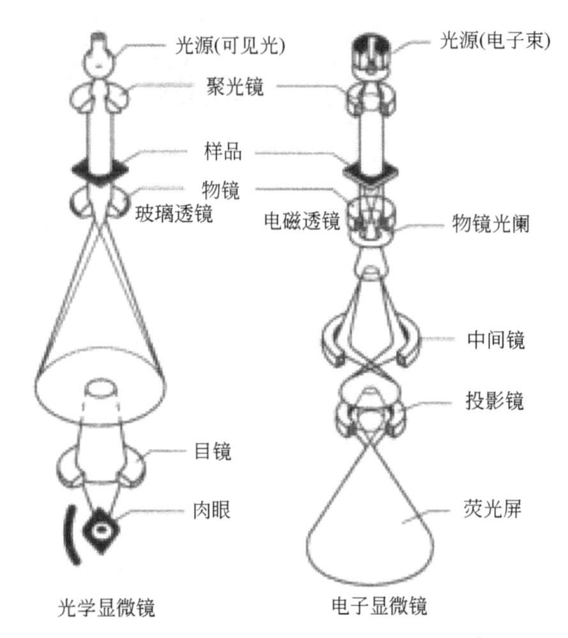

图 10-11　透射式光学显微镜与透射电子显微镜基本结构比较

一、透射电子显微镜的基本结构

透射电子显微镜主要由电子光学系统、真空系统和电源与控制系统三部分组成。对分析型透射电镜来说，根据功能的需要还可以配置不同的分析测试单元，如扫描透射附件、X 射线能谱（EDS）附件和电子能量损失谱（EELS）附件等。

1. 电子光学系统

电子光学系统通常称为镜筒，是透射电子显微镜的核心部分，一般由照明系统、成像系统和观察与记录系统三部分组成。

(1) 照明系统

照明系统主要由电子枪、聚光镜、聚光镜光阑及电子束平移对中和倾斜调节装置等部分组成，其主要功能为：①提供束流稳定、相干性好、照明孔径角可控的高亮度照明光源；②根据样品特点和分析目的，选择相应的照明方式，以获得明场像或暗场像。

电子枪位于电子显微镜的最上部，是电镜的电子源，相当于光镜的照明光源。对电子枪的一般要求是：要有足够的发射强度；电子束截面积要小；束流强度均匀且连续可调；极高的加速电压稳定度。电子枪分为热电子发射电子枪和场发射电子枪两种类型。几种电子枪的灯丝形态如图 10-12 所示。

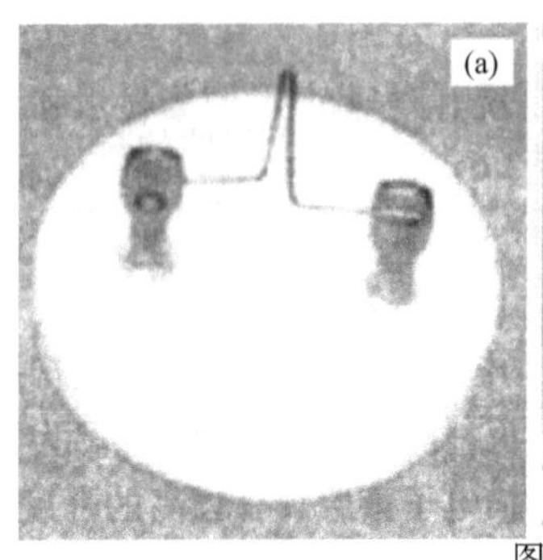

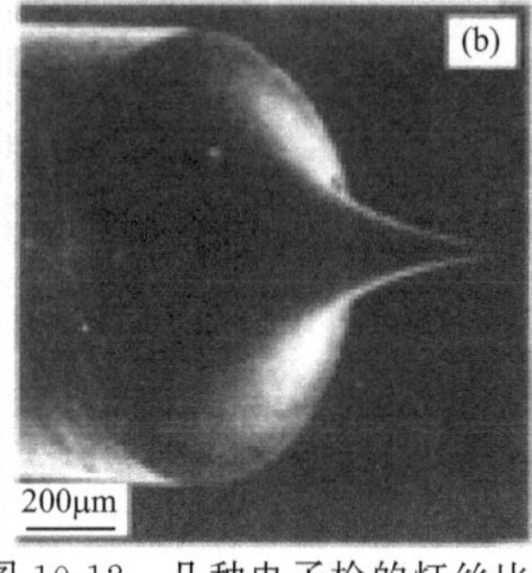

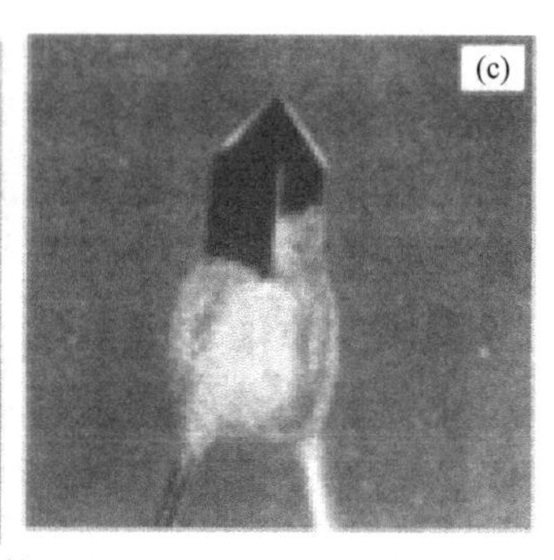

图 10-12 几种电子枪的灯丝比较

(a) 发叉式钨灯丝；(b) LaB_6 灯丝；(c) 场发射灯丝

热电子发射电子枪是一种热阴极型三极电子枪，由阴极（一般为发夹形钨丝或 LaB_6 单晶）、栅极和阳极（加速管）组成，其中栅极的功能是控制阴极发射电子的有效区域。阴极发射的电子束在阴极和阳极之间的某一点汇集成一个交叉点，该点就是电子枪的电子源。交叉点处电子束直径约为几十微米。LaB_6 阴极的寿命和亮度等性能要优于钨灯丝阴极。

基于场发射效应发射电子束的装置称为场发射电子枪（FEG）。在金属表面加一强电场，金属表面的势垒就会变浅，由于隧道效应，金属内部的电子将穿过势垒从其表面发射出来，这种现象称为场发射。为使发射电子的阴极（发射极）电场集中，通常将其尖端加工成曲率半径小于 0.1μm 的尖锐形状。场发射电子枪分为冷阴极 FEG 和热阴极 FEG。冷阴极 FEG 将钨的（310）晶面作为发射极，工作时不需加热，但发射极因吸附残留气体分子会产生发射噪声；热阴极 FEG 以钨的（100）晶面作为发射极，将发射极加热到比热发射低的温度（1600～1800K）使用，发射噪声较小。与钨灯丝热发射电子枪相比，场发射电子枪的亮度约高出 1000 倍，束斑尺寸更小（约 10～100nm），能量分散度小于 1eV，而且电子束的相干性也很好。现代高性能分析性透射电子显微镜中多采用场发射电子枪。

聚光镜的功能是将来自电子枪的电子束汇聚到被观察的样品上，并控制其照明强度、照明孔径角和束斑大小。高性能透射电子显微镜一般均采用双聚光镜系统：第一聚光镜是一个短焦距强激磁透镜，改变其焦距可将电子枪交叉点的束斑直径缩小为 1～5μm，缩小后的束班直径为原束班直径的 1/50～1/10；第二聚光镜是一个长焦距弱激磁透镜，可将第一聚光镜的束斑进一步放大约 2 倍，最终在试样平面上形成直径为 2～10μm 的电子光斑，起到显著改善照明效果的作用。双聚光镜的优点是在高放大倍数成像状态下，可以通过调节第一聚光镜缩小照明斑点直径，使之恰好等于该放大倍数下满屏所要求的数值，这样可以避免试样受热、漂移和污染。通过使第二聚光镜散焦可以得到几乎平行于光轴的照明电子束（照明孔

径半角为 10^{-3}～10^{-2}rad)，这样的电子束相干性好，是进行电子衍射和衍衬成像的重要条件。除上述两个聚光镜外，有的透射电子显微镜还有一个激磁电流很强的小聚光镜，它能使电子束汇聚在物镜前方磁场的前焦点位置，通过改变该透镜的激磁电流可以实现透射电子显微镜不同工作模式，如 TEM 模式、EDS 模式以及 NBD（nano-beam electron diffraction）模式间的切换。

光阑是用无磁性的金属（如铂、钼等）制成的有小孔（光阑孔）的金属片。聚光镜光阑的作用是限制照明孔径角。聚光镜光阑孔的直径大小为 20～400μm，其中心位于电子束的轴线上（光阑中心和主焦点重合）。在双聚光镜系统中，聚光镜光阑常安装在第二聚光镜的下方。做一般分析观察时，聚光镜的光阑孔直径一般为 200～300μm；若做微束分析时，则应采用小孔径光阑。

照明系统中的电磁偏转器能够使电子束平移或倾斜，以达到获得明场像或暗场像的目的。明场成像用的是垂直照明，即照明电子束轴线与成像系统轴线合轴，通过进行电子束的平移操作可以达到此目的。暗场成像用的是倾斜照明，即照明电子束轴线与成像系统轴线成一定夹角（一般为 2°～3°），这可通过电子束的倾斜操作来完成。

（2）成像系统

成像系统中自上而下排列有样品室、物镜、物镜光阑、选区光阑、中间镜和投影镜等组件，其功能是将透过样品的电子束由物镜放大形成第一次放大像，再经中间镜和投影镜的多级放大后成像于荧光屏上，并可由屏下记录装置将像记录下来。图 10-13 为成像系统光路示意图。

样品室位于聚光镜和物镜之间，内有样品台和样品杆。样品台是承载直径 3mm 样品载网（一般有铜网、钼网、镍网等）的装置。粉末或薄膜样品置于载网上。样品台要能牢固夹持样品载网并保持良好的热、电接触，以减小因电子照射引起的热或电荷堆积而产生样品的损伤或图像漂移。样品台能够在一定范围内平移、倾斜和旋转，以选择感兴趣的样品区域或位向进行观察分析。样品杆为可插入样品室内的试样支撑装置。样品杆的插入方式有顶插式和侧插式两种，其中侧插式具有可从试样上方检测背散射电子和 X 射线等信号、探测效率高以及可使试样大角度倾斜等优点而被广泛使用。有的样品杆本身还带有使样品倾斜或原位旋转的装置，这种样品杆和倾斜样品台组合在一起就是侧插式双倾样品台和单倾旋转样品台。

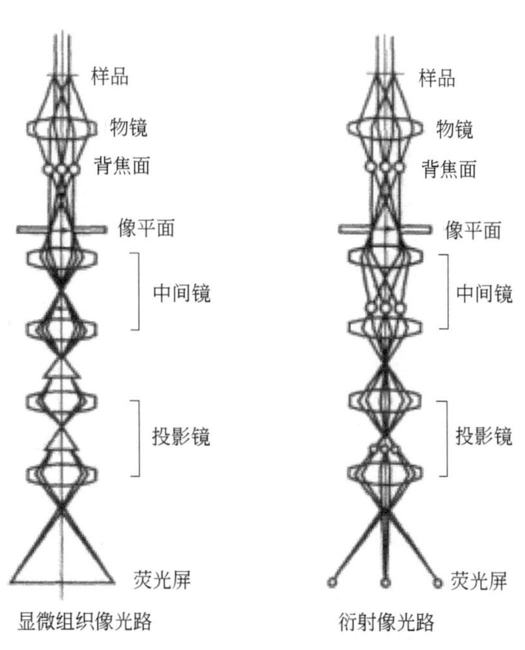

图 10-13　透射电子显微镜成像系统光路

物镜是一个强激磁短焦距的透镜，由透镜线圈、轭铁和极靴构成，其中极靴的形状和加工精度直接影响物镜的性能。物镜是成像系统中形成第一幅电子显微图像或电子衍射花样的透镜，其放大倍数较高，一般为 100～300 倍。透射电子显微镜的像质几乎完全取决于物镜的性能。物镜产生的任何像差都会遗传到以后的图像中并被其他透镜进一放大，因此要求物镜的各种像差要尽可能小。电子显微镜进行图像分析时，物镜和样品之间的距离即物距是保持固定不变的，改变物镜放大倍数进行成像时，主要是通过改变物镜的焦距和像距来满足成像条件。

中间镜位于物镜的下方，是一个弱激磁的长焦距变倍率透镜，其放大倍率可在 1～20 倍范围内调节。通过改变中间镜的放大倍率可以控制电镜的总放大倍数。高性能透射电子显微镜多采用至少两个中间镜，其中第一中间镜是弱透镜，主要用于 10 万倍以下的放大成像或衍射成像，该透镜又称为衍射镜；第二中间镜是较强透镜，用于 10 万倍以上成像。

如果把中间镜的物平面和物镜的像平面重合，则在荧光屏上得到一幅放大像，这就是电镜中的成像操作；如果把中间镜的物平面和物镜的背焦面重合，则在荧光屏上得到一幅电子衍射花样，这就是透射电镜中的电子衍射操作。两种操作模式可通过改变中间镜的电流，上下移动其物平面就可实现互相转换。降低中间镜电流，使中间镜物平面由物镜像平面处上升到物镜背焦面，成像操作转为衍射操作；提高中间镜电流，使其物平面由物镜背焦面下降到物镜像平面处，衍射操作就转为成像操作。

投影镜和物镜一样，是一个短焦距的强磁透镜，其作用是把经中间镜放大（或缩小）的像（或电子衍射花样）进一步放大，并投影到荧光屏上。投影镜的景深和焦深都非常大，即使调节中间镜的放大倍数改变显微镜的总放大倍数，也不会影响最终图像的清晰度。

物镜光阑一般被安放在物镜的后焦面上，光阑孔直径介于 20～120μm。通过薄膜样品后的电子束会产生散射和衍射。散射角（或衍射角）较大的电子束被物镜光阑挡住，不能继续进入镜筒成像，在像平面上形成具有一定衬度的图像。光阑孔越小，被挡去的电子越多，图像的衬度就越大，因此，物镜光阑也称为衬度光阑。物镜光阑的功能主要有：①减小物镜孔径角，减少像差，获得高质量的显微图像；②套取透射束获得明场像（bright-field image，BF）；③套取衍射束获得暗场像（dark-field image，DF）；④用大孔径物镜光阑套取透射束和衍射束进行合成（或干涉）获得高分辨显微像（high-resolution electron microscope image，HREM）。图 10-14 为几种成像模式的物镜光阑插入方式示意图。

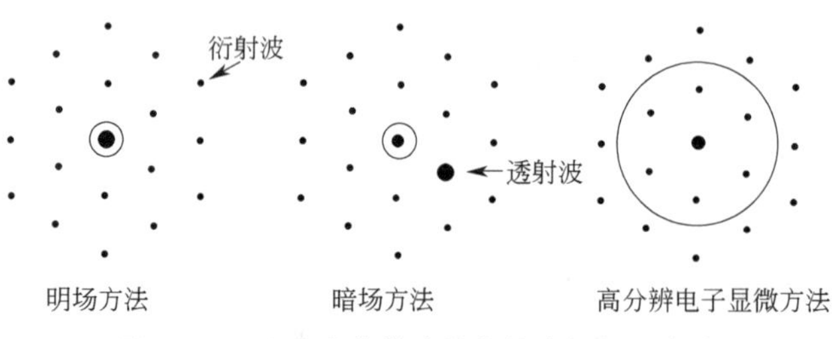

图 10-14 几种成像模式的物镜光阑插入方式

选区光阑又称视场光阑或场限光阑，一般置于物镜的像平面位置，光阑孔直径介于 20～400μm 范围内。选区光阑的主要功能是使电子束只能通过光阑孔限定的微区，以选择样品上的微区进行选区衍射。

（3）观察与记录系统

观察和记录装置主要包括荧光屏和照相机构等。现代的透射电镜常使用慢扫描 CCD 相机，这种相机具有及时成像的特点，可将图像或电子衍射花样转接到计算机的显示器上，图像观察和存储非常方便。

2. 真空系统

透射电子显微镜中，整个电子光学系统即镜筒都必须维持在尽可能高的真空状态。真空系统即给镜筒中电子束流提供真空环境的装置，它一般由机械泵、油扩散泵、分子泵、真空管道和阀门等组成，其作用是排除镜筒内的气体，使镜筒真空度至少达到 10^{-7}Pa 以上，对于场发射电子枪真空度要优于 10^{-9}Pa。如果真空度达不到要求，会产生如下后果：①残余气体发生电离和放电而造成电子束不稳定；②镜筒内的电子与气体分子间发生碰撞，引起电子散射，导致"炫光"和降低图像的衬度；③灯丝被氧化，缩短其工作寿命；④残余气体聚集到样品表面造成样品被污染。

现代电镜中的电子枪、镜筒和照相室之间都装有气阀，各部分都可单独抽真空和单独放气。因此，在更换灯丝和清洗镜筒时，可不破坏其他部分的真空状态。

3. 电源与控制系统

透射电子显微镜需要两部分电源：一是供给电子枪的高压电源部分；二是供给电磁透镜的低压稳流电源部分。加速电压和透镜励磁电流的稳定度是衡量电镜性能好坏的一个重要标准。

二、透射电子显微镜的主要性能指标

透射电子显微镜的主要性能指标有加速电压、分辨率和放大倍数等。

1. 加速电压

现代常规 TEM 的最高加速电压主要有 100kV、200kV、300kV 和 400kV 等几种类型，在实际使用中可以选用低于最高值的其他电压值。加速电压一般是非连续变化的。如 300kV 的 TEM 可以选择的工作电压为：50kV、100kV、150kV、200kV、250kV 和 300kV。TEM 电子束的穿透能力会随加速电压的提高而增加，同时带来的样品损伤也会增大。对一台特定的 TEM 而言，如果使用低电压，则其主要性能将无法发挥出来。

TEM 本体的购置和维护费用都与其加速电压密切相关，电压愈高，相应各类费用也就愈高，因此并非电压愈高愈好。对于从事材料科学研究来说，至少需要 200kV 加速电压的 TEM。对于多数高分子类样品而言，由于构成样品的元素较轻，相应的电子束穿透能力较强，加之该类样品一般不耐电子辐照，因此 100kV 左右的低电压透射电子显微镜已足以满足分析要求。

2. 分辨率

分辨率是一台 TEM 最重要的性能指标。常规的 TEM 一般会给出至少两种分辨率，即点分辨率（point resolution）和线分辨率（line resolution），对于 FEG-TEM 还会给出信息分辨率（information resolution）。

与光学显微镜相类似，点分辨率是指 TEM 在图像上可以区分开的两个点的最小距离，此值越小，表明该电镜的分辨本领越高，性能越好。点分辨率除与 TEM 的物镜极靴有关外，还与使用的加速电压有关。一般所讲的点分辨率是指最高加速电压下的点分辨率。点分辨率的一般测试方法为：①将铂、铂-铱或铂-钯等重金属或合金真空蒸发到超薄碳膜上，得到粒径范围为 0.5～1.0nm、间距范围为 0.2～1nm 且均匀分布的粒子像；②将图像光学放大 5～10 倍后测量其中粒子间的最小间距，该间距值除以电子显微镜放大倍数与光镜放大倍数的乘积，即为相应电子显微镜的点分辨率。

线分辨率也称晶格分辨率，是一种通过测量典型样品特定衍射晶面干涉条纹间距获得的分辨率。200kV 型 TEM 的线分辨率基本都能达到 0.1nm 左右。多数情况下，可以通过观察金颗粒中（200）晶面的晶格条纹像来确定线分辨率。

对于 FEG-TEM，信息分辨率是一个主要参数，这是一个反映 TEM 光源相干性、稳定性以及平行度的一个参量。信息分辨率在电子显微全息术以及电子显微镜图像处理技术中有重要意义。

3. 放大倍数

调整磁透镜的电流强度可以改变 TEM 的放大倍数。TEM 的放大倍率调整范围一般都在几十倍至百万倍。若 TEM 的分辨率为 0.2nm，则可以计算出使 0.2nm 的物体放大到裸眼可视范围所需的最小倍率应为 5×10^5 倍。实际工作过程中，即使拍摄高分辨像，所用倍率基本也只是在 50 万倍前后。对于高分子材料样品，一般对分辨率的要求较低（只有几纳米），此时 10 万倍的放大率已足以分辨清楚样品的细节特征。

第三节 透射电子显微镜图像分析

一、透射电子显微镜成像基本原理

透射电子显微镜工作时，由电子枪发射出的电子，在加速电压的作用下，经聚光镜聚焦为很细的平行电子束照射到薄样上，电子束在穿过样品过程中与样品原子发生散射和吸收作用，形成的透射电子波由物镜成像于中间镜上，再经过中间镜和投影镜的逐级放大，最终成像显示在荧光屏上，根据图像的衬度就可以研究样品的微观形貌和结构特征。

对于晶体试样，穿过样品的透射电子波中既包括与入射电子束平行的电子波，也包括由衍射效应形成的衍射电子波。晶体试样透镜成像可分为两个过程：一是衍射电子波经透镜聚焦后形成各级衍射谱，即样品的结构信息通过衍射谱呈现出来；二是衍射电子波通过干涉重新在像平面上形成反映样品形貌特征的像。从试样同一点发出的各级衍射波经过上述两个过程后在像平面上汇聚为一点，而从试样不同点发出的同级衍射波经过透镜后，都汇聚到后焦面上的一点。当中间镜物平面与物镜像平面重合时，得到多级放大后的显微像，这就是成像模式；当中间镜物平面与物镜背焦面重合时，得到放大了的衍射谱即衍射花样像，这就是衍射模式。两种成像模式如图 10-15 所示。

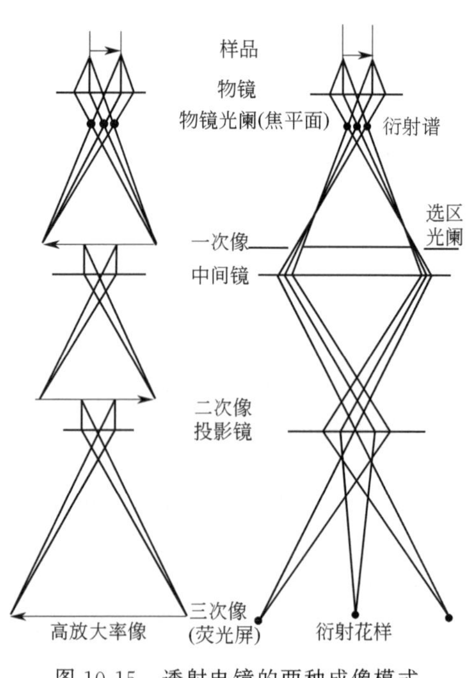

图 10-15　透射电镜的两种成像模式

对于非晶体试样，由于穿过样品的透射电子波中没有衍射波的成分，其成像只是不同散射方向的电子波通过物镜后焦面上的物镜光阑，在成像平面处形成的电子图像的放大像。

二、透射电子显微镜的主要图像类型

高能入射电子束与薄样品中的原子发生散射和吸收等作用后形成透射电子波，透射电子波成像过程中，受透镜（主要为物镜）光阑孔径和光阑插入方式的影响，可形成多种类型的透射电子显微图像，如衍射图像、质厚衬度图像、衍射衬度图像和高分辨图像等，各种图像的形成机理和应用范围也各不相同。

1. 衍射图像

晶体的电子衍射原理与X射线衍射原理基本相同，两种衍射方法产生的衍射图像（花样）在几何特征上也基本相似。电子衍射图像在微量相物相分析、析出相与基体的取向关系和惯习面的分析等方面具有显著优势。为与晶体X射线衍射法比较异同，将涉及电子衍射图像的形成原理、图像解析和应用等电子衍射法的内容放在第三篇衍射分析中已进行了详细的介绍。

2. 质厚衬度图像

入射电子束进入试样后，与试样原子的原子核及核外电子发生相互作用，使入射电子发生散射。入射电子与原子核作用，其运动方向发生变化而能量不变，这种散射称为弹性散射。入射电子与核外电子作用，其运动方向和能量均发生变化，这种散射称为非弹性散射。入射电子被试样中原子散射后偏离入射方向的角度称为散射度，散射度一般与试样的组成、厚度和密度等物性有关。

电子束被试样散射后经透镜成像为具有一定衬度的电子图像，这种图像即为散射衬度图像或质量-厚度衬度图像。其形成原理如图10-16所示。若入射电子束的强度（单位面积通过的电子数）为 I_0，照射在试样的 A 点及 B 点，两点对电子的散射能力不同。设穿过 A 点及 B 点后能通过物镜光阑孔的电子束强度分别为 I_A 及 I_B，物镜的作用使得电子束以 I_A 的强度成像于像平面处 A'点，以 I_B 的强度成像于 B'点。由于 I_A 与 I_B 的差异，形成了 A'与 B'两像点的亮度不同。若 A 点物质比 B 点物质对电子的散射能力强，由于光阑挡住散射角度大的 A 点电子较多，则 $I_A < I_B$，在像平面处（荧光屏）可以看到 A'点比 B'点暗，这样，试样上各处散射能力的差异就变成了有明暗反差的电子图像。

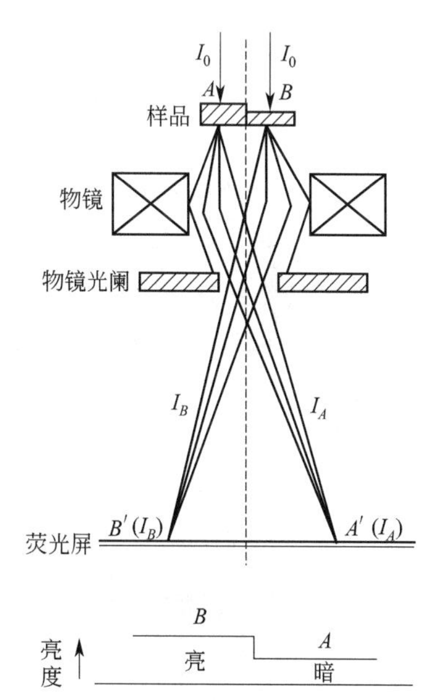

图10-16　散射衬度（质厚衬度）图像形成原理

用物镜光阑挡掉散射电子的方法所得到的图像称明场像，电镜观察中通常使用的就是明场像。若用物镜光阑挡住直接透过的电子，使散射电子从光阑孔穿过成像，这样得到的电子图像称为暗场像。对于一般的非晶态试样，暗场像与明场像的暗亮是相反的，即在明场像中暗的部位在暗场像中是亮的。获得暗场像常用的方法有两种：一种是使物镜光阑孔偏离透镜镜轴；另一种是使入射电子束倾斜。无论哪种方法，都是使散射电子从光阑孔中穿过，由散射电子在荧光屏上形成图像。但入射电子束倾斜法保持了近轴电子成像的特点，成像分辨率比较高。

质厚衬度图像具有如下特征：①试样中物质的原子序数越大，散射电子的能力越强，在明场像中参与成像的电子数量越少，荧光屏上相应位置就越暗。反之，试样物质原子序数越小，荧光屏上相应位置就越亮。试样上相邻区域的原子序数相差越大，电子图像上的反差也越大。②若试样上相邻两点的物质种类和结构完全相同，仅仅是电子穿越的试样厚度不同，则荧光屏上暗的部位对应的试样厚，亮的部位对应的试样薄，试样上相邻区域的厚度相差大时，得到的电子图像反差大。③试样中不同的物质或者是不同的聚集状态，其密度一般不同，也可以形成图像的反差。④非弹性散射电子成像时的色差，使图像的清晰度下降。试样原子序数越小，非弹性散射电子所占比例越大，成像的色差也越大。⑤可以较好地反映非晶态或晶粒非常小的试样的结构特征，而难以直接应用于解释薄晶试样材料的微观结构。

3. 衍射衬度图像

金属薄膜样品的厚度可视为是均匀的，样品上各部分的平均原子序数也相差无几，其质量-厚度衬度图像的衬度差异性并不明显。薄晶试样电镜图像的衬度，主要是与样品晶体结构有关的电子衍射特征形成的衬度即衍射衬度（简称衍衬）有关，相应的图像称为衍射衬度图像（衍衬图像）。

衍射衬度成像的原理如图 10-17 所示。设 A、B 是单相多晶样品中两个位向的不同晶粒。用电镜中的倾斜试样台，使 A 晶粒的某个（hkl）晶面恰好与入射电子束交成布拉格角，而其他的晶面族都不满足布拉格条件，此时，在物镜的后焦面上产生一个 A 晶粒的强衍射斑点 hkl。若入射电子束的强度为 I_0，样品足够薄时可以不考虑电子的吸收等效应，在满足“双束条件”（即除透射束以外只有一个强衍射束）下，可以近似地认为：$I_A+I_{hkl}=I_0$。式中，I_A 为 A 晶粒的透射束强度；I_{hkl} 为指数（hkl）晶面的衍射束的强度。若取向不同的 B 晶粒的所有晶面都不满足布拉格条件，则 B 晶粒在物镜后焦面上不产生衍射斑点，此时有：$I_B=I_0$。式中，I_B 为 B 晶粒的透射束强度。在物镜的后焦面处有物镜光阑，其孔只能使透射斑点 000 通过，而挡住了衍射斑点 hkl[图 10-17(a)]。在像平面处荧光屏上对应于 A 晶粒的像处的电子束强度 $I_A=I_0-I_{hkl}$；对应于 B 晶粒的像处的电子束强度 $I_B=I_0$。因此可知，B 晶粒的像比较亮，而 A 晶粒的像比较暗，这样获得的明暗反差的图像称为衍衬明场像。

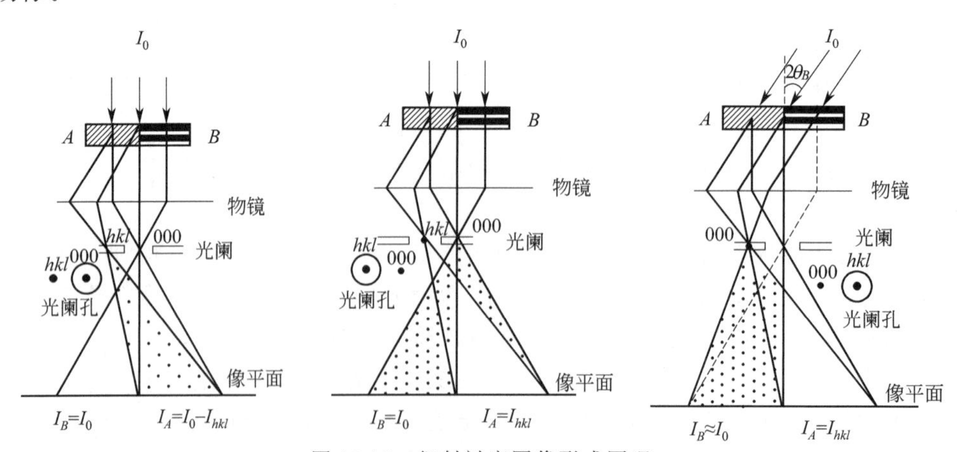

图 10-17　衍射衬度图像形成原理

(a) 明场像；(b) 暗场像；(c) 中心暗场像

此外，可以用移动物镜光阑或倾斜电子束的方法，使得衍射斑点 hkl 正好通过物镜光阑，而透射斑点 000 被光阑挡住［图 10-17(b)］，这时的荧光屏上各晶粒对应的电子束强度为：$I_A=I_{hkl}$，$I_B=I_0$，因此 A 晶粒的像是亮的，B 晶粒的像是暗的。这种用衍射斑形成的像称为衍衬暗场像。其中通过倾斜电子束方法得到的暗场像，称为中心暗场像（centeral dark field image)，因其相差较小，是实际工作中通常选择的图像，如图 10-17(c) 所示。

由晶体试样上各部位满足布拉格条件程度的差异形成的衍衬图像，反映了试样内部的物相组成、晶粒取向和缺陷等结晶学特性。不能用一般金相显微像的概念来理解薄晶样品的电子衍衬图像，同时，衍衬图像与试样结构间也并不存在简单直观的对应或等同关系。例如，某金属试样基体中呈球形的第二相粒子，其电镜图像有时表现为两叶花瓣状，此时不能简单地认为该第二相粒子的形态呈两个花瓣状。形成这种花瓣状图像是由于第二相和基体存在共格，球形粒子的中心晶面不发生畸变，形成了零衬度线，使得一颗完整的粒子在衍衬图像上变成了两半。

为正确解释薄晶体的衍衬图像，发展了图像衬度的运动学理论和动力学理论。运动学理论认为，随着电子束进入样品的深度增大，在不考虑吸收的条件下，透射束不断减弱，而衍射束不断加强。通过单散射近似、柱体近似和双束近似，可以对一些完整晶体与不完整晶体中的衍衬现象进行较好的定性解释。动力学理论认为，随着电子束深入样品，透射束和衍射束间存在能量交换，透射波振幅和衍射波振幅都是样品深度的函数，可以通过有效消光距离和透射波对衍射波的散射引起的相位改变来解释衍衬图像。

4. 相位衬度图像

入射电子波穿过超薄（厚度一般小于 10nm）试样后形成的衍射衬度图像的反差很小，难以再用其进行更高分辨率的晶体结构分析。超薄试样的成像要素主要为透过试样形成的电子散射波和直接透射波之间的相位差，以及透镜的失焦和球差对相位差的影响。由于穿过试样各点后电子波的相位差情况不同，散射波和直接透射波经物镜聚焦后会在像平面上发生干涉，形成不同的合成波，由此形成的图像就是相位衬度图像（高分辨图像）。相位衬度图像主要用于获得晶体原子尺度的结构图像，所以也称为高分辨图像。图 10-18 是相位衬度图像与质量-厚度衬度图像形成原理的比较示意图。电子束照在试样上的 P 点，如果用物镜光阑挡住散射角大的那部分电子波（图中斜线所示），则穿过光阑孔的电子波的强度决定了像点 P'的亮度，形成的图像就是质量-厚度衬度图像。电子束透过试样上 P 点后，若大散射角的电子波很弱，则小散射角的散射电子波也能穿过大孔径物镜光阑。在穿过光阑孔的电子波中，散射波与直接透射波之间有相位差，这两种电子波到达像平面处发生的干涉作用，决定了像平面处合成波的强度，使像点 P'具有与试样结构特征相关的亮度。

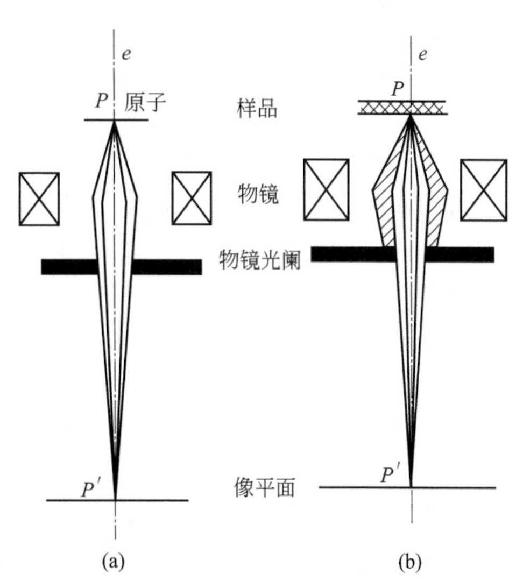

图 10-18　相位衬度图像与质量-厚度衬度图像形成原理比较

(a) 相位衬度；(b) 质量-厚度衬度

高分辨图像主要有晶格条纹像，一维结构像，二维晶格像（单胞尺度的像），二维结构像（原子尺度的像、晶体结构像）和特殊像五种类型。

① 晶格条纹像。用物镜光阑选择后焦平面上的两束电子波来成像，由于两束波的干涉，得到一维方向上强度呈周期性变化的条纹花样，这就是晶格条纹像。成像时不要求入射电子束与试样晶格平面严格平行。晶格条纹像常用于微晶和析出物的观察研究，可以提供微晶存在与否及其形状的信息。通过晶格条纹间距还可获得晶面间距等结构信息，以确定析出物的晶型。

② 一维结构像。通过倾斜晶体，使入射电子束仅平行于某一晶面，就可以获得一维衍射条件下的花样，即一维结构像。在最佳聚焦条件下拍摄的一维结构像含有晶体结构的信息，这是其与晶格条纹像的不同之处。将一维结构像与模拟像对照，能够获得像的衬度与原子排列的对应关系。

③ 二维晶格像。若入射电子束平行于某晶带轴，满足二维衍射条件的衍射波与其附近的透射波干涉形成二维图像，这种图像就是能反映晶体单胞特征的二维晶格像。该像虽然含有单胞尺度的信息，但不含原子尺度（单胞内原子排列）的信息。

④ 二维结构像。在分辨率允许的范围内，若参与二维成像的衍射波足够多，则像中包含的结构信息就比较丰富，这样就可以获得含有单胞内原子正确排列信息的像，即二维结构像。此种结构像只能在参与成像的波与试样厚度保持一定比例关系激发的薄区才能被观察到，因此尽量薄的样品是获得高质量结构像的前提。对于由轻元素构成的低密度物质，在较厚的区域也可以观察到结构像。

⑤ 特殊像。在后焦面的衍射花样上，插入光阑只选择特定的波成像时，就能观察到对应于特定结构信息衬度的像，如有序结构像等。

5. 原子序数衬度图像

透射电子显微镜中的原子序数衬度图像，也称为 Z 衬度图像，是利用汇聚电子束在样品上扫描产生的高角散射电子形成的一种扫描透射像，其形成原理示意图如图 10-19 所示。

从场发射电子枪发射出的相干电子，被聚光镜光阑聚焦在样品表面形成原子尺度的电子束斑。在扫描线圈控制之下，该电子束斑在样品上进行逐点扫描，在扫描每一点的同时，放在样品下面的具有一定内环孔径的环形探测器同步接收被高角散射的电子。当电子束斑正好扫在原子列上时，很多高角散射的电子将被探测器接收，此时的电子信号经转换就形成荧光屏上的亮点；而当电子扫描在原子列中间的空隙时，只有数量很少的高角散射电子被接收，此时的信号在荧光屏上形成一个暗点。连续扫描一个样品区域，就形成了原子序数衬度图像，这种图像也称为扫描透射电子高角环形暗像（high angle angular dark field-scanning transmission electron mlicroscopy，HAADF-STEM）。

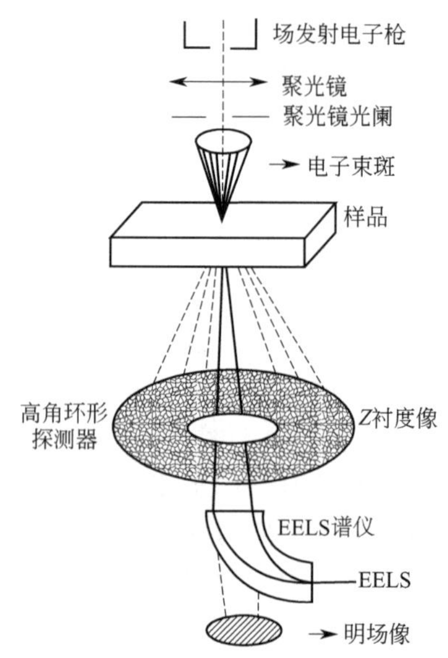

图 10-19　原子序数衬度图像（扫描透射电子高角环形暗场像）成像示意

原子序数衬度图像是完全没有透射束参与的非相干高分辨像，图像衬度不会随样品的厚度及电子显微镜的焦距而有明显的改变。像中的亮点总是反映真实的原子，并且亮点的强度与原子序数 Z 的平方成正比，因此易于从图像中获取原子分辨率的化学成分信息以确定原子列的位置。图像的解释一般也不需要进行复杂的计算机模拟。此外，在获得 Z 衬度图像的同时可以得到单个原子列的电子能量损失谱，进而在一次实验中得到原子分辨率的材料的晶体结构以及电子能带结构的信息，非常适用于材料缺陷、晶界和界面的微观结构及成分分析。

第四节 透射电子显微镜样品制备方法

样品制备是 TEM 观察的关键性工作，要保证制样过程中不会损伤或破坏样品的固有组织结构。合格的样品，既要有代表性，又要对电子束有足够的“透明度”（即样品能被电子束透过）。应根据样品的材料性质、物态和形态等因素，选择和制定合适的制样方法。

一、粉末样品制备技术

粉末类样品的电镜样品制备方法简单快捷，主要要求是将团聚的粉末颗粒进行有效分散并选择合适类型的支持膜。一般可以把原始样品放入玛瑙研钵中，加入适量的酒精或丙酮溶液，将其研磨成为细小均匀的悬浮液（必要时可进一步超声分散），然后用滴管或移液枪将悬浮液均匀滴洒在铜网或镍网支撑的支持膜上，干燥后即可观察。为防止支持膜上的粉末样品被电子束打落后污染镜筒，有时还要在粉末上再喷涂一层薄碳膜，使粉末夹在两层膜中间。

常见的支持膜种类有碳支持膜、微栅、超薄碳膜和纯碳膜等。碳支持膜是在载网材料（铜、镍、钼）上喷碳制成的以有机层为主的支持膜，该种膜有良好的导电性，能有效避免样品在电子束照射下由放电效应引起的样品飘移、跳动和支持膜破裂等现象。微栅是一种含有微孔的厚度约为 10～20nm 的碳支持膜，粉末样品可搭载在膜微孔的边缘，以实现样品的“无膜”观察。微栅比较适合于管状和棒状等形态的纳米粉体的制备。在微栅上叠加一层能把微孔挡住的很薄（一般为 3～5nm）的碳膜就获得超薄碳膜，该种膜适合于粒径 10nm 以下、分散性很好且易于从微栅微孔中直接漏出的纳米粉体样品的制备。如果将碳支持膜中的有机层除去后就得到厚度约为 25～30nm 的纯碳膜。纯碳膜适合于需在有机溶剂或高温下处理的样品制备。

此外，对某些粉体样品也可以采用胶粉混合法制样。在干净的载玻片上滴加适量的火棉胶溶液，将少许粉末样品掺入胶液中并搅匀，再将另一载玻片压上，两玻璃片对研并突然抽开，稍候就形成干膜。用刀片将干膜划成小方格，在注水的容器中反复斜向抽插玻璃片，膜片逐渐脱落，用铜网将方形膜捞出即可用于 TEM 观察。该种制样方法的不足之处是容易产生严重的颗粒团聚问题。

二、块体样品制备技术

根据观察和研究目的的不同，块体材料样品制备分为薄膜和复型两种方法。

1. 薄膜样品制备

根据块体材料的物性差异，薄膜样品的制备分为常规法、超薄切片法和聚焦离子束法三种。制成的薄膜样品应符合以下条件：①直径不大于 3mm。②结构状态与大块样品相同。

③厚度为几十纳米，太薄的样品其相变与塑性变形方式有别于大块样品，表面效应显著；太厚的样品，膜内不同深度层上的结构细节会重叠干扰，致使图像复杂而干扰分析。④应有一定的强度和刚度，以保证在制备、夹持等操作过程中不会引起样品变形或损坏。⑤避免表面产生氧化和腐蚀，否则会使样品的透明度下降并形成多种假像。

(1) 常规法

常规法一般用于硬质块体材料薄膜样品的制备，其主要过程包括初切、预减薄及终减薄三个步骤。

初切是从大块材料上切割大小和厚度合适的薄片的过程。对于导电样品，常用电火花线切割法进行切割。对于陶瓷等不导电样品可用金刚石切割机等专用设备进行切割。初切获得的薄片（厚度应小于0.5mm）可用机械法或化学法进行预减薄。机械减薄法是通过人工或机械研磨来完成的，较硬的材料可减薄至70μm左右，较软材料减薄厚度不应小于100μm。为了保证所观察的部位不引入因塑性变形而产生的附加结构细节，研磨后的薄片应留有终减薄去除的硬化层余量。化学减薄法是把表面充分清洗的初切金属薄片放入配制好的化学试剂中，通过表面受腐蚀而减薄的方法。由于合金样品中各组成相的腐蚀倾向是不同的，因此进行化学减薄时，要选择合适的减薄液。化学腐蚀的速度很快，减薄操作必须迅速。化学减薄法的最大优点是表面没有机械硬化层，薄化后样品的厚度可以控制在20～50μm范围内。

对预减薄的样品一般要用凹坑仪进行钉薄（挖坑）处理，使其中间厚度再减至10～30μm。

金属样品终减薄最简便的方法是双喷电解抛光法（图10-20）。将预减薄的大小合适的圆片状样品，固定在双喷式电解抛光仪中，对样品两个表面的中心区域用喷嘴喷射电解液进行减薄。该法制成的薄膜样品，中心有一小孔，孔周围有一个较大的薄区可被电子束穿透，而厚度较大的圆片周边好似一个刚性支架。制备好的样品可以直接装入电镜进行分析观察。

对于预减薄后的陶瓷、矿物、半导体和多相合金等样品，可采用离子减薄法进行终减薄，图10-21为离子减薄过程示意图。用离子减薄机发射的高能离子束（通常是氩离子），以一定的倾角（5°～30°）轰击置于高真空样品室中的样品两侧，样品被逐层剥去，最终减薄到电子束可以通过的厚度。对于要求较高的金属薄膜样品，在双喷电解后再进行一次离子减薄，会得到更好的观察效果。离子减薄法的效率较低，但所得薄膜质量高、薄区大。对高分子材料的离子减薄要注意离子辐照可能造成的样品损伤。

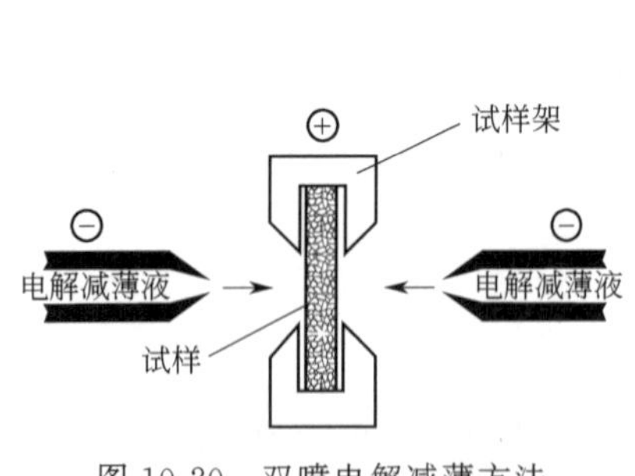

图10-20 双喷电解减薄方法

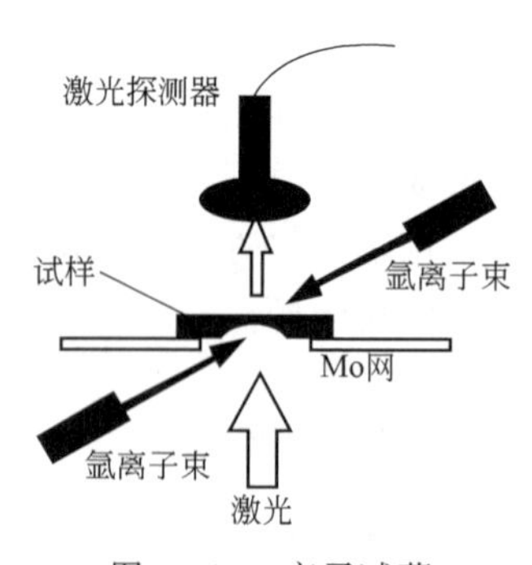

图10-21 离子减薄

对于大块材料表面经过涂、镀、渗工艺处理形成的薄膜层的样品制备，一般可按如下步骤进行：①先切割一块含有结合面的较大面积的薄层；②将薄层切割成长宽都大于 3 mm 的小块；③将小块用环氧树脂等黏结剂粘接成厚度大于 3 mm 的块；④将块沿厚度方向切割成数个约 0.5 mm 的薄片；⑤将薄片挖坑预磨减薄到一定程度，再用离子减薄法进行终减薄。

(2) 超薄切片法

超薄切片法适合于高分子和生物等不耐离子辐照且硬度较小样品的制备。样品要用专门的超薄切片机进行切割。超薄切片机的工作模式可分为机械推进式和热膨胀式两种。超薄切片机的金刚石或玻璃切割刀，可将样品切割到最薄几十纳米的厚度。图 10-22 为超薄切片示意图。

制作超薄切片一般包括包埋、修样、切片及捞片等步骤：①包埋就是用包埋剂（一般为环氧树脂）与样品混合，用包埋剂支持整个样品结构，以便于切片。②修样就是用双面刀片将包埋块体四周表面的包埋剂削去露出样品，并修成金字塔造型。③切片就是用超薄切片机将造型好的包埋块切割成厚度在 10～100nm 切片的过程。要求所得超薄切片均匀、平整、无刀痕、无颤纹和皱折以及厚度适中。④捞片就是用铜网捞取切好的漂浮于水面上的薄片，使其覆于铜网上。

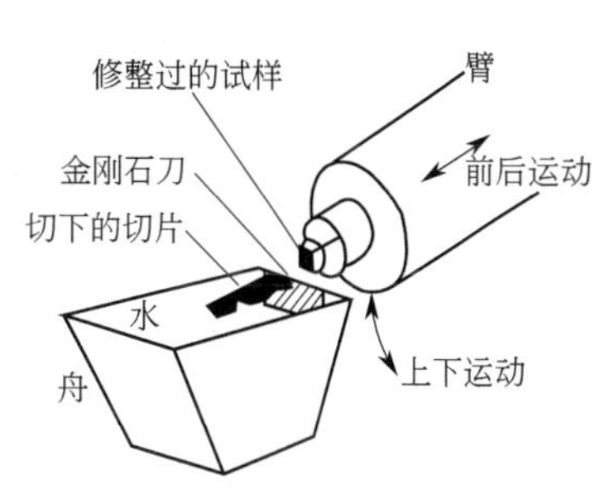

图 10-22　超薄切片

要获得合格的超薄切片对制样工作者的技术水平有很高的要求。超薄切片的不足之处是切片过程中可能引入变形预应力而导致样品晶格畸变。此外，包埋剂或铜网的支撑膜等会产生显微像的背底。

(3) 聚焦离子束法

聚焦离子束（focused ion beam，FIB）是离子束被静电透镜聚焦形成的束斑直径很小（几到几十纳米）的高能粒子流。利用 FIB 轰击材料表面产生的溅射效应，可以实现对材料的剥离、沉积、注入、切割和改性等纳米加工操作。

传统的 TEM 薄膜样品制备方法仅适合制备大面积、均匀材质的样品，且耗时费力，成功率低，无法对样品特定区域进行精确定位。利用 FIB 系统（一般为聚焦离子束扫描电镜，FIB-SEM），先用扫描电子束观察和寻找样品特征区，然后通过聚焦离子束（一般为 Ga^{+}）对该区域进行精准定点微切割。其主要步骤为：①利用离子束或者电子束沉积一层金属层（Pt 或 W）对样品表面进行保护；②在沉积位置的前后两个区域用离子束溅射切割出一片薄片；③通过微操作机械手将目标样品从母样中提出，并黏结在透射电镜专用铜网上；④用不同能量和束流的离子束对已提取的样品进行二次减薄和精修，最终减薄至 100nm 以下，得到微米大小纳米厚度的超薄样品。

用 FIB 制备透射电镜样品有如下优势：①操作简便、前处理步骤少以及对样品污染和损害程度相对低；②可视条件下的微纳尺度精准切割取样，特别适合于制备一些微器件的 TEM 样品；③制样时间短，成功率较高，制备的样品尺寸可控、厚度均匀，适用于多种显微学和显微谱学的分析；④对加工材料不敏感，对带孔的、脆的、软/硬结合材料等也能制样；⑤制样时能保持真空，适合于对氧气和水汽敏感样品的制备；⑥适合对进行原位拉伸、压缩、热场和电场等 TEM 观察有特殊要求的样品制备。

2. 复型样品的制备

复型样品就是把样品表面形貌通过一定方法复制出来的样品，是真实样品表面形貌组织结构细节的薄膜复制品。复型样品是 TEM 发展早期阶段观察的主要对象，分辨率较低，随着金属薄膜样品制备技术和 SEM 分析技术的发展，复型技术逐渐被这两种分析方法所取代。由于复型金相组织和光学金相组织之间具有相似性，复型断口像比扫描电镜直接观察的断口像清晰，因此复型样品制备及分析技术，目前仍有一定的应用空间。

制备复型样品的材料应满足以下条件：①复型材料本身必须是非晶态材料，因为晶体在电子束照射下，某些晶面会发生布拉格衍射，衍射产生的衬度会干扰复型表面形貌的分析。②复型材料的粒子尺寸必须很小，粒子越小，分辨率就越高。一般碳复型材料的分辨率可达 2nm 左右，塑料复型材料只能分辨 10～20nm 的组织细节。③复型材料应具备耐电子轰击的性能，即在电子束照射下能保持稳定，不发生分解和破坏。通过浇铸蒸发形成的塑料膜和真空蒸发形成的碳膜都是非晶体薄膜，其厚度都小于 100nm，在电子束照射下也具备一定的稳定性，是常用的复型样品制备材料。

复型样品的制备方法有一级复型法、二级复型法和萃取复型法三种。

一级复型法分为塑料一级复型和碳一级复型两种。

塑料一级复型的主要步骤为：①在已制备好的金相样品或断口样品上滴上几滴体积分数为 1%的火棉胶醋酸戍酯溶液或醋酸纤维素丙酮溶液，溶液在样品表面展平，待溶剂蒸发后即形成一层 100nm 左右的塑料薄膜；②将塑料薄膜从样品表面揭下来并剪成约 ϕ3mm 的小块；③将小块放在直径为 3 mm 的专用铜网上即可进行透射电子显微分析。该种复型样品在电子束照射下易发生分解和破裂，分辨率较低，但制备过程中不会破坏样品。

碳一级复型是直接把表面清洁的金相样品放入真空镀膜装置中，在垂直方向上向样品表面蒸镀一层厚度为数十纳米的碳膜。把喷有碳膜的样品用小刀划成对角线小于 3 mm 的小方块，然后把样品放入配好的分离液中进行电解或化学分离。剥离后的碳膜经过清洗即可进行观察分析。该种复型样品在电子束照射下不易发生分解和破裂，分辨率比塑料复型高一个数量级，但制备过程中易破坏样品。

二级复型是将上述两种一级复型结合起来的复型，其主要过程为：①制塑料中间复型（一次复型)；②在中间复型上喷镀（称为投影）一层重金属，再喷镀碳膜进行碳复型；③把中间复型溶去得到第二次复型。二级复型是带有重金属投影的碳膜，其稳定性和导电导热性都很好，在电子束照射下不易发生分解和破裂，但分辨率和塑料一级复型相当。制备过程中不会破坏样品的原始表面。

萃取复型主要用于对金相样品中第二相粒子形状、大小和分布、物相及晶体结构的分析。其主要过程为：①深度腐蚀金相样品，使第二相粒子易于从基体上剥离；②在样品上喷镀碳膜，把第二相粒子包裹起来；③用电解法或化学法去除样品基体（电解液和化学试剂不应溶解第二相)；④碳膜和样品脱离，获得带有第二相粒子的萃取膜。萃取膜上第二相粒子的形状、大小和分布仍保持原来的状态。

第五节 透射电子显微镜图像应用

高能入射电子束与薄样品中的原子发生散射和吸收等作用后形成透射电子波，透射电子波成像过程中，受透镜（主要为物镜）光阑孔径和光阑插入方式的影响，可形成多种类型的透射电子显微图像，如衍射图像、质厚衬度图像、衍射衬度图像和高分辨图像等，各种图像的形成机理和应用范围各不相同，图像分析可提供材料形貌、相分布、缺陷、界面和原子排列方式等局域超显微结构信息。

1. 纳米粒子形貌观察

纳米粒子的形貌、大小和分布状态与其催化、吸附和光电等性能有密切关系，是纳米粒子可控合成中的主要研究内容之一。用透射电子显微镜观察纳米粒子的形貌特征，样品制备方法简单，获得的质厚衬度图像可以清晰反映零维（纳米颗粒、原子团簇）和一维（纳米线、纳米棒、纳米管）纳米材料的形态学特点。

图 10-23 为金纳米球和纳米棒的 TEM 图像，其中金纳米球是用柠檬酸钠在溶液中还原金离子的方法制备，纳米球的粒径介于 10～20nm，平均粒径为 10nm，粒子分布呈单分散态。金纳米棒用电化学法合成，平均棒长和棒径分别为 60nm 和 18nm，平均长径比为 33。

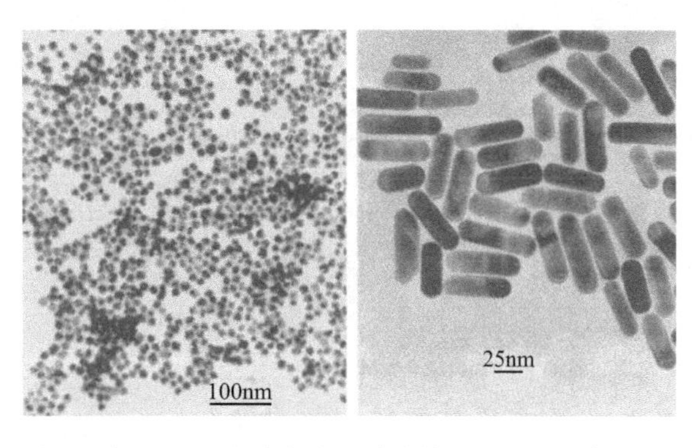

图 10-23　金纳米球和纳米棒的 TEM 图像

图 10-24 为乳液粒子的重金属投影 TEM 图像。乳液经空气干燥后形成的粒子彼此间严重团聚[图 10-24(a)]，而冷冻干燥形成的粒子呈单分散态，球粒的立体形态清晰可辨[图 10-24(b)]。

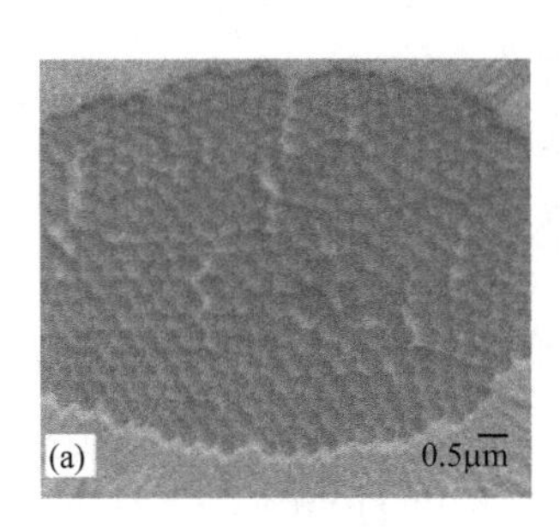

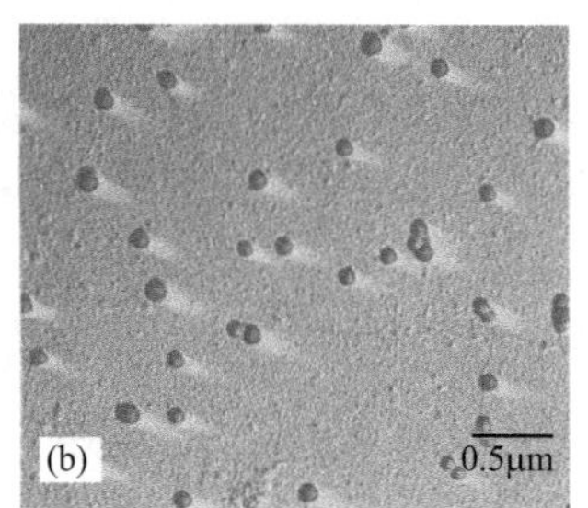

图 10-24　乳液粒子的 TEM 图像

图 10-25 为 CdSe 量子点的 TEM 图像，经测量，量子点的平均直径为（4.0±0.3）nm。

2. 相分布及第二相粒子研究

多相体系中各晶相的识别、晶相的形态和分布状态等特征，是研究相变和相转化机理的基础。

(1) 贝氏体相结构 TEM 研究

图 10-26 为贝氏体相结构 TEM 图，图中一个较大的贝氏体颗粒被周围的马氏体包围，其中前者由铁素体基体和分布于其中的针状和板条状渗碳体组成，说明贝氏体的形成由扩散过程控制。

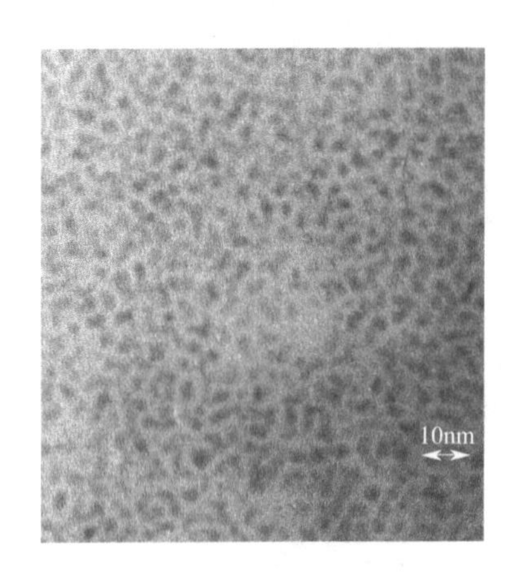

图 10-25 CdSe 量子点的 TEM 图像

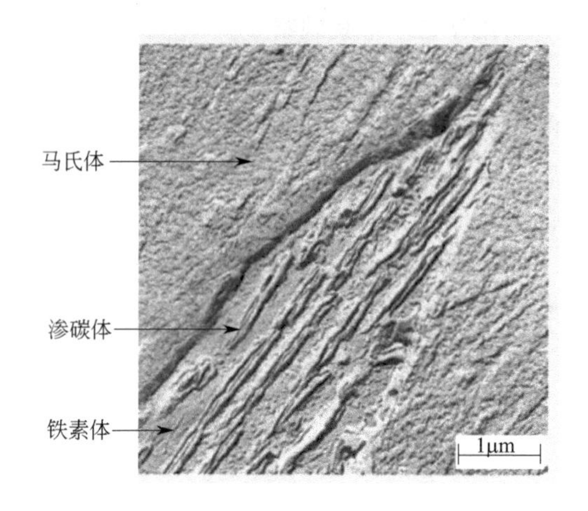

图 10-26 贝氏体相结构 TEM 图像

(2) 多晶石墨晶粒塑性变形 TEM 研究

图 10-27 为多晶石墨在常温、16GPa 压力条件下处理后所得样品的 TEM 图，从图中可以看出，石墨晶粒在局部应力作用下已发生明显的塑性变形。

(3) S31042 奥氏体耐热钢析出相 TEM 研究

S31042 钢是在 25Cr-20Ni 型奥氏体耐热钢的基础上添加 Nb、N 等合金元素获得的耐热钢，具有优异的抗蒸汽氧化和抗烟气腐蚀性能。S31042 钢在高温环境中服役时，形成的析出相有 MX 相、$M_{23}C_6$ 相、Z 相和少量 σ 相，这些析出相的尺寸、分布和含量均对其高温性能产生重要影响。图 10-28 为固溶态和时效态 S31042 钢样品中析出相的 TEM 图像。样品经过电解双喷减薄和喷碳处理后，用 $CuCl_2$ 溶液将负载有析出物的碳膜从金相试样表面分离，用酒精和蒸馏水进行清洗，最后用铜网捞取制备成碳膜复型样品。图 10-28 (a) 为固溶态 S31042 钢碳膜复型样品析出相的 TEM 像，从中可以观察到有 2 种形貌的析出物，主要是宽度约为 100 nm、长度为 1μm 左右的短棒，以及少量边长为 200nm 左右的四边形颗粒。根据析出物的 EDS 结果，判断其为富 Nb 的 MX 相。图 10-28 (b) 所示为 1050℃时效 10h 样品中析出相的 TEM 像，其中存在大量尺寸在 100nm 左右的颗粒，其 EDS 结果显示颗粒中富含的合金元素为 Nb 和 Cr，可以判断这类析出相为 Z 相 (NbCrN)。

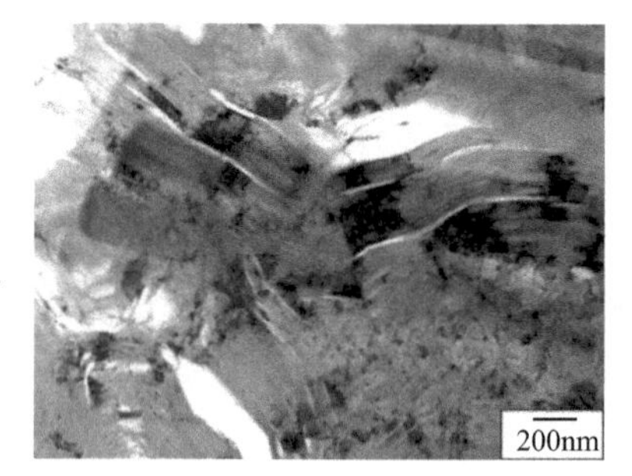

图 10-27 多晶石墨晶粒塑性变形 TEM 图像

3. 位错层错观察

位错是晶体材料中常见的一种线缺陷，主要有刃位错和螺旋位错两种类型。位错对材料的力学性能具有极大的影响。层错是指晶体正常原子密堆积面顺序中引入不正常顺序堆积面而产生的一类面缺陷，常见于具有层状结构的材料中。根据透射电子显微镜衍射衬度图像，

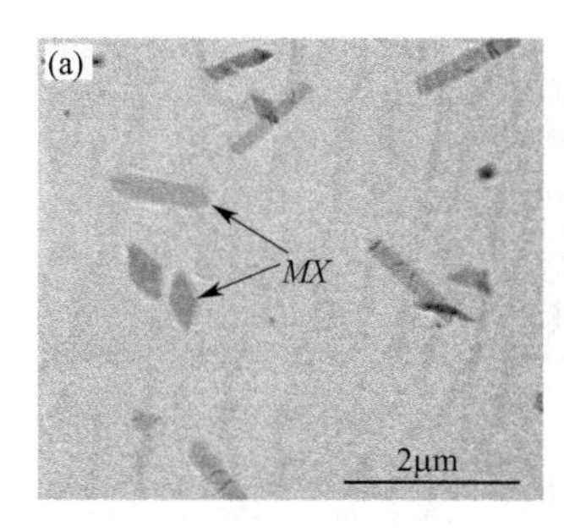

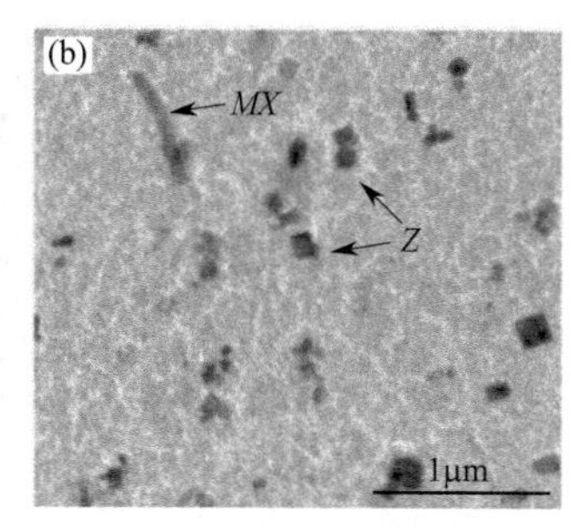

图 10-28 固溶态（a）和时效态（b）S31042 钢样品中析出相的 TEM 图像

即可获得晶体材料中位错等缺陷信息。

（1）S31042 奥氏体耐热钢晶粒内部位错线 TEM 研究

图 10-29 为 S31042 固溶态钢样品在 700℃、200MPa 条件下进行 505h 蠕变实验后晶粒内部微观组织的 TEM 像。从图中可知，晶粒内部存在纵横交错的位错线，沿位错线分布有大量 10nm 左右的颗粒状析出相。根据晶内析出相的 HRTEM 像[图 10-29(b)]，通过 Fourier 变换确定这类析出相为 Z 相。在蠕变应力的作用下，奥氏体晶粒内部产生大量位错，较高的晶格畸变能能够降低 Z 相形核的势垒，进而为 Z 相的析出提供合适的形核点。同时，位错是溶质原子扩散的快速通道，为 Z 相长大提供所需的 Cr、Nb 和 N 等元素，由此大量 Z 相沿位错线析出。蠕变时 Z 相能够钉扎位错，增大位错运动的阻力，部分位错相互缠结并形成位错塞积。随着位错塞积程度的提高，位错密度增大，为 Z 相提供更多的形核位置，进一步促进了 Z 相的析出。位错塞积和 Z 相析出发生交互作用，最终造成大量 Z 相沿位错线分布，呈触须状。

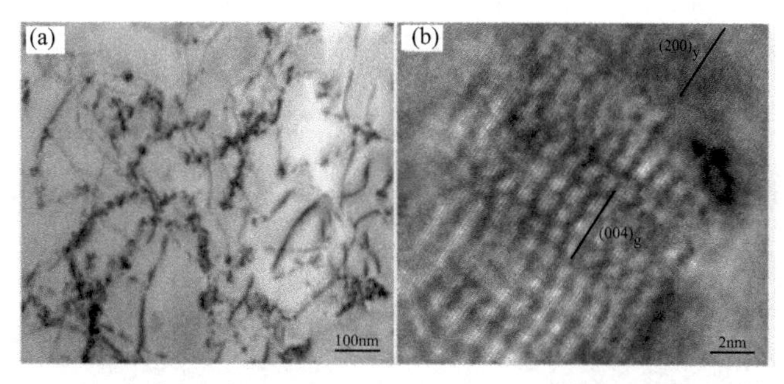

图 10-29 固溶态 S31042 钢 700℃、200MPa 蠕变样品中晶内析出相的 TEM 像（a）和 HRTEM 像（b）

图 10-30(a) 为时效态 S31042 钢样品在 700℃、200MPa 条件下经过 354h 蠕变实验后显微组织的 TEM 像。从图中可知，晶粒内部存在高密度的位错线，观察到的第二相颗粒有 2 种尺寸：一种尺寸较大，在 100nm 左右，其周围存在位错塞积；另外一种尺寸较小，约为 10nm，主要沿位错线分布。通过 SAED 花样[图 10-30(b)]等可以确定这两种尺寸的颗粒均为 Z 相。结合时效态样品的初始组织[图 10-28(b)]进行分析，大尺寸立方颗粒状 Z 相为 1050℃时效处理后形成，在后续长期高温蠕变实验中，大尺寸 Z 相阻碍位错移动，众多位错塞积在其周围，而其尺寸依旧保持在 100nm 左右。小尺寸 Z 相的析出机制与固溶态样品中的 Z 相相同，随着位错密度提高为 Z 相提供有利的形核位置，小尺寸 Z 相主要沿位错线析出。由于 1050℃时效处理降低了奥氏体中合金元素的过饱和度，相比固溶态样品蠕变后的组织特征，时效态样品在蠕变过程形成小尺寸 Z 相的数量减少。

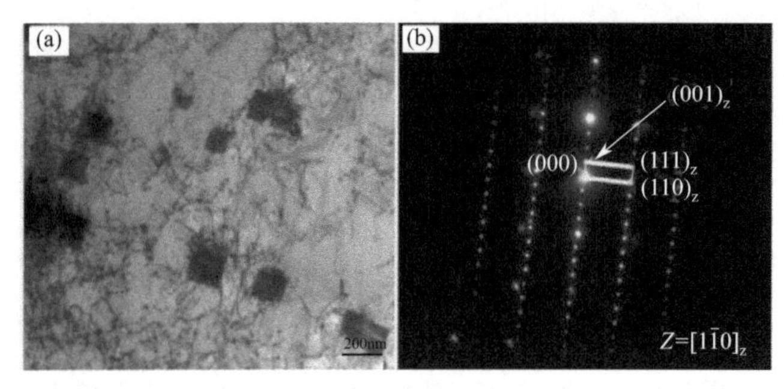

图 10-30　时效态 S31042 钢 700℃、200MPa 蠕变样品中晶内析出相的 TEM 像（a）及 SAED 花样（b）

（2）Pt 纳米晶粒的双晶和层错

图 10-31 为 Pt 纳米晶的双晶和层错高分辨图像，晶体的取向为［110］，双晶面和层错平行于入射电子束方向。纳米晶内部较高的应变能可能是双晶和层错形成的原因。

4. 界面表面研究

材料中的固-固界面大致分为两种：一种是结构相同而取向不同晶体之间的界面，如晶界、亚晶界；另一种是结构不同的晶体之间的界面即相界。在合金中，相界连接的两个晶体除结构不同和取向不同之外，其化学成分也不相同。表面一般指晶体三维周期结构和真空之间的过渡区域。固-固界面和表面实际上都是固体材料的一种面缺陷，有其自身的结构、化学成分和物理化学特性。高分辨晶格像常用来研究材料界面表面处原子的排列状态。

（1）Pt 纳米晶颗粒间晶界 HRTEM 研究

图 10-32 为 Pt 纳米晶颗粒间的小角度和大角度晶界 HRTEM 图像。不同 Pt 晶粒晶格间的取向差是形成晶界的主要原因。晶粒共格界面形成小角度晶界[图 10-32(a)]，非共格界面形成大角度晶界[图 10-32(b)]。

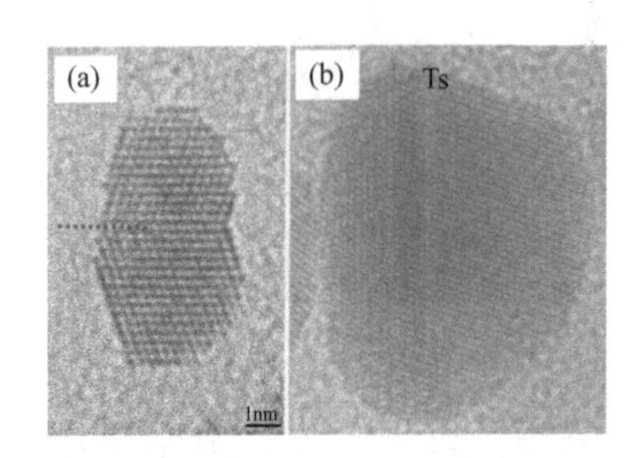

图 10-31　Pt 纳米晶的双晶（T）和层错（S）高分辨 TEM 图像

（图中点线所示为双晶面）

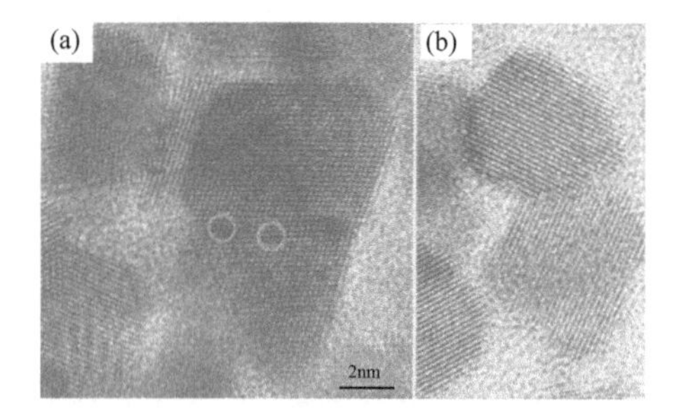

图 10-32　Pt 纳米晶颗粒间的晶界 TEM 图像，圆圈范围内存在刃位错

（2）机械力化学制备纳米晶颗粒核壳结构 HRTEM 研究

图 10-33 为 $Li_{0.5}Al_{2.5}O_4$ 经研磨后获得的纳米晶颗粒的 HRTEM 图像。$Li_{0.5}Al_{2.5}O_4$ 纳米晶颗粒直径为 9nm，颗粒具有明显的不均匀结构即核壳结构，壳层厚度约 0.7nm，呈无序态，核心部分的晶格条纹间距为 $d=2.3847\mathring{A}$，对应于为 $Li_{0.5}Al_{2.5}O_4$ 相的（311）晶面间距。

(3) ($(Ce_{0.5}Zr_{0.5})O_2$) 催化剂表面结构 HRTEM 研究

$(Ce_{0.5}Zr_{0.5})O_2$是一种用于分解汽车尾气中氮氧化物和碳氧化物等有害物质的催化剂，其若干单晶颗粒的 HRTEM 图像如图 10-34 所示。图中清晰显示出平台、突出、台阶及吸附原子等结构特征。

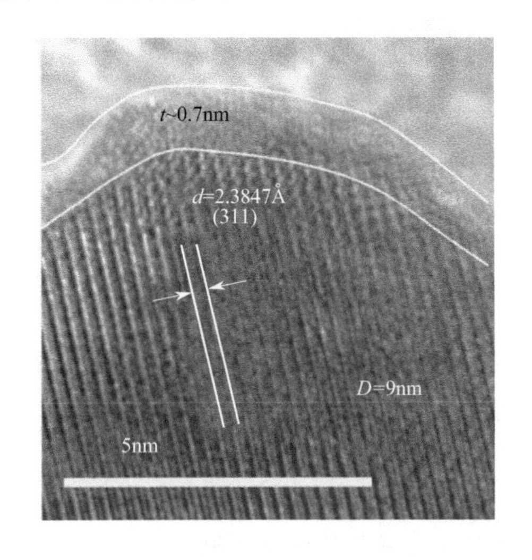

图 10-33 $Li_{0.5}Al_{2.5}O_4$ 纳米晶颗粒的核壳结构 HRTEM 图像

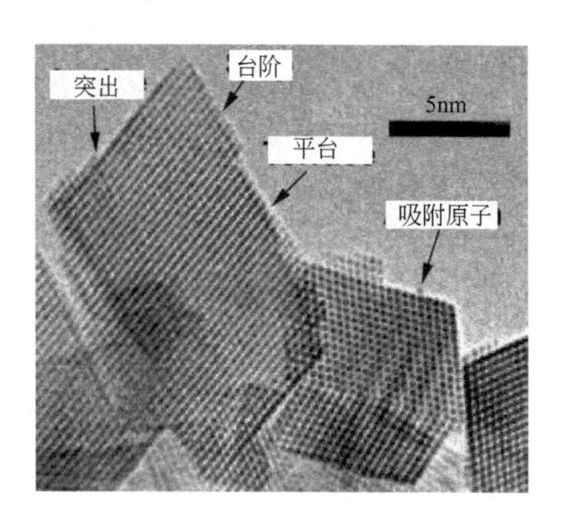

图 10-34 $(Ce_{0.5}Zr_{0.5})O_2$ 颗粒表面结构 HRTEM 图像

5. 介孔材料孔结构研究

介孔材料是一类孔径介于微孔与大孔之间的高比表面积三维孔道结构材料，具有如下主要特征：孔道结构高度有序；孔径分布单一，且孔径尺寸可在较宽范围内变化；介孔形状多样，孔壁组成和性质可调控；热稳定性和水热稳定性较高。介孔材料在催化、吸附、分离及光、电、磁等许多领域已获得广泛应用。

图 10-35 为 MCM-41 介孔材料的质厚衬度 TEM 图像，图中清晰显示出蜂窝状六方孔道结构，孔的排列方向高度一致。

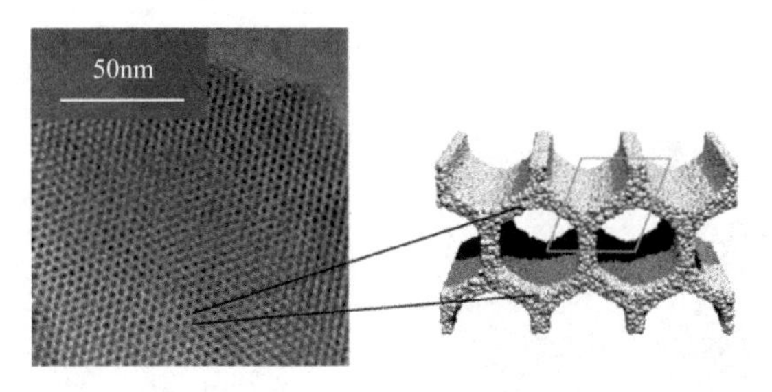

图 10-35 MCM-41 介孔材料的六方孔道结构 TEM 图像

SBA-10 同 MCM-41 一样，具有规整的呈六方排列的孔道结构，但其孔道有一定程度的弯曲（图 10-36）。

6. 碳纳米管形貌及结构研究

碳纳米管，又名巴基管，是一种具有特殊结构（径向尺寸为纳米量级，轴向尺寸为微米量级，管子两端基本上都封口）的一维量子材料，具有优异的力学、电学和化学性能。碳纳

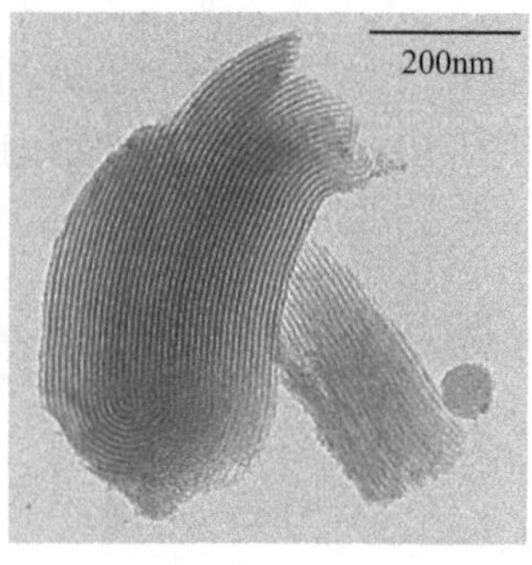

图 10-36　SBA-10 介孔材料的六方孔道结构 TEM 图像

米管主要由呈六边形排列的碳原子构成数层到数十层的同轴圆管构成。层与层之间保持约 0.34nm 的固定距离，管直径一般为 2～20nm。

图 10-37 为两种不同工艺制备的碳纳米管的形貌像。两种碳管的长度都达到了微米量级，而直径均为 6～7nm。但两种碳管间的管壁结构存在明显的差别。高分辨 TEM 像显示，图 10-37(a) 中的碳纳米管由两层管壁构成，碳管的总直径约为 5.5nm，碳管中央部分基本是空的，如图 10-38(a) 所示。图 10-37(b) 中的碳纳米管由 7 层管壁构成，总直径大约为 6.5nm，如图 10-38(b) 所示。由于碳管直径增加有限而管壁数量明显不同，因此后者的碳管中央的自由空间体积明显小于前者，碳管看起来十分接近于实心结构，由其高分辨 TEM 像可以清晰地看到碳管形成了一个封闭的结构，如图 10-38(c) 所示。图中箭头所示部分内层的碳管也形成了闭合结构。图 10-38(d) 为根据图 10-38(c) 构造出的碳纳米管结构模型。

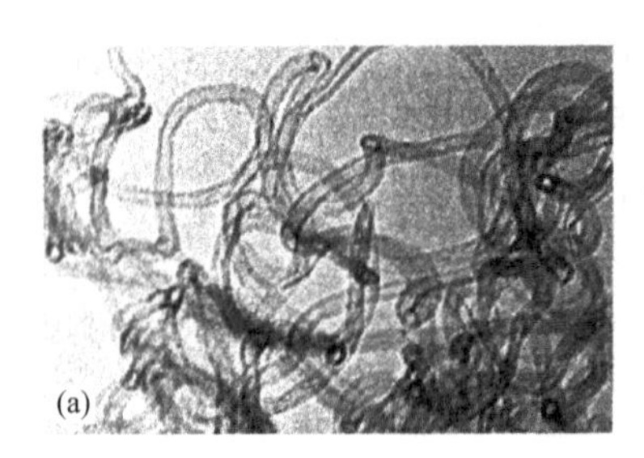

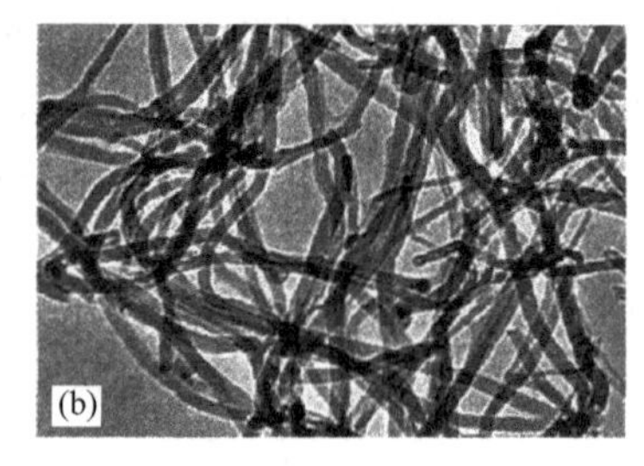

图 10-37　不同形貌碳纳米管的 TEM 图像

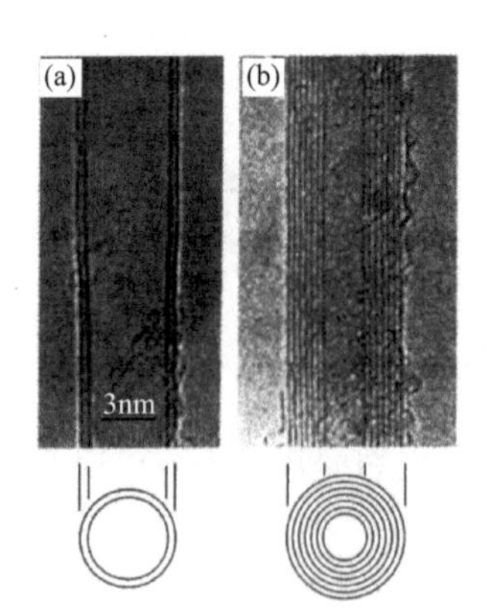

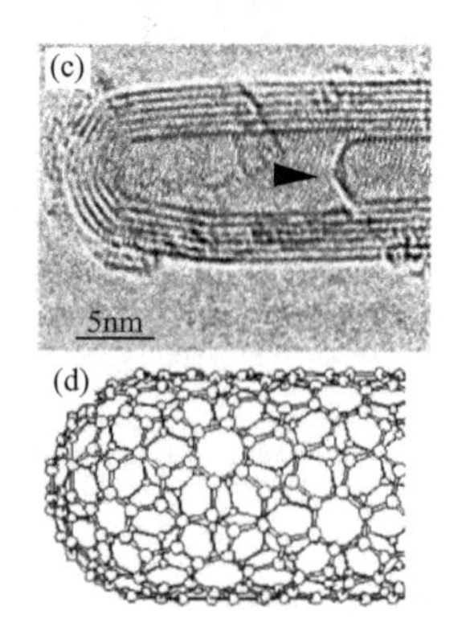

图 10-38　碳纳米管两层管壁 (a)、7 层管壁 (b) 及其终端结构 (c) 的 TEM 图像。(d) 为根据 (c) 构造出的碳纳米管结构模型

7. 反应过程研究

用沉积-沉淀法或共沉淀法制备 CeO_2 负载的纳米 Au 颗粒。将 Au/CeO_2 粉末的乙醇超声分散悬浮液滴在铜网支撑的碳膜上，进行 HRTEM 观察。照射到样品的高能电子束既能引起样品局域温度升高也会形成还原环境，导致大小不同的 Au 颗粒的结构发生变化。图 10-39 为 Au 原子扩散和岛状 Au 颗粒消失-重现过程的系列 HRTEM 图像。图 10-39(a) 显示出沉积的岛状纳米 Au 颗粒与 CeO_2 载体间的结晶学方位关系；图 10-39(b) 和 (c) 为电子束聚焦于 Au/CeO_2 界面区后引起岛状 Au 消失过程的图像；图 10-39(d) 和 (e) 为避免辐照损伤样品而使电子束束径增大后摄取的岛状 Au 重现过程的图像。

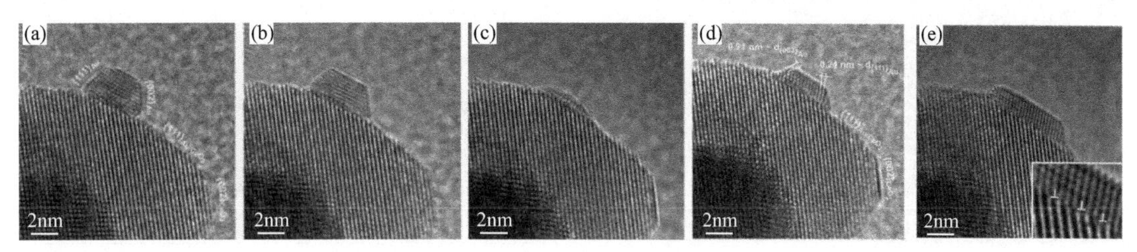

图 10-39 Au 原子在 Au/CeO_2 纳米颗粒界面的扩散过程和岛状 Au 颗粒消失-重现过程的 HRTEM 图像

8. 晶体结构研究

根据原子尺度的 HRTEM 图像，经过计算机图像处理，可以获得某些结晶学方向晶体结构投影模型图，对材料亚稳态的结构研究具有重要意义。

将钨酸钠溶液通过离子交换树脂柱后获得的溶胶，经过不同时间老化，制备钨酸凝胶。钨酸凝胶转化的不同阶段，形成一系列具有亚稳态结构的中间体。图 10-40 为钨酸凝胶老化过程中即将出现沉淀前样品的 HRTEM 图像。图 10-40(a) 中的白点排列有序，(b) 中白点连接形成三元环、四元环和六元环，各环中两个相邻白点的最短距离分别为 3.33Å、3.70Å 和 4.07Å，这些距离分别对应于两个共角顶连接 WO_5 (H_2O) 八面体中 W-W 原子间距。因此图中的白点即代表 WO_5 (H_2O) 八面体。WO_5 (H_2O) 八面体首先以共角顶方式结合形成 $W_3O_6(OH)_6(H_2O)_3$ 三聚体，以三聚体为基本结构单元进一步通过共角顶形成层状结构。获得的 HRTEM 图像是层状中间体的单层结构像。图 10-40(c) 是根据 HRTEM 图像构筑的钨酸凝胶亚稳态中间体的结构模型。

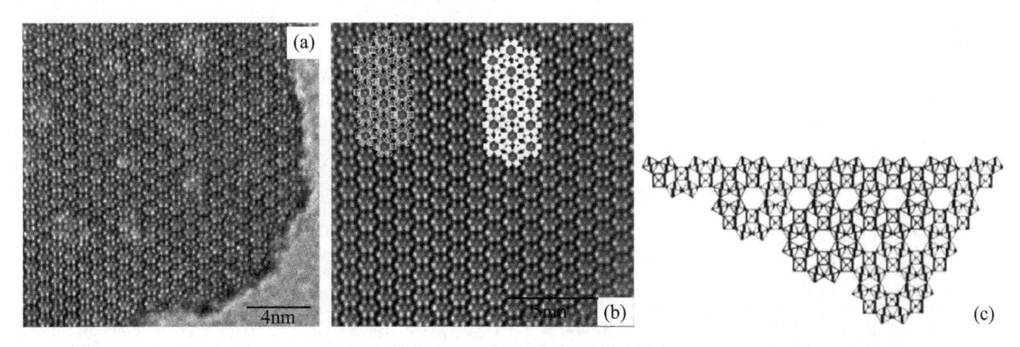

图 10-40 $WO_5(H_2O)$ 八面体共角顶连接形成的单结构层 HRTEM 图像及其结构模型

9. 成分分析

分析型透射电子显微镜一般装配有能谱仪 (EDS)、电子能量损失光谱仪 (EELS) 和扫描透射（STEM）等附件，可以对样品中纳米量级的微小区域进行成分分析和元素分布状态的分析，在研究成分偏析、物相分析等方面发挥着巨大的作用。

图 10-41(a) 是一个碳纳米管及其终端附着的纳米颗粒的 TEM 像，纳米颗粒的直径约为 10nm。对这一颗粒进行 EDS 成分分析，从图 10-41(b) 的能谱图上可以发现有 3 种元素，即 C、Co 和 Cu。其中的碳来自颗粒周围的碳管或其他碳源，铜源于铜材料的微栅，因此可以断定这个颗粒的成分是 Co，这与碳管制备时所加入的催化材料完全相符。

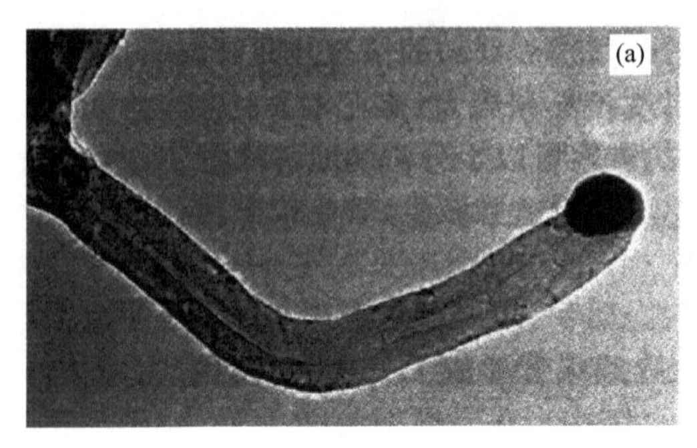

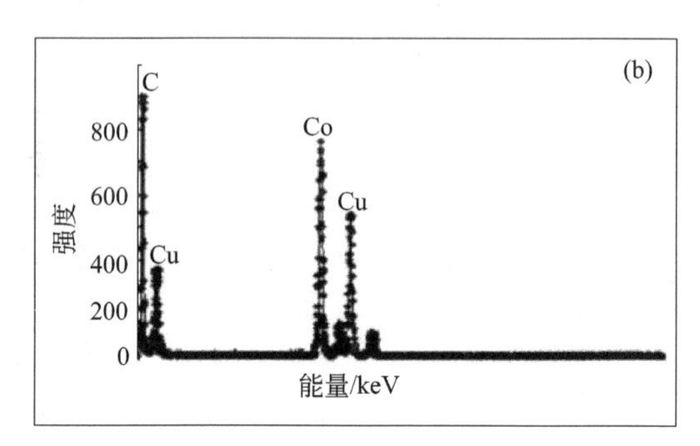

图 10-41　碳纳米管中催化剂颗粒的 TEM 图像（a）及其 EDS 谱（b）

典型案例

纳米 Ir 薄膜中缺陷结构的原子尺度研究

金属铱（Ir）具有高密度、高熔点、高硬度和高稳定性等性质，是面心立方（FCC）结构金属中层错能最高的金属，亦是唯一在 1600℃以上仍具有良好力学性能的 FCC 金属，广泛应用于航空航天、军工、高能物理和电子等高技术领域，具有其他金属不可替代的重要地位。

已有研究表明，不同于其他 FCC 金属具有良好的塑性变形能力，单晶铱在很大的温度范围（温度高达 1000℃）内经常表现为脆性穿晶断裂，这种固有属性在一定程度上限制了其应用。科学家基于力学性能的宏观测量以及计算模拟结果预测，提出了解释金属铱脆性断裂的若干机理，如螺型位错核结构模型和化学键方向性模型等，但缺乏原子尺度微观结构的解释。

1. 原理

材料的力学性能与其原子尺度微观结构直接相关，用 TEM 法获得纳米尺度下 Ir 薄膜样品的结构图像，分析材料中的缺陷类型以及缺陷密度，为改善和提高其力学性能奠定理论基础。

2. 仪器与样品

测试仪器为 Tecnai T20 透射电镜和 Titan-ETEM 球差校正透射电镜。

样品制备方法：①采用磁控溅射技术生长 Ir 薄膜，以 1cm×1cm 的 NaCl 单晶为衬底，沉积厚度为 30nm，温度为 300℃；②将制备的衬底与薄膜放入配制好的腐蚀溶液中，腐蚀掉衬底之后，使薄膜附着在铜网上用于 TEM 观察；③用 Nanomill 减薄仪将样品进一步减薄至 20nm，用于进行高分辨 TEM 观察。

3. 测试方法

将上述制备好的样品装入 TEM 双倾样品杆。首先在 Tecnai T20 上进行低倍 TEM 观察，获得低倍形貌像、SAED 图以及明暗场像。再用 Titan-ETEM 对薄膜缺陷的原子尺度结构进行高分辨透射电镜（HRTEM）观察。

4. 结果与讨论

（1）缺陷密度及类型

图 10-42(a) 是 Ir 薄膜形貌的低倍 TEM 像，图中显示薄膜中有高密度的带状的黑色衬度。这些带状衬度长轴方向分为两种，一种是竖直方向，还有一种是斜水平方向（图中用白色箭头标出）。图 10-42(b) 是与图 10-42(a) 对应的基体 [110] 取向选区电子衍射(SAED) 图。由图可看出，Ir 薄膜结晶度较好，且反映了出孪晶衍射的特征。图 10-42(c) 是图 10-42(a) 的高倍 TEM 像。随机选择多个 50nm×50nm 的区域分别测定区域内的孪晶数目，取平均数，计算出薄膜的孪晶密度为 $1.6\times10^{3}\mu m^{-2}$，这种高密度的孪晶必定会对 Ir 薄膜的塑性变形行为有较大影响。

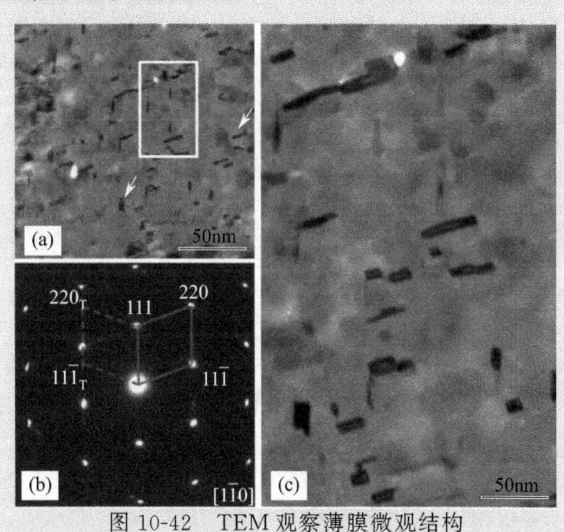

图 10-42　TEM 观察薄膜微观结构

(a) Ir 薄膜形貌 TEM 像；(b) 与 (a) 对应的 SAED 图；(c) (a) 中白色框区域的明场像

（2）孪晶与位错的相互作用

利用 HRTEM 观察 Ir 薄膜中的孪晶，可以更加清楚地看到孪晶的原子尺度结构以及孪晶与位错、孪晶与孪晶和多个孪晶的相互作用形态，将其分成两大类：位错与孪晶之间的相互作用，孪晶与孪晶之间的交互作用组成的多重孪晶。图 10-43 中显示第一大类缺陷形态。从图 10-43(a) 中可看到一条清晰的带状孪晶，孪晶和基体的区域原子排列方式不同。孪晶与基体是同一种结晶物质具有对称关系（如镜面反映，或绕某一特定晶轴旋转操作）的两部分，经对称操作使二者完全重合，图 10-43(c) 是图 10-43(a) 的 FFT 图，图中的对称性图像也显示出孪晶的特征。分开基体与孪晶的公共界面称为孪晶界。可看出孪晶界上的原子为基体和孪晶所共有，称之为共格孪晶界，如图中白色虚线所示。图 10-43(a) 中的片状孪晶是该样品中最普遍的一种形态，该图中的孪晶界上下两侧的晶体厚度不同，上边的晶体原子层厚度多于下边。图中的层错与孪晶在白色箭头处相遇，此处阻碍了孪晶向右生长，从而导致左右两边孪晶的原子层厚度不一样。

此外，在图 10-43(b) 中也观察到类似情况，图中也是片层状孪晶的左端与一个全位错相接，阻止了位错进一步向前扩展。该孪晶只有 2 个原子层厚度，是厚度最小的孪晶。观察结果表明，位错的运动和钉扎作用对孪晶的生长具有很大的影响，也会对 Ir 薄膜在塑性变形过程产生影响。在 Ir 薄膜受到外力时，位错与孪晶的交接处会产生应力集中，这有可能会加速 Ir 薄膜在受到外力作用时的断裂速度，导致其塑性变形能力变差。

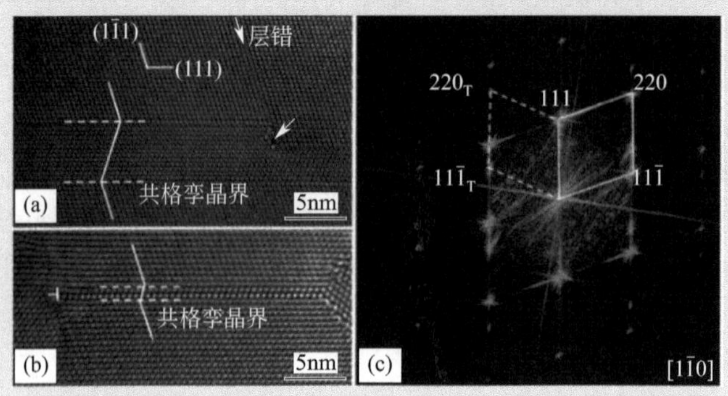

图 10-43　孪晶与位错相互作用的高分辨透射电子显微镜像

(a) 层错与孪晶的相互作用；(b) 全位错与孪晶的相互作用；(c) (a) 的 FFT 图

(3) 孪晶间头-头对接式相互作用

除位错与孪晶的相互作用外，孪晶与孪晶之间的相互作用也会造成不同的孪晶组态。图 10-44(a) 为两个片层孪晶形成的头-头对接形态。孪晶 1 的下段与孪晶 2 的上端头-头对接，孪晶 1 向右生长，孪晶 2 向左边生长，两者在生长时相遇，这种对接形式会相互制约另一个孪晶向前继续生长。这 2 条孪晶的上下端与基体的孪晶界依然是一个公共界面的镜面，皆属于共格孪晶界；但二者接头处与基体形成的孪晶界并不是一个公共界面，这种孪晶界称为非共格孪晶界（如图中白色框区域显示)。图 10-44(b) 是图 10-44(a) 的 FFT 图，图中的对称性图像显示出孪晶的特征。观察结果表明，相比位错与孪晶的相互作用形式，这种孪晶与孪晶之间的相互作用产生的孪晶结构更加普遍。不同于位错与孪晶的相互作用，孪晶之间的相互作用产生的应力范围往往较大。因此，从数量和应力场的作用范围角度考虑，后者对 Ir 薄膜的塑性变形行为影响可能更大。

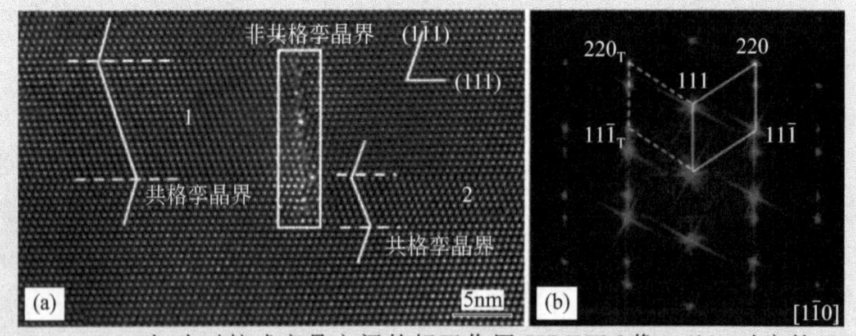

图 10-44　(a) 头-头对接式孪晶之间的相互作用 HRTEM 像；(b) 对应的 FFT 图

(4) 三重孪晶

除了较为普遍的两个孪晶相互作用的形态，薄膜中也存在多重孪晶的形态。图 10-45 所示为一个典型多重孪晶的 HRTEM 像。图中显示共存在 6 个孪晶，将右边的五个板条状孪晶编号为 1～5，将左边不规则孪晶编号为 6。孪晶 1～5 在横向生长增加长度的时候受到了孪晶 6 的阻碍作用。除此以外，孪晶 1～5 与孪晶 6 的孪晶界有区别，右边的 5 个孪晶间孪晶界都是共格孪晶界，但孪晶 6 仅与孪晶 3 和孪晶 5 间的孪晶界是共格孪晶界，与孪晶 1、2 和 4 间的孪晶界是非共格孪晶界。

图 10-45 中孪晶 6 与 3 互为孪晶的关系，孪晶 3 和 4 互为孪晶的关系，则孪晶 3、4 和 6 成三重孪晶（图中三条白色线段为三重孪晶的孪晶界，其交界处用箭头指出）。孪晶 2、3 和 6 也是两两互为孪晶的关系，因此它们也组成一个三重孪晶。由于多个方向的孪晶间的相互作用，最后就形成了这种多个板条状孪晶相互叠加在一起和三重孪晶的特殊形态。这种孪晶相互作用的范围明显比前面所观察到的几种形态要大得多，虽然这种多个孪晶相互交接在一起的形态并不多见，但它对 Ir 薄膜的塑性变形过程产生的影响不可忽略，也对于理解 Ir 塑性变形能力较差的机理有着一定的指导意义。

（5） 五重孪晶

除了上述三重孪晶的形态，在 Ir 薄膜中还观察到如图 10-46 所示的五重孪晶。图中显示共有 5 个区域，分别将其编号为 1～5，它们与三重孪晶相似，都是两两之间互为孪晶的关系，共形成 5 个孪晶关系，即五重孪晶，且这五个孪晶之间的孪晶界都是共格孪晶界。除此外，五重孪晶的应力场相互作用范围集中于五条孪晶界交汇处，五个孪晶受到的阻碍作用也较为均匀，它们的原子层厚度也较为平均，相差不大；但五个孪晶的另一端受到的影响就各不相同，在长度上有明显的差别。虽然五重孪晶和三重孪晶（没有发现四重孪晶）密度都不大，但它们在金属的塑性变形过程中的作用不可忽略。大量研究表明，面心立方金属中的五重孪晶的存在可以有效阻碍位错运动，从而提高材料的强度。

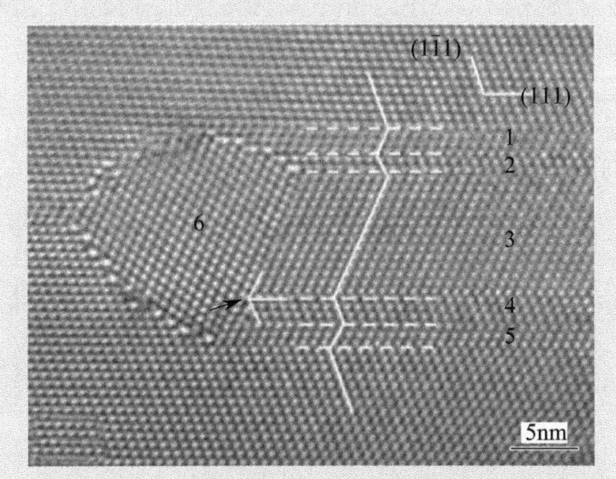

图 10-45　多重孪晶之间的相互作用和三重孪晶 HRTEM 像

图 10-46　五重孪晶的 HRTEM 像

5. 结论

通过厚度约 30nm 的 Ir 薄膜微观结构观察，发现纳米尺度下的 Ir 薄膜中存在着大量的生长孪晶。这些孪晶存在形态可分为两大类：第一类为位错与孪晶之间的相互作用，导致孪晶界面处有台阶以及位错钉扎，表明位错的运动和钉扎作用对于孪晶的生长具有明显的影响。第二类为孪晶与孪晶之间的相互作用，形成各种复杂的组态以及多重孪晶结构。其中，孪晶与孪晶之间的相互作用形态较普遍，其对薄膜的影响范围会比位错的影响范围更大一点。无论是位错-孪晶的交互形态还是孪晶-孪晶（包括多重孪晶）的形态，都会对 Ir 薄膜的塑性变形能力产生一定影响，但后者在数量和影响范围上都比前者更大。这些高密度的缺陷在 Ir 薄膜塑性变形过程中会产生不可忽略作用。

参考文献

[1] 朱静，叶恒强，王仁卉，等．高空间分辨分析电子显微学［M］．北京：科学出版社，1987.

[2] 叶恒强，王元明．透射电子显微学进展［M］．北京：科学出版社，2003.

[3] 温树林．材料结构科学［M］．北京：科学出版社，1988.

[4] 戎咏华，姜传海．材料组织结构的表征［M］．上海：上海交通大学出版社，2017.

[5] 进藤大辅，平贺贤二．材料评价的高分辨电子显微方法［M］．刘安生，译．北京：冶金工业出版社，2001.

[6] 黄孝瑛．材料微观结构的电子显微学分析［M］．北京：冶金工业出版社，2008.

[7] 师昌绪，李恒德，周廉．材料科学与工程手册［M］．北京：化学工业出版社，2004.

[8] 徐祖耀，黄本立，鄢国强．中国材料工程大典，第 26 卷，材料表征与检测技术［M］．北京：化学工业出版社，2006.

[9] 周玉．材料分析方法［M］．北京：机械工业出版社，2016.

[10] 常铁军，祁欣．材料近代分析测试方法［M］．哈尔滨：哈尔滨工业大学出版社，2003.

[11] 董建新．材料分析方法［M］．北京：高等教育出版社，2014.

[12] 杜希文，原续波．材料分析方法［M］．天津：天津大学出版社，2014.

[13] 章晓中．电子显微分析［M］．北京：清华大学出版社，2006.

[14] 刘庆锁．材料现代测试分析方法［M］．北京：清华大学出版社，2014.

[15] 黄新民．材料研究方法［M］．哈尔滨：哈尔滨工业大学出版社，2017.

[16] 黄惠忠．纳米材料分析［M］．北京：化学工业出版社，2003.

[17] 韩喜江．固体材料常用表征技术［M］．哈尔滨：哈尔滨工业大学出版社，2010.

[18] 谷亦杰，宫声凯．材料分析检测技术［M］．长沙：中南大学出版社，2009.

[19] Peter W Hawkes，John C H Spence. Springer Handbook of Microscopy［M］. Switzerland AG，Springer Nature，2019.

[20] 黎兵，曾广根．现代材料分析技术［M］．成都：四川大学出版社，2017.

[21] 马毅龙．材料分析测试技术与应用［M］．北京：化学工业出版社 2017.

[22] 周伟敏，徐南华．聚焦离子束（FIB）快速制备透射电镜样品［J］．电子显微学报，2004，23（4）：513-513.

[23] 王榕，杨文言．聚焦离子束扫描电镜双束系统在材料研究中的应用［J］．分析仪器，2014，1：114-118.

[24] 彭开武．FIB /SEM 双束系统在微纳加工与表征中的应用［J］．中国材料研究进展，2013，32（12）：728-734.

[25] 任鑫，胡文全．高分子材料分析技术［M］．北京：北京大学出版社，2012.

[26] Nan Yao，Zhong Lin Wang. Handbook of Microscopy for Nnotechnology［M］. New York：Kluwer Academic Publishers，2005.

[27] Zhong Lin Wang. Characterization of Nanophase Materials［M］. Weinheim GmbH，Wiley-VCH Verlag，2000.

[28] 王富耻．材料现代分析测试方法［M］．北京：北京理工大学出版社，2006.

[29] 王铁农．材料分析方法［M］．大连：大连理工大学出版社，2012.

[30] Carl C Koch，Ilya a Ovid’ Ko，Sudipta Seal，et al. Structural Nanocrystalline Materials Fundamentals and Applications［M］. New York：Cambridge University Press，2007.

[31] 朱永法，宗瑞隆，姚文清．材料分析化学［M］．北京：化学工业出版社，2009.

[32] 朱永法．纳米材料的表征与测试技术［M］．北京：化学工业出版社，2006.

[33] 张锐．现代材料分析方法［M］．北京：化学工业出版社，2007.

[34] 贾志宏，丁立鹏，陈厚文．高分辨扫描透射电子显微镜原理及其应用［J］．物理，2010，44（7）：446-452.

[35] Hiroaki Ohfuji，Shinsuke Okimoto，Takehiro Kunimoto，et al. Influence of graphite crystallinity on the microtexture of nano-polycrystalline diamond obtained by direct conversion［J］. Physics and Chemistry of Minerals，2012，39：543-552.

[36] 郭倩颖，李彦默，陈斌，等．高温时效处理对 S31042 耐热钢组织和蠕变性能的影响［J］．金属学报，2021，57（1）：82-94.

[37] 凌旸，章冠群，马延航．基于透射电子显微镜的沸石分子筛结构研究进展［J］．高等学校化学学报，2021，42（1）：201-216.

[38] Vladimir Šepelák，Andre Dűvel，Martin Wilkening，et al. Mechanochemical reactions and syntheses of oxides

[J]. Chemical Society Reviews, 2013, 42: 7507-7520.

[39] Meynen V, Cool P, Vansant E F. Verified syntheses of mesoporous materials [J]. Microporous and Mesoporous Materials, 2009, 125: 170-223.

[40] Majimel J, Lamirand-Majimel M, Moog I, et al. Size-Dependent Stability of Supported Gold Nanostructures onto Ceria: an HRTEM Study [J]. Journal of Physical Chemistry, 2009, 113: 9275-9283.

[41] Chemseddine A, Bloeck U. How isopolyanions self-assemble and condense into a 2D tungsten oxide crystal: HRTEM imaging of atomic arrangement in an intermediate new hexagonal phase [J]. Journal of Solid State Chemistry, 2008, 181: 2731-2736.

[42] 韦如建，贺昕，王兴权，等．纳米 Ir 薄膜中缺陷结构的原子尺度研究 [J]．电子显微学报，2021，40 (2)：101-107.

第十一章

扫描电子显微分析法

扫描电子显微分析法是一种利用扫描电子显微镜（scanning electron mcroscope，SEM；简称扫描电镜）观察样品表面微形貌结构的方法。扫描电镜是一种基于电子束扫描样品表面后激发出的物理信号调制成像的精密电子光学仪器。1935 年 Knoll 提出 SEM 的原理，1942 年研制成第一台扫描电镜，1965 年第一台商品扫描电镜问世，此后，扫描电镜得到了迅速发展，已成为能进行显微组织形貌观察、微区成分和晶体结构分析的多功能仪器，在材料科学、化学、物理学、地质学、生物学、医学等学科领域获得广泛的应用。

与光学显微镜和透射电子显微镜相比，扫描电镜具有如下优点：①放大倍数可以在几十倍至几十万倍之间连续可调；②具有较高的空间分辨率，场发射 SEM 的分辨率已经达到 0.5nm；③景深大，视野广，成像立体感强，可直接观察各种试样起伏较大的粗糙表面的细微结构；④可以配置能进行元素成分分析的 X 射线能谱仪、波谱仪以及进行晶体取向分析的电子背散射衍射仪等附属装置；⑤试样制备简单。

第一节 电子束与固体样品作用的物理效应

当高能电子束轰击样品表面时，电子与固体中的原子发生散射作用，激发产生各种物理信号，这些信号是进行样品微形貌、化学成分和结构分析的基础。

一、电子束与固体样品作用时产生的主要信号

高能电子束与固体中的原子发生相互作用产生的物理信号有：二次电子、背散射电子、吸收电子、透射电子、俄歇电子和特征 X 射线等，如图 11-1 所示。其中与扫描电镜成像有关的信号主要是二次电子和背散射电子，而特征 X 射线则是与扫描电镜相结合的 X 射线能谱仪进行成分分析时的采集信号，俄歇电子是俄歇电子谱仪采集的信号。

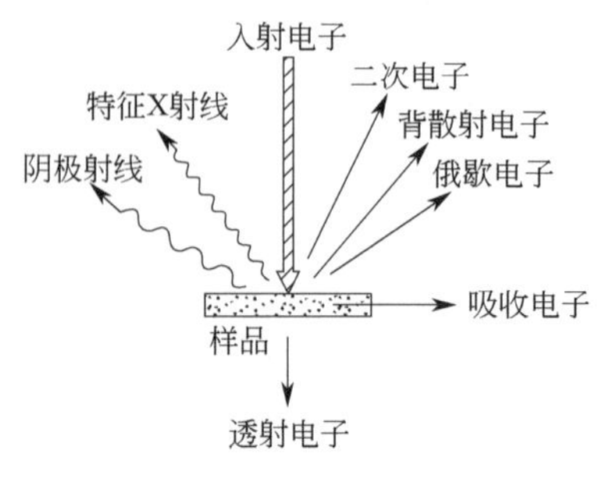

图 11-1　电子束与固体样品作用时产生的信号

1. 二次电子

二次电子是被入射电子束轰击出来的原子中的价电子。价电子与原子核的结合能较小，在高能电子束的轰击下，容易脱离原子核的束缚而电离，形成向各个方向运动

的自由电子，其中的一部分电子会折向入射表面，当其到达样品表面且能量大于材料逸出功时，就会发射出来形成二次发射电子（简称二次电子）。几乎所有物质在电子束轰击下都能产生足够强的二次电子信号。二次电子的能量一般不超过 50eV，大部分小于 10eV。只有在接近样品表面 5～10nm 深度内的二次电子才能逸出表面，成为可被接收的信号；深度大于 10nm 的二次电子，因其能量较低以及平均自由程较短而不能逸出样品表面，只能被样品吸收。

二次电子产额（等于二次电子信号强度与入射电子信号强度之比）δ 主要与入射电子能量 E 以及入射电子束与试样表面的法向夹角 θ 有关，而与原子序数间无明显依赖关系。①入射电子能量较低时，δ 随着 E 增加而增加；入射电子能量处于高能区时，入射电子的穿透深度增加，而 δ 随 E 增加而逐渐降低。②δ 与 θ 之间存在以下关系：$\delta \propto 1/\cos\theta$。由此可知，入射电子束与试样表面的法向夹角越大，二次电子产额也越大。这是因为随 θ 角的增加入射电子在样品表层范围内运动的总轨迹 L 增长（图 11-2），引起价电子电离的概率增大，产生二次电子数量就增加；另外，随着 θ 角增大，入射电子作用体积更靠近样品表层，作用体积内产生的大量自由电子离开表层的机会增多，从而二次电子产额增大。

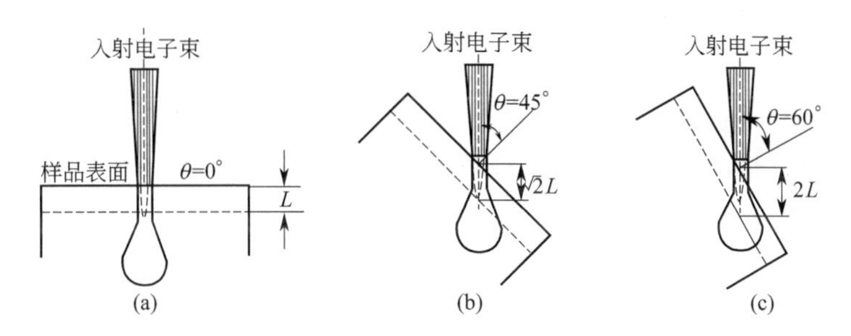

图 11-2　入射电子束与试样表面法向夹角 θ 和二次电子有效深度 L 关系

（a）垂直照射；（b）倾斜 45°；（c）倾斜 60°

2. 背散射电子

背散射电子是被固体样品中的原子反弹回来的一部分入射电子，其中包括弹性背散射电子和非弹性背散射电子。弹性背散射电子是指被样品中原子核反弹回来的，散射角大于 90°的那部分入射电子，其能量无或基本上无损失。由于入射电子的能量很高，所以弹性背散射电子的能量可达数千到数万电子伏。非弹性背散射电子是指与样品原子核外电子发生非弹性碰撞，经多次散射后仍能逸出样品表面的那部分电子。非弹性背散射电子的能量分布范围很宽，从数十电子伏直到数千电子伏。背散射电子来自距样品表层 10nm～1μm 的深度范围内，其中以弹性背散射电子的数量占绝大多数，其能量一般高于 50eV。二次电子和背散射电子的能量分布如图 11-3 所示。

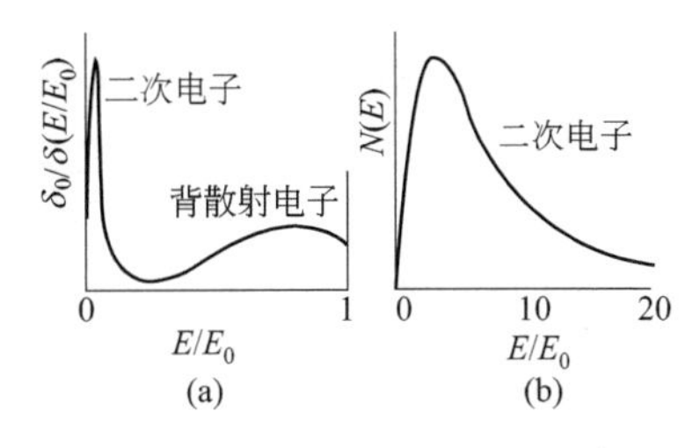

图 11-3　散射电子的能量分布

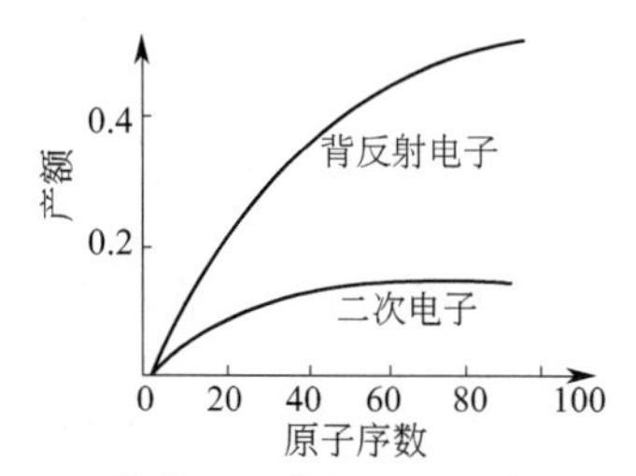

图 11-4　散射电子产额与原子序数的关系

背散射电子和二次电子产额与原子序数的关系如图 11-4 所示，由图可知，背散射电子产额（等于背散射电子信号强度与入射电子信号强度之比）随着样品原子序数的增大而增大，而二次电子产额和原子序数间无明显依赖关系。

3. 吸收电子

吸收电子是指进入样品的入射电子（假定样品足够厚无透射电子产生），经多次非弹性散射后能量不断降低，最后被样品所吸收的电子。吸收电子的信号强度与逸出表面的二次电子和背散射电子的数量成反比。若将吸收电子的信号调制成图像，其衬度和用二次电子或背散射电子信号调制的图像衬度相反。

4. 透射电子

透射电子是指穿透样品的入射电子，包括未经散射的入射电子、弹性散射电子和非弹性散射电子，这些电子携带着被样品衍射和吸收的信息，其强度由样品微区的厚度、成分和晶体结构决定。透射电子是透射电镜以及扫描电镜采用扫描透射操作方式时使用的信号，其中遭受特征能量损失的非弹性散射电子（即特征能量损失电子）和被分析区域的成分有关，可用其来进行微区成分分析。

5. 特征 X 射线

当入射电子和样品原子中内层电子发生非弹性散射作用时会损失部分能量（几百电子伏特），这部分能量能够将内层电子激发到外层或使内层电子脱离原子核的束缚而形成自由电子，此时的原子就处于能量较高的激发态。激发态的原子不稳定，其外层电子将向内层跃迁以填补内层电子的空缺，这一过程释放出具有特征能量的电磁波，这种电磁波就是特征 X 射线。特征 X 射线的能量一般较高，分布于距样品表层约 $1\mu m$ 的深度范围内。如果用 X 射线探测器探测到了样品微区中存在某种波长或能量的特征 X 射线，就可以判定这个微区中存在着相应的元素。

6. 俄歇电子

在入射电子激发样品产生特征 X 射线的过程中，如果原子核外的外层电子向内层空位能级跃迁过程中释放出来的能量并不是以 X 射线的形式发射出去，而是用这部分能量把邻近亚层的另一个电子电离出去（或使更外层的电子电离出去）形成自由电子，这个自由电子就称为俄歇电子。因为每一种原子都有自己的特征壳层能量，所以俄歇电子的能量也各有特征值。俄歇电子的能量很低，一般在 50～1500eV 范围内。

俄歇电子的平均自由程很小（约 1nm），因此在较深区域中产生的俄歇电子在向表层运动时必然会因碰撞而损失能量，使之失去具有特征能量的特点，而只有在距离表面层 1nm 左右（即几个原子层厚度）逸出的俄歇电子才具备特征能量，因此俄歇电子特别适于做表面层的成分分析。

除了上面列出的 6 种信号外，电子束轰击固体样品还会产生阴极荧光、电子束感生效应等信号，经过调制后也可以用于专门的分析。

二、几种主要电子信号强度间的关系

如果将被电子束轰击的固体样品接地保持电中性，那么入射电子激发产生的 4 种主要电子信号（二次电子、背散射电子、透射电子和吸收电子）的强度与入射电子强度之间必然满

足如下关系

$$i_b+i_s+i_a+i_t=i_0 \tag{11-1}$$

式中，i_b 为背散射电子信号强度；i_s 为二次电子信号强度；i_a 为吸收电子（或样品电流）信号强度；i_t 为透射电子信号强度；i_0 为入射电子信号强度。

式(11-1) 可改写为

$$\eta+\delta+\alpha+\tau=1 \tag{11-2}$$

式中，η 为背散射系数，$\eta=i_b/i_0$；δ 为二次电子发射系数（或二次电子产额），$\delta=i_s/i_0$；α 为吸收系数，$\alpha=i_a/i_0$；τ 为透射系数，$\tau=i_t/i_0$。

对于给定的材料，当入射电子的能量和强度一定时，上述 4 项系数与样品质量厚度 ρt 之间的关系如图 11-5 所示。由图可见，随着 ρt 的增大，透射系数 τ 连续下降，而吸收系数 α 增大。当样品厚度超过有效穿透深度后，τ 等于零。这就是说，对于大块试样，样品同一部位的吸收系数、背散射系数和二次电子发射系数三者之间存在互补关系。背散射电子信号强度、二次电子信号强度和吸收电子信号强度分别与系数 η、δ 和 α 成正比。但由于二次电子信号强度与样品原子序数没有确定的关系，因此可以认为，如果样品微区背散射电子信号强度大，则吸收电子信号强度小。

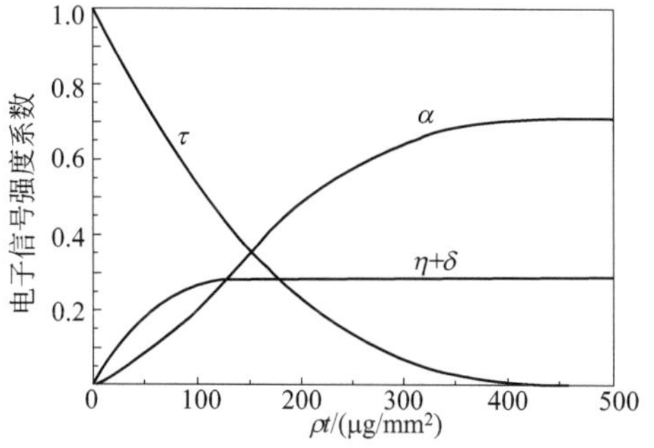

图 11-5 铜样品 η、δ、α 及 τ 系数与 ρt 间关系（入射电子能量 $E_0=10^3$ eV）

三、各种信号的空间分布特点

当高能束电子束照射在固体样品上时，电子束将受到样品原子的散射作用而偏离原来的入射方向，向外发散，所以随着电子束进入样品的深度不断增加，入射电子的分布范围不断增大，同时动能不断减小，直至减小为零，最终形成一个如图 11-6 所示的规则作用区域。对于低原子序数样品，入射电子经过多次小角度散射，在尚未达到较大散射角之前即已深入样品内部一定的深度，随散射次数的增多，散射角增大，才达到漫散射的程度。此时散射电子束构成一个外形似“梨形”的区域。如果是高原子序数样品，入射电子在样品表面不很深的地方就达到漫散射的程度，散射电子束构成一个半球形区域。改变入射电子能量只引起散射电子束作用区域体积大小的变化，而不会显著地改变其形状。由此可知，电子在样品内形成散射区域的形状主要取决于样品的原子序数。

入射电子束在上述散射区域的边界附近动能很小，无法产生各种信号，而在大部分散射区域内均可以产生各种信号，可以产生信号的区域称为有效作用区，有效作用区的最深处为电子有效作用深度。在有效作用区内的信号并不一定都能逸出材料表面而成为可供采集的信号。这是因为各种信号的能量不同，样品对不同信号的吸收和散射也不同。俄歇电子、二次电子和背散射电子能逸出材料表面的深度范围分别约为 1nm、5～10nm 和 10nm～1μm。与电子相比，X 射线光子不带电荷，受样品材料的原子核及核外电子的作用较小，因此穿透深度更大，可以从较深的作用区（0.1～1μm）逸出材料表面。电子束与轻元素样品产生的各种信号的空间分布特点如图 11-7 所示，图中 H_B 和 H_X 分别代表背散射电子和特征 X 射线逸出材料表面的深度。

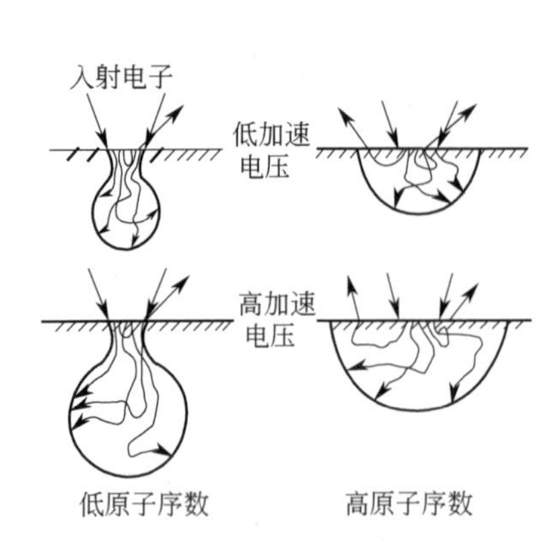

图 11-6 散射区域与原子序数和入射电子能量间的关系

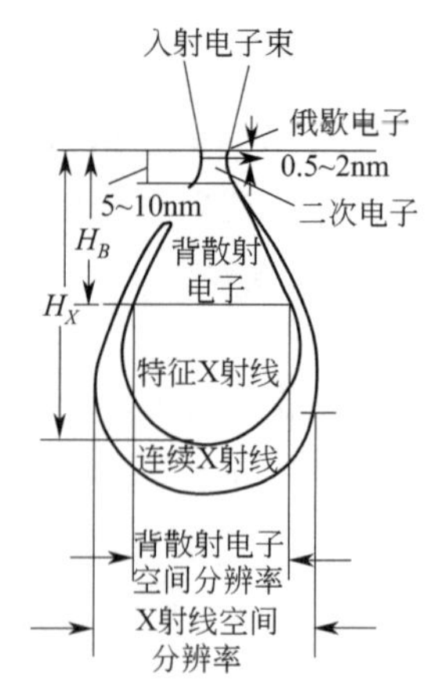

图 11-7 电子与轻元素样品作用形成的梨形作用区及各种信息的作用深度

$H_B=10\sim1000\text{nm}$；$H_X=0.1\sim1\mu\text{m}$

第二节 扫描电镜基本结构及性能指标

一、扫描电镜基本结构

扫描电镜主要由电子光学系统（镜筒）、信号探测及显示系统、真空系统和电源系统等部件组成，见图 11-8。

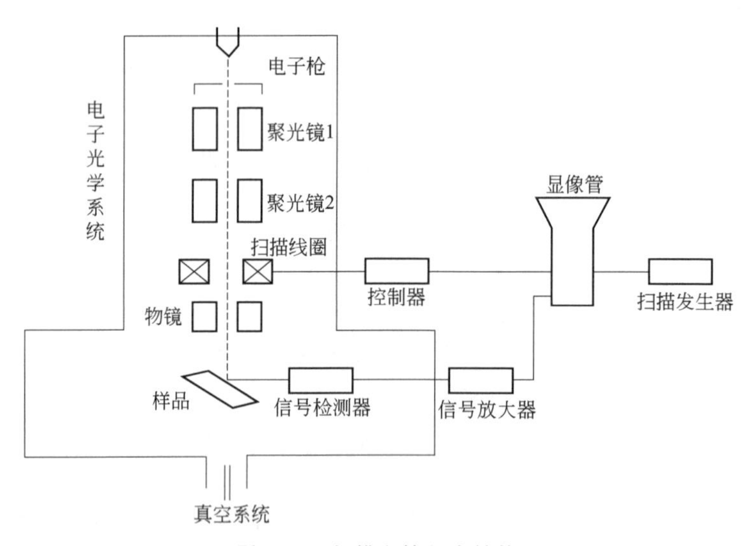

图 11-8 扫描电镜基本结构

1. 电子光学系统

电子光学系统包括电子枪、电磁透镜、光阑、扫描线圈和样品室等部件，其作用是获得作为信号激发源的扫描电子束。高强度和小束斑的扫描电子束有助于获得较高的信号强度和理想的图像分辨率。

（1）电子枪

扫描电镜中的电子枪与透射电镜相似，也有热电子发射型（阴极为钨或六硼化镧灯丝）和场发射型两种，只是其加速电压比透射电镜要低。

（2）电磁透镜

扫描电镜中的各电磁透镜都是聚光镜而不是成像透镜，其功能是将电子枪的束斑（虚光源）逐级聚焦缩小。聚光镜一般由三级聚光镜组成，其中前两级是强磁透镜，作用是把电子束光斑缩小；第三级透镜是弱磁透镜，具有较长的焦距，在该透镜下方放置样品可避免磁场对二次电子轨迹的干扰，因靠近样品习惯上称之为物镜。照射到样品上的电子束直径越小，就相当于成像单元的尺寸越小，电镜的分辨率就越高。采用钨灯丝电子枪时，到达样品表面上电子束的束径可达到 6nm 左右；若采用场发射电子枪，束斑直径可达到 3～5nm 或更小。因此场发射电子枪是高性能（高分辨）扫描电镜的理想电子源。

（3）物镜光阑

物镜光阑的功能是调整孔径角、吸收杂散电子和减少球差等，进而达到调整焦深、改善分辨率和图像亮度的目的。减小物镜光阑孔径，会使图像信号减弱、信噪比下降、噪声增大，而且孔径易被污染，产生像散，造成扫描电镜性能下降。应根据需要选择最佳的物镜光阑孔径。一般 5000 倍左右观察时可用 300μm 的光阑孔径，万倍以上观察时可用 200μm 的光阑孔径，要求高分辨率时选用 100μm 的光阑孔径。

（4）扫描线圈

扫描线圈的作用是使入射电子束偏转，并在样品表面做有规则的扫动。由于电子束在样品上的扫描和在显像管上的扫描是由同一扫描发生器控制的，因此两者扫描的动作保持严格同步。改变入射电子束在样品表面的扫描振幅，可以获得所需放大倍数的扫描像。扫描线圈安装在物镜的上方，由一个上偏转线圈和一个下偏转线圈组成。当电子束进入上偏转线圈时，方向发生转折，随后又由下偏转线圈使它的方向发生第二次转折。在电子束偏转的同时还进行逐行扫描，在上下偏转线圈的共同作用下，电子束扫描出一个长方形，相应地在样品上画出一帧比例图像，这种扫描方式称为光栅扫描。如果电子束经上偏转线圈转折后并未经下偏转线圈改变方向，而是直接由末级透镜折射到入射点位置，这种扫描方式称为角光栅扫描或摇摆扫描。光栅扫描方式主要用于形貌分析，角光栅扫描方式用于电子通道花样分析。

（5）样品室

扫描电镜样品室的容积一般很大，其内不仅安置有样品台和各种图像信号检测器，还能组合安装 X 射线波谱仪、X 射线能谱仪、电子背散射衍射仪和图像分析仪等，以适应多种综合分析的要求。样品台能夹持一定尺寸的样品，并能使样品做平移、倾斜和转动等运动，以利于对样品上每一特定位置进行各种分析。根据工作需要，样品室内可安置高温、低温、冷冻切片及喷镀、拉伸、五维视场全自动跟踪和精确拼图控制等类型的样品台。

2. 信号探测及显示系统

电子束与样品作用产生的各种电子信号被相应的探测器采集，经光电信号器的转换和放大，再经视频放大器处理后就成为调制信号。由于镜筒中的电子束和显像管中的电子束是同步扫描的，而荧光屏上每一点的亮度是根据样品上被激发出来的信号强度来调制的，因此样品上各点的状态不同，接收到的信号也不同，于是就可以在荧光屏上看到一幅反映样品各点状态的扫描电子显微图像。

3. 真空系统和电源系统

扫描电镜的真空系统和电源系统与透射电镜相似。电子光学系统的真空度一般情况下要求达到 $10^{-4} \sim 10^{-5}$ Pa。如果镜筒内的真空度达不到要求，会导致电子枪灯丝寿命缩短，极间放电，样品被污染，以及产生虚假的二次电子效应，进而严重影响成像的质量。

二、扫描电镜性能指标及优点

1. 扫描电镜性能指标

扫描电镜的主要性能指标有分辨率、放大倍数和景深等。

（1）分辨率

扫描电镜的分辨率与检测信号的种类有关。从电子束与轻元素样品作用产生的各种信号的空间分布图（图 11-7）可知，俄歇电子和二次电子只能在样品的浅层表面内逸出，其激发区域对应于一个与入射电子束斑直径相当的圆柱体。因为束斑直径就是一个成像检测单元（像点）的大小，所以这两种电子的分辨率就相当于束斑的直径。背散射电子是从样品的较深部位处弹射出表面的，其横向扩展的范围较大，横向扩展后的作用体积大小就是背散射电子的成像单元，因此它的分辨率明显降低。特征 X 射线是从样品更深的部位激发出来的，其横向扩展后的作用体积更大，若用 X 射线调制成像，它的分辨率比背散射电子的还要低。表 11-1 列出了主要信号的空间分辨率。

表 11-1　各种信号的空间分辨率

信号	俄歇电子	二次电子	背散射电子	吸收电子	特征 X 射线
分辨率/nm	0.5～2	5～10	50～200	100～1000	100～1000

从表 11-1 中的数据可以看出，俄歇电子和二次电子信号的空间分辨率最高，由于在扫描电镜中不使用俄歇电子信号，因此通常以二次电子像的分辨率作为扫描电子显微镜的分辨率。

由于电子束射入重元素样品中散射电子形成的作用体积呈半球状（见图 11-6），散射电子在较浅部位就有明显的横向扩展，因此在分析重元素样品时，即使电子束的束斑很细小，也难以达到较高的分辨率，此时二次电子的分辨率和背散射电子的分辨率之间的差距明显变小。由此可见，在其他条件（如信噪比、磁场条件及机械振动等）相同的情况下，电子束的束斑大小、检测信号的类型以及检测部位的原子序数共同构成了影响扫描电子显微镜分辨率的三大因素。

（2）放大倍数

当入射电子束做光栅扫描时，若电子束在样品表面扫描的幅度为 A_s，阴极射线在荧光上同步扫描的幅度是 A_c，A_c 和 A_s 的比值就是扫描电子显微镜的放大倍数 M，即 $M = A_c/A_s$。由于扫描电镜的荧光屏尺寸是固定不变的，电子束在样品上扫描一个任意面积矩形时，在阴极射线管上看到的扫描图像大小都会和荧光屏尺寸相同。因此，只要减小电镜中电子束的扫描幅度，即可获得高的放大倍数；反之，若增加扫描幅度，则放大倍数就减小。通过改变偏转线圈交变电流的大小，可方便地实现扫描电镜放大倍数从 20 倍到 60 万倍的连续调节。

（3）景深

景深是指透镜对试样表面高低不平的各部位能同时清晰成像的距离，也可以理解为试样上最近清晰像点到最远清晰像点之间的距离。当一束略微汇聚的电子束照射在样品上时，在焦点处电子束的束斑最小，离开焦点越远，电子束发散程度越大，束斑越大，分辨率越低，当束斑大到一定程度后，会超过对图像分辨率的最低要求，即超过景深的范围。由于电子束的发散度很小，它的景深取决于临界分辨率 d_0 和电子束入射半角 β。其中临界分辨率 d_0 与放大倍数 M 有关，人眼的分辨率大约是 0.2mm，在经过放大后，要使人感觉物像清晰，必须使电子束的分辨率高于临界分辨率 d_0（单位为 mm），$d_0=0.2/M$。

由图 11-9 可知，景深的表达式为：$F=d_0/\tan\beta=0.2/(M\tan\beta)$。因此随放大倍数降低和入射电子角减小，景深会增大。扫描电子显微镜末级透镜焦距较长，β 角很小（约 10^{-3}rad），其景深比一般光学显微镜大 100～500 倍，比透射电子显微镜大 10 倍，因此其图像立体感较强，适合于直接观察比较粗糙试样表面（如金属断口和显微组织）的三维形态。

景深与电子束入射半角 β 成反比［图 11-9(a)］，改变光阑尺寸和工作距离，β 随之改变，景深得到调整。用小尺寸光阑和大工作距离可以获得小的 β。当光阑孔径固定时，工作距离（物镜下极靴到试样上表面的距离）越大，电子束的 β 就越小，相应的图像景深就越大，如图 11-9(b) 所示。

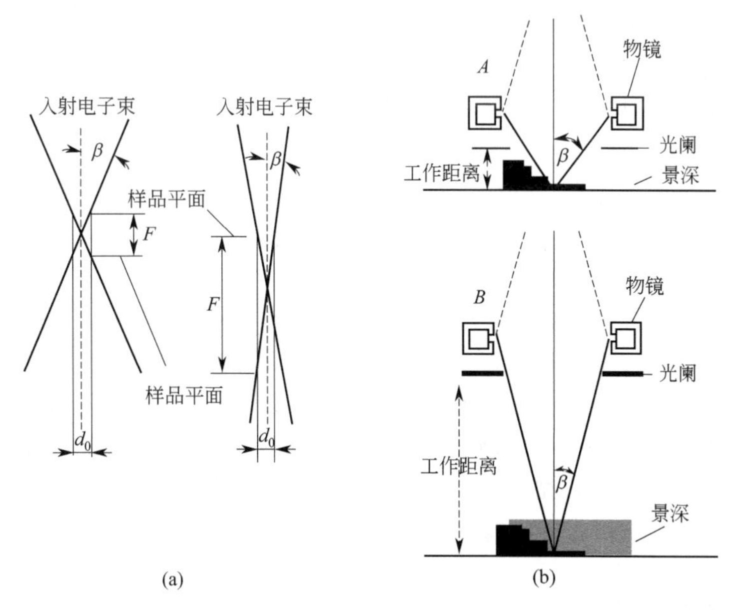

图 11-9　景深随工作参数变化的情况

（a）电子束入射半角的影响；（b）工作距离的影响

2. 扫描电镜的优点

与光学显微镜和透射电镜相比，扫描电镜具有如下优点：①分辨率高，放大倍数连续可调。其分辨率远高于光学显微镜，但低于透射电镜；放大范围基本涵盖了光学显微镜和透射电镜的部分区间。②景深大。与光学显微镜和透射电镜相比，扫描电镜的景深大，视场调节范围很宽，适合观察表面凹凸不平的厚试样，得到的图像富有立体感。③试样制备简单。扫描电镜对厚薄样品均可观察，只要样品的厚度和大小适合样品室的大小即可。透射电镜只能观察薄样品，厚试样需经超薄切片、复型等复杂的制备过程。④对样品损伤小。扫描电镜的加速电压远低于透射电镜，照射到样品上的电子束流为 10^{-12}～10^{-10}A，远小于透射电镜。此外，电子束在样品表面来回扫描而不是固定于一点，因此样品所受的电子损伤小，污染也小，对观察高分子试样非常有利。⑤得到的信息多。扫描电镜除了观察微区形貌外，还能与能谱仪、波谱仪、电子背散射衍射仪等附件相结合，进行微区成分分析和晶体结构分析。

三、环境扫描电镜简介

环境扫描电子显微镜（environmental scanning electron microscope，ESEM），是扫描电镜的改进版。ESEM 的特别之处在于，在其物镜的下极靴处装有一级或多级压差光阑（狭缝），该光阑能将镜筒内高真空的电子枪区和低真空的样品室隔开，这样就允许样品室内有气体流动，室内气压可大于水在常温下的饱和蒸气压。ESEM 在低真空模式下收集利用的信号主要是二次电子和环境气体负离子。所用信号探测器为气体二次电子探头，其工作原理为：高能电子束轰击样品表面激发出的二次电子，与样品室内的气体发生碰撞后将其电离，这些被电离的离子以及入射电子继续与其他气体分子发生碰撞，周而反复，导致二次电子及继发的环境离子数呈指数式上升。在气体探头外正电场的作用下，这些二次电子及被环境放大的负离子同时被探头吸引，样品表面形貌的特征信号随即被收集。而被电离的气体正离子则飞向样品表面，中和表面堆积的一部分负电，这样就有效降低了样品表面观察时电荷积累引起的放电现象。

由于气体分子对入射电子的散射使部分电子改变方向，不落在聚集点上，因而形成图像背底噪声；同时入射电子使气体分子电离产生的电子和离子，也会加大图像的背底噪声，因此气体状态（种类、压力等）、入射电子路径、二次电子探头的配置方式等因素都会对图像的分辨率产生影响，必须选择适当的参数才能使分辨率的降低保持在最小的程度。

ESEM 既可在高真空度下作为普通扫描电镜使用，也可以在低真空度和模拟试样环境下对试样进行微区结构分析。对于含水样品、含油样品、生物样品和非导体样品，既不需要脱水，也不必进行喷碳或喷金等导电处理，可在自然的状态下直接观察二次电子图像。潮湿样品在足够的气压下不会很快地失去水分和变形，可以不经冷冻制样而用 ESEM 观察其自然形貌。ESEM 还可以进行原位和动态观察，如配备加热及低温装置，能够观察材料在加热及冷却条件下的动态过程。相对于普通电镜，ESEM 的使用更加方便快捷，对样品的要求降低，极大地拓宽了电镜的使用范围。

四、冷冻扫描电镜简介

冷冻扫描电镜（cryo-scanning electron microscope，Cryo-SEM）是基于超低温冷冻制样及传输技术发展起来的一种新型扫描电镜，这种电镜无需对样品进行干燥处理，可直接观察液体、半液体样品，最大限度地减少了常规扫描电镜样品制备中的干燥过程对高含水样品的不利影响，非常适合于研究高分子材料、环境材料和生物质材料的显微组织结构。与同样可以观察含水样品的环境扫描电镜相比，冷冻扫描电镜具有能在高真空状态下观察含水样品、分辨率较高、可对样品进行断裂刻蚀等优点。

冷冻扫描电镜的关键是超低温冷冻制样及传输技术，常规扫描电镜上可以通过加载低温冷冻制备传输系统和冷冻样品台来改造升级为冷冻扫描电镜。超低温快速冷冻制样技术可使水在低温状态下呈玻璃态，以减少冰晶的产生，从而不影响样品本身结构；冷冻传输系统则保证在低温状态下将样品转移至电镜腔室并进行观察。冷冻扫描电镜的制样过程简单快速，无需对样品进行脱水、干燥，只需利用超低温快速冷冻完成样品的固态化后，通过冷冻传输系统在低温状态下将样品转移至电镜样品舱中的冷台（温度可达－185℃）上即可观察。此外，冷冻扫描电镜样品制备舱的冷冻台上配有冷刀（切断样品进行内部观察）、加热器（升温除霜）和喷镀装置，可简单快速地对预冷过的样品进行断裂、升华、镀金，暴露其内部结构以供观察。

常规扫描电镜和环境扫描电镜一般只能观察材料的游离面及其表面形态结构，不能观察其内部结构；若想观察材料的内部结构，需在制样时采用特殊方法割断组织块，以暴露内部结构，而且如在电镜观察时发现断裂获得的内表面不理想，还须重新制样。而冷冻扫描电镜样品制备舱的冷冻台上配有冷刀和加热器，可以简单快速地对预冷过的样品进行断裂，再通过升华对样品进行选择性蚀刻，暴露其内部结构以供观察。整个过程操作速度快，且进入电镜腔室观察后，如发现结果不理想，可以随时将样品再次转移至制样舱进行重复断裂，直至目标结构暴露。

总之，冷冻扫描电镜具有如下优点：①能直接观察含水和液体样品，保持其中的可溶性物质，对样品的机械损伤小；②制样过程快速，可在5min内完成新鲜材料的冷冻、断裂、喷镀，进入电镜观察；③基本不使用有毒试剂；④与环境扫描电镜相比，样品室为高真空状态，分辨率高于前者；⑤具有选择性刻蚀能力，可通过断裂升华显露样品内部信息；⑥具有重复使用样品能力，可对样品重复断裂涂覆；⑦特别适合于对柔软材料如高分子材料、环境材料和生物质材料的显微组织结构的研究。

五、低压扫描电镜简介

低压扫描电镜（low vacuum scanning electron microscope，LVSEM）特指以场发射电子枪为光源，加速电压小于1keV的扫描电镜。LVSEM已成为材料研究中一种具有广泛应用价值的新工具。

当加速电压低到1keV时，用扫描电镜观察绝缘体样品就不会产生荷电效应，因此，在低加速电压下可以直接观察绝缘样品的表面形貌，其分辨率可达2.5～5nm。与常规扫描电镜相比，低压扫描电镜具有如下优点：①入射电子作用范围明显缩小，样品辐照损伤轻，这对电子辐照敏感的聚合物材料十分重要；②二次电子产额提高，图像衬度好；③二次电子和背散射电子成像以及背散射电子衍射和X射线的横向分辨率均有所提高；④在减轻样品表面局部电荷积累程度的同时又提高了磁畴、铁电等微场的成像灵敏度。

第三节 扫描电镜成像原理

扫描电镜的工作原理不同于一般光学显微镜和透射电镜，其成像特点可概括为“同步扫描，逐点成像”。“同步扫描”是指入射电子束在样品上的扫描和显像管中电子束在荧光屏上的扫描是由一个共同的扫描发生器控制的，即入射电子束的扫描和显像管中电子束的扫描完全同步，这样就保证了样品上的“物点”与荧光屏上的“像点”在时间与空间上一一对应。

“逐点成像”是指电子束扫描之处，每一物点均会产生相应的信号（如二次电子、背散射电子等），产生的信号被接收放大后用来调制像点的亮度。由于样品的微区特征（如形貌、原子序数、晶体结构或位相）存在差异性，导致产生的信号强度不同，信号越强，像点越亮，这样，就在显示器上得到与样品上扫描区域相对应但经过高倍放大的图像，图像客观地反映着样品上的形貌（或成分）信息。

根据入射电子束与固体样品作用激发产生的物理信号类型，扫描电镜的成像方式主要有二次电子成像和背散射电子成像两种。

1. 二次电子成像

利用二次电子信号作为调制信号进行成像就是二次电子成像。由于二次电子信号的产额对样品表面的几何形状最敏感，因此二次电子的图像衬度（图像的明暗差异）实际上是一种形貌衬度。样品表面的不平整性是引起二次电子像衬度的主要原因。

由于二次电子产额与二次电子束和试样表面的法向夹角成正比，图 11-10 中样品上 B 面的倾斜度最小（即夹角最小），二次电子产额最小，对应的图像亮度最低；C 面倾斜度最大（即夹角最大），亮度最大。这样就在荧光屏上显示出了样品的二次电子像衬度。样品中凸起的小颗粒或尖角一般有异常亮的衬度，这主要与这些部位电子离开表层的机会增多、二次电子信号强度显著增加有关。实际样品虽然表面形貌非常复杂，但无非是由具有不同倾斜角的大小刻面、曲面、尖棱、粒子、沟槽等组成，其二次电子激发过程（图 11-11）与图像衬度均可以用上述基本原理解释。

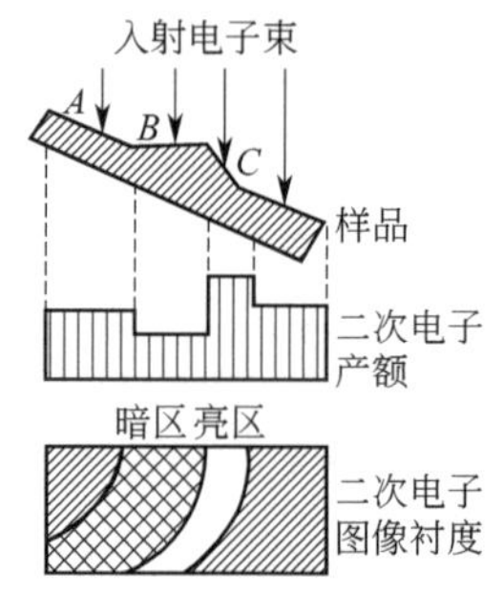

图 11-10　二次电子图像衬度原理

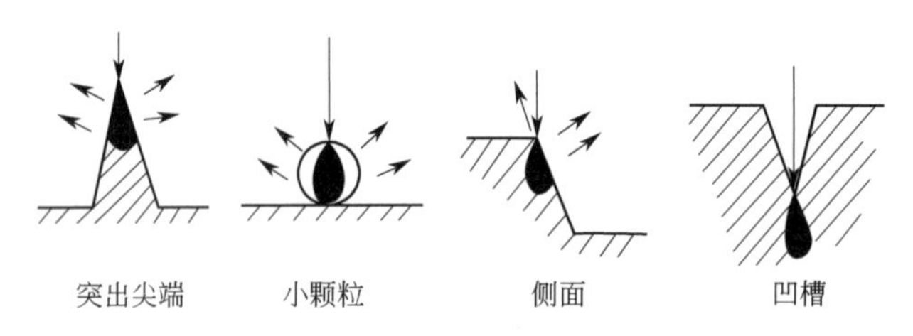

图 11-11　实际样品中二次电子的激发过程

此外，样品表面与二次电子检测器的位置关系也会影响二次电子图像衬度。因为面对检测器表面的二次电子更易被检测器检测到，因此，直接面对检测器的样品表面的二次电子像总是比背着检测器的表面亮，从而在图像中产生阴影。为了解决该问题，通常在二次电子检测器上加一可吸引低能二次电子的正偏压（200～500V），使背向检测器的那些区域产生的二次电子仍有相当一部分可以通过弯曲轨迹到达检测器，以减小阴影对形貌显示的不利影响。图 11-12 为二次电子图像衬度改善示意图。

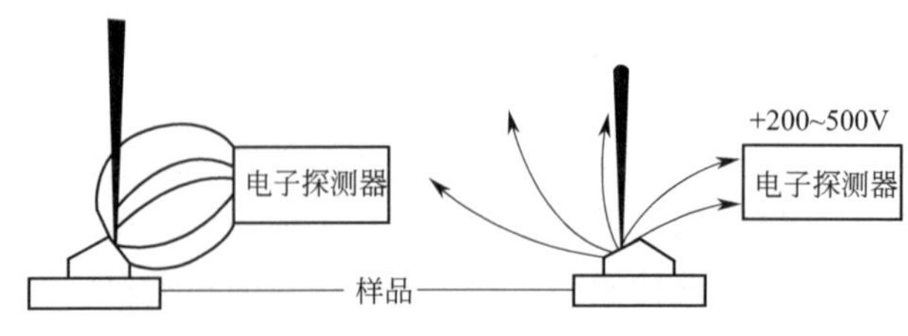

图 11-12　二次电子图像衬度改善示意

样品表面元素的原子序数一定程度上也会影响二次电子的产额。表面很平坦的样品，如果其元素成分不同，可以产生二次电子像衬度。因此，在观察平坦的绝缘样品时，通过在样品表面蒸镀一层重金属比蒸镀轻金属可获得更好的二次电子像。

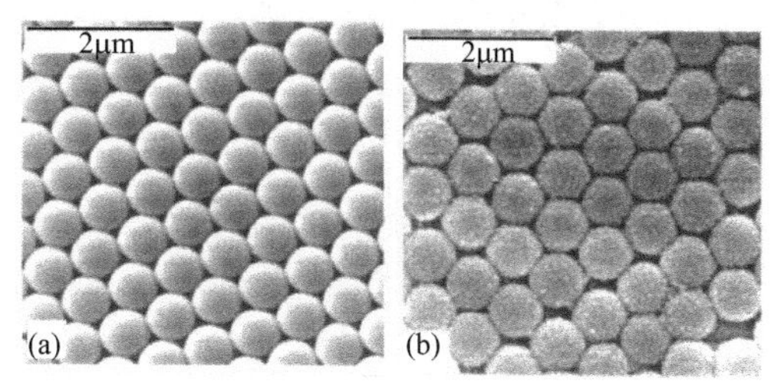

图 11-13　聚苯乙烯胶乳粒子未修饰（a）和用 SiO_2/PDADMAC 修饰后（b）的二次电子像

图 11-13 为聚苯乙烯胶乳粒子修饰前后的二次电子像。图 11-14 为电化学制备的高度有序的多孔氧化铝模板（AAO）二次电子像，其中图 11-14(a) 为硫酸体系下制备的 AAO 模板，模板孔径约为 40nm，图 11-14(b) 为草酸体系下制备的软氧化模板，模板孔径约为 80nm。

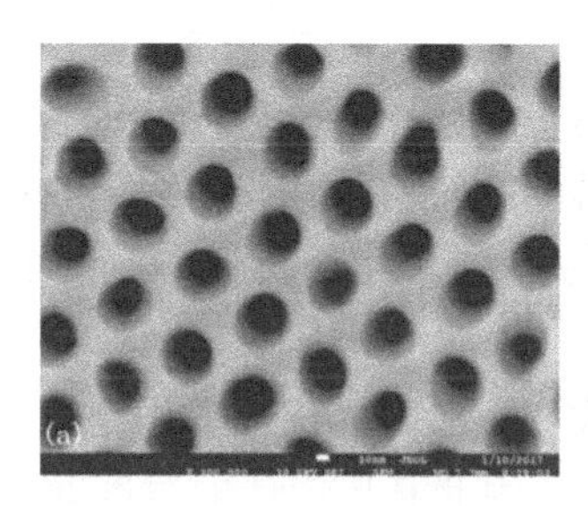

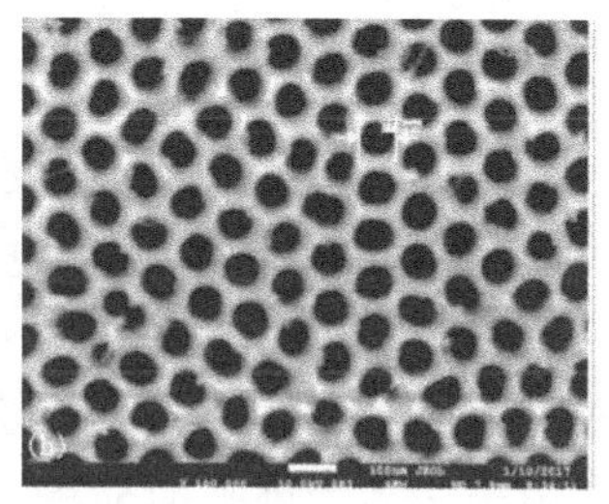

图 11-14　不同方法制备的高度有序多孔氧化铝模板二次电子像

2. 背散射电子成像

利用背散射电子信号作为调制信号进行成像就是背散射电子成像。由于背散射电子来自距样品表层较深范围内，其产额对微区原子序数或化学成分变化敏感，样品表面平均原子序数较高的区域，背散射电子产额高、信号强，图像显示较高的亮度，而在轻元素区则图像较暗，因此背散射电子图像衬度实际上是一种原子序数衬度或成分衬度，可用于定性化学成分分析。

背散射电子的产额随着样品原子序数的增加而增加，但两者之间并非线性关系。进入检测器的背散射电子数目还与样品表面的倾斜角度（样品形貌）有关。因此，背散射电子像具有样品表面化学成分和形貌的综合信息。

利用由一对 p-n 结硅半导体器件组成的背散射电子探头，可以分离背散射电子的元素成分像和表面形貌像（图 11-15）。该探头以对称于入射束的方位装在样品上方。将左右两个探头各自得到的电信号进行电路上的加减处理，便能得到单一信息。电信号处理方式分为如下三种情况：①对于表面平坦而原子序数不同的样品，如果 A 和 B 的信号相减，其总信号等于零，此时获得的背散射电子像表示抛光表面的形貌像；如果 A 和 B 信号相加，总信号强度倍增，此时获得的背散射电子像仅含有元素成分的信息，可以得到成分像，而形貌像不出现。重元素的背散射电子产额大，图像的亮度也高，轻元素的图像则较暗。②对成分均匀但表面不平的样品，当 A、B 两个信号检测器的信号相加为零时，此时获得的背散射电子像表示成分像；当 A 和 B 的信号相减，总信号强度倍增，这时获得的背散射电子像只具有形貌的信息，而不包含成分的信息，因此可以获得形貌像。突起的部分就亮，凹下去的部分则由于背散射电子的数量少，呈暗影。③如果待分析的样品成分既不均匀，表面又不光滑，

则 A、B 信号相加仍然是成分像，相减是形貌像。

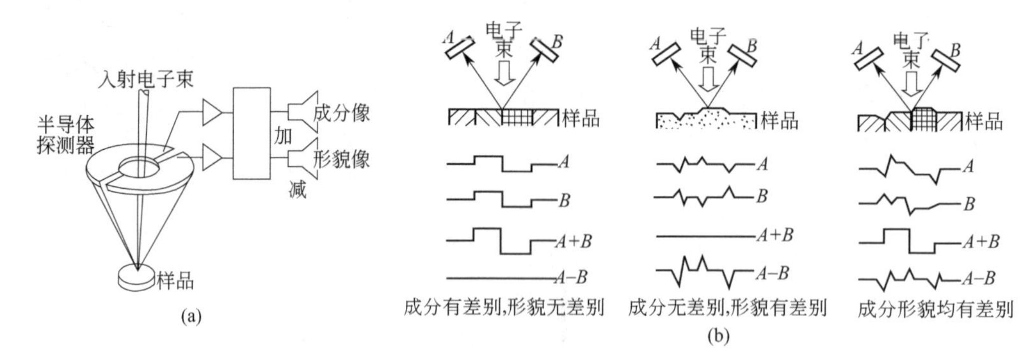

图 11-15　背散射电子探头的空间配置及工作原理

(a) 背散射电子探头的方向配置；(b) 工作原理

用背反射电子信号进行形貌分析时，其分辨率远比二次电子低。因为背散射电子来自一个较大的作用体积。此外，背散射电子能量较高，它们以直线轨迹逸出样品表面，对于背向探头的样品表面，因探头无法收集到背反射电子而变成一片阴影，因此在图像上会显示出较强的衬度，而掩盖了许多有用的细节。

图 11-16 为 Fe-Si 合金背散射电子的成分像和形貌像。成分像中亮色区域含 Fe 较高，而灰色区域含 Si 较高；由于样品为磨平的金相样，因此其形貌像的衬度并无明显差异性。

图 11-16　Fe-Si 合金背散射电子的成分像 (a) 和形貌像 (b)

图 11-17 为 Al_2O_3/Ni 复合材料背散射电子的成分像和二次电子形貌像。成分像中 Ni 颗粒较亮，而二次电子形貌像中 Ni 颗粒和 Al_2O_3 颗粒的衬度基本相同。

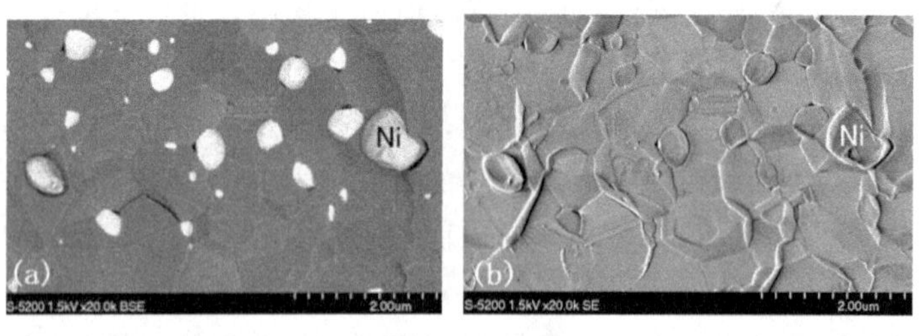

图 11-17　Al_2O_3/Ni 复合材料背散射电子成分像 (a) 和二次电子形貌像 (b)

3. 吸收电子成像

利用吸收电子信号作为调制信号进行成像就是吸收电子成像。吸收电子像的衬度恰好和二次电子信号或背散射电子信号调制的图像衬度相反。吸收电子像中同样也包含了样品的表面化学成分和表面形貌信息。一般轻元素的图像亮度较亮；如果样品表面不平时，吸收电子像中出现明暗不同的亮度。在凹面部分吸收电流增加，其亮度就较大。对吸收电子的检测没有专门的检测器，主要是对流经样品中的电流进行放大测量。图 11-18 为球墨铸铁的吸收电子像与背散射电子像的比较，吸收电子像中石墨颗粒较亮，背散射电子像石墨颗粒较暗。

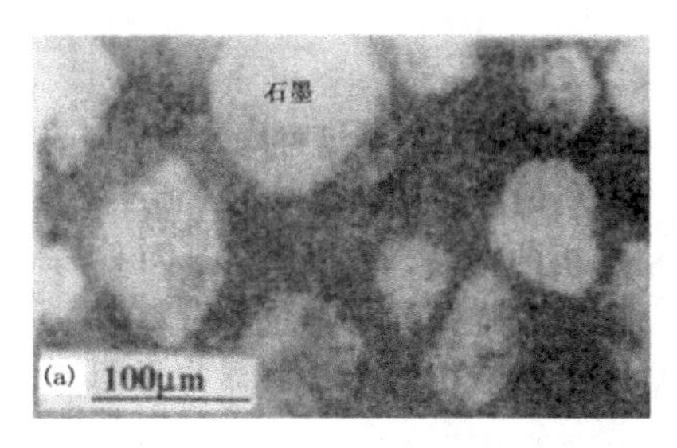

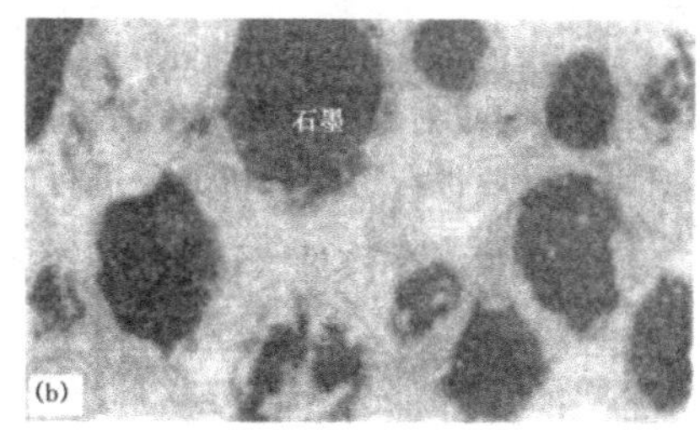

图 11-18 球墨铸铁的吸收电子像（a）与背散射电子像（b）

4. 透射电子成像

对于薄膜样品，入射电子可以透过样品，用透射电子信号作为调制信号进行成像就获得透射电子像。透射电子像与样品的密度和厚度有着密切的关系。扫描电镜的透射电子像与通常的透射电镜像相近，但具有以下一些特点：①在进行厚样品观察时，由于电子在样品中的能量损失，会使透射电镜图像产生模糊。但在扫描电镜中，由于在样品后没有成像透镜，不存在色散效应而能获得比较清晰的图像。②在透射电镜中，图像的衬度由样品本身结构特征决定，不能任意改变。在扫描电镜中，可以通过改变放大器的特性来调整图像的衬度。③利用透射电子的能量损失信息，获得与样品组分有关的信息。透射电子的能量损失分析与 X 射线的产生无关，可以对轻元素进行分析。

5. X 射线成像

根据电子束辐照到样品表面激发产生的荧光 X 射线，利用能谱仪或波谱仪探头可以获得样品微区的化学成分信息。不同元素发射出的荧光 X 射线的能量不同，即特定的元素会发射出波长确定的特征 X 射线。将 X 射线按能量分开就可以获得不同元素的特征 X 射线谱，这就是能谱分析（EDS）。在扫描电镜中，主要利用半导体硅探测器来检测特征 X 射线并通过多道分析器获得 X 射线能谱图，根据能谱图可以对元素的成分进行定性和半定量分析。

电子束在样品表面选定的区域内进行扫描产生特征 X 射线信号，作为调制信号进行成像就获得 X 射线面成分像。用 X 射线面成分成像时，能谱仪固定接收某一选定元素的特征 X 射线，因此可获得该元素在扫描区域内的浓度分布图像，主要用于研究显微组织中元素的含量分布，也可用于显示显微组织中物相的形状、尺寸和分布。

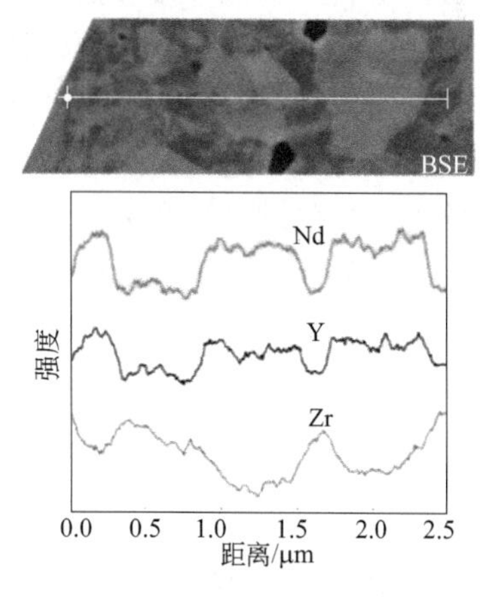

图 11-19 钕钇共掺四方多晶氧化锆陶瓷（Nd/Y-TZP）BSE 图和 EDS 线扫描元素分布图

扫描电镜 X 射线谱能谱分析还可以进行点分析和线分析。点分析是将入射电子束固定于需要分析的微区上，用能谱仪直接得到微区内全部元素的谱线，进而确定分析点所含元素的种类并对其进行半定量分析，主要用于物相鉴定。线分析是将电子束在样品表面沿选定的直线上扫描，能谱仪固定接收某一被测元素的特征 X 射线，可获得该元素在样品这一直线上的浓度变化曲线，主要用于研究材料各类界面处的元素扩散。图 11-19 为钕钇共掺四方多晶氧化锆陶瓷（Nd/Y-TZP）背散射电子图和能谱线扫描所得的稀土元素分布图，从图中可以看出，亮暗两种衬度晶粒之间的 Nd、Y、Zr 元素含量均存在明显差异。

第四节 扫描电镜样品制备技术

扫描电镜较透射电镜的样品制备简单。常规扫描电镜对样品的基本要求如下：化学和物理性质稳定；不含有挥发性质的有机物和水分；表面清洁；在真空和电子束轰击下不挥发和变形；无放射性和腐蚀性；块状样品尺寸不能太大，要与仪器专用样品底座的尺寸相匹配。

对导电良好的块状样品（如金属或半导体），只要其大小合适，表面清洁，一般可保持原状直接固定在样品台上，放入样品室中观察；对不导电或导电不佳的样品（如陶瓷和玻璃类无机材料、塑料、橡胶、纤维等），需要在样品表面通过真空蒸发或离子溅射法进行镀膜（一般为金或碳膜）后才可放入样品室中观察。镀膜既能改善样品表面局部电荷积累和放电现象，还可以提高其二次电子发射率和增加表面导电导热性，减小电子束照射样品时产生的热损伤等。某些材料虽有良好的导电性，但为了提高图像的质量，仍需进行镀膜处理。比如在高倍（例如大于 2000 倍）下观察金属断口时，由于存在电子辐照所造成的表面污染或氧化，影响二次电子逸出，喷镀一层导电薄膜能使分辨率大幅度提高。镀膜的厚度应根据观察的目的和样品的性质来控制。镀层太厚有可能会覆盖住样品表面的细节而难以得到样品表面的真实信息。若镀层太薄，对于表面粗糙的样品，不易获得连续均匀的镀层而形成岛状结构，进而掩盖样品的真实表面。对于金膜，膜厚通常控制在 20～80nm。如果进行 X 射线能谱成分分析，为减小吸收效应，膜厚应尽可能薄一些。

粉末样品一般可直接均匀铺撒在碳、银导电双面胶带的表面进行固定，多余的粉末用洗耳球吹走以免污染镜筒。对于干燥后容易团聚的粉末样品，可以在适当的溶剂（如水、乙醇、丙酮等）中进行超声分散后（必要时也可加入适当的表面活性剂帮助分散），将悬浮液滴涂在干净的玻璃片或云母片上烘干，进行喷镀金处理即可。

如果要观察块体样品的内部结构，需用适当的方法断裂样品以获得适合观察的断口或剖面。对易碎或脆性的样品可直接掰断；高分子材料样品可在液氮中淬冷断裂，不能断裂的可以冲断或超薄切片。断裂时应注意保护断口，去除表面黏附的碎屑，断口表面起伏不宜过大。

第五节 扫描电子显微分析法在材料科学中的应用

与透射电镜不同，扫描电镜在微纳尺度进行物质表面和断面立体结构分析方面具有突出优势，得到的图像富有立体感，特别适合于对各种材料显微和亚显微组织以及三维形态结构的观察研究。加之样品制备简单，扫描电镜在材料科学、化学化工、物理学、环境科学、地球科学、生命科学和医学以及微电子技术等许多领域获得了广泛的应用。

1. 纳米材料微形貌分析

纳米材料的形貌和组态对材料的物化性能和光电性能有重要影响，是纳米材料研发必须进行表征的内容。扫描电镜具有极高的分辨率和放大倍数，能获得纳米粒子的形态结构细节信息，极大促进了纳米科技的发展。

图 11-20 为沉积于 MgO 和 α-Al_2O_3 晶体表面的纳米 Ag 颗粒的高分辨二次电子像。Ag 颗粒直径一般小于 5nm，该值小于二次电子的逃逸深度，因此绝大多数二次电子均能逸出 Ag 颗粒表面；而只有约 10%的二次电子能够逸出基体表面，由此基体和 Ag 颗粒二次电子产额的差异导致图像中 Ag 颗粒较亮。

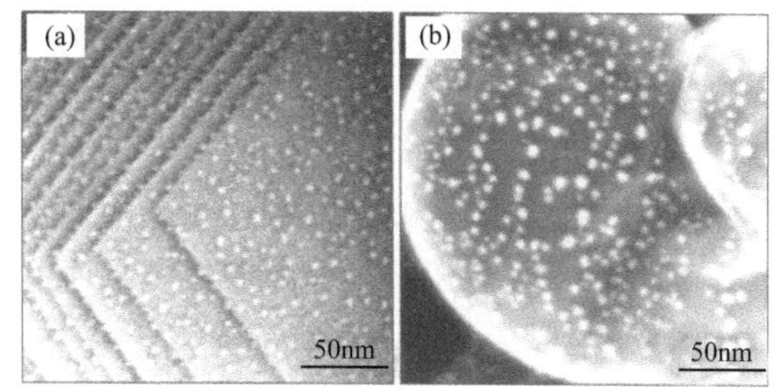

图 11-20 纳米 Ag 颗粒的高分辨二次电子像

(a) MgO 基体；(b) α-Al_2O_3 基体

图 11-21 为微波水热法制备的纳米晶 Mg-Al 层状双金属氢氧化物的微形貌像，从中可以看出多数晶体呈六方板状，且随着温度升高，晶体形态变得规整。

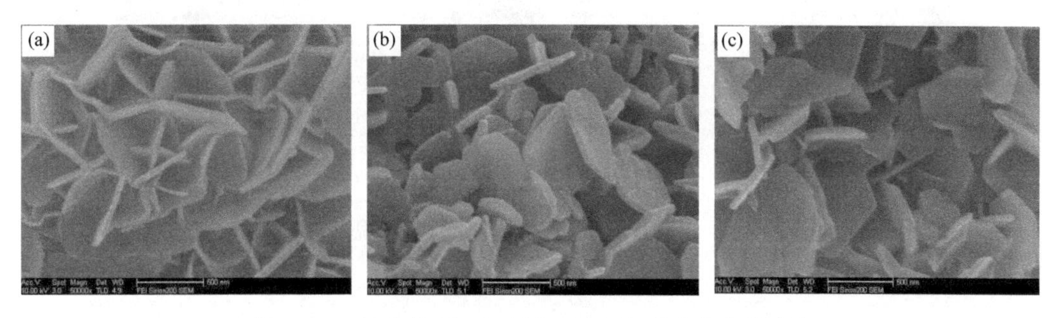

图 11-21 纳米晶 Mg-Al 层状双金属氢氧化物的微形貌

(a) 120℃，30min；(b) 140℃，30min；(c) 160℃，30min

图 11-22 为在不同基底上水热法生长的定向良好的 ZnO 纳米棒阵列全景图。图 11-22(a) 中显示 Si 基底上生长的 ZnO 纳米棒形态似铅笔样，顶端有极细的尖部，纳米棒排列无序；图 11-22(b) 中显示 Cu 基底上生长的 ZnO 纳米棒定向紧密排列成阵列，纳米棒直径约 300nm，长度约 1.2μm；图 11-22(c) 中显示了在 Si 基底上涂覆 ZnO 晶种膜生长的 ZnO 纳米棒，纳米棒定向排列更紧密。

图 11-22 ZnO 纳米棒阵列

(a) Si 基底；(b) Cu 基底；(c) Si 基底上涂覆 ZnO 晶种膜

图 11-23 为 MgO 纳米颗粒的高分辨二次电子像，图像清晰显示出 MgO 立方体晶粒上发育有平的 {001} 晶面，有小面的（111）晶面，有台阶的 {011} 晶面，以及一些生长不完全的立方体晶面。

图 11-23 纳米 MgO 颗粒的高分辨二次电子像

图 11-24 为 Pt 溅射于石墨解离面形成的 Pt/石墨复合体的不同放大倍数的二次电子像。从图 11-24(a) 中可看出石墨解离面有一些深坑，图 11-24(b) 显示石墨解离面有许多台阶和阶梯，以及深坑中有纳米 Pt 颗粒；图 11-24(c) 更清晰地显示出石墨解离面的台阶特征以及 Pt 颗粒的形态和大小。

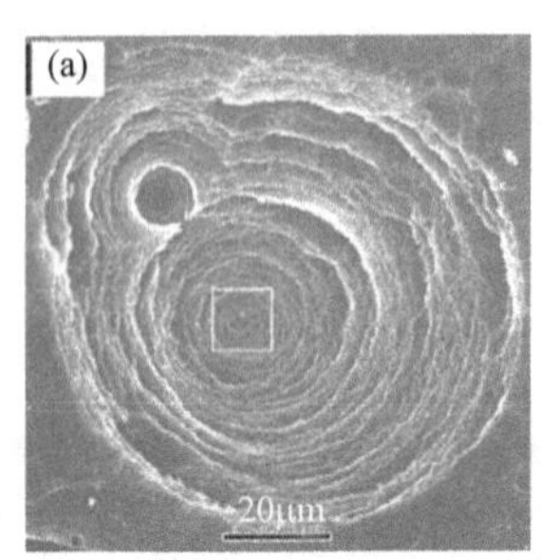

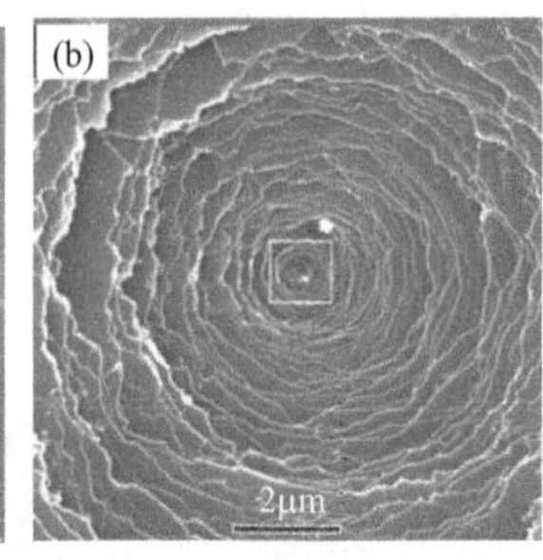

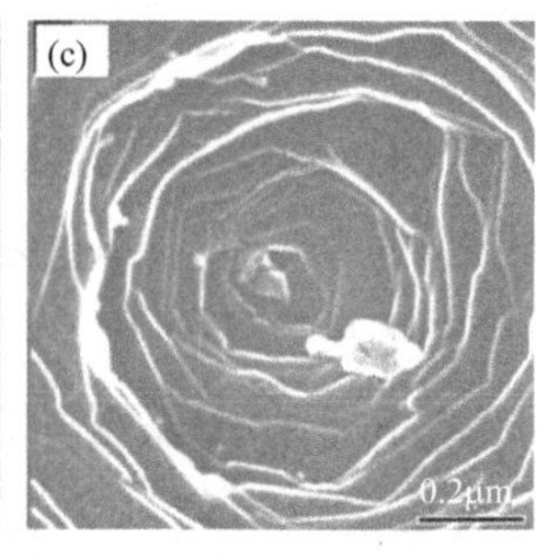

图 11-24 Pt/石墨复合体的不同放大倍数的二次电子像

图 11-25 为不同水热制备条件获得的 $(NH_4)_{0.5}V_2O_5 \cdot mH_2O$ 干凝胶的微形貌像。110℃反应 24h 的产物呈带状，而 110℃反应 48h 产物的形貌除带状外，还出现了三角形和环状等形态。

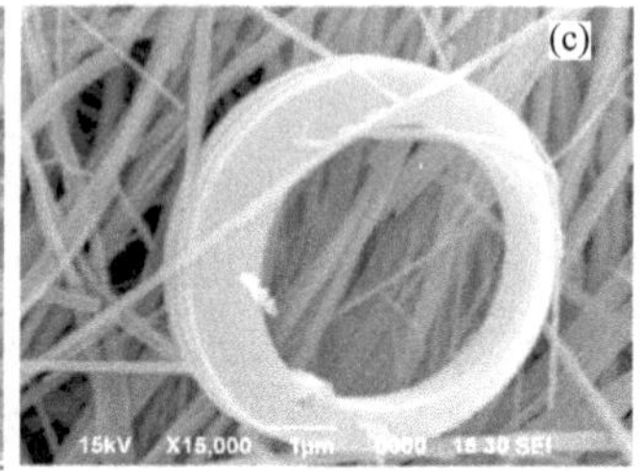

图 11-25 $(NH_4)_{0.5}V_2O_5 \cdot mH_2O$ 干凝胶的微形貌像

(a) 110℃，24h；(b)、(c) 110℃，48h

2. 断口形貌分析

断口是材料受力后形成的不规则断面。由于扫描电镜的景深大，放大倍数高，非常适合于观察各类材料的断口形貌特征，在此基础上可以分析裂纹萌生的原因、裂纹的扩展途径以及断裂机理。断口形貌分析是对材料失效进行分析评价的关键内容。

材料断裂一般分为韧性断裂、脆性断裂和疲劳断裂等类型，不同的断裂类型形成的断口形貌各有特点。以金属材料为例，常见的断口类型有解理断口、准解理断口、沿晶断口、韧窝断口和疲劳断口等。

（1）解理断口

解理断裂是一种穿晶断裂，断裂面沿一定的晶面（即解理面）分离。解理断裂常见于体心立方和密排六方金属及合金，而面心立方金属很少发生解理断裂。低温、冲击载荷和应力集中常促进解理断裂的发生。金属及合金的解理断裂很少是沿一个晶面发生开裂的。多数情况下，解理裂纹跨越若干个相互平行的解理面，并以不连续的方式开裂。如果解理裂纹是沿两个互相平行的解理面扩展，则在两个平行的解理面之间可能产生解理台阶。另外，当解理裂纹由一个晶粒向另一个晶粒扩展时，在两个晶粒的交界处也将形成台阶。

解理断口的二次电子图像的主要特征是“河流花样”，河流花样中的每条支流都对应着一个不同高度的相互平行的解理面之间的台阶。河流花样一般起源于晶界或孪晶界处。解理裂纹扩展过程中，众多的台阶相互汇合就形成了河流花样。在河流的“上游”，许多较小的台阶汇合成较大的台阶，到“下游”，较大的台阶又汇合成更大的台阶。河流的流向与裂纹的扩展方向一致。可以根据河流花样的流向，判断解理裂纹在微区内的扩展方向。

图 11-26 为低碳 SiMnCrNiCuMo 微合金钢板在−100℃断裂后不同厚度处形成的解理断口形貌，图中箭头示出解理断裂发展路径。

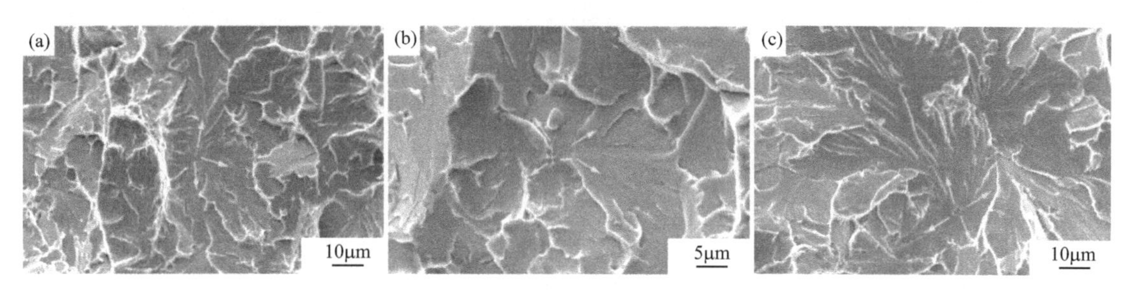

图 11-26　低碳 SiMnCrNiCuMo 微合金钢板解理断口形貌

（a）距表面 20mm；（b）距表面 40mm；（c）粗晶区

（2）准解理断口

准解理断裂介于解理断裂和韧窝断裂之间，其形成过程是在断面不同部位先产生解理裂纹核，进一步扩展成解理刻面，最后以塑性方式撕裂。准解理断裂断口的河流花样短而弯曲，呈舌状，支流少，解理面小，且周围有较多弯曲的撕裂棱。图 11-27 为 51CrV4 弹簧钢裂纹扩展区的准解理断口形貌。

（3）沿晶断口

沿晶断裂是指材料中的裂纹沿不同取向的晶界扩展而形成的一种断裂。多数情况下沿晶断裂属于脆性断裂，但也可能出现韧性断裂，如高温蠕变断裂。沿晶断裂产生的主要原因是晶界弱化，使晶界强度明显低于晶内强度。造成晶界弱化的原因有如下几种：合金元素和夹杂偏析造成沿晶界的富集；沿晶界的化学腐蚀和应力腐蚀等；锻造过程中加热和塑性变形工艺不当引起的严重粗晶；高温加热时气氛中的 C、H 等元素浓度过高以及炉中残存铜渗入晶界；过烧时的晶界熔化或氧化：加热及冷却不当造成沿晶界析出第二相质点或脆性薄膜。

26μm

图 11-27　51CrV4 弹簧钢准解理断口形貌

沿晶断口的微形貌特征是晶粒表面组成冰糖状花样，几乎没有塑性变形的痕迹或仅可看到极少的韧窝。图 11-28 为 42CrMo 钢风电锚栓断口形貌及能谱分析结果。从图中可以看出，断口呈现出晶粒多面体的冰糖状花样，晶粒明显，晶界面光滑，属于典型的沿晶断口。将能谱分析结果与国标 GB/T 3077 成分要求比较，发现断口晶界处锰、磷、硅、铜元素含量普遍偏高，造成部分合金元素在晶界处偏聚。这些超标元素在晶界处的偏聚，引起晶界脆化，降低了晶界的断裂强度。

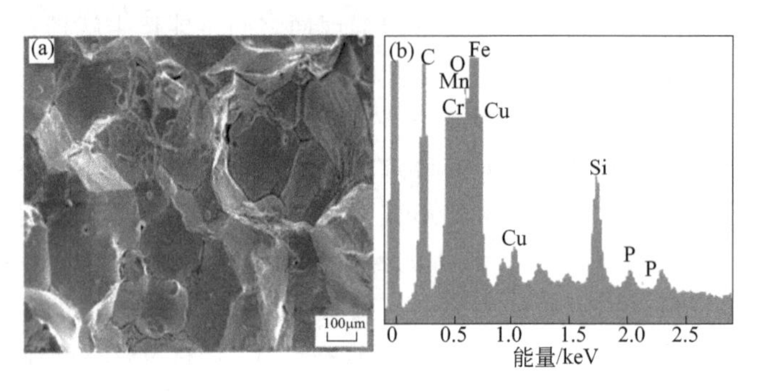

图 11-28　风电用 42CrMo 锚栓沿晶断口形貌（a）及能谱图（b）

（4）韧窝断口

韧窝断裂又称微孔聚集型断裂，是材料在微区范围内塑性变形产生的显微空洞，经形核、长大、聚集最后相互连接而形成的一种韧性断裂。韧窝断口表面覆盖着大量显微微坑（窝坑），这些微坑就称为“韧窝”。韧窝的大小包括平均直径和深度。影响韧窝大小的主要因素为第二相（包括夹杂物、析出相或质点）的大小和密度、基体的塑性变形能力、基体的形变硬化指数以及应力大小和加载速率等。当材料中存在夹杂物时，在拉伸或剪切应力作用下，夹杂物成为应力集中的中心点，周围基体在高度集中的应力作用下与夹杂物分离形成裂纹（韧窝）源，随着应力增加、变形量增大，韧窝逐渐撕开，韧窝周边形成塑性变形程度较大的突起撕裂棱。在断裂条件相同时，一般韧窝尺寸越大，表示材料的塑性越好。

韧窝断口的扫描电子显微图像特征为：韧窝的边缘类似尖棱，亮度较大；韧窝底部比较平坦，图像亮度较低；有些韧窝的中心部位有第二相小颗粒，亮度较大。

图 11-29 为高频电阻焊焊管的冲击失效样品的断口形貌图，从图中可以清晰看到韧窝及其中分布的夹杂物，夹杂物外形不规则，多数呈现多边形，有明显棱角，其尺寸大约 10～25μm。用 X 射线能谱仪对夹杂物进行定点分析，发现其主要含有 Si、Mn 和 O 等元素。

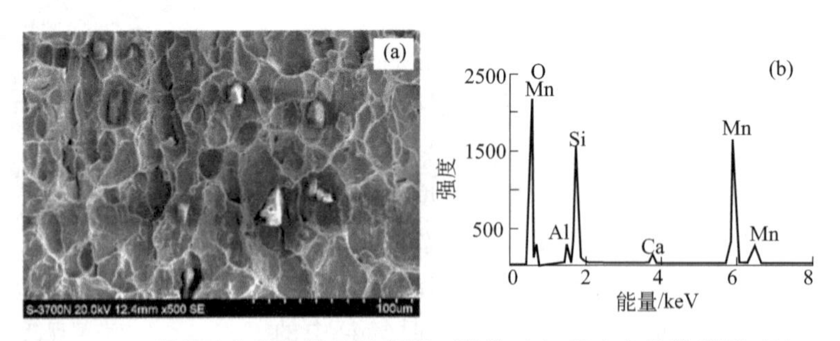

图 11-29　焊管冲击失效样品韧窝断口形貌（a）及夹杂物能谱图（b）

（5）疲劳断口

疲劳断裂是指材料在交变应力作用下，局部应力集中或强度较低的部位首先产生裂纹，裂纹随后扩展导致的断裂。金属材料的疲劳裂纹一般起源于材料的表面加工缺陷及冶金缺陷、孔边、沟槽、缺口等应力集中部位。疲劳断口的微区分为疲劳源区和疲劳裂纹扩展区。

疲劳断口的主要微形貌特征为断口中存在一系列大致相互平行、略有弯曲的条纹（疲劳条纹或辉纹）。图 11-30 为由等量铁素体和奥氏体相组成的超双相不锈钢旋转弯曲疲劳断口中疲劳裂纹扩展区的形貌图，断口上可见大量的疲劳台阶和疲劳辉纹。疲劳条纹方向与裂纹扩展方向基本垂直，铁素体相（α）呈现出疏松粗大的脆性疲劳条纹，而奥氏体相（γ）呈现出密集细小的韧性疲劳条纹。

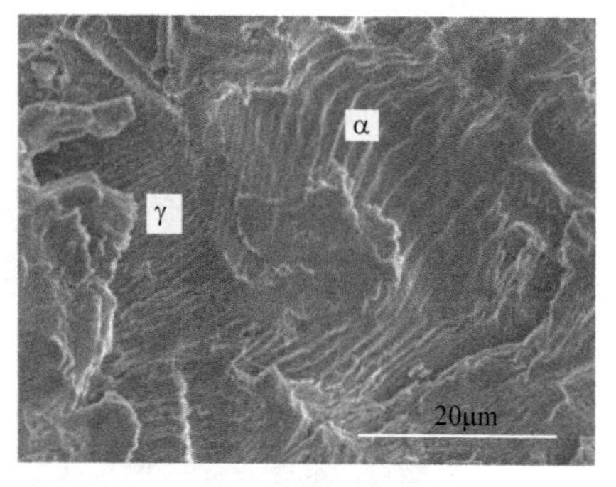

图 11-30　超双相不锈钢疲劳断口形貌

3. 复合材料断口形貌分析

纤维增强复合材料断裂行为的影响因素包括：纤维材料和基体材料的种类及性能、纤维和基体间的结合强度、纤维的取向和堆叠角度、孔洞、受力方式以及环境状态等。断裂方式一般有基体断裂、纤维断裂、纤维-基体间界面断裂、孔洞生长和层离等。图 11-31 为玻璃纤维增强树脂复合材料断口的电子显微图像。从图 11-31(a)、(b) 可清楚地看出，玻璃纤维表面没有黏附基体材料，表明玻璃纤维与基体树脂间的结合强度较弱，断裂方式为纤维-基体间界面断裂；图 11-31(c)、(d) 显示出玻璃纤维表面黏附有大量基体材料，表明玻璃纤维与基体树脂间的结合强度较大，断裂方式为基体断裂。

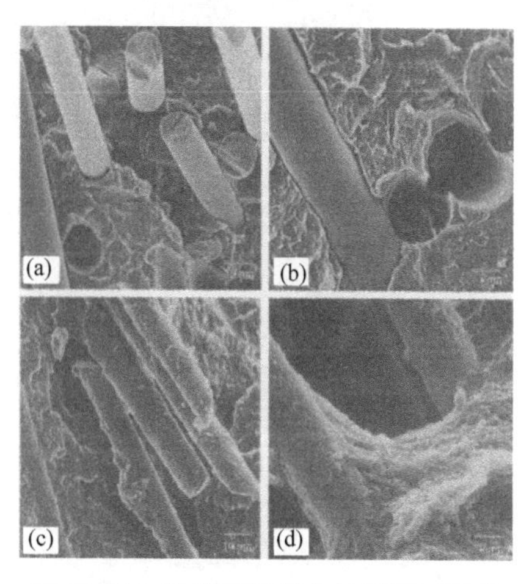

图 11-31　纤维增强复合材料断口形貌

4. 材料断裂过程的动态研究

在扫描电子显微镜样品室内安装加热、冷却、弯曲、拉伸和离子刻蚀等附件，可以观察研究材料的相变和断裂等动态变化过程。图 11-32 为 304 奥氏体不锈钢样品拉伸实验过程中裂纹萌生与扩展微形貌图。图 11-32(a) 所示为试样产生启裂源，微裂纹开始扩展。在第一个微裂纹（裂纹 1）扩展的同时，在试样缺口的另一边产生一个新的启裂源（裂纹 2），如图 11-32(b) 所示。图 11-32(c)、(d) 中 2 个微裂纹同时扩展。在图 11-32(e) 中裂纹 1 基本停滞不扩展，而裂纹 2 快速扩展成为主裂纹；同时，随着形变的继续，在应力集中区域形核并迅速扩展，在裂纹 2 上方开始出现多个微裂纹，裂纹萌生、聚合并长大。图 11-32(f) 中，在裂纹 2 扩展的过程中，在距裂尖不远的上方、某些应力易于集中的位置（例如由于腐蚀或其他原因而产生的小坑）萌发出一些新的裂纹，这些裂纹与主裂纹相连接，继续沿着主应力最大的方向扩展；随着载荷的持续加载，这些微裂纹与主裂纹连通，直至试样彻底断裂。

5. 相分布与相组成分析

根据扫描电子显微镜背散射电子成分像，结合 X 射线能谱面扫描图像，可以大致确定多相材料中主要相的种类及其空间分布关系。图 11-33 为通过固相烧结反应制备的 ZnO 线性电阻材料背散射电子成分像及对应的 X 射线能谱面扫描图像。样品起始反应物的组成及

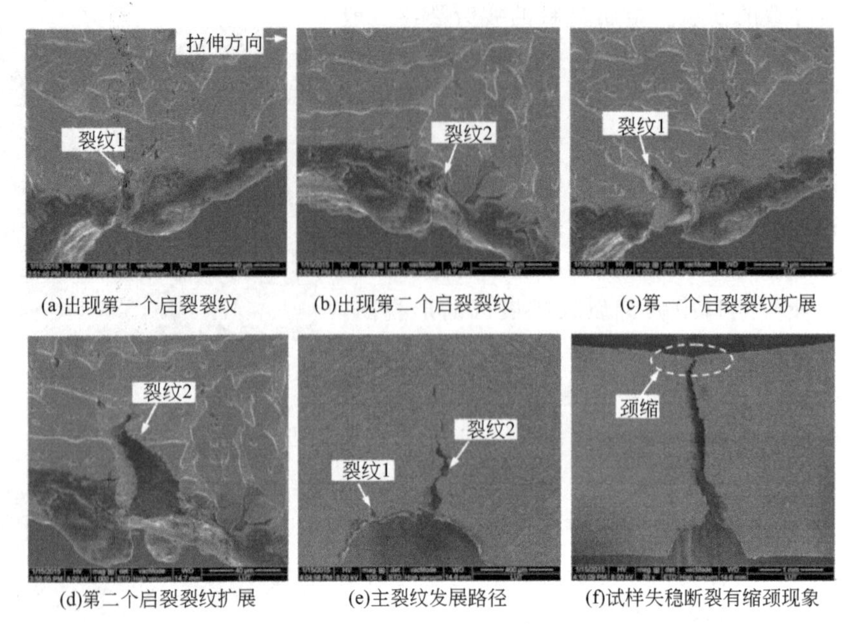

(a)出现第一个启裂裂纹　(b)出现第二个启裂裂纹　(c)第一个启裂裂纹扩展

(d)第二个启裂裂纹扩展　(e)主裂纹发展路径　(f)试样失稳断裂有缩颈现象

图 11-32　304 奥氏体不锈钢裂纹萌生与发展过程裂纹形貌

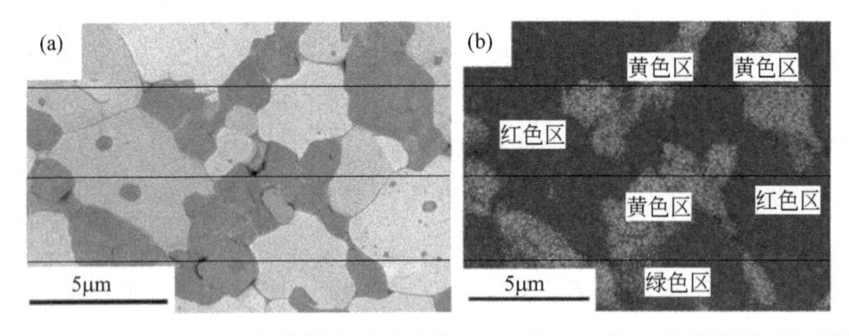

图 11-33　ZnO 线性电阻材料背散射电子成分像（a）及对应的 X 射线能谱面扫描图像（b）

质量分数为：ZnO（83%）、Al_2O_3（9%）、MgO（5%）、TiO_2（2%）、SiO_2（1%），烧结温度 1340℃，反应时间 3h。背散射电子成分像显示两种衬度区：颗粒大而亮的区域和颗粒较小而暗的区域。能谱面扫描图像由不同颜色的区域组成，其中红色区和黄色区分别对应于 Zn 原子和 Al 原子的分布，Mg 原子的分布区与 Al 原子相似；O 原子几乎均匀分布于整个样品中。结合 XRD 衍射结果可知，红色区域代表 ZnO 相，黄色区域代表 $ZnAl_2O_4$ 和 $MgAl_2O_4$ 相。能谱面扫描图像结果与背散射电子成分像结果相吻合，ZnO 平均原子序数较大而呈亮区，$ZnAl_2O_4$ 和 $MgAl_2O_4$ 平均原子序数较小而呈暗区。

6. 微电子材料及集成电路分析

随着信息技术的发展，微电子制造的集成度越来越高，器件的尺寸已经达到纳米尺度。扫描电镜在微电子工业的芯片质量监控与工艺诊断、器件分析、失效分析和可靠性研究以及电子材料研发等方面发挥着独特的作用。

图 11-34(a) 是芯片连线表面的扫描电镜图像，图 11-34(b) 是静态随机存取存储器（SRAM）内金属连接线 SEM 截面图。晶片划片过程中，晶片边缘金属层和层间介质会形成缺陷，图 11-34(c) 和 (d) 分别为晶片分层和剥离的形貌图。

图 11-35 是微纳器件（MEMS）中齿条齿轮减速传动装置的扫描电镜图像，放大倍数约

100 倍。该装置可将图中左上方的齿轮的旋转运动转变为右下方轨道的线型运动。

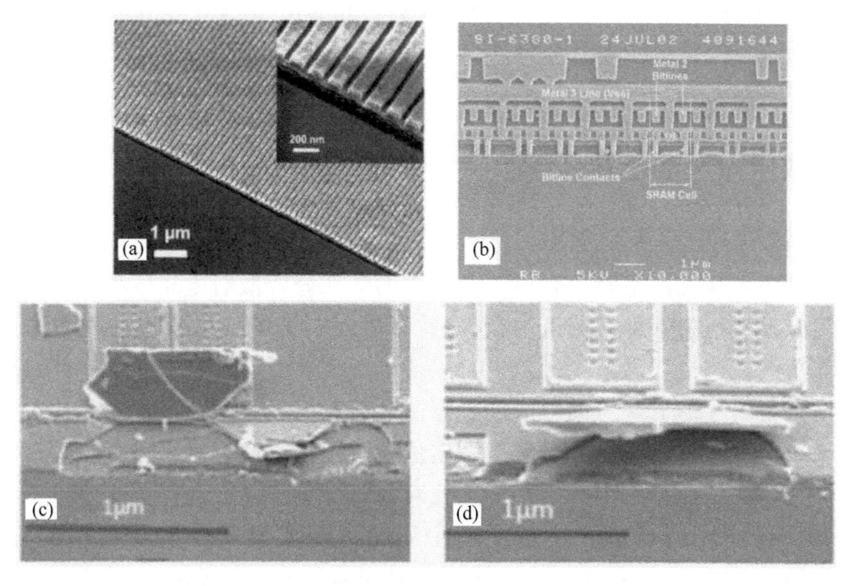

图 11-34 集成电路及晶片的扫描电镜图像

(a) 芯片导线表面图；(b) SRAM 金属连接线剖面图；

(c) 晶片边缘金属层和层间介质分层图；(d) 晶片边缘金属层和层间介质剥离图

图 11-35 微纳器件（MEMS）的扫描电镜图像

第六节 电子背散射衍射法简介

电子背散射衍射法（electron backscatter diffraction，EBSD）是利用亚微米级区域背散射电子的衍射花样特征进行晶体材料显微织构分析的技术。

测定材料晶体结构及晶体取向的一般方法主要是 X 射线衍射法和透射电镜中的电子衍射法。X 射线衍射法可获得材料晶体结构及取向的宏观统计信息，但不能将这些信息与材料的微观组织形貌相对应；透射电镜将电子衍射和衍射衬度分析相结合，可以实现材料微观组织形貌观察和晶体结构及取向分析的微区对应，但获取的信息通常是微区的、局部的，难以进行具有宏观意义的统计分析。电子背散射衍射法兼备了 X 射线衍射统计分析和透射电镜电子衍射微区分析的特点，是 X 射线衍射和电子衍射晶体结构及晶体取向分析的补充。电子背散射衍射法已成为研究材料热机械处理过程、塑性变形过程、与取向有关的性能（成型性、磁性等）、界面性能（腐蚀、裂纹、热裂等）和相鉴定等内容的有效分析手段，是材料微区织构分析的主要方法之一，在金属及合金、陶瓷、半导体、超导体和岩石矿物等领域获得了广泛的应用。

一、电子背散射衍射法基本原理

1. 电子背散射衍射花样形成原理

入射电子束进入样品产生背散射电子，其中的一部分背散射电子入射到某些晶面，当满足布拉格方程时发生衍射（即形成菊池衍射）。背散射电子的衍射概率随入射电子与样品表面夹角减小而增大，将试样高角度倾斜，可以使电子背散射衍射强度增大。图 11-36 是电子束在一组晶面上衍射并形成一对菊池线的示意图。散射电子束在晶面的三维空间发生布拉格衍射，产生两个衍射圆锥，当荧光屏置于一定位置与圆锥交截，就截取到一对平行线，该线对即菊池线。菊池线代表晶体中一组平面，线对间距反比于晶面间距，菊池线交叉处代表某一结晶学方向。所有不同晶面产生的菊池衍射构成一张电子背散射衍射花样（electron backscatter diffraction pattern，EBSP）。EBSP 是晶体结构衍射信息的反映，在结构分析中有着广泛的应用。由于 EBSD 的探测器接收角宽度很大，它包含的菊池线对数远大于透射电子衍射图所包含的菊池线对数，因此可用三菊池极法测定晶体取向。多套三菊池线对互相校正后，可更准确地确定所分析区域的晶体学取向。

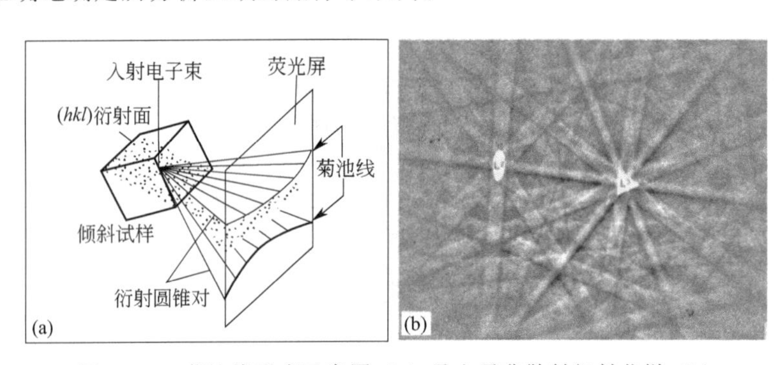

图 11-36　菊池线形成示意图（a）及电子背散射衍射花样（b）

2. EBSD 系统组成

EBSD 硬件系统通常由一台高灵敏度的 CCD 摄像仪和一套用于花样平均化和去除背底的图像处理系统组成。

入射电子束被高角度倾斜的样品衍射形成 EBSD 花样，该花样可直接或经放大后在荧光屏上被观察到。应用有关程序可对花样进行标定以获得晶体学信息。最快的 EBSD 系统每秒可进行近 100 个点的测量。图 11-37 是 EBSD 系统的构成及基本工作原理。

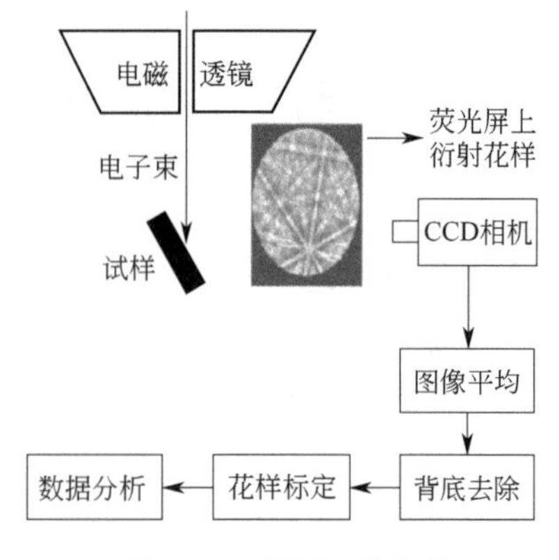

图 11-37　EBSD 系统的构成及工作原理

3. EBSD 的分辨率

EBSD 的分辨率包括空间分辨率和角度分辨率：①空间分辨率是指 EBSD 能正确标定的两个花样所对应的样

品上两个点之间的最小距离，主要取决于显微镜的电子束束斑尺寸，束斑尺寸越大则空间分辨率越小，同时也取决于标定 EBSD 花样的算法。降低加速电压、减小光阑和电子束束流等都可以提高 EBSD 的空间分辨率。②角度分辨率是指某点标定的取向与理论取向的取向差，用以衡量标定取向结果的准确程度。角度分辨率主要取决于电子束的束流大小，束流越大，EBSD 花样越清晰，标定结果也越精确，分辨率也越高。角度分辨率也同时取决于样品的表面状态，样品表面状态越好，花样越清晰，分辨率也越高。样品的原子序数越大，所产生的 EBSP 信号越强，分辨率也越高。所以提高加速电压和增加束流可以提高 EBSP 的角度分辨率。

二、电子背散射衍射技术应用

通过扫描电子显微镜电子背散射衍射面扫描采集到的数据可绘制取向成像图、极图和反极图，在很短的时间内就能获得关于样品的大量晶体学信息，如晶体织构和界面取向差，晶粒尺寸及形状分布，晶界、亚晶及孪晶界性质分析，应变和再结晶的分析，相鉴定及相比计算等，为分析材料显微结构及织构奠定基础。

1. 织构及取向差分析

材料的力学、电学、磁学等物理性能的各向异性特征，与其内部显微组织中晶体的择优取向有关。EBSD 不仅能测量宏观样品中各晶体取向所占的比例，还能得到各种取向在样品中的显微分布信息，这是不同于 X 射线宏观结构分析的重要特点。EBSD 应用于取向关系测量的范例有：确定第二相和基体间的取向关系，穿晶裂纹的结晶学分析，单晶体的完整性、断口面的结晶学、高温超导体沿结晶方向的氧扩散和形变研究，薄膜材料晶粒生长方向测量。EBSD 通过测量样品中每一点的取向，根据不同点或不同区域间的取向差异，可以研究晶界或相界等界面。

超深冲 IF 钢（IF 钢指无间隙原子钢）成形性与其高比例的 {111} 晶面平行于钢板表面密切相关。用 EBSD 对 IF 钢显微织构研究表明，汽车板深冲成形时，在钢板表面出现的“橘子皮”缺陷，是热轧板在两相区受到临界加工变形，引起钢板次表面局部晶粒粗大所致。热轧 {100} 取向的粗晶遗传到冷轧板上，深冲时 {100} 取向的大晶粒沿＜111＞方向滑移引起鼓包，形成“橘子皮”缺陷。

图 11-38 为 TC18 钛合金棒材中心与表层位置 β 相宏观取向成像分布图，扫描面积为 2 mm×2 mm，扫描点具有一定的统计性。中心位置的 β 相尺寸较小，存在较弱的＜110＞织构（强度 1.88），如图 11-38(a) 所示；表层 β 相尺寸较大且极不均匀，大尺寸晶粒内具有较大的取向差，织构类型为较强的＜111＞织构（强度 3.88）和较弱的＜100＞织构，如图 11-38(b) 所示。

2. 晶粒尺寸及形状分析

传统的晶粒尺寸测量依赖于显微组织图像中晶界的观察，但并非所有晶界都能被常规侵蚀方法显现，特别是孪晶和小角晶界等“特殊”的晶界。在 EBSD 中，晶粒的定义为均匀结晶学取向的单元，因此 EBSD 是晶粒尺寸测量的理想工具。

图 11-39 为 AZ80 镁合金多向锻造前后的 EBSD 分析图谱，从图中可知，锻造后的试样内部晶粒显著细化，平均晶粒尺寸从 83μm 减小至 7μm，晶粒尺寸及其分布更加均匀。多向锻造后的试样内部晶粒均为细小的等轴晶。

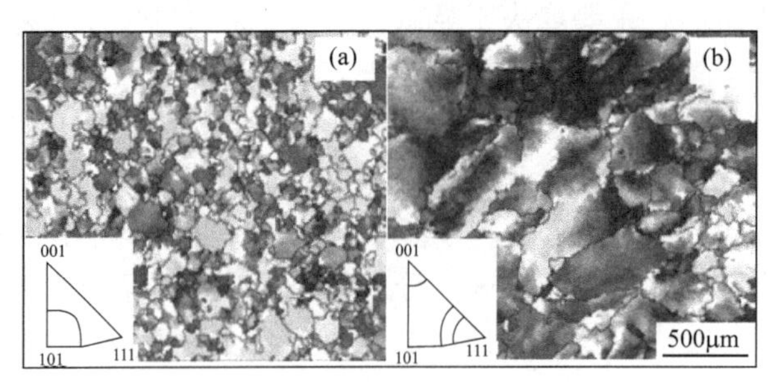

图 11-38　钛合金棒材 β 相取向成像分布

（a）中心位置；（b）表层位置

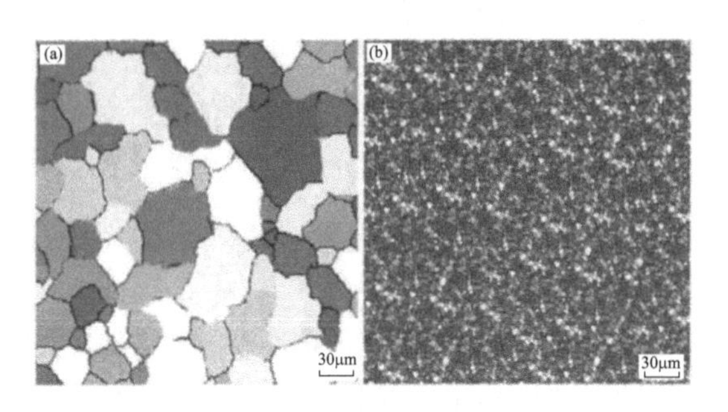

图 11-39　AZ80 镁合金多向锻造前（a）后（b）的 EBSD 分析图谱

3. 晶界、亚晶及孪晶性质的分析

在得到 EBSD 整个扫描区域相邻两点之间的取向差信息后，可对亚晶界、相界、孪晶界、特殊界面（如重合位置点阵晶界 CSL）等所有界面的性质进行确定。图 11-40 是 30CrMo 钢在不同热轧工艺参数条件下热轧试样的晶界图和晶粒取向图。图 11-40(a) 显示试样中高温相变产物共析铁素体和珠光体间的晶界平滑，基本为大角度晶界；图 11-40(b) 显示试样中大部分晶界不规整，且小角度晶界占据较大比例，包含典型的低温相变贝氏体组织特征。

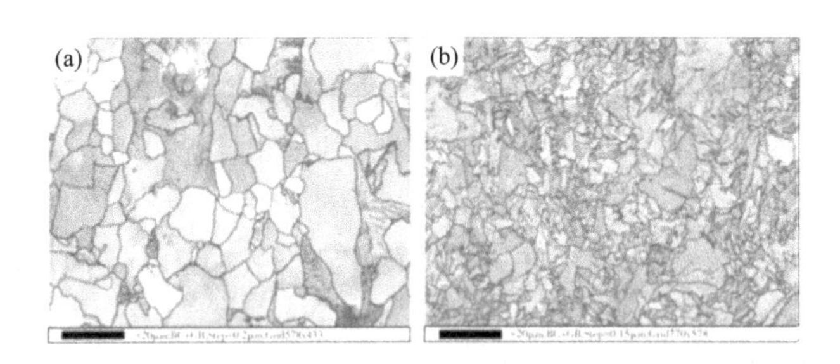

图 11-40　30CrMo 钢热轧试样的晶界和晶粒取向

4. 相鉴定及相比计算

将 EBSD 技术与 EDS 微区化学分析相结合，可以对材料微区进行相鉴定。EBSD 可以有效区分化学成分相似的相，例如，扫描电子显微镜很难在能谱成分分析的基础上区别某元素的氧化物、碳化物或氮化物，但是，这些相的晶体结构有很大差异，能方便地用 EBSD 技术进行区分。在相鉴定和取向成像图绘制的基础上，还能进行多相材料中相含量的计算。

图 11-41 为奥氏体不锈钢 311LN 冲击试样的 EBSD 相鉴定图。图中大片灰色区域为奥氏体孪晶组织，岛状区域为铁素体组织，黑色区域为 σ 析出相，其中奥氏体含量约为 97.0%，铁素体含量约为 2.66%，σ 析出相含量约为 0.34%。

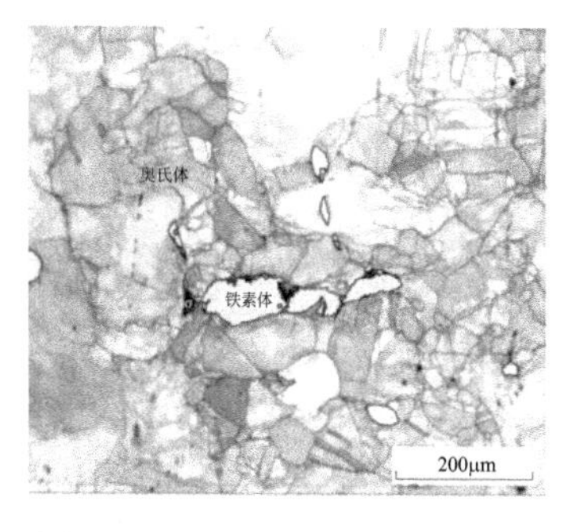

图 11-41　奥氏体不锈钢 311LN 冲击试样的 EBSD 相鉴定

5. 应变测量

材料微区的残余应力使局部的晶面变得歪扭、弯曲，从而造成 EBSP 的菊池线模糊，因此菊池线的清晰程度反映了晶体结构完整性的差异，从花样的质量可定性或半定量地评估晶格内存在的塑性应变大小。IF 钢再结晶织构演变研究中观察到平行于钢板表面的 {111} 晶核 EBSP 图像清晰，而在形变带附近 {100} 晶面 EBSP 图像模糊，证实了再结晶织构形成中存在定向形核生长机制。

典型案例

高纯度莫来石晶须的制备与分散

晶须是指自然形成或在人工控制条件下以单晶形式生长成的一种纤维，其直径非常小，原子排列高度有序且不含有一般材料中存在的缺陷（晶界、位错、空穴等），因而其强度接近于完整晶体的理论值。晶须可分为有机晶须和无机晶须两类，莫来石晶须为无机晶须中的陶瓷质晶须，具有热导率较低、熔点较高（1850℃）、热膨胀系数较小、强度较高、抗蠕变、抗热震、抗腐蚀性能好等优异性能，广泛应用于多种基体材料的增韧补强方面。

莫来石晶须的制备有溶胶凝胶法和矿物分解法等多种方法。但多数制备方法尚不能制得高纯度、高长径比、易分散的晶须，从而影响晶须材料的增韧补强效果的发挥。

1. 原理

采用固相反应合成法，利用 SEM 和 XRD 研究控制莫来石晶须形成的主要因素（烧结温度、保温时间、助剂种类），分析影响莫来石晶须纯度、长径比及微观结构和分散性的规律，为工业化生产莫来石晶须奠定基础。

2. 仪器与样品

测试仪器为德国布鲁克 D8 ADVANCE XRD 和日本岛津 SSX550 SEM。

原料及试剂：SiO_2（约 9μm）和 γ-Al_2O_3（约 4μm），工业级；助剂 $AlF_3 \cdot 3H_2O$ 或 AlF_3，试剂级。

晶须制备方法：①按摩尔比（Al∶Si=2.8∶1）称取一定量的 γ-Al_2O_3、SiO_2 及 $AlF_3 \cdot 3H_2O$ 或 AlF_3；②将称量的原料粉加入球磨罐中，以无水乙醇为介质，球磨混合 15～20h；③将混合均匀的原料置于烘箱中干燥（60℃，10h）后过 200 目筛；④将过筛后的粉体模压成型（压力为 20MPa）或自然堆积放于不同形状的坩埚中，并加盖密封；⑤将密封的坩埚置于马弗炉中烧结，烧结温度为 1400℃或 1450℃，保温时间为 3h 或 6h，随炉冷却后获得莫来石晶须。

3. 测试方法

用 XRD 进行物相分析；用 SEM 观察显微结构。晶须长径比通过同样大小电镜图片上对角线穿过的所有晶须（100 根以上）的长径比的平均值表征。用测量最终沉降体积的方法来表征分散性，最终沉降体积越小，沉降密度越大，分散效果越好。取 3 次实验平均值为最终沉降体积。

4. 结果与讨论

（1）原料粉体堆积状态对晶须形貌的影响

原料的不同堆积情况（模压坯体及自然堆积的粉末）对莫来石晶须的生长与分散有重要影响。以扁胖型坩埚为实验容器，10%（质量分数）的 $AlF_3 \cdot 3H_2O$ 作为烧结助剂，烧结温度和保温时间分别为 1450℃和 6h，观察原料的两种不同堆积情况对产物形貌的影响，扫描电镜结果如图 11-42 所示。

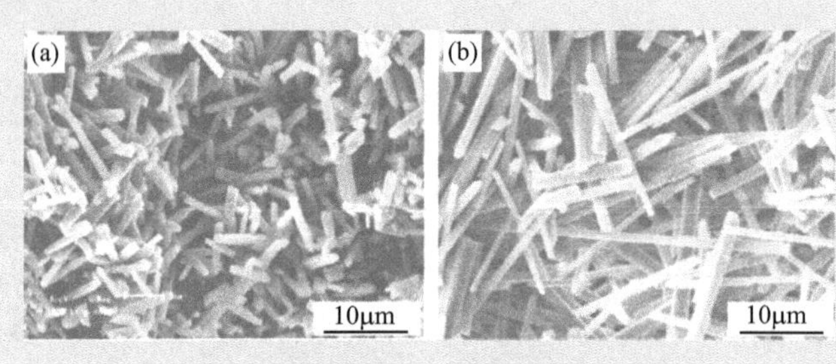

图 11-42　原料粉体状态对合成莫来石晶须影响的 SEM

（a）压块烧结；（b）自然堆积烧结

由图 11-42 可以看出，在两种情况下都可以生成莫来石晶须。但经过压块烧结的莫来石晶须主要呈棒状，长径比较短，结合较紧密，不利于晶须的分散；自然铺粉烧结得到的莫来石晶须主要呈针状，长径比明显增大，结合较为松散，更有利于晶须的分散。分析原因可能与颗粒之间的距离有关，松散堆积的颗粒间距离较远，为晶须生长预留了足够的空间，而模压的坯体中的颗粒间距离较近使得晶须生长空间受限。故后续研究主要基于自然铺粉的情况。

（2）坩埚形状对晶须形貌的影响

在不改变配方组分的基础上，将粉料混合均匀后再在相同体积、不同形状（瘦长型和扁胖型）的坩埚中自然铺展，并于 1450℃煅烧保温 6h，观察坩埚形状对莫来石晶须形貌的影响，如图 11-43 所示。

图 11-43　坩埚形状对合成莫来石晶须影响的 SEM

（a）瘦长型；（b）扁胖型

从图 11-43 可知，瘦长型坩埚中没有生成针状莫来石晶须，而是形成颗粒状莫来石；扁胖型坩埚中生成形态完整且呈针状的莫来石晶须。分析原因，可能与以氟化铝为助剂的条件下莫来石晶须形成的气固反应机制有关。坩埚形状不同，在煅烧过程中生成的气相在坩埚内的分布不同，瘦长型坩埚由于上下高度差比较大而使得在高度范围内气相的分布不均衡，与之相比，扁胖型坩埚的这个问题相对比较弱，但仍会导致坩埚由高到低不同部位晶须的形貌与结合略有差异（这在后续晶须分散部分可以得到证明）。后续研究主要基于扁胖型坩埚进行。

（3）氟化铝含量对晶须形貌的影响

以 γ-Al_2O_3 和 SiO_2 为原料，$AlF_3 \cdot 3H_2O$ 为烧结助剂，扁胖型坩埚内自然堆积铺粉烧结，烧结温度 1450℃，保温 6h。$AlF_3 \cdot 3H_2O$ 的加入量分别为 6%（质量分数）、8%（质量分数）和 10%（质量分数）。

图 11-44 为不同氟化铝添加量下获得试样的 SEM 照片。从该图可知，氟化铝添加量并不会影响莫来石晶须的生成，但是随着助剂加入量的增加，晶须长径比发生明显变化，长径比有逐渐增大的趋势。以氟化铝为助剂的条件下莫来石晶须形成为气固反应机制，煅烧过程中气相的浓度对反应程度及晶须的尺寸起着决定性作用，浓度过低不利于晶须生长。后续研究主要针对可以获得较高长径比的 10%氟化铝添加量进行。

图 11-44　氟化铝含量对莫来石晶须影响的 SEM

(a) 6%；(b) 8%；(c) 10%

（4）影响晶须长径比的其他因素的正交实验

保温时间、烧结温度及氟化铝种类是影响莫来石晶须长径比的主要因素。通过正交实验法确定影响晶须长径比的主次因素为：保温时间、烧结温度和氟化铝种类。最优方案为：保温时间 6h，烧结温度 1450℃，$AlF_3 \cdot 3H_2O$ 含量为 10%。根据最优方案获得试样的电镜图［图 11-45(a)］和 XRD 图谱［图 11-45(b)］可知，制备的莫来石晶须呈针状，形态

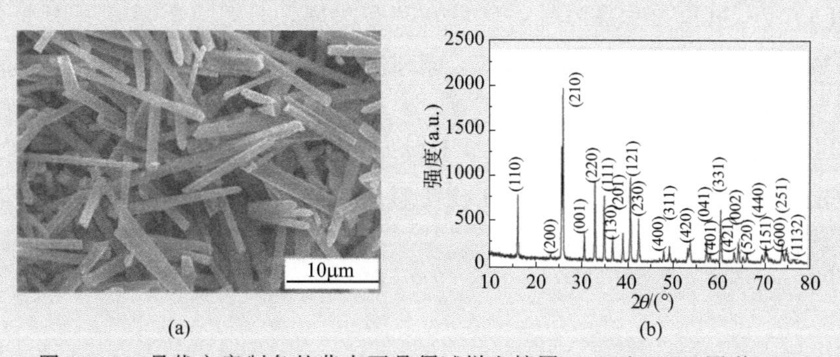

(a)　　(b)

图 11-45　最优方案制备的莫来石晶须试样电镜图（a）和 XRD 图谱（b）

较为完整，长径比约为 20∶1，而且纯度较高，没有杂质相存在。

(5) 晶须的预分散

取相同制备条件下，不同坩埚位置的晶须粉体，超声分散 15min，静置 20h，最终沉降体积分别为：上层粉体 1.8mL，中层粉体 2.0mL，下层粉体 2.7mL。由此可知，坩埚不同位置的晶须粉体分散性差别很大，上层粉体最容易分散，而下层粉体较难，中间层的粉体分散性居中。原因可以从粉体的形貌及结合状态（图 11-46）得到解释。上层的晶须均为长柱状且结合松散；中间层的晶须虽也为柱状，但长径比较低，且晶须间连接紧密；下层粉体中除了柱状晶须外还有少量板块状颗粒，颗粒间结合更为紧密。

图 11-46 不同粉体位置下晶须的生长情况的 SEM

(a) 上层；(b) 中层；(c) 下层

选取上层粉体，研究超声分散时间和分散液 pH 值对分散效果的影响。研究结果表明，随超声分散时间的增长，晶须分散性有所提高，但是分散时间从 15min 增长到 30min 时，晶须分散性并没有明显提高，在保证时间成本的前提下，可以将分散时间定为 15min。分析原因，可能与晶须间结合程度有关。部分晶须的连接可以被超声分散的作用力打开而使得相应颗粒能够得以分散，而有的连接非常紧密，超声分散的作用力不能打破，所以当作用时间达到一定程度后即使再延长，分散效果的变化也不明显。

选取上层粉体，固定分散时间为 15min，研究分散液 pH 值对分散效果的影响。研究结果表明溶剂的 pH 值也会影响晶须分散，在酸性条件下随着 pH 值的增大分散性降低；而当 pH＝9 的碱性环境时，分散性显著提高。分析原因，可能由晶须间结合物质与分散液的作用有关。在强酸或者较强碱性环境下，晶须间的结合物质被腐蚀，晶须间结合被破坏，进而使得颗粒得以分散。而当环境接近中性时，反应程度较弱，分散效果较差。

5. 结论

以 γ-Al_2O_3 和 SiO_2 为主要原料，使用扁胖型坩埚，采用自然堆积原料粉体的方法制备莫来石晶须，更有利于莫来石晶须生长。通过正交实验法，获得影响莫来石晶须长径比的因素由主到次分别为保温时间、烧结温度、氟化铝种类。莫来石晶须的最优制备条件为：煅烧温度 1450℃，保温时间 6h，$AlF_3 \cdot 3H_2O$ 10%。坩埚中上部的晶须粉体更容易分散，晶须的预分散受超声分散时间、溶液 pH 值的影响。分散时间 15 min、溶液为碱性时更有利于晶须分散。

参考文献

[1] 郭素枝. 扫描电镜技术及其应用 [M]. 厦门：厦门大学出版社，2006.

［2］ 刘庆锁．材料现代测试分析方法［M］．北京：清华大学出版社，2014.
［3］ 周玉．材料分析方法［M］．北京：机械工业出版社，2011.
［4］ 戎咏华，姜传海．材料组织结构的表征［M］．上海：上海交通大学出版社，2017.
［5］ 徐祖耀，黄本立，鄢国强．中国材料工程大典，第 26 卷，材料表征与检测技术［M］．北京：化学工业出版社，2006.
［6］ 常铁军，祁欣．材料近代分析测试方法［M］．哈尔滨：哈尔滨工业大学出版社，2003.
［7］ 张锐．现代材料分析方法［M］．北京：化学工业出版社，2007.
［8］ 王富耻．材料现代分析测试方法［M］．北京：北京理工大学出版社，2006.
［9］ 董建新．材料分析方法［M］．北京：高等教育出版社，2014.
［10］ 杜希文，原续波．材料分析方法［M］．天津：天津大学出版社，2014.
［11］ Linda C Sawyer，David T Grubb，Gregory F Meyers. Polymer Microscopy［M］．New York：Springer，2008.
［12］ 黄新民．材料研究方法［M］．哈尔滨：哈尔滨工业大学出版社，2017.
［13］ 韩喜江．固体材料常用表征技术［M］．哈尔滨：哈尔滨工业大学出版社，2010.
［14］ 谷亦杰，宫声凯．材料分析检测技术［M］．长沙：中南大学出版社，2009.
［15］ 黄孝瑛．材料微观结构的电子显微学分析［M］．北京：冶金工业出版社，2008.
［16］ 进藤大辅，平贺贤二．材料评价的高分辨电子显微方法［M］．刘安生，译．北京：冶金工业出版社，2001.
［17］ 黎兵，曾广根．现代材料分析技术［M］．成都：四川大学出版社，2017.
［18］ 王轶农．材料分析方法［M］．大连：大连理工大学出版社，2012.
［19］ 许振嘉．半导体材料检测与分析［M］．北京：科学出版社，2007.
［20］ 杨平．电子背散射衍射技术及其应用［M］．北京：冶金工业出版社，2007.
［21］ William D Callister，Jr. Materials Science and Engineering，An Introduction［M］．New York：John Wiley & Sons，Inc，2007.
［22］ 朱永法，宗瑞隆，姚文清．材料分析化学［M］．北京：化学工业出版社，2009.
［23］ 朱永法．纳米材料的表征与测试技术［M］．北京：化学工业出版社，2006.
［24］ 章晓中．电子显微分析［M］．北京：清华大学出版社，2006.
［25］ 陈绍楷，李晴宇，苗壮，等．电子背散射衍射（EBSD）及其在材料研究中的应用［J］．稀有金属材料与工程，2006，35（3）：500-504.
［26］ 杨显，胡建军，郭宁，等．扫描电子显微镜成像模式在金属材料研究中的选用［J］．重庆理工大学学报（自然科学），2018（32）：7.
［27］ 于川茗，李林，蔡毅超．扫描电镜在电池材料领域的应用［J］．电子显微学报，2021，40（3）：339-347.
［28］ Gujjarahalli Thimmanna Chandrappa，Pallellappa Chithaiah，Siddaramanna Ashoka，et al. Morphological Evolution of $(NH_4)_{0.5}V_2O_5 \cdot 3mH_2O$ Fibers into Belts，Triangles，and Rings［J］．Inorganic Chemistry，2011，50：7421-7428.
［29］ 钟群鹏，赵子华．断口学［M］．北京：高等教育出版社，2006.
［30］ 樊茜琪．地铁车辆抗侧滚扭杆的断裂原因［J］．理化检验（化学分册），2020，56（7）：43-47.
［31］ 俞树荣，程月，何燕妮，等．SAF2707HD 旋转弯曲疲劳性能［J］．兰州理工大学学报，2021，47（2）：118-172.
［32］ 刘东升，程丙贵，罗咪，等．TMCP 特厚止裂钢板的显微组织和抗解理断裂性能［J］．材料热处理学报，2020，41（11）：118-128.
［33］ 李道金，罗星．氧化铝模板孔径大小对铁纳米线沉积影响的研究［J］．电子测试，2018，8：32-33.
［34］ 杜海明，费新刚，张静，等．42CrMo 锚栓断裂分析［J］．物理测试，2020，38（1）：49-51.
［35］ 芦琳．扫描电镜在 HFW 焊接缺陷分析中的应用［J］．焊管，2018，41（8）：54-59.
［36］ 盛捷，喇培清，任军强，等．SEM 原位观察双尺度纳米晶 304 不锈钢的断裂行为［J］．兰州理工大学学报，2019，45（2）：10-15.
［37］ 颜孟奇，沙爱学，李凯，等．退火温度对 TC18 钛合金组织及织构演变规律的影响［J］．稀有金属材料与工程，2017，46（增刊 1）：156-110.
［38］ 周丽萍，马植甄，黄绪传．30CrMo 钢退火组织转变行为研究［J］．四川冶金，2021，43（1）：37-40.
［39］ 陈威，胡冬力，顾辉，等．稀土稳定四方多晶氧化锆陶瓷相变微结构的表征［J］．硅酸盐学报，2019，47（8）：1057-1064.

[40] 李凡，黄海波，王雷．电子背散射衍射分析技术的应用［J］．理化检验：物理分册，2007，43（10）：505-508.

[41] 朱剑．电子背散射衍射法在晶粒度分析中的应用［J］．电子质量，2018，5：59-63.

[42] 余富忠，赵强李．多向锻造对汽车用 AZ80 镁合金组织及性能的影响［J］．锻压技术，2021，46（3）：32 36.

[43] 陈旭，宋红梅．不锈钢 311LN 中厚板超低温冲击功偏低原因分析及优化建议［J］．宝钢技术，2021，1：60-64.

[44] Taiki Morishige，Tomotake Hirata，Masato Tsujikawa，et al. Comprehensive analysis of minimum grain size in pure aluminum using friction stir processing［J］. Materials Letters，2010，64：1905-1908.

[45] Jinghai Yang，Jiahong Zheng，Hongju Zhai，et al. Oriented growth of ZnO nanostructures on different substrates via a hydrothermal method［J］. Journal of Alloys and Compounds，2010，489：51-55.

[46] Jianke Liu，Jiaojiao Chen，Ruiting Zhang，et al. Influence of La_2O_3 doping on the characteristics of ZnO linear resistors［J］. Journal of Alloys and Compounds，2021，866：158855.

[47] 田雪，李翠伟，武令豪，等．高纯度莫来石晶须的制备与分散［J］．陶瓷学报，2019，40（6）：744-749.

第十二章

X射线光电子能谱分析法

X射线光电子能谱（X-ray photoelectron spectroscopy，XPS）是根据单色X射线激发原子芯电子（内层电子）形成的光电子能量分布特征进行材料表面元素成分和化学态分析的方法。

早在19世纪末赫兹就观察到了光电效应；20世纪初爱因斯坦建立了光电效应的理论公式；1954年，瑞典科学家K. Seigbahn发明了世界上第一台光电子能谱仪，并用其精确地测定了元素周期表中各元素的内层电子结合能。20世纪60年代，K. Seigbahn发现硫代硫酸钠（$Na_2S_2O_3$）的XPS谱图上有两个强度相等且完全分离的S2p峰，而在硫酸钠的XPS谱图中只有一个S2p峰。这表明$Na_2S_2O_3$中的两个硫原子周围的化学环境不同，导致两者内层电子结合能的不同。这一重大发现，立即引起了相关科学家的重视，并导致了XPS在材料科学研究等领域得到迅速应用。由于在光电子能谱理论及技术研究方面的杰出贡献，K. Seigbahn获得了1981年诺贝尔物理学奖。此后，随着XPS仪器技术的发展，其功能已从刚开始主要用来对化学元素的定性分析扩展为进行固体材料表面元素定性、半定量分析及元素化学价态分析，广泛应用于物理、化学化工、材料、机械和电子材料等领域。

作为表面分析中使用最广的能谱仪，XPS具有如下优点：①能检测除H、He以外周期表中所有的元素；②分析时所需样品量少，是一种超微量分析技术；③具有较高的绝对灵敏度，而相对灵敏度较低（只能检测出样品中质量分数在0.1%以上的组分）；④是一种无损分析方法。

第一节 X射线光电子能谱基本原理

一、光电子的产生

1. 光电效应

光与物质相互作用产生电子的现象称为光电效应，也称为光电离效应或光致发射效应。

当一束光子辐照到样品表面发生光电效应时，涉及如下过程：单个光子把全部能量交给原子某壳层（轨道能级）上一个受束缚的电子；获得能量的电子脱离原子核的束缚，以一定的动能从原子内部发射出来，变成自由的电子（光电子）；原子本身变成一个激发态的离子。

光子与物质相互作用时，从原子中各能级发射出来的光电子数有一定的概率，该概率常用光电效应截面σ表示。σ大说明相应能级上的电子易被光子激发。各元素都有某个最大σ

的能级（即能够发出最强光电子线的能级）。σ 与电子所在原子壳层的平均半径、入射光子频率和受激原子的原子序数等因素有关：①电子所在壳层的平均半径越小，σ 越大。如果入射光子的能量大于 K 壳层或 L 壳层的电子结合能，那么其他外层电子的 σ 就会很小，特别是价带，对于入射光子来说几乎是“透明”的。②入射光子能量与轨道电子结合能越接近，σ 越大。③对于同一壳层，原子序数 Z 越大的元素，σ 越大。

2. 电子结合能

光电离过程中，若 X 射线光子的能量为 $h\nu$，电子在特定原子轨道上的结合能（束缚能）为 E_b，该电子射出原子后的动能为 E_k，则这一过程的能量满足光电定律，其关系式为：$h\nu = E_b + E_k$。

对固体样品，电子结合能 E_b 的定义为把电子从所在能级转移到费米能级所需要的能量。所谓费米能级，相当于 0K 时固体能带中充满电子的最高能级。固体样品中电子由费米能级跃迁到自由电子能级所需要的能量称为逸出功，以功函数 W_s 表示。光电离过程中能量关系的表达式为：$h\nu = E_b + E_k + W_s$，能量关系如图 12-1 所示。

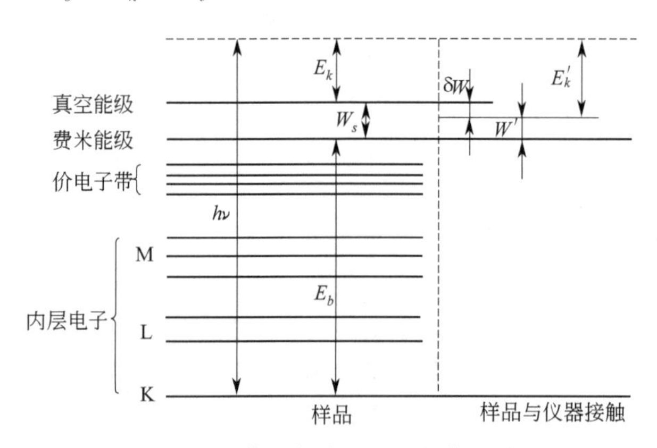

图 12-1 固体材料光电过程的能量关系

在 X 射线光电子能谱仪中，样品与谱仪材料的功函数的大小是不同的（谱仪材料的功函数为 W'）。由于固体样品通过样品台与仪器室接触良好，因此二者的费米能级处在同一水平。当具有动能 E_k 的电子穿过样品至谱仪入口间的空间时，受到谱仪与样品的接触电位差 δW 的作用，使其动能变成了 E_k'，由图 12-1 可知有如下关系：$E_k + W_s = E_k' + W'$。

根据光电定律，得到 E_b 的表达式为

$$E_b = h\nu - E_k' - W' \tag{12-1}$$

对一台仪器而言，仪器条件不变时，其功函数 W' 是固定的，一般在 4eV 左右。$h\nu$ 是实验时选用的 X 射线能量，也是已知的。因此，根据上式，只要测出光电子的动能 E_k'，就可以计算出样品中某一原子不同壳层电子的结合能 E_b，而 E_b 仅与元素的种类和所激发的原子轨道有关。由于只有表面处的光电子才能从固体中逸出，因而测得的电子结合能必然反映了样品表面化学成分和结构状态的信息，这正是光电子能谱仪的基本工作原理。

3. 弛豫效应

电子从原子某内壳层出射后，原子成为激发态离子，由于原来体系中的平衡势场被破坏，其余轨道的电子结构必将随之做出重新调整，导致原子轨道半径会发生 1%～10% 的变化。这种电子结构的重新调整叫电子弛豫。弛豫的结果使激发态离子回到基态，同时释放出

弛豫能。由于在时间上弛豫过程大体与光电发射同时进行，所以弛豫加速了光电子的发射，提高了光电子的动能，结果使光电子谱线向低结合能一侧移动。

弛豫可分为原子内弛豫和原子外弛豫两种。前者是指单独原子内部的重新调整所产生的弛豫，自由原子只存在这种弛豫。后者是指与被电离原子相关的其他原子电子结构的重新调整所产生的影响。对于分子和固体，原子外弛豫占有相当的比例。在 X 射线光电子能谱分析中，弛豫是一个普遍现象。例如，自由原子与由它所组成的纯元素固体相比，结合能要高出 5～15eV；当惰性气体注入贵金属晶格后其结合能比自由原子低 2～4eV；当气体分子吸附到固体表面后，其结合能较自由分子时低 1～3eV。

二、化学位移

1. 化学位移的概念

虽然光电离出射的光电子的结合能主要由元素的种类和激发轨道所决定，但由于原子内部外层电子的屏蔽效应，芯能级轨道上电子的结合能在不同的化学环境中是不一样的，存在一些微小的差异。这种结合能上的微小差异就是元素的化学位移，它取决于元素在样品中所处的化学环境。一般当外层电子密度减少时，电子屏蔽作用减弱，内层电子结合能增加，反之结合能减少。若取自由原子的结合能作为比较的基点，则化学位移可以通过分子中原子的结合能与自由原子的结合能差值进行计算。化学位移是判断元素化学状态的重要依据。

2. 影响化学位移的因素

（1）化学位移与原子氧化态的关系

当某元素的原子处于不同的氧化态时，它的结合能将发生变化。从一个原子中移去一个电子所需要的能量将随着原子中正电荷的增加，或负电荷的减少而增加。理论上讲，同一元素随氧化态的增高，内层电子的结合能增加，化学位移增大。

（2）化学位移与元素电负性的关系

对于具有相同形式电荷的原子，由于与其结合的相邻原子的电负性不同而产生的化学位移，一般可用净电荷来评价。与电负性强的元素相邻的原子，其正电荷密度增大，相应化学位移也增加。如用卤族元素 X 取代 CH_4 中的 H，由于 X 的电负性大于 H 的电负性，造成 C 原子周围的负电荷密度较未取代前有所降低，这时 C 1s 电子同原子核结合得更紧，因此 C 1s 的结合能会提高，可以推测，C 1s 的结合能必然随 X 取代数目的增加而增大，同时它还与电负性差 $\sum(X_i - X_H)$ 成正比，这里 X_i 是取代卤素原子的电负性，X_H 是氢原子的电负性。因此取代基的电负性越大，取代数越多，其吸引电子后使 C 原子变得更正，内层 C 1s 电子的结合能越大，相应化学位移也越大。

三、 X 射线光电子能谱图

X 射线光电子能谱图是反映不同动能光电子数量分布特征的谱图。谱图的横坐标是光电子的动能或轨道电子结合能，纵坐标表示单位时间内所接收到的光电子数；谱图中的峰就是 XPS 谱峰。每个谱峰的位置对应于相应元素原子内层电子的结合能，谱峰面积是光电子信号强度的反映，实际上是表面所含元素丰度的度量。

根据光电子结合能的扫描范围，XPS 谱图分为宽谱和高分辨窄谱两类。当用 Mg K_α 或 Al K_α 辐照时，宽谱结合能覆盖范围常在 0～1000eV。宽谱中几乎包括了元素周期表除了

H、He 以外所有元素的主要特征能量光电子峰。高分辨窄谱结合能范围在 10～30eV，每个元素的主要光电子峰能量很少重叠，具备指纹峰属性，可用于鉴别元素种类。图 12-2 为金属铝宽能量范围扫描的 XPS 全谱图及低结合能端的放大谱，谱图中显示出包括光电子峰等在内的可能出现的各种类型谱线。

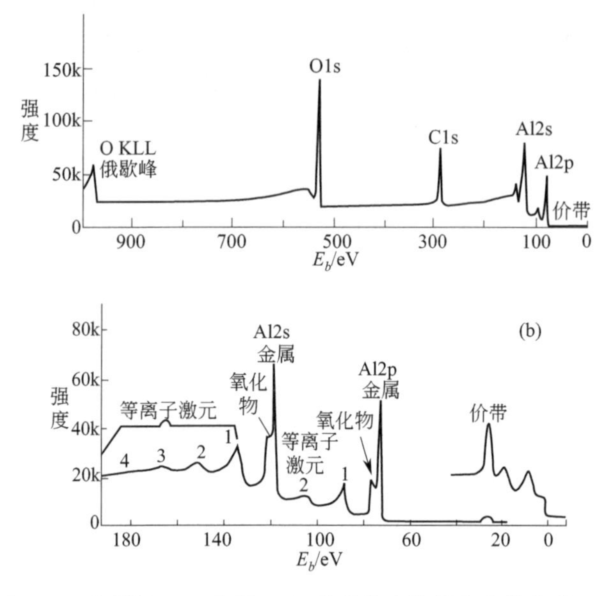

图 12-2 金属铝 XPS 宽谱（a）及低结合能端高分辨窄谱（b）

1. 谱峰类型

（1）光电子峰

主光电子峰的特点是强度大、峰宽小和对称性高。每种元素都有自己的最具表征作用的光电子峰，它是进行元素定性分析的主要依据。一般来说，同一壳层上的光电子，总轨道角动量量子数越大，谱峰的强度越强。常见的强光电子峰有 1s，$2p_{3/2}$，$3d_{5/2}$，$4f_{7/2}$ 等。除了主光电子峰外，还有来自其他壳层的光电子峰，如 O 2s，Al 2s，Si 2s 等。这些光电子峰与主光电子峰相比，强度稍弱、很弱或极弱，在元素定性分析中起辅助作用。纯金属的强光电子峰常会出现不对称的现象，这是由光电子与传导电子的耦合作用所致。光电子峰的高结合能端比低结合能端峰加宽 1～4eV，绝缘体比良导体光电子谱峰宽约 0.5eV。

（2）X 射线卫星峰

如果用来照射样品的 X 射线未经过单色化处理，那么在常规使用的 Al $K_{\alpha1,2}$ 和 Mg $K_{\alpha1,2}$ 射线里可能混杂有 $K_{\alpha3,4,5,6}$ 和 K_β 射线，这些射线统称为 $K_{\alpha1,2}$ 射线的卫星线。样品原子在受到 X 射线照射时，除了特征 X 射线（$K_{\alpha1,2}$）所激发的光电子外，其卫星线也能激发光电子，由这些光电子形成的光电子峰，称为 X 射线卫星峰。由于 X 射线卫星线的能量较高，它们激发的光电子具有较高的动能，表现在谱图上，就是在主光电子峰的低结合能端产生一些强度较小的卫星峰。发射 X 射线的阳极材料不同，XPS 谱图中卫星峰与主峰之间的距离不同，强度亦不同。

（3）多重分裂峰

当原子或自由离子的价壳层拥有未成对的自旋电子时，光致电离所形成的内壳层空位将与价轨道未成对的自旋电子发生耦合，使体系出现不止一个终态，相应于每一个终态，在XPS谱图上将会有一个谱峰，这便是多重分裂峰。

以 Mn^{2+} 的3s轨道电离为例说明XPS谱图中的多重分裂峰形成原因。基态 Mn^{2+} 的电子组态为 $3s^2 3p^6 3d^5$，Mn^{2+} 3s轨道受激后，形成如图12-3所示的两种终态。两者的不同在于（a）态中电离后剩下的1个3s电子与5个3d电子是自旋平行的，而在（b）态中电离后剩下的一个3s电子与5个3d电子是自旋反平行的。因为只有自旋反平行的电子才存在交换作用，显然（a）终态的能量低于（b）终态，导致XPS谱图上Mn的3s谱峰出现分裂，如图12-4所示。

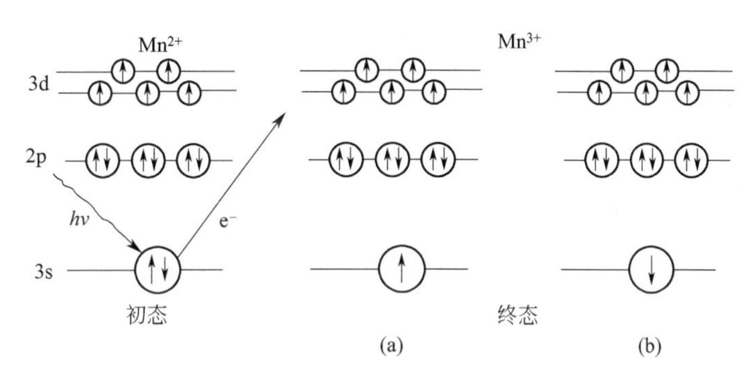

图12-3　锰离子的3s轨道电子电离时的两种终态

影响谱峰分裂程度的因素主要有：①当3d轨道未配对电子数越多，分裂谱峰能量间距越大，在XPS谱图上两个多重分裂谱峰分开的程度就越明显；②配位体的电负性越大，化合物中过渡元素的价电子越倾向于配位体，化合物的离子特性越明显，两终态的能量差值越大，谱峰分裂越明显。

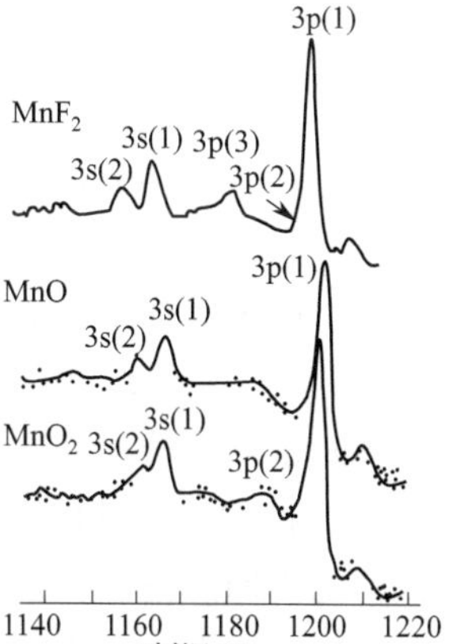

对于s轨道电离只有两条主要分裂谱线，取两个终态谱峰所对应的能量的加权平均代表轨道结合能。对于p轨道，由于电离时终态数多，谱线非常复杂，可取最强谱线所对应的结合能代表整个轨道电子的结合能。

在XPS谱图上，通常能够明显出现的是自旋-轨道耦合能级分裂谱线，如 $p_{3/2}$、$p_{1/2}$、$d_{3/2}$、$d_{5/2}$、$f_{5/2}$、$f_{7/2}$ 等，但不是所有的分裂峰都能被观察到。

图12-4　Mn化合物的XPS谱图

（4）电子的震激峰与震离峰

样品受X射线辐射时容易产生多电子激发过程。吸收一个光子，出现多个电子激发过程的概率可达20%，最可能发生的是两电子激发过程。

光电发射过程中，当一个核心电子被X射线光电离除去时，由于屏蔽电子的损失，原子中心电位发生突然变化，将引起价壳层电子的跃迁，这时有两种可能的结果：①价壳层的电子跃迁到最高能级的束缚态，则表现为不连续的光电子伴峰，其动能比主峰低，所低的数值是基态和具核心空位的离子激发态的能量差。这个过程称为电子的震激（shake up）。②如果电子跃迁到非束缚态成了自由电子，则光电子能谱显示出从低动能区平滑上升到一阈值的连续谱，其能量差与具核心空位离子基态的电离电位相等。这个过程称为震离

(shake off)。以 Ne 原子为例，这两个过程的差别和相应的谱峰特点，如图 12-5 所示。震激、震离过程的特点是其均属单极子激发和电离，电子激发过程只有主量子数的变化，跃迁发生只能是 $ns \rightarrow ns'$，$np \rightarrow np'$，电子的角量子数和自旋量子数均不改变。通常震激峰比较弱，只有高分辨的 XPS 谱仪才能测出。图 12-6 为锰化合物中 Mn $2p_{3/2}$ 谱线附近的震激峰谱图。

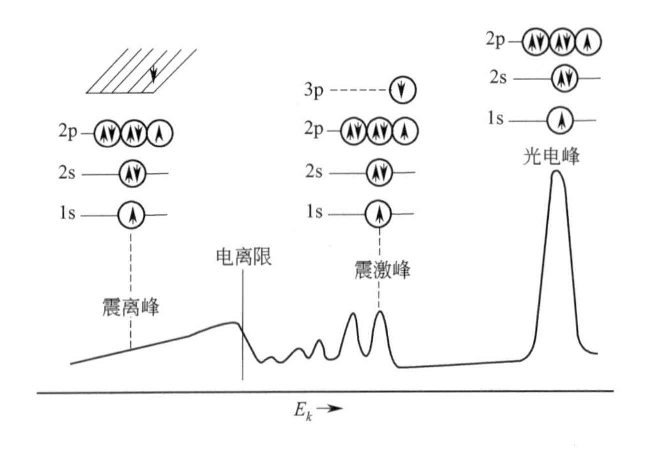

图 12-5　Ne 1s 电子发射时震激和震离过程

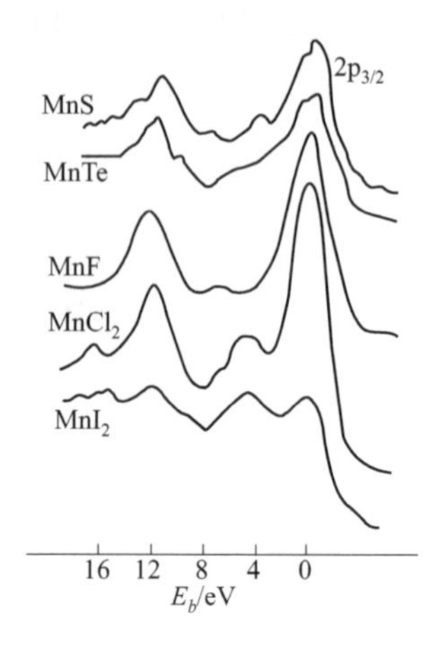

图 12-6　锰化合物中 Mn $2p_{3/2}$ 谱线附近的震激峰谱图

（5）特征能量损失峰

部分光电子在离开样品受激区域并逃离固体表面的过程中，必然要经历各种非弹性散射作用而损失部分能量，结果是 XPS 谱图上主峰低动能一侧出现不连续的伴峰，此即为特征能量损失峰。特征能量损失峰与固体表面特性密切相关。

当光电子能量在 100～150eV 范围内时，它所经历的非弹性散射的主要方式是激发固体中的自由电子集体振荡，产生等离子激元。等离子激元造成光电子能量的损失比较大，图 12-2 中显示了 Al 2s 和 Al 2p 的特征能量损失峰（等离子激元）。

（6）俄歇谱峰

XPS 谱图中，俄歇电子峰的出现（如图 12-2 中 O KLL 峰）增加了谱图的复杂程度。由于俄歇电子的能量同激发源能量大小无关，而光电子的动能将随激发源能量增加而增加，因此，利用双阳极激发源很容易将其分开。俄歇峰是 XPS 谱中光电子信息的补充，可以为元素定性分析和化学态的鉴别提供有价值的信息。

（7）价电子峰

价电子峰指费米能级以下 10～20eV 区间内强度较低的峰。这些峰是由分子轨道和固体能带发射的光电子产生的。在一些情况下，XPS 的化学位移并不能充分反映给定化合物之间的特性差异以及表面化过程中特性的变化，而价带峰对这种变化十分敏感，其具有像芯能级电子峰那样的指纹特征。因此，可应用价带峰来鉴别化学态和不同材料。

2. 谱峰识别方法

XPS 谱图比较复杂，正确识别和归属其中的谱峰是应用 XPS 解决问题的前提。一般可以参考以下方法进行谱峰的识别。①首先要识别存在于任一谱图中的 C 1s、O 1s、C KLL 和 O KLL 峰，这些峰的强度较大，易于识别。②利用 X 射线光电子谱手册中的各元素的峰位表确定与样品所含元素有关的最强和次强峰，同时注意有些峰容易受到C和O峰以及其他峰的干扰。③识别已知元素的其他峰，以及未知元素有关的最强但在样品中又表现较弱的谱峰，此时要注意可能峰的干扰。④对自旋分裂的双重谱峰，应检查其强度比以及分裂间距是否符合标准。一般分裂峰的强度比为，p线为1∶2，d线为2∶3，f线为3∶4。⑤关注谱线的背底和噪声。在谱图中，主要峰均是由样品中出射的未经非弹性散射能量损失的光电子形成，而遭受能量损失的那些光电子形成的峰则分布在主要峰的结合能较高的一侧而使背底增加。由于光电子的能量损失具有随机性和多重散射性，所以谱线的背底是连续的。谱线中的噪声主要是由计数过程中收集的单个电子在时间上的随机性涨落造成的而不是仪器造成的。所以叠加于峰上的背底和噪声是样品、激发源和仪器传输特性的体现。

第二节 X射线光电子能谱仪

一、 X射线光电子能谱仪结构

X射线光电子能谱仪主要由超高真空系统、X射线源、离子枪、电子能量分析器、样品室以及数据处理系统等部分组成，其结构示意图如图12-7所示。从X射线源激发出来的单能量光子束照射样品，样品中的束缚电子被电离而以光电子形式射出。电子能量分析器按光电子的能量或动量大小将其“色散”、聚焦而由检测器接收，信号经处理后输入数据处理系统。

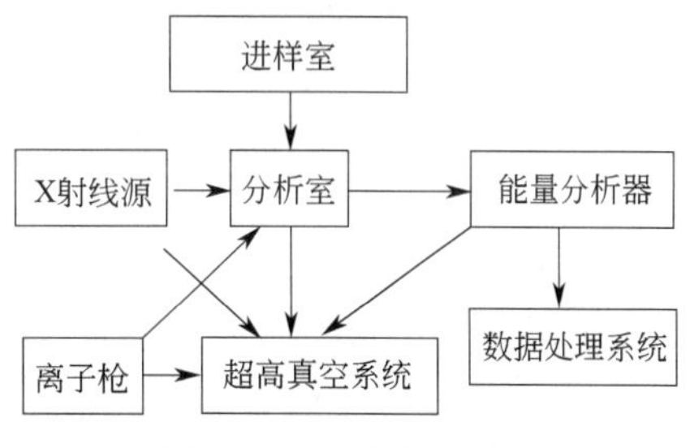

图12-7 X射线光电子能谱仪结构

1. 超高真空系统

在X射线光电子能谱仪等表面分析仪器中必须配备有超高真空系统，真空度应达10^{-8}Pa。如果分析室的真空度达不到要求，样品的清洁表面在很短的时间内就可能被真空中的残余气体分子所覆盖，无法获得真实的表面成分信息。即使在10^{-8}Pa的真空中，在30min内也会在样品活性表面上吸附相当数量的碳和氧，几乎接近一个气体分子单层，因此防止真空系统的环境污染问题非常重要。此外，由于光电子信号的强度和能量都非常弱，如果真空度较差，光电子很容易与真空中的残余气体分子发生碰撞作用而难以到达检测器。

X射线光电子能谱仪中，一般采用三级串联真空泵系统。前级泵使用机械泵或吸附泵，其极限真空度能达到10^{-2}Pa；二级泵采用分子泵，其极限真空度能达到10^{-6}Pa；三级泵一般采用溅射离子泵或钛升华泵系统以获得超高真空，其极限真空度能达到10^{-8}Pa甚至更高。

2. 样品室

样品室一般包括样品导入系统、样品台、加热或冷却附属装置等。为了减少更换样品所需的时间及保持样品室内高真空，普遍采用能同时装6～12个样品的旋转式样品台，根据需要将待分析样品送至检测位置。

3. X射线源

X射线源亦称为X射线枪，其工作原理基本与X射线衍射仪中的X射线管相同，即灯丝发出的热电子被加速到一定能量后轰击阳极靶材，释放出具有特征能量的X射线。常见的X射线源具有Al和Mg双阳极，其特征$K_{\alpha_{1,2}}$线的能量分别为1486.6eV和1253.6eV，谱线的半高宽（FWHM）分别为0.9eV和0.7eV。如采用单色器，线宽可减到0.2eV以下。双阳极X射线源的结构如图12-8所示。

X射线枪与分析室之间用一极薄的高纯Al箔分隔开，其作用是：①阻挡从阳极发射的大量二次电子进入分析室；②减弱轫致辐射（连续谱）对试样的照射；③阻止分析室中的气体直接进入X射线枪。X射线枪与分析室之间有直通管道接连，以免压强差过高时导致Al箔的破裂。

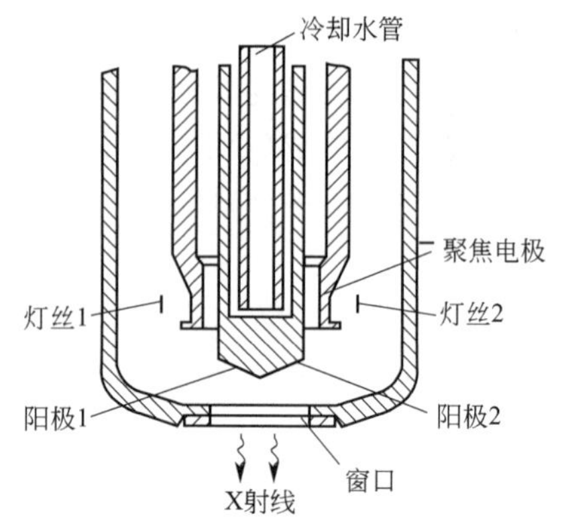

图12-8　双阳极X射线源结构

4. 离子枪

离子枪主要由离子源和束聚焦透镜等部分组成，其功能为：①清洁试样表面。用于分析的样品要求十分清洁，在分析前常用离子枪对样品表面进行溅射清洗，以除去附着在样品表面的污物；②逐层刻蚀试样表面，进行试样组成的深度剖面分析。进行刻蚀的离子束能量在0.5～5keV范围内可调，束斑直径0.1～5mm可调。为排除溅射陷口边缘的影响，溅射刻蚀区域应比入射电子束斑的直径大很多。

5. 光电子能量分析器

光电子能量分析器的功能是按能量大小将光电子分离开。X射线光电子能谱仪常用的是半球形（球扇形）电子能量分析器（图12-9），其具有较高的分辨率和灵敏度。

半球形能量分析器由两个半径分别为r_1和r_2的同心半球面组成，在两半球的端口分别开有电子入口狭缝和出口狭缝，这两个狭缝位于同一曲率平面内。由样品上发射的并经过预聚焦的电子从入口狭缝进入到半球夹层，在两半球上分别施以$-V_1$和$-V_2$的偏压（$V_2>V_1$），使得不同能量的电子分别沿不同曲率的轨迹到达出口平面，连续变化两个半球间的电位差$\Delta V(\Delta V=V_2-V_1)$，则能量不同的电子因偏转角的不同将先后被聚焦至出口狭缝，而后进入多通道检测器。在选定的能量范围内扫描并测量电子的强度就可以得到光电子谱。从样品发射的电子在进入能量分析器前，一般先通过电子透镜进行预减速或加速，以得到较好的绝对分辨率。

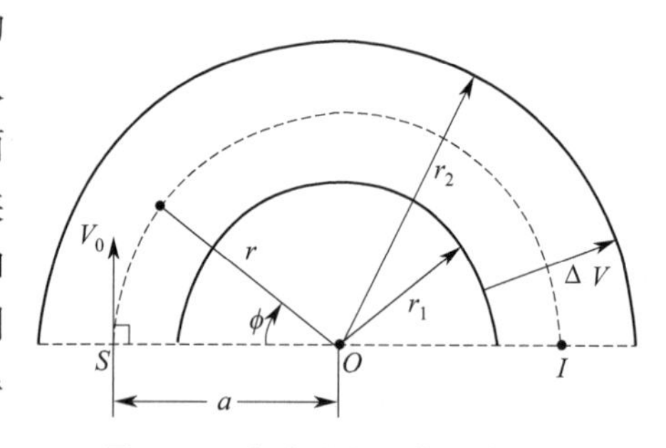

图12-9　半球形电子能量分析器

6. 电子检测器

在XPS中使用最普遍的检测器是单通道电子倍增器或多通道板检测器，其功能是将增益后的一系列脉冲信号输出至多道分析器中并记录。

二、样品制备方法

X 射线光电子能谱仪是在超高真空系统中分析样品的，因此待分析样品必须在超高真空环境中能够保持稳定，且无挥发性、无磁性和无腐蚀性。一般情况下只能分析固体样品。初始样品均需经过一定的预处理。预处理后的样品在保存和传送过程中应尽量避免其表面被污染。

1. 样品的大小

样品必须通过传递杆穿过超高真空隔离阀才能送进样品分析室。因此，样品的尺寸必须符合一定的大小规范。对于块体样品和薄膜样品，其长宽最好小于 10mm，厚度小于 5mm。较大体积的样品应通过适当方法制备成符合要求的样品。在制备过程中，必须考虑到处理过程可能会对样品表面成分和状态的影响。

2. 粉体样品

导电的粉末样品有两种制样方法：一种是把粉体用双面胶带直接固定在样品台上；另一种是将粉体样品压成薄片，然后再固定在样品台上。前者的优点是制样方便，样品用量少，预抽到高真空的时间较短，缺点是可能会引进胶带的成分。后者的优点是可在真空中对样品进行原位和反应等处理，其信号强度也要比胶带法高得多；缺点是样品用量较大，抽到超高真空需要很长的时间。在一般的实验过程中常采用胶带法制样。

不导电的粉末样品可以通过压在铟箔上或以金属栅网作骨架压片的方法制样。

3. 含挥发性组分样品

含有挥发性组分的样品进入真空系统前，应在保证样品中的成分不发生化学变化的前提下，通过加热或用溶剂清洗等方法清除掉挥发性物质。

对于表面有油等有机物污染的样品，先用油溶性溶剂如环己烷、丙酮清洗掉样品表面的油污，再用乙醇清洗掉有机溶剂。对于表面有无机污染物的样品，可以采用表面打磨以及离子束溅射的方法来清洁样品。处理后的样品采用自然干燥法干燥，以防止样品表面被氧化。

4. 磁性样品

当样品具有磁性时，样品表面出射的光电子会在磁场的作用下发生偏转而偏离接收角，最后不能到达分析器，因此无法得到正确的 XPS 谱。此外，当样品的磁性很强时，还有使分析器头及样品架被磁化的危险。因此，绝对禁止带有磁性的样品进入分析室。对于具有弱磁性的样品，可以通过退磁的方法消除磁性后再进行分析。

5. 样品的荷电及消除

绝缘体样品或导电性能不好的样品，经 X 射线辐照出射光电子后，其表面会积累一定的正电荷，这种现象称为荷电效应。样品表面荷电相当于给从表面出射的自由光电子增加了一定的额外电场，使得测得的结合能比正常的要高。此外，荷电效应还会使谱峰宽化。非单色 X 射线源的杂散 X 射线可以形成二次电子，在样品表面能够构成荷电平衡，而单色 X 射线会造成样品表面严重荷电。

样品荷电问题非常复杂，一般难以用某一种方法彻底消除。实际工作中，一般用金内标法和碳内标法等内标法进行荷电的校准。最常用的方法是用真空系统中常见的有机物碳的

C 1s 的结合能 284.6eV 进行校准。也可以利用待分析材料中已知状态的元素结合能进行校准。

三、实验方法

1. 仪器校正

X 射线光电子能谱的实验结果是一张 XPS 谱图，谱图所给结合能的准确度、重复性和可比性，是确定试样表面的元素组成、化学状态以及各种物理效应的能量范围和电子结构等信息的基础。要获得可靠的谱图数据，必须对仪器进行校正。

用标样来校正谱仪的能量标尺是最好的仪器校正方法，常用的标样是纯度在 99.8%以上的 Au、Ag 和 Cu。采用窄扫描（≤20eV）以及高分辨（分析器的通过能量约 20eV）的收谱方式进行校正。

国际上公认的清洁 Au，Ag，Cu 的谱峰位置见表 12-1。由于 Cu $2p_{3/2}$，Cu L3MM 和 Cu 3p 三条谱线的能量位置几乎覆盖常用的能量标尺（0～1000eV），所以 Cu 标样可提供较快和简单的对谱仪能量标尺的检验。

表 12-1　清洁的 Au、Ag 和 Cu 各谱线结合能（E_b）　　　单位：eV

谱线	Al K_α	Mg K_α
Cu 3p	75.14	75.13
Au $4f_{7/2}$	83.98	84.0
Ag $3d_{5/2}$	368.26	368.27
Cu L3MM	567.96	334.94
Cu $2p_{3/2}$	932.67	932.66
Ag M4NN	1128.78	85.75

2. 收谱

对未知样品的测量程序为：首先用宽扫采谱，以确定样品中存在的元素组分（XPS 检测量一般为 1%原子分数），然后收窄扫描谱，窄谱中应包含待分析元素的主要峰以识别其化学态和进行定量分析。

采集宽谱：对样品在整个光电子能量范围（0～1000eV 或更高）进行全扫描，谱图中应包括所有可能元素的最强峰。能量分析器的通能设置为 100eV。接收狭缝选最大以尽量提高灵敏度，减少接收时间，增大检测能力。

采集窄谱：对所选择的谱峰进行窄扫描，用以鉴别化学态、定量分析和峰的解叠。必须使峰位和峰形都能准确测定。扫描范围为<25eV，分析器通能选≤25eV，并减小接收狭缝。可通过减少步长、增加接收时间来提高分辨率。

第三节 X 射线光电子能谱分析方法

由 X 射线光电子谱仪获得的原始谱线经常出现畸变和相互重叠等现象，从而给谱图解释带来一定困难，因此必须首先对原始谱进行多种数据处理（平滑、基线斜率校正、扣除本底、消除激发源所引起的伴峰、分峰和退卷积等），以得到理想的分析谱和所需要的信息。在此基础上，通过识别谱峰类型，进行表面元素的定性半定量分析和化学价态分析等。

一、表面元素定性分析

表面元素定性分析是XPS谱仪的基本功能，分析结果只反映距表面3～5nm厚度范围内的信息。定性分析的基本原理是，以实测光电子谱图与标准谱图相对照，根据元素特征峰的位置（及其化学位移）确定样品表面中存在哪些元素（及这些元素存在于何种化合物中）。标准谱图载于相关手册和资料中，标准谱图中有光电子谱峰与俄歇谱峰位置并附有化学位移数据。

一般利用宽扫描谱图进行定性分析。为了提高定性分析的灵敏度，扫描时应加大通能，提高信噪比。

在分析谱图时，首先必须进行谱峰校准，以消除由荷电位移引起的谱峰位移。金属和半导体样品几乎不会荷电，不用校准谱峰。绝缘样品容易产生显著的荷电效应，导致谱峰结合能发生较大的偏移而造成误判。在使用计算机自动标峰时，同样会产生这种情况。另外，还必须注意携上峰、卫星峰、俄歇峰等这些伴峰对元素鉴定的影响。一般来说，只要某元素存在，其所有的强峰都应存在，否则应考虑是否为其他元素的干扰峰。由于X射线激发源的光子能量较高，可以同时激发出多个原子轨道的光电子，因此一种元素在XPS谱图上会出现多组谱峰。由于大部分元素都可以激发产生多组光电子峰，因此可以利用这些组峰来排除能量相近峰的干扰，这非常有利于元素的定性识别。由于相近原子序数的元素激发出的光电子的结合能有较大的差异而干扰作用很小，因此相邻元素易于识别。

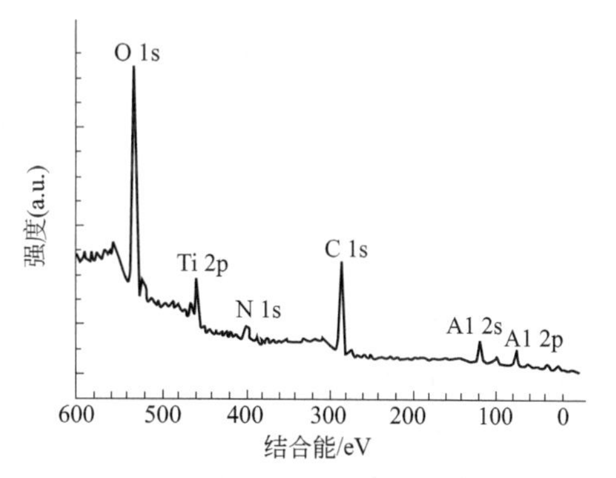

图 12-10　高纯Al基片上沉积的 $Ti(CN)_x$ 薄膜的XPS谱图（激发源为Mg K_α）

图12-10是高纯Al基片上沉积 $Ti(CN)_x$ 薄膜的XPS定性分析图谱。从图中可知，在薄膜表面主要有Ti、N、C、O和Al元素存在，其中，Ti、N的信号较弱，而O的信号很强。分析结果表明，薄膜的主要组成物质是氧化物，而氧的存在会影响 $Ti(CN)_x$ 薄膜的形成。

二、表面元素半定量分析

XPS光电子谱峰强度（峰高或峰面积）与样品组分含量呈线性关系，经过一系列因子（与样品、仪器性能等有关）的修正，可以得到元素半定量分析结果。XPS只能得到以原子分数表示的元素相对含量（通过公式可以转换为质量分数）。所得组成信息并不能反映样品的体相成分。影响其定量分析可靠性的主要因素有：①样品表面的C、O污染以及吸附物的存在；②元素的灵敏度因子；③XPS谱仪对不同能量光电子的传输效率的差异性。

三、表面元素化学价态分析

通过解析XPS谱图可以获得样品表面元素化学价态信息。在进行元素化学价态分析前，应首先对结合能进行正确校准。因为结合能随化学环境的变化幅度较小，而当荷电校准误差较大时，很容易错标元素的化学价态。此外，有一些化合物的标准数据由于仪器状态和实验者的不同而存在很大的差异，在这种情况下这些标准数据仅具有参考价值，最好是自己制备标样，这样才能获得正确的结果。一些化合物的元素没有标准数据，要判断其价态，必须用自制的标样进行对比。有些元素的化学位移很小，在这种情况下，必须利用结合能、谱峰线形及伴峰结构等综合信息，方能获得元素化学价态的信息。

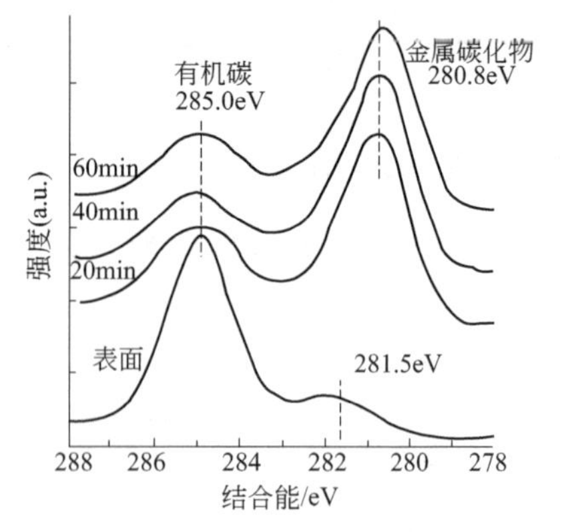

图 12-11　PZT 薄膜中碳的化学价态谱

图 12-11 是 PZT 薄膜中碳的化学价态谱。从图上可见，在 PZT 薄膜表面 C 1s 的结合能为 285.0eV 和 281.5eV，分别对应于有机碳和金属碳化物，其中有机碳是主要成分，可能是由表面污染所致。随着溅射深度的增加，有机碳的信号强度逐渐减弱，而金属碳化物的峰增强，且峰位移至 280.8eV。这一结果说明在 PZT 薄膜内部的碳主要以金属碳化物形式存在。

四、元素成分沿深度方向分布的分析

XPS 可以通过多种方法实现元素沿深度方向分布的分析，常用的方法有 Ar 离子剥离深度分析（Ar 离子束溅射法）、变角 XPS 深度分析和 Tougaard 法等。

Ar 离子束溅射法深度分析的原理是，利用 Ar 离子束与样品表面的相互作用，把表面一定厚度的元素溅射掉，然后用 XPS 分析剥离后的表面元素含量，进而获得元素沿样品深度方向分布的信息。该法是一种破坏性的分析方法，离子溅射过程中会引起样品表面晶格的损伤、择优溅射和表面原子混合等现象。其优点是可以分析表面层较厚的体系，深度分析的速度较快。离子束的束斑面积会影响剥离深度的效率以及深度分辨率。

变角 XPS 深度分析的原理是利用 XPS 的采样深度与样品表面出射光电子的接收角的正弦关系以获得元素浓度与深度关系。该法是一种非破坏性的深度分析技术，只适用于样品非常薄（如 1～5nm）表面层的分析。在运用变角深度分析技术时，必须注意单晶表面的点阵衍射效应、表面粗糙度和表面层厚度等因素的影响。

Tougaard 法是利用激发电子的非弹性散射来对受激原子进行深度定位的技术。该法是一种非破坏性的深度剖析方法，其基本原理是在某一深度的受激电子从固体内出射到表面的过程中会产生能量损失，而这种能量损失会使谱峰的形状发生畸变，畸变的程度取决于电子的运动程长。畸变的结果是在低能量端产生较高的背底。其分析深度最多可以达到 20nm。

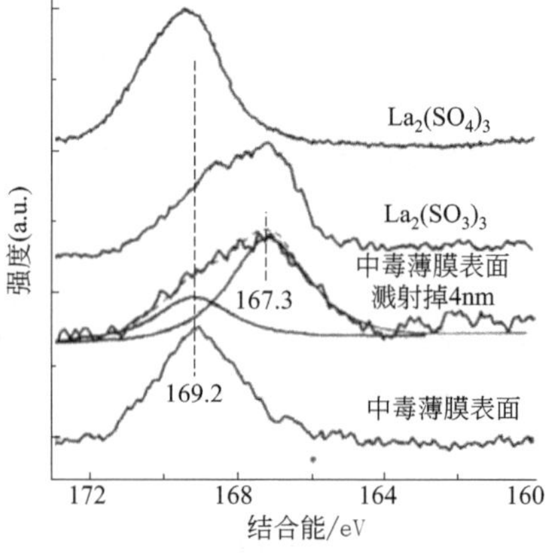

图 12-12　600℃中毒 0.5h 后薄膜样品中的 S 2p 谱

图 12-12 所示为在 600℃时 SO_2 中毒 0.5h 的 $LaCoO_3/Al_2O_3$ 样品的 S 2pXPS 谱。从图中可知，标准 $La_2(SO_4)_3$ 和 $La_2(SO_3)_3$ 中 S 2p 的结合能分别为 169.2eV 和 167.3eV。在中毒膜层表面，S 2p 的结合能为 169.2eV，表明在薄膜表面生成了硫酸盐。当样

品被 Ar 离子束溅射掉 4nm 后，S 2p 谱峰变宽，通过谱图拟合分别对应于 169.2eV 和 167.3eV，其中高结合能位置的 S 2p 谱峰较弱，而低结合能位置的 S 对应于亚硫酸盐，这说明在膜层内部形成了硫酸盐和亚硫酸盐的混合物。膜层不同深度形成的物种不同，这是由膜层的表面和内部所具有的环境氧浓度不同造成的。由此可知，$LaCoO_3$ 催化剂使用过程中的硫中毒机理是 $LaCoO_3$ 与 SO_2 发生了界面扩散和化学反应，生成的硫酸盐和亚硫酸盐破坏了表面的 $LaCoO_3$ 结构，导致其失去催化活性。

五、指纹峰分析

在 XPS 谱中最常见的指纹峰包括携上峰、X 射线激发的俄歇峰以及 XPS 价带峰。在一些材料中，指纹峰可以用来鉴定元素化学价态，研究成键形式和电子结构，是 XPS 常规分析的一种重要补充。

在光电离后，由于内层电子的发射引起价电子从已占有轨道向较高的未占轨道的跃迁，这个跃迁过程即为携上过程，相应地在 XPS 主峰的高结合能端出现的能量损失峰即为携上峰。携上峰是一种较常见的谱线，特别是对于共轭体系会产生较多的携上峰。在有机体系中，携上峰一般由 $\pi \rightarrow \pi^*$ 跃迁所产生，即由价电子从最高占有轨道（HOMO）向最低未占轨道（LUMO）的跃迁所产生。某些过渡金属和稀土金属，由于在 3d 轨道或 4f 轨道中有未成对电子，也常表现出很强的携上效应。

几种碳材料的 C 1s 谱如图 12-13 所示。石墨和碳纳米管 C 1s 的结合能均为 284.6eV，而 C_{60} 的结合能为 284.75eV，仅从结合能的微小差异难以鉴别不同的碳材料。但各碳材料的携上峰结构有明显差异。石墨中碳原子轨道以 sp^2 杂化形成共轭 π 键，导致 C 1s 峰的高能端产生携上伴峰。该峰是石墨的共轭 π 键的指纹特征峰，可以用来鉴别石墨碳。碳纳米管的携上峰基本和石墨的一致，说明其具有与石墨相近的电子结构，碳纳米管中碳原子主要以 sp^2 杂化形成圆柱形层状结构。C_{60} 的携上峰可分解为 5 个峰，这些峰是由 C_{60} 结构中存在共轭 π 键和 σ 键所致。综上所述，既能用 C 1s 的结合能表征碳的存在状态，也可以用其携上指纹峰研究碳的化学状态。

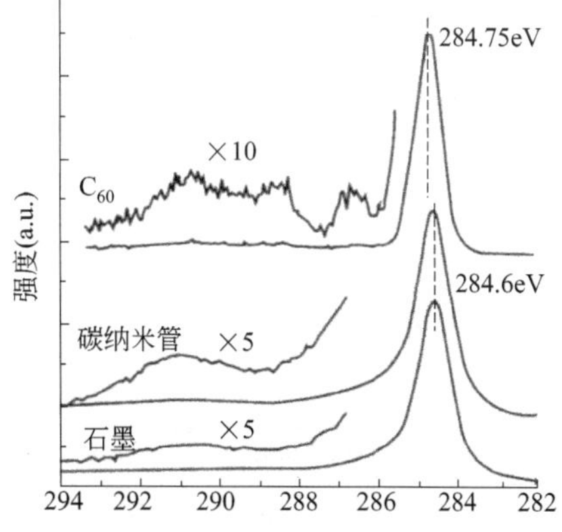

图 12-13 几种碳纳米材料的 C 1s 峰和携上峰谱

典型案例

X 射线光电子能谱仪团簇离子枪溅射对 $CH_3NH_3PbI_3$ 钙钛矿薄膜的影响研究

钙钛矿电池最初是以 $CH_3NH_3PbI_3$（$MAPbI_3$）为代表的三维钙钛矿材料发展起来的，该类材料在有机-无机杂化钙钛矿太阳能电池的发展过程中扮演着极其重要的角色。其中 I^-、Pb^{2+} 与一价的有机阳离子 $CH_3NH_3^+$ 共同形成了 ABX_3 型晶体结构。X 射线光电子能谱（XPS）是表征材料表面成分和结构的主要方法之一。由于待测样品会暴露在空气中，并且在制备过程中不可避免会造成一定的污染（C、O元素）。因此，在对一般样品进行XPS表征时，为了提高采谱质量，通常采用XPS设备配备的团簇离子枪来进行样品表面的清洁。团簇离子枪通过聚集离子团簇来降低每个离子的能量，可以在一定程度上减少带电离子对部分有机材料表面的影响，降低刻蚀损伤。已有文献报道金属卤化铅钙钛矿电池在进行XPS表征时，可以检测到0价Pb（Pb^0）的存在，并被认为是由$CH_3NH_3PbI_3$钙钛矿材料在诸多因素影响下不稳定分解所致。探究该类材料XPS测试过程中Pb^0形成的原因，对正确解读XPS谱图具有重要意义。

1. 原理

进行XPS分析的样品，必须要对其表面进行清洁等预处理，以除去表面附着的各种有机或无机污染物。原位离子束溅射是一种重要的表面清洁方法，采集并比较分析不同溅射工艺条件（如离子束流能量、溅射离子数量和溅射时间等）下样品的XPS图谱，有助于合理确定溅射条件。

2. 仪器与样品

测试仪器为紫外-可见光谱仪（美国安捷伦 Aglient 8453）、多晶X射线衍射仪（德国布鲁克 D8 Venture）和X射线光电子能谱仪（英国赛默飞世尔公司 Escalab Xi $^+$）；辅助设备为真空手套箱和等离子清洗机等。

原料及试剂：PbI_2（纯度99.9%），碘甲氨（纯度99.8%），二甲基亚砜（DMSO）和N,N-二甲基甲酰胺（DMF）等试剂均为分析纯。

钙钛矿薄膜的制备：①FTO导电玻璃清洗。将FTO基底TEC-15（1.5 cm×1.5 cm，15Ω）依次用玻璃清洗剂、丙酮、异丙醇在超声清洗机中处理30min，然后用N_2吹干，最后通过紫外臭氧清洗机对玻璃基底处理30min。②配制1.4mol的$MAPbI_3$钙钛矿前驱液。将0.6454g PbI_2和0.2225g CH_3NH_3I的固体粉末置于4mL的样品瓶中，加入0.8mL DMF和0.2mL DMSO，常温磁力搅拌过夜至溶液透明。溶液使用前用0.22μm PTFE过滤头过滤。③在手套箱中旋涂制膜。将$MAPbI_3$前驱液滴加到导电玻璃上，在1000 r/ min的转速下旋转6s，随后在4000r/ min的转速下旋转60s，在第二旋转阶段的13s滴入400μL的乙酸乙酯进行萃取。④将旋涂得到薄膜放置于100℃平板加热台上加热10min，冷却到室温得到钙钛矿薄膜样品。

3. 测试方法

团簇离子枪MAGCIS为XPS谱仪的附属配件。X射线源为能量1486.6 eV的单色化Al靶，X射线束斑大小为500μm。①采用深度剖析测试模式，将团簇离子枪能量（ion energy）设定为2000eV、刻蚀区域选为2.0mm×2.0mm，团簇规模（cluster size，团簇内氩原子数目）设置为300。分别采集刻蚀0s、30s、60s、90s、120s、150s、180s后样品表面的XPS数据谱图。②保持团簇规模不变，固定刻蚀时间（etch time），改变离子枪能量，获得不同能量下的XPS对比谱图。③选定刻蚀时间与团簇离子枪能量，改变团簇规模对样品进行XPS测试。

4. 结果与讨论

(1) $MAPbI_3$ 薄膜的表征

新制备的 $CH_3NH_3PbI_3$ 薄膜的紫外-可见光吸收谱和 XRD 谱如图 12-14 所示。该薄膜材料在 400～800nm 可见光区域均有较强的吸收，吸收边在 783nm 附近，经计算得出禁带宽度约为 1.58eV。XRD 谱图显示有 $MAPbI_3$ 的 (110)、(200)、(211)、(202)、(220) 和 (310) 晶面。上述分析结果证明制备的样品为四方相结构的钙钛矿材料。

将新制备的钙钛矿薄膜样品置于培养皿中，从手套箱取出后进行 XPS 表征。在整个测试过程中，关闭仪器各舱室 LED 照明光源，以避免其对薄膜造成影响从而导致结构破坏。从图 12-15 中 XPS 全谱可以看出，样品表面含有 C，N，Pb，I 等元素。图 12-15 中 Pb 元素的精细谱图中只有结合能位于 138.4eV 的 Pb $4f_{7/2}$ 和结合能位于 143.2 eV 的 Pb $4f_{5/2}$ 两个特征峰，将这两个峰归属为 Pb^{2+}。谱图中没有发现零价 Pb 的峰，证明该薄膜材料保存良好，没有发生分解。

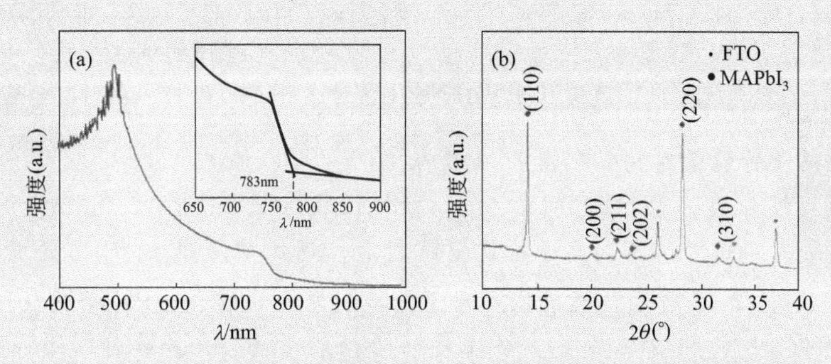

图 12-14 $CH_3NH_3PbI_3$ 薄膜的紫外可见光吸收谱 (a) 和 XRD 谱 (b)

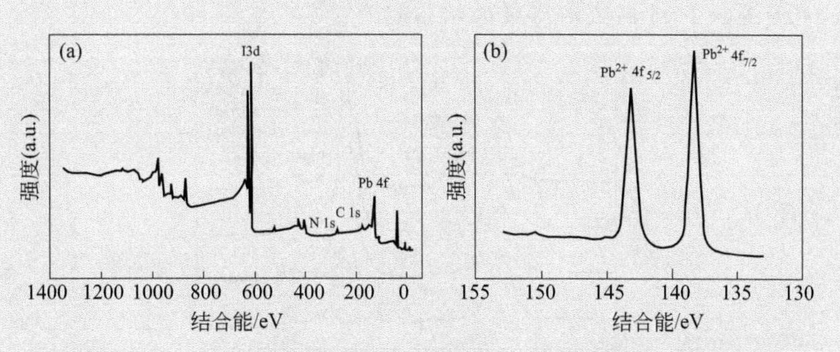

图 12-15 $CH_3NH_3PbI_3$ 薄膜 XPS 全谱 (a) 和 Pb 的窄扫谱图 (b)

(2) 溅射时间对钙钛矿薄膜的影响

为研究不同团簇离子枪溅射时间对钙钛矿薄膜的影响，每刻蚀 30s 后对样品进行 XPS 扫描测试，团簇规模选定为 300，离子枪能量设定为 2000eV，刻蚀区域选为 2.0mm×2.0mm。在整个离子枪溅射过程中，X 射线源保持停止状态，同时在进行 XPS 测试时，离子枪待机。图 12-16(a) 为样品不同刻蚀时间 Pb 元素的精细谱图。从图中可以看出进行溅射时，样品表面只含有 Pb^{2+}；随着溅射时间的增加，谱峰位于 136.9eV 的 Pb^0 逐渐显现出来。扣除 Shirley 背景后，如图 12-16(b) 所示。对不同溅射时间的 XPS 谱图进行分峰拟合，得出 2 种价态 Pb 的峰面积比，进而计算出 Pb 元素的相对还原百分比。随着溅射时间的逐渐增加，还原态的 Pb^0 相对含量逐渐升高。当溅射时间为 30s 时，约 4% 的 Pb^{2+} 被还原成 Pb^0；当溅射时间为 180 s 时，约 14.4% 的 Pb^{2+} 被还原为 Pb^0。由此可见，溅射时间越长，对钙钛矿薄膜材料的破坏程度越大。因此，当对样品进行表面清洁时，应尽量减少 $MAPbI_3$ 表面的溅射时间。

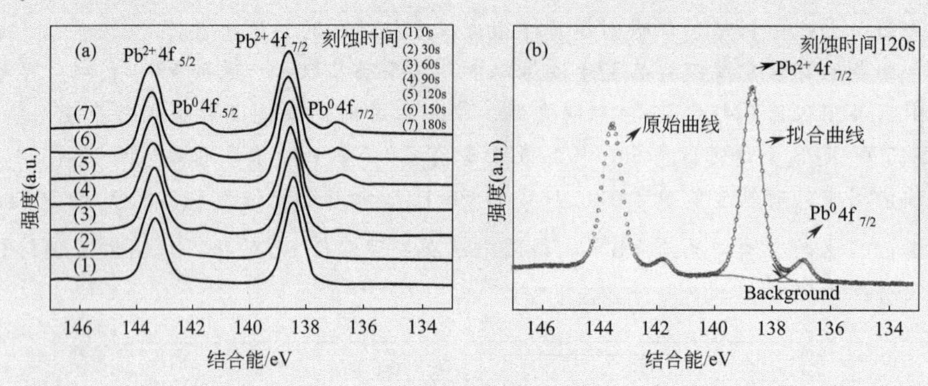

图 12-16　$CH_3NH_3PbI_3$ 薄膜不同溅射时间 XPS 对比图（a）和 120s 溅射拟合图（b）

（3）团簇离子枪能量对钙钛矿薄膜的影响

选定团簇规模为 300，刻蚀时间为 60s，刻蚀区域为 2.0mm×2.0mm，调节团簇离子枪溅射能量，分别得出经过不同离子枪能量溅射后，钙钛矿薄膜表面 Pb 元素的 XPS 高分辨精细谱图。如图 12-17 所示，随着团簇离子枪溅射能量的增大，Pb^0 峰明显增强。通过分峰拟合计算得出 Pb 的相对还原量。当团簇离子枪能量为 2000eV 时，Pb 的还原量仅为 4.88%，而当能量增大到 8000eV，其相对还原量增长到 12.94%。由此可见，团簇离子枪发射的团簇的能量越大，对钙钛矿薄膜的损伤越严重。

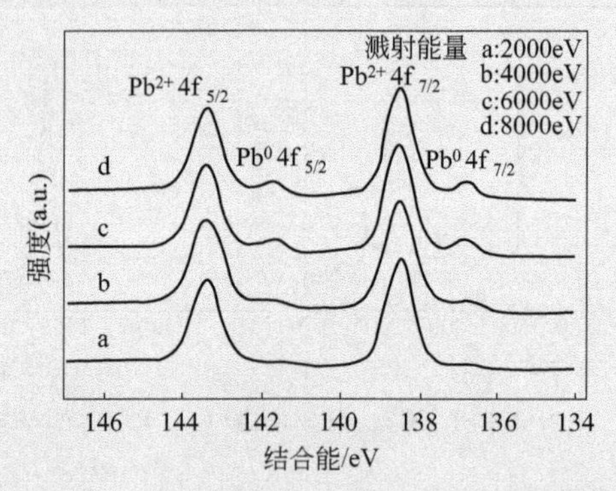

图 12-17　不同离子枪溅射能量 XPS 对比图

（4）团簇规模对钙钛矿薄膜的影响

团簇离子枪可以通过调整团簇中氩原子的数量形成不同规模的离子团簇，从而极大减小单个离子的能量，降低刻蚀损伤。固定团簇离子枪的刻蚀能量为 4000eV，刻蚀区域为 2.0mm×2.0mm，溅射时间为 100s，不同团簇规模下 $MAPbI_3$ 薄膜材料表面 Pb 元素的高分辨 XPS 谱图如图 12-18 所示。经过溅射后，不同团簇规模下的各组测试均出现明显的 Pb^0。

采用分峰拟合的方法对两种状态的Pb进行定量分析。随着离子枪团簇规模的增大，Pb的相对还原量先升高，随后降低。如图12-18(b) 所示，Pb的相对还原量与团簇规模呈现近抛物线关系，这可能是由于团簇溅射为物理过程，对样品伤害的大小取决于团簇基团的动量。因此，根据Pb相对还原量的不同，为减小团簇离子枪溅射对钙钛矿薄膜的影响，应选择较小或较大的团簇模式。

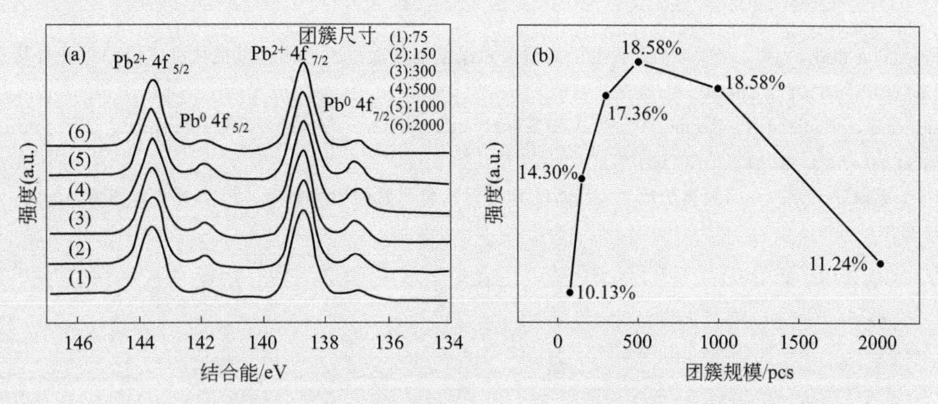

图 12-18 不同团簇规模 XPS 对比图（a）和 Pb 的相对还原量曲线图（b）

5. 结论

以 $MAPbI_3$ 钙钛矿薄膜材料为例，通过XPS分析手段证实了用于清洁样品表面污染的团簇离子枪溅射会对钙钛矿材料产生破坏作用。研究表明，短时间低能量的团簇离子枪溅射对钙钛矿样品的伤害较小。同时，离子枪的团簇规模与样品损失大小呈近抛物线关系，应尽量选择较小或较大规模的团簇模式来进行样品的表面清洁。研究结果对类似的其他类型的钙钛矿样品在进行XPS分析测试时具有实际指导价值。

参考文献

[1] 黄惠忠．表面化学分析 [M]. 上海：华东理工大学出版社，2007.

[2] 刘世宏，王当憨，潘承璜．X射线光电子能谱分析 [M]. 北京：科学出版社，1983.

[3] 杜希文，原续波．材料分析方法 [M]. 天津：天津大学出版社，2014.

[4] 朱永法，宗瑞隆，姚文清．材料分析化学 [M]. 北京：化学工业出版社，2009.

[5] 黄新民．材料研究方法 [M]. 哈尔滨：哈尔滨工业大学出版社，2012.

[6] 王富耻．材料现代分析测试方法 [M]. 北京：北京理工大学出版社，2006.

[7] 张锐．现代材料分析方法 [M]. 北京：化学工业出版社，2007.

[8] 徐祖耀，黄本立，鄢国强．中国材料工程大典，第26卷，材料表征与检测技术 [M]. 北京：化学工业出版社，2006.

[9] 谷亦杰，宫声凯．材料分析检测技术 [M]. 长沙：中南大学出版社，2009.

[10] 李银环．现代仪器分析 [M]. 西安：西安交通大学出版社，2016.

[11] 孙东平．现代仪器分析实验技术 [M]. 北京：科学出版社，2015.

[12] John F Watts，John Wolstenholme. An Introduction to Surface Analysis by XPS and AES [M]. England：John Wiley & Sons Ltd，2003.

[13] 田丹碧．仪器分析 [M]. 北京：化学工业出版社，2015.

[14] 张素伟，姚雅萱，高慧芳，等．X射线光电子能谱技术在材料表面分析中的应用 [J]．计量科学与技术，2021，

1：40-44.

[15] 余锦涛，郭占成，冯婷，等.X射线光电子能谱在材料表面研究中的应用［J］.表面技术，2014，43（1）：119-124.

[16] 张滢，闵嘉华，梁小燕，等.碲锌镉表面钝化层深度剖析及钝化工艺优化［J］.上海大学学报（自然科学版），2020，26（4）：538-543.

[17] 杨乔，程晓农.新型奥氏体耐热钢钝化膜的XPS谱研究［J］.材料保护，2018，51（7）：20-23.

[18] 张利冲，许文勇，李周，等.镍基高温合金GH4169粉末表面氧化特性［J］.航空材料学报，2020，40（6）：1-7.

[19] 陈静允，龙银花，左宁，等.X射线光电子能谱法和深度剖析法检测CdS薄膜的成分［J］.理化检验（化学分册），2012，53（1）：28-33.

[20] Dudrica R，Vladescu A，Rednica V，et al. XPS study on $La_{0.67}Ca_{0.33}Mn_{1-x}CoxO_3$ compounds［J］. Journal of Molecular Structure，2014，1073：66-70.

[21] 单宇，蔡斌，王秀娜.团簇离子枪对$CH_3NH_3PbI_3$钙钛矿薄膜的影响研究［J］.分析试验室，2021，40（3）：281-285.

第五篇
材料热分析法

第十三章

热分析法

热分析（thermal analysis，TA）法是在程序控制温度下测量物质的物理性质（如质量、温度和热量等）与温度关系的一类技术，包括热重法、差热法、差示扫描量热法和热机械法等一系列方法。物质受热或冷却过程中发生的脱水、分解、氧化、还原、吸附、脱附和晶型晶相变化等各种物理转变与化学反应均可通过热分析法来研究。热分析法是现代结构分析法中应用面非常宽的方法之一，广泛应用于化学、物理学、材料科学、高分子科学、地球科学、石化和医药学等各学科和工业技术领域。

第一节 热分析法分类

国际热分析及量热协会（International Confederation for Thermal Analysis and Calorimetry，ICTAC）对热分析技术给出的定义为：在程序控温和规定气氛下测量物质某种物理性质与温度和时间关系的一类技术。该定义包括如下三方面内容：①测量必须在程序控制的温度下进行，一般指线性升（降）温，也包括恒温、循环或非线性升、降温，或温度的对数或倒数程序；②测量的参数必须是一种物理量（如质量、温度、热量和力学、光、电等特性）；③测量参数必须能直接或间接表示成温度的函数关系。

根据所测物质物理性质的不同，将现有的热分析法大致分为 9 类 19 种（表 13-1），其中差热分析法、差示扫描量热法、热重法和热机械分析法是最常用的几种热分析方法。

表 13-1　热分析方法分类

物理性质	方法名称	简称	物理性质	方法名称	简称
质量	热重法	TG	尺寸	热膨胀法	TD
	逸出气体检测法	EGD	力学特性	热机械分析法	TMA
	逸出气体分析法	EGA	声学特性	动态热机械分析法	DMA
	放射热分析法		光学特性	热发声法，热传声法	
	热颗粒分析法			热光学法，热折光法，热释光法	
温度	差热分析法	DTA	电学特性	热电学法，热介电法，热释电法	
热量	差示扫描量热法	DSC	磁学特性	热磁学法	

第二节 差热分析法

差热分析（differential thermal analysis，DTA），是指在程序控温下，测量物质和参比物的温度差与温度或者时间关系的一种测试技术。

一、差热分析法基本原理

物质在加热或冷却过程中发生物理化学变化（如升华、熔融、氧化、还原、分解等）的同时，往往伴随吸热或放热效应。另有一些物理变化如玻璃化转变，虽无热效应发生，但比热容等某些物理性质也会发生改变。物质发生焓变时质量不一定改变，但温度必定变化。

差热分析仪一般由加热炉、温度控制系统、差热系统以及信号放大记录等部分组成（图 13-1），其中差热系统主要由热电偶、均热板（块）和试样坩埚等部件组成。

加热或冷却操作过程中，被测试样的热效应通过示差热电偶闭合回路中温差电动势的变化而反映出来。温差电动势大小取决于试样本身的热特性，与温度差 ΔT（T 为温度）成正比。记录 ΔT-T 或 ΔT-t（t 为时间）关系的曲线称为差热曲线（DTA 曲线）。

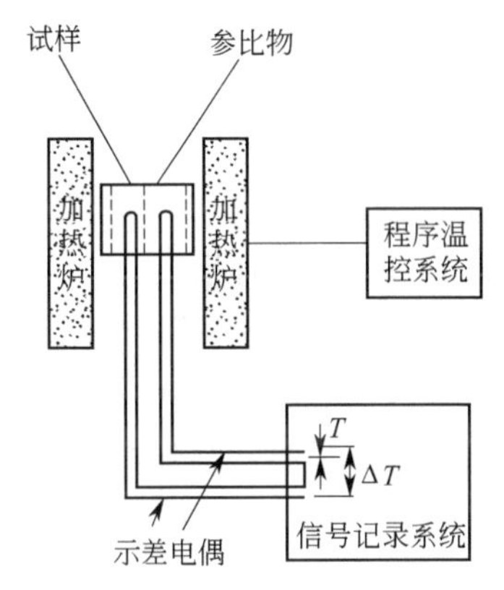

图 13-1 差热分析仪结构示意图

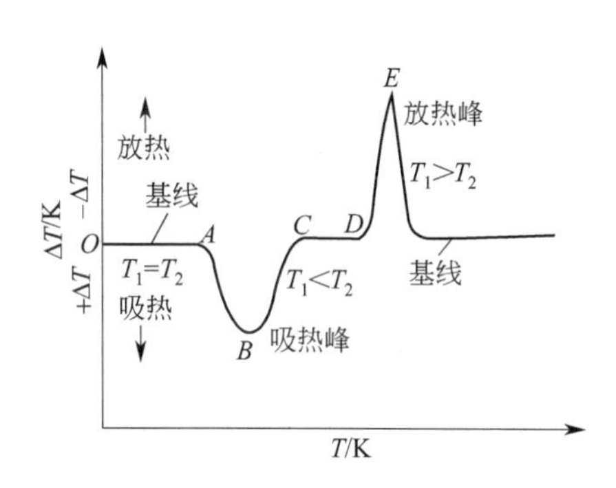

图 13-2 典型的 DTA 曲线

典型的 DTA 曲线如图 13-2 所示，其横坐标为温度 T 或时间 t，纵坐标为试样与参比物的温度差 ΔT。一些有关 DTA 曲线的术语如下：

① 基线：ΔT 近似于 0 的区段（图 13-2 中 OA，CD）。

② 峰：离开基线后又返回基线的区段（如 ABC）。

③ 峰宽：离开基线后又返回基线之间的温度间隔（或时间间隔）（如 AC）。

④ 峰面积：峰与内切基线所围之面积（如 $ABCA$）。

需要指明的是，峰高是指峰顶至内插基线间的垂直距离，表示试样与参比物之间的最大温差；而峰温是指峰顶对应的温度。DTA 曲线中的峰反映了试样的放热或吸热过程，峰的数目表示物质发生物理、化学变化的次数，峰的位置表示物质发生相应变化的转变温度；峰的方向表明发生热效应的正负性，一般规定吸热峰向下，放热峰向上；相同条件下，峰面积大的热效应也大。峰数、峰位、峰型（宽度、高度、对称性）可作为物质鉴定的依据。

二、影响差热数据的因素

1. 仪器因素

主要有加热炉的形状与尺寸、均温块体材料热导率、样品支持器、坩埚材料与形状和差热电偶性能等。

2. 实验条件因素

(1) 升温速率

升温速率主要影响 DTA 曲线的峰位、峰型和相邻峰的分辨率。一般升温速率大，峰顶温度向高温方向移动，峰形明锐，峰面积增加。若升温速率不稳定，会使基线偏移、弯曲，甚至造成假峰。升温速率的选择应考虑多种因素，如试样传热性差、仪器灵敏度较高，升温速率就应慢些。升温速率选择适当，可得到真实表征试样热效应特性的 DTA 曲线，有利于研究分析。

(2) 气氛

气氛的种类与压力大小会给有气体参与的反应产生不同的影响。当试样在热变化过程中有气体释放或与气氛组分发生作用时，气氛对可逆的固体热分解反应 DTA 曲线的影响很大，而对不可逆的固体热分解反应影响不大。对于易氧化的试样，分析时可通入氮气或氦气等惰性气体。惰性气氛虽不参与试样的变化过程，但其压力对试样的变化过程（包括反应机理）会产生影响。

(3) 样品量

试样量对热效应的大小和峰的形状有如下显著的影响：①试样量增加，DTA 峰面积增加，并使基线偏离零线的程度增大。增加试样量还会使试样内的温度梯度增大，并相应地使热变化过程所需的时间延长，从而影响峰温。另一方面，对有气体参加或释放气体的反应，因气体扩散阻力加大抑制了反应的进行，常使热变化过程延长，这将导致相邻热变化过程峰的重叠和使分辨率降低。②试样量小，差热曲线出峰明显、分辨率高，基线漂移小，不过对仪器灵敏度的要求也高。试样量若过少，会使本来就很弱的峰消失；在试样均匀性较差时，还会使实验结果缺乏代表性。

(4) 样品粒度

样品粒度会影响 DTA 峰形和峰位，尤其对有气相参与的反应更为明显。样品粒度大，样品容易受热不均匀，导致峰温偏高，反应温度范围扩大。但对易分解产生气体的样品，粒度应大些。一般实验以采用小颗粒试样为好，将样品磨细过筛后紧密装填在坩埚中即可。

(5) 参比物与试样的对称性

参比物与试样的用量、相对密度、粒度、比热容及热传导性都应尽可能一致，否则可能出现 DTA 基线偏移和弯曲，甚至造成缓慢变化的假峰。参比物必须符合在所使用的温度范围内是热惰性的。最常用的参比物为 α-Al_2O_3 和空坩埚。

三、差热分析法应用

1. 定性分析

依据 DTA 曲线中各种吸热峰与放热峰的数目、峰位、峰形等可定性分析物质的物理、化学变化过程。表 13-2 列出差热分析中物质吸热和放热的原因，可供分析时参考。

表 13-2　差热分析中产生吸热峰与放热峰的原因

物理原因			化学原因		
现象	吸热	放热	现象	吸热	放热
结晶转变	√	√	化学吸附		√
熔融	√		析出	√	

续表

物理原因			化学原因		
现象	吸热	放热	现象	吸热	放热
气化	√		脱水	√	
升华	√		分解	√	√
吸附		√	氧化度降低		√
脱附	√		氧化(气体中)		√
吸收	√		还原(气体中)	√	
			氧化还原反应	√	√

应用 DTA 可对部分化合物进行鉴别，主要根据物质的相变（包括熔融、升华和晶型转变等）和化学反应（包括脱水、分解和氧化还原等）所产生的特征吸热或放热峰。有些材料常具有比较复杂的 DTA 曲线，虽然有时不能对 DTA 曲线上所有的峰做出解释，但是它们像“指纹”一样表征着材料的种类。

2. 定量分析

定量分析是指采用精确测定物质热反应产生的峰面积，再以各种方式确定物质在混合物中的含量的方法。通常采用定标曲线法、单物质标准法和面积比法等方法进行定量分析。

3. 玻璃化转变温度的测定

玻璃化转变是一种类似于二级转变的转变，它与结晶、熔融等一级转变（相变）不同，其自由焓对玻璃化转变温度 T_g 的一阶导数连续，二阶导数不连续。由于材料比热容在 T_g 处会产生一个跳跃式的增大，因此在 DTA 曲线上 T_g 附近会出现一个“伪吸热峰”，该峰实际上是焓松弛所致，而非由吸热效应引起。图 13-3 为聚苯乙烯的 DTA 曲线及其对应的 T_g，由于聚苯乙烯玻璃态与高弹态的比热容不同，因而与玻璃化转变相对应，DTA 曲线上出现了转折。由图 13-3 可知，T_g＝82℃。

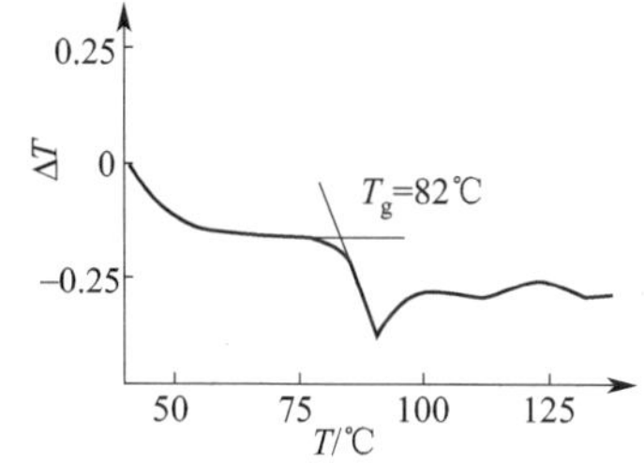

图 13-3　聚苯乙烯的 DTA 曲线及 T_g

第三节 差示扫描量热法

差示扫描量热法（differential scanning calorimetry，DSC）是在程序控制温度下，测量输入到试样和参比物的能量差与温度之间关系的一种技术。DSC 热分析过程中通过对试样的能量变化进行及时补偿，使试样与参比物始终保持无温差，无热传递，热损失小，检测信号强，能克服 DTA 在热量定量分析上存在的不足，分析灵敏度和精度都有所提高。DSC 不仅可涵盖 DTA 的一般功能，还可定量地测定各种热力学参数（如热焓、熵和比热容等）。

一、差示扫描量热法基本原理

差示扫描量热仪由加热系统、程序控温系统、气体控制系统、制冷设备等几部分组成。根据所用测量方法的不同，可分为功率补偿型 DSC（图 13-4）和热流型 DSC（图 13-5）两种基本类型。

功率补偿型 DSC 采用零点平衡原理，核心部件为一功率补偿放大器。整个仪器由两个控制系统进行监控，其中一个控制温度，使试样和参比物在预定速率下升温或降温，另一个控制系统用于补偿试样和参比物之间所产生的温差，即当试样由于热反应而出现温差时，通过功率补偿放大器使得试样与参比物之间无温差（$\Delta T=0$，零点平衡）、无热交换。补偿的能量就是试样吸收或放出的热量。

热流型 DSC 主要通过测量加热过程中试样吸收或放出热量的流量来达到分析的目的，其基本结构与 DTA 相近，但 DSC 的感温元件置于样品外面，紧靠试样和参比物。样品与参比物共用单一热源进行加热，先测得样品与参比物的温度差 ΔT，再把测量到的 ΔT 经过转换得到热焓值 ΔH。由于高温时试样和周围环境的温差较大，热量损失较大，故在等速升温的同时，仪器会自动补偿因温度变化对试样热效应测量的影响。

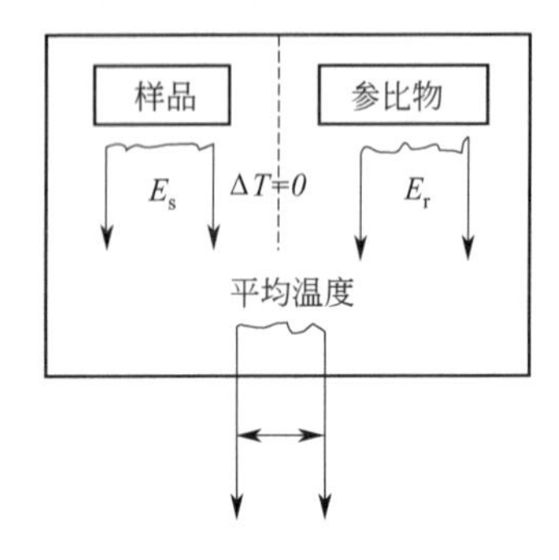

图 13-4 功率补偿型 DSC 原理

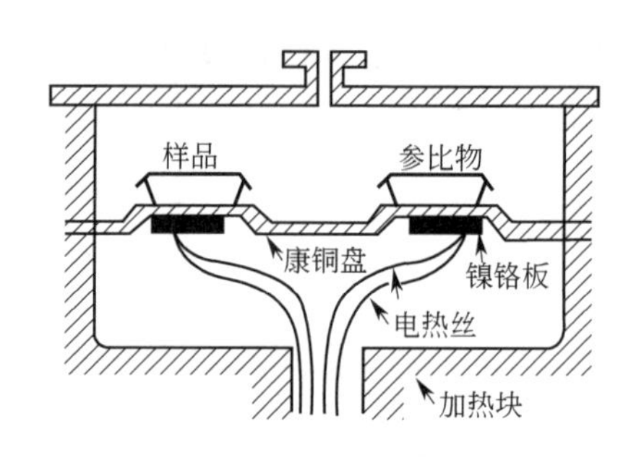

图 13-5 热流型 DSC 原理

记录样品与参比物之间在 $\Delta T=0$ 时所需的能量差与温度（或时间）变化关系的曲线称为差示扫描量热曲线（或 DSC 曲线）（图 13-6）。

DSC 曲线的纵坐标为反映样品吸放热速率的热流量差或热功率差，以 $d(\Delta H)/dt$ 表示时，单位为 mJ/s；以 dQ/dt 表示时，单位为 mW/s；横坐标为温度或时间。

曲线离开基线的位移代表试样吸热或放热的速率，峰面积代表热量的变化，即热焓变化 ΔH，其表达式为

$$\Delta H=m\Delta H_m=KA \tag{13-1}$$

式中，ΔH_m 为单位质量试样的焓变；m 为试样质量；A 为峰面积；K 为修正系数，亦称为仪器常数，可由标准物质试验确定。对于已知 ΔH 的试样，测出其相应的 A，按照上式即可求得 K。这里的 K 不随温度和操作条件而变，因此 DSC 比 DTA 定量性好。

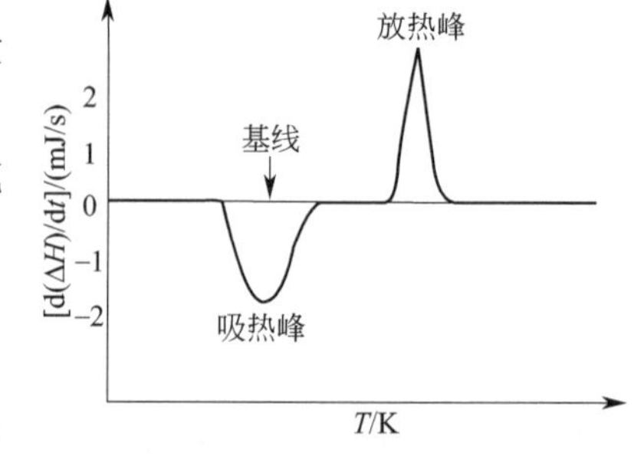

图 13-6 典型 DSC 曲线

二、影响差示扫描量热数据的因素

影响 DSC 和 DTA 曲线的因素基本相同，既有仪器因素，也有实验条件和样品状况等因素，具体情况可参考 DTA 曲线的相关内容。

三、差示扫描量热法数据的标定

DSC 对样品结构与性能进行分析的主要依据是 DSC 曲线所指示的温度与峰面积，因此

需要对仪器的温度及热量测量的准确度要经常进行标定。标定的方法是，在与测定样品DSC曲线完全相同的条件下，测定已知熔融热物质的升温熔化曲线，以确定DSC峰所指示的温度和单位峰面积所代表的热量值。

1. 温度的标定

为确立热分析试验的共同依据，ICTAC确定了供DSC用的ICTA-NBS检定参样（certified reference materials，CRM），如表13-3所示，并已被ISO、IUPAC和ASTM所认定。

2. 热焓的标定

表13-3同时给出了标定物质的热焓值。对仪器应定期进行标定，每次至少用两种不同的标准物质标定，试验温度必须在标定的温度范围之内。若仪器测得的温度与标准值有差别，则可通过调整仪器使之与标准相合。

表13-3　热焓标定物质的熔点与熔化焓

元素或化合物的名称	熔点/℃	熔化焓/(J/g)	元素或化合物的名称	熔点/℃	熔化焓/(J/g)
联苯	69.26	113.41	铅	327.5	22.6
萘	80.3	149.0	锌	419.5	113.0
苯甲酸	122.4	148.0	铝	660.2	396.0
铟	156.6	28.5	银	690.8	105.0
锡	231.9	60.7	金	1063.8	62.8

四、差示扫描量热法应用

DSC克服了DTA以温度差间接表达物质热效应的缺陷，可定量测定多种热力学和动力学参数，且可进行物质细微结构的分析等工作。

1. 焓变的测定

若已测定仪器常数K，则按测定K时相同的实验条件测定试样DSC曲线上的峰面积，根据式(13-1)即可计算出试样的焓变ΔH（或单位质量焓变ΔH_m）。

2. 比热容的测定

比热容是指1g物质温度升高1K时所吸收的显热。DSC分析中升温速率为一定值，而试样的热流率是连续测定的，所测定的热流率与试样瞬间比热容成正比，其关系式为

$$\frac{d(\Delta H)}{dt}=mc_p\frac{dT}{dt} \tag{13-2}$$

式中，c_p为比定压热容；dT/dt为程序控制升、降温速率。

试样比热容的测定通常是以蓝宝石作为标准物，其在不同温度下的精确比热容值可从有关文献查到。首先测定空白基线，即无试样时的DSC曲线；然后在相同条件下分别测得蓝宝石与试样的DSC曲线，即可根据式(13-2)求出试样在任一温度下的比热容。

3. 结晶度的测定

聚合物结晶度W_c的定义为：结晶部分熔融所吸收的热量与100%结晶的同类聚合物熔融所吸收的热量之比；也可定义为聚合物结晶所放出的热量与形成100%结晶所放出的热量之比。计算结晶度的公式如下

$$W_c=\frac{\Delta Hm_s}{\Delta Hm_R} \tag{13-3}$$

式中，ΔH_{m_R} 为相同化学结构、100%结晶的同类样品的熔融热焓，可从有关文献手册和工具书中查找或通过其他方法获得；ΔH_{m_s} 为样品的熔融热焓。

4. 玻璃化转变温度的测定

图 13-7 是测定非晶态聚合物材料玻璃化转变温度 T_g 的典型 DSC 曲线示意图。由于在 T_g 时材料的热容变化会使 DSC 的基线发生平移，因此 DSC 曲线上显示出明显的转变区。图中 A 点是 DSC 曲线开始偏离基线的点，是玻璃化转变的起始点，把低温区的基线由 A 点向右外延，并与转变区切线相交的 B 点作为外推起始温度点，该温度即为 T_g。

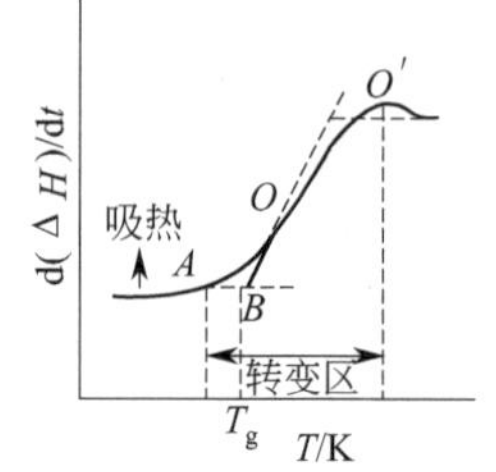

图 13-7　用 DSC 曲线测定 T_g 值

由于聚合物材料的玻璃化转变是一种非平衡过程，进行 DSC 分析时的操作条件和样品状态会对实验结果有很大影响。其中升温速率越快，玻璃化转变越明显，相应的 T_g 值也越高。测 T_g 时常用 10℃/min 的升温速率。样品的热历史对 T_g 也有明显的影响，因此需消除热历史的影响才能保证同类样品 T_g 的可比性。消除热历史的方法是将样品进行退火处理，退火温度应高于样品的玻璃化转变温度，但若要消除结晶对 T_g 的影响，则应加热到熔点以上才能消除热历史。此外，样品中残留的水分或溶剂等小分子化合物有利于聚合物材料分子链的松弛，从而使测定的 T_g 值偏低。因此在试验前，应将样品充分烘干，以彻底去除其中残留的水分或溶剂。

5. 结晶温度、熔融温度和平衡熔融温度测定

(1) 结晶温度 T_c

将晶质试样 DSC 降温曲线中曲线偏离基线开始放热的温度称为开始结晶温度（通常以外推温度作为起始结晶温度），同样可得到结晶终止温度和峰尖温度（最大结晶速率温度）。一般将峰尖温度作为材料的结晶温度。结晶温度的确定受降温速率的影响。

(2) 熔融温度（熔点）T_m

在 DSC 曲线上，晶质聚合物材料在通常的升温速率熔化时并不显现明确的熔点，而是会出现一个覆盖一小段温度范围的熔程（测 T_m 时一般要加热至比熔融终止温度高约 30℃）。其中开始吸热（曲线偏离基线）的温度被认为是开始熔化温度，而曲线重新回到基线的温度为熔融结束温度。有两种从 DSC 曲线上确定 T_m 的方法：

① 把晶体完全熔化完了的温度作为该晶质有机材料的熔点，但此温度并非曲线重新回到基线的温度，而是外推熔融终止温度，即由高温侧基线向低温侧延长的直线和通过熔融峰高温侧曲线斜率最大点所引切线的交点温度。

② 把峰尖的温度作为熔点。一般将熔融终点温度作为材料的熔点，但在如下两种情况下，则宜将峰尖温度作为熔点：一种情况是材料的熔融终点会因拖尾太长而难以判断，由此得到的外推熔融终止温度会因人而异；另一种情况是出现两个相连但独立的熔融峰，此时并不能清楚地看到第一个熔融峰的熔融结束温度。

此外，熔点的确定还受升温速率以及热历史的影响，升温速率与温度标定速率一致时更为准确。

(3) 平衡熔融温度 T_m^0

材料的平衡熔点即热力学熔点。晶质聚合物材料晶区的结构规整程度变化很大，因此实际测量的熔点常低于平衡熔点。由于结构完全规整的晶型难以得到，实际中可用间接方法获得 T_m^0，即测定不同结晶温度 T_c 下等温结晶所得到的系列样品的 T_m，以 T_m 对 T_c 作图，并将 T_m 对 T_c 的关系图外推到与 $T_c=T_m$ 的直线相交，其交点即为该样品的 T_m^0。这种方法依据的原理是，材料晶体的结构规整程度与结晶温度有关，结晶温度越高，生成的晶体结构也越规整，其相应的熔融温度也越高。

6. 等温结晶动力学研究

聚合物材料的结晶过程可分为等温和非等温结晶，其中等温结晶不涉及降温速率的动态过程，避免了试样内温度梯度的影响，理论处理相对容易。等温结晶研究是揭示材料结晶行为常用的方法之一。

图 13-8 是典型的等温结晶 DSC 曲线。为得到结晶时间适宜和较为完整的结晶曲线，一般应选择结晶温度在熔融温度 30℃以下左右。若选择的结晶温度过低，从熔融态尚未达到该温度时即可能发生结晶；若选择的结晶温度过高，则结晶完成时间延长，结晶速度趋于变缓，甚至可能长时间不能结晶。比较合适的结晶温度是从熔融温度以最快的降温速率到达所设定的结晶温度后，经一定的结晶诱导期后即出现明显的放热峰。实验时，样品量一般选择 5～10mg，升温至熔点以上 10～30℃，并在该温度停留 2～5min，然后降温至所设定的结晶温度。

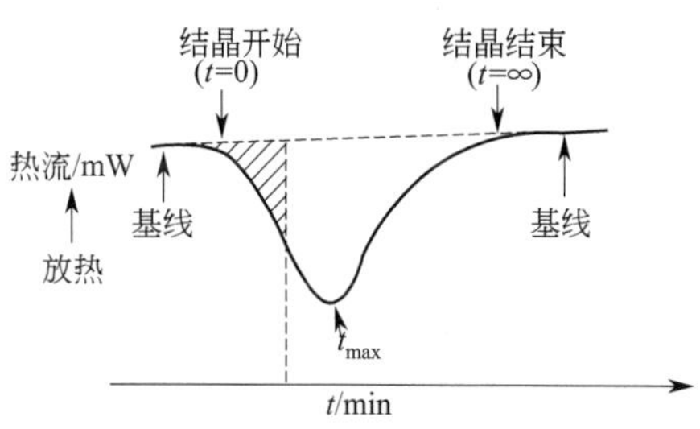

图 13-8　等温结晶 DSC 曲线

聚合物材料的等温结晶过程主要有 3 种方法处理，但一般用处理小分子等温过程的经典 Avrami 方程描述，其表达式为

$$1-\alpha(t)=\exp[k(T)t^n] \tag{13-4}$$

式中，$\alpha(t)$ 为时间 t 时的结晶分数（相对结晶度）；$k(T)$ 为与温度有关的速率常数；n 为 Avrami 指数，与成核机理和生长方式有关。

对上式两边取两次对数后可得

$$\ln[-\ln(1-\alpha)]=\ln k+n\ln t \tag{13-5}$$

由式(13-5) 可知，从 DSC 曲线上求出结晶度 α 后，由非晶部分的量（非晶分数）的双对数与时间对数作图得一直线，从直线截距可求得 k，由直线斜率可求出 n。直线最后部分可能产生的偏离说明高分子和小分子结晶行为的区别。一般认为聚合物材料的结晶过程可分为两个阶段，其中符合 Avrami 方程的直线部分称为主结晶期，偏离 Avrami 方程的非线性部分称为次结晶期。

7. 非等温结晶动力学研究

聚合物材料加工过程中，结晶过程都是在非等温条件下进行的，研究非等温结晶动力学可获得活化能、结晶速率、成核机理和晶体生长等信息，具有重要的理论和实际意义。

非等温结晶主要是指等速降温结晶。非等温结晶研究的 DSC 实验过程较为简单，将结晶材料升温至熔点以上 10～30℃，停留数分钟以消除热历史，然后以一定速率（通常为 10℃/min）降温，就可以得到类似等温结晶的曲线。与等温结晶的不同之处是增加了降温速率的变化，因此非等温动力学的理论处理中包含了降温速率的影响。非等温结晶动力学的处理方法多采取对 Avrami 方程的修正，也有的采用不同于 Avrami 方程的宏观动力学方程，主要包括：Kissinger 法、Ozawa 法、Jeziorny 法以及莫志深等提出的方法等，不同结晶性的聚合物材料可能适用不同的非等温结晶理论。其中最为常见的处理方法包括以下 4 种。

（1）Kissinger 法

Kissinger 法是 20 世纪 50 年代提出的，其数学模型是

$$\frac{\mathrm{dln}\left(\frac{\beta}{T_{\max}^{2}}\right)}{\mathrm{d}\left(\frac{1}{T_{\max}}\right)}=\frac{\Delta E}{R} \tag{13-6}$$

式中，β 为样品降温速率；$T_{\max}$ 为对应 DSC 结晶峰位的热力学温度。不同的 β 对应着不同的 $T_{\max}$ 值，用 $\ln(\beta/T_{\max}^2)$ 对（$1/T_{\max}$）作图，可得一条直线，从直线斜率可求出结晶活化能 ΔE。

（2）Ozawa 法

Ozawa 法是 20 世纪 70 年代初提出的基于结晶的成核和生长理论来处理材料非等温结晶的方法。Ozawa 方程如下

$$1-\alpha=\exp\left[\frac{-K(T)}{\beta^{m}}\right] \tag{13-7}$$

式中，$K(T)$ 为冷却函数；β 为样品的降温速率；m 为与成核机理和晶体生长维数有关的常数，类似于 Avrami 方程中的 n。在给定的结晶温度 T_c 下，以 $\lg[-(1-\alpha)]$ 对 $\lg\beta$ 作图，可得到一直线，其截距为 $K(T)$，斜率为 m。

（3）Jeziorny 法

Jeziorny 法是 20 世纪 70 年代提出的方法。该法是基于等温结晶动力学的假设，对 Avrami 动力学方程进行修正，主要是修正等温结晶速率常数 K。假设非等温结晶样品的降温速率 β 为恒定值，则相应的结晶速率常数 K_c 可表示为

$$\lg K_c=\frac{\lg K}{\beta} \tag{13-8}$$

（4）莫志深等提出的方法

莫志深等结合 Avrami 和 Ozawa 方程，于 1997 年提出了如下非等温结晶动力学方程

$$\lg\beta=\lg F(T)-\alpha\lg t \tag{13-9}$$

式中，β 为降温速率；$F(T)$ 和降温速率有关；$\alpha=n/m$；t 为结晶时间。

在某一给定的相对结晶度时，以 $\lg\beta$ 对 $\lg t$ 作图可得一直线，其截距为 $F(T)$，斜率为 α。$F(T)$ 可理解为在单位时间内达到某一结晶度时所采取的降温速率。

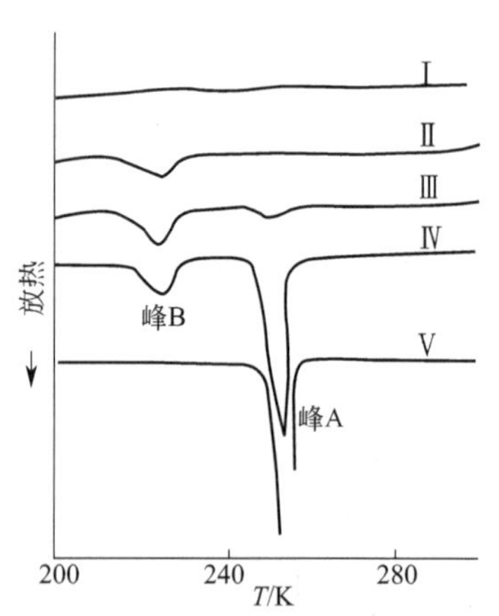

图 13-9　亲水聚合物吸水后的降温 DSC 曲线

Ⅰ—非冻结水；Ⅱ—非冻结水+可冻结键合水；Ⅲ，Ⅳ—非冻结水+可冻结键合水+自由水；Ⅴ—自由水

8. 水与聚合物的相互作用研究

DSC 常用于研究含水聚合物体系，可用来测定亲水聚合物中键合水的含量。当水与聚合物相互作用时，水可能以如下三种状态存在：①与高分子基体紧密结合的水分子，称为非冻结水（含量为 W_{nf}）；②与高分子结合较弱的水分子，称为可冻结键合水（含量为 W_{fb}）；③当超过聚合物的非键

合含水量的最大值时，水则以自由水（含量为 W_f）存在。通过 DSC 和 TG 都可以求出 W_{nf}。

图 13-9 是亲水聚合物的降温 DSC 示意图。从图中可以看到，非冻结水在 DSC 曲线上基本不显信号，可冻结键合水在明显过冷的温度出现了结晶峰；当超过临界值时，自由水的结晶峰就会明显出现。总的水含量可表示为：$W=W_{nf}+W_{fb}+W_f$。作峰 A 和峰 B 的总面积与 W 的关系图，从直线的截距即可求出 W_{nf}。

五、调制式差示扫描量热法简介

常规 DSC 为线性控温方式，存在如下一些不足之处：①由于基线的倾斜与弯曲，实验的灵敏度降低；②要提高灵敏度须快速升温，但这样做又会降低分辨率；③要提高分辨率须慢速升温，但这会降低灵敏度；④观测到的多种热转变过程可能相互覆盖，无法对这些过程做出明确的解释；⑤无法在恒温或反应过程中测定热容；⑥某些测量要求多次实验或改变系统的基本物理参量。

调制式差示扫描量热法（MDSC）是在常规 DSC 基础上发展的一种热分析技术。MDSC 是在线性控温的基础上，增加了正弦振荡的温度程序，其温度表达式为

$$T(t)=T_0+\beta t+A_T\sin(\omega t) \tag{13-10}$$

式中，T_0 为起始温度；β 为线性升温速率；t 为时间；A_T 为温度调制幅度；$\omega=2\pi/P$ 为调制频率，其中 P 为调制周期。

MDSC 的温控方式使得试样同时处于两个不同的升温模式（图 13-10）下，其中较慢的线性升温速率可提高测试分辨率，而叠加的正弦变化温度可瞬间改变热流强度，从而改善灵敏度。MDSC 能得到比传统 DSC 更多的信息（图 13-11），如总热流、振荡热流、可逆热流、不可逆热流和热容等。

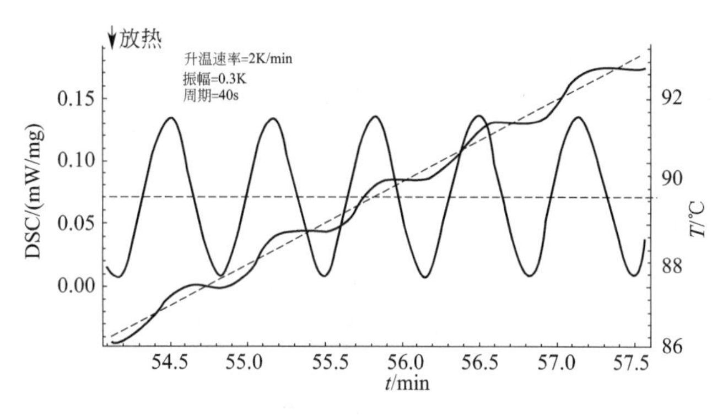

图 13-10　MDSC 升温程序

MDSC 具有以下突出的优点：①能分开样品中可逆与不可逆过程的热量转移，准确地阐明各种热转变的本质，如焓松弛现象、冷结晶、热固性材料的熟化以及热裂解、汽化等过程均为动力学过程，会清楚地反映在不可逆的热流曲线上面；玻璃化转变过程与热容有关，反映在可逆的热流曲线上；对于熔融和结晶过程，由于存在着频率及振幅的依存性，因此在可逆与不可逆曲线上会同时出现相应的信号。②能增进对材料性质的了解，比如能获得高分子材料在熔融范围内的结晶效应以及可逆的固-固及固-液相变化等信息。③振荡温度的使用有助于增强对微弱转变测试的灵敏度。④在没有损失灵敏度下，能增强转变的解析度。

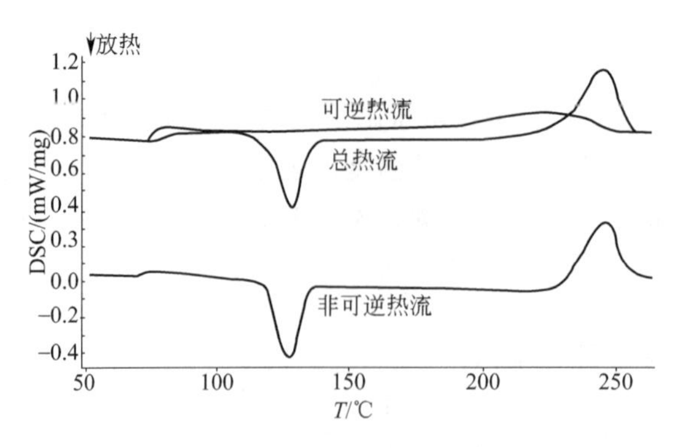

图 13-11 PET 的 MDSC 曲线

⑤可用于测量结晶聚合物材料的玻璃化转变温度以及其他温度相近的热转变温度。⑥能通过一次试验直接测量材料的比热容。⑦可测量材料的热传导系数。⑧能测量聚合物材料真实的初始结晶度。

第四节 热重法

热重法（thermogravimetry，TG）是在程序温度下借助热天平以获得样品的质量与温度或时间关系的一种技术，用于进行这种测量的仪器称为热重仪。热重仪的程序温度通常有动态升温和静态恒温之分，但通常是指等速升温。

一、热重法基本原理

热重分析仪主要由热天平、炉体加热系统、程序控温系统和气氛控制系统等部件构成。根据天平和加热炉的位置关系，热天平可分为垂直式和水平式(卧式）两类，而垂直式又分为上皿式(样品皿或试样支持器在天平的上方）和下皿式(试样皿在天平的下方）两种。水平式热天平中样品皿和支持器均处于水平位置。

当试样在加热过程中无质量变化时热天平保持初始平衡状态；当有质量变化时，天平就失去平衡，由传感器检测并立即输出天平失衡信号。信号经放大后自动改变平衡复位器中的电流，使天平又重回到初始平衡状态即所谓的零位。因为通过平衡复位器中的线圈电流与试样质量的变化成正比，所以记录电流的变化即能得到加热过程中试样质量连续变化的信息。同时，试样温度由测温热电偶测定并记录。这样就得到试样质量与温度(或时间）关系的曲线，即热重曲线（TG 曲线）。热重分析的突出特点是定量性强，能准确测定物质的质量变化及变化速率，不管引起这种变化的原因是化学的还是物理的。

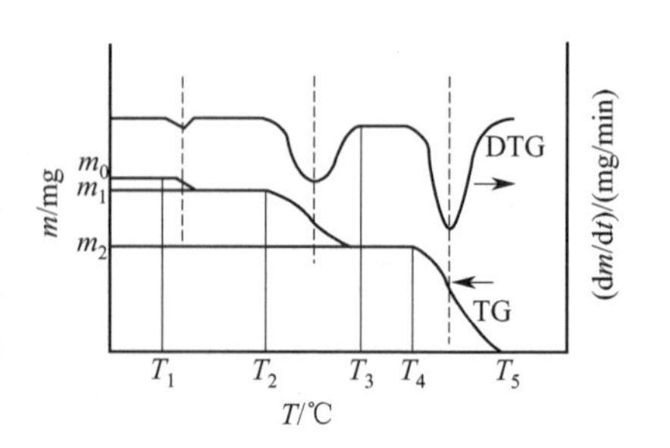

图 13-12 TG 和 DTG 曲线

热重曲线（图 13-12）表示加热过程中样品失重累计量，为一积分型曲线。其纵坐标为质量 m（余重，mg）或失重率（余重百分数，%），向下表示质量减少，反之为质量增加；横坐标为温度 T

或时间 t。TG 曲线上质量基本不变的部分称为平台，两平台之间的部分称为台阶。如果反应前后 TG 曲线均为水平线，则表示反应过程中样品质量不变；若 TG 曲线发生偏转形成台阶，则相邻两水平线段之间在纵坐标上的距离所代表的相应质量即为该步反应的质量损失。

如将 TG 曲线对温度或时间取一阶导数，即把质量变化的速率作为温度或时间的函数连续记录下来，这种方法称为微商热重法（derivative thermogravimetry，DTG）。DTG 曲线（图 13-12）反映了样品质量的变化率与温度或时间的关系，其形状与 DTA 曲线类似，是对 TG 和 DTA 曲线的补充。DTG 曲线的横坐标与 TG 相同，纵坐标为质量变化速率 $\mathrm{d}m/\mathrm{d}T$ 或 $\mathrm{d}m/\mathrm{d}t$。DTG 曲线上峰的起止点对应 TG 曲线上台阶的起止点，峰值温度（$\mathrm{d}^2m/\mathrm{d}t^2=0$）与 TG 曲线相应的拐点（两平台之间的中点）相对应，此时失重速率最大；峰数与 TG 曲线中的台阶数相等。

二、影响热重数据的因素

热重分析数据一般不是物质的固有参数，其具有程序性的特点，受仪器状态、实验条件和试样本身的反应等多重因素的影响。因此，在表达热分析数据时必须注明有关实验条件。

1. 仪器因素

① 基线漂移。指试样没有质量变化而记录曲线指示出有质量变化的现象，它造成试样失重或增重的假象。基线漂移主要与加热炉内气体的浮力效应和气体对流影响等因素有关。浮力的产生是因为试样周围的气体随温度不断升高而发生膨胀导致其密度减小，造成试样表观增重，引起 TG 基线上漂。通过在相同条件下（包含待做样品的温度范围）预先作一条基线的方法可以消除 TG 曲线的漂移。

② 试样容器（坩埚）。坩埚的几何形状、大小和组成材料对 TG 曲线有着不可忽视的影响。铝坩埚主要用于 500℃以下的 TG 测试，铂和陶瓷坩埚用于 500℃以上的 TG 试验。选择坩埚种类时，首先要考虑坩埚对试样、中间产物和最终产物不会产生化学反应，还要考虑欲做试样的耐温范围，如铂坩埚不适合做含 S、P、卤素的高聚物试样，铂还会对许多有机物具有加氢或脱氢催化活性。此外，坩埚的形状以浅盘为好，试验时将试样薄薄地摊在其底部，不加盖，以利于传热和生成物的扩散。但如测试含量较少的组分（如少量灰分），则应选用深盘坩埚。

③ 温度测量与标定。主要是校正热电偶温度。

2. 实验条件因素

（1）升温速率

随着升温速率的增大，所产生的热滞后效应增强，样品的起始和终止失重温度都将有所提高且失重反应温度区间变宽，即失重温度向高温方向移动。升温速率过快，会降低分辨率，有时会掩盖相邻的失重反应，甚至把本来应出现平台的曲线变成折线。升温速率越低，失重分辨率越高，但升温速率太低又会降低实验效率。对结构复杂化合物的分析，如共聚物和共混物，采用较低的升温速率可观察到多阶段分解过程，而升温速率高就有可能将这些信息掩盖。

（2）气氛

气氛对 TG 试验结果的影响不仅与气体的种类有关，也与气体的存在状态（静态、动态）、气体的流量等有关。样品所处的气氛有空气、O_2、N_2、He、H_2、CO_2 和水蒸气等。一般来说，气氛对 TG 曲线的影响取决于反应类型、分解产物的性质和气氛种类。①气氛种类影响试样热分解温度，同一试样在不同气氛中起始温度和终止温度可能不同。例如，$CaCO_3$ 在 CO_2 气氛中 900℃开始分解，1043℃终止分解；而在 N_2 气氛中，500℃即开始分解，891℃终止分解。②TG 试验一般在动态气氛下进行，以便及时带走分解物，但应注意气体流量对试样分解温度、测温精度和 TG 谱图形状等的影响。静态气氛只能用于试样分解前的稳定区域，或在强调减少温度梯度和热平衡时使用，否则，在有气体生成时，围绕试样的气体组成就会有所变化，而试样的反应速率会随气体的分压而改变。③热重仪使用的气体有保护气和吹扫气两种。保护气专用于保护天平，气流量一般在 10mL/min，而吹扫气专为带走由热重试验样品产生的气体，气流量稍大于保护气，一般在 40mL/min。保护气用惰性气体，而吹扫气可根据实验目的不同而改变。

（3）样品量

样品量越大，失重信号越强，但传热滞后效应也越明显；同时，样品内部产生的温度梯度会使失重反应时间延长，分解温度升高，造成 TG 曲线分辨率降低。样品用量较小时，TG 曲线的分辨率较好，能分开肩峰，曲线中间的平台也比较明显。此外，若失重反应产生的挥发物不能及时逸出，也会影响 TG 曲线的分辨率。因此，样品用量应在热天平的测试灵敏度范围之内尽量减少。当需要提高灵敏度或扩大样品的差别时，应适当加大样品量。再有，与其他仪器联用时，也应加大样品量。

（4）样品粒度

样品粒度主要影响失重反应产生的气体产物的扩散，进而改变反应速率，影响 TG 曲线的形状。试样粒度越小，反应速率越快，导致热重曲线上的反应起始温度和终止温度降低，反应区间变窄。粗颗粒的试样失重反应较慢，反应起始和终止温度均有所增大。实验过程中应注意保持样品粒度均匀一致。

（5）样品装填方式

样品装填方式可改变热传导效率，进而对 TG 曲线产生一定影响。一般情况下，样品装填紧密，样品颗粒间接触良好，有利于热传导而减小温度滞后效应，但不利于气氛气体向试样内部的扩散或分解的气体产物的扩散和逸出，致使反应滞后，带来实验误差。所以为了得到重现性较好的 TG 曲线，样品装填时应轻轻振动，以增大样品与坩埚的接触面，并尽量保证样品每次的装填情况一致。

三、热重法应用

热重法已在许多科技领域得到广泛应用，可用于研究物质的热稳定性、热分解反应、脱水反应、反应动力学和测定纯度等；也可与其他分析方法联用，组成热重-质谱、热重-差热分析、热重-差示扫描-质谱-红外等，获得物质组成和结构更丰富的信息。

1. 热稳定性分析

用 TG 法在氮气气氛下可以研究聚合物材料的热稳定性。图 13-13 是聚氯乙烯（PVC）、PMMA（聚甲基丙烯酸甲酯）、LDPE（低密度聚乙烯）、PTFE（聚四氟乙烯）和 PI（聚酰亚胺）五种高分

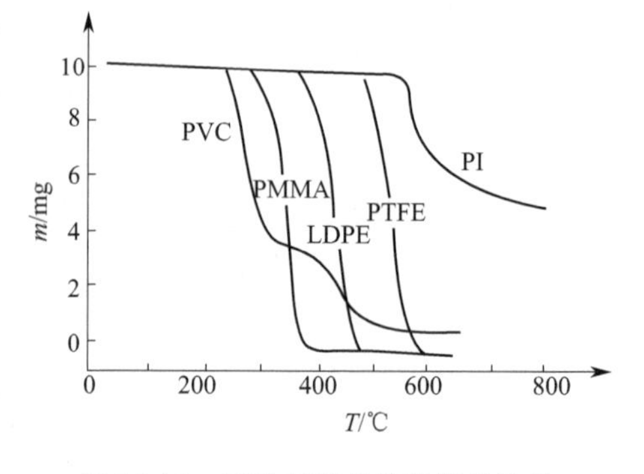

图 13-13　五种材料的热稳定性比较

子材料的 TG 图。从中可以看出，不同材料的最大失重温度有明显差异，由此可比较其热稳定性。具有杂环结构的 PI 热稳定性最高，PTFE 结构中 F 原子代替聚烯烃链上的 H 原子增大加了其热稳定性，而 PVC 由于分子链中存在 Cl 原子形成弱键致使其热稳定性最差。

2. 热氧稳定性分析

材料的热氧稳定性是指材料在空气或氧气中的稳定性。材料在氮气中的热失重反映的是其纯热稳定性，而热氧稳定性更接近材料的实际使用状态。由于氧气可能参与材料的降解，其热氧稳定机理可能与热稳定机理不同。例如聚酰亚胺在静态空气和氮气中的 TG 曲线有明显的差别（图 13-14），在含氧的静态空气中明显表现出多阶段降解过程。

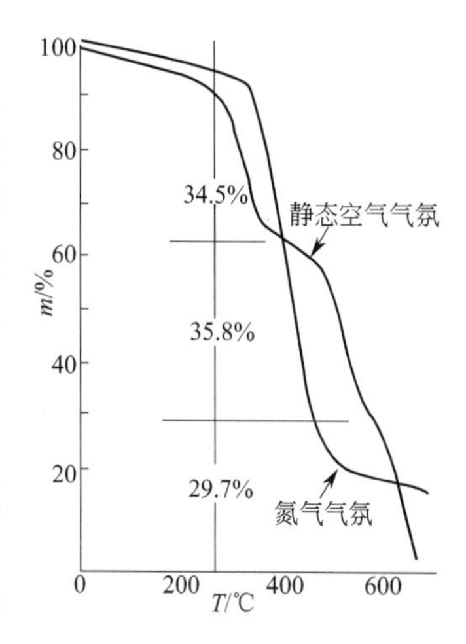

图 13-14　聚酰亚胺在不同气氛中的 TG 曲线

3. 裂解反应动力学研究

用 TG 法可研究高分子材料的裂解反应动力学，其优点是样品用量少、速度快、无需对反应物和产物进行定量测定，而且可在整个反应温度区连续计算反应级数 n 和活化能 E 等动力学参数，从而对物质的热稳定性和热降解过程及反应机理等进行预测和推断。

图 13-15 所示为某一材料热分解后生成产物 B（固体）和产物 C（气体）的 TG 曲线，其中 m_0 为起始物 A（固）的质量，m 为温度 T（或时间 t）时 A（固）和 B（固）的质量之和，m_∞ 为 B(固）的质量，Δm 为 T（或 t）时的失重量，样品的失重率 α 可用式(13-11）表示。

$$\alpha=(m_0-m)/(m-m_\infty)=\Delta m/\Delta m_\infty \tag{13-11}$$

应用质量作用定律和 Arrhenius 方程，可得到如下简单的热分解反应动力学方程。

$$\frac{\mathrm{d}\alpha}{\mathrm{d}T}=\frac{A}{\beta}\mathrm{e}^{-\frac{E}{kT}}(1-\alpha)^n \tag{13-12}$$

式中，α 为样品失重率；T 为温度；A 为频率因子；β 为样品升温速率；n 为反应级数；E 为活化能；R 为气体常数。

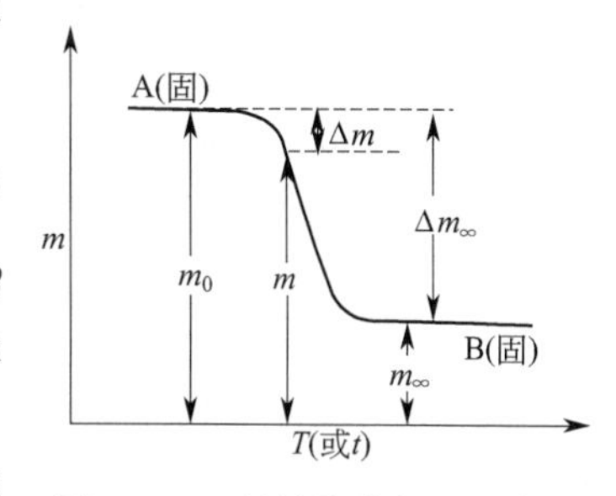

图 13-15　材料热分解 TG 曲线

求解动力学参数的方法有多种，目前公认的有非等温多重扫描速率法，又称等转化率法。由于该法用于计算的数据来源于不同速率的升温过程，可避免单曲线法计算时所造成的无法提供全面的动力学参数和准确的反应模型等弊端。等转化率法分为微分法和积分法两类。其中应用最为广泛的是微分法中的 Frindmain 法和 Freeman-Carrol 法以及积分法中的 Ozawa-Flynn-Wall 法、Coats-Redfern 法和 Avrami-Erofeev 法等，这些方法可在不使用动力学模式函数的情况下求出比较可靠的活化能数据。

（1）Ozawa-Flynn-Wall（OFW）动力学分析

OFW 法是多曲线积分法，是通过几个不同速率 β 的线性升温过程，求得对应相同转化率时的不同分解温度 T，并在不涉及反应模型的情况下求解动力学参数。OFW 法的公式为

$$\ln\beta\approx 参数-1.052E/(RT) \tag{13-13}$$

从上式可以看出，$\ln\beta$-$1/T$ 图的直线斜率为-1.052E/R，由此可求出反应活化能 E。

（2）Frindmain 动力学分析

Frindmain 动力学分析法是多曲线微分法，其公式为

$$\ln\left(\frac{d\alpha}{dt}\right)_{\alpha=\alpha_j}=\ln\left[Af(\alpha_j)\right]-\frac{E}{RT} \tag{13-14}$$

式中，α 为样品失重率；T 为温度；A 为频率因子；$f(\alpha_j)$ 为反应模式函数；E 为活化能；R 为气体常数。

Frindmain 提出，同一反应中，$\alpha=\alpha_j$ 时，反应速率 $(d\alpha/dt)_{\alpha=\alpha_j}$ 与 $1/T$ 成直线关系，斜率为$-E/R$，从而可求出活化能 E 和频率因子 A。

图 13-16 为在不同升温速率时的 TG 曲线，可以看出对同一转化率，升温速率不同时对应的温度不相同，由此利用式(13-13) 和式(13-14) 可求算动力学参数。

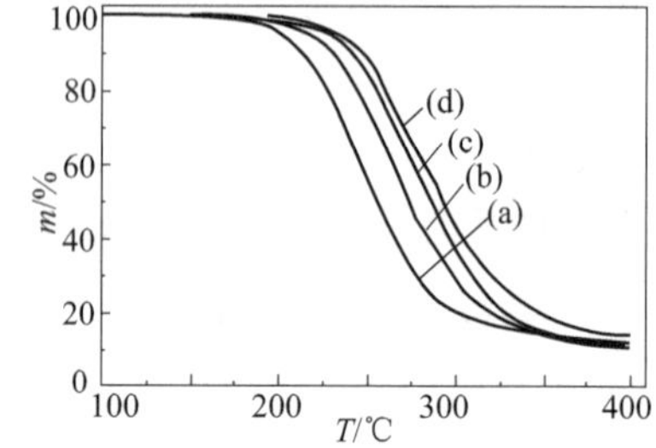

图 13-16 不同升温速率时的 TG 曲线

(a) 5℃/min；(b) 15℃/min；(c) 20℃/min；(d) 30℃/min

4. 材料组分研究

（1）测定材料中挥发性组分的含量

如果高分子材料中含有水分、残留溶剂、未反应完的单体或其他挥发组分时，可以很方便地用 TG 进行定量。这些小分子组分在材料主链分解前即会逸出。

（2）聚合物复合材料成分分析

复合材料一般都含有无机添加剂，其热失重温度通常要高于聚合物材料，根据 TG 曲线，可以得到复合材料中各组分的含量。图 13-17 是混入一定质量的碳和二氧化硅的聚四氟乙烯的 TG 曲线。从图中可以看出，在 400℃ 以上聚四氟乙烯开始分解失重，留下碳和 SiO_2，在 600℃时通入空气加速碳的氧化失重，最后残留物为 SiO_2。复合材料中聚四氟乙烯的质量分数为 31.0%，C 为 18.0%，而 SiO_2 为 50.5%，其余为挥发物（包括吸附的湿气和低分子物）。

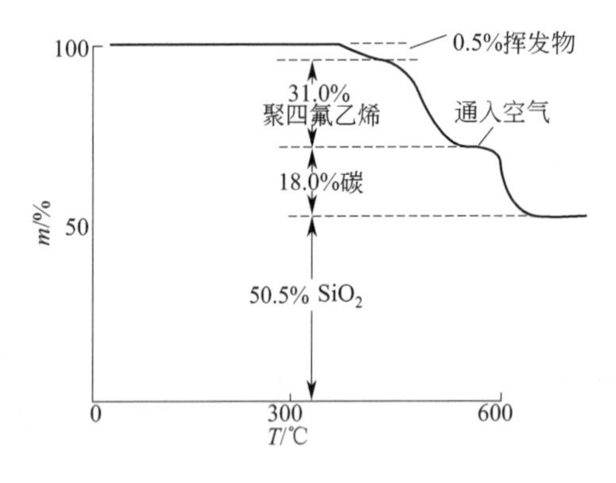

图 13-17 TG 法分析含填料的聚四氟乙烯成分

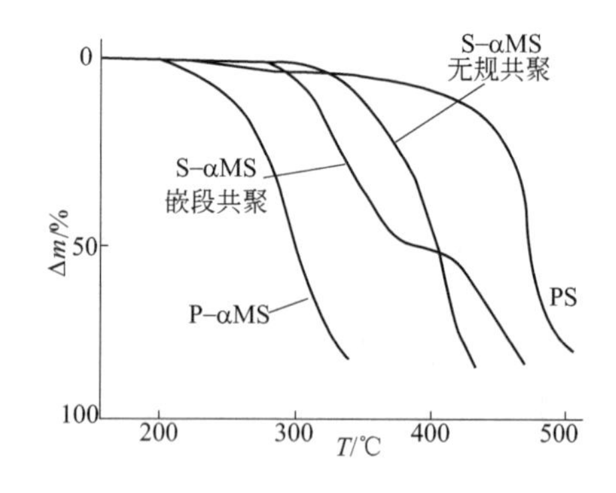

图 13-18 用 TG 法鉴别同系材料和共聚物

（3）鉴别聚合物种类

一般聚合物的 TG 谱图可从有关手册或文献中查到。如果是热稳定性差异非常明显的同系聚合物，通过 TG 很容易区别。图 13-18 是聚苯乙烯（PS）、聚 α-甲基苯乙烯（P-αMS）、苯乙烯和甲基苯乙烯无规共聚物（S-αMS 无规）以及其嵌段共聚物（S-αMS 嵌段）四种试

样的 TG 曲线。由图可见，PS 和 P-αMS 热失重差别明显，无规共聚物介于两者之间，而嵌段共聚物则由于形成聚苯乙烯和聚甲基苯乙烯各自的微区而出现明显两个阶段的失重曲线。

四、高分辨热重法简介

高分辨热重分析技术可根据样品裂解速率的变化，由计算机自动调整加热速率，从而提高了解析度。其中加热速率可采用动态加热速率、步进恒温和定反应速率三种不同的方法加以控制。

动态加热速率即根据样品裂解速率来调整加热速率。当样品未裂解时，TG 以较高的加热速率加热；当样品开始裂解时，则将加热速率降低，以避免温度过高而影响解析度；而当裂解完毕后又可恢复到较高的加热速率，以节省时间。步进恒温即 TG 以一定的初始加热速率加热，当达到预定的质量损失或质量损失速率时，则恒温；样品完全裂解后，TG 回复到初始加热速率。定反应速率即根据选定的裂解速率来控制加热炉的温度，以维持一定的裂解速率。

利用高分辨热重法，可更精确地对样品中各组分进行定量。传统的 TG 图中两组分间失重无明显分界时难以准确定量，但高分辨 TG 可清楚地分辨出两个转折，对组分的定量具有重要意义。此外，高分辨 TG 的高解析度与模型动力学处理软件相配合，使热动力学数据处理更为方便，对深入研究裂解反应机理具有重要意义。

第五节 热机械分析法

在程序控温条件下，给试样施加一定负荷，试样随温度（或时间）的变化而发生形变，通过一定方法测量形变过程并记录温度-形变曲线（热机械曲线），这种技术就是热机械分析。测量材料在静态负荷（外力保持不变）下的形变与温度关系的技术称为静态热机械分析（thermomechanical analysis，TMA）。测量材料在交变外力作用下黏弹性（动态模量和力学损耗）与温度关系的技术称为动态热机械分析（dynamic thermomechanical analysis，DMA）。

聚合物的力学性质是由其内部结构中分子的运动特征决定的。高分子的运动单元具有多重性，运动单元可以是高分子上链的侧基、链节、链段和整个有机链等。在不同的温度下，对应于不同运动单元的运动，表现出不同的力学状态。这些力学状态的属性及各力学状态间的转变均可以在温度－形变曲线上得到体现。因此，通过测定聚合物的温度－形变曲线可以研究聚合物分子运动与力学性质的关系，并可分析聚合物的结构形态，如结晶、交联、增塑和分子量等。同时还可以得到聚合物的特征转变温度，如 T_g（玻璃化转变温度）、T_f（黏流温度）和 T_m（熔融温度）等，这些参数对评价聚合物的耐热性、使用温度范围及加工温度等具有一定的指导意义。

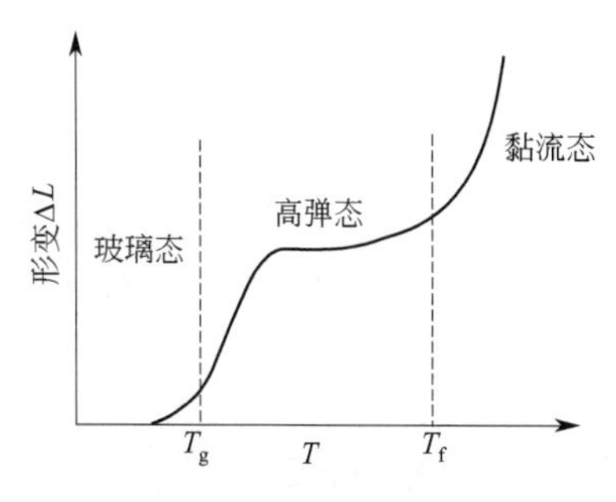

图 13-19　非晶态聚合物的热机械曲线

图 13-19 是非晶态聚合物的热机械曲线。随温度变化聚合物出现三种力学状态，即玻璃态、高弹态和黏流态，曲线开始突变时的温度分别为 T_g

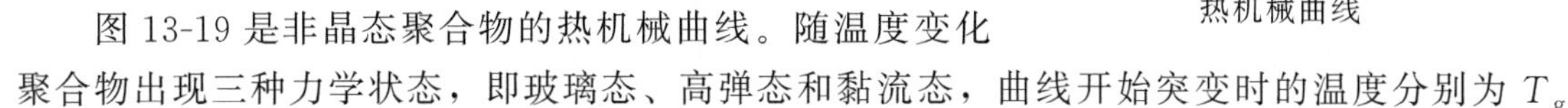

和 T_f。聚合物结晶度、交联度及分子量等均会影响热机械曲线的形状及 T_g 和 T_f。

一、静态热机械分析法

进行静态热机械分析的装置——热机械分析仪有两种类型，即浮筒式和天平式。负荷的施加方式有压缩、弯曲、针入、拉伸等，常用的是压缩力。

1. 压缩法

采用压缩探头，测定聚合物材料的玻璃化转变温度、黏流温度及线胀系数等。聚合物材料在玻璃化转变温度以下时，分子链段运动被冻结，只有那些较小的运动单元如侧基、支链和小链节能够运动，这类运动只能导致结构中化学键键长和键角的改变，而材料宏观形变很小，膨胀系数很小；当温度升到 T_g 时，分子链段运动被激发，链段可以通过主链中单键的内旋转不断改变构象，甚至可使部分链段产生滑移，表现在宏观上材料发生大的形变，因而膨胀系数较大；温度继续升高到黏流温度 T_f 时，整个分子链开始滑动，表现为材料在外力作用下发生黏性流动。所以在温度-形变曲线上 T_g 和 T_f 前后曲线斜率发生突变，形成拐点。由曲线的拐折处作两条直线延伸的交点，得到 T_g 和 T_f，如图 13-20 所示，图中 ΔL 为温度 T 下试样的长度变化量。

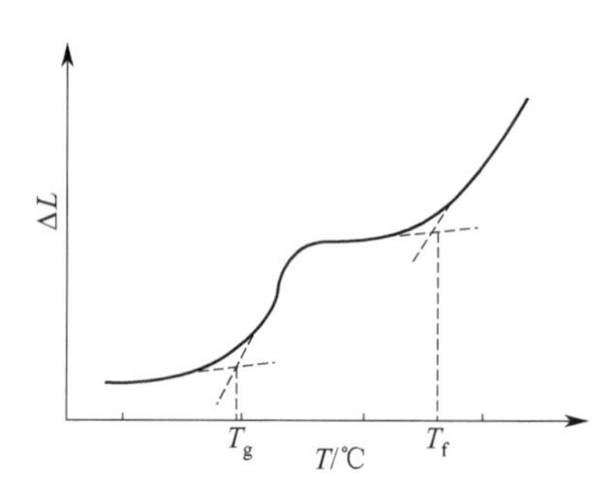

图 13-20　由热机械曲线求得 T_g 和 T_f

2. 针入度法

采用压缩探头，可用于测定聚合物材料的维卡软化点温度。塑料试样维卡软化点温度是指在一定的升温速率下施加规定负荷时，截面积为 $1mm^2$ 的圆柱状平头针针入试样 1mm 深度时的温度。国标规定升温速率有 5℃/6min 和 12℃/6min 两种，负荷有 1kg 和 5kg 两种。由测得的针入度曲线求得软化点温度即可判断材料质量的优劣。

3. 弯曲法

采用弯曲探头，测得温度-弯曲形变曲线，由此可得聚合物的热变形温度。热变形温度是指在等速升温下以及在三点式简支梁式静弯曲负荷作用下，试样弯曲形状达到规定值时的温度。

4. 拉伸法

采用拉伸探头，将纤维或薄膜试样装在专用夹具上，然后放在内外套管之间，外套管固定在主机架上，内套管上端施加负荷，测定试样在程序控温下的温度-形变曲线。拉伸法定义形变达 1%或 2%时对应的温度为软化温度，升温速度为 12℃/6min。在恒温下，可得出负荷-伸长曲线，由此可求出试样的模量。

二、动态热机械分析法

1. 动态热机械分析法基本原理

动态热机械分析测量的是试样在交变外力作用下的黏弹性，测量方式有拉伸、压缩、弯曲、剪切和扭转等，可得到频率保持不变的 DMA 温度谱和温度保持不变的 DMA 频率谱。

从试验角度考虑，改变温度比改变频率方便，所以在研究聚合物材料的各种转变时，常采用DMA温度谱。当需要了解材料在特定频率段内的动态力学参数或深入研究分子运动机理时，多用DMA频率谱。

（1）黏弹性

一个理想弹性体的弹性服从胡克定律，应力与应变成正比，其比例系数为弹性模量，当受到外力时，平衡形变是瞬时达到的，与时间无关；一个理想的黏性体服从牛顿定律，应力与应变速率成正比，比例系数为黏度，受到外力时，形变随时间线性增长；而黏弹性材料的力学行为介于二者之间，既不服从胡克定律，也不服从牛顿定律，应力同时依赖于应变与应变速率，形变与时间有关。在恒定应力作用下，理想弹性体的应变不随时间变化；理想黏性体的应变随时间线性增长；而黏弹体的应变随时间做非线性变化。应力去除后，理想弹性体的应变立即恢复；理想黏性体的应变保持不变，即形变不可恢复；而黏弹体的应变随时间逐渐恢复，且只有部分恢复。这是因为当弹性体受到外力作用时，它能将外力对其做的功全部以弹性能的形式储存起来，外力一旦去除，弹性体就通过弹性能的释放使应变立即全部恢复；对于理想黏性体，外力对它做的功将全部消耗于克服分子之间的摩擦力以实现分子间的相对迁移，即外力做的功全部以热的形式消耗掉了，所以外力去除后，应变完全不可恢复；对于黏弹体，因为其既有弹性又有黏性，外力对它做的功有一部分以弹性能的形式储存起来，另一部分又以热的形式消耗掉，外力去除后，弹性形变部分可以恢复，而黏性形变部分不可恢复。

聚合物材料是典型的黏弹性材料，这种黏弹性表现在聚合物的一切力学行为上。聚合物的力学性质随时间的变化统称为力学松弛，根据聚合物材料受到外部作用的情况不同，可以观察到不同类型的力学松弛现象，最基本的有蠕变、应力松弛、滞后和力学损耗（内耗）等。

（2）内耗

在动态力学试验中，最常用的交变应力是正弦应力，正弦交变拉伸应力的表达式如下

$$\sigma(t)=\sigma_0\sin\omega t \tag{13-15}$$

式中，$\sigma(t)$ 为随时间 t 变化的应力；σ_0 为应力最大值；ω 为角频率，$\omega=2\pi f$（f 为频率）；ωt 为相位角。

试样在正弦交变应力作用下的应变响应随材料的性质不同而不同。对于理想弹性体，应变对应力的响应是瞬时的，应变响应是与应力同相位的正弦函数，其表达式为

$$\varepsilon(t)=\varepsilon_0\sin\omega t \tag{13-16}$$

式中，$\varepsilon(t)$ 为随时间变化的应变；ε_0 为应力最大值。

对于理想黏性体，应变落后于应力 90°，应变表达式为

$$\varepsilon(t)=\varepsilon_0\sin(\omega t-90^\circ) \tag{13-17}$$

对于黏弹性材料，应变落后于应力一个相位角 δ，$0^\circ<\delta<90^\circ$，应变表达式为

$$\varepsilon(t)=\sigma_0\sin(\omega t-\delta) \tag{13-18}$$

聚合物在交变应力作用下，应变落后于应力变化的现象称为滞后现象。滞后现象的发生是由于链段在运动时要受到内摩擦力的作用，滞后相位角 δ 越大，说明链段运动越困难，越难以跟上外力的变化。

当应力和应变的变化一致时，没有滞后现象，每次应变所做的功等于恢复原状时取得的功，没有功的消耗。如果应变的变化落后于应力的变化，发生滞后现象，则每一循环变化中

就要消耗功，称为力学损耗，也称内耗。

由于应力变化比应变领先一个相位角 δ，应力表达式为

$$\sigma(t)=\sigma_0\sin(\omega t+\delta) \tag{13-19}$$

将上式展开得

$$\sigma(t)=\sigma_0\sin\omega t\cos\delta+\sigma_0\cos\omega t\sin\delta \tag{13-20}$$

定义 $E'=(\sigma_0/\varepsilon_0)\cos\delta$，$E''=(\sigma_0/\varepsilon_0)\sin\delta$，则 $\tan\delta=E''/E'$。其中，δ 为力学损耗角；$\tan\delta$ 为力学损耗角正切，又称耗能因子，反映了内耗的大小。

式(13-20) 可修改为

$$\sigma(t)=\varepsilon_0 E'\sin\omega t+\varepsilon_0 E''\cos\omega t \tag{13-21}$$

式中，E'为与应变同相位的模量，为实数模量，又称储能模量，反映储能大小；E''为与应变相差 90°的模量，为虚数模量，又称损耗模量，反映耗能大小。

(3) 非晶态聚合物的 DMA 温度谱

图 13-21 为非晶态聚合物的典型 DMA 温度谱。从图中可知，随温度升高，储能模量逐渐下降，并有若干段阶梯形转折，$\tan\delta$ 在谱图上出现若干个突变的峰；模量跌落与 $\tan\delta$ 峰的温度范围基本对应。温度谱按模量和内耗峰可分成几个区，不同区域反映材料处于不同的分子运动状态。转折的区域称为转变，分主转变和次级转变。这些转变和较小运动单元的运动状态有关，各种聚合物材料由于分子结构与聚集态结构不同，分子运动单元不同，因而各种转变所对应的温度不同。根据 DMA 温度谱可以很方便地确定 T_g 和 T_f。

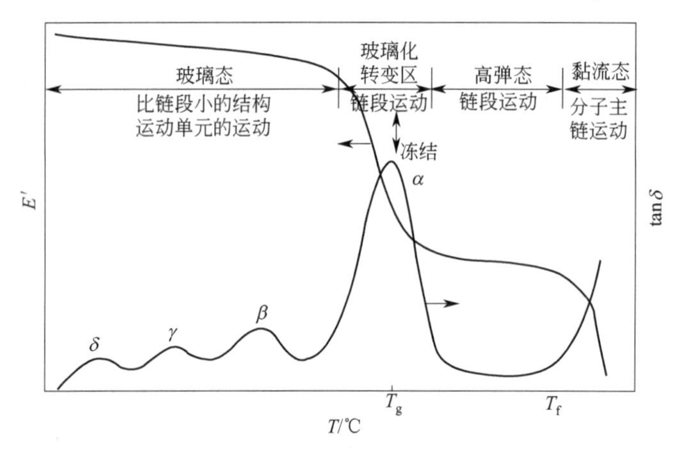

图 13-21 典型非晶态聚合物的 DMA 温度谱

玻璃态的模量一般在 1～10GPa，高弹态的模量为 1～10MPa。玻璃化转变引起的模量下降的范围视聚合物类型而不同。对非晶聚合物而言，模量一般降低 3～4 个数量级；对结晶聚合物，模量一般降低 1.5～2.5 个数量级；对交联聚合物，模量一般降低 1～2 个数量级。

玻璃化转变反映了聚合物中分子链段由冻结到自由运动的转变，这个转变称为主转变。这一阶段除模量急剧下降外，$\tan\delta$ 急剧增大并在出现极大值后再迅速下降。在玻璃态，虽然链段运动已被冻结，但是比链段小的运动单元（局部侧基、苯基、极短的链节等）仍可能有一定程度的运动，并在一定的温度范围发生由冻结到相对自由的转变，所以在 DMA 温度谱的低温区，E'-T 曲线上可能出现数个较小的台阶，同时在 $\tan\delta$-T 曲线上出现若干个较小的峰，这些转变称为次级转变，从低温到高温依次命名为 δ、γ、β 转变。每一种次级转变对应于何种运动单元，随聚合物分子链的结构不同而不同，需根据具体情况进行分析。

当温度超过 T_f 时，非晶聚合物进入黏流态，储能模量和动态黏度急剧下降，$\tan\delta$ 急剧上升，趋向于无穷大，熔体的动态黏度变化范围为 $10 \sim 10^6 \mathrm{Pa \cdot s}$。

从 DMA 温度谱上得到的各转变温度在聚合物材料的加工与使用中具有重要的实际意义。对非晶态热塑性塑料来说，T_g 是它们的最高使用温度以及加工中模具温度的上限；T_f 是它们以流动态加工成型（如注塑成型、挤出成型、吹塑成型等）时熔体温度的下限；$T_g \sim T_f$ 是它们以高弹态成型（如真空吸塑成型）的温度范围。对于未硫化橡胶来说，T_f 是它们与各种配合剂混合和加工成型的温度下限。

2. 动态热机械仪

进行聚合物材料动态热机械分析的仪器种类很多。仪器一般都包括振动装置、传感器和温控炉等。程序控温范围可达－150～600℃。炉内气氛一般用空气或氮气。在测定一种材料在某一温度和某一频率下的动态力学性能时，应测试 3 个试样，不能少于 2 个试样；在测定温度谱和频率谱时，一般测 1 个试样即可。各种仪器测量的频率范围不同，被测试样受力的方式也不相同，所得到的模量类型也就不同。表 13-4 给出了 DMA 试验中常用的振动模式、形变模式和适用的频率范围。

表 13-4　DMA 试验方法

振动模式	形变模式	模量类型	频率范围/Hz
自由振动	扭转	剪切模量	0.1～10
强迫共振	固定-自由弯曲	弯曲模量	$10 \sim 10^4$
	自由-自由弯曲		
	S 形弯曲	弯曲模量	3～60
	自由-自由扭转	剪切模量	$10^2 \sim 10^4$
	纵向共振	纵向模量	$10^4 \sim 10^5$
强迫非共振	拉伸	弹性模量	$10^{-3} \sim 130$
	单向压缩		
	单、双悬臂梁弯曲	弯曲模量	
	三点弯曲		
	夹心剪切	剪切模量	
	扭转		
	S 形弯曲	弯曲模量	$10^{-2} \sim 85$
	平行板扭转	剪切模量	0.01～10

根据振动模式的不同，DMA 仪器分为自由振动法仪器、强迫共振法仪器、强迫非共振法仪器和声波传播法仪器四类。

（1）自由振动法仪器

自由振动法是一种常用的动态力学性能测试方法。它是研究试样在驱动力作用下自由振动时的振动周期、相邻两振幅间的对数减量以及它们与温度关系的技术，一般测定的是温度谱。扭摆仪和扭辫仪均属于自由振动法的范畴。试验时，选择适当尺寸的试样，调节转动惯量，使扭摆振动频率约为 1Hz，改变温度并测量各温度下的振动周期和振动曲线，即可计算出储能模量 G' 和耗能因子（力学损耗角正切）$\tan\delta$，并得到 DMA 温度谱。

（2）强迫共振法仪器

将一个周期变化的力或力矩施加到片状或条状试样上，监测试样所产生的振幅，试样振幅是驱动力频率的函数，当驱动力频率与试样的共振频率相等时，试样的振幅达最大值，这时测量试样的共振频率即可计算出试样的模量和内耗。该种仪器可测 DMA 温度谱，而测频率谱比较困难。

(3) 强迫非共振法仪器

强迫试样以设定频率振动，测定试样在振动中的应力与应变幅值以及应力与应变之间的相位差，按定义式直接计算储能模量、损耗模量、动态黏度及损耗角正切值等性能参数。强迫非共振仪器可分为两大类：一类主要用于测试固体，称为动态黏弹谱仪；另一类适合测试流体，称为动态流变仪。

三、热机械分析法应用

聚合物的分子运动既与高分子链结构有关，也与高分子的聚集态结构（结晶、取向、交联、增塑、相结构等）密切相关，聚集态结构又与工艺条件或加工过程有关，因此动态热机械分析已成为研究聚合物加工工艺-结构-分子运动-力学性能关系的一种非常重要的手段。此外，动态热机械分析实验所需试样少，可以在宽阔的温度和频率范围内连续测定，在较短时间内获得聚合物材料的模量和力学内耗的全面信息。尤其在动态应力条件下使用的制品，测定其动态力学性能数据更接近于实际情况。因此，DMA 广泛应用于评价聚合物材料的使用性能。

1. 耐热性评价

测定塑料的 DMA 温度谱，不仅可以从力学损耗峰顶或损耗模量峰顶对应的温度，得到表征塑料耐热性的特征温度 T_g（非晶态塑料）和 T_m（结晶态塑料），而且还可获得模量随温度变化的信息，这比工业上常用热变形温度和维卡软化点评价塑料的耐热性更加科学。根据具体塑料产品使用的刚度（模量）要求，从 DMA 温度谱还能准确地确定产品的最高使用温度。

图 13-22 为尼龙-6 和硬 PVC 的模量与温度关系谱图。用热变形仪测得尼龙-6 的热变形温度为 65℃，PVC 的热变形温度为 80℃，如据此判定 PVC 的耐热性高于尼龙-6，显然是错误的。从图 13-22 中可知，PVC 在 80℃时的模量 E' 与尼龙-6 在 65℃时的 E' 基本相同，但 PVC 在 80℃时发生玻璃化转变，在该温度附近，模量急剧变化，下降几个数量级，而对尼龙-6 而言，65℃仅意味着非晶区的玻璃化转变，而尼龙晶区部分仍保持晶态，这时尼龙-6 处于韧性力学区，材料仍有承载力，而且此时温度继续升高，其模量变化也不大，一直到 213℃附近，尼龙才完全失去承载能力。

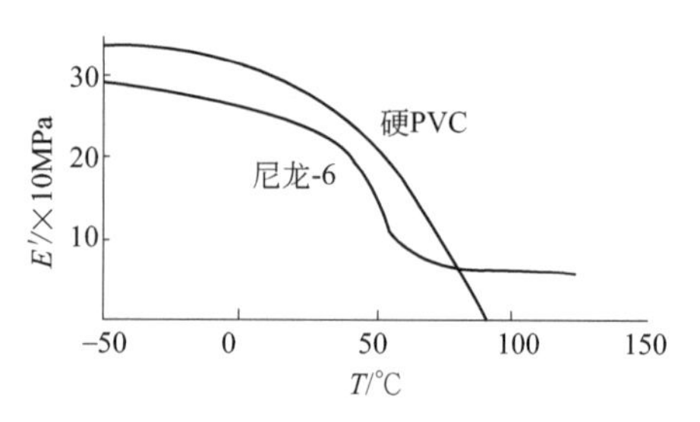

图 13-22 尼龙-6 和硬 PVC 的 E'-T 曲线

对于复合材料，短期耐热的温度上限也应是 T_g，因为聚合物材料的一切物理力学性能在 T_g 或 T_m 附近均发生急剧的甚至不连续的变化，为了保持制品性能的稳定性，使用温度不得超过 T_g 或 T_m。

除了可以得到 T_g 或 T_m 外，从 DMA 温度谱图中还可获得关于被测样品耐热性的下列信息：材料在每一温度下储能模量值或模量的保留比；材料在各温度区域内所处的物理状态；材料在某一温度附近性能的稳定性。因此，DMA 图谱可以对聚合物材料在一个很宽温度范围内（且连续变化）的短期耐热性给出较全面且定量的信息。

2. 耐寒性或低温韧性评价

塑料的耐寒性或低温韧性主要取决于组成塑料的聚合物在低温下是否存在链段或比链段小的运动单元的运动。如果温度降到某一温度以下，聚合物中可运动的结构单元全部被“冻结”，则塑料就会像小分子玻璃一样呈现脆性。通过塑料DMA温度谱中是否存在低温损耗峰可以判断其低温力学性能，若该峰对应的温度越低，强度越高，则可以预测该种塑料的低温韧性好。因此凡存在明显低温损耗峰的塑料，在低温损耗峰顶对应的温度以上具有良好的冲击韧性。如聚乙烯的 T_g 约为−80℃，是典型的低温韧性塑料。在−80℃出现明显次级转变峰的非晶态塑料聚碳酸酯，是耐寒性最好的工程塑料。相反，聚苯乙烯塑料缺乏低温损耗峰，它是所有塑料中低温冲击强度最低的塑料。当用 T_g 远低于室温的顺丁橡胶改性聚苯乙烯后，其DMA温度谱在−70℃有了明显损耗峰，因此改性材料就成为低温韧性好的高抗冲聚苯乙烯。

橡胶材料使用温度低于 T_g 时，构成橡胶的柔性链堆砌得非常紧密，链间自由体积很小，受力时变得比塑料还要脆，失去使用价值。因此，T_g 是评价橡胶耐寒性的主要依据。组成橡胶材料的聚合物材料分子链越柔软，橡胶的 T_g 就越低，其耐寒性就越好。可得出几种橡胶的耐寒性依次为：硅橡胶＞氟硅橡胶＞天然橡胶＞丁腈橡胶、氯醇橡胶。

3. 阻尼特性分析

减震、防震或吸音、隔音等材料必须具有优异的阻尼特性，即要求材料具有高内耗，即 $\tan\delta$ 要大。理想的阻尼材料应该在整个工作温度范围内均有较大的内耗，其 $\tan\delta$-T 曲线应变化平缓，与温度坐标之间的包络面积要尽量大。因此，根据材料的DMA温度谱可以很容易选择出适合于在特定温度范围内使用的阻尼材料。

4. 老化性能评价

聚合物材料在水、光、电、氧等作用下会发生老化，性能下降，其原因在于结构发生了变化。这种结构变化体现在大分子的交联或致密化或分子断链和形成新的化合物，导致体系中各种分子运动单元的运动活性受到抑制或加速。这些变化通常能在 $\tan\delta$-T 谱图的内耗峰上反映出来。采用DMA技术不仅可快速跟踪材料在老化过程中刚度和冲击韧性的变化，而且可以分析引起性能变化的结构和分子运动变化的原因，同时也是一种快速择优选材的方法。

典型案例

PP和PP/POE交替多层共混物的结构与力学性能

聚丙烯（PP）是五大通用塑料之一，应用广泛，但由于冲击韧性特别是低温冲击韧性较差，极大限制了其在汽车和建筑等领域的应用。采用诸如EPDM、EPR、POE等弹性体对其增韧改性是一种行之有效的方法，但是弹性体的加入又不可避免地会降低基体PP的刚性，尤其是为了获得低温高抗冲性能，需要加入大量的弹性体，这会严重削弱材料的刚性，且增加材料的成本。

通过微纳层状共挤出技术，将交替多层结构引入到PP增韧体系中，制备刚性PP层和韧性PP/POE层交替的层状共混物，达到同时改善PP的韧性和刚性的目的，是拓宽PP作为先进结构材料应用的重要途径。

1. 原理

采用微纳层状共挤出技术，制备刚性 PP 层和韧性 PP/POE 层交替的层状共混物。利用力学性能测试、SEM、DSC 和 DMA 等方法，比较研究交替多层共混物和 PP/POE 普通共混物结构与力学性能的关系，为通过结构设计制备综合性能优异的 PP 奠定理论基础。

2. 仪器与样品

测试仪器为 XJU-22 冲击性能测试机、CMT-4104 弯曲性能测试机、日本 JSM-5900LV 型扫描电镜、RM2265 型低温超薄冷冻切片机、Q13 型 DSC 热分析仪和 Q800 型动态力学分析仪（均为美国 TA 公司）。

原料及试剂：聚丙烯（PP），$\overline{M}_w=1300$，熔体流动指数 1.5g/10min，密度 $0.909\times10^3 kg/m^3$，茂名石化公司；乙烯-辛烯共聚物（POE），熔体流动指数 0.5g/10min，密度 $0.863\times10^3 kg/m^3$，陶氏化学。

样品制备方法：①将不同质量配比（100/0，90/10，80/20，70/30）的 PP/POE 共混料通过双螺杆挤出机挤出、切割造粒并干燥。②将质量配比为 100/0 的共混物（即纯 PP），通过共挤出技术（使用 6 个分层叠加单元）分别与其他 3 种质量配比的共混物共挤出制备交替多层共混物。③通过调节两台挤出机的转速比，制备 POE 总质量分数分别为 4%，9%，12%，15%，18%的 PP/PPPOE 交替多层共混物，编号分别为 AM-4、AM-9、AM-12、AM-15、AM-18。④制备对比样品。通过共挤出技术中的一台挤出机，经过相同的 6 个叠加单元，制备 POE 质量分数分别为 0%、10%、20%、30%的普通 PP/POE 共混物，编号分别为 C-0（即纯 PP）、C-10、C-20、C-30。

3. 测试方法

力学性能测试：①通过叠压法将挤出片材制备成尺寸为 80mm×10m×10mm 的样品，样品在−40℃的交变湿热环境模拟器中放置 15h 后迅速取出，用冲击测试机按 GB 1943—2007 进行冲击性能测试。每组试样测试 5 个样条，测试结果取其平均值。②采用叠压法将挤出片材制备成尺寸为 80mm×10m×4mm 的样品，在常温下用弯曲测试机按 GB 9341—2000 进行弯曲性能测试，弯曲速率为 2mm/min。每组试样测试 5 个样条，测试结果取其平均值。

SEM 分析：样品用低温超薄冷冻切片机切片后，表面进行真空镀金处理。SEM 观察样品的微观结构与冲击断裂形貌。

DSC 热分析：氮气保护，以 10℃/min 的速率在 40～215℃区间内升降温。首先升到 215℃恒温 2min 消除热历史的影响，再降温到 40℃记录 DSC 的结晶曲线，在 40℃恒温 2min，再升温到 130℃，记录熔融 DSC 曲线。

DMA 分析：动态力学性能测试温度范围为−80～100℃，升温速率为 3℃/min，测试频率为 1Hz。

4. 结果与讨论

(1) 交替多层微观结构

图 13-23 是普通共混物和交替多层共混物的 SEM 图。由图 13-23(b) 可见，交替层状共混物的层结构明显，层连续性好。值得注意的是，与相同 POE 含量的普通共混物［图 13-23(a)］相比，可以把交替多层共混物看作是将普通共混物中的 POE 有序、分层次地排列在一起，脆性 PP 层和韧性 PP/POE 层交替存在具有明显的宏观各向异性的交替层状材料。

图 13-23　样品 SEM 图

(a) PP/POE 共混；(b) PP/PPPOE 交替多层共混

(2) 力学性能分析

不同 POE 含量普通共混物和交替多层共混物的力学性能测试结果见表 13-5。测试数据表明，交替多层共混物的低温冲击韧性得到了明显的改善。普通共混物在 POE 含量为 20%左右时发生脆韧转变，而交替多层共混物在较低的 POE 含量处（约 15%）出现脆韧转变。POE 含量为 18%时，交替多层共混物的低温冲击强度（5.91kJ/m²）接近 POE 含量为 30%的普通共混物的冲击强度（6.62kJ/m²），比 POE 含量为 20%的普通共混物的冲击强度（3.71kJ/m²）提高了近 1 倍。从表 13-5 还可以看出，POE 含量为 18%的交替多层共混物(AM-18) 与普通共混物 C-30 的韧性相近，与 C-10 的刚性相近。交替多层共混物的刚性和韧性同时提高应该主要归因于交替多层结构的存在。

表 13-5　样品的力学性能

样品	−40℃时缺口冲击强度/(kJ/m²)	弯曲模量/MPa	抗折强度/MPa
C-0	2.28±0.11	1254±17	40.0±0.7
C-10	3.18±0.12	1009±13	29.7±0.6
C-20	3.71±0.09	875±1	25.8±0.6
C-30	6.62±0.22	763±11	23.9±0.4
AM-4	2.53±0.06	1214±14	37.7±0.3
AM-9	3.17±0.03	1107±6	34.8±0.4
AM-12	3.33±0.02	1094±5	33.1±0.9
AM-15	3.91±0.04	985±7	30.4±0.3
AM-18	5.91±0.15	958±10	28.9±0.4

图 13-24 所示为共混物的 DMA 图谱，分析表明 AM-18 的储能模量比含量相近的 C-20 高，这也从侧面印证了交替多层共混物具有更优异的刚性。

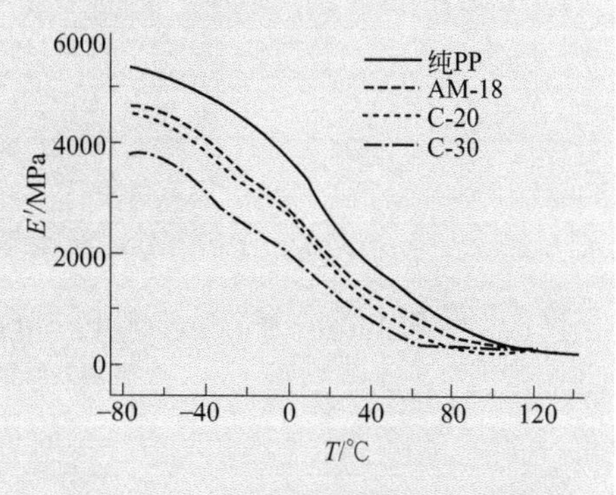

图 13-24　代表性样品的 DMA 图谱

(3) DSC 分析

表 13-6 列出了纯 PP 和与 POE 含量相近但力学性能差异明显的 AM-18 及 C-20 的 DSC 分析数据，用以探讨交替层状结构对于材料结晶性能的影响。从该表可以看出，POE 的加入使得 PP/POE 共混物的熔融焓（ΔH_m）、结晶焓（ΔH_c）明显降低，这

表明 POE 的加入对于共混物的结晶行为有一定的影响。因为 POE 的分子链柔性很大，POE 的加入使得 POE 分子链和 PP 分子链缠结在一起，影响了 PP 分子链的排列堆砌，使其结晶行为产生很大变化。与纯 PP 相比，AM-18 和 C-20 熔融温度（T_m）和结晶度（X_c）有所降低，但不明显。这主要是因为在微纳层状共挤出加工过程中，叠加单元提供了强大剪切场，使得 POE 柔性分子链沿着挤出方向取向，POE 分子链和 PP 分子链的缠结程度大大降低，进而使得共混物的结晶度与纯 PP 相比变化不大。而 AM-18 和 C-20 的 T_m、ΔH_m、结晶焓 ΔH_c 以及结晶度差异很小，这表明交替多层微观结构的存在对共混物的结晶行为影响不大。

表 13-6 代表性样品的 DSC 数据

样品	T_m/℃	T_c/℃	ΔH_m/(J/g)	ΔH_c/(J/g)	X_c/%
纯 PP	165.43	122.26	95.19	96.17	46.0
AM-18	164.58	119.96	75.54	80.21	44.7
C-20	165.04	113.19	74.90	78.03	45.2

（4）冲击形貌分析

图 13-25 是含量相近的普通共混物（C-20）和交替多层共混物（AM-18）的冲击断面的 SEM 图。从中可以看出，C-20 的冲击断面比较光滑，是明显的脆性断裂；而含量相近的 AM-18 的冲击断面比较粗糙，是明显的韧性断裂。进一步从放大冲击断面图可以看出，普通共混物和交替多层共混物在冲击过程中都产生了剪切带，PP/POE 的增韧机理符合剪切屈服增韧机理。但二者又存在明显的不同，普通共混物中产生的剪切带较小且剪切带的传播方向处于无序状态；而交替多层共混物在冲击过程中产生了较大的剪切带，而且由于交替多层微观结构的存在，沿着冲击方向和层状方向，剪切带的传播方向呈现出较大的各向异性。剪切带沿着层状方向传播，能够更有效地吸收冲击能量，削弱冲击方向的冲击能，

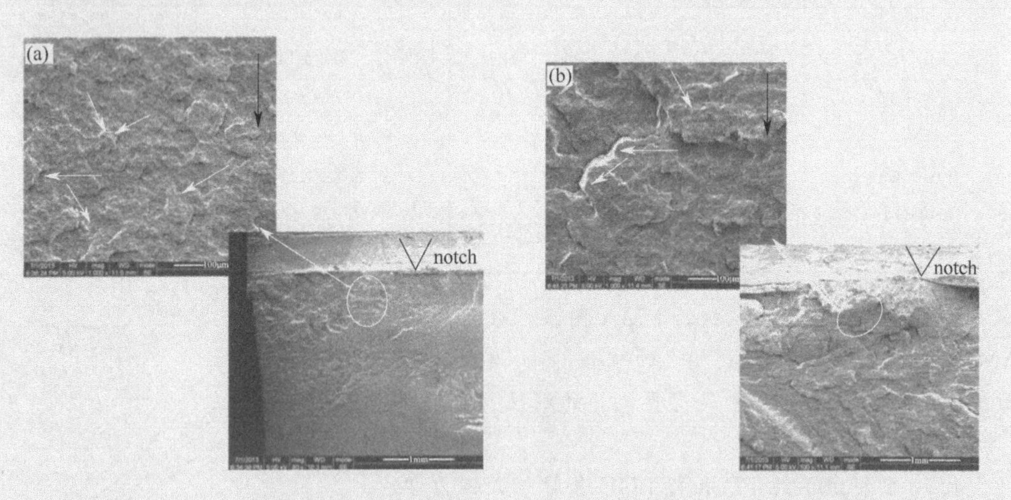

图 13-25 样品冲击断口 SEM 图（图中 notch 指用于标记样品方位的 V 形刻痕）
（a）普通共混物 C-20；（b）交替多层共混物 AM-18

延缓并进一步阻止裂缝的传播，进而提高材料的冲击强度。而且刚性 PP 层和韧性 PP/POE 层交替存在的结构使得材料在抵抗外力的过程中经历了脆-韧-脆交替循环的过程，使得共混物在韧性提高的同时，刚性也得到一定程度的改善。这与设计预期的性能吻合，当材料受到外力作用时，刚性层和韧性层能够相互支撑，相互补充，共同改善材料的力学性能。

5. 结论

通过微纳层状共挤出技术成功制备了层状结构良好的 PP 和 PP/POE 交替多层共混物。与普通共混物相比，交替多层微观结构的存在对共混物的结晶行为影响不大。交替多层共混物的低温冲击强度相比于普通共混物得到了很大提高，交替多层共混物在 POE 含量在 15%左右时实现了脆韧转变，而同等 POE 含量的普通共混物却依然是脆性的。而且交替多层共混物的刚性与普通共混物相比并没有因为韧性的提高而降低。这主要得益于刚性 PP 层在抵抗外力过程中能够提供韧性 PP/POE 层所欠缺的刚性。两种各向异性明显的叠合层相互支持，相互帮助，使得材料在韧性提高的同时，刚性也得到一定程度提高。

参考文献

[1] 刘振海，陆立明，唐远旺．热分析简明教程［M］．北京：科学出版社，2012.

[2] 朱诚身．聚合物结构分析［M］．北京：科学出版社，2010.

[3] 刘淑萍．现代仪器分析方法及应用［M］．北京：中国质检出版社，2013.

[4] 刘振海，徐国华，张洪林，等．热分析仪器［M］．北京：化学工业出版社，2006.

[5] 陈厚．高分子材料分析测试与研究方法［M］．北京：化学工业出版社，2018.

[6] 常铁军，祁欣．材料近代分析测试方法［M］．哈尔滨：哈尔滨工业大学出版社，2003.

[7] 冯玉红．现代仪器分析实用教程［M］．北京：北京大学出版社，2008.

[8] 刘振海．化学分析第八分册——热分析［M］．北京：化学工业出版社，2000.

[9] 谷亦杰，宫声凯．材料分析检测技术［M］．长沙：中南大学出版社，2009.

[10] 徐祖耀，黄本立，鄢国强．中国材料工程大典，第 26 卷，材料表征与检测技术［M］．北京：化学工业出版社，2006.

[11] 李春鸿，刘振海．仪器分析导论［M］．北京：化学工业出版社，2005.

[12] 李银环．现代仪器分析［M］．西安：西安交通大学出版社，2016.

[13] 刘子如．含能材料热分析［M］．北京：国防工业出版社，2008.

[14] 刘培，周逸，邱萍，等．差示扫描量热仪测量影响因素分析及其不确定度的评定［J］．计量与测试技术，2021，48（7）：103-107.

[15] 任鑫，胡文全．高分子材料分析技术［M］．北京：北京大学出版社，2012.

[16] 孙东平．现代仪器分析实验技术［M］．北京：科学出版社，2015.

[17] 王富耻．材料现代分析测试方法［M］．北京：北京理工大学出版社，2006.

[18] 王晓春，张希艳，卢利平，等，材料现代分析与测试方法［M］．北京：国防工业出版社，2010.

[19] 张锐．现代材料分析方法［M］．北京：化学工业出版社，2007.

[20] 朱和国，尤泽升，刘吉梓．材料科学研究与测试方法［M］．南京：东南大学出版社，2019.

[21] 张艺，程开良，许家瑞．调制式差示扫描量热法在高分子研究中的应用［J］．化学通报，2004，5：341-348.

[22] 王岩，况军．热分析技术的发展现状及其在稀土功能材料中的应用［J］．金属功能材料，2014，21（4）：43-46.

[23] 蒙根，许中强，祁晓岚，等．热分析技术在催化研究中的应用进展［J］．工业催化，2007，11（15）：1-4.

[24] 王学春，方建华，陈波水，等．基于热重分析法的亚油酸甲酯热解特性及动力学研究［J］．化工新型材料，2016，

44 (1)：113-123.

[25] 杭祖圣，谈玲华，黄玉安，等．非等温热重法研究 g-C_3N_4 热分解动力学 [J]．功能材料，2011，42 (2)：329-332.

[26] Olga Schulz，Norbert Eisenreicha，Stefan Kelzenberga，et al. Non-isothermal and isothermal kinetics of high temperature oxidation of micrometer-sized titanium particles in air [J]．Thermochimica Acta，2011，517：98-104.

[27] Janković B，Adnadević B，Jovanović J. Application of model-fifitting and model-free kinetics to the study of non-isothermal dehydration of equilibrium swollen poly (acrylic acid) hydrogel. Thermogravimetric analysis [J]．Thermochimica Acta，2007，452：106-115.

[28] 王建峰，张先龙，吴宏，等．PP 和 PP/POE 交替多层共混物的结构与力学性能 [J]．高分子材料科学与工程，2015，31 (10)：48-51.

第十四章

热分析联用法

热分析法是在程序控温和一定气氛的基础上，获得物质物理和化学变化定性定量信息的技术。单一的热分析法在物质性质及其变化过程中所获得的信息较为有限，例如，无法从热重分析中获得物质热分解所产生的气体产物的信息及对应的能量变化特征。热分析法的重要特点之一是其联用技术广泛。热分析联用法是将几种热分析法联用或将热分析法与其他分析方法（如红外光谱法、质谱法、气相色谱法等）进行有机结合，不仅能获得物质更多的组成和结构信息，而且各种技术还可以相互补充印证，显著提高检测结果的可靠性，有助于深入揭示物质的热变化机理。

第一节 热分析联用法分类

在 1974 年召开的第四次国际热分析大会上，对热分析联用法进行了如下分类和定义。

1. 同时联用热分析法

同时联用法又称同步热分析法，是指在程控温度下，对一个试样同时采用两种或多种热分析技术。此类方法包括如下一些常见类型：热重法和差热法联用（TG-DTA）；热重法和差示扫描量热法联用（TG-DSC）；热重法、差热法、差示扫描量热法联用（TG-DTA-DSC）。

2. 耦合联用热分析法

耦合联用法又称串接联用法，是指对一个试样同时采用热分析法和一种或多种其他分析方法，参与分析的不同类型仪器通过接口装置实现串联连接。耦合联用法包括如下一些类型：热重法与质谱法联用（TG-MS）；热重法与红外光谱法联用（TG-FTIR）；热重法、差示扫描量热法与质谱法联用（TG-DSC-MS）；热重法、差示扫描量热法与红外光谱法联用（TG-DSC-FTIR）；热重法、差示扫描量热法、红外光谱法和质谱联用（TG-DSC-FTIR-MS）。

3. 间歇联用热分析法

对同一试样采用热分析法和一种或多种其他分析方法，而其中的一种分析方法的取样是不连续的。常见的间歇联用法有如下一些类型：热重法和气相色谱法联用（TG-GC）；热重法与红外光谱法、气相色谱法和质谱法联用（TG-FTIR-GC-MS）。

第二节 ➲ 同时联用热分析法

一、 TG-DTA/DSC联用原理

将热重分析（TG）与差示扫描量热（DSC）或差热分析（DTA）结合为一体，利用同一样品在同一实验条件下同步得到热重和差热信息，就是TG-DTA/DSC联用。与单独的TG或DSC或DTA测试相比，TG-DTA/DSC联用具有如下显著特点：①通过一次测量，即可获取质量变化与热效应两种信息，方便省时，同时由于只需要更少的样品，对于昂贵样品或难以制备的样品的分析非常有利。②可消除称重、样品均匀性、升温速率一致性、气氛压力与流量差异等因素的影响，所得TG与DTA/DSC曲线的对应性更佳。③根据某一热效应是否对应质量变化，有助于判别该热效应所对应的物化过程（如区分熔融峰、结晶峰、相变峰与分解峰、氧化峰等）。④可实时跟踪样品质量随温度或时间的变化，在计算热焓时可以样品的当前实际质量（而非测量前原始质量）为依据，有利于相变热、反应热等的准确计算。⑤可用DTA或DSC的标准参样来进行温度标定。

二、 TG-DTA/DSC联用实例

1. 水合草酸钙热分析

一水合草酸钙（$CaC_2O_4 \cdot H_2O$）具有很高的稳定性，基本不吸潮，是热分析领域验证热天平性能的理想材料。图14-1为$CaC_2O_4 \cdot H_2O$的TG-DSC曲线。实验条件为：样品质量12.79mg，Pt坩埚，升温速率10K/min，温度范围室温至1000℃，N_2气氛（70mL/min）。TG曲线上第一阶段失重台阶为脱水过程，样品脱水后转变为无水草酸钙（CaC_2O_4）。第二阶段失重台阶是由CO的释放所致，代表了从草酸钙向碳酸钙（$CaCO_3$）的转变。在700℃以上，碳酸钙分解，释放CO_2，最终残余物为氧化钙（CaO）。实验测量到的失重量与理论值非常吻合（偏差<1%）。这也证明了进行分析的热天平拥有很高的测量准确性。

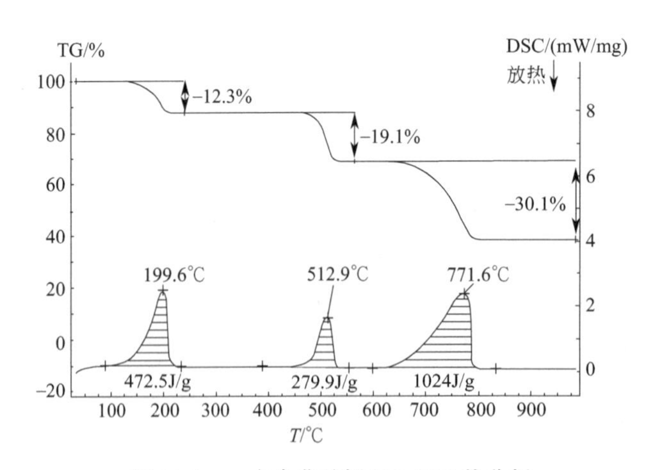

图14-1 一水合草酸钙TG-DSC热分析

2. PET 聚合物热分析

PET 高聚物（聚对苯二甲酸乙二酯）是制造塑料瓶、纺织纤维和食品包装膜等产品的常用材料。图 14-2 为 PET 的 TG-DSC 曲线。同步热分析测试结果显示，在 N_2 气氛下，DSC 曲线在 100℃之前有一台阶，主要是玻璃化转变，同时有 0.35J/(g・K）的比热容增大。在 81℃时的吸热峰主要反映结构的松弛现象。在 131℃时的放热峰对应于冷结晶过程。255℃时的吸热峰是 PET 熔融过程的反映。在 360℃之后，样品开始发生分解，伴随有 79.5%的失重。

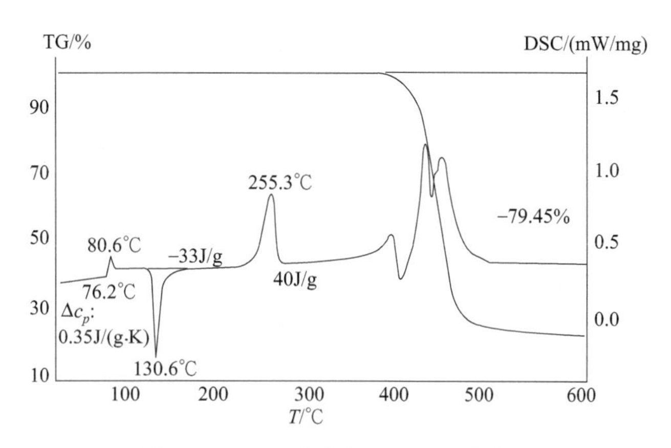

图 14-2　PET 高聚物 TG-DSC 热分析

3. 铁相转变热分析

图 14-3 为纯铁样品的 TG-DTA 曲线。实验条件为：升温速率 20K/min；温度范围为室温至 1600℃；通过抽真空和充填气体获得惰性气氛。DTA 曲线上，744℃的放热效应是由材料的磁性转变所致。峰值温度为 908℃和 1389℃的吸热峰表明铁发生了晶型转变。起始点 1533℃的吸热峰为铁的熔融峰。在 TG 曲线上没有质量的变化，表明了实验所用的热分析系统具有良好的密封性，能确保惰性气氛的纯净性。

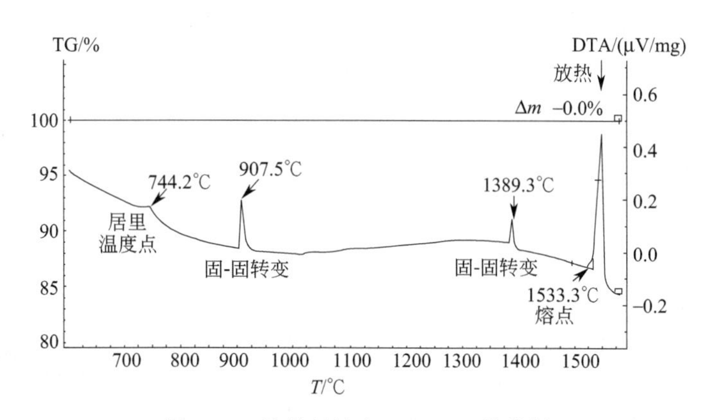

图 14-3　纯铁相转变 TG-DTA 热分析

4. 石膏与石英砂混合物相转变热分析

石膏与石英砂常被用于建筑材料的石膏与灰泥之中。图 14-4 为石膏与石英砂混合物样品的 TG-DTG-DSC 曲线。样品中二水石膏 $CASO_4 \cdot 2H_2O$ 组分在 200℃之前经过两步的脱水过程，先转变为半水石膏 $CaSO_4 \cdot 0.5H_2O$，最终转变成无水石膏 $CaSO_4$，总的吸热热焓为 122.0J/g。定量分析显示样品中含 23.4%的二水石膏。无水石膏在约 300～450℃之间释放出 18.3J/g 的热量，形成β-$CaSO_4$。起始温度 573℃的吸热效应则是由石英（晶态 SiO_2）在结构上的 α→β 相转变所致。

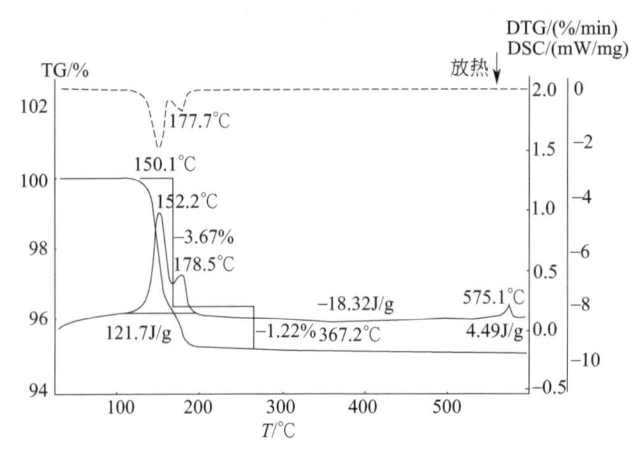

图 14-4　石膏与石英砂混合物相转变 TG-DTG-DSC 热分析

第三节 ⊃ 耦合联用热分析法

一、 TG-MS 或 TG-DSC-MS 联用

1. TG-MS 或 TG-DSC-MS 联用基本原理

将热重分析（TG）与质谱分析（MS）结合为一体，TG 产生的挥发性分解产物，通过可加热的传输系统和接口，将无冷凝的气体输入质谱仪（一般为四极杆质谱仪）。质谱仪的测量模式有模拟扫描、柱状图扫描和多离子跟踪等。根据质谱图可以定性分析热分解气体产物的组分信息，对研究材料的热分解反应进程和解释反应机理具有重要意义。

TG-MS 广泛应用于分解反应（如脱水、稳定性、残余、溶剂热解），气固反应（如燃烧、氧化、腐蚀、吸附、脱附、催化），组分分析（如聚合物含量、成分计算、黏结剂烧失、脱蜡、灰分），蒸发（蒸气压、升华）等方面的研究。

2. TG-MS 或 TG-DSC-MS 联用实例

（1）$Nd_2(SO_4)_3 \cdot 5H_2O$ 逸出气分析

图 14-5 为 $Nd_2(SO_4)_3 \cdot 5H_2O$ 样品的 TG-MS 曲线。实验条件为：样品质量 29.53mg，氮气气氛，升温速率 10K/min，温度范围为室温至 1400℃。MID 曲线（质谱多离子监测曲线）显示样品热分解逸出的气态产物包括水、氧与二氧化硫，这与 TG 曲线上的相应失重台阶存在很好的对应性。

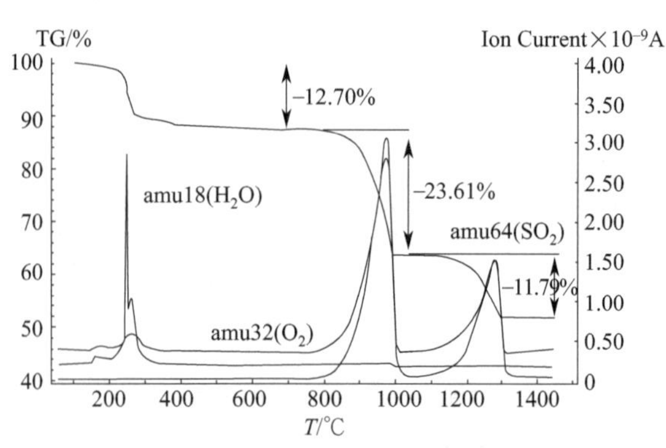

图 14-5　$Nd_2(SO_4)_3 \cdot 5H_2O$ 的 TG-MS 曲线

(2) $PbCl_2$ 热分解分析

$PbCl_2$ 主要用作分析试剂、助剂、焊料以及制备铅黄等染料。图 14-6 为 $PbCl_2$ 样品 400～850℃的 TG-DSC-MS 曲线。实验条件为：样品质量 7.92mg；氩气气氛，氩气流量 150mL/min；温度范围为室温至 850℃。DSC 曲线上峰温 487.3℃对应于 $PbCl_2$ 的熔融温度。从熔融温度起 $PbCl_2$ 就开始发生分解，形成离子碎片 $PbCl^+$ ($m/z=243$)、Pb^+ ($m/z=208$)、Cl^- ($m/z=37$)、Cl^- ($m/z=35$) 以及分子离子 $PbCl_2^+$ ($m/z=278$)。$PbCl_2$ 在约 700℃达到分解挥发的最大速率，该温度远低于 $PbCl_2$ 的沸点（950℃）。

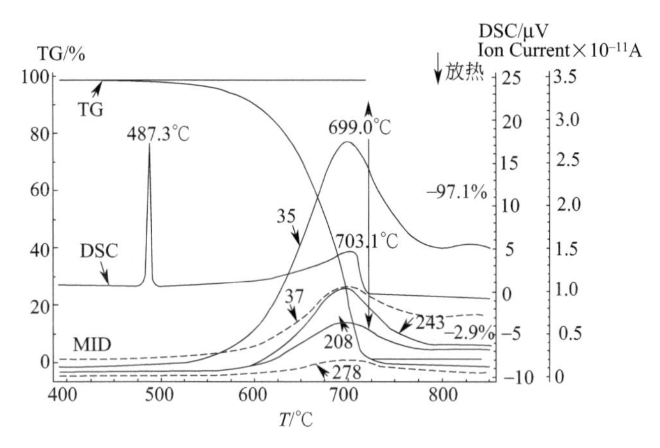

图 14-6　$PbCl_2$ 热分解的 TG-DSC-MS 曲线

二、 TG-FTIR 或 TG-DSC-FTIR 联用

1. TG-FTIR 或 TG-DSC-FTIR 联用基本原理

将热重分析（TG）与红外光谱分析（FTIR）结合为一体，样品在受热过程中分解产生的挥发性物质，从热分析仪的出气口通过加热短管与红外光谱仪的内置可加热式气体室之间直接相连。两仪器间气体连接路径较短，体积小，能够保证快速响应，对于易冷凝逸出气体的分析具有不可替代的优点。TG-FTIR 可同时连续地记录和测定样品在受热过程中所发生的物理化学变化以及在各个失重过程中所生成的分解或降解产物化学成分，从而将 TG 的定量分析能力与 FTIR 的定性分析能力有机结合在一起，已在材料热分解过程分析、气固反应研究、组分分析、挥发性产物释放研究以及老化过程分析等方面显示出其广泛的应用前景。

2. TG-FTIR 或 TG-DSC-FTIR 联用实例

(1) POM 热分解分析

聚甲醛（POM）是一种广泛使用的半结晶热塑性材料。由于其具有良好的刚度、切削加工性能、耐磨性和尺寸稳定性，通常被用于制造精密零件。图 14-7 为 POM 样品的 TG－DSC－FTIR 曲线。实验条件为：样量 2.92mg，氮气气氛、升温速率 20K/min，温度范围为室温至 740℃。在 TG 曲线上，300℃和 460℃间有一个失重台阶。最大分解速率在 414℃（DTG 曲线上的峰值温度）。DSC 曲线上，峰值温度为 171.0℃的峰为聚甲醛的熔融峰，与文献值相符。另外两个峰值温度为 389.3℃和 414.9℃的峰分别对应于聚甲醛的分解反应。实验结果表明，DTG、DSC 和红外释放强度曲线（Gram－Schmidt 曲线）上的温度有很好的对应关系。

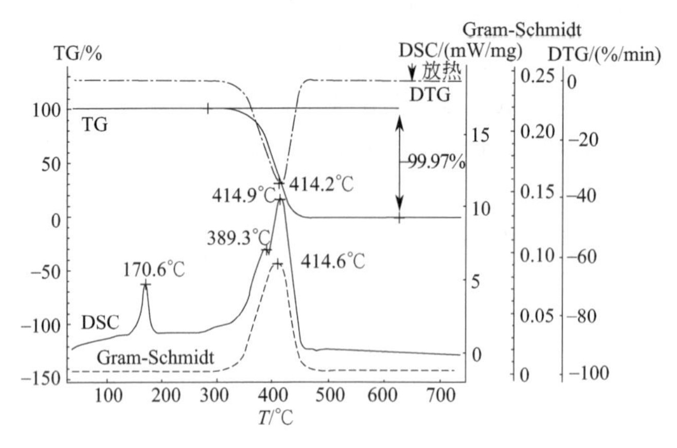

图 14-7 POM 的 TG-DSC-FTIR 曲线

(2) 水性清漆干燥固化过程分析

涂料中的挥发组分可能污染环境，而水性涂料或粉末涂料在很大程度上能减轻这种问题。图 14-8 为双组分水性清漆样品的 TG-DTG-FTIR 曲线。实验条件为：样品质量 31.9mg；氮气气氛；升温速率 5K/min；温度范围为室温至 300℃。升温到 100℃时样品的主要失重是由于水分的挥发，其余一部分失重是由于烃类物质（如乙酸烷基酯和脂肪族醇）的逸出。FTIR 轨迹图上两个峰显示这些烃类物质的最大挥发速率温度在 157℃。热分析结果表明，此种水性清漆的干燥过程中，没有有毒气体产生。

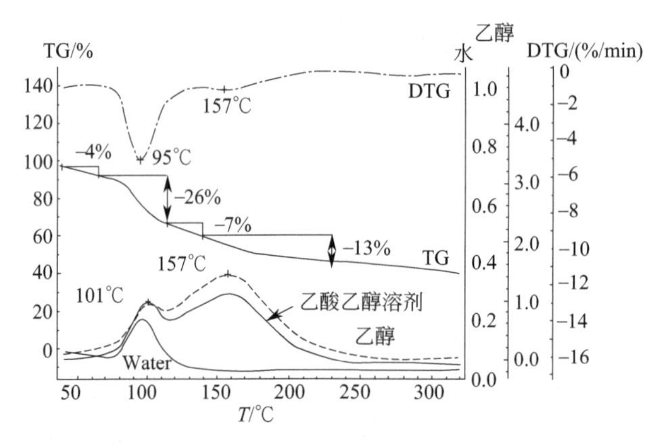

图 14-8 水性清漆干燥固化过程 TG-DSC-FTIR 曲线

第四节 间歇联用热分析法

一、间歇联用热分析法原理

间歇联用热分析法是热分析与气相色谱（GC）、气相色谱-质谱（GC-MS）的串接联用法，主要有 TG-GC 和 TG-GC-MS 等类型。热分析是一种连续测定方法，而气相色谱是一种间歇测定法，由于样品在色谱柱中的分离需要一定时间，因此不能将连续的在线样品气体流直接输入到 GC 中。要实现热分析仪与气相色谱仪的连接，连接部分要满足以下条件：

①能按时准确地从热分析仪中取样；②要有一定数量的取样管，而且气体样品要能在取样管中保留一定时间；③要能按时准确地向气相色谱仪送样。在上述全部过程中，要保证样品不冷凝，输气管线要尽量短细且要能加热和保温。管线温度要可控，温度太低，高沸点样品会冷凝；温度太高，样品会再分解、聚合。一些仪器生产厂商提供的解决方案是，使用一种加热自动阀的准连续模式直接实现TG和GC联用，允许程序控制的气态方式进样，如流动循环进样以及短间隔的气体注入。

间歇联用热分析法在复杂气态混合物的分离、气体成分检测与识别、组分分析、气固反应研究、热分解产物分析、热裂解气体分析、燃烧产物分离分析、烟道气体鉴别、添加剂（如增塑剂）的鉴别等方面有显著优势，广泛应用于聚合物、生物质材料、食品、药物和化妆品等领域。

二、 TG-GC-MS联用实例

图14-9为未硫化天然橡胶（NR）的TG-DTG-TIC曲线（TIC曲线为质谱图中的总离子流图）。实验条件为：样品质量3.36mg；N_2气氛；逸出气体以1min间隔连续注入GC；GC柱维持恒定的高温，以使气体混合物迅速穿过色谱柱后其主要成分得到有效分离。分离产物进入MS后进行定性识别。在NR分解的起始点（32min，346.3℃），主要的挥发产物为C_5H_8以及$C_{10}H_{16}$。NR分解的第二阶段（起始点38min，406.2℃）为其他气体产物的释放过程，这些气体产物包括：C_7H_{10}（$m/z=94$），C_8H_{12}（$m/z=108$）以及$C_{15}H_{24}$（$m/z=204$）等。

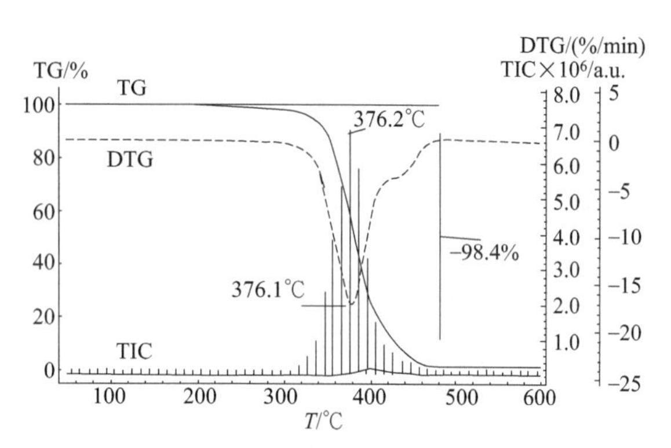

图14-9　未硫化天然橡胶TG-DTG-TIC曲线

典型案例

TG-FTIR-GC/MS联用技术测定聚合物中的红磷阻燃剂含量

红磷是一种无机化合物，其分子量为124。作为一种磷系无机阻燃剂，红磷具有添加量少、高效、抑烟、低毒等阻燃特性，其用量仅次于卤系阻燃剂，广泛应用于塑料、橡胶、纸张、木材、涂料及纺织品等的阻燃，在阻燃领域具有非常重要的地位。用红磷阻燃的树脂一方面在燃烧时生成氧化磷，氧化磷可促进树脂脱水、炭化，使可燃产物减少，然后生成磷酸、亚磷酸、聚偏磷酸等，在树脂表面形成一层玻璃状熔融物，阻止火焰向聚合物表面传递热和由聚合物表面向外扩散分解产物，成为障碍层，从而抑制燃烧的蔓延；另一方面，此过程还具有吸热作用，降低聚合物自身的氧化热，达到固相阻燃的目的。但是红磷在实际应用中也存在许多问题，如易吸潮和氧化，可放出有毒气体，粉尘易爆炸，在与树脂混炼、模塑等加工过程中存在着火危险，且与树脂的相容性较差，不易分散均匀，导致基材物理性能下降。因此，快速准确测定阻燃聚合物中红磷的含量，对于评估聚合物的阻燃性能和环境保护均具有重要意义。

1. 原理

已有的红磷检测方法有电感耦合等离子发射光谱（ICP）法或裂解-气相色谱/质谱（P_y-GC/MS）法等。ICP法能够准确测定聚合物中磷的含量，但是由于其选择性较差，除红磷外，还包括磷系的其他阻燃剂，如磷酸盐、氮-磷、有机磷酸酯等含磷化合物均能被检测出来，因此无法确定红磷含量；P_y-GC/MS法利用红磷在400～450℃解聚为P_4单体，同时利用色谱的高分离能力和质谱的高灵敏度鉴别能力实现对P_4单体的定性，是目前检测红磷的主要方法之一，但是该方法无法排除次磷酸盐类化合物的干扰。

在P_y-GC/MS法的基础上，用热重-红外-气相色谱/质谱（TG-FTIR-GC/MS）联用技术来分析塑料、橡胶等聚合物中的红磷含量，通过FTIR可以排除磷酸盐、氮-磷、有机磷酸酯等含磷化合物的干扰，提高聚合物中红磷检测的准确率。同时，此方法测试样品时无需进行复杂的样品前处理，对聚合物采用相同材质标准品进行定量，具有样品用量少、分析时间短、污染小、干扰少等优点，可为红磷的检测提供一条新颖可靠的路径。

2. 仪器与样品

热重分析仪（TG），Pyris 1 TGA；傅里叶红外光谱仪（FTIR），Frontier；气相色谱仪（GC），Clarus 680；质谱仪（MS），Clarus SQ8 C。以上仪器均为美国PE公司产品。

样品制备方法：标准品为定制聚酰胺6（PA6），其红磷含量为35000mg/kg。商品PA6样品，将其剪成2mm×2mm×2mm左右的颗粒，称取10～20mg，对其中的红磷进行定性和定量分析。

3. 测试方法

（1）定性分析

通过TG-FTIR-GC/MS联用在线模式对未知样品中的红磷进行分析，步骤为：①将样品在TG中按照设定升温程序进行裂解，得到裂解气体；②裂解气连续进入FTIR气体池中，并对进入的裂解气进行实时数据采集；③GC/MS连续抽取气体池中的裂解气进行实时数据采集，在GC/MS质谱图中提取质荷比（m/z）为124的离子谱图，根据谱图判断样品中是否含有红磷，并根据谱图计算分离模式中测试阀打开的温度点。具体仪器参数设置如表14-1所示。

（2）定量分析

根据在线模式测试计算的温度点对样品裂解气进行分离测定，提取该温度点下部分裂解气进入色谱柱进行程序升温，根据红磷在一定保留时间下的色谱峰高对样品进行定量分析。具体步骤为：①样品在TG中按照表14-1相同条件设定升温程序进行裂解；②裂解产物进入气体池中，FTIR对进入的裂解气进行实时数据采集；③待TG达到测试温度点后打开阀抽取气体池中裂解气，按照设置升温程序进行测试，即50℃（1min）→320℃（20min），25℃/min。GC/MS提取m/z为124的特征离子，根据保留时间下的色谱峰高进行定量分析。

表14-1 TG-FTIR-GC/MS联用在线模式下的仪器参数设置

仪器	参数类型	参数设定
TG	载气	He
	气体流量	60mL/min
	升温程序	30℃→850℃，20℃/min

续表

仪器	参数类型	参数设定
FTIR	波长范围	4000～400cm^{-1}
	扫描次数	8
	扫描时间	41min
GC/MS	色谱柱型号	Elite-5MS(30m×0.5μm×0.25mm)
	检测器类型	MS
	离子源	EI
	进样方式	手动
	扫描模式	SCAN(m/z=33～350)SIR(m/z=62,93,124)
	进样口温度	200℃
	检测器温度	250℃
	气体流量	1mL/min
	升温程序	5℃/min

4. 结果与讨论

(1) 聚合物中红磷定性分析

首先将聚合物样品进行热裂解，使其释放出裂解气体，样品的TG曲线如图14-10所示。从TG曲线可知，样品在350℃开始裂解，到550℃几乎达到裂解平衡，而红磷的解聚温度（400～450℃）正好在此温度区间。样品裂解后的气体进入FTIR，得到单个时间点和总的裂解气红外谱图（图14-11），判断谱图中是否含有其他含磷官能团吸收峰，从而排除其他磷系物质对后续测试产生的干扰。最后裂解气进入GC/MS，得到裂解气的总离子流谱图［图14-12(a)］，将单个时间下的特征离子扫描谱图［图14-12(b)］与标准品红磷特征离子谱图［图14-12(c)］进行对比，若与标准品红磷特征离子谱图各离子比例一致，则判断该样品中含有红磷。

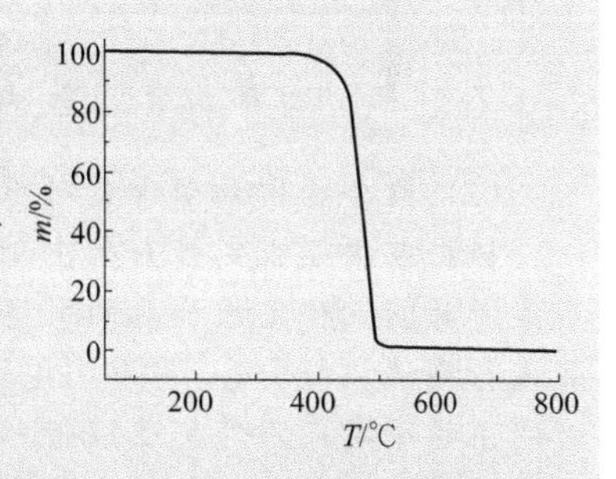

图14-10 聚合物样品的TG曲线

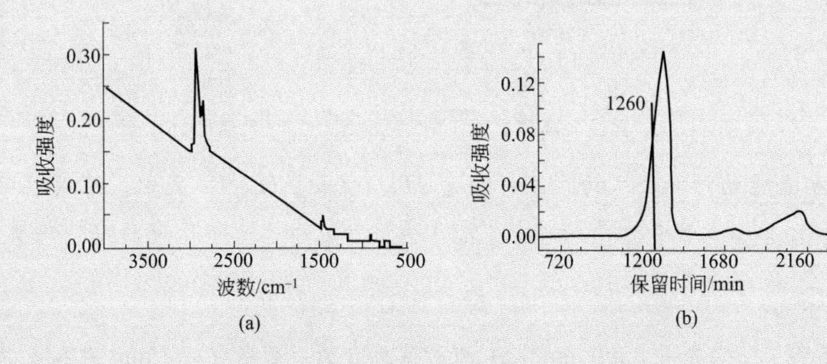

图14-11 样品裂解气的实时FTIR谱图

(a) 保留时间为14min的扫描谱图；(b) 红外总扫描谱图

图14-12中保留时间14min时提取的特征离子谱图与标准品红磷特征离子谱图中的各

离子比例一致，说明在该时间点下，样品中的红磷裂解得到相应的气体。根据提取到含磷物质时间点（14min）对TG升温程序进行反推，计算出该时间点的裂解温度为450℃。从TG曲线可以看出，在450℃下样品有失重变化。根据提取14min时实时测试的裂解气MS图［图14-12(b)］，对样品的实时FTIR谱图［图14-11(a)］进行分析，可知谱图中无含磷官能团的吸收峰（图中波数为2800～3000cm^{-1}处为烷烃类基团的吸收峰）。TG-FTIR-GC/MS分析表明该样品中含有红磷，可对样品进行进一步测试。

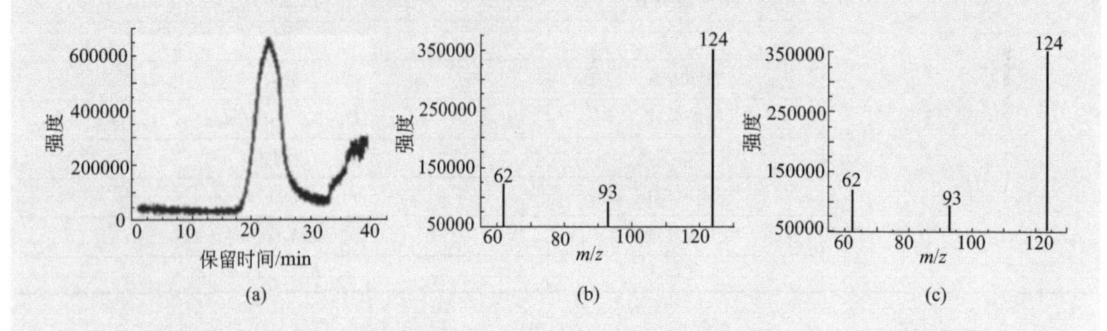

图14-12 样品的GC-MS图谱

（a）样品在线模式下的GC-MS总离子流图谱；
（b）样品中红磷在线模式下的MS特征离子谱图（保留时间14min）；（c）标准品红磷的特征离子谱图

（2）聚合物中红磷含量定量分析

根据在线模式定性分析中测出的样品热裂解过程红磷逸出时间，计算出样品中红磷的热裂解时间，确定该样品的裂解气抽取的温度点。按照测试程序对同类材质的标准品及样品进行测试。提取m/z为124的离子质谱图（图14-13），并对该质谱图中红磷在一定保留时间下的峰高采用外标法进行积分定量。

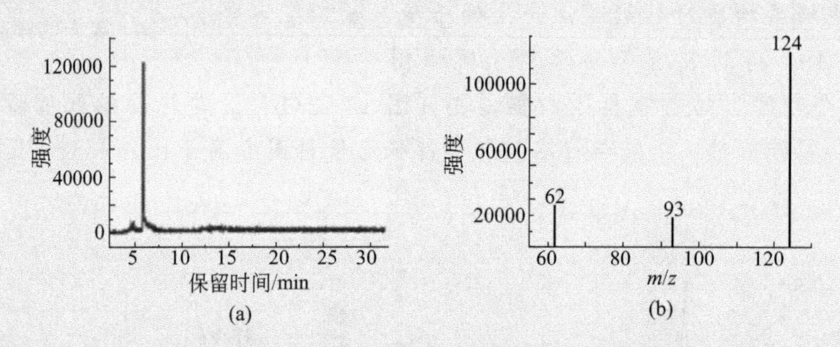

图14-13 样品分离模式GC-MS色谱图(a)与质谱图(b)

样品中红磷含量的计算公式为：$X=(m_{标} H_{样})/(m_{样} H_{标})$。式中，$X$为样品中的红磷含量，mg/kg；$H_{样}$为样品峰高；$H_{标}$为标准品峰高；$m_{标}$为标准品中的红磷质量，μg；$m_{样}$为样品质量，g。

（3）应用实例

对PA6样品（红磷含量35000mg/kg）进行实例分析。剪取样品15mg左右置于坩埚中，按红磷测试方法设置TG-FTIR-GC/MS联用程序，进行六次平行测定。根据测定数据按照上述定量公式计算红磷含量。计算结果表明，PA6样品中红磷含量的平均值为35695mg/kg，仅比参考值高 695mg/kg，相对误差为 2.0%，标准偏差为 4191mg/kg，相对标准偏差（RSD）为 11.74%。该偏差一方面来自测试时的手动分析误差，另一方面来源于仪器误差，而相对误差小于 5%，相对标准偏差小于 20%，说明该方法具有较好的准确度和精确度，能很好地应用于测试聚合物中甚至其他形态下的红磷。

5. 结论

采用 TG-FTIR-GC/MS 联用法测试聚合物中红磷的含量，方法简单、快捷，样品用量少，干扰少，具有较高的应用价值。相比传统的化学前处理方法（氧弹燃烧后经吸收液吸收的测试液体用 ICP 法测总磷；裂解气经氯仿吸收后进入 GC/MS 进行测定的 P_y-GC/MS 法），此法只需选取具有代表性样品剪碎即可取样测试，避免复杂前处理过程带来的其他干扰。基于红磷的升华产物在红外谱图中没有吸收峰的特点，通过 FTIR 测定可以实时监控裂解气的吸收峰，对裂解气吸收峰进行分析，能有效排除其他磷化物的干扰。在联用分离模式测试时，可以截取温度段进行分离进样，能有效避免因聚合物直接高温裂解所产生的相关离子（m/z 分别为 62、93、124）的干扰。提取 m/z 为 124 的离子采用峰高进行样品定量时，可以有效避免测试样品中裂解所产生离子对定量分析的干扰。

参考文献

[1] 刘振海，陆立明，唐远旺．热分析简明教程［M］．北京：科学出版社，2012.

[2] 刘子如．含能材料热分析［M］．北京：国防工业出版社，2008.

[3] 陆昌伟，奚同庚．热分析质谱法［M］．上海：上海科学技术文献出版社，2002.

[4] 朱诚身．聚合物结构分析［M］．北京：科学出版社，2010.

[5] 王岩，况军．热分析技术的发展现状及其在稀土功能材料中的应用［J］．金属功能材料，2014，14（4）：43-46.

[6] 蒙根，许中强，祁晓岚，等．热分析技术在催化研究中的应用进展［J］．工业催化，2007，11（15）：1-4.

[7] 吴雷，周军，平松，等．热分析联用技术及其在金属材料领域中的应用［J］．分析测试学报，2020，39（9）：1176-1180.

[8] 韩志东，潘海涛，董丽敏，等．聚乙烯/石墨层间化合物热降解过程的 TG-FTIR 研究［J］．无机化学学报，2008，24（5）：755-759.

[9] 成思萌，酒少武，李辉，等．热红联用研究高硫铝土矿的氧化焙烧［J］．光谱学与光谱分析，2018，38（9）：2730-2734.

[10] 谢克昌，刘生玉．热红外光谱联用技术用于热解反应的快速检测［J］．分析化学，2003，31（4）：501-504.

[11] 酒少武，杨爱武，陈延信．热重-差示扫描量热-傅里叶变换红外光谱联用技术检测水泥生料基固硫剂的气体释放特征［J］．理化检验（化学分册），2020，56（12）：1277-1281.

[12] 周宇艳，程欲晓，蔡婧，等．热重分析－傅里叶变换红外光谱法分析无机物填充高分子复合材料的组分［J］．理化检验（化学分册），2015，51（4）：512-515.

[13] 徐娇，周志成，杨柳，等．天然橡胶/氯丁橡胶并用胶的成分剖析［J］．橡胶工业，2017，64（9）：561-565.

[14] 李淑娥，王晓东，颜国纲，等．热重-质谱联用技术（TG-MS）及系统优化研究［J］．山东科学，2008，14（2）：9-14.

[15] 王晓红，张皋，赵凤起，等．DSC/TG-FTIR-MS 联用技术研究 ADN 热分解动力学和机理［J］．固体火箭技术，2010，33（5）：554-559.

[16] Ingrid Corazzari，Francesco Turci，Roberto Nisticò. TGA coupled with FTIR gas analysis to quantify the vinyl alcohol unit content in ethylene-vinyl alcohol copolymer［J］. Materials Letters，2014，284：129030.

[17] Liang B，Wang J B，Hu J H，et al. TG-MS-FTIR study on pyrolysis behavior of phthalonitrile resin［J］. Polymer Degra-

dation and Stability，2019，169：108954.
[18] Lovely Mallick，Sudarshan Kumara，Arindrajit Chowdhury. Thermal decomposition of ammonium perchlorate-A TGA-FTIR-MS study：Part Ⅱ [J]. Thermochimica Acta，2017，653：83-96.
[19] https：//www. ngb-netzsch. com. cn/index. html.
[20] 邓春涛，谷茜，何枝贵，等. TG-IR-GC/MS联用技术测定聚合物中的红磷阻燃剂含量 [J]. 塑料科技，2016，44(11)：82-85.

第六篇
材料粒度及孔结构分析法

第十五章
粒度分析法

在一个分散系统中能独立存在的三维个体通常被认为是一个颗粒。例如，空气或液体介质中的液态个体（雾粒、乳液颗粒、气溶胶颗粒）、空气或液体介质中的固态个体（泥浆矿浆中的悬浮物、大气颗粒物 $PM_{2.5}$ 和 PM_{10}）、液体介质中的气泡、粉体材料中的微小颗粒单元等均是颗粒物。颗粒的大小一般称为颗粒度、粒度或粒径等。除分散介质中的液体小质点颗粒（如乳液的胶乳颗粒和部分气溶胶颗粒）一般呈球形外，绝大多数固体颗粒的形状是不规则的，难以用一个尺度来度量某个颗粒的大小。因此，在粉体材料颗粒度的描述过程中通常采用“等效粒度”或“等效粒径”的概念。当被测颗粒的某种物理特征或物理行为与某一直径的同质球体（或其组合）最相近时，就把该球体的直径（或其组合）作为被测颗粒的等效粒度（或粒径）。粉体材料一般按其颗粒大小近似划分为粗粒（100μm～1mm）、细粒（10～100μm）、微粒（1～10μm）、超微颗粒（0.1～1μm）和纳米颗粒（1～100nm）等类型。一种粉体材料中各颗粒的大小一般是不均匀的，颗粒大小的分布状态称为粒径分布。粒度测试的方法有筛分法、沉降法、显微镜法、激光粒度法和电超声粒度法等多种类型，不同的粒度分析方法所依据的测试原理不同，同一样品用不同测试方法得到的粒径结果可能是不同的。

颗粒的粒径及粒径分布是粉体材料的基本物理属性，对粉体材料的加工和使用性能有直接的影响。在催化剂领域，催化剂的粒度和粒度分布与其催化活性、使用寿命和机械强度有密切关系。在陶瓷领域，陶瓷粉体的粒度及其粒度分布状况关系到原料的加工时间、坯体的致密度大小、烧成温度的高低等问题，对产品的质量和性能起着重要的作用。在涂料工业领域，涂料中颜填料的粒度对涂料涂膜的遮盖力、硬度、耐久性和耐磨性等性能有极为重要的影响。比如，既耐磨又耐摩擦的地板涂料中要求颜填料的粒径要尽量大一些，但粒径过大又会影响涂料的细度，影响流平性、表面光泽和美观度，同时对施工也会产生相应的影响。在锂电池行业，以磷酸铁锂、钴酸锂作电池的正极，以石墨作负极，相同材料生产出的电池，由于原料粒度大小、粒度分布以及颗粒形状的不同，电池的实际电容量、使用寿命等关键性能有显著差异。在高聚物领域，聚合物粉体的粒度及粒度分布既是聚合反应条件（如聚合温度、时间、引发剂、搅拌速度等）的反映，同时它对聚合物的性能及加工条件、制品性能、用途等都有影响。

第一节 粒度表征的主要方法

粒度测量属于等效圆球直径测量技术范畴。根据颗粒等效于同质圆球直径的原理不同，一个颗粒可以对应有若干个不同的等效粒径。不同的等效方法形成了不同的粒径测量方法，每种测量方法都有其适合测量的样品和适用范围，目前尚无一种普适的粒度测量方法或仪器能够测量所有的样品。同一样品用不同测试方法获得的粒径大小和分布数据不同，测试结果难以相互进行直接比较，这种情况在颗粒形状为片状、棒状和条状等极不规则的形状时表现特别明显。

常用的粒度分析方法有筛分法、沉降法、显微镜法、光散射法、电感应法等，各种方法的特征及其基本工作原理见表 15-1。一些测量方法的粒径等效示意图如图 15-1 所示。

表 15-1　常用的粒度测量方法

方法	被测参数	粒度范围/μm	测量原理	表达的粒度	粒度分布
筛分法(微目筛)	长度	>45	筛孔尺寸、重力(筛网尺寸通过等效圆球)	重均粒度	质量(体积)
光学显微镜	质量	0.25～150	通常是颗粒透影像的某种尺寸或某种相当尺寸	数均粒度	个数
电子显微镜		0.001～8			
全息照相		2～500			
光散射、消光	横截面积	0.002～2000	颗粒对光的散射或消光(体积等效圆球)	光强粒度	质量(体积)或个数
X光小角散射		0.005～0.1			
重力沉降	表面积	2～100	沉降效应:沉积量、悬浮液的浓度消光随时间或位置的变化(沉积速率等效圆球)	重均粒度	质量(体积)
离心沉降		0.01～45			
电感应法	体积	0.4～800	颗粒在小孔电阻传感区引起的电阻变化	数均粒度	个数

由于粉体材料一般是由数量众多大小不同的颗粒构成的集合体，由此经常采用粒径分布而非一个等效直径来表征粉体整体的粒度属性。常用的粒径分布表示方法有频率分布、累计分布、中位径 D_{50} 和平均径等。其中，频率分布表示各级别颗粒的相对含量；累计分布反映小于每级颗粒的总含量。对颗粒群体粒度分布服从特殊数学统计规律的，可以用反映颗粒含量随颗粒大小变化关系的粒度分布函数（如正态分布、对数正态分布、Rosin-Rammler 分布等）表示。

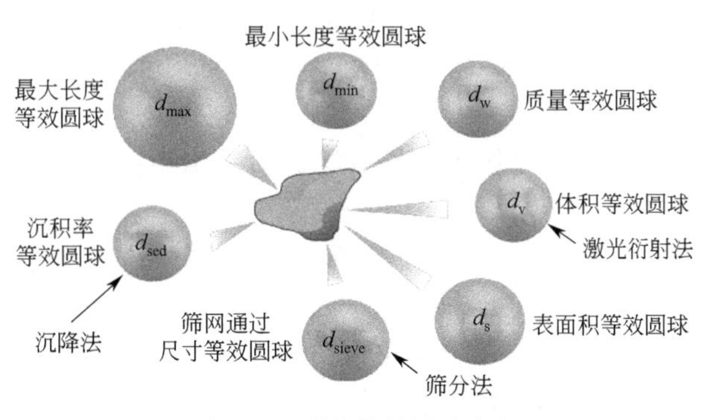

图 15-1　颗粒等效圆球直径

一、筛分法

筛分法是颗粒粒径测量中最直观而通用的方法。筛分法的测量过程简介如下：根据不同的需要，选择一系列不同筛孔径的标准筛，按照孔径从小到大的顺序依次叠置，最下面为底筛，最上面为筛盖，然后固定在振筛机上，选择适当的振动模式及工作时长，自动振动筛子即可实现筛分；样品筛分完成后，通过称重的方式记录下每层标准筛中得到的颗粒质量，并由此求得以质量分数表示的颗粒粒度分布。

筛分法具有如下特点：①原理简单直观，操作简便，应用广泛；②由于粒径段的划分受限于所用筛子的层数，因此粒径分布的测量较粗糙，结果精度较低；③筛分过程中筛子的强烈振动会引起某些颗粒种类的颗粒破损，破坏粒径分布，影响测量结果；④某些颗粒相互间吸附作用较强，在筛分中可能会出现聚合成团的现象，影响筛分结果的准确性。

基于筛分法的上述特点，其主要应用于大粒径颗粒（≥45μm）的粒径分布测量，而对于粒径较小的颗粒，除非使用特殊的方法，筛分法的结果可靠性一般较低。

二、沉降法

沉降法是基于悬浮液中颗粒在重力或离心力作用下发生沉降的速度与粒径之间服从Stokes定律（沉降速度与粒径的平方成正比），通过测量与颗粒沉降速度相关的物理参数（如密度、质量、浓度或透光率等）获得颗粒粒径分布的方法。沉降法所测的粒径是等效Stokes直径，即在一定条件下与所测颗粒具有相同沉降速度的同质球形颗粒的直径（等效球重均粒径）。当所测颗粒为球形时，Stokes直径与颗粒的实际直径是一致的。目前较常用的是消光沉降法，该法是根据颗粒悬浮液不同深度处的密度变化与颗粒沉降速度的关系，通过测量光束通过悬浮体系的光密度变化来计算颗粒的粒度分布。

沉降法分为重力沉降法和离心沉降法两种，其中，重力沉降法适于粒度为2～100μm的颗粒测量，离心沉降法适于粒度为0.01～45μm的颗粒测量。现代沉降式颗粒仪一般都采用重力沉降和离心沉降相结合的方式，这样就能较好地发挥两种沉降方法的优点，满足对不同粒度范围粉体样品的测试要求。适合于进行纳米颗粒度分析的沉降法主要是高速离心沉降法。

沉降法测量粒径有如下特点：①仪器操作简单，价格低，对环境要求不高；②粒径分布反映颗粒体系的质量分布，测量结果代表性强；③不能测量不沉降的乳液；④由于Stokes定律只在悬浮液浓度很低的情况下有效，当浓度增加时，分布在液体中的颗粒将产生相互作用，使沉降速度发生变化，因此一般需要将颗粒悬浮液的浓度控制在0.02%～0.2%之间，但浓度过低时也可能会产生较大的误差；⑤对小粒子的测试速度慢，重复性差；⑥对非球形粒子的测试误差大；⑦不适合于混合物料的材料（即粒子密度必须一致）测试；⑧对于2μm以下的颗粒，布朗运动起主导作用，导致测试结果偏小；⑨测试的动态范围比激光衍射法窄。

沉降法测试粒度分布时，样品的制备非常重要。样品制备包括取样、沉降介质和分散剂的选择以及悬浮液的配制等。

① 取样。取样要有充分的代表性。要在原始样品（物料）移动时的不同部位、不同深度进行多点取样，将各点所取样混合后的粗样放到容器中制成不少于60mL的悬浮液，经搅拌分散后缩分悬浮液待用。

② 沉降介质。用于分散样品的液体就是沉降介质。所选沉降介质应纯净无杂质，与被测物料间具有良好的亲和性，且不会溶解和溶胀被测物料；颗粒在介质中应有适当的沉降速度。常用的沉降介质有水、水和甘油、乙醇、乙醇和甘油等。

③ 分散剂。为了将试样颗粒呈单体状态均匀分散于沉降介质中形成一定浓度的悬浮液，一般需要添加六偏磷酸钠、焦磷酸钠和表面活性剂等分散剂。使用时先将分散剂溶解到沉降介质中，分散剂浓度应控制在0.2%左右，浓度过高或过低都会对分散效果产生负面影响。

当用乙醇、苯等有机溶剂作沉降介质时，可不加分散剂。一般采用超声分散（同时进行搅拌）等方法能促进颗粒的分散。

④ 悬浮液的配制与测试前的准备。对于通常的样品，直接将待分析样品加到含有分散剂的介质中，再经过分散处理即可进行粒度测试。对于粒度分布范围很宽的样品，宜先用少量介质将较多量的样品调成黏稠状，再用小勺取其中一部分加到介质中配制悬浮液，这样有利于保证被测样品的代表性。对于一些具有疏水特性或经过改性的样品，一般要经过预分散处理过程，然后再配成悬浮液进行正常分散。

三、显微镜法

显微镜法的基本工作原理是：将显微镜放大后的颗粒图像通过 CCD 摄像头和图形采集卡传输到计算机中，由计算机对这些图像进行边缘识别等处理，计算出每个颗粒的投影面积，根据等效投影面积原理得出每个颗粒的粒径，再统计出所设定的粒径区间的颗粒的数量，得到粒度分布结果。显微镜法是一种测定颗粒粒度的绝对方法，形象直观，可以直接观察颗粒形状和颗粒的团聚状态，测量结果可以作为评判其他粒度测试仪器测试结果可靠性的参考。该法的缺点是取样代表性差，测量结果重复性差，测试速度慢。根据材料颗粒度的不同，进行显微镜观察时可选择普通光学显微镜或电子显微镜。

普通光学显微镜如体视显微镜、偏光显微镜和金相显微镜等均可进行颗粒形貌形态观察和大小测定，其颗粒大小的测量范围一般为 0.25～150μm。现代光学显微镜都配备有综合图像分析系统，显微镜对被测颗粒进行成像后，通过图像处理技术完成颗粒粒度的测量和分析统计工作，绘出数均粒度分布图或特定表面的粒度分布图。

电子显微镜主要包括扫描电镜（SEM）和透射电镜（TEM），可分析大小为 1nm～8μm 颗粒特别是纳米颗粒形貌和粒度。用电子显微镜进行粒度分析的主要过程为：通过溶液分散制样或直接制样的方式把微纳米样品分散在样品台上，然后进行电镜放大观察和图像处理，用标尺测量颗粒的大小。对于颗粒在 10nm 以下的非导电性样品一般不宜蒸金，因为金颗粒的大小在 8nm 左右，会产生干扰，应采取蒸碳方式。电镜观察法特别适合对一维纳米材料的粒度分析，通过对颗粒显微图像的统计分析，可以得到纳米线的平均直径、长度和长径比等信息。

电镜法粒度测试具有如下特点：①纳米颗粒的表面活性非常高，易团聚，在测试前须进行良好的超声分散，才能获得一次粒度结果，否则，所得结果要远比实际值大；②较适合测量粒度分布范围较窄的样品；③由于样品用量很少，可能会导致测量结果缺乏整体统计性；④对一些不耐强电子束轰击的纳米材料较难得到准确的结果；⑤不适用于在线生产控制技术；⑥测试纳米材料时，需选用纳米尺度的标样对仪器进行校正。

四、电感应法

电感应法亦称为电阻法、库尔特颗粒计数法，其基本原理为：当悬浮于电解质溶液中的被测颗粒通过一施加电压的小孔时，小孔两端的电阻或电容会发生变化，产生电压脉冲。电压脉冲的峰值正比于小孔电阻或电容的增量，也正比于颗粒的体积。只要准确测量出每一个电压脉冲的峰值，就可计算出各个颗粒的大小，并统计出粒度分布。电感应法理论上讲几乎适用于所有类型的颗粒测量，不受颗粒材质、形貌结构、折射率以及光学特性的影响，但大量研究结果表明，该法所测得的粒度参数仅代表颗粒的包围层尺寸。对球形颗粒来说，电感应法与其他方法相比有较好的一致性；而对于非球形颗粒来说其测试结果与其他方法不一致，尤其对多孔性材料，该法所测得的体积可能是骨架体积的几倍，因此对不知道有效密度的多孔性材料，不宜采用本法进行测试。

电感应法粒度测量的主要特点为：①分辨率高，是现有各种粒度测量仪器中最高的；②测量速度快，测定一个样品一般只需几分钟；③重复性好，每次可测量上万个左右的颗粒，具有较高的统计可信度；④操作简便，人为误差影响较小；⑤动态范围较小，对于同一个小孔管，动态测量范围为 20∶1；⑥容易发生堵孔故障，小孔越小越易堵塞，使测量不能持续进行；⑦对样品中电解质的杂质含量要求严格；⑧一般测量下限为 0.4μm 左右，对于粒度分布较宽的颗粒样品，结果准确性较低。

五、电超声法

该法的基本原理是：当超声波在样品内部传导时，测试仪器能在一个宽范围超声波频率内分析声波的衰减值，通过测得的声波衰减谱，计算出衰减值与粒度的关系。分析中需要已知粒子和液体的密度、液体的黏度和粒子的质量分数等参数；对乳液或胶体中的柔性粒子，还需要粒子的热膨胀参数。电超声法的优点在于它可测高浓度分散体系和乳液的特性参数（包括粒径、ξ 电势），不需要稀释，弥补了激光粒度分析法不能分析高浓度分散体系粒度的不足，且测试精度高，粒度分析范围较宽（5nm～100μm）。

六、光散射法

当一束单色光照射在一定粒度的球形颗粒上时，会发生吸收、散射和衍射等现象。根据测量散射光方式的不同，光散射法分为静态光散射法和动态光散射法两种，前者关注散射光的空间分布（即时间平均散射）规律，后者研究散射光在某固定空间位置的强度随时间变化的规律。在使用激光作光源时，静态激光散射法主要用于微米粒度分析，测量范围一般为 0.02～2000μm，动态激光散射法主要用于纳米粒度分析，测量范围一般为 0.001～3μm。

第二节 激光粒度分析法

作为光散射粒度分析法中重要一员的激光粒度分析法，始于 20 世纪 70 年代，具有高效快速、适用范围宽的优点，已成为微纳米材料体系粒度测试最为重要的方法之一。激光粒度分析法的原理和特点如表 15-2 所示。

表 15-2 激光粒度分析法原理和特点

粒度分析类型	光散射原理	测量范围/μm	特点
静态光散射法　微米粒度分析	Fraunhofer-Mie 散射	0.02～2000	快速、准确，但受折射率等影响大
动态光散射法　纳米粒度分析	基于布朗运动的光子相关光谱	0.001～2	快速、应用广，兼测 Zeta 电势

激光微米粒度分析属于静态光散射法，是基于激光通过颗粒后形成的散射光能量分布及其相应的散射角，根据相关光散射理论计算出样品的粒径或粒径分布。光散射理论主要有 Rayleigh 散射理论、Fraunhofer 衍射理论和 Mie 散射理论等。在光学性质和物理化学性质

都不均匀的媒介（如含有不同大小粉体的介质系统）中，散射光的频率与入射光的频率相当，不同光散射理论的适用范围仅取决于所测颗粒尺寸 d 与入射光波长 λ 之间的相对关系。

一、光散射理论简介

1. Rayleigh 散射

当 $d \ll \lambda$（通常 $d < 0.1\lambda$）时，照在颗粒上的光均等地向各方向散射形成 Rayleigh 散射。该种光散射现象源于光（电磁波）的电场振动引起分子中电子的受迫振动，振动电子形成的偶极振子构成了二次波波源，二次波源向各个方向发射电磁波就形成了散射波。散射光强度遵从 Rayleigh 散射定律，即光强与介质粒子的体积平方成正比，与 λ^4 成反比。散射光强度的角度分布曲线如图 15-2 所示。当入射光为线偏振光时，散射光也是线偏振光；入射光是自然光时，只有在垂直于入射光方向（$\theta=90°$）的散射光才是线偏振光，其他方向为部分偏振，而在 $\theta=0°$ 和 $\theta=180°$ 方向的散射光仍为自然光，且光强最大。

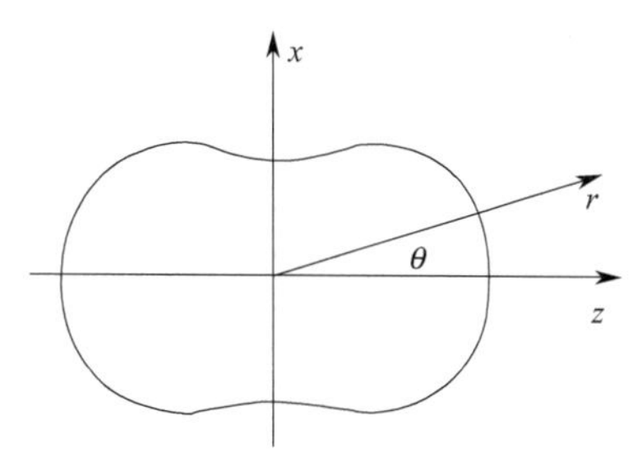

图 15-2　Rayleigh 散射光角度分布曲线

2. Fraunhofer 散射

当 $d \gg \lambda$（通常 $d > 10\lambda$）时，属于 Fraunhofer 衍射范围，类似于入射光通过样品颗粒边缘的经典衍射。物质的折射率不会对 Fraunhofer 衍射产生影响。散射光的衍射角符合如下关系式：$\sin\theta=\lambda/d$。式中，θ 为衍射角；λ 为入射光波长；d 为微粒直径（或孔径）。从该式可知，d 与 θ 成反比关系，两者的关系如图 15-3 所示。通过检测不同衍射角上的光强，就可以得到粒度分布结果。Fraunhofer 衍射的散射光强、散射角和粒径的三维关系图如图 15-4 所示。

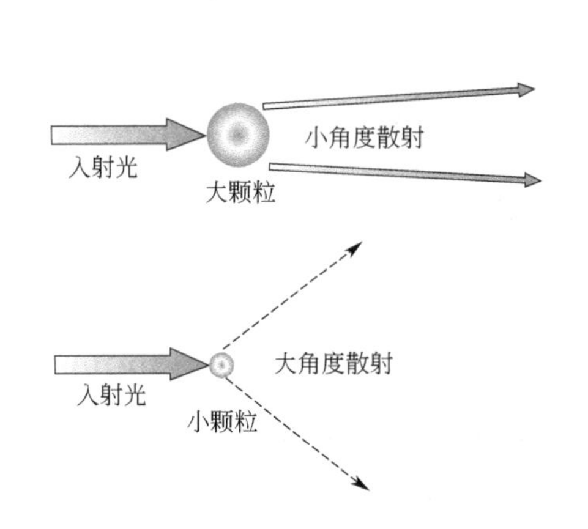

图 15-3　Fraunhofer 衍射的散射角和粒径关系

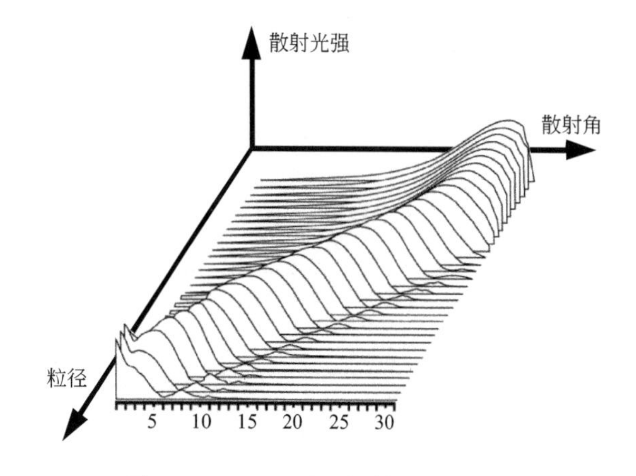

图 15-4　Fraunhofer 衍射的散射光强、散射角和粒径的三维关系

3. Mie 散射

当 $d \approx \lambda$ 时，在入射光与颗粒的相互作用过程中，有部分入射光穿过样品时会产生吸收效应，导致颗粒上的光呈非均匀散射，此种散射属于 Mie 散射。Mie 散射以球形质点为模型，用参量 K_a 来表征球的半径 a 和波长 λ，$K_a=2\pi a/\lambda$。理论证明，只有当 $K_a<0.3$ 时，

Rayleigh 散射定律才是正确的；而当 K_a 较大时，散射光强度与 λ^4 的反比关系并不明显。这种情况下必须考虑散射体系的相对折射率 n_r 及 K_a 的影响。根据经典电磁场理论对 Rayleigh 定律进行修正的基础上，得到如下球形粒子散射光强的角分布表达式

$$I=I_0\frac{\pi^2V^2}{2\lambda^4r^2}(n_r^2-1)^2(1+\cos^2\theta)P(\theta) \tag{15-1}$$

式中，I_0 为入射光强；V 为球形粒子的体积；λ 为入射光波长；r 为散射中心 O 与观察点 P 的距离，$r\gg\lambda$；n_r 为相对折射率，$n_r=n_2/n_1$；θ 为散射光与入射光的夹角；P（θ）为散射因子，是粒子半径及散射角的函数。

从式(15-1) 可知，与小颗粒散射（即 Rayleigh 散射）不同的是，Mie 散射前向（$\theta=0°$）与后向（$\theta=180°$）散射的光强不再是对称的，前向散射光强大于后向散射光强，如图 15-5 所示。当粒子半径很小时，即 Rayleigh 散射情况：随着 a 增大，散射光前向光强与后向光强的不对称性将越来越大；当 $2\pi a/\lambda=2.25$ 时，$P(\theta=180°)=0$，即沿入射光方向上散射光强为零。根据不同散射角上光散射的强度大小，即可得到粒度的信息。

Mie 理论的散射光强公式(15-1) 实际应用时有诸多不便之处，如 I 与粒子的折射率 n_r 有关，而在许多情况下粒子的 n_r 是预先不知道的，并且也很难进行测试；粒子尺寸较大时，构成 P（θ）的数列不收敛，计算困难等。然而，当粒子的粒径参数 $d\ll\lambda$ 时，Mie 解可近似为 Rayleigh 公式，这种情况下的散射即为 Rayleigh 散射；当球形粒子的粒径参数 $d\gg\lambda$ 时，根据 Fraunhofer 衍射理论所得的结果与 Mie 散射相同，这时的散射可称为衍射散射；只有当粒径参数在 Rayleigh 散射和衍射散射之间时，才必须要用到严格的 Mie 理论。Mie 理论包含了对光散射行为最严密和全面的预测，被证明对于粒度分布更大范围的样品，特别是粒度小于 50μm 的样品测试有更高的准确性。Mie 散射的光强、散射角和粒径的三维关系图如图 15-6 所示。

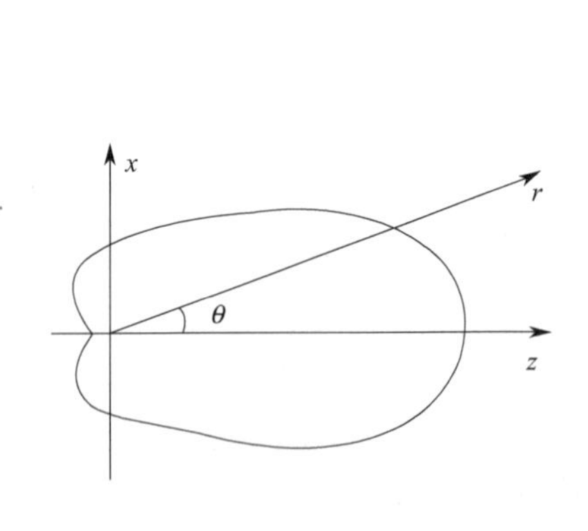

图 15-5　Mie 理论散射光角度分布曲线

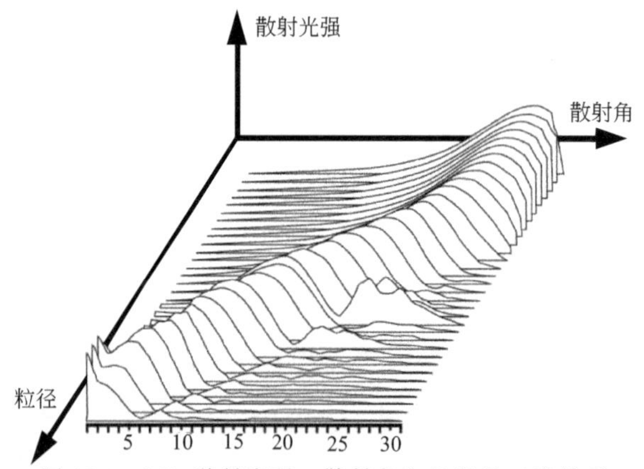

图 15-6　Mie 散射光强、散射角和粒径的三维关系

二、激光粒度仪组成及工作原理

1. 激光粒度仪组成

激光粒度仪主要由激光器、样品分散单元、样品池、扩束镜、聚焦透镜、探测器和数据采集处理单元等部件组成，图 15-7 为其结构示意图。

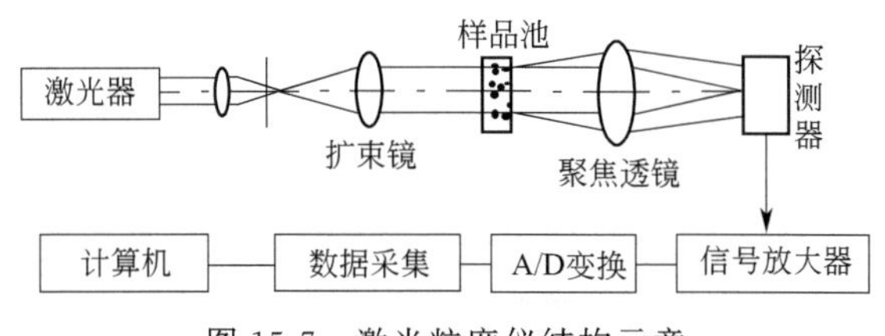

图 15-7　激光粒度仪结构示意

（1）激光器

一般均使用能产生波长为 633nm 红色激光的 He-Ne 气体激光器（红色光源），该种激光器稳定性高，光强均匀，相位好，灵敏度高。有的激光粒度仪还配有能发射 470nm 蓝光的 LED 辅助光源（蓝色光源），以提高小颗粒测量的信号强度。

（2）样品分散单元

激光粒度仪的样品进样方法分为湿法和干法两种，前者的分散单元由机械搅拌器和超声发生器组成，分散介质主要为水和乙醇等；后者由高速气流紊流分散器及正激波剪切振动进样器组成，分散介质为空气。

（3）聚焦透镜

聚焦透镜亦称为 Fourier 透镜，其功能为将经过颗粒散射的光汇聚于焦平面上形成衍射图。

（4）探测器

探测器用以探测散射光的光强信号。常用的探测器是基于光电效应的光电二极管。现代激光粒度仪一般采用三维立体探测器系统，由主探测器（焦平面探测群组）、大角度探测器（侧向散射探测器群组）和背散射探测器群组共同组成，可检测散射光的角度范围为 0.015°～144°。图 15-8 为多元探测器布置示意图。

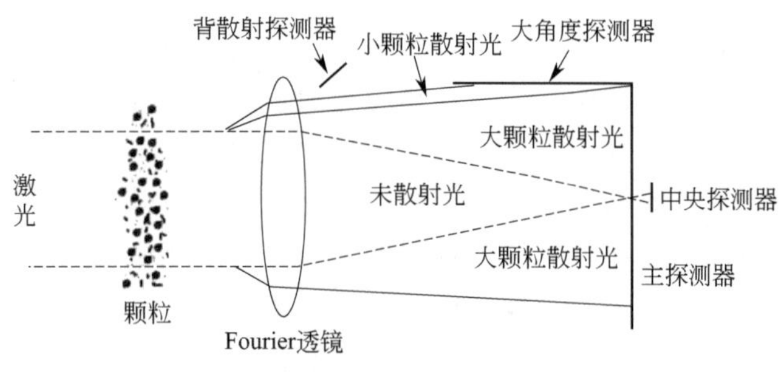

图 15-8　多元探测器布置示意

激光粒度仪中布置有 Fourier 光学和反向 Fourier 光学两种光路系统。Fourier 光路系统中，散射光聚焦于主探测器的非中心区，粒子越小，其产生的散射角越大；同时，大粒子所产生的小角度衍射光与到达检测器中心的未散射光能够严格地为系统所区分。反向 Fourier 光路系统，主要用于接收处理聚焦透镜后侧的散射光，这种由极小粒子产生的散射光，其散射角超过主探测器检测的尺寸范围（一般大于 10°），需要侧向探测器和背散射探测器才能检测到。

2. 激光粒度仪工作原理

来自激光器中的一束窄光束经扩束系统扩束后，平行地照射在样品池中的被测颗粒群上，由颗粒群产生的衍射光经聚焦透镜汇聚后在其焦平面上形成衍射图，未被散射的光仍然沿着原来的光路，经过透镜后到达焦平面的中心。位于焦平面上的多元探测器将光信号转换为电信号后，将采集到的散射光光强角度分布数据输入计算机中，经过散射理论反演运算出被测样品的粒径分布结果。

激光粒度仪数据处理实际上是一个计算粒径值与实测粒径值不断比较优化的过程。先假设一个粒径值，根据测试样品的特性，选择合适的反演运算模型（Mie 理论、Fraunhofer 理论等），计算出相对应的散射光光强分布；将实测光强分布数据与计算光强分布数据进行比较，判断其吻合程度（以残差及加权残差值衡量），从而推出颗粒群的尺寸分布。反演运算过程如图 15-9 所示。

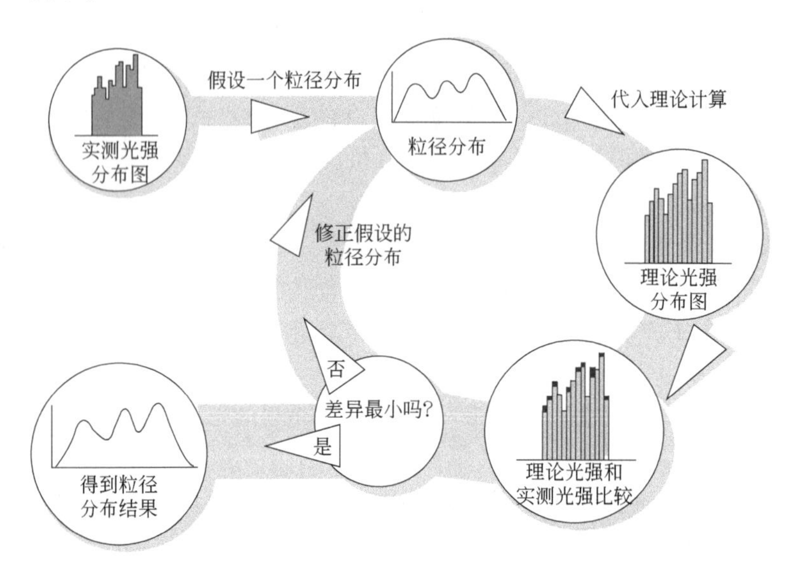

图 15-9　粒径分布反演运算示意

3. 激光粒度仪粒度测试特性

激光粒度分析法具有如下特点：①样品用量少、自动化程度高、快速、重复性好并可在线分析等。②由于该法的理论模型是建立在颗粒为球形、单分散条件上的，而实际上被测颗粒多为不规则形状并呈多分散性。因此，颗粒的形状、粒径分布特性对最终粒度分析结果影响较大，而且颗粒形状越不规则、粒径分布越宽，分析结果的误差就越大。③对样品的浓度有较大限制，不能分析高浓度体系的粒度及粒度分布，高浓度体系分析过程中需要稀释，由此会带来一定的误差。④必须事先对被分析体系的粒度范围有所了解，否则分析结果将不会准确。通常，衍射式粒度仪对粒径在 5μm 以上的颗粒分析结果比较准确，而对于粒径小于 5μm 的颗粒则采用 Mie 修正。因此，它对亚微米和纳米级颗粒的测量有一定的误差，甚至难以准确测量。⑤Mie 理论需要在测量前对样品及分散介质的光学参数如折射率等进行设定。⑥测得的颗粒粒径分布结果可以表示为某一粒径的体积分布（该粒径的颗粒体积占样品总体积的百分比），数量分布（该粒径的颗粒数量占样品总颗粒数量的百分比）或其他分布方式(如表面积分布、长度分布)，通常使用体积分布结果。⑦利用粒径分布进行数学统计运算可得到一些“特征值”，如 D_{10}、D_{50} 和 D_{90}，分别表示样品中小于该值的颗粒体积占了样品总体积的 10%，50%和 90%；D［3，2］表示表面积加权平均粒径，该值对样品中小颗粒的存在敏感；D［4，3］表示体积加权平均粒径，该值对样品中大颗粒的存在敏感。

4. 影响激光粒度仪分析的主要因素

（1）颗粒形状的影响

受粉体试样颗粒形状的影响，激光粒度仪测量的颗粒平均粒度一般小于实际粒度，而粒度分布范围大于实际的粒度分布范围，这是激光粒度法分析时均假定颗粒是球形颗粒的缘故。当测量非球形粉体样品时，非球形颗粒在不同方向上的遮光面积是不同的，因此测量的粒度分布宽度必大于实际宽度。

Fourier 透镜后焦面环形光电探测器面上的光强分布表达式为

$$I(x)=I_0[J_1(x)/x]^2 \tag{15-2}$$

式中，J_1 为一阶贝塞尔函数；$x=\frac{\pi rd^2}{\lambda f}$；$d$ 为粒子直径；f 为透镜的焦距；r 为环形探测器面上的径向半径；πd^2 为粒子遮光面积。

由式(15-2) 可知，粒子的遮光面积对光能分布有着重要的影响，而粉体颗粒的遮光面积与该粒度颗粒的形状系数有很大关系。颗粒形状系数增大，会使样品颗粒在不同方向的遮光面积变化增大。相同粒级的粉体颗粒，形状系数大者，比表面积大，在正面迎光时，遮光面积大；侧面迎光时，遮光面积小，测量得到的颗粒粒度分布宽度比真实宽度大。因此，相同粒度条件下，如果颗粒比表面积越大，则粒度分布宽度误差越大。在测量粉体颗粒时，了解粉体颗粒的形态特征和比表面积，从而能够知道所测试粉体的粒度分布宽度误差大小。

(2) 粉体试样溶液浓度的影响

当粉体试样溶液浓度非常稀或比较小时，粉体试样分散液中单位体积溶液的颗粒数相对较少，此时光线大都畅通无阻地通过样品池，根据衍射原理可知产生的散射角较小，得到的将会是粒径较小、分布范围较窄的结果。当溶液浓度小到一定程度时，样品中的颗粒数已显著减少，而太少的颗粒数会产生较大的取样及测量随机误差，致使样品不具有代表性，且信噪比较差，所以测量时应该控制浓度的下限范围。当粉体试样溶液浓度较大时，颗粒在溶液中的分散比较困难，容易造成颗粒间相互吸附团聚，同时颗粒间容易发生多重光散射，造成测试结果的平均粒径偏大、粒度分布范围较宽、测试结果误差较大。不同样品的性质存在差异，因此对于不同样品的最佳检测浓度也有所不同，需通过具体实验确定。

(3) 粉体试样溶液温度的影响

试样溶液温度升高，各颗粒的内能增大，振动加剧，虽有利于颗粒分散，但容易对颗粒进行再破碎，使得颗粒粒径变小；温度低时，粉体颗粒不易分散，增大测量误差。在测试试样的过程中，温度过高或过低对测试结果都是不利的。一般粉体试样测试时的温度应控制在20～35℃范围内。

(4) 颗粒分散性的影响

对于微纳颗粒体系，良好的分散条件是准确测量粒度的前提；反之，粒度分析结果也是反映体系分散性优劣的一项重要指标。激光粒度分析通常采用湿法或干法方式进样。湿法进样通过机械搅拌和/或超声分散样品。如果待测试的试样颗粒结构比较松散，较易被超声波振动或高速搅拌击碎，则不宜进行长时间超声分散或高速搅拌，以免粉体试样颗粒经分散后再次破碎，颗粒变小，导致测量误差。一般而言，增加超声强度比延长超声时间更有效。具体情况应根据被测试的粉体试样而定。干法进样时要注意调节高速气流的流速和机械振动的强度，以保证颗粒充分分散的前提下不引起颗粒的再次破碎。

(5) 分散介质的影响

湿法进样选择的分散介质要对粉体有浸润作用但不能溶解样品，要成本低、无毒、无腐蚀性。通常使用的分散介质有水、乙醇、乙醇＋水、乙醇＋甘油等。粉末较粗时可选用水或水＋甘油作分散介质，粉末较细时可选用乙醇或乙醇＋水作分散介质。对大多数粉体而言，乙醇的浸润作用比水强，因而更容易使颗粒得到充分分散。一般情况下，应尽量使用水作为分散介质，不仅操作方便和成本低，还可以避免有机溶剂的温度梯度对于测量的影响。此外，当必须使用有机溶剂为分散介质时，需慎用超声法分散样品。

(6) 分散剂种类及浓度的影响

样品加在分散介质中无法均匀分散而呈悬浮状态时，应考虑添加合适的分散剂促进分散。常用的分散剂是表面活性剂。粉体在水中通常是带电的，加入具有同种电荷的表面活性剂后，由于电荷之间的相互排斥而阻碍了表面吸附，从而可达到分散粉体的目的。不同的表面活性剂对不同种类粉体的分散效果不同。在测定时要比较几种表面活性剂的分散效果，最后确定一种最理想的表面活性剂。

(7) 粉体试样溶液在样品池中停留时间的影响

随着粉体试样溶液在样品池中滞留的时间增长，粒径有不断增大的趋势，粒度分布范围亦有从窄到宽的趋势。这是由于溶液中颗粒间存在相互吸引作用，使部分分散的颗粒团聚在一起，变成粒径较大的团粒。其次，颗粒在溶液中处于静止状态的时间增长，颗粒会沉淀，在样品池底部形成一薄的粗颗粒层，当激光从颗粒层通过时，这些粗颗粒不能使激光产生合适的衍射角，误认为溶液中存在粒径较大的颗粒而给出误差较大的结果。所以试样溶液配制好后，应尽量缩短试样溶液在样品池中的停留时间，力求减少测试时间，以减少误差。

(8) 搅拌速度和气泡的影响

提高搅拌速度或添加表面活性剂都可能在试样溶液中产生更多的气泡，而气泡也会像样品颗粒一样产生散射光，通常会在粒径分布图上引起 100μm 左右的峰。因此，应尽可能在消除气泡后进行测试。

过低的搅拌转速可能因较重的颗粒无法被循环进样品池而无法被检测到，而过高的转速易产生更多气泡。因此，应根据待测样品的颗粒特性选择合适的搅拌速度进行分散。

三、纳米激光粒度仪简介

当激光照射到溶液样品时，由于纳米颗粒在悬浮液中做布朗运动，光强随时间产生脉动，利用数字相关器技术处理脉冲信号，得到颗粒扩散运动的定量信息，就可以测量纳米颗粒的粒径。

当入射光为稳定的高斯型分布光束时，通过对某些量值进行假定，根据如下公式即可计算出粒子的粒径

$$D_{\mathrm{T}}=\frac{kT}{6\pi\mu r_{\mathrm{c}}} \tag{15-3}$$

式中，D_{T} 为平移扩散系数；k 为玻尔兹曼常量；μ 为溶剂的黏度；r_{c} 为粒子的等效粒径。

纳米激光粒度仪测量装置如图 15-10 所示。以 Ar^{+} 激光器为激光光源，波长 $\lambda=488$nm，激光经过透镜后，入射到样品上。接收系统由光子探测器、相关器和计算机等部件组成。以均匀分布在水中的胶乳悬浮粒子为实验样品，$T=296.5$K，散射角 $\theta=90°$时，理论计算得到粒子的平均有效直径为 109nm；纳米激光粒度仪测得平均直径为：$D_{\mathrm{c}}=2r_{\mathrm{c}}=(90.48\pm4.43)$nm。

纳米激光粒度仪能够直接测量溶液中粒度为纳米量级的悬浮物颗粒，这些颗粒一般是各

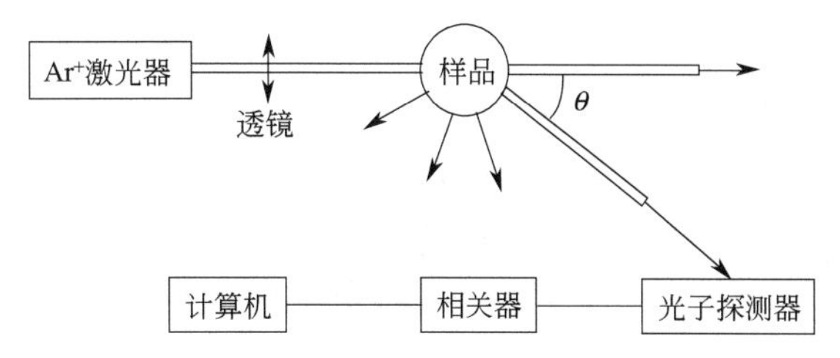

图 15-10　纳米激光粒度仪结构示意

种形式的大分子，其中包括各种典型的蛋白质、病毒、酶以及微型乳液中的胶质粒子、层状泡等聚合体。由于纳米激光粒度仪能够非常简便、快捷、有效地测量颗粒的平均粒度大小、质量、带电量和多分散性等重要参量，而且能对样品实现密封测量，测量过程中无任何尘埃进入样品，所以在生物工程、药物学、食品工程、微生物、添加剂、化工产品、无机高分子絮凝材料、乳液、燃料、润滑剂、涂料、染料、催化剂、墨汁、感光材料、石墨、金属与非金属粉末、磨料、粉尘、煤粉、泥沙、高岭土、水煤浆及其他纳米级有色颗粒的粒度测量等领域有广泛而重要的应用价值。

典型案例

激光粒度仪测定铝粉粒度

在工业催化剂载体中，氧化铝是一种应用最广泛的催化剂载体，不仅价廉，而且能够通过改变条件来制备成各种催化反应所要求的不同的晶相、比表面积和孔分布的载体。铝粉作为生产氧化铝载体的重要原料，其规格影响到铝溶胶的合成工艺及产品的最终性能。实际生产中，铝粉的粒径是衡量铝粉质量的一项重要指标：粒径过小，合成溶胶时反应较剧烈，反应温度不易控制且存在安全隐患；粒径过大，反应不易完全，会造成溶胶铝含量偏低而影响产品性能，而且使粒子间的空隙变大，接触点变小，填充密度随之减小，强度也随之降低。

1. 原理

筛分法是检测铝粉粒度常用的方法，其优点是原理简单，直观；缺点是粒度段受筛层数限制，筛分颗粒相互吸附影响测量结果，筛分速度慢，精度差，重复性低。与之相比，激光光散射法利用单色光通过样品颗粒时发生衍射，衍射光的角度与样品粒径呈相关性，通过衍射光强的角度分布反映出样品粒径的大小和不同粒径的含量。激光光散射法突破了筛分法的限制，使测量范围扩大至 0.02～2000μm；三维扇形探测器的使用则提高了分辨率和检测速度。确保粉体能均匀分散在分散介质中，粒子不团聚，不与分散介质发生化学反应，是激光粒度仪准确测定样品粒度的前提。通过研究折射率、样品加入量、采集时间、搅拌速度、外加分散剂等因素对测试结果的影响，确定铝粉粒度测试的最优条件。

2. 仪器与样品

Mastersizer2000 型激光粒度仪，英国马尔文公司；Quanta250 型扫描电子显微镜，美国 FEI 公司。

样品：商品级铝粉（市购）；六偏磷酸钠；水（二次蒸馏水）。

3. 测试方法

将一定量铝粉和分散剂先后缓慢加入盛有水的烧杯中，加入过程中连续搅拌并进行超声分散，使样品充分分散。当分散液遮光度达到设定值时，观察水中若无气泡和样品沉降的情况下，测量颗粒散射光光能分布，获得粒径分布图和粒径特征值。

折射率的输入值、样品量、采集时间、搅拌速度、分散剂等因素均对实验结果有影响，通过改变相关实验参数，以确定粒度测试的最优条件。①在相同测试条件下测量数个质量相近的样品，通过不断调整折射率的大小，观察中值粒径（D_{50}）、遮光度、残差、加权残差这些参数的变化，分析折射率对铝粉粒度测量结果的影响。②在折射率、采集时间和搅拌速度保持不变的条件下，称取数个不同质量的铝粉样品，获得 D_{50} 等参数，探讨遮光度对测试结果的影响。③其他测试条件相同，探讨采集时间和搅拌速度的变化对测试结果的影响。④选择乙醇、六偏磷酸钠（5g/L）、亚油酸钠（5g/L）、氯化钙（5g/L）等为分散剂。称取 4 份约 1g 铝粉放入烧杯中，加入 100mL 水，分别滴入 5 滴上述 4 种试剂，在光学显微镜下分别观察其分散效果。称取同一质量的 5 个样品于 1000mL 烧杯中，分别加入质量浓度为 4g/L 的六偏磷酸钠溶液 2mL、4mL、6mL、8mL、10mL，搅拌速度为 2000r/min，超声 30s 后，其他测试条件相同，探讨分散剂加入量对测试结果的影响。

4. 结果与讨论

（1）折射率的影响

激光粒度仪在数据处理过程中必须输入待测颗粒的折射率，因此，输入值与实际值之间的差异成为影响测量结果的一个突出问题。对于能够查到的物质的折射率，应输入其实际折射率数值；对于绝大多数无法得到确切折射率的物质，应选用一个大于 2.0 的数值作为输入值进行数据处理。可以根据粒度分布的峰形与残差值，并结合测试结果的重复性综合评估折射率是否选择正确。

对于正态分布的粒度结果，残差值不应大于 1%，加权残差与残差应在一个数量级上。

研究表明，当输入折射率与样品实际折射率的偏差较大时，测量结果与实际粒度值相差也大，残差值变大，粒度分布偏离正态分布。如表 15-3 所示，对于铝粉样品，若铝的折射率为 1.34，实验残差较大，说明铝粉的折射率需要重新进行选择。当铝粉折射率＜1.36 时，D_{50} 非常小，残差随着折射率的增大而突然减小；当折射率代入值≥1.36 时，随折射率的增大，D_{50} 变化不大，但残差不断减小；当折射率调整到 2.5 时，残差最小，此时残差和加权残差比较接近；当折射率调整到＞2.5 时，残差也随着折射率的增大而增大。所以测定铝粉时选择折射率输入值为 2.5。

表 15-3　折射率对实验结果的影响

折射率	D_{50}/μm	残差/%	加权残差/%	折射率	D_{50}/μm	残差/%	加权残差/%
1.34	0.119	31.115	27.127	1.70	56.852	0.404	0.246
1.35	0.139	2.557	12.606	2.00	56.992	0.287	0.151
1.36	59.767	1.680	2.651	2.30	56.945	0.281	0.240
1.37	58.154	1.519	1.496	2.50	57.761	0.273	0.267
1.38	57.850	1.349	1.094	3.00	61.263	0.467	0.487
1.40	57.882	1.015	0.690	4.00	61.382	0.473	0.494
1.44	57.861	0.882	0.611	5.00	61.850	0.482	0.515
1.50	56.897	0.725	0.455				

图 15-11 为铝粉的折射率为 2.5 时的粒径分布图，此时其呈正态分布。该实验同时说

明了当被测材料的折射率>1.36，也就是与水的折射率（1.33）相差0.3时，样品的折射率的大小对结果影响不大，但当被测材料的折射率<1.36时，折射率对结果影响较大。说明颗粒的光散射特性主要取决于周围介质光学性质的差异，而不是各自的绝对值。

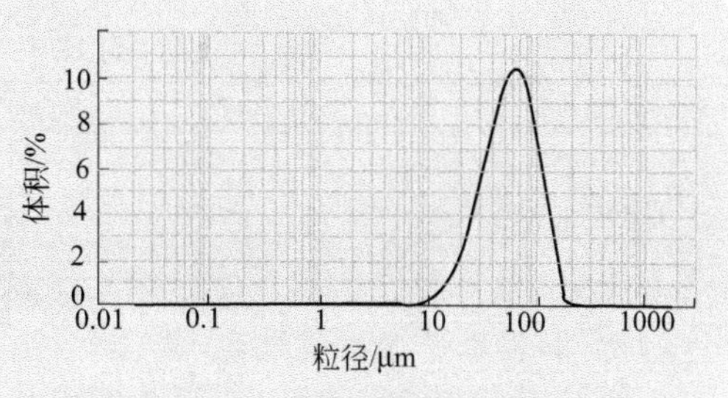

图 15-11　铝粉粒度的正态分布

（2）遮光度的影响

遮光度是指测量用的照明光束中被样品颗粒阻挡的部分与通过的照明光的比值。样品质量越大，颗粒在测量介质中的含量越高，遮光度就越大。测量样品颗粒的散射光强随颗粒大小和质量不同而不同，因此样品质量是影响测量结果的直接因素。表 15-4 为不同遮光度下铝粉的实验结果。

由表 15-4 可知，样品质量对铝粉粒径的影响并不明显，但由残差和加权残差可知，样品质量在 1～2g 之间，遮光度在 10%～20%之间，测试结果最为理想。这是因为加入样品质量较小时，粒子的散射光强比较弱，检测信号比较低。当加入样品质量过大时，容易产生颗粒的多重散射，使测试结果中小颗粒比例增大，分析结果的准确性降低。

表 15-4　遮光度对实验结果的影响

样品质量/g	遮光度/%	D_{50}/μm	残差/%	加权残差/%	样品质量/g	遮光度/%	D_{50}/μm	残差/%	加权残差/%
0.250	2.5	58.250	0.469	0.474	2.111	17.6	57.212	0.273	0.264
0.562	5.8	57.959	0.343	0.331	2.506	20.9	56.524	0.491	0.523
1.021	10.5	57.761	0.260	0.260	3.016	25.8	56.354	0.625	0.718
1.503	15.7	57.571	0.158	0.158					

（3）采集时间和搅拌速度的影响

实验结果表明，搅拌速度比采集时间对粒径分布的影响小。搅拌的作用是使样品尽快均匀分散，较少的样品即使很小的泵速也能使其很快均匀分散。而采集时间对粒径影响较大的原因如下：小颗粒产生的散射光强较弱，并且样品粒径分布相对较宽，所以采集时间太短时，检测器收到的样品信息比较弱，信噪比也很小，导致在进行粒径分布统计拟合时计算误差较大。当采集时间为 20s，搅拌速度为 2000r/min 时，残差和加权残差值比较接近，为最佳测试条件。

（4）分散剂的影响

样品在超声分散后会发生重新团聚，因此在超声分散前需在样品中加入一定量的分散剂。分散剂的作用是破坏溶液的表面张力，减弱粉末颗粒之间的团聚力，增加颗粒与悬浮液的亲和性，使粉末更好地分散在溶液中。显微镜下观察四种分散剂的分散效果，只有六偏磷酸钠可以使铝粉在水中很好分散，形成均匀的悬浮液且无气泡生成。

实验结果表明，当分散剂六偏磷酸钠加入量为 6mL 以上时，中值粒径变化逐渐减小，结果趋于稳定，因此应加入六偏磷酸钠 6mL。

（5）方法精密度

称取铝粉 1.250g，选择铝粉的折射率为 2.5，加入六偏磷酸钠（密度 5g/L）6mL，采集时间为 20s，泵速为 2000r/min。重复实验 6 次，实验结果和相对标准偏差如表 15-5 所示。

表 15-5 精密度实验结果

测定次数	1	2	3	4	5	6	平均值	极差	相对标准偏差/%
D_{10}/μm	25.496	25.814	25.027	25.398	25.672	25.495	25.484	0.787	1.0
D_{50}/μm	57.546	57.503	57.594	57.862	57.669	57.389	57.594	0.473	0.3
D_{90}/μm	99.695	99.476	99.587	99.267	99.491	99.342	99.476	0.428	0.2

(6) 扫描电子显微镜观察

利用扫描电子显微镜可以观察样品颗粒的形状、结构以及表面形貌，在此基础上，可以检测颗粒的大小。观察结果如图 15-12 所示。从该图可看出：部分铝粉颗粒有团聚的现象，因此用激光粒度法检测时必须加入分散剂才能使样品更好地得到分散。观察结果显示铝粉粒径大部分在 60μm 左右，印证了激光粒度测量法的相对可靠性，能够真实反映出样品的粒度分布情况。

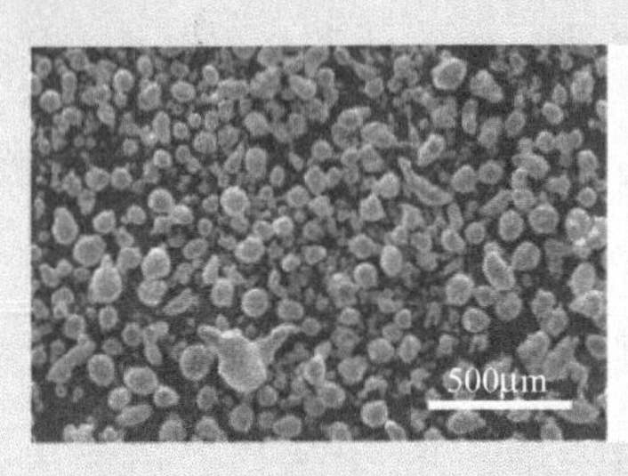

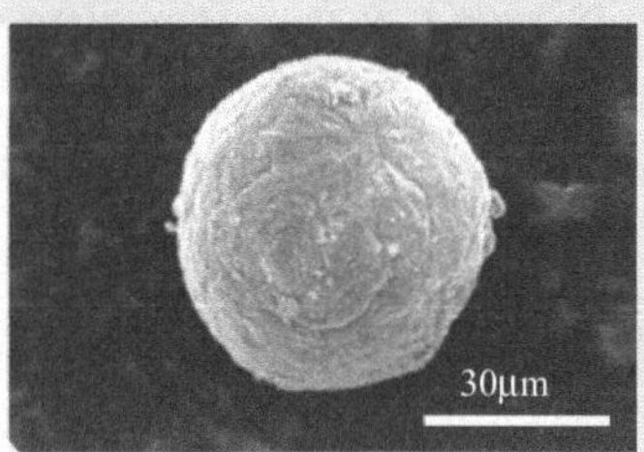

图 15-12 铝粉的 SEM

(7) 激光粒度分析仪的准确性

表 15-6 是实验所用激光粒度分析仪测量 NIST 国际标准粒子的粒度分布结果。由表 15-6 可知，NIST 粒子标准方法规定的测量误差在±2%范围内，因此所用仪器检测方法的准确性已达到国际标准。

表 15-6 NIST 国际标准粒子的检测结果

NIST 标准粒子	准许误差范围	测量结果	准确性
300nm	±5nm	297nm	99.00%
2.013μm	±0.025μm	2.019μm	99.70%

5. 结论

用激光粒度仪对铝粉的粒度测定进行研究，建立了铝粉粒度测定的最佳条件：以水为分散介质，折射率输入值为 2.5，加入 6mL 5g/L 六偏磷酸钠为分散剂，样品质量为 1～2g，遮光度在 10%～20%之间，采集时间为 20s，泵速为 2000r/min。扫描电子显微镜实验印证了该方法的相对可靠性。该方法操作简单，具有较高的灵敏度，分析速度快，测量范围宽，具有较好的测量重复性，结果准确，可完全满足铝粉粒度的测定要求。

参考文献

[1] 朱永法．纳米材料的表征与测试技术［M］．北京：化学工业出版社，2006.

[2] 刘淑萍．现代仪器分析方法及应用［M］．北京：中国质检出版社，2013.

[3] Ren Liang Xu. Particle Characterization：Light Scattering Methods［M］. New York：Kluwer Academic Publishers，2002.

[4] 陈厚．高分子材料分析测试与研究方法［M］．北京：化学工业出版社，2018.
[5] 冯玉红．现代仪器分析实用教程［M］．北京：北京大学出版社，2008.
[6] 黄惠忠．纳米材料分析［M］．北京：化学工业出版社，2003.
[7] 孙东平．现代仪器分析实验技术［M］．北京：科学出版社，2015.
[8] 隋修武，李瑶，胡秀兵，等．激光粒度分析仪的关键技术及研究进展［J］．电子测量与仪器学报，2016，30（10）：1449-1459.
[9] 王书运．纳米颗粒的测量与表征［J］．山东师范大学学报（自然科学版），2005，20（2）：45-47.
[10] 朱宙兵，苏明旭，蔡小舒．基于面阵 CCD 的散射式激光粒度测量方法研究［J］．光学仪器，2018，40（3）：1-7.
[11] 王永在，孟凡朋，杨赞中．PVDF 粉末颗粒特性表征［J］．中国粉体技术，2017，23（01）：61-64.
[12] https：//www. malvernpanalytical. com. cn/
[13] William D Pyrz，Douglas J Buttrey. Particle Size Determination Using TEM：A Discussion of Image Acquisition and Analysis for the Novice Microscopist［J］. Langmuir，2008，24：11350-11360.
[14] Clemens Walther，Sebastian Büchner，Montserrat Filella，et al. Probing particle size distributions in natural surface waters from 15 nm to 2 μm by a combination of LIBD and single-particle counting［J］. Journal of Colloid and Interface Science，2006，301：532-537.
[15] 张航，刘冉，巨文军．激光粒度仪测定铝粉粒度［J］．化学推进剂与高分子材料，2016，14（2）：79-82.

第十六章

比表面积及孔结构分析法

含一定数量孔洞的固体叫多孔材料。相对连续介质材料而言，多孔材料一般具有相对密度低、比表面积高、活性强、比强度高、吸附性能优异、热导率低、重量轻、隔音、隔热和渗透性好等优点。表征多孔材料孔结构的主要参数有比表面积、孔隙度、平均孔径、孔径分布和孔形等。除材质外，材料的多孔结构参数对材料的力学性能和各种使用性能有决定性的影响。多孔材料是提纯、分离、净化和催化等领域的核心材料，广泛应用于石化、环保、冶金、机械、建筑、航空航天、原子能、电化学、食品工程和医学等行业，在科学技术研究和国民经济建设中发挥着日益重要的作用。

第一节 吸附基本理论

一、基本概念

1. 相

在某一体系中，物理和化学性质均匀且能用常规方法分离的部分称为相。

2. 界面与表面

不相混溶的两相接触时形成的从一相到另一相的过渡区域称为界面。界面有固气、固液、固固、气液和液液界面 5 种。通常将由气体参与形成的气液和气固界面称为表面。

3. 吸附与脱附

互不相混溶的两相接触时，相界面层中某组分的浓度大于其在体相中浓度的现象称为吸附。

气体在固体表面的吸附，是由于固体表面原子配位不饱和造成的剩余力场对气体分子作用的结果。被固体表面吸附的气体分子仍处于不断的运动中，若其运动能克服固体表面的引力，则会离开表面造成脱附。在一定条件下，吸附与脱附之间可以建立动态平衡。

4. 吸附剂与吸附质

能吸附别的物质的固体称为吸附剂，被吸附的物质称为吸附质。吸附质和吸附剂组成吸附体系。吸附体系和吸附条件不同，吸附质和吸附剂间产生的吸附作用力不同。

5. 物理吸附

吸附质分子与吸附剂表面的作用力主要为范德华力的吸附称为物理吸附。物理吸附作用力较弱，被吸附分子的结构变化很小，接近于原吸附质中分子的状态。由于范德华力在同类或不同类的任何分子间都存在，是非专一性的，因此固体表面上可吸附多层吸附质。物理吸附具有可逆性。

6. 化学吸附

化学吸附类似于化学反应，吸附质分子与吸附剂表面原子间通过电子转移、交换或共有等方式形成吸附化学键。被化学吸附的分子与原吸附质分子相比，由于受吸附键的强烈影响，结构变化较大。化学吸附只能在特定的吸附剂一吸附质之间配对进行，具有专一性，并且在表面上只能吸附一层吸附质。化学吸附无可逆性。

7. 比表面积

指单位质量或单位体积吸附剂的总表面积，单位为 m^2/g。粉体物质的粒径越小、分散度越高，比表面积越大。一般用气体吸附法测定的材料比表面积指总比表面积，包括吸附剂的外部及其内部通孔的表面积。对催化剂的活性比面积采用化学吸附的方法测定。

8. 孔的类型

IUPAC 将多孔物质的孔按孔径大小分成微孔（孔径小于 2nm）、中孔或介孔（孔径 2～50nm）、大孔或宏孔（孔径大于 50nm）三种类型。

9. 孔体积

孔体积是指单位质量的多孔固体材料中所含的孔隙容积，实际使用中常用比孔容表示孔体积的大小。测定孔体积大小的主要方法有气体吸附法和置换法两种。

10. 孔隙率

孔隙率也称作气孔率、孔度，是指开孔孔隙体积占样品总体积的百分数。对于同一类型的吸附剂，孔隙率越大吸附能力越强。

11. 孔径分布

孔径分布是多孔固体孔体积与孔半径关系的表征，包括积分分布曲线和微分分布曲线。多孔性物质中的孔一般是孔径不均一的、形状不规则的多分散性孔，孔的大小及其分布是决定多孔材料性能及应用的重要因素。测定和计算孔径分布的方法有毛细管凝结法、吸附势能法、密度函数理论法以及压汞法等。

12. 饱和蒸气压力和相对压力

饱和蒸气压力是指被吸附的气体在吸附温度下完全液化时的蒸气压力，亦即气体吸附质在沸点时的蒸气压力，用 P_0 表示。相对压力是指被吸附气体吸附平衡时的吸附压力与饱和蒸气压力的比值，用 P/P_0 表示。

13. 吸附等温线

对于一个给定的固一气吸附体系，达到吸附平衡时吸附剂的吸附量与温度及气体压力有关。在恒温下，吸附的气体量对平衡压力或相对压力作图所得到的曲线称为吸附等温线。吸附等温线反映了一定温度下吸附剂吸附量与吸附质浓度间的关系。

14. 吸附等温线的类型

IUPAC 将气体吸附等温线分为 5 种基本类型，如图 16-1 所示。不同类型的吸附等温线反映了吸附剂的表面性质、孔分布及吸附质和吸附剂作用方式等属性的不同。等温线中Ⅰ、

Ⅱ、Ⅳ型曲线是凸形的，而Ⅲ、Ⅴ型是凹形的。Ⅰ型等温线相应于 Langmuir 单层可逆吸附过程。Ⅱ型曲线常称为S型等温线，相应于发生在非孔或大孔固体上自由的单一多层可逆吸附过程，位于 $P/P_0=0.05\sim0.10$ 的 B 点，是此型等温线的第一个陡峭部，它表示单分子层饱和吸附量。Ⅲ型等温线不出现 B 点，表示吸附剂与吸附质之间的作用很弱，这种等温线很少见。Ⅳ型等温线是Ⅱ型曲线的变种，是中孔固体普遍出现的吸附等温线。Ⅴ型等温线是Ⅲ型曲线的变种，该种等温线很少遇到且难以解释，反映了吸附质与吸附剂之间作用微弱的Ⅲ型等温线特点，但在高压区又表现出有孔充填。

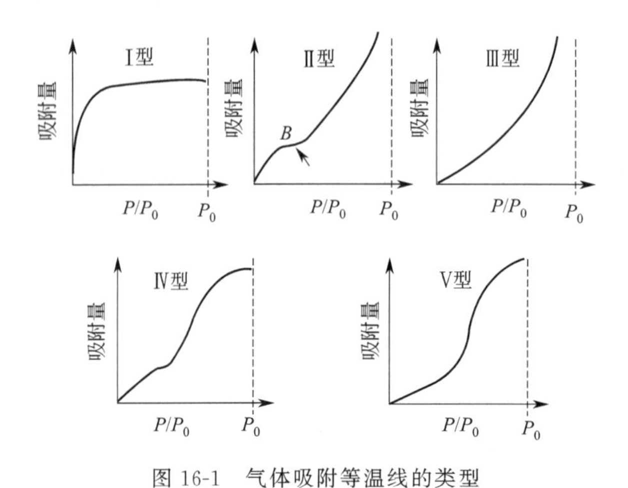

图 16-1　气体吸附等温线的类型

二、主要吸附理论简介

进行物理吸附研究的理论主要有 Langmuir 单分子层吸附理论、BET 多分子层吸附理论、Polanyi 吸附势理论以及密度泛函理论等，各种理论处理吸附数据的假设条件不同，得到的比表面积和孔结构结果也有所差异。

（一） Langmuir 单分子层吸附理论

该理论的基本假设为：①吸附剂表面均一（所有吸附位点在能量上完全相同）；②被吸附到吸附剂上的分子间无相互作用；③吸附仅限于单分子层，无多层吸附；④当吸附剂表面为吸附质饱和时，其吸附量达到最大值；⑤在吸附剂表面上的各个吸附点间没有吸附质的转移运动；⑥吸附达动态平衡时，吸附和脱附速度相等。

根据上述假设，得出 Langmuir 方程的表达式为

$$\frac{P}{V}=\frac{1}{V_{\mathrm{m}}K}+\frac{P}{V_{\mathrm{m}}} \tag{16-1}$$

式中，P 为吸附平衡时的气相压力；V 为吸附量；V_{m} 为单分子层饱和吸附量；K 为吸附平衡常数。

以 P/V 对 P 作图得一直线，根据该直线的斜率和截距，可以求出 K 和 V_{m}，因此吸附剂的比表面积为

$$S=A_{\mathrm{m}}LV_{\mathrm{m}} \tag{16-2}$$

式中，L 为阿伏伽德罗常数（6.016×10^{16}）；A_{m} 为吸附剂分子的截面积（N_2 分子为 $16.2\times10^{-20}\,\mathrm{m^2}$），即每个氮气分子在吸附剂表面上所占面积。

Langmuir 理论的一些假设虽与实际情况并不相符，但用其来描述单分子层吸附状态时与许多实验结果基本符合，因此获得了广泛应用。

（二） BET 多分子层吸附理论

1. BET 等温方程

Brunauer、Emmett 和 Teller 在 Langmuir 单分子层吸附理论的基础上，提出了多分子层吸附模型，并且建立了相应的吸附等温方程即 BET 等温方程。BET 理论在沿用了 Langmuir 方程的部分假设（吸附剂表面能量均匀、定位吸附、被吸附分子间不存在径向相互作用等）基础上，进一步做了如下一些假定：在原先被吸附的分子上面仍可吸附另外的分子，同时发生多分子层吸附；每一吸附单层仍可用 Langmuir 方程描述；总吸附量等于各层吸附量之和；当压力达到饱和蒸气压时吸附层数为无穷多。

BET 等温方程的表达式为

$$\frac{P/P_0}{V(1-P/P_0)}=\frac{1}{V_mC}+\frac{C-1}{V_mC}\times\frac{P}{P_0} \tag{16-3}$$

式中，P 为达到吸附或脱附平衡后的气体压力；P_0 为实验温度下气体的饱和蒸气压；V 为在平衡压力 P 时的吸附量；V_m 为在固体表面上铺满单分子层时所需气体的体积；C 为与吸附焓相关的常数，是吸附质和吸附剂之间相互作用强度的体现，其值的大小与吸附等温线的形状和孔结构相关。

在式(16-3) 中，令 $X=\frac{P}{P_0}$，$Y=\frac{P/P_0}{V\ (1-P/P_0)}$，以 Y 对 X 作图，得到如图 16-2 所示的典型 BET 图。图中，直线的斜率为：$k=\frac{C-1}{V_mC}$；直线的截距为：$b=\frac{1}{V_mC}$。由 k、b 联立消去常数 C，可得 $V_m=\frac{1}{k+b}$。

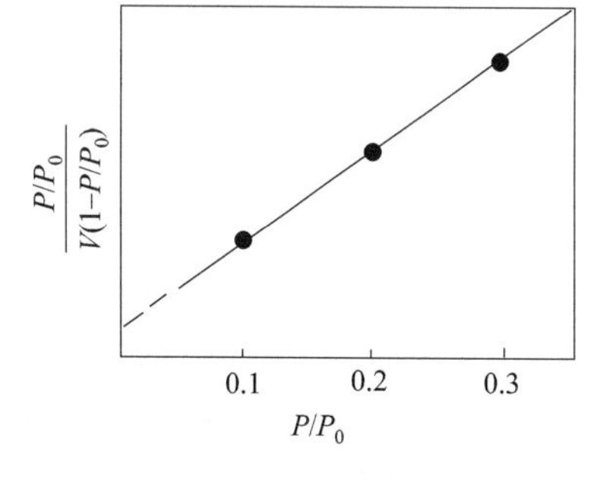

图 16-2 典型 BET

由 V_m 值可以算出铺满单分子层时吸附质分子的物质的量 n。被测样品的总表面积 S 为

$$S=nA_mL=(V_m/V_{mol})A_mL \tag{16-4}$$

比表面积为：$S_g=S/m$。标准状态（STP）下比表面积的表达式为

$$S_g=\frac{V_mA_mL}{22400m} \tag{16-5}$$

式中，S_g 为被测样品比表面积，m^2/g；V_m 为标准状态下氮气分子单层饱和吸附量，mL；V_{mol} 为标准状态下 1mol 氮气分子的体积，mL；A_m 为氮气分子等效最大横截面积（$A_m=16.2\times10^{-20}m^2=0.162nm^2$）；$m$ 为被测样品质量，g；L 为阿伏伽德罗常数（6.016×10^{16}）。

代入上述数据，得到氮吸附法计算比表面积的基本公式为

$$S_g=4.36V_m/m \tag{16-6}$$

由上式可看出，准确测定样品表面单层饱和吸附量 V_m 是比表面积测定的关键。由于在 BET 公式推导过程中，依据的是吸附质可以在吸附剂表面建立起多层物理吸附，而多层物理吸附的建立与相对压力（P/P_0）的大小有密切关系。P/P_0 一般应控制在 0.05～0.35 之间，因为当 P/P_0 低于 0.05 时，不易建立起多层物理吸附平衡，甚至单分子层物理吸附尚未完全形成；而当 P/P_0 高于 0.35 时，容易发生毛细管凝聚现象，会破坏多层物理吸附平

衡。因此，利用上述 BET 法求比表面积时，只能利用吸附等温线上相对压力在 0.05～0.35 之间的数据，并且最好取多点。

在计算比表面积时，还常用到 B 点法。在如图 16-3 所示的Ⅱ型典型吸附等温线中，B 点对应于第一层吸附达到饱和，其吸附量 n_B 近似等于 n_m。由 n_m 即可求出吸附剂的比表面积。

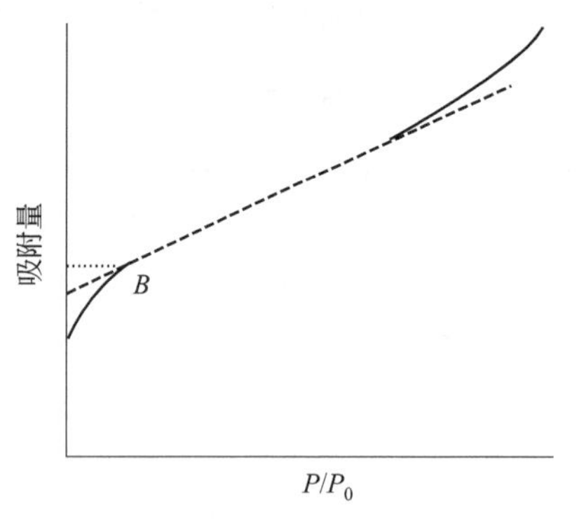

图 16-3　显示 B 点的Ⅱ型吸附等温线

BET 模型能较好地解释开放表面的气体吸附现象，但若吸附剂是多孔的，则吸附空间就是有限的，吸附层数会受到孔径的限制。在考虑吸附层的有限性和最后一层吸附热的变化的情况下，BET 方程也难以解释Ⅳ和Ⅴ型等温线，这是因为该方程并未涉及吸附过程中孔的毛细凝聚特性。

BET 等温方程与实验结果有一定偏离，这主要是多分子层吸附理论基于的一系列假设与实际情况不相符合的缘故。如吸附剂表面并非均匀的；吸附质从第二层以后呈液态分布而非定位分布；同层中的被吸附分子既受固体表面或下面已被吸附分子的吸引，也与同层中的相邻分子之间发生作用。尽管存在上述缺陷，BET 理论仍是迄今为止应用范围最广的一个气体吸附理论，能定性、半定量能地描述物理吸附的五类等温线。

2. BET 等温方程对Ⅱ型和Ⅲ型等温线的解释

临界温度以下气体分子在开放的固体表面发生吸附时，吸附曲线一般呈Ⅱ型和Ⅲ型，其中Ⅱ型等温线比较常见。BET 方程中常数 C 值的大小与吸附等温线的形状有非常重要的关系。Ⅱ型吸附等温线的 $C>2$；Ⅲ型吸附等温线的 $C<2$，由此导致Ⅱ型和Ⅲ型等温线在形状上有所不同。

给定不同的 C 值，并以吸附体积或吸附质量（V/V_m 或 W/W_m）对 P/P_0 作图，得到如图 16-4 所示的一组曲线。从图中可以看出，随 C 值的增加，吸附等温曲线由Ⅲ型变为Ⅱ型，曲线在 $V/V_m=1$ 处的弯曲越来越接近直角，这反映了第一吸附层和其他吸附层之间吸附力场的差异越来越大。

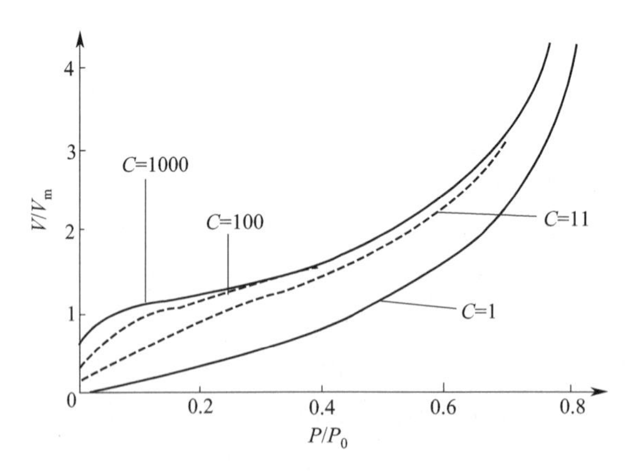

图 16-4　不同 C 值时 BET 方程的曲线形状

当 $C \gg 1$ 时，固体表面对被吸附分子的作用力远大于被吸附分子之间的作用力，即第一层吸附比以后各层的吸附强烈很多，这种情况下，第一层吸附接近饱和后第二层才开始吸附，导致等温线在 P/P_0 较低区出现一个比较明显的拐点（B 点）。此后，随着 P/P_0 的增加，开始发生多分子层吸附，随着吸附层数的增加，吸附量逐渐增加，直到吸附的压力达到气体的饱和蒸气压，气体发生液化，这时，吸附量在压力不变的情况下垂直上升。这就是Ⅱ型吸附等温线。

当 C 较小时，固体表面与被吸附分子之间的作用力比较弱，而被吸附的分子之间作用力比较强，这时通常得到Ⅲ型等温线。该型等温线并不常见，最具代表性的是水蒸气在炭黑表面的吸附，因为水分子之间能够形成很强的氢键，炭黑表面一旦吸附了部分水分子，第二、三层等各层就很容易形成。与Ⅱ型等温线不同的是，由于被吸附分子之间很强的作用力，往往单分子层吸附还没有完成，多分子层吸附已经开始。研究表明，$C=2$ 是形成Ⅲ型等温线的临界点。

当 C 值很大时，可以由实验数据确定 V_m 的值；若 C 值比较小，此时尽管也可以由 BET 方程计算得到 V_m 值，但由于实验数据的微小变动即能引起 V_m 值的较大变化，V_m 不确定性增大。当 C 值接近于 1 时，甚至根本无法求算 V_m 的值。

氮吸附时 C 常数通常都在 50～200 之间，使得 BET 作图时的截距 $1/(V_m C)$ 很小，在比较粗略的计算中可以忽略，即可以把 P/P_0 在 0.20～0.25 左右的一个实验点和原点相连，由它的斜率的倒数计算 V_m 值，这种方法通常称为单点法或一点法。

（三）毛细凝聚理论与 Kelvin 方程

1. 毛细凝聚理论

在一个毛细孔中，若因吸附作用形成一个凹液面，与该液面成平衡的蒸气压 P 必小于同一温度下平液面的饱和蒸气压 P_0，此种现象即为毛细凝聚。毛细孔直径越小，凹液面的曲率半径也越小，平衡蒸气压也越低。换句话说，就是孔径越小形成毛细凝聚的压力越低。由于发生毛细凝聚现象，多孔样品的吸附量急剧增加。当全部孔的内部均被液态吸附质充满时，吸附量达到最大，此时，相对压力 P/P_0 也达到最大值 1；降低压力时，大孔中的凝聚液首先脱附出来，随着压力逐渐降低，小孔中的凝聚液也逐渐脱附出来。

图 16-5 为中孔材料的吸附—脱附过程及对应的等温曲线演变示意图。临界温度下，气体在中孔吸附剂上发生吸附时，首先形成单分子吸附层，对应于图 16-5(a) 中的 AB 段；当单分子层吸附接近饱和时（达到 B 点），开始发生多分子层吸附，如图 16-5(b) 所示。当 P/P_0 达到与发生毛细凝聚的 Kelvin 半径所对应的某一特定值时，开始发生毛细孔凝聚，如图 16-5（c）所示。图 16-5（d）所示为毛细凝聚继续进行，图 16-5（e）所示为中孔被填满吸附达到饱和的状态。脱附过程与上述过程相反，首先发生的是如图 16-5（f）所示的毛细管内脱附，然后是多层脱附，最后进行的是单层脱附。

2. Kelvin 方程

（1）Kelvin 方程表达式

Kelvin 方程是描述发生毛细孔凝聚现象时孔径大小与吸附质相对压力间的定量关系式。假设发生吸附的毛细孔均为圆柱状孔，液体在毛细管内会形成弯曲液面，弯曲液面上产生附加压力。对处于毛细孔中液气两相平衡的单组分体系，根据液气两相化学势相等和 Laplace 方程，可以推导出如下的 Kelvin 方程表达式

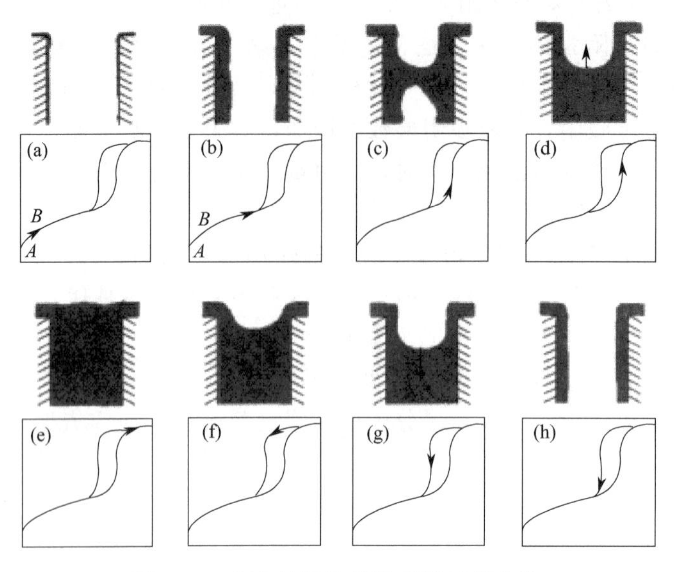

图 16-5　中孔材料的吸附-脱附过程曲线

(a) 单分子层吸附；(b) 多层吸附；(c) 开始发生毛细凝聚；(d) 毛细凝聚；
(e) 外表面吸附；(f) 毛细管内脱附开始；(g) 毛细管内脱附；(h) 多层脱附

$$\ln\left(\frac{P}{P_0}\right)=-\frac{2\sigma V_L}{RT}\times\frac{1}{r_m} \tag{16-7}$$

式中，P_0，P 分别为纯物质平液面、弯曲液面的饱和蒸气压；σ 为液体的表面张力；r_m 为弯曲液面的曲率半径；V_L 为液体的摩尔体积；R 为理想气体常数，其值是 8.314J/(mol·K)；T 为温度，K。

(2) 关于 Kelvin 方程的几点说明

① 对于具有一定尺寸的孔，只有当相对压力 P/P_0 达到与之相应的某一特定值时，毛细孔凝聚现象才开始，而且孔越大发生凝聚所需的压力越大。理论上，当 $r_m\approx\infty$ 时，$P=P_0$，表明当大平面上发生凝聚时，压力等于饱和蒸气压。因此，对于大孔，P 和 P_0 十分接近，实验测量有困难，故 Kelvin 方程只对中孔凝聚适用。

② Kelvin 方程可较好地解释Ⅳ型等温线（即中孔材料的等温线），可以计算等温线上任何一点的孔隙半径。毛细管凝聚理论表明，所有半径小于某尺寸的孔隙在该尺寸对应的吸附压力下都会被填充，据此能获得作为压力函数的累积孔体积，然后通过对孔隙半径的累积孔体积函数进行求导得到孔径分布。

③ 在发生毛细孔凝聚之前，孔壁上已经存在多分子层吸附，即毛细凝聚是基于吸附膜所围成的“孔芯”中进行的；在毛细孔凝聚过程中，多分子层吸附仍在继续进行。Kelvin 方程表达式中，并未包含与毛细孔凝聚同时进行的多分子层吸附，但这只是处理问题的一个简化手段，但并不代表这两个过程可以截然分开。

在毛细孔凝聚之前，孔壁上形成的多分子层吸附膜的厚度 t 与 P/P_0 有关。当吸附质压力增加到一定值时，在吸附膜围成的空腔内将发生凝聚。在一定压力 P 时，根据 Kelvin 方程计算求得的孔径 r_k，实际上仅代表孔芯半径的尺寸（图 16-6），真实的孔径尺寸 r 应以 t 进行校正，即 $r=r_k+t$，$r_k=r_m\cos\theta$，r_m 为弯曲液面的曲率半径。在实际应用时，为了简化问题，通常取 $\theta=0$，此时 $r_m=r_k$。

对于氮吸附，单层氮分子的吸附厚度为 0.354nm。多层吸附膜的平均厚度 t，可由 t 曲线作图法得到，也可以采用半经验公式，如式(16-8) 所示的 Halsey 方程和式(16-9) 所示的 Harkins-Jura-de Boer 方程进行估算。

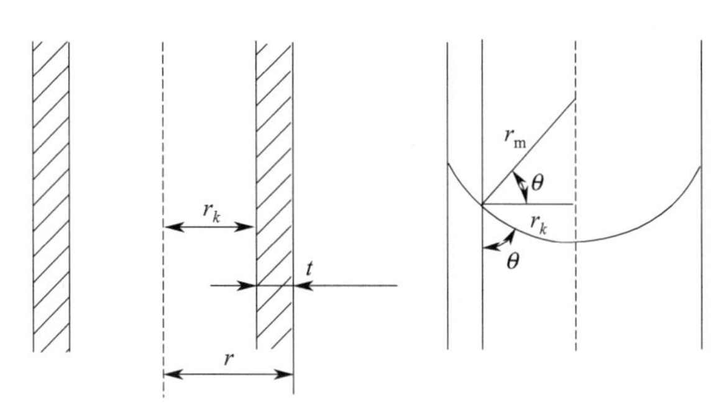

图 16-6 毛细凝聚发生前产生的吸附膜

$$t=0.354\left[\frac{-5}{\ln(P/P_0)}\right]^{1/3} \tag{16-8}$$

$$t=0.1\times\left[\frac{32.21}{0.078-\ln(P/P_0)}\right]^{1/2} \tag{16-9}$$

从上述两个公式可知，相对压力一定时的多分子层吸附膜的厚度 t，随着 P/P_0 的增大而增加。当中间孔芯的 r_k 吻合 Kelvin 公式时，发生凝聚作用，孔芯将被充满。吸附层的厚度与样品并无关系。

④ Kelvin 方程表明，液体的饱和蒸气压与液面的曲率半径 r 有关。微小液滴的曲率半径为正值，故其饱和蒸气压 P_r 恒大于平面液体的饱和蒸气压 P_0。如果固体毛细管的表面能被液体很好润湿，则毛细管内的液面应是凹面，这与液滴的情况正好相反。在毛细管内液体的饱和蒸气压 P_r 将恒低于平面液体的饱和蒸气压 P_0，故对平面液体尚未达到饱和的蒸气，而对毛细管内呈凹面的液体可能已达到饱和。对于给定的蒸气压 P_i，可从 Kelvin 方程求出蒸气开始凝结的毛细管半径 r_i。对半径小于 r_i 的孔，此时蒸气都可在孔中凝结。孔越大发生凝聚所需的压力越大。当蒸气压逐渐增加，较大的孔也将先后被填满，吸附量随压力增加而迅速增加，这就是Ⅱ型等温吸附线在 P/P_0 达 0.4 以上时向上弯曲的原因。

⑤ Kelvin 方程是基于经典热力学理论推导出来的，其前提条件是理想气体吸附且吸附气体凝聚后其表面张力可被测定。如果孔径足够大，可以认为吸附气体凝聚前在孔壁上形成的吸附膜彼此间不受影响，这样就可以用标准等温线（指在无孔炭表面测量得到的等温线）来模拟吸附膜的形成。如果是孔径只有几个分子直径的微孔，由于孔壁上吸附膜间的相互作用增强以及孔壁吸附势的叠加，导致孔中固液间存在较强的作用力，因此，微孔对吸附质的吸附作用增强。此种情况下，根据标准等温线得出的压力高于吸附膜完全润湿时和发生毛细凝聚作用时的压力，利用 Kelvin 方程得出的孔径分布也就低估了吸附剂孔径的实际大小。

考虑毛细凝聚发生前吸附层的厚度，对 Kelvin 方程修正后可以用下式描述有效孔径和相对压力间的关系

$$r=\frac{2\sigma V_L}{RT\ln(P/P_0)}+t(P/P_0)+0.3 \tag{16-10}$$

式中，r 为孔隙半径；t 为吸附在孔壁上氮薄膜的统计厚度，可以从 t 曲线得到。

⑥ Kelvin 方程没有考虑微孔中的吸附势叠加效应，不适合评价微孔吸附剂，仅适于评价中孔材料。当孔径减小时，其准确度变差，在微孔孔径等于一个吸附质气体分子直径时，Kelvin 方程已完全不能使用。

(3) Kelvin 方程对Ⅳ型和Ⅴ型等温线的解释

如前所述，在临界温度以下，气体在中孔吸附剂上发生吸附的过程如图 16-7 所示。吸附时先形成近饱和的单分子吸附层（曲线从 A 点到 B 点）；接着发生多分子层吸附（曲线从 B 点到 C 点）；最后发生毛细孔凝聚（曲线从 C 点到 D 点或从 C 点到 E 点）。多分子层吸附阶段的吸附规律用 BET 方程描述。毛细孔凝聚始于相对压力达到与 Kelvin 半径所对应的某一特定值时。

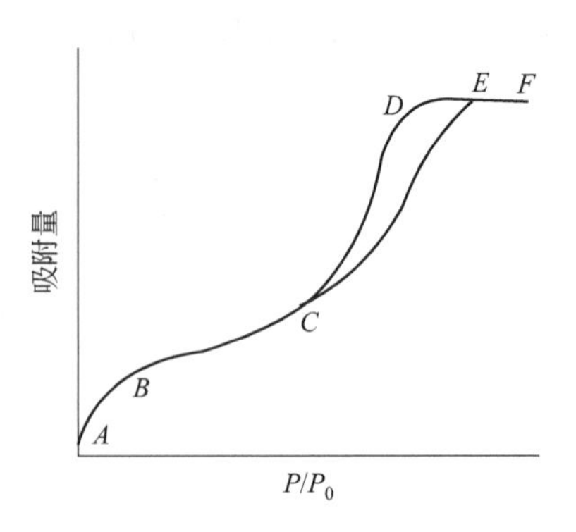

图 16-7　Ⅳ型吸附等温线

如果吸附剂的孔径分布比较窄，吸附曲线的 CD 段就较陡；如果孔分布比较宽，吸附量随相对压力的变化较缓形成曲线的 CE 段。当孔全部填满时，吸附达到饱和，为 EF 段。Ⅳ和Ⅴ型等温线的区别在于后者反映了吸附剂与吸附质间的作用力较弱。

(4) 等温线滞后回线的类型

吸附等温线在某一压力范围内吸附曲线与脱附曲线分离的现象称为吸附滞后现象。吸附分支与脱附分支形成的闭合曲线称为吸附滞后回线（或滞后环）。滞后回线是由于脱附过程中，欲使吸附剂达到与吸附时同样的吸附量而需更低的平衡压力所致。多数Ⅳ型等温线均存在吸附滞后回线。滞后回线通常认为是由孔穴的几何效应所致。IUPAC 将滞后回线分为五类，如图 16-8 所示。

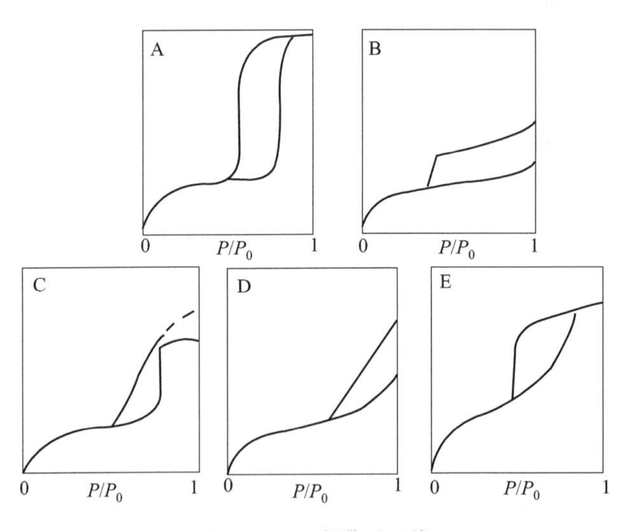

图 16-8　五类滞后回线

① A 类回线。该类回线中的吸附和脱附曲线均很陡（几乎垂直）且两部分几乎平行，说明发生凝聚和脱附的相对压力比较集中。具有此类回线的吸附剂常见的孔结构有：独立的圆筒形细长孔道且孔径大小均一，孔径分布较窄，其中最典型的是两端开口的圆柱形孔。

部分中孔材料的吸附等温线没有滞后回线，这类材料的孔结构如图 16-9 所示，孔型有一端封闭的圆筒孔、一端封闭的平行板孔和楔形孔等。

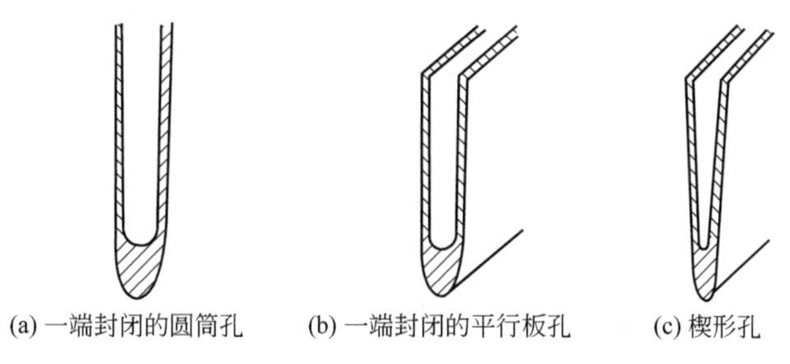
(a) 一端封闭的圆筒孔　(b) 一端封闭的平行板孔　(c) 楔形孔

图 16-9　吸附等温线无滞后环的孔结构

② B 类回线。具有平行板结构的狭缝孔对应此类滞后回线，水滑石和蒙脱石等具层状结构的多孔材料具有这种形态的孔。

③ C 类回线。该类回线具有锥形或双锥形孔结构吸附剂的吸附曲线特征。当相对压力达到与锥形孔的小口半径 r 相对应的值时，开始发生凝聚。一旦气液界面由柱状变为球形时，发生凝聚所需要的压力迅速降低，吸附量上升很快，直到将孔填充满。当相对压力达到与锥形孔大口半径 R 相对应的值时，气体开始发生脱附，其脱附时是逐渐蒸发的。

④ D 类回线。具有锥形结构的平行板狭缝孔吸附剂的吸附曲线呈 D 类回线。与平行板模型相同，只有当压力接近饱和蒸气压时才开始发生毛细孔凝聚；脱附时，由于板间不平行，Kelvin 半径是变化的，因此，曲线缓慢下降而并不像平行板孔那样急剧下降。如果孔的窄端处间隔很小，只有几个分子直径大小，回线往往消失。

⑤ E 类回线。该类回线的特征是：吸附等温线的吸附支由于发生毛细凝聚现象而逐渐上升，而脱附支在较低的相对压力下突然下降，几乎直立。具有“墨水瓶”状的孔结构以及细颈的管状孔结构的多孔材料呈现这类回线。E 类回线还见于具有网络孔的中孔材料，如某些二氧化硅凝胶材料。E 类回线滞后环底部（吸附-脱附曲线相交处）的位置与吸附剂及其孔径分布无关，而与吸附质的性质有关。对于氮气，77.4K 下，滞后环交汇位置在 P/P_0 约为 0.42 处；对于 Ar，在 87.3K 和 77.4K 时的滞后环交汇位置分别位于 P/P_0 为 0.34 和 0.26 处。

上述 B、C、D、E 类回线对应的孔结构示意图如图 16-10 所示。

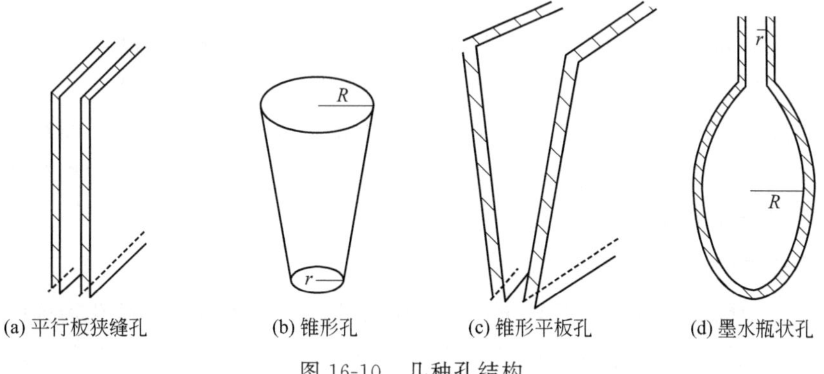

(a) 平行板狭缝孔　(b) 锥形孔　(c) 锥形平板孔　(d) 墨水瓶状孔

图 16-10　几种孔结构

（5）BJH 法分析中孔孔径分布

Barrett、Joyner 和 Halenda 在 Kelvin 方程基础上，提出了专门对中孔孔径分布进行分析的方法，即 BJH 方法。该方法的假设为：①所有孔隙为非交叉的圆柱形孔。②半球形弯液面接触角为零或完全润湿。③应用 Kelvin 方程和 Halsey 方程计算孔径分布。

当气体在中孔中吸附产生毛细凝聚作用时，采用 Kelvin 方程描述相对压力 P/P_0 与开尔文孔半径 r_k 之间的关系如下

$$r_k=\frac{2\sigma V\cos\theta}{RT\ln(P/P_0)} \tag{16-11}$$

式中，r_k 并非真正的孔半径，而是 Kelvin 半径或临界半径。因为在吸附质气体发生凝聚前，气体已经在孔管壁上吸附，所以 r_k 是吸附后凝聚前的孔半径。假设发生凝聚时吸附层厚度为 t，则孔的实际孔半径可表示为 $r=r_k+t$。

吸附层厚度 t 由 Halsey 方程确定

$$t=t_m\left[\frac{5}{2.303\lg(P_0/P)}\right]^{1/3} \tag{16-12}$$

式中，t_m 为单吸附层厚度，当吸附质为氮气时，$t_m=0.354\text{nm}$。

为了进行孔径分布的计算，必须将孔按照孔径大小分成若干组。按照上述几个公式解出一系列不同相对压力 P/P_0 下的 r 值和 t 值，进一步计算出每个脱附阶段具有各种孔径的孔体积 ΔV，以 $\Delta V/\Delta r$ 对平均孔半径 r 作图，便可得到孔径分布曲线。

（四） Polanyi 吸附势理论

1. Polanyi 吸附势理论简介

该理论是基于热力学基础的理论，其主要内容为：吸附体系中的固体吸附剂周围存在吸附势场，气体分子在势场中受到吸引力的作用而向固体表面逐渐增浓而被吸附。固体存在吸附势场是其本性，而与吸附质分子是否存在无关。吸附空间内各处都存在吸附势，吸附势相等的点构成吸附面，在每一组吸附面之间的空间对应着确定的吸附体积，吸附空间的累积体积 V 是吸附势 ε 的函数，即 $V=f(\varepsilon)$。该函数能表示出特定气-固体系的特征，但不能给出吸附等温线的解析式。

Polanyi 吸附势理论将吸附分为三种类型：当吸附温度 T 远低于吸附质气体的临界温度 T_c 时，吸附膜为液态；当 T 略低于 T_c 时，吸附膜为液态与压缩气体的混合体；当 T 大于 T_c 时，吸附膜为压缩气态。

吸附势可视为微孔中的吸附层与平坦表面上的吸附层相比所具有的势能，因此，孔结构不同的孔径具有不同的吸附势。若吸附作用力主要是色散力，则吸附势的大小与温度无关。吸附相的体积对吸附势的分布曲线具有温度不变性，该曲线称为特征曲线。对于任意一吸附体系，特征曲线是唯一的，只要测出一个温度下的吸附等温线并绘出特征曲线，即可得到任何温度下的吸附等温线。活性炭是典型的非极性吸附剂，气体与活性炭的相互作用主要靠色散力，应用吸附势理论研究活性炭吸附体系非常成功。

2. 微孔填充理论和 DR 方程

气体在微孔中的吸附行为显著异于在中孔和大孔内的吸附行为。微孔物理吸附理论又称 Dubinin－Polanyi 理论，是由 Polanyi 吸附势理论和 Dubinin 等发展的微孔填充理论结合而成的一种吸附理论。其主要内容为：①假设表面吸附势按吸附空间分布的特性曲线都与温度无关；②两种气体分子在同一种吸附剂微孔表面上的吸附势之比近似等于常数；③具有分子尺度的微孔，由于孔壁之间距离很近，发生了吸附势场的相互叠加，导致气体在微孔吸附剂

上的吸附行为是微孔填充，其吸附机理完全不同于在开放表面上的用 Langmuir、BET 等理论所描述的表面覆盖形式的吸附；④在微孔吸附过程中，被填充的吸附空间相对于吸附势的分布曲线为特征曲线，在以色散力为主的吸附体系中，该特征曲线具有温度不变性。

Dubinin-Polanyi 理论的应用对象是以色散力为主的吸附系统，能够在很宽的温度和压力范围内定量描述各种吸附剂和吸附气体组成的平衡体系，但由于不涉及分子理论而不能提供吸附过程的微观信息。

Dubinin 和 Radushkevitvh 在基于孔径分布为 Gaussin 分布、微孔填充率是吸附势的函数和亲和系数是常数三个假设的基础上，通过对大量实验数据的分析，推导出如下的 DR 方程

$$\lg\left(\frac{V}{V_0}\right)=-D\lg^2\left(\frac{P_0}{P}\right) \tag{16-13}$$

式中，V 为某一相对压力下吸附相的体积，即已经填充的微孔体积；V_0 为饱和吸附体积，即微孔总体积；$D=2.303\left(\frac{RT}{\beta E_0}\right)$；$R$ 为理想气体常数，其值是 8.314J/(mol·K)；T 为温度，K；E_0 为参考流体（苯）的特征吸附能；β 为亲和系数（苯 $\beta=1$），表示与参考流体的相似程度。

根据 DR 方程作图能够得到一条直线，通过该直线的截距可得到饱和吸附量或微孔体积。DR 方程另一个重要的作用就是计算微孔的比表面积，一般采用 CO_2 在 273K 下的吸附等温线计算比表面积。

3. HK 方程

HK（Horvath－Kawazoe）方程是一个半经验的表征微孔材料孔结构并计算孔径分布的方法。该方程最初是基于碳分子筛和活性炭的狭缝孔，将狭缝孔的吸附势表达为孔径的函数，进而用吸附等温线计算吸附量，并计算孔径分布。对典型的吸附质如氮气、氩气或有机蒸气（如 CH_3Cl）的吸附等温线，假定在微孔中气体的吸附遵循微孔填充理论，可将其等温线数据转换成孔径分布。

HK 模型有许多类型，可以解决狭缝孔、圆柱形孔和球形孔的孔径分布问题。采用吸附质测定不同孔径（狭缝孔为孔宽，圆柱孔为直径）的吸附量，将吸附量与对应孔径作图，从而给出孔径分布。

（五）密度泛函理论

基于对吸附等温线的分析获得的孔径、孔形及吸附能，是表征孔结构的重要参数。不同孔结构的孔对吸附质分子的吸附机理是不同的，对于中孔主要涉及毛细凝聚过程，而对于微孔主要是填充过程。由于吸附机理不同，需要采用不同的方法解析吸附等温线以得到孔径分布。以 Kelvin 方程为基础的方法（如 BJH 法）与毛细管凝聚现象有关，可用于中孔分析，但不适用于微孔填充。而 DR 法、HK 法仅用于描述微孔填充而不适用于中孔分析。如果一个材料中既含有微孔又含有中孔，则从吸附等温线上获得孔径分布图至少需要两种方法。此外，宏观热力学方法的准确性是有限的，因为它假设孔中的流体是具有相似物理性质的自由流体，而受限流体的热力学性质实际上与自由流体是有较大差异的。

相对于宏观热力学方法，密度泛函理论（density functional theory，DFT）和分子模拟方法（monte carlo，MC）属于分子动力学方法，其不仅提供了吸附的微观模型而且能更真

实地反映孔中受限流体的热力学性质，因而广泛用于中孔和微孔的孔结构分析。分子动力学方法在数据处理时考虑了吸附在表面的流体和孔中流体的平衡密度分布，推导出模型体系的吸附等温线、吸附热和转移特性。流体的密度分布是通过计算流体一流体和流体一固体分子间相互作用获得的。流体一流体间的相互作用参数是通过再生它们的宏观整体性质（如低温氮和氩的性质）测定的；固体一流体间的相互作用参数是通过拟合计算在平坦表面上的标准氮和氩的吸附等温线获得的。

DFT 通过最小化自由能函数计算孔中所有位置的流体平衡密度分布。与流动相（吸附实验状态）平衡的孔体系有巨大的自由能或势能，该自由能构成了流体一流体间和流体一孔壁间的相互作用的吸引或排斥条件。DFT 模拟吸附等温线和孔径分布的基本过程为：计算特定温度压力条件下吸附质一吸附剂体系总势能最小的密度分布；求解表面吸附质密度分布函数的极小值，获得特定孔径尺寸的单模型等温线（局部吸附等温线）；获得一定孔径范围的模型等温线；在模型等温线的基础上，重复计算所研究压力范围的一系列的孔尺寸，进行加权拟合，获得孔径分布曲线。

DFT 分为定域 DFT（local density functional theory，LDFT）和非定域 DFT（non-local density functional theory，NLDFT）两种类型，以解决如何建立正确描述流体一流体间相互作用的问题。

LDFT 的优点是能够准确描述中孔和微孔吸附过程中流体的吸附状态。例如，LDFT 能预测低压下微孔中吸附势增强导致的吸附量增加，也能预测中孔中吸附层厚度随着压力增大而增加，还能准确显示出中孔中毛细管凝聚到小孔中填充的连续转变。LDFT 的不足之处是不能在固体一流体界面产生一个较强的流体密度分布振动特性，因而对吸附等温线的描述并不准确。特别是对于微孔，由于孔壁间的相互作用，随着孔径变小，LDFT 的不准确性增加，相应得到一个不准确的孔径分布结果。

NLDFT 将吸附质气体分子性质与其在不同尺寸孔内的吸附性能关联起来，从分子水平上准确描述孔中有限流体的行为，通过计算机模拟可以得到吸附等温线和微孔至中孔全范围的孔径分布，与其他分析方法相比具有显著优势。如图 16-11 所示，采用 N_2 低温吸附法测试 MCM-41 得到的吸附等温线，与 NLDFT 模拟的结果相吻合；而采用 BJH 方程和 NLDFT 解析得到的孔径分布表明，BJH 孔径明显比 NLDFT 孔径小。

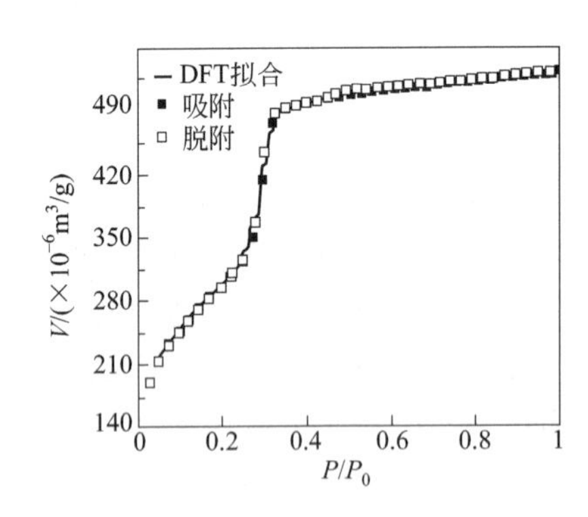

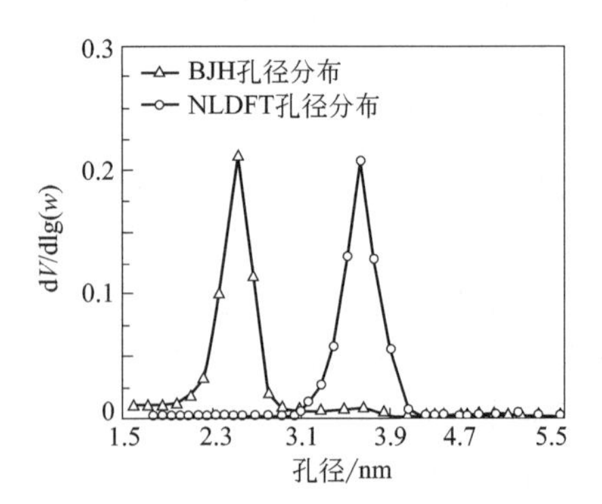

图 16-11　MCM-41 中孔材料的氮吸附等温线和孔径分布（BJH、NLDFT 分别解析）

图 16-12 是微孔炭 AC610［样品预处理脱气条件为压力 10^{-6} torr（1torr=133.322Pa），300℃，16h］的吸附等温线和孔径分布图。NLDFT 模拟的结果与实验等温线在全压范围内

重合；而 LDFT 高估了低压下的吸附值，孔径分布中也高估了微孔的峰值。

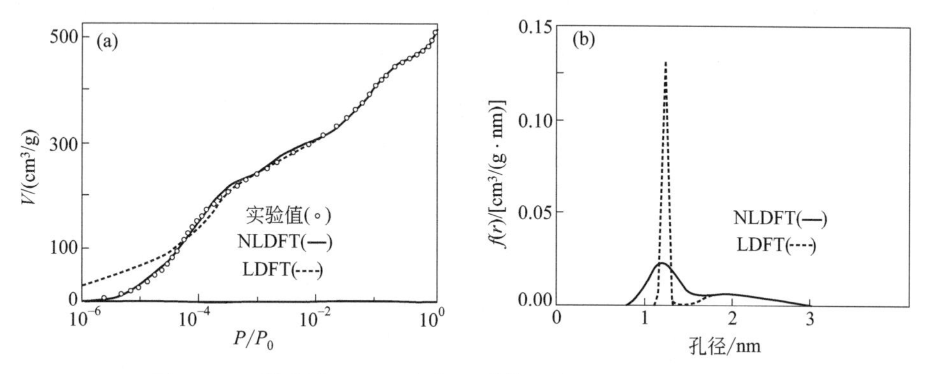

图 16-12　微孔炭 AC610 氮气吸附等温线(a) 和孔径分布(b)

图 16-13 为具有蠕虫状孔（孔壁上有一些微孔）的中孔硅材料的 N_2 和 Ar 吸附等温线和孔径分布图。NLDFT 分析结果表明，在 1nm 和 9.5nm 处有两个较强的孔径分布峰。其中 9.5nm 的孔和电镜的观察结果一致，1nm 的孔分布与小角中子散射的测试结果一致。

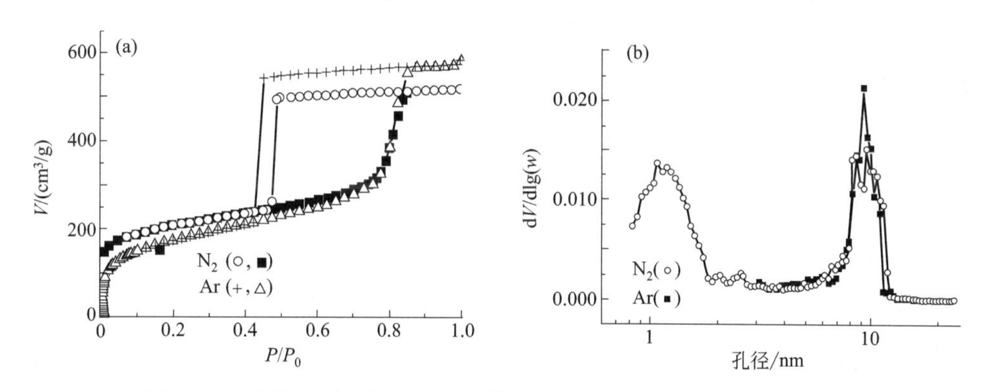

图 16-13　中孔硅材料的吸附等温线(a) 和 NLDFT 法的孔径分布(b)

三、吸附等温线分析的 t-曲线法和 α_s-曲线法

1. t-曲线法

（1）t-曲线法简介

t-曲线是以吸附层的统计厚度 t 代替 P/P_0 作为横坐标，以吸附量作为纵坐标表示的吸附等温线。对于在固体表面上能无阻碍地形成多分子层的物理吸附，吸附层厚度 t 可以由统计吸附层数 n 乘以单层厚度来计算

$$t = nt_m = \frac{V}{V_m} t_m \tag{16-14}$$

式中，t_m 为 77.4K 温度下吸附质（氮分子）的厚度，假定吸附膜中氮分子呈六方密堆积排列，则氮的单层厚度为 0.354nm；V 为被测样品的吸附量，mL；V_m 为饱和单层吸附量，mL。

（2）t-曲线类型

图 16-14 为固体材料的 t-曲线类型。对于大孔或无孔材料，t-曲线为一过坐标原点的直线；多孔固体的 t-曲线常与直线偏离，特别是在较高的相对压力下表现明显。若材料中有微孔存

在，t-曲线为先陡后缓的折线，将较缓部分的曲线外推到 $t=0$，其截距即为填充微孔的吸附体积。若材料中含有中孔，t-曲线向上翘，表示孔中发生了毛细凝聚现象。对于所有材料，t-曲线的最后部分均代表外表面吸附。因此，可用 t-曲线来计算比表面积、微孔和中孔体积。

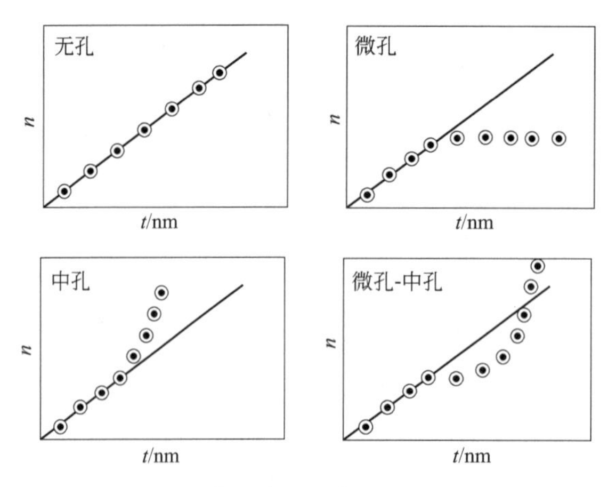

图 16-14　典型多孔固体的 t-曲线类型

从 t-曲线图上还可以大致判断出多孔材料孔径分布的状况。图 16-15 所示的曲线 1 中两段直线间发生明显的转折，表明样品中存在孔径分布很窄的微孔；曲线 2 中两段直线间存在明显的圆弧过渡段，表明样品中存在孔径分布较宽的微孔。

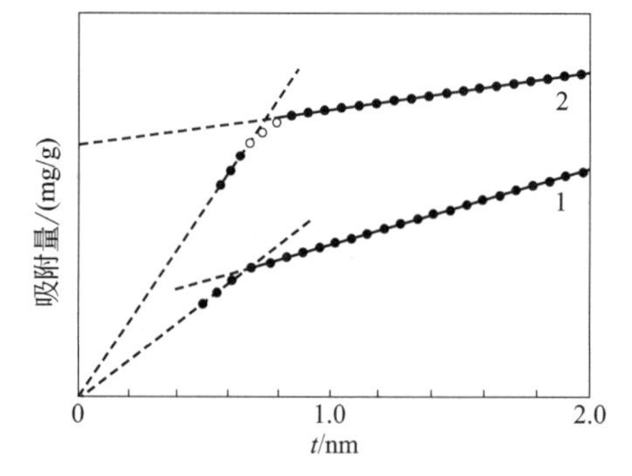

图 16-15　多孔材料 t-曲线的构成

(3) 孔结构参数计算

根据 t-曲线可以获得材料的比表面积和孔容，但不能获得孔径分布的确切信息。

对于大孔或无孔材料，t-曲线为一通过坐标原点的直线，在这种情况下，吸附剂总比表面积 S 可由 t-曲线的斜率直接求出。对于同时存在中孔和微孔的多孔材料，比表面积的表达式为

$$S=3.45\times10^{4}b \tag{16-15}$$

式中，b 为 t-曲线第一段直线的斜率。

微孔材料和中孔材料的 t-曲线与孔结构参数关系示意图如图 16-16 所示。微孔材料的 t-曲线在 Y 轴上的截距所指示的吸附量，即为微孔饱和吸附量，此吸附量 V 换算为吸附质的液氮体积，就是微孔材料的微孔体积 V_{mic}，V_{mic} 的表达式为

$$V_{mic}=1.546\times10^{-3}V \tag{16-16}$$

式中，1.546×10^{-3} 是标准状态下 1mL 氮气凝聚后的液氮体积，mL。

当固体中同时含有微孔和中孔时，此时的吸附量是微孔和中孔的吸附量之和，可表示为：$V_{tot}=V_{mic}+V_{mes}$。式中，V_{tot}、V_{mic} 和 V_{mes} 分别表示总孔、微孔和中孔的气体吸附量。在相对压力较大时，微孔被填充达到饱和吸附，则得：$V_{tot}=V_{mic}+V_{mes}=V_{mic}+V_{m}t/t_{m}$。若以 V_{tot} 对 t 作图，则从 t-曲线第一段直线截距可求出微孔体积 V_{mic}，从第二段直线的截距可求出中孔的体积 V_{mes}，根据其斜率 b 可求出中孔的比表面积 S_{mes}，其计算式为

$$S_{mes}=4.36\times0.354b \tag{16-17}$$

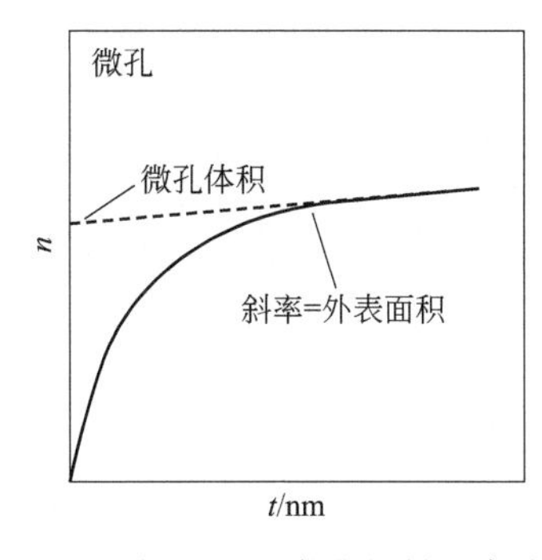

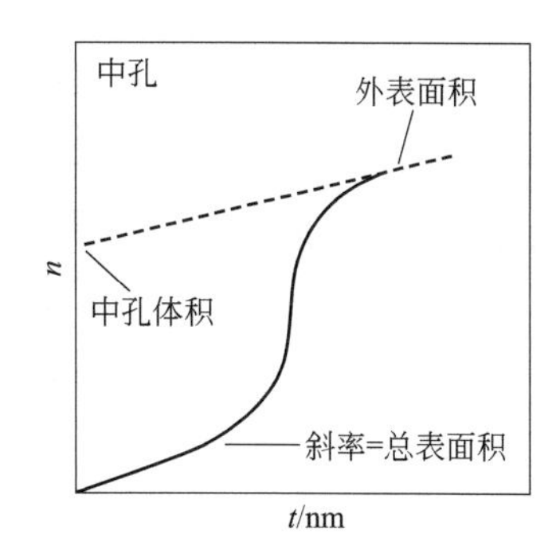

图 16-16 微孔材料和中孔材料 t-曲线与孔结构参数关系

(4) t-曲线应用示例

多孔活性炭纤维材料(ACF)包括赛璐珞基活性炭纤维(CEL)和沥青基活性炭纤维(PIT)等。一般选取材料表面化学组成与 ACF 试样相近的无孔炭黑作为标准试样制作 t 标准吸附等温线。图 16-17(a) 为无孔炭黑在 77.4K 时的氮吸附等温线，是典型的Ⅱ型吸附线，这种等温线用 BET 法很容易分析。由 BET 法求得单分子层容量为 19.66mg/g，比表面积为 $66.14m^2/g$。将试样的吸附等温线转换成 t 图，把无孔炭黑在各相对压力下的吸附量 W 除以其单分子层容量 19.66mg/g，得到统计的平均吸附层数，再将其乘以氮单分子吸附层厚度 0.354nm，得到吸附层厚度 t，绘出 t-P/P_0 曲线如图 16-17(b) 所示，该图在外观上类似于其 W-P/P_0 图。

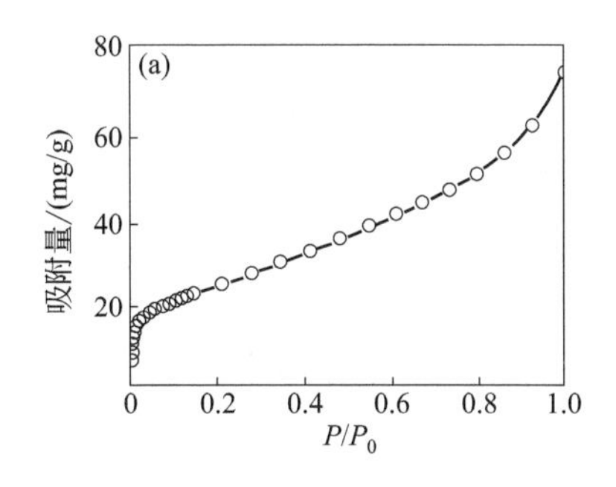

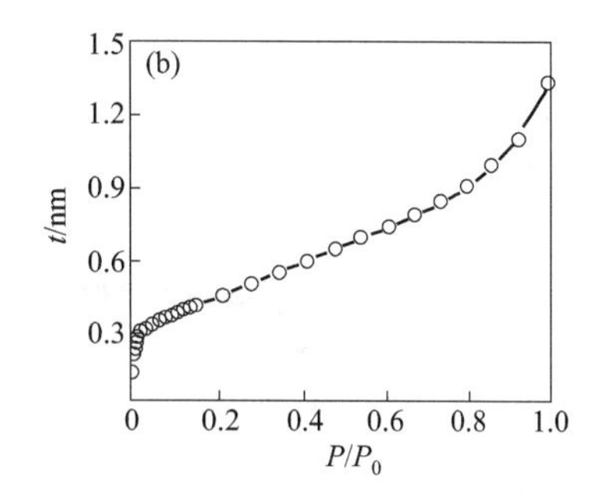

图 16-17 炭黑 N_2 吸附等温线(a) 和 t-P/P_0 曲线(b)

采用无孔炭黑作标准，把研究试样的 W-P/P_0 曲线中的 W 转换成 t，绘出 ACF 的氮吸附 t 图，见图 16-18。根据 t 图的概念，$t=0.354(W/W_s)$，W 是研究试样的吸附量，W_s 是单分子层吸附量。所以，$W=(W_s/0.354)t$。可见，在 W-t 图中，吸附线是一条过原点的直线，其斜率 $k=W_s/0.354$，于是可得到研究试样的单分子层吸附容量 $W_s=0.354k$。ACF 除了微孔内表面外，总有少量的外表面，氮分子以微孔填充形式在低压下填充满微孔后，再在高压下吸附在外表

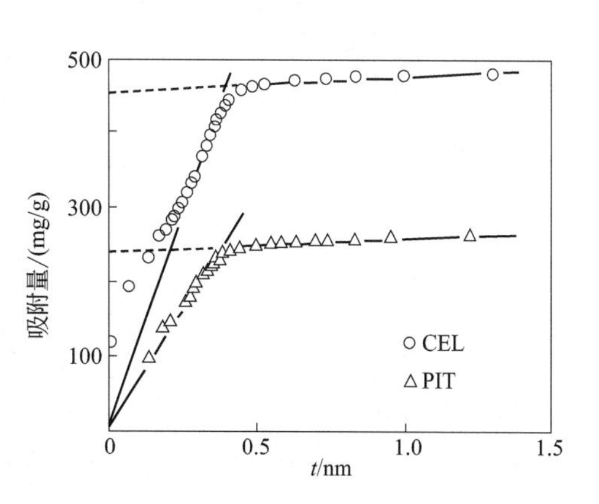

图 16-18 ACF 在 77.4K 吸附氮的 t 曲线

面上，于是又出现了一条与外表面有关的直线。

由图 16-18 可知，对每个研究试样，W-t 图呈现两条直线，在低压下，吸附量偏离直线，这是由微孔填充引起的。由小 t 值过原点的直线斜率求总比表面积 S；由大 t 值的直线外推，其截距为微孔孔容 W_0；由斜率求外比表面积 S_E。假定 ACF 的微孔为狭缝型，则其微孔孔宽 r 的表达式为：$r=2W_0/(S-S_E)$，求得其微孔结构参数（见表 16-1）。从表中可以看出，试样 CEL 比 PIT 的微孔容量和总表面积大一倍，而微孔宽度和外表面积几乎相同。这说明试样 CEL 的微孔比 PIT 深一倍。

表 16-1　ACF 的微孔结构参数

试样	总比表面积 $S/(m^2/g)$	外比表面积 $S_E/(m^2/g)$	微孔容量 $W_0/(\mu L/g)$	微孔宽度 r/nm
CEL	1410	35	550	0.80
PIT	770	30	290	0.79

2. a_s-曲线方法

（1）a_s-曲线方法简介

在 t-曲线中用到吸附层的统计厚度，而吸附层厚度是通过相似组成或性质的致密材料测得的或根据经验公式计算出来的，这与实际情况有偏差。所以 t-曲线图上有时会出现负截距。a_s-曲线是从 t-曲线方法衍生而来，但不需要估算吸附层的厚度，可以克服 t-曲线法直接依赖 BET 方程和不能拥有Ⅲ型吸附等温线的局限性。

在给定 P/P_0 下自由表面上的吸附量 W，与 $P/P_0=0.4$ 时自由表面上的吸附量 $W_{0.4}$ 之比为 a_s，即 $a_s=W/W_{0.4}$。按如下方法作 a_s-曲线：测量参比试样的吸附等温线，然后计算出 a_s，并得出 a_s 与相对压力之间的对应关系；测量多孔材料的吸附等温线；将吸附等温线数据的 P/P_0 换成 a_s，并以气体吸附量为纵坐标，a_s 为横坐标画出 a_s-曲线。图 16-19 为典型多孔材料的 a_s 曲线示意图。

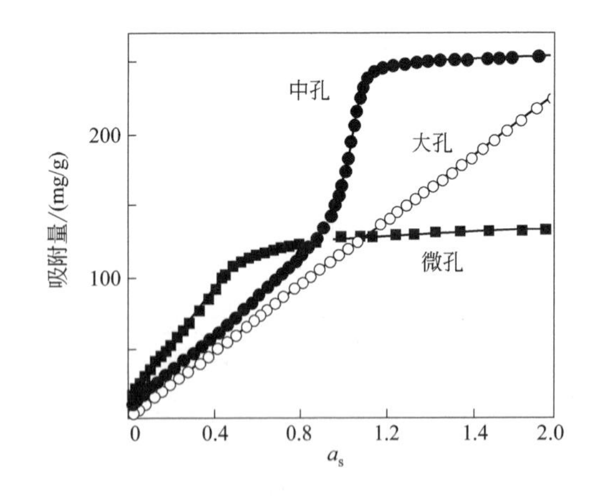

图 16-19　典型多孔材料 a_s 曲线

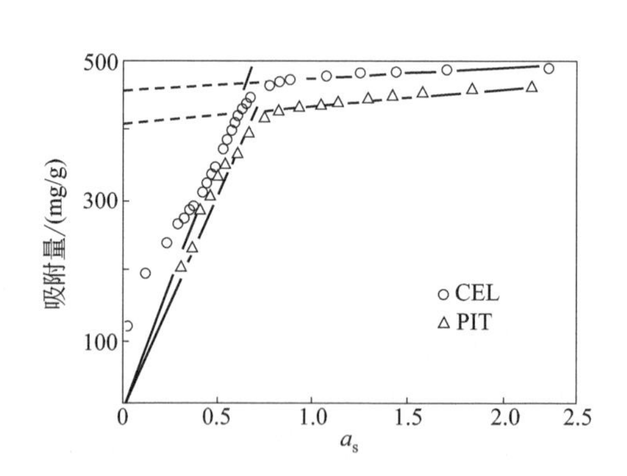

图 16-20　ACF 在 77.4K 吸附氮的 a_s 曲线

由 a_s 代替 t 作图，用 $W_{0.4}$ 代替了 W_m，由于不用估算吸附层厚度，比表面积的计算只涉及测试样品的斜率和已知比表面积的参比样品的斜率。因此，a_s 方法可以用在任何吸附气体，而 t 方法只能用在氮气作为吸附气体的情况。

同 t 曲线一样，a_s 曲线可以获得材料的比表面积和孔容，但不能提供孔径分布信息。

（2）a_s 曲线方法应用示例

图 16-20 是活性炭纤维(ACF) 的 a_s 曲线。从该图可看出，从原点开始，吸附量随 a_s 增加很快增大。在高 a_s 侧，吸附量增加缓慢，且为直线，由该直线外推到纵轴的截距就得微孔容量 W_0，由其斜率可求出外比表面积 S_E。在 $a_s<1$ 的区域，由于微孔内对壁间的相互作用，吸附势提高，吸附量也增加。为此，一般取过 $a_s=0.5\sim0.7$ 的直线斜率求总比表面积 S。

第二节 物理吸附法比表面积与孔径分析仪

物理吸附法比表面积与孔径分析仪的基本工作原理是，基于静态容量法（静态吸附平衡体积法）测定试样的气体吸附等温数据和吸附等温线，并计算试样的比表面积、孔容、孔径和孔径分布等孔结构参数。粉状、粒状或块状的样品均可测试。比表面积测量范围一般为 $0.0005m^2/g$ 至无上限，孔径分析范围为 0.35～500nm。

氮吸附法是最常用、最可靠的测试粉体和多孔材料比表面积与孔径的方法，已经列入国际标准和中国国家标准。比表面积分析采用基于多层吸附理论的 BET 法，孔径分布分析基于毛细凝聚理论与 Kelvin 方程等。

1. 比表面积与孔径分析仪的基本组成

仪器一般由称重、脱气、分析、真空、低温和供气六个单元组成。

① 称重单元。其功能是准确测量测定过程中所需样品的质量，一般为一台称量精度在 0.001g 以上的分析天平。

② 脱气单元。主要由脱气站和加热包等组成，其功能是在真空加热条件下，除去样品中的湿气和杂质气体，以提高实验结果的可靠性和准确性。

③ 分析单元。该单元是仪器的核心部件，主要由压力传感器、温度传感器、气动阀、气体管路、P_0 管以及等温夹套等组成。分析单元的功能是采用静态容量法来测定待测试样的等温吸附数据。P_0 管亦称饱和压力管，是用来测量吸附质饱和蒸气压力的装置。等温夹套的作用是保持整个分析过程中等温夹套以下试样管温度的恒定。

④ 真空单元。该单元一般由机械泵、分子泵等组成。由于脱气过程和分析过程均需要在一定的真空度条件下进行，其工作效率和水平直接影响分析效率和分析结果精度。

⑤ 低温单元。物理吸附法测试试样的比表面积时，需要在吸附质的气液两相平衡温度下进行。常用的气体吸附质为氮气，液氮是实现吸附质气液两相平衡温度所需低温(77.3K) 的介质。测试过程中 P_0 管和分析管均浸没于装有液氮的杜瓦瓶中（即进行液氮浴)。

⑥ 供气单元。该单元主要由高压氦气钢瓶、高压氮气钢瓶及配套气路和阀门等部件组成。氦气主要用来测定分析端口试样管（分析管）的空体积（死体积）；氮气用作在未知试样表面发生吸附的吸附质。气体的纯度在 99.99%以上。有的仪器还配备有多达六路的物理吸附进气口，以便进行不同的气体吸附分析时无须更换气路。

2. 比表面积与孔径分析仪的工作步骤

① 依次启动真空泵和分析仪。

② 准确称量试样管套件（含填充棒、密封塞）的质量。试样管套件要干燥、清洁，称

量精度在0.001g以上，并记录称量结果为m_1。试样管中放填充棒是为减少管中自由空间的体积以提高低比表面积试样的测试精度。当样品管内部总表面积小于$100m^2$时，推荐使用填充棒；当总表面积大于$100m^2$时，可不使用填充棒。

③ 粗称适量试样。根据试样的特点和估算的比表面积大小，称取适量的试样，用专用漏斗加入上述已准确称量的试样管底部，并将填充棒缓慢放到试样管中，用密封塞封闭试样管。

试样量可参考如下公式进行初步控制：比表面积的预期值×样品质量=$5\sim10m^2$。若称取的试样量太少，会使分析结果不稳定或者吸附量出现负值，导致测试失败；若称取的试样量过多，会增加测试时间。对于比表面积很小的样品，要尽量多称，但最好不要超过样品管底部体积的一半。通常氮吸附分析法最适合测试比表面积在$40\sim120m^2$范围内的样品。

④ 脱气。将装有粗称好试样的试样管套件装到分析仪的脱气端口或脱气站的端口，设定脱气条件（真空度、升温速度、脱气温度、脱气时间），进行脱气。当试样管内气体的压力和组成、样品质量达到稳定时，脱气完成。

样品脱气处理是整个分析测试过程的关键环节，其目的是让非吸附质分子占据的样品表面尽可能地释放出来。在一般情况下，真空脱气分两步，100℃左右脱除的是表面吸附的水分子，350℃左右脱除的是各种有机物，可根据样品的情况选择合适的脱气温度。为了避免难挥发的有机分子进入真空管道造成污染，样品在测试之前最好经过煅烧或者萃取、干燥等处理。特殊样品应用特殊的方法进行脱气，对于含微孔或吸附特性很强的样品，常温常压下很容易吸附杂质分子，脱气时需要通入惰性保护气体，以利于样品表面杂质的脱附。脱气处理一定要防止引起样品表面结构的不可逆变化，最佳脱气温度可通过热重分析或尝试法来确定。

⑤ 脱气完成后，取下试样管准确称量其质量m_2，m_2-m_1即为样品真实质量。

⑥ 试样测试。将含脱气后试样的试样管套件装到分析仪的分析端口，设定分析条件（主要为输入一系列P/P_0值和吸附平衡时间），并输入样品的真实质量，分析仪开始自动运行。试样管浸没于装有液氮的杜瓦瓶中进行液氮浴。在样品温度达到吸附温度后采用氦气进行自由空间死体积校准，真空系统对装置抽气。

当外室和样品室真空度达到设定值时，往外室中充氮气至压力P_1，然后连通外室与样品室，保持一段时间至平衡压力P_1'，此时样品表面吸附氮至饱和，根据气体状态方程计算出氮气吸附量（以有效体积表示）。再次往外室中充氮气至压力P_2，在达到平衡压力P_2'时计算出氮气吸附量。以此类推，一直持续到设定的P_n'/P_0值。

当$P_n'/P_0>0.4$时，氮气可在孔中产生毛细凝聚现象。在较低的P_n'分压下，氮气先在孔径较小的孔中形成凝聚液；随着P_n'的增加，氮气形成凝聚液时的孔的孔径随着增大；当$P_n'/P_0=0.995$时，样品吸附量达到最大（饱和）。降低样品表面氮气的相对压力，首先大孔中的凝聚液被脱附出来；随着压力的逐渐降低，由大到小的孔中的凝聚液逐渐被脱附出来。由此完成等温吸附-脱附数据的采集。

⑦ 分析实验数据。分析处理试样测试过程中仪器自动记录的数据。利用P_n'/P_0在$0.05\sim0.35$范围的吸附数据，根据BET方程可以求出样品的比表面积。利用等温吸附-脱附曲线，根据Kelvin方程、t-Plot方程、HK方程和DFT等计算出微孔比表面积、中孔比表面积、平均孔径、总孔体积和孔径分布等孔结构参数。

第三节 ○ 压汞法测孔

多数多孔材料的孔道形状和孔径分布都呈不均一性。测量孔径有多种方法，如气体吸附法、压汞法、小角 X 射线散射法、小角 X 射线衍射法、X 射线计算机断层扫描成像法（X-CT）、电子显微镜法、渗透法和气泡法等。对于具体的某一种测量方法，影响测孔的因素也很多。一般而言，气体吸附法比较适合于测试微孔和中孔材料（孔径在 50nm 以下）的孔结构参数，而压汞法则宜于对大孔材料孔径的测试，孔径测试范围可达 5 个数量级（2nm 至数百微米）。小角 X 射线散射法可以给出均一物质上存在的 1～100nm 孔的某些有用信息，但是对于化学组成变化的样品或含有与孔同样大小颗粒的样品，应用该法就很难，甚至不能用来测定孔的大小。小角 X 射线衍射法通过测定中孔材料孔壁之间的距离，用小角衍射峰来表征有序中孔材料的孔径，其局限是不能获得孔排列不规整的多孔材料的孔径大小。X-CT 法基于 X 射线辐射成像，当 X 射线透过样品时，受原子序数和密度的影响材料表现出不同的吸收系数，经计算机处理转化成灰度图像并进行降噪处理，最后得到多孔材料的孔连通性、孔径、孔隙率、壁厚分布等一系列结果，该法主要适用于无损探测微米级大孔材料（如发泡陶瓷、水泥基材料等）孔结构的可视化表征。电子显微镜法可以直接观察和测量孔的大小，但由于孔的形状变化多端，多数情况下，在进行有意义的孔大小测量时经常遇到困难，测量结果也缺乏统计性。

一、压汞法测孔基本原理

1. Washburn 方程

根据毛细管现象，若液体对多孔材料不浸润（即浸润角 $\theta>90°$），则表面张力将阻止液体浸入孔隙中。通过对液体施加一定压力，液体就能克服表面张力浸入孔隙中。汞对多数材料不浸润，常压下汞只能进入孔半径大于 $7\mu m$ 的开口孔中。压汞法就是通过对汞施压使其浸入材料较小孔中测定孔径分布的方法。

假设汞进入一半径 r 和长度 L 均已知的圆柱状毛细管孔中，则单位体积汞的表面积为 $S=2\pi rL$。当汞在外力作用下被压进孔中时，阻止汞进入孔内的表面张力所做的功为

$$W_1=-2\pi rL\sigma\cos\theta \tag{16-18}$$

式中，θ 为汞对材料的浸润角，一般 $\theta=140°$；σ 为汞的表面张力，通常取 $\sigma=0.48N/m$。

加大压力强制汞进入毛细孔，外力通过孔的横截面对汞所做的功 W_2 为

$$W_2=P\pi r^2L \tag{16-19}$$

式中，P 为将汞挤入半径为 r（nm）的孔隙所需的压力，Pa。

因为 $W_1=W_2$，可得

$$-2\pi rL\sigma\cos\theta=P\pi r^2L=P\Delta V \tag{16-20}$$

式中，ΔV 为压入孔中汞的体积，mL/g。

根据式(16-20) 得到 r 的表达式为

$$r=-2\sigma\cos\theta/P \tag{16-21}$$

式(16-21) 就是著名的 Washburn 方程，它表明在 θ 和 σ 不变的前提下，随着压力的逐渐增大，汞将会逐渐进入孔径更小的孔。

将汞的 σ 和 θ 的典型值代入 Washburn 方程，有

$$r=-2\sigma\cos\theta/P=(-2\times0.480\cos140°)/P=7350\times10^5/P \tag{16-22}$$

若 $P=1.013\times10^5$Pa（1atm），则 $r=7260$nm，即对于半径为 7260nm 的孔，需用 0.1013MPa 的压力才能将汞压入孔中；同理，当 $P=101.3\times10^5$Pa（1000atm）时，$r=7.26$nm，表示对于半径为 7.26nm 的孔，需施加 10.13MPa 的压力才能将汞压入孔中。在较低压力下，大孔先被汞所充满。随着压力增大，中孔及微孔逐渐被充满，直至所有孔均被充满，此时压入的汞量达到最大值。

2. 孔径分布的测定

根据式(16-21) 可知

$$Pr=-2\sigma\cos\theta \tag{16-23}$$

由于上式中 σ、θ 均是常量，故有

$$P\mathrm{d}r+r\mathrm{d}P=0 \tag{16-24}$$

以 V 表示试样的开孔体积，以 dV 表示半径为 r～（$r+\mathrm{d}r$）间的开孔体积，则按体积计的孔径分布函数 f（r）可表示为

$$f(r)=\frac{\mathrm{d}V}{V\mathrm{d}r}=-\frac{P}{rV}\times\frac{\mathrm{d}V}{\mathrm{d}P} \tag{16-25}$$

由于压汞法中直接测量的是半径大于 r 的孔隙体积，它可以用总开孔体积 V 与半径小于 r 的所有开孔体积 V_r 之差（$V-V_r$）来表示。如果压入的汞量以（$V-V_r$）对 P 的函数曲线描绘，则该曲线的斜率：d（$V-V_r$）/dP = − dV/dP 即可由实验测定，式(16-25) 可修改为

$$f(r)=\frac{P}{rV}\times\frac{\mathrm{d}(V-V_r)}{\mathrm{d}P}=-\frac{P}{2\sigma V\cos\theta}\times\frac{\mathrm{d}(V-V_r)}{\mathrm{d}P} \tag{16-26}$$

式(16-26) 中右端的导数部分可用图解微分法得到，其余各量均为已知或可测，将 f（r）与对应的 r 点绘图，即得到孔径分布曲线。

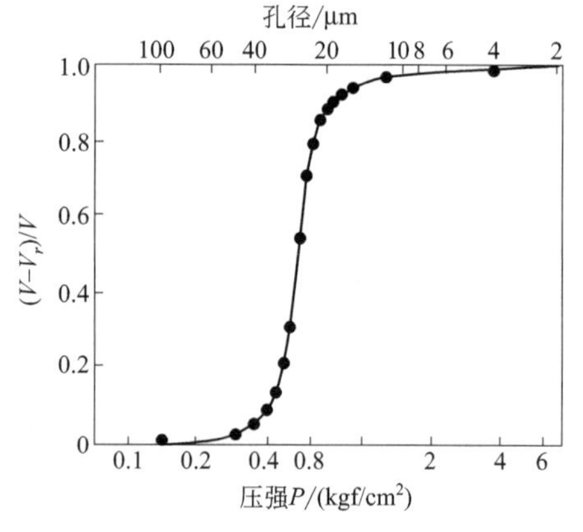

图 16-21　多孔材料孔径分布累积曲线示例

1kgf/cm^2 = 98.0665kPa

为方便起见，一般可将直接测得的数据绘在（$V-V_r$）/V 与 P（或直径 d）的孔体积累积变化图（图 16-21）上。在该图上可根据需要取若干个 Δd 区间，找出对应各区间的 Δ（$V-V_r$）/V 增量，可以列出相应的孔径分布表（见表 16-2）。

表 16-2　多孔材料孔径分布值示例

孔径/μm	分布值/%	孔径/μm	分布值/%
＞50	2.1	30～20	68.6
50～40	2.5	20～10	11.4
40～30	14.1	＜10	1.3

3. 比表面积的测定

压汞法也可用来测定多孔体的开孔比表面积。

要使汞进入不浸润的孔隙中，需要外力做功以克服过程阻力。将毛细管孔道视为圆柱形，用（$P+\mathrm{d}P$）的压力使汞充满半径为（$r-\mathrm{d}r$）的毛细管孔隙中，若此时多孔体中的汞体积增量为 $\mathrm{d}V$，则其压力所做的功为

$$(P+\mathrm{d}P)\mathrm{d}V=P\mathrm{d}V+\mathrm{d}P\mathrm{d}V\approx P\mathrm{d}V \tag{16-27}$$

此功恰好为克服汞的表面张力所做的功，即

$$P\mathrm{d}V=2\pi\bar{r}L\sigma\cos\theta \tag{16-28}$$

式中，$\bar{r}$ 为 r 和（$r-\mathrm{d}r$）的平均值，当 $\mathrm{d}r\rightarrow 0$ 时，$\bar{r}\rightarrow r$；L 为对应于孔隙半径为 $r\sim(r-\mathrm{d}r)$ 之间的所有孔道总长。

由式(16-28) 中 L 的意义可知，$2\pi\bar{r}L$ 即为对应于半径区间（r，$r-\mathrm{d}r$）的面积分量 $\mathrm{d}S$

$$\mathrm{d}S=2\pi rL \tag{16-29}$$

结合式(16-28) 和式(16-29) 有

$$\sigma\cos\theta\mathrm{d}S=P\mathrm{d}V \tag{16-30}$$

进一步推出质量为 m 的试样总比表面积，其表达式为

$$S_{\mathrm{m}}=\frac{1}{m\sigma\cos\theta}\int_{0}^{V_{\max}}P\mathrm{d}V \tag{16-31}$$

用上述方法求得的比表面积与采用 BET 法测定的比表面积一般具有良好的一致性。

二、压汞仪简介

压汞仪是将汞在一定的压力下压入多孔材料的开口孔结构中，并通过测量压力和汞体积的变化关系获得孔结构参数的装置。压汞仪的类型很多，结构各异，但基本均是由样品室、充汞器、膨胀计、液压装置和控制器等几部分组成，其结构简图如图 16-22 所示。液压装置主要包括液压泵、电磁阀、压力倍增器、高压缸、控制阀、压力表（或控制记录系统）及安全装置等。不同类型压汞仪的主要差别体现在如下两方面：一是工作压力，包括增降压力的方法、压力传递媒介、最高工作压力、压力计量方法以及工作的连续性等；二是汞体积变化的精确测量方法。增降压力的连续性和高精度计量微量汞体积是反映压汞仪测试性能的主要指标。

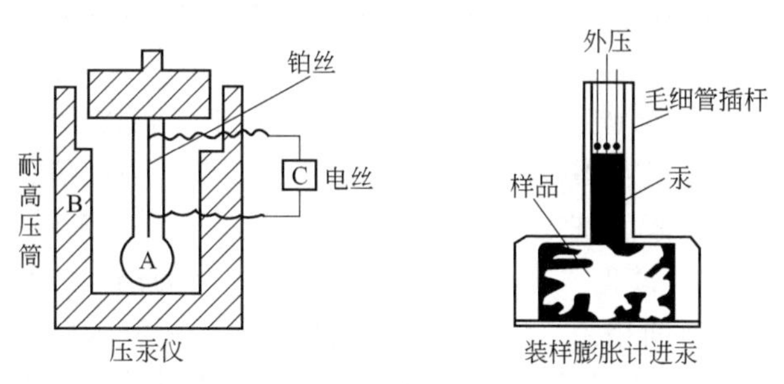

图 16-22　压汞仪结构

使用压汞仪进行测试的一般步骤如下：

① 制样。样品可以为粉末、片状、粒状、圆柱形、球形等各种形状。要求样品的体积应满足标准样品管样品室的体积大小（几毫升）。

② 加样。样品加入膨胀计中，将膨胀计放入充汞装置内，在真空条件下［根据不同的准确度要求，真空度可为 $10^{-2}\sim10^{-4}$mmHg（1mmHg=133.322Pa）］向膨胀计充汞，使样品外部为汞所包围。

③ 压汞。施压使汞逐渐地充满到样品的小孔中，直至达到饱和，获得汞压入量与压力关系曲线。

压入的汞体积是以与样品部分相联结的膨胀计毛细管里汞柱的高度变化来表示的。对汞所施加的压力，低于大气压时可向充汞装置导入大气，从而测出孔半径在几微米（如 7.5μm）以上的孔隙。但是由于装置结构存在一定的汞头压力，所以最大孔径的测定是有限度的，一般为 100～200μm。欲使汞充入半径小于 7.5μm 的孔，必须通过液压装置对汞施加高压。

④ 处理数据获得孔径分布。处理数据时须对实测的汞表压进行修正。不管使用何种膨胀计，充汞和汞在进入试样孔隙的过程中，膨胀计毛细管里的汞柱高度都在发生变化，因此由汞的自重引起的压力修正也随之变化，该修正就是汞头压力修正；此外由于装置和汞在高压下体积要发生一定的变化，因此要对膨胀计的体积读数进行修正，其修正值可由膨胀计的空白试验得到。

三、压汞法测试误差产生的因素

虽然压汞法测试多孔材料的孔径分布具有较好的重复性，但如下一些因素的存在会引起测试结果的误差。

① 假设孔的横截面为圆形与真实截面间的差别是引起误差的主要因素。这种影响主要表现为在不同压力下计算出的孔半径值均有对真值相同的相对偏离，而分布曲线的形状不存在显著差异。

② 汞的纯度、清洁度和温度等都会使其表面张力系数改变，进而对孔径的测定带来影响。要求精确测试时应对膨胀计进行恒温。

③ 压汞法计算中常将汞对试样的浸润角 θ 取为 140°，但实际上汞对不同的多孔材料的 θ 各有差异，有时甚至相差较大，这样使用统一的 θ 值就会给计算带来误差。所以，在需要较精确计算时，就应代入相应材料的 θ 值。但准确测定 θ 值通常很困难。

④ 常规压汞法测定的孔径，主要反映的是孔隙开口处的大小。汞经过一个很细的缩颈进入一个大孔隙（即“墨水瓶”孔）时，仪器是基于敞口孔隙的体积来处理缩颈孔隙的孔径的，故测得的孔径分布曲线移向小孔径一边，即孔径相对于其真实值来说偏小。这种差别的大小可由汞压入的滞后曲线来判断，并且可用这种滞后曲线来测定样品不同形状孔的孔径分布。

⑤ 测试时固体的结构和易碎多孔材料的孔隙在高压下均可能会发生一些变化，从而给测量结果带来偏差。故应尽量获得被测材料的可压缩性和破坏强度信息，以正确估计在多孔材料变形或破坏前是否发生汞的挤入。

⑥ 汞受压而挤入孔隙的过程，在时间上有一个滞后，由此产生动力学滞后效应。该效应与汞流入孔隙中所需的时间相关，在达到平衡前所读得的汞浸入体积，会使所得孔径分布曲线移向较小的孔径一边。对汞施压的过程中，膨胀计中铂丝的比电阻随施压过程而发生变化，需由空白试验来加以校正。

⑦ 残留在膨胀计和多孔体孔隙中的空气，以及吸附在样品表面上的空气，都可能使测定值产生误差。为得到正确的测试结果，先应对试样做清洗等预处理，并在膨胀计抽真空时加热多孔体进行排气，这样可减小误差。

⑧ 汞具有轻微的可压缩性，故在高压下汞的体积及装置的体积均会产生一定的变化，从而使测量的多孔材料孔隙体积显得比其实际体积大。试样中孔隙的体积越大，该误差源的误差就越小。

 **典型案例**

层次孔结构碳纤维的制备及其结构分析

活性碳纤维广泛用作吸附剂、催化剂载体和电极材料等。相比黏胶基、沥青基或其他有机纤维，聚丙烯腈（PAN）纤维具有碳收率高、结构可控性强以及力学性能优异等特点，常用作碳纤维的前驱体。PAN 纤维经预氧化、炭化和活化等处理，形成多孔活性碳纤维。活化方法有化学活化、物理活化或两者相结合。经活化获得的多孔结构孔径小，孔径分布窄，且开孔于纤维表面。IUPAC 根据材料孔径大小将孔分为三类：大孔（孔径＞50nm），中孔（孔径 2～50nm），微孔（孔径＜2nm）。具有层次孔结构（微孔—中孔，微孔—大孔，微孔—中孔—大孔）的材料是拓展碳纤维应用的重要途径。

构建层次孔结构的目的是以大—中孔作为快速传质的通道，进而充分发挥微孔功能。具有层次孔结构纤维可采用碳纳米管与碳纤维复合得到。如以静纺纤维素纤维为前驱体，经过预氧化炭化后获得碳纳米纤维，然后通过化学气相沉积法（CVD）将碳纳米管沉积到碳纳米纤维上制备出复合纤维。生物质纤维和 MOF 材料也被用于构建层次孔结构碳纤维。例如，海藻酸纤维在 1500℃高温处理后可获得层次孔结构碳纤维；黏胶基碳纤维在延长水蒸气活化时间后其微孔结构转变为微孔—中孔复合结构。采用硬模板和活化相结合的方法，通过调节模板 SiO_2 的含量，可制备出比表面积在 1625～1796m^2/g 的静纺多孔碳纤维，其孔结构涵盖微孔、中孔和大孔。上述方法制备层次孔结构碳纤维有如下不足：CVD 法需要进行多变量耦合调控，影响因素涉及催化剂种类和浓度、前驱体组成和流速、生长温度、时间和气氛等；生物质前驱体在高温处理时成环能力弱，未成环部分会裂解留下孔洞，炭化收率低，裂解副产物多；MOF 材料成本高；硬模板法则需要除去模板后处理，工艺复杂。

PAN 作为最主要的碳纤维前驱体，通过多种方法可获得具有层次孔结构的碳纤维。如有的学者以商业化干喷湿纺原丝为原料，经过 500℃过度预氧化及 KOH 处理后炭化制备出具有微孔和大孔结构的活性碳纤维。鉴于 PAN 湿法纺丝过程中凝固相分离能够产生三维网络结构，有的学者通过调节相分离过程中的温度和浓度获得具有中—大孔结构的碳纤维前驱体，该纤维经预氧化炭化后再经化学活化产生微孔结构，纤维活化在炭化后进行，活化的温度条件与炭化一致。

1. 原理

通过在 PAN 纺丝液中添加造孔剂，以水作为凝固剂，采用相分离法制备 PAN 多孔纤维，形成具有中—大孔结构的碳纤维前驱体，然后将此纤维与 KOH 混合，并经进一步预氧化、炭化，在炭化的同时实现纤维的活化，制备出具有层次孔结构的碳纤维。通过 XRD 跟踪纤维中微晶结构的变化，采用 SEM、比表面积及微孔孔隙分析仪研究 KOH 预处理等因素对多孔碳纤维表面和内部孔结构的影响。N_2 吸附法能够获得层次孔结构碳纤维的总比表面积、中孔比表面积、微孔比表面积、总孔体积、中孔体积、微孔体积和平均孔径等孔结构参数。

2. 仪器与样品

D8 Advance XRD，德国 Bruker AXS 公司；S4800 型扫描电子显微镜；ASAP2020-HD88 型比表面积及孔隙分析仪，美国 Micromeritics 公司。

原料及试剂：聚丙烯腈（PAN），中国科学院宁波材料技术与工程研究所；聚乙烯吡咯烷酮（PVP，分子量 1300×10^3）；二甲基亚砜（DMSO），分析纯，纯度＞99%，上海阿拉丁生化科技股份有限公司；二次蒸馏水。

样品制备方法：①将 PAN/PVP/DMSO 纺丝液加入纺丝装置中进行湿法纺丝，PAN 与 DMSO 质量比为 1∶4，PVP 含量为 PAN 的 20%（质量分数），水为凝固浴，凝固温度为 50℃。收集的纤维在去离子水中浸泡 30min，60℃下真空干燥 48h，得到多孔 PAN 纤维，记为 PF。②将上述纤维浸泡在 KOH 溶液中 3h，其中纤维与 KOH 质量比分别为 2∶1 和 6∶1，纤维取出后在 105℃干燥 2h。③在空气中预氧化，氧化程序为在 200℃、220℃和 250℃分别处理 10min、20min 和 40min。④在 N_2 气氛中，将预氧丝以 5℃/min 的速率从室温升至 750℃停留 2h，最后将样品在去离子水中洗涤 5 次，1105℃下干燥 6h，样品分别记为 PCF-2 和 PCF-6。未经 KOH 处理的样品记为 PCF。

3. 测试方法

XRD 测试：CuK_α 辐射（λ=0.15418nm），加速电压 40kV，电流 40mA。

SEM 测试：将纤维固定在导电胶上，喷 Pt 后进行表面和截面形貌观察。

比表面积及孔隙分析：纤维先在 363K 下真空脱气 7h，随后测定其在 77.4K 下的 N_2 吸附脱附等温线。

4. 结果与讨论

（1）纤维表面和截面形貌

图 16-23 是多孔 PAN 纤维的表面和截面形貌照片。从图可见，PAN 纤维表面和内部存在大量的中—大孔结构。未采用 KOH 预处理的 PCF 纤维，表面致密，孔洞少［见图 16-23（c）］。在预氧化、炭化等热处理过程中，PAN 纤维发生轴向和径向收缩，纤维表面孔洞消失，孔隙率降低。经 KOH 预处理得到的 PCF-2、PCF-6 纤维表面有众多孔洞，随着 KOH 浓度增加，碳纤维表面孔结构明显增加。从图 16-23（f）可见，PCF-6 纤维内部存在大量孔洞，这些大孔主要遗传自 PAN 原丝。

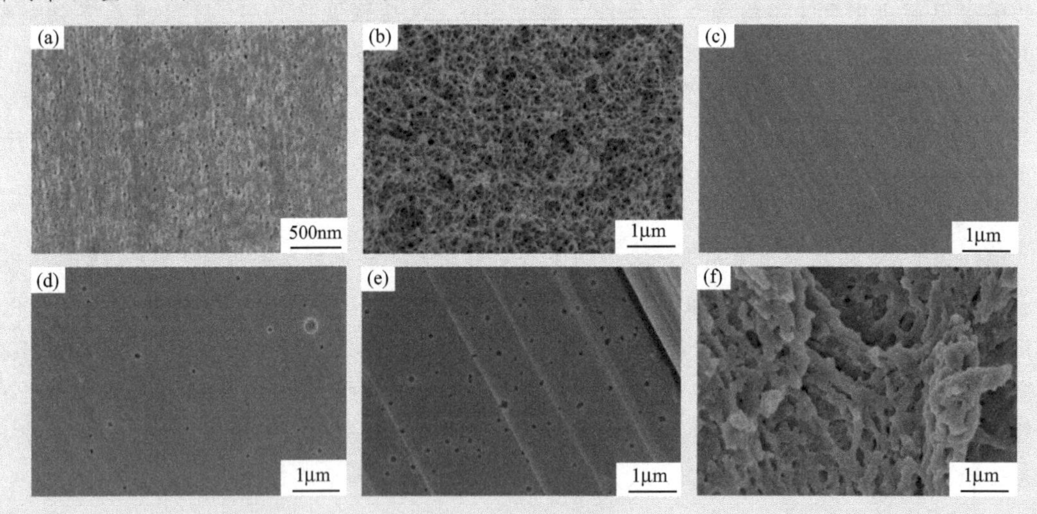

图 16-23　碳纤维 SEM

（a）PF 表面；（b）PF 截面；（c）PCF 表面；（d）PCF-2 表面；（e）PCF-6 表面；（f）PCF-6 截面

KOH 对碳的活化主要有三种机理：一是化学活化，以钾化合物为化学活化试剂通过其与碳之间的氧化还原反应刻蚀碳骨架；二是物理活化，体系中形成的 H_2O 和 CO_2 可进一步通过碳气化提高孔隙率；三是金属钾插入到碳素晶格中，导致其扩张，在金属钾或钾化合物被移除后，扩张的晶格无法回到无孔结构，微孔结构因此形成。随着 KOH 浓度的增加，更多的钾与碳发生反应，纤维表面产生更多孔洞。

（2）纤维微晶结构

图 16-24 为多孔 PAN 纤维的 XRD 图谱。如图所示，多孔 PAN 纤维在 $2\theta=17°$ 处表现出较强的衍射峰，29.5°处则呈较弱的衍射峰，前者对应于准六方晶系中（100）晶面。经过炭化处理，PCF、PCF-2 和 PCF-6 三种纤维在 $2\theta=25.5°$ 都出现新的晶区衍射峰，这归因于碳纤维乱层石墨结构的形成。对该衍射峰进行分析，结果见表 16-3。三种多孔碳纤维石墨微晶层间距为 0.347～0.350nm，石墨微晶尺寸为 1.16～1.25nm，说明三种多孔碳纤维均形成了乱层石墨结构，KOH 预处理不影响碳纤维的石墨结构。

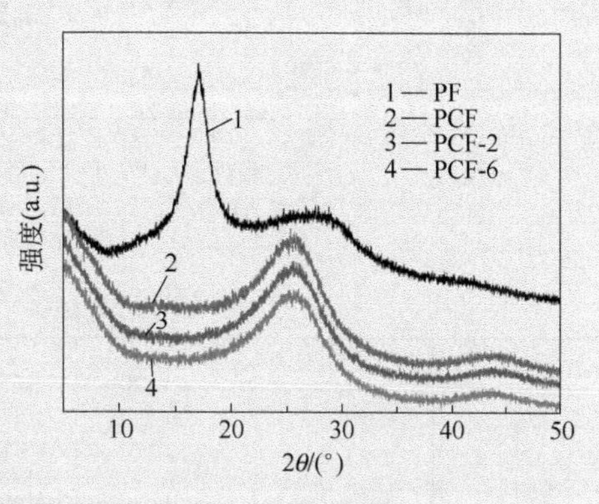

图 16-24　多孔 PAN 纤维的 XRD 图谱

表 16-3　多孔碳纤维微晶结构参数

样品	2θ/(°)	FWHM/(°)	d_{002}/nm	L_c/nm
PCF	25.48	6.59	0.349	1.24
PCF-2	25.41	6.63	0.350	1.16
PCF-6	25.63	6.53	0.347	1.25

（3）纤维孔结构特征

图 16-25(a) 是碳纤维氮气吸附脱附等温线。从图可见，PCF 和 PCF-6 吸附等温线为Ⅰ型和Ⅳ型的混合型。两条吸附曲线在低压区快速上升说明纤维含有微孔结构，氮气吸脱附曲线的滞后环表明纤维内存在中孔结构。在低压区，PCF-6 吸附量增加明显大于 PCF，说明 PCF-6 微孔数较 PCF 多。PCF 中少量微孔可能来自高分子链段在高温下的裂解，或是大、中孔结构在内应力作用下的演变。PCF-6 微孔结构明显增多，源于 KOH 的活化作用。图 16-25(b) 是 PCF 和 PCF-6 两种纤维的孔径分布图，PCF 孔径主要集中在 15.8～87.3nm，而 PCF-6 则在 1.9nm、3.4nm 和 81.5nm 处都有较多孔径分布，范围涵盖了微孔、中孔和大孔。

表 16-4 为多孔纤维的比表面积、孔体积和孔径。PAN 原丝（PF）S_{BET} 为 98.1m^2/g，但其微孔比表面积极低，仅为 0.9m^2/g。该纤维经炭化后 S_{BET} 降至 12.7m^2/g，这主要源于 PAN 在热处理过程中发生轴向和径向收缩，大孔孔径降低，小孔可能闭合。随着 KOH 用量的增加，多孔碳纤维的比表面积和孔体积显著增大，PCF-6 的 S_{BET} 达到 292.4m^2/g，是未采用 KOH 预处理制备的碳纤维的 16 倍；碳纤维孔径由 41.8nm 降至 4.2nm。同时 PCF-6 微孔比表面积和微孔体积得到极大提高，分别为 241.6m^2/g 和 0.11cm^3/g。因此，可通过对具有大、中孔结构的 PAN 原丝进行 KOH 预处理，再进行预氧化炭化制备具有层次孔结构的碳纤维。

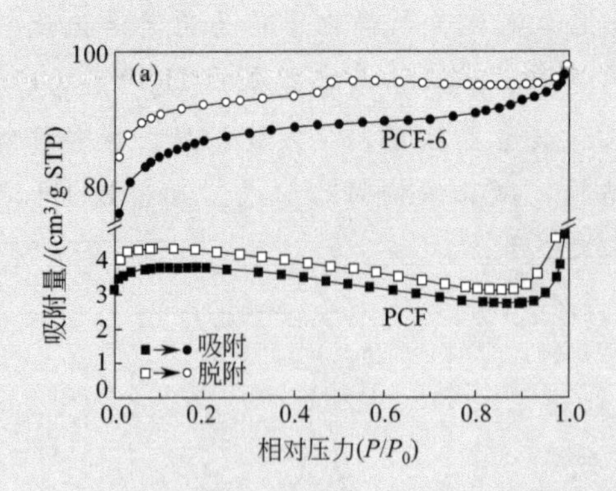

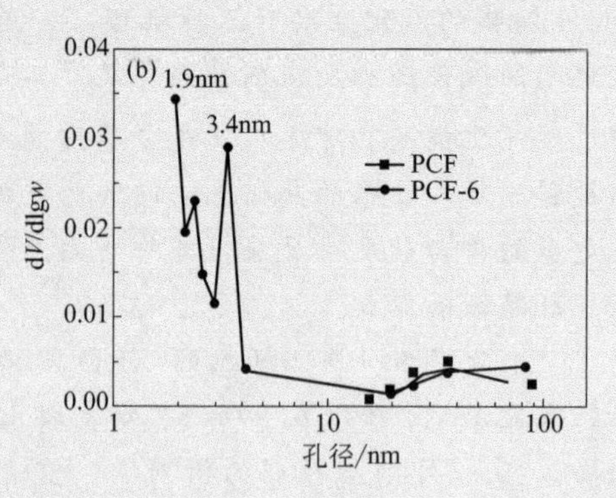

图 16-25 多孔 PAN 纤维的氮气吸脱附等温线（a）和孔径分布（b）

表 16-4 多孔纤维的孔结构参数

样品	S_{BET}/(m²/g)	S_{meso}/(m²/g)	S_{micro}/(m²/g)	V_{total}/(cm³/g)	V_{meso}/(cm³/g)	V_{micro}/(cm³/g)	孔径/nm
PF	98.1	82.9	0.9	0.16	0.70	0	33.6
PCF	12.7	0.4	12.9	0.01	0	0.01	41.8
PCF-2	33.4	0.1	25.0	0.02	0	0.01	10.6
PCF-6	292.4	13.9	241.6	0.15	0.01	0.11	4.2

注：S_{BET}、S_{meso} 和 S_{micro} 分别是通过 BET 法得到的比表面积、BJH 法得到的孔径 1.7nm 以上的中孔比表面积和 t-Plot 法得到的微孔比表面积；V_{total}、V_{meso} 和 V_{micro} 分别是相对压力为 0.97 时总体积、BJH 法得到的孔径 1.7nm 以上的中孔体积和 t-Plot 法得到的微孔体积。

5. 结论

① 以相分离方法制备的具有中、大孔结构的 PAN 纤维为先驱体，通过 KOH 预处理，并经进一步预氧化炭化，能制备具有层次孔结构的碳纤维。

② 随着 KOH 用量的增加，多孔碳纤维的表面孔增多，比表面积和孔体积显著增大；当 KOH 与 PAN 纤维质量比为 6 时，S_{BET} 达到 292.4m²/g，平均孔径为 4.2nm。

参考文献

[1] 陈永．多孔材料制备与表征［M］．合肥：中国科学技术大学出版社，2010.

[2] 刘培生．多孔材料引论［M］．北京：清华大学出版社，2012.

[3] 陈厚．高分子材料分析测试与研究方法［M］．北京：化学工业出版社，2018.

[4] 杜一平．现代仪器分析方法［M］．上海：华东理工大学出版社，2008.

[5] 冯玉红．现代仪器分析实用教程［M］．北京：北京大学出版社，2008.

[6] 杨通在，罗顺忠，许云书．氮吸附法表征多孔材料的孔结构［J］．炭素，2006，1：17-22.

[7] 孙东平．现代仪器分析实验技术［M］．北京：科学出版社，2015.

[8] 徐祖耀，黄本立，鄢国强．中国材料工程大典，第 26 卷，材料表征与检测技术［M］．北京：化学工业出版社，2006.

[9] 朱永法，宗瑞隆，姚文清．材料分析化学［M］．北京：化学工业出版社，2009.

[10] 孙丽，梁蕾．浅述全自动比表面积及孔分析仪的应用［J］．中国陶瓷工业，2011，18（3）：27-29.

[11] 赵东元，万颖，周午纵．有序介孔分子筛材料［M］．北京：高等教育出版社，2013.

[12] 解强，张香兰，李兰廷，等．活性炭孔结构调节：理论、方法与实践［J］．新型碳材料，2005，20（2）：183-190.

[13] 徐耀，李志宏，范文浩，等．小角 X 射线散射方法研究甲基改性氧化硅干凝胶的孔结构［J］．物理学报，2003，52（3）：635-640.

[14] 张红日，刘常洪．吸附回线与煤的孔结构分析［J］．煤炭工程师，1993，2：16-26.
[15] 贾双珠，吴林媛，陈炷霖，等．微介孔材料的孔结构分析表征［J］．分析测试技术与仪器，2019，25（3）：141-147.
[16] 葛元宇，李胜臻，王玉萍，等．活性炭纤维孔结构的测试标准与数据解析［J］．上海纺织科技，2019，47（10）：82-85.
[17] 陈金妹，谈萍，王建永．气体吸附法表征多孔材料的比表面积及孔结构［J］．粉末冶金工业，2011，21（2）：45-49.
[18] 孙诗兵，史璐玉，吕锋，等．基于X射线断层扫描分析的发泡陶瓷结构［J］．北京工业大学学报，2019，45（11）：1070-1076.
[19] 修显凯，徐世艾，殷国俊，等．膨胀温度对膨胀石墨孔结构的影响［J］．烟台大学学报（自然科学与工程版），2019，32（4）：352-356.
[20] Thommes M，Kaneko K，Neimark A V，et al. Physisorption of gases with special reference to the evaluation of surface area and pore size distribution（IUPAC Technical Report）［J］. Pure and Applied Chemistry，2015，87（9/10）：1052-1069.
[21] Alberto Alvarez-Fernandez，Barry Reid，Maximiliano J Fornerod，et al. Structural Characterization of Mesoporous Thin Film Architectures：A Tutorial Overview［J］. Applied Materials & Interfaces，2020，12：5195-5208.
[22] Cai Q，Buts A，Biggs M J，et al. Evaluation of Methods for Determining the Pore Size Distribution and Pore-Network Connectivity of Porous Carbons［J］. Langmuir，2007，16：8430-8440.
[23] Peter I Ravikovitch，Alexander V Neimark. Density Functional Theory of Adsorption in Spherical Cavities and Pore Size Characterization of Templated Nanoporous Silicas with Cubic and Three-Dimensional Hexagonal Structures［J］. Langmuir，2002，18：1550-1560.
[24] George P Androutsopoulos，Constantinos E Salmas. A New Model for Capillary Condensation-Evaporation Hysteresis Based on a Random Corrugated Pore Structure Concept：Prediction of Intrinsic Pore Size Distributions 1 Model Formulation［J］. Industrial & Engineering Chemistry Research，2000，39：3747-3763.
[25] Michal Kruk，Mietek Jaroniec，Yasuhiro Sakamoto，et al. Determination of Pore Size and Pore Wall Structure of MCM-41 by Using Nitrogen Adsorption，Transmission Electron Microscopy，and X-ray Diffraction［J］. Journal of Physical Chemistry B，2000，104：292-301.
[26] Wang Y P，Zhu S M，Mai Y Y，et al. Control of pore size in mesoporous silica templated by a multiarm hyperbranched copolyether in water and cosolvent［J］. Microporous and Mesoporous Materials，2008，114：222-228.
[27] Wei J，Deng Y H，Zhang J Y，et al. Large-pore ordered mesoporous carbons with tunable structures and pore sizes templated from poly（ethylene oxide）-*b*-poly（methyl methacrylate）［J］. Solid State Sciences，2011，13：784-792.
[28] Wu Q L，Zhang F，Yang J P，et al. Synthesis of ordered mesoporous alumina with large pore sizes and hierarchical structure［J］. Microporous and Mesoporous Materials，2011，143：406-412.
[29] Lama Itani，Valentin Valtchev，Joël Patarin，et al. Centimeter-sized zeolite bodies of intergrown crystals：Preparation，characterization and study of binder evolution［J］. Microporous and Mesoporous Materials，2011，138：157-166.
[30] http：//www.micromeritics.com.cn/
[31] 王雪飞，李丽，王燕菲，等．层次孔结构碳纤维的制备及其结构分析［J］．材料科学与工程学报，2019，37（5）：714-718.